2025 GUIDE
Craftsman Fork Lift Truck Operator
지게차 운전기능사

- 시험안내
- 출제 비율
- 출제 기준
- 필기응시절차
- CBT 응시요령 안내
- 교통안전시설 일람표
- 실기 코스 운전 및 작업

출제 비율

지게차운전기능사 출제비율

- 53%
  - 운전시야확보
  - 작업 후 점검
  - 건설기계관리법 및 도로교통법
  - 응급대처
  - 화물운반작업
  - 화물적재 및 하역
  - 작업 전 점검
  - 안전관리
- 47%
  - 장비구조

안전관리 = 4 작업 전 점검 = 4 화물 적재 및 하역작업 = 4	화물 운반 작업 = 4 운전 시야 확보 = 4 작업 후 점검 = 4	건설기계관리법 및 도로교통법 = 4 응급 대처 = 4	장비구조
12문항	12문항	8문항	28문항

본 문제집으로 공부하는
수험생만의 **특혜!!**

▶ 도서 구매 인증시

1. CBT 셀프테스팅 제공
   (시험장과 동일한 모의고사 1회)
   ※ 인증한 날로부터 1년간 CBT 이용 가능

2. 실기시험장 지정 교육기관 특별 안내

※ 오른쪽 서명란에 이름을 기입하여
   골든벨 카페로 사진 찍어 도서 인증해주세요.
   (자세한 방법은 카페 참조)

NAVER 카페 [도서출판 골든벨]
도서인증 게시판

도서 구매 인증서

출제 기준

▶ **적용기간** : 2025. 1. 1. ~ 2027. 12. 31
▶ **직무내용** : 지게차를 사용하여 작업현장에서 화물을 적재 또는 하역하거나 운반하는 직무
▶ **검정방법** : 필기 : 전과목 혼합, 객관식 60문항(60분) / 실기 : 작업형(4분 정도)
▶ **합격기준** : 필기 · 실기 100점 만점 60점 이상 합격
▶ **출제경향** : 지게차에 대한 기술 지식과 숙련된 운전기능을 갖추어 각종 건설 및 물류 작업에서 적재, 하역, 운반 등의 수행능력을 평가

주요항목	세부항목	세세항목
1. 안전관리	1. 안전보호구 착용 및 안전장치 확인	1. 안전보호구 2. 안전장치
	2. 위험요소 확인	1. 안전표시 2. 안전수칙 3. 위험요소
	3. 안전운반 작업	1. 장비사용설명서 2. 안전운반 3. 작업안전 및 기타 안전 사항
	4. 장비 안전관리	1. 장비안전관리 2. 일상 점검표 3. 작업요청서 4. 장비안전관리 교육 5. 기계·기구 및 공구에 관한 사항
2. 작업 전 점검	1. 외관점검	1. 타이어 공기압 및 손상 점검 2. 조향장치 및 제동장치 점검 3. 엔진 시동 전·후 점검
	2. 누유·누수 확인	1. 엔진 누유점검 2. 유압 실린더 누유점검 3. 제동장치 및 조향장치 누유점검 4. 냉각수 점검
	3. 계기판 점검	1. 게이지 및 경고등, 방향지시등, 전조등 점검
	4. 마스트·체인 점검	1. 체인 연결부위 점검 2. 마스트 및 베어링 점검
	5. 엔진시동 상태 점검	1. 축전지 점검 2. 예열장치 점검 3. 시동장치 점검 4. 연료계통 점검
3. 화물적재 및 하역작업	1. 화물의 무게중심 확인	1. 화물의 종류 및 무게중심 2. 작업장치 상태 점검 3. 화물의 결착 4. 포크 삽입 확인
	2. 화물 하역작업	1. 화물 적재상태 확인 2. 마스트 각도 조절 3. 하역 작업
4. 화물운반작업	1. 전·후진 주행	1. 전·후진 주행 방법 2. 주행시 포크의 위치
	2. 화물 운반작업	1. 유도자의 수신호 2. 출입구 확인
5. 운전시야확보	1. 운전시야 확보	1. 적재물 낙하 및 충돌사고 예방 2. 접촉사고 예방
	2. 장비 및 주변상태 확인	1. 운전 중 작업장치 성능확인 2. 이상 소음 3. 운전 중 장치별 누유·누수

출제 기준

주요항목	세부항목	세세항목
6. 작업 후 점검	1. 안전주차	1. 주기장 선정 2. 주차 제동장치 체결 3. 주차 시 안전조치
	2. 연료 상태 점검	1. 연료량 및 누유 점검
	3. 외관점검	1. 휠 볼트, 너트 상태 점검 2. 그리스 주입 점검 3. 윤활유 및 냉각수 점검
	4. 작업 및 관리일지 작성	1. 작업일지 2. 장비관리일지
7. 건설기계관리법 및 도로교통법	1. 도로교통법	1. 도로통행방법에 관한 사항 2. 도로표지판(신호, 교통표지) 3. 도로교통법 관련 벌칙
	2. 안전운전 준수	1. 도로주행 시 안전운전
	3. 건설기계관리법	1. 건설기계 등록 및 검사 2. 면허·벌칙·사업
8. 응급대처	1. 고장 시 응급처치	1. 고장표시판 설치 2. 고장내용 점검 3. 고장유형별 응급조치
	2. 교통사고 시 대처	1. 교통사고 유형별 대처 2. 교통사고 응급조치 및 긴급구호
9. 장비구조	1. 엔진구조	1. 엔진본체 구조와 기능 2. 윤활장치 구조와 기능 3. 연료장치 구조와 기능 4. 흡배기장치 구조와 기능 5. 냉각장치 구조와 기능
	2. 전기장치	1. 시동장치 구조와 기능 2. 충전장치 구조와 기능 3. 등화장치 구조와 기능 4. 퓨즈 및 계기장치 구조와 기능
	3. 전·후진 주행장치	1. 조향장치의 구조와 기능 2. 변속장치의 구조와 기능 3. 동력전달장치 구조와 기능 4. 제동장치 구조와 기능 5. 주행장치 구조와 기능
	4. 유압장치	1. 유압펌프 구조와 기능 2. 유압 실린더 및 모터 구조와 기능 3. 컨트롤 밸브 구조와 기능 4. 유압탱크 구조와 기능 5. 유압유 6. 기타 부속장치
	5. 작업장치	1. 마스트 구조와 기능 2. 체인 구조와 기능 3. 포크 구조와 기능 4. 가이드 구조와 기능 5. 조작레버 구조와 기능 6. 기타 지게차의 구조와 기능

CBT 응시요령 안내

자격검정 CBT웹체험 서비스 안내
https://www.q-net.or.kr/cbt/index.html

❶ 수험자 정보 확인

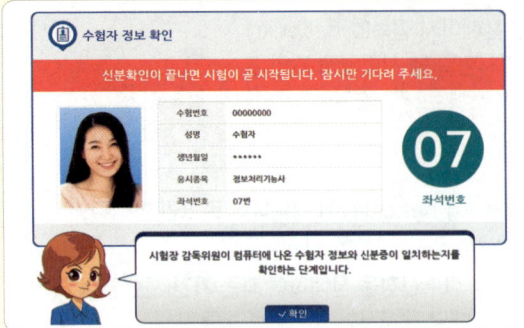

❷ 유의사항 확인

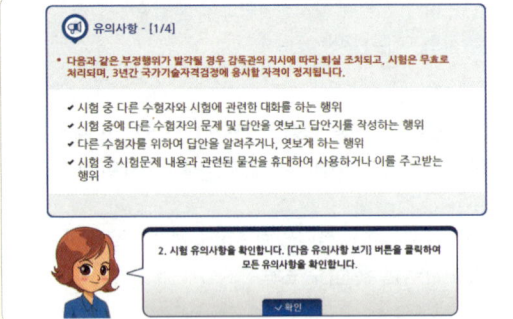

❸ 문제풀이 메뉴 설명

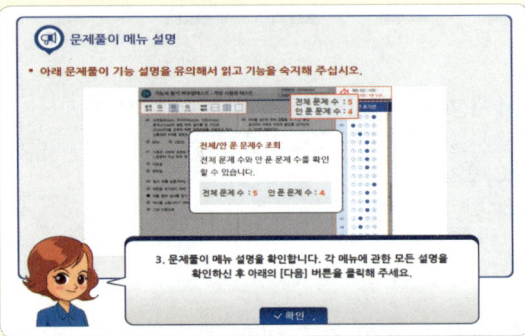

❹ 문제풀이 연습

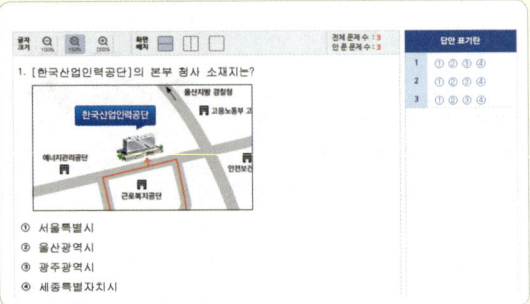

골든벨 CBT셀프 테스팅 바로가기
도서 구매 인증 시 시험장과 동일한 모의고사 1회를 CBT 셀프 테스트할 수 있습니다.

❺ 시험 준비 완료

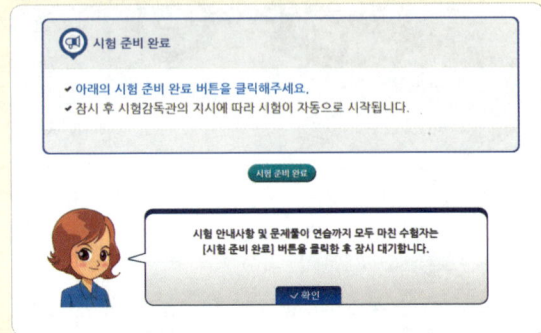

❻ 문제 풀이

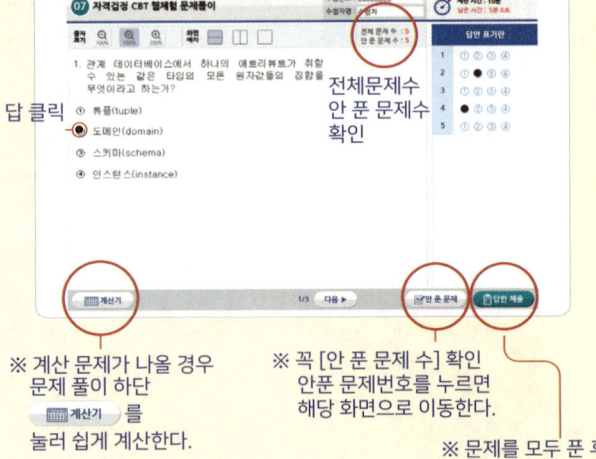

※ 계산 문제가 나올 경우 문제 풀이 하단 [계산기] 를 눌러 쉽게 계산한다.

※ 꼭 [안 푼 문제 수] 확인 안푼 문제번호를 누르면 해당 화면으로 이동한다.

※ 문제를 모두 푼 후 [답안 제출] 클릭 이상없으면 [예] 버튼 클릭

❼ 답안제출 및 확인

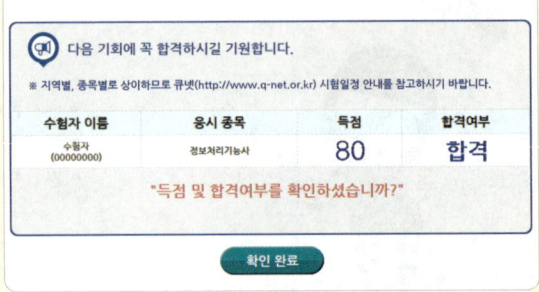

교통안전시설 일람표

도로표지판

도로명판

도로의 시작점	도로의 끝 지점	교차 지점	진행 방향	예고용 도로명판
강남대로 1→699	대정로23번길 1→65	92 중앙로 96	사임당로 250 / 92	종로 200m
기초 번호판	건물번호판 일반용	일반용	문화재 · 관광용	관공서용
종로 2345	중앙로 35	평촌길 60	24 보성길	6 문연로

도로표지판

방향표지판 / 이정표지 / 경계표지

방향표지판			이정표지			경계표지
강남대로 1→699 / 도로명	도로명 예고	차로 지정	1지명	2지명	3지명	부천시 / 원미구 시계표지

노선표지 / 안내표지

| 노선유도 | 노선방향 | 노선확인 | 공공 시설 표지 / 관광지 표지 | 주차장표지 | 하천표지 | 교량표지 |
| | | | | 터널표지 | 도로관리기관 표지 | 자동차전용도로 |

금지표지

| 출입금지 | 보행금지 | 차량통행금지 | 사용금지 | 탑승금지 | 금연 | 화기금지 | 물체이동금지 |

경고표지

| 인화성물질경고 | 산화성물질경고 | 폭발성물질경고 | 급성독성물질경고 | 부식성물질경고 | 방사성물질경고 | 고압전기경고 | 매달린물체경고 |
| 낙하물경고 | 고온경고 | 저온경고 | 몸균형상실경고 | 레이저광선경고 | 위험장소경고 | 발암성 · 변이원성 · 생식독성 · 전신독성 · 호흡기과민성물질경고 | |

지시표지

| 보안경착용 | 방독마스크착용 | 방진마스크착용 | 보안면착용 | 안전모착용 | 귀마개착용 | 안전화착용 | 안전장갑착용 | 안전복착용 |

안내표지

| 녹십자표지 | 응급구호표지 | 들것 | 세안장치 | 비상용기구 | 비상구 | 좌측비상구 | 우측비상구 |

실기 코스운전 및 작업

■ 코스운전 및 작업

□ 표준시간 : 4분
□ 화물하차작업 : 55점
□ 화물상차작업 : 45점

지게차운전동영상

1. 요구 사항

주어진 지게차를 운전하여 아래 작업순서에 따라 도면과 같이 시험장에 설치된 코스에서 화물을 적·하차 작업과 전·후진 운전을 한 후 출발 전 장비위치에 정차하시오.

가. 작업순서

1) 출발위치에서 출발하여 화물 적재선에서 드럼통 위에 놓여 있는 화물을 파렛트(pallet)의 구멍에 포크를 삽입하고 화물을 적재하여 (전진)코스대로 운전합니다.
2) 화물을 화물적하차 위치의 파렛트(pallet) 위에 내리고 후진하여 후진 선에 포크를 지면에 완전히 내렸다가, 다시 전진하여 화물을 적재합니다.
3) (후진)코스대로 후진하여 출발선 위치까지 온 다음 전진하여 화물 적재선에 있는 드럼통 위에 화물을 내려놓고, 다시 후진하여 출발 전 장비위치에 지게차를 정지(포크는 주차보조선에 내려놓습니다.)시킨 다음 작업을 끝마칩니다.

나. 전·후진 코스도면

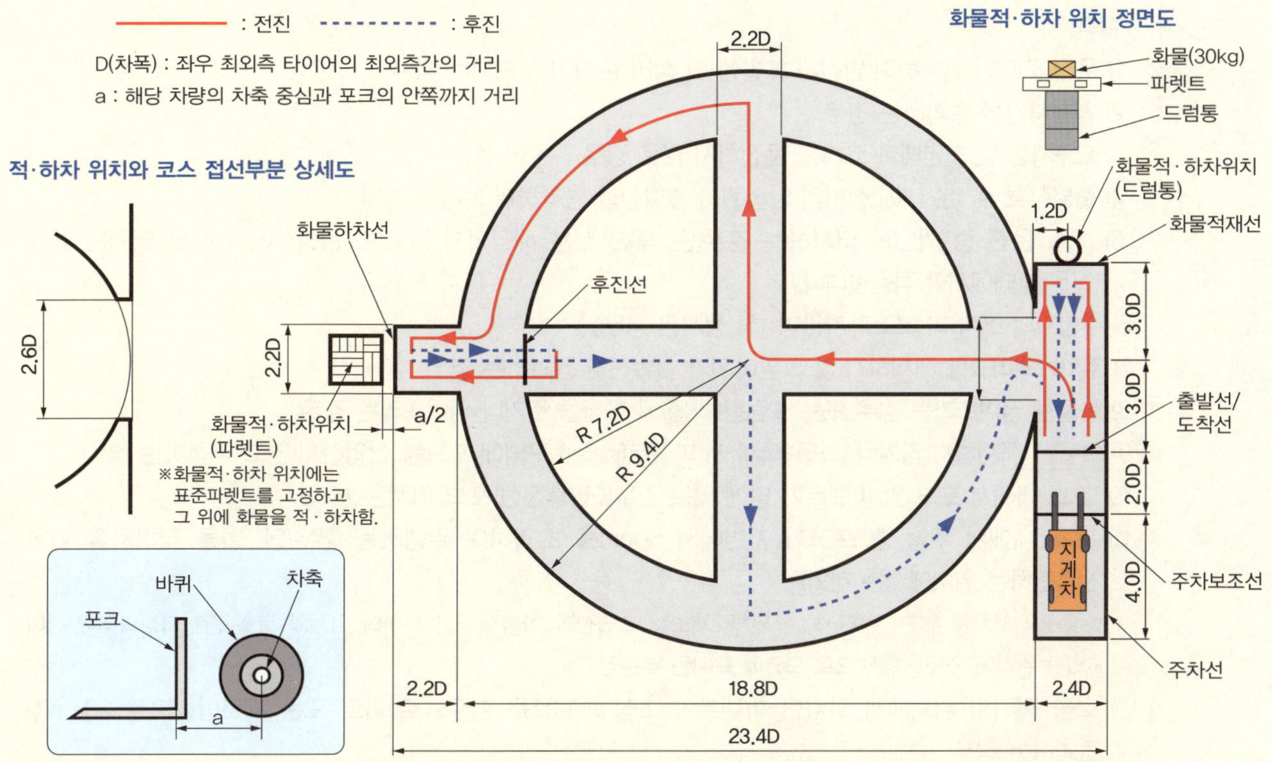

▎수검자 유의사항

가. 공통
※ 항목별 배점은 "**화물하차작업 55점, 화물상차작업 45점**"이다.
1) 시험위원의 지시에 따라 시험장소를 출입 및 장비운전해야 한다.
2) 음주상태 측정은 시험 시작 전에 실시하며, 음주상태 및 음주측정을 거부하는 경우 실기시험에 응시할 수 없습니다. (도로교통법에서 정한 혈중 알콜 농도 0.03% 이상)
3) 규정된 작업복장의 착용여부는 채점사항에 포함됩니다.(수험자 지참공구 목록 참고)
4) 휴대폰 및 시계류(손목시계, 스톱워치 등)는 시험 전 제출 후 시험에 응시한다.
5) 장비운전 중 이상 소음이 발생되거나 위험사항이 발생되면 즉시 운전을 중지하고, 시험위원에게 알려야 합니다.
6) 장비조작 및 운전 중 안전수칙을 준수하고, 안전사고가 발생되지 않도록 유의하여야 합니다.

나. 코스운전 및 작업
1) 코스 내 이동시 포크는 지면에서 20~30cm로 유지하여 안전하게 주행하여야 한다.(단, 파렛트를 실었을 경우 파렛트 하단부가 지면에서 20~30cm 유지하게 함)
2) 수험자가 작업 준비된 상태에서 시험위원의 호각신호에 의해 시작되고, 다시 후진하여 출발 전 장비위치에 지게차를 정지시켜야 합니다.(단, 시험시간은 앞바퀴기준으로 출발선 및 도착선을 통과하는 시점으로 합니다.)

다. 다음과 같은 경우에는 채점 대상에서 제외하니 특히 유의하시기 바랍니다.
○ 기권 : 수험자 본인이 기권 의사를 표시하는 경우
○ 실격
1) 운전 조작이 미숙하여 안전사고 발생 및 장비 손상이 우려되는 경우
2) 시험시간을 초과하는 경우
3) 요구사항 및 도면대로 코스를 운전하지 않은 경우
4) 출발신호 후 1분 내에 장비의 앞바퀴가 출발선을 통과하지 못하는 경우
5) 코스 운전 중 라인을 터치하는 경우(단, 후진 선은 해당되지 않으며, 출발선에서 라인 터치는 짐을 실은 상태에서만 적용합니다.)
6) 수험자의 조작 미숙으로 기관이 1회 정지된 경우
7) 주차브레이크를 해제하지 않고 앞바퀴가 출발선을 통과하는 경우
8) 화물을 떨어뜨리는 경우 또는 드럼통(화물)에 충격을 주거나 넘어뜨리는 경우
9) 화물을 적재하지 않거나, 화물 적재 시 파렛트(pallet) 구멍에 포크를 삽입하지 않고 주행하는 경우
10) 코스 내에서 포크 및 파렛트가 땅에 닿는 경우(단, 후진선 포크 터치는 제외)
11) 코스 내에서 주행 중 포크가 지면에서 50cm를 초과하여 주행하는 경우(단, 화물 적하차를 위한 전후진하는 위치에서는 제외)
※ 화물적하차를 위한 전후진하는 위치(2개소) : 출발선과 화물적재선 사이의 위치와 코스 중간지점의 후진선이 있는 위치에 "전진-후진"으로 도면에 표시된 부분임
12) 화물 적하차 위치에서 하차한 파렛트가 고정 파렛트를 기준으로 가로 또는 세로방향으로 20cm를 초과하는 경우
13) 파렛트(pallet) 구멍에 포크를 삽입은 하였으나, 덜 삽입한 정도가 20cm를 초과한 경우

PASS 지게차 운전기능사 필기

불법복사는 지적재산을 훔치는 범죄행위입니다.
저작권법 제97조의 5(권리의 침해죄)에 따라 위반자는 5년 이하의 징역 또는 5천 만원 이하의 벌금에 처하거나 이를 병과할 수 있습니다.

PREFACE

최근 건설기계의 구조 및 성능이 나날이 발전하고 있어 건설 및 토목분야에서 사용되는 건설기계의 종류와 사용처가 증가함에 따라 자격증 소지자의 법적 규제도 높아지고 있다. 또한 건설 산업 현장에서 건설기계는 그 효용성이 매우 높기 때문에 국가 기간산업으로서 자리매김은 앞으로도 확고할 것이다.

지게차운전기능사 자격증이 생긴 이래 여러 차례 개정되고 통폐합되는 과정을 겪었지만, 필기시험의 출제기준이 토목장비와 하역장비를 공통과목으로 편성하여 필기시험을 시행함으로써 건설 및 토목공사 현장에서의 요구사항 및 응용력을 충족시키지 못하였다.

이에 따라 산업인력공단에서는 NCS를 접목시켜 건설 및 토목공사 현장에서 필요한 각각의 장비 구조 및 작업 방법으로 현실에 맞는 출제기준을 2020년 1월 1일부터 적용하게 되었다. 이에 따라 응시자들이 짧은 시간 내에 공부할 수 있도록 최근 개정된 법령을 반영하고 출제기준을 분석하여 수험생들의 길잡이가 될 수 있도록 다음과 같이 요점정리와 출제예상문제로 구성하였다.

주요 keyword

1. **안전관리** : 안전보호구 착용 및 안전장치 확인. 위험요소 확인, 안전 운반 작업, 장비 안전관리
2. **작업 전 점검** : 외관 점검, 누유·누수 확인, 계기판 점검, 마스트·체인 점검, 엔진 시동 상태 점검
3. **화물적재 및 하역작업** : 화물의 무게 중심 확인, 화물 하역작업
4. **화물 운반 작업** : 전·후진 주행, 화물 운반 작업
5. **운전시야 확보** : 운전시야 확보, 장비 및 주변상태 확인
6. **작업 후 점검** : 안전 주차, 연료 상태 점검, 외관 점검
7. **건설기계관리법 및 도로교통법** : 교통법규 준수, 도로 표지판, 안전운전 준수, 건설기계관리법
8. **응급대처** : 고장 시 응급처치, 교통사고 시 대처
9. **장비 구조** : 엔진 구조, 전기장치, 전·후진 주행 장치, 유압장치, 작업장치

끝으로 수험생 여러분들의 앞날에 합격의 영광과 발전이 있기를 기원하며, 이 책의 부족한 점은 여러분들의 조언으로 계속 수정과 보완할 것을 약속드린다.

지은이

차 례

01 안전관리

① 안전 보호구 착용 및 안전장치 확인 - 2
  핵심문제
  1. 안전사고 발생의 개요 - 2
  2. 안전 보호구 - 8 / 3. 안전장치 - 13

② 위험 요소 확인 - 15
  핵심문제
  1. 안전 표시 - 15 / 2. 안전 수칙 - 18
  3. 위험 요소 - 18

③ 안전 운반 작업 - 20
  핵심문제
  1. 지게차 사용 설명서 - 20 / 2. 안전 운반 - 20
  3. 작업 안전 - 23 / 4. 기타 안전 사항 - 27

④ 지게차 안전관리 - 34
  핵심문제
  1. 지게차 안전관리 - 34
  2. 일상 점검 사항 - 34 / 3. 작업 요청서 - 35
  4. 지게차 안전관리 교육 - 35
  5. 기계 · 기구 및 공구에 관한 사항 - 39

02 작업 전 점검

① 외관 점검 - 50
  핵심문제
  1. 지게차 점검 - 50
  2. 타이어 공기압 및 손상 점검 - 51
  3. 조향장치 및 제동장치 점검 - 52
  4. 엔진 시동 전 · 후 점검 - 52

② 누유 및 누수 점검 - 58
  핵심문제
  1. 엔진 누유 점검 - 58
  2. 유압 실린더 누유 점검 - 58
  3. 제동장치 및 조향장치 누유 점검 - 58
  4. 냉각수 점검 - 59

③ 계기판 점검 / 60
  핵심문제
  1. 게이지 및 경고등, 방향지시등, 전조등 점검 - 60

④ 마스트 · 체인 점검 / 65
  핵심문제
  1. 체인 연결 부위 점검 - 65
  2. 마스트 및 베어링 점검 - 65

⑤ 엔진 시동 상태 점검 - 66
  핵심문제
  1. 축전지 점검 - 66
  2. 예열장치 점검 - 66
  3. 시동장치 점검 - 66
  4. 지게차 난기운전 - 67

03 화물적재 및 하역작업

① 화물의 무게 중심 확인 - 72
  핵심문제
  1. 화물의 종류 및 무게 중심 - 72
  2. 적재 작업 - 73 / 3. 화물의 결착 - 73
  4. 포크 삽입 확인 - 73

② 화물 하역 작업 - 75
  핵심문제
  1. 화물 적재 상태 확인 - 75
  2. 마스트 각도 조절 - 75
  3. 하역 작업 - 76

CONTENTS

04 화물 운반 작업

① 화물 운반 작업 - 82
핵심문제
1. 전·후진 주행 방법 - 82
2. 화물 운반 작업 - 83

05 운전 시야 확보

① 운전 시야 확보 - 92
핵심문제
1. 운전시야 확보 - 92
2. 지게차 및 주변 상태 확인 - 93

06 작업 후 점검

① 안전 주차 - 98
② 연료 상태 점검 - 99
1. 연료량 및 누유 점검 - 99
2. 결로 현상을 방지하기 위한 방법 - 99

07 건설기계관리법 및 도로교통법

① 도로교통법 - 102
핵심문제
1. 도로 통행방법에 관한 사항 - 102
2. 도로 표지판 - 115
3. 도로교통법 관련 벌칙 - 122

② 안전 운전 준수 - 123
핵심문제
1. 안전거리 확보 - 123
2. 철길 건널목 통과 방법 - 123
3. 교차로 통행 방법 - 123
4. 보행자 보호 - 124
5. 서행하여야 할 장소 - 124
6. 일시 정지할 장소 - 124

③ 건설기계관리법 / 128
핵심문제
1. 건설기계관리법의 입법 목적 및 정의 - 128
2. 건설기계 사업 및 형식 - 129
3. 건설기계 신규 등록 - 130
4. 등록이전 신고 - 131
5. 건설기계 등록 말소 - 131
6. 건설기계 조종사 면허 - 132
7. 건설기계 등록번호표 - 134
8. 건설기계의 임시운행 사유 및 기간 - 135
9. 조종사의 정기 적성검사 및 수시 적성검사 - 135
10. 건설기계 검사 - 146
11. 건설기계 구조변경 - 148
12. 건설기계 사후관리 - 148
13. 건설기계 조종사 면허 취소사유 - 149
14. 벌 칙 - 150
15. 특별표지판 부착대상 건설기계 및 특별표지 - 152

08 응급 대처

① 고장이 발생하였을 때의 응급조치 - 162
핵심문제
1. 제동장치가 고장이 났을 경우 - 162
2. 타이어 펑크 및 주행 장치가 고장이 났을 경우 - 163
3. 마스트 유압 라인이 고장 났을 경우 - 164
4. 지게차 응급 견인 방법 - 164
5. 자동변속기의 과열 원인 - 164

② **교통사고가 발생하였을 경우의 대처 / 170**

　핵심문제
　1. 인명 사고가 발생하였을 경우 - 170
　2. 긴급구호 요청 - 170 / 3. 소화기 - 171
　4. 교통사고가 발생하였을 때 2차 사고 예방
　　 - 172
　5. 교통사고 대처 - 172
　6. 소화기 사용법 숙지 - 172

09 장비 구조

① **엔진 구조 익히기 - 178**

　핵심문제
　1. 엔진 본체 구조와 기능 - 178
　2. 윤활장치 구조와 기능 - 188
　3. 기계식 연료장치 구조와 기능 - 194
　4. 커먼레일 연료 시스템 - 200
　5. 흡배기장치 구조와 기능 - 206
　6. 냉각장치 구조와 기능 - 211

② **전기장치 익히기 - 215**

　핵심문제
　1. 시동장치 구조와 기능 - 215
　2. 기초 전기 - 220
　3. 축전지 - 222
　4. 기동장치 - 226
　5. 예열장치 - 227
　6. 충전장치 구조와 기능 - 230
　7. 계기 및 등화장치 구조와 기능 - 232

③ **전·후진 주행장치 익히기 - 237**

　핵심문제
　1. 지게차 조향장치의 구조와 기능 - 237
　2. 동력전달장치 - 239
　3. 지게차 제동장치 구조와 기능 - 243

　4. 휠 얼라인먼트 - 246
　5. 토크 컨버터 - 247
　6. 드라이브 라인 - 249
　7. 종감속 기어장치 및 차동장치 - 250
　8. 타이어 - 251 / 9. 브레이크 장치 - 252

④ **유압장치 익히기 - 253**

　핵심문제
　1. 유압 장치의 개요 - 253
　2. 유압 펌프 구조와 기능 - 256
　3. 유압 실린더 및 모터 구조와 기능 - 263
　4. 컨트롤 밸브의 구조와 기능 - 268
　5. 유압 탱크 구조와 기능 - 275
　6. 유압유(작동유) - 277
　7. 기타 부속장치 - 283
　8. 유압 회로 및 유압 기호 - 288

⑤ **작업장치 익히기 - 293**

　핵심문제
　1. 지게차의 용도 - 293
　2. 지게차의 종류 - 293
　3. 지게차의 구조 - 298
　4. 지게차 작업장치의 구성 - 298

10 기출복원문제

지게차운전기능사 [2019년 시행] - 308
지게차운전기능사 [2020년 시행] - 326
지게차운전기능사 [2021년 시행] - 344
지게차운전기능사 [2022년 시행] - 360
지게차운전기능사 [2023년 시행] - 382
지게차운전기능사 [2024년 시행] - 401

PART.1 안전관리

1. 안전 보호구 착용 및 안전장치 확인
2. 위험 요소 확인
3. 안전 운반 작업
4. 지게차 안전관리

chapter 01 안전 보호구 착용 및 안전장치 확인

1-1 안전사고 발생의 개요

01 안전관리의 목적
① 사고의 발생을 사전에 방지한다.
② 생산성의 향상과 손실을 최소화한다.
③ 재해로부터 인간의 생명과 재산을 보호할 수 있다.

02 하인리히 안전의 3요소와 사고 예방 원리 5단계

(1) 하인리히 안전의 3요소
① 관리적 요소
② 기술적 요소
③ 교육적 요소

(2) 하인리히 사고 예방 원리 5단계
① 1단계 : **안전관리 조직**(안전관리 조직과 책임부여, 안전관리 규정의 제정, 안전관리 계획수립)
② 2단계 : **사실의 발견**(자료수집, 작업공정의 분석 및 점검, 위험의 확인 검사 및 조사 실시)
③ 3단계 : **분석평가**(재해 조사의 분석, 안전성의 진단 및 평가, 작업 환경의 측정)
④ 4단계 : **시정책의 선정**(기술적인 개선안, 관리적인 개선안, 제도적인 개선안)
⑤ 5단계 : **시정책의 적용**(목표의 설정 및 실시, 재평가의 실시)

03 재해 예방의 4대 원칙
① 예방가능의 원칙
② 손실우연의 원칙
③ 원인연계의 원칙
④ 대책선정의 원칙

---

1. 안전보호구 착용 및 안전장치 확인 — 단원핵심문제

1 안전관리의 근본 목적으로 가장 적합한 것은?
① 생산의 경제적 운용
② 근로자의 생명 및 신체보호
③ 생산과정의 시스템화
④ 생산량 증대

2 안전제일에서 가장 먼저 선행되어야 하는 이념으로 맞는 것은?
① 재산 보호   ② 생산성 향상
③ 신뢰성 향상   ④ 인명 보호

안전제일의 이념은 인간존중 즉 인명보호이다.

정답
01.②　02.④

3 산업안전을 통한 기대효과로 옳은 것은?
① 기업의 생산성이 저하된다.
② 근로자의 생명만 보호된다.
③ 기업의 재산만 보호된다.
④ 근로자와 기업의 발전이 도모된다.

4 산업체에서 안전을 지킴으로서 얻을 수 있는 이점과 가장 거리가 먼 것은?
① 직장의 신뢰도를 높여준다.
② 직장 상·하 동료 간 인간관계 개선 효과도 기대된다.
③ 기업의 투자 경비가 늘어난다.
④ 사내 안전수칙이 준수되어 질서유지가 실현된다.

5 하인리히가 말한 안전의 3요소에 속하지 않는 것은?
① 교육적 요소 ② 자본적 요소
③ 기술적 요소 ④ 관리적 요소

6 하인리히의 사고 예방 원리 5단계를 순서대로 나열한 것은?
① 조직, 사실의 발견, 평가분석, 시정책의 선정, 시정책의 적용
② 시정책의 적용, 조직, 사실의 발견, 평가분석, 시정책의 선정
③ 사실의 발견, 평가분석, 시정책의 선정, 시정책의 적용, 조직
④ 시정책의 선정, 시정책의 적용, 조직, 사실의 발견, 평가분석

7 인간 공학적 안전 설정으로 페일 세이프에 관한 설명 중 가장 적절한 것은?
① 안전도 검사 방법을 말한다.
② 안전 통제의 실패로 인하여 원상 복귀가 가장 쉬운 사고의 결과를 말한다.
③ 안전사고 예방을 할 수 없는 물리적 불안전 조건과 불안전 인간의 행동을 말한다.
④ 인간 또는 기계에 과오나 동작상의 실패가 있어도 안전사고를 발생시키지 않도록 하는 통제책을 말한다.

8 산업안전보건법상 산업 재해의 정의로 옳은 것은?
① 고의로 물적 시설을 파손한 것을 말한다.
② 운전 중 본인의 부주의로 교통사고가 발생된 것을 말한다.
③ 일상 활동에서 발생하는 사고로서 인적 피해에 해당하는 부분을 말한다.
④ 근로자가 업무에 관계되는 건설물·설비·원재료·가스·증기·분진 등에 의하거나 작업 또는 그 밖의 업무로 인하여 사망 또는 부상하거나 질병에 걸리게 되는 것을 말한다.

9 생산 활동 중 신체장애와 유해물질에 의한 중독 등으로 직업성 질환에 걸려 나타난 장애를 무엇이라 하는가?
① 안전관리   ② 산업재해
③ 산업안전   ④ 안전사고

10 산업 재해는 생산 활동을 행하는 중에 에너지와 충돌하여 생명의 기능이나 (   )을 상실하는 현상을 말한다. (   )에 알맞은 말은?
① 작업상 업무   ② 작업 조건
③ 노동 능력   ④ 노동 환경

> 산업 재해는 사업장에서 우발적으로 일어나는 사고로 인한 피해로 사망이나 노동 능력을 상실하는 현상으로 천재지변에 의한 재해가 1%, 물리적인 재해가 10%, 불안전한 행동에 의한 재해가 89%이다.

정답
03.④ 04.③ 05.② 06.① 07.④ 08.④
09.② 10.③

04 재해 발생의 원인
① 안전의식 및 안전교육 부족
② 방호장치(안전장치, 보호장치)의 결함
③ 정리정돈 및 조명장치가 불량
④ 부적합한 공구의 사용
⑤ 작업 방법의 미흡
⑥ 관리 감독의 소홀

05 산업 재해
사업장에서 우발적으로 일어나는 사고로 인한 피해로 사망이나 노동력을 상실하는 현상으로 천재지변에 의한 재해가 1%, 물리적인 재해가 10%, 불안전한 행동에 의한 재해가 89%이다.

06 재해의 용어
① **접착** : 중량물을 들어 올리거나 내릴 때 손이나 발이 중량물과 지면 등에 끼어 발생하는 재해를 말한다.
② **전도** : 사람이 평면상으로 넘어져 발생하는 재해를 말한다.(과속, 미끄러짐 포함).
③ **낙하** : 물체가 높은 곳에서 낮은 곳으로 떨어져 사람을 가해한 경우나, 자신이 들고 있는 물체를 놓침으로서 발에 떨어져 발생된 재해 등을 말한다.
④ **비래** : 날아오는 물건, 떨어지는 물건 등이 주체가 되어서 사람에 부딪쳐 발생하는 재해를 말한다.
⑤ **협착** : 왕복 운동을 하는 동작부분과 움직임이 없는 고정부분 사이에 끼어 발생하는 위험으로 사업장의 기계 설비에서 많이 볼 수 있다.

07 재해 발생의 직접적인 원인
(1) 불안전한 조건
① 불안전한 방법 및 공정
② 불안전한 환경
③ 불안전한 복장과 보호구
④ 위험한 배치
⑤ 불안전한 설계, 구조, 건축
⑥ 안전 방호장치의 결함
⑦ 방호장치 불량 상태의 방치.
⑧ 불안전한 조명

(2) 불안전한 행동
① 불안전한 자세 및 행동을 하는 경우
② 잡담이나 장난을 하는 경우
③ 안전장치를 제거하는 경우
④ 불안전한 속도를 조절하는 경우
⑤ 작동중인 기계에 주유, 수리, 점검, 청소 등을 하는 경우
⑥ 불안전한 기계를 사용하는 경우
⑦ 공구 대신 손을 사용하는 경우
⑧ 안전복장을 착용하지 않은 경우
⑨ 보호구를 착용하지 않은 경우
⑩ 허가 없이 기계장치를 운전하는 경우

---

1. 안전보호구 착용 및 안전장치 확인 단원핵심문제

1 다음 중 재해발생 원인이 아닌 것은?
① 작업 장치 회전반경 내 출입금지
② 방호장치의 기능제거
③ 작업방법 미흡
④ 관리감독 소홀

2 불안전한 조명, 불안전한 환경, 방호장치의 결함으로 인하여 오는 산업재해 요인은?
① 지적 요인   ② 물적 요인
③ 신체적 요인   ④ 정신적 요인

3 재해의 원인 중 생리적인 원인에 해당되는 것은?
① 작업자의 피로
② 작업복의 부적당
③ 안전장치의 불량
④ 안전수칙의 미 준수

생리적인 원인은 작업자의 피로이다.

4 사고를 많이 발생시키는 원인 순서로 나열한 것은?
① 불안전 행위 > 불가항력 > 불안전 조건
② 불안전 조건 > 불안전 행위 > 불가항력
③ 불안전 행위 > 불안전 조건 > 불가항력
④ 불가항력 > 불안전 조건 > 불안전 행위

5 사고의 원인 중 가장 많은 부분을 차지하는 것은?
① 불가항력   ② 불안전한 환경
③ 불안전한 행동   ④ 불안전한 지시

6 재해 유형에서 중량물을 들어 올리거나 내릴 때 손 또는 발이 취급 중량물과 물체에 끼어 발생하는 것은?
① 전도   ② 낙하
③ 감전   ④ 접착

7 안전관리상 인력 운반으로 중량물을 운반하거나 들어 올릴 때 발생할 수 있는 재해와 가장 거리가 먼 것은?
① 낙하   ② 협착(압상)
③ 단전(정전)   ④ 충돌

8 재해 발생원인 중 직접원인이 아닌 것은?
① 기계 배치의 결함
② 교육 훈련 미숙
③ 불량 공구 사용
④ 작업 조명의 불량

9 산업재해의 직접원인 중 인적 불안전 행위가 아닌 것은?
① 작업복의 부적당
② 작업태도 불안전
③ 위험한 장소의 출입
④ 기계공구의 결함

10 산업재해 발생원인 중 직접원인에 해당되는 것은?
① 유전적 요소   ② 사회적 환경
③ 불안전한 행동   ④ 인간의 결함

11 산업재해 원인은 직접원인과 간접원인으로 구분되는데 다음 직접원인 중에서 불안전한 행동에 해당되지 않는 것은?
① 허가 없이 장치를 운전
② 불충분한 경보 시스템
③ 결함 있는 장치를 사용
④ 개인 보호구 미사용

12 사고의 원인 중 불안전한 행동이 아닌 것은?
① 허가 없이 기계장치 운전
② 사용 중인 공구에 결함 발생
③ 작업 중 안전장치 기능 제거
④ 부적당한 속도로 기계장치 운전

13 불안전한 행동으로 인하여 오는 산업 재해가 아닌 것은?
① 불안전한 자세
② 안전구의 미착용
③ 방호장치의 결함
④ 안전장치의 기능 제거

정답
01.① 02.② 03.① 04.③ 05.③ 06.④
07.③ 08.② 09.④ 10.③ 11.② 12.② 13.③

08 재해 조사의 목적
① 재해원인의 규명 및 예방자료 수집
② 적절한 예방대책을 수립하기 위하여
③ 동종 재해의 재발방지
④ 유사 재해의 재발방지

09 재해 조사를 하는 방법
① 재해 발생 직후에 실시한다.
② 재해 현장의 물리적 흔적을 수집한다.
③ 재해 현장을 사진 등으로 촬영하여 보관하고 기록한다.
④ 목격자, 현장 책임자 등 많은 사람들에게 사고시의 상황을 의뢰한다.
⑤ 재해 피해자로부터 재해 직전의 상황을 듣는다.
⑥ 판단하기 어려운 특수재해나 중대재해는 전문가에게 조사를 의뢰한다.

10 재해율의 정의
① **연천인율** : 1000명의 근로자가 1년을 작업하는 동안에 발생한 재해 빈도를 나타내는 것.

$$연천인율 = \frac{재해자수}{연평균 근로자수} \times 1000$$

② **강도율** : 근로시간 1000시간당 재해로 인하여 근무하지 않는 근로 손실일수로서 산업재해의 경·중의 정도를 알기 위한 재해율로 이용된다.

$$강도율 = \frac{근로 손실일수}{연 근로 시간} \times 1000$$

③ **도수율** : 연 근로시간 100만 시간 동안에 발생한 재해 빈도를 나타내는 것.

$$도수율 = \frac{재해 발생 건수}{연 근로 시간} \times 1,000,000$$

④ **천인율** : 평균 재적근로자 1000명에 대하여 발생한 재해자수를 나타내어 1000배 한 것이다.

$$천인율 = \frac{재해자수}{평균 근로자수} \times 1,000$$

11 위험예지 훈련 4단계
① 제1단계(**현상 파악**) : 작업현장에 어떤 위험이 잠재하고 있는지, 위험에 대한 현상을 파악한다.
② 제2단계(**본질 추구**) : 발견한 위험 포인트 중에서 가장 위험한 사항을 선정한다.
③ 제3단계(**대책 수립**) : 위험도가 높은 상황에 대하여 구체적인 대책을 수립한다.
④ 제4단계(**목표 설정**) : 대책을 수립한 사항 중 중점 실시 항목을 요약하여 최종적으로 목표를 설정한다.

---

1. 안전보호구 착용 및 안전장치 확인　　　　　　　　　　　　　　　**단원핵심문제** ●

1 다음 중 일반적인 재해 조사 방법으로 적절하지 않은 것은?
① 현장의 물리적 흔적을 수집한다.
② 재해 조사는 사고 종결 후에 실시한다.
③ 재해 현장은 사진 등으로 촬영하여 보관하고 기록한다.
④ 목격자, 현장 책임자 등 많은 사람들에게 사고 시의 상황을 듣는다.

2 다음 중 산업재해 조사의 목적에 대한 설명으로 가장 적절한 것은?
① 적절한 예방 대책을 수립하기 위하여
② 작업능률 향상과 근로 기강 확립을 위하여
③ 재해 발생에 대한 통계를 작성하기 위하여
④ 재해를 유발한 자의 책임을 추궁하기 위하여

3 재해 조사의 직접적인 목적에 해당되지 않는 것은?
① 동종 재해의 재발방지
② 유사 재해의 재발방지
③ 재해 관련 책임자 문책
④ 재해 원인의 규명 및 예방자료 수집

4 ILO(국제노동기구)의 구분에 의한 근로 불능 상해의 종류 중 응급조치 상해는 며칠간 치료를 받은 다음부터 정상작업에 임할 수 있는 정도의 상해를 의미하는가?
① 1일 미만   ② 3~5일
③ 10일 미만   ④ 2주 미만

> 응급조치 상해란 1일 미만의 치료를 받고 다음부터 정상 작업에 임할 수 있는 정도의 상해이다.

5 안전사고와 부상의 종류에서 재해의 분류상 중상해는?
① 부상으로 1주 이상의 노동 손실을 가져온 상해 정도
② 부상으로 2주 이상의 노동 손실을 가져온 상해 정도
③ 부상으로 3주 이상의 노동 손실을 가져온 상해 정도
④ 부상으로 4주 이상의 노동 손실을 가져온 상해 정도

> ■ 부상의 종류
> ① **경상해** : 부상으로 1일 이상 14일 이하의 노동 손실을 가져온 상해 정도
> ② **중상해** : 부상으로 인하여 2주 이상의 노동 손실을 가져온 상해 정도

6 재해율 중 연천인율 계산식으로 옳은 것은?
① (재해자 수/연평균 근로자 수)×1000
② (재해율×근로자 수)/1000
③ 강도율×1000
④ 재해자 수÷연평균 근로자 수

7 근로자 1,000명 당 1년간에 발생하는 재해자 수를 나타낸 것은?
① 도수율   ② 강도율
③ 연천인율 ④ 사고율

8 기계 설비의 안전 확보를 위한 사항 중 사용상의 잘못이 아닌 것은?
① 주위 환경   ② 설치 방법
③ 무부하 사용 ④ 조작 방법

9 작업장 안전을 위해 작업장의 시설을 정기적으로 안전점검을 하여야 하는데 그 대상이 아닌 것은?
① 설비의 노후화 속도가 빠른 것
② 노후화의 결과로 위험성이 큰 것
③ 작업자가 출퇴근 시 사용하는 것
④ 변조에 현저한 위험을 수반하는 것

10 산업재해 방지대책을 수립하기 위하여 위험요인을 발견하는 방법으로 가장 적합한 것은?
① 안전 점검
② 재해사후 조치
③ 경영층 참여와 안전조직 진단
④ 안전대책 회의

정답
01.② 02.① 03.③ 04.① 05.② 06.①
07.③ 08.③ 09.③ 10.①

1-2 안전 보호구

01 안전 보호구

산업 재해를 예방하기 위하여 작업자가 작업 전 착용하고 작업을 하는 기구나 장치

(1) 안전 보호구의 구비조건
① 착용이 간단할 것.
② 착용 후 작업하기가 쉬워야 한다.
③ 품질이 양호해야 한다.
④ 끝마무리가 양호해야 한다.
⑤ 외관 및 디자인이 양호해야 한다.
⑥ 유해, 위험 요소로부터 보호 성능이 충분해야 한다.

(2) 안전 보호구 선택 시 주의사항
① 사용 목적에 적합해야 한다.
② 품질이 좋아야 한다.
③ 사용하기가 쉬워야 한다.
④ 관리하기가 편해야 한다.
⑤ 작업자에게 잘 맞아야 한다.

(3) 안전 보호구 관리
① 책임 있는 관리자가 매 달 1회 점검한다.
② 안전 보호구는 습기가 없고 청결한 장소에 보관한다.
③ 안전 보호구 사용 후 손질하여 건조시킨 후 보관한다.

02 안전 보호구의 용도

(1) 안전모

물체가 떨어지거나(낙하) 날아올(비래) 위험 또는 추락할 위험이 있는 작업, 물건을 운반하거나 수거·배달하기 위하여 이륜자동차를 운행하는 작업 등 위험성으로부터 머리를 보호하는 역할을 한다.

1) 안전모의 종류
① **A형(낙하 방지용)** : 합성수지 또는 금속 재질이며, 물체의 낙하 및 비래에 의한 위험을 방지 또는 경감시키는 역할을 한다.
② **AB형(낙하 추락 방지용)** : 합성수지 재질이며, 물체의 낙하 또는 비래 및 추락(높이 2미터 이상의 고소 작업, 굴착 작업 및 하역 작업)에 의한 위험을 방지 또는 경감시키는 역할을 한다.
③ **AE형(낙하 감전 방지용)** : 합성수지 재질로 7000V 이하의 전압에 견디는 내전압성이며, 물체의 낙하 및 비래에 의한 위험을 방지 또는 경감하고, 머리부위 감전에 의한 위험을 방지하는 역할을 한다.
④ **ABE형(다목적용)** : 합성수지 재질로 내전압성이며, 물체의 낙하 또는 비래 및 추락에 의한 위험을 방지 또는 경감하고, 머리부위 감전에 의한 위험을 방지하는 역할을 한다.

2) 안전모의 사용 및 관리
① 작업 내용에 적합한 안전모를 착용한다.
② 안전모 착용 시 턱 끈을 바르게 한다.
③ 충격을 받은 안전모나 변형된 안전모는 폐기 처분한다.
④ 자신의 크기에 맞도록 착장제의 머리 고정대를 조절한다.
⑤ 안전모에 구멍을 내지 않도록 한다.
⑥ 합성수지는 자외선에 균열 및 노화가 되므로 자동차 뒤 창문 등에 보관을 말 것.

(2) 안전화

안전화는 작업 장소의 상태가 나쁘거나, 감전 또는 정전기의 대전에 의한 위험이 있는 작업, 작업 자세가 부적합할 때 발이 미끄러져 넘어져 발생하는 사고 및 물건의 취급, 운반 시 취급하고 있는 물품에 발등이 다치는 재해로부터 작업자를 보호한다.

① **경 작업용** : 금속선별, 전기제품 조립, 화학제품 선별, 식품가공업 등 경량의 물

체를 취급하는 작업장에서 착용한다.
② **보통 작업용** : 기계공업, 금속가공업, 등 공구부품을 손으로 취급하는 작업 및 차량사업장, 기계 등을 조작하는 일반작업장에서 착용한다.
③ **중 작업용** : 중량물 운반 작업 및 중량이 큰 물체를 취급하는 작업장에서 착용한다.

(3) 안전 작업복
① **안전 작업복의 기본적인 요소** : 기능성, 심미성, 상징성이 작업복 스타일이 기본적인 3요소이다.
② **안전 작업복이 갖추어야 할 조건** : 보건성, 장신성, 적응성, 내구성이 있다.
   ㉮ 보건성 : 방한·방서·방우·방풍 외에 작업에 따라 생기는 열이나 땀을 흡수 발산할 수 있어야 하며, 동작을 할 때 몸이 속박 당하여 신체적으로 피로를 느끼는 일이 없어야 한다.
   ㉯ 장신성 : 미감이나 용의를 저해하지 않는 정도 이상의 장식은 피해야 한다.
   ㉰ 적응성 : 신체 각부의 동작에 적응하여 작업의 능률을 높이고 신체의 생리위생에 지장이 없어야 함은 물론, 나아가서 이들의 작용을 촉진할 수 있는 형태나 재료여야 한다.
   ㉱ 내구성 : 작업복의 재료나 구조 등을 감안하여 튼튼하게 제작한다.

(4) 안전대
안전대는 높이 또는 깊이 2m 이상의 추락할 위험이 있는 장소에서 작업을 하는 경우에 설치하여야 한다.
① **작업 제한** : 개구부 또는 측면이 개방 형태로 추락할 위험이 있는 경우 작업자의 행동반경을 제한하여 추락을 방지한다.
② **작업 자세 유지** : 전신주 등에서 작업 시 작업을 할 수 있는 자세를 유지시켜 추락을 방지한다.
③ **추락 억제** : 철골 구조물 또는 비계작업 중 추락 시 충격 흡수장치가 부착된 쫨줄을 사용하여 추락 하중을 신체에 고루 분산하여 추락 하중을 감소시킨다.

(5) 보안경
보안경은 날아오는 물체로부터 눈을 보호하고 유해광선에 의한 시력 장해를 방지하기 위해 사용한다.
① **유리 보안경** : 고운 가루, 칩, 기타 비산물로부터 눈을 보호하기 위한 보안경이다.
② **플라스틱 보안경** : 고운 가루, 칩, 액체, 약품 등의 비산물로부터 눈을 보호하기 위한 보안경이다.
③ **도수 렌즈 보안경** : 원시 또는 난시인 작업자가 보안경을 착용해야 하는 작업장에서 유해물질로부터 눈을 보호하고 시력을 교정하기 위한 보안경이다.

(6) 방음 보호구(귀마개, 귀 덮개)
소음이 발생하는 작업장에서 작업자의 청력을 보호하기 위해 사용되는데 소음의 허용기준은 8시간 작업 시 90db이고 그 이상의 소음 작업장에서는 귀마개나 귀 덮개를 착용한다.

(7) 호흡용 보호구
산소 결핍 작업, 분진 및 유독가스 발생 작업장에서 작업 시 신선한 공기 공급 및 여과를 통하여 호흡기를 보호한다.

03 장갑
① 장갑은 감겨들 위험이 있는 작업에는 착용을 하지 않는다.
② **착용 금지 작업** : 선반 작업, 드릴 작업, 목공기계 작업, 연삭 작업, 해머 작업, 정밀기계 작업 등

04 복장의 착용

① 작업복은 재해로부터 작업자의 몸을 보호하기 위해서 착용한다.
② 땀을 닦기 위한 수건이나 손수건을 허리나 목에 걸고 작업해서는 안 된다.
③ 옷소매 폭이 너무 넓지 않는 것이 좋고, 단추가 달린 것은 되도록 피한다.
④ 물체 추락의 우려가 있는 작업장에서는 안전모를 착용해야 한다.

1. 안전보호구 착용 및 안전장치 확인

단원핵심문제

1 보호구의 구비조건으로 틀린 것은?
① 착용이 간편해야 한다.
② 작업에 방해가 안 되어야 한다.
③ 구조와 끝마무리가 양호해야 한다.
④ 유해 위험 요소에 대한 방호 성능이 경미해야 한다.

2 다음 중 보호구를 선택할 때의 유의사항으로 틀린 것은?
① 작업 행동에 방해되지 않을 것
② 사용 목적에 구애받지 않을 것
③ 보호구 성능기준에 적합하고 보호 성능이 보장될 것
④ 착용이 용이하고 크기 등 사용자에게 편리할 것

3 다음 중 올바른 보호구 선택 방법으로 가장 적합하지 않은 것은?
① 잘 맞는지 확인하여야 한다.
② 사용 목적에 적합하여야 한다.
③ 사용 방법이 간편하고 손질이 쉬워야 한다.
④ 품질보다는 식별 기능 여부를 우선해야 한다.

4 액체 약품 취급시 비산물로부터 눈을 보호하기 위한 보안경은?
① 고글형   ② 스펙타클형
③ 프런트형 ④ 일반형

5 시력을 교정하고 비산물로부터 눈을 보호하기 위한 보안경은?
① 고글형 보안경   ② 도수 렌즈 보안경
③ 유리 보안경   ④ 플라스틱 보안경

> ① **도수렌즈 보안경**: 원시 또는 난시인 작업자가 보안경을 착용해야 하는 작업장에서 유해 물질로부터 눈을 보호하고 시력을 교정하기 위한 보안경
> ② **유리 보안경**: 고운가루, 칩, 기타 비산물체로부터 눈을 보호하기 위한 보안경
> ③ **플라스틱 보안경**: 고운 가루, 칩, 액체, 약품 등의 비산물체로부터 눈을 보호하기 위한 보안경

6 아크 용접에서 눈을 보호하기 위한 보안경 선택으로 맞는 것은?
① 도수 안경   ② 방진 안경
③ 차광용 안경   ④ 실험실용 안경

7 용접 작업과 같이 불티나 유해 광선이 나오는 작업에 착용해야 할 보호구는?
① 차광 안경   ② 방진 안경
③ 산소 마스크 ④ 보호 마스크

8 다음 중 사용 구분에 따른 차광 보안경의 종류에 해당하지 않는 것은?
① 자외선용   ② 적외선용
③ 용접용   ④ 비산방지용

정답
01.④ 02.② 03.④ 04.① 05.② 06.③
07.① 08.④

9 먼지가 많은 장소에서 착용하여야 하는 마스크는?
① 방독 마스크 ② 산소 마스크
③ 방진 마스크 ④ 일반 마스크

10 다음 중 산소 결핍의 우려가 있는 장소에서 착용하여야 하는 마스크의 종류는?
① 방독 마스크 ② 방진 마스크
③ 송기 마스크 ④ 가스 마스크

11 귀마개가 갖추어야 할 조건으로 틀린 것은?
① 내습, 내유성을 가질 것
② 적당한 세척 및 소독에 견딜 수 있을 것
③ 가벼운 귓병이 있어도 착용할 수 있을 것
④ 안경이나 안전모와 함께 착용을 하지 못하게 할 것

12 안전모에 대한 설명으로 적합하지 않은 것은?
① 혹한기에 착용하는 것이다.
② 안전모의 상태를 점검하고 착용한다.
③ 안전모의 착용으로 불안전한 상태를 제거한다.
④ 올바른 착용으로 안전도를 증가시킬 수 있다.

13 안전모의 관리 및 착용방법으로 틀린 것은?
① 큰 충격을 받은 것은 사용을 피한다.
② 사용 후 뜨거운 스팀으로 소독하여야 한다.
③ 정해진 방법으로 착용하고 사용하여야 한다.
④ 통풍을 목적으로 모체에 구멍을 뚫어서는 안 된다.

14 다음 중 안전 보호구와 거리가 먼 것은?
① 안전화 ② 안전대
③ 안전모 ④ 안전 가드레일

> 안전 가드레일은 도로 교통의 안전을 위하여 도로 양쪽에 설치한 방호책으로 안전시설에 해당한다.

15 물체가 떨어지거나 날아올 위험 또는 추락의 위험성이 있는 작업을 할 경우에 머리를 보호하기 위한 보호구는?
① 안전대 ② 안전모
③ 안전화 ④ 안전장갑

> 안전모는 물체가 떨어지거나(낙하) 날아올(비래) 위험 또는 추락할 위험이 있는 작업, 물건을 운반하거나 수거하는 작업 등 위험성으로부터 머리를 보호하는 역할을 한다.

16 물체의 낙하 및 비래에 의한 위험으로부터 근로자의 머리를 보호하기 위하여 착용하여야 하는 안전모는?
① A형 ② B형
③ C형 ④ BE형

> ■ 안전모의 용도
> ① A형(낙하 방지용): 물체의 낙하 및 비래에 의한 위험을 방지 또는 경감.
> ② AB형(낙하 추락 방지용): 물체의 낙하 또는 비래 및 추락(높이 2미터 이상의 고소 작업, 굴착 작업 및 하역 작업)에 의한 위험을 방지 또는 경감.
> ③ AE형(낙하 감전 방지용): 7000V 이하의 전압에 견디는 내전압성이며, 물체의 낙하 및 비래에 의한 위험을 방지 또는 경감하고, 머리부위 감전에 의한 위험을 방지.
> ④ ABE형(다목적용): 내전압성이며, 물체의 낙하 또는 비래 및 추락에 의한 위험을 방지 또는 경감하고, 머리부위 감전에 의한 위험을 방지.

17 7000V 이하의 전압으로부터 근로자의 머리를 보호하기 위해 사용하여야 할 안전모는?
① A형 ② AB형
③ AE형 ④ AD형

18 높이 2미터 이상의 고소 작업, 굴착 작업 및 하역 작업을 하는 경우 근로자가 선택하여야 할 안전모는?
① A형 ② AB형
③ AE형 ④ AD형

정답
09.③ 10.③ 11.④ 12.① 13.② 14.④
15.② 16.① 17.③ 18.②

19 물체의 낙하, 비래, 추락, 감전에 의한 근로자의 머리를 보호하기 위해 선택하여야 하는 안전모는?

① A형　　　② AB형
③ AD형　　④ ABE형

20 다음 중 안전모의 사용 및 관리에 대한 설명으로 거리가 먼 것은?

① 작업 관계없이 작업자에 적합한 안전모를 착용한다.
② 안전모를 착용할 때 턱 끈을 바르게 한다.
③ 자신의 크기에 맞도록 착장제의 머리 고정대를 조절한다.
④ 충격을 받은 안전모나 변형된 안전모는 폐기 처분한다.

■ 안전모 사용 및 관리 방법
① 작업 내용에 적합한 안전모를 착용할 것
② 안전모를 착용할 때 턱 끈을 바르게 할 것
③ 자신의 크기에 맞도록 착장제의 머리 고정대를 조절할 것
④ 충격을 받은 안전모나 변형된 안전모는 폐기 처분할 것
⑤ 안전모에 구멍을 내지 않도록 할 것
⑥ 합성수지는 자외선에 균열 및 노화가 일어나므로 자동차 뒤 창문 등에 보관하지 말 것

21 다음 중 일반적으로 장갑을 끼고 작업할 경우 안전상 가장 적합하지 않은 작업은?

① 전기 용접 작업
② 타이어 교체 작업
③ 건설기계 운전 작업
④ 선반 등의 절삭가공 작업

22 중량물 운반 작업 시 착용해야 할 안전화는?

① 중작업용
② 보통작업용
③ 경작업용
④ 절연용

■ 안전화의 종류
① 경 작업용 : 금속선별, 전기제품 조립, 화학제품 선별, 식품가공업 등 경량의 물체를 취급하는 작업장에서 착용한다.
② 보통 작업용 : 기계공업, 금속가공업, 등 공구부품을 손으로 취급하는 작업 및 차량사업장, 기계 등을 조작하는 일반작업장에서 착용한다.
③ 중 작업용 : 중량물 운반 작업 및 중량이 큰 물체를 취급하는 작업장에서 착용한다.

23 안전 작업은 복장의 착용상태에 따라 달라진다. 다음에서 권장사항이 아닌 것은?

① 땀을 닦기 위한 수건이나 손수건을 허리나 목에 걸고 작업해서는 안 된다.
② 옷소매 폭이 너무 넓지 않는 것이 좋고, 단추가 달린 것은 되도록 피한다.
③ 물체 추락의 우려가 있는 작업장에서는 안전모를 착용해야 한다.
④ 복장을 단정하게 하기 위해 넥타이를 꼭 매야 한다.

24 작업장에서 작업복을 착용하는 주된 이유는?

① 작업속도를 높이기 위해서
② 작업자의 복장통일을 위해서
③ 작업장의 질서를 확립시키기 위해서
④ 재해로부터 작업자의 몸을 보호하기 위해서

25 고압 충전 전선로 근방에서 작업을 할 경우 작업자가 감전되지 않도록 사용하는 안전장구로 가장 적합한 것은?

① 절연용 방호구
② 방수복
③ 보호용 가죽장갑
④ 안전대

▶ 정답
19.④　20.①　21.④　22.①　23.④　24.④
25.①

1-3 안전장치

01 지게차 전도 방지 안전장치
① 지게차에 화물 적재 시 앞 타이어가 받침대 역할을 한다.
② 후면 카운터 웨이트의 무게에 의해 안정된 상태를 유지한다.
③ 최대 하중 이하로 적재하여야 한다.

02 지게차의 안정도
안정도는 지게차의 화물 하역, 운반 시 전도에 대한 안전성을 표시하는 수치로 하중을 높이 올리면 중심이 높아져서 언덕길 등의 경사면에서는 가로 위치가 되면 쉽게 전도가 된다.
① 하역 작업 시 전후 안정도 : 4%
　(5t 이상 : 3.5%)
② 주행 작업 시 전후 안정도 : 18%
③ 하역 작업 시 좌우 안정도 : 6%
④ 주행 시 좌우 안정도 : 15 +1.1V%
　(V : 최고 속도 km/h)

03 지게차의 안전장치
① 주행 연동 안전벨트 : 안전벨트 착용한 경우만 전·후진할 수 있다.
② 후방 접근 경보장치 : 후진 시 센서가 감지하여 경보음을 발생한다.
③ 대형 후사경 : 후진 시 작업자 또는 물체를 인지하기 위해 후사경이다.
④ 룸 미러 : 지게차 뒷면의 사각지역을 해소한다.
⑤ 포크 위치 표시 : 지면으로부터 포크를 들어 올린 높이 20~30cm 위치의 마스트와 백 레스트가 상호 일치되도록 페인트 또는 색상 테이프를 부착한다.
⑥ 지게차의 식별을 위한 형광 테이프 부착 : 지게차의 위치와 움직임 등을 식별할 수 있도록 지게차의 좌우 및 후면에 형광 테이프를 부착한다.
⑦ 경광등 설치 : 지게차의 운행상태를 알릴 수 있도록 지게차 후면에 경광등을 설치한다. 경광등이 작동하면서 스피커에서 알람이 발생한다.
⑧ 출입 안전문 설치 : 지게차 전복 시 운전자가 밖으로 튕겨 나가는 것을 방지하고 소음, 기상의 악조건 등에서도 작업이 가능하도록 안전문을 설치한다.
⑨ 포크 받침대 : 지게차의 수리, 점검 시 포크의 급격한 하강을 방지하기 위하여 받침대를 설치한다.

1. 안전보호구 착용 및 안전장치 확인

단원핵심문제

1 작업할 때 안전성 및 균형을 잡아주기 위해 지게차 장비 뒤쪽에 설치되어 있는 것은?
① 변속기   ② 기관
③ 클러치   ④ 카운터 웨이트

2 지게차 전도 방지 안전장치에 대한 설명으로 거리가 먼 것은?
① 지게차에 화물 적재 시 앞 타이어가 받침대의 역할을 한다.
② 후면 카운터 웨이트의 무게에 의해 안정된 상태가 유지된다.
③ 안정된 상태를 유지할 수 있도록 최대하중 이하로 적재하여야 한다.
④ 지게차의 화물 하역, 운반 시 전도에 대한 안전성을 표시하는 수치이다.

> 지게차의 화물 하역, 운반 시 전도에 대한 안전성을 표시하는 수치는 안정도이다.

3 지게차의 안정도에 대한 설명으로 적합하지 않은 것은?
① 하역 작업 시 전후 안정도 : 4%
② 주행 작업 시 전후 안정도 : 18%
③ 하역 작업 시 좌우 안정도 : 6%
④ 5톤 이상 지게차 하역 작업 시 전후 안정도 : 4.5%

> 5톤 이상의 지게차 하역 작업 시 전후 안정도는 3.5%이다.

4 지게차 작업 시 각종 위험으로 부터 운전자를 안전하게 보호하는 장치로 해당되지 않는 것은?
① 주행 연동 안전벨트
② 후방 접근 경보장치
③ 소형 후사경
④ 포크 받침대

5 카운터 밸런스형 지게차 마스트의 전경각 기준으로 알맞은 것은?
① 4도 이하일 것
② 5도 이하일 것
③ 6도 이하일 것
④ 7도 이하일 것

> 건설기계 안전기준에 관한 규칙에서 정하는 카운터 밸런스 지게차 마스트의 전경각은 6도 이하이어야 한다.

6 사이드 포크형 지게차 마스트의 전경각 기준으로 알맞은 것은?
① 4도 이하일 것   ② 5도 이하일 것
③ 6도 이하일 것   ④ 7도 이하일 것

> 건설기계 안전기준에 관한 규칙에서 정하는 사이드 포크형 지게차 마스트의 전경각 및 후경각은 각각 5도 이하이어야 한다.

7 다음 중 지게차의 안정도에 대한 설명으로 옳은 것은?
① 지게차의 기준 부하상태에서 주행할 경우 기울기가 12/100인 지면에서 앞이나 뒤로 넘어지지 않아야 한다.
② 지게차의 기준 부하상태에서 주행할 경우 기울기가 14/100인 지면에서 앞이나 뒤로 넘어지지 않아야 한다.
③ 지게차의 기준 부하상태에서 주행할 경우 기울기가 16/100인 지면에서 앞이나 뒤로 넘어지지 않아야 한다.
④ 지게차의 기준 부하상태에서 주행할 경우 기울기가 18/100인 지면에서 앞이나 뒤로 넘어지지 않아야 한다.

정답
01.④ 02.④ 03.④ 04.③ 05.③ 06.②
07.④

chapter 02 위험 요소 확인

2-1 안전 표시

01 안전표지

작업장의 안전표지는 작업자가 판단이나 행동의 실수가 발생하기 쉬운 장소나 중대한 재해를 일으킬 우려가 있는 장소에 안전을 확보하기 위해 표시하는 표지이다.

(1) 금지표지(8종)
① 색채 : 바탕은 흰색, 기본 모형은 빨간색, 관련 부호 및 그림은 검은색
② 종류 : 출입금지, 보행금지, 차량 통행금지, 사용금지, 탑승금지, 금연, 화기금지, 물체이동금지

출입금지	보행금지	차량통행금지	사용금지
탑승금지	금연	화기금지	물체이동금지

(2) 경고 표지(6종)
① 색채 : 바탕은 무색, 기본 모형은 빨간색(검은색도 가능), 관련 부호 및 그림은 검은색
② 종류 : 인화성 물질 경고, 산화성 물질 경고, 폭발성 물질 경고, 급성 독성 물질 경고, 부식성 물질 경고, 발암성·변이원성·생식독성·전신독성·호흡기 과민성 물질 경고

(3) 경고 표지(9종)
① 색채 : 바탕은 노란색, 기본 모형은 검은색, 관련 부호 및 그림은 검은색
② 종류 : 방사성 물질 경고, 고압 전기 경고, 매달린 물체 경고, 낙하물 경고, 고온 경고, 저온 경고, 몸 균형 상실 경고, 레이저 광선 경고, 위험 장소 경고

(4) 지시표지(9종)
① **색채** : 바탕은 파란색, 관련 그림은 흰색
② **종류** : 보안경 착용 지시, 방독 마스크 착용 지시, 방진 마스크 착용 지시, 보안면 착용 지시, 안전모 착용 지시, 귀마개 착용 지시, 안전화 착용 지시, 안전 장갑 착용 지시, 안전복 착용 지시

보안경착용	방독마스크착용	방진마스크착용
보안면착용	안전모 착용	귀마개 착용
안전화 착용	안전장갑착용	안전복 착용

(5) 안내표지(7종)
① **색채** : 바탕은 흰색, 기본 모형 및 관련 부호는 녹색(바탕은 녹색, 기본 모형 및 관련 부호는 흰색)
② **종류** : 녹십자 표지, 응급구호 표지, 들것, 세안장치, 비상용기구, 비상구, 좌측 비상구, 우측 비상구

녹십자표지	응급구호표지	들것
세안장치	비상용기구	비상구
좌측비상구		우측비상구

---

2. 위험요소확인　　　　　　　　　　단원핵심문제 ●

1 산업안전보건법상 안전·보건표지의 종류가 아닌 것은?
　① 위험 표지　　② 경고 표지
　③ 지시 표지　　④ 금지 표지

2 산업안전보건법령상 안전·보건표지에서 색채와 용도가 틀리게 짝지어진 것은?
　① 파란색 : 지시
　② 녹색 : 안내
　③ 노란색 : 위험
　④ 빨간색 : 금지, 경고

3 산업안전보건법령상 안전·보건표지의 분류 명칭이 아닌 것은?
　① 금지 표지　　② 경고 표지
　③ 통제 표지　　④ 안내 표지

4 적색 원형으로 만들어지는 안전 표지판은?
　① 경고 표시　　② 안내 표시
　③ 지시 표시　　④ 금지 표시

정답
01.①　02.③　03.③　04.④

5 안전·보건표지의 종류별 용도·사용 장소·형태 및 색채에서 바탕은 흰색, 기본모형은 빨간색, 관련부호 및 그림은 검정색으로 된 표지는?
① 보조 표지   ② 지시 표지
③ 주의 표지   ④ 금지 표지

6 안전·보건표지의 종류와 형태에서 그림과 같은 표지는?

① 인화성 물질 경고
② 금연
③ 화기금지
④ 산화성 물질 경고

7 다음 그림과 같은 안전 표지판이 나타내는 것은?

① 비상구
② 출입금지
③ 인화성 물질경고
④ 보안경 착용

8 안전표지의 종류 중 경고 표지가 아닌 것은?
① 인화성 물질   ② 방사성 물질
③ 방독 마스크 착용   ④ 산화성 물질

9 산업안전보건법령상 안전·보건 표지의 종류 중 다음 그림에 해당하는 것은?

① 산화성 물질경고
② 인화성 물질경고
③ 폭발성 물질경고
④ 급성독성 물질경고

10 산업안전 보건표지에서 그림이 표시하는 것으로 맞는 것은?

① 독극물 경고
② 폭발물 경고
③ 고압전기 경고
④ 낙하물 경고

11 보안경 착용, 방독 마스크 착용, 방진 마스크 착용, 안전모자 착용, 귀마개 착용 등을 나타내는 표지의 종류는?
① 금지 표지   ② 지시 표지
③ 안내 표지   ④ 경고 표지

12 다음 그림은 안전표지의 어떠한 내용을 나타내는가?

① 지시 표지
② 금지 표지
③ 경고 표지
④ 안내 표지

13 안전표지의 종류 중 안내표지에 속하지 않는 것은?
① 녹십자 표지   ② 응급구호 표지
③ 비상구   ④ 출입 금지

14 안전표지의 색채 중에서 대피장소 또는 비상구의 표지에 사용되는 것으로 맞는 것은?
① 빨간색   ② 주황색
③ 녹색   ④ 청색

15 안전·보건표지 종류와 형태에서 그림의 안전 표지판이 나타내는 것은?

① 병원 표지
② 비상구 표지
③ 녹십자 표지
④ 안전지대 표지

정답
05.④ 06.③ 07.② 08.③ 09.② 10.③
11.② 12.① 13.④ 14.③ 15.③

2-2 안전 수칙

① 작업 조건에 맞는 안전보호구의 착용방법을 숙지하고 착용한다.
② 작업장의 눈에 잘 띄는 해당 장소에 안전표지를 부착한다.
③ 작업자 및 사업주에게 안전 보건교육을 실시하여 안전사고에 대비한다.
④ 작업 단위별 안전작업 절차와 순서를 준수하여 안전작업을 한다.

2-3 위험 요소

01 화물의 낙하 재해 예방

① 무자격자는 운전을 금지한다.
② 작업장 바닥의 요철을 확인한다.
③ 화물의 적재 상태를 확인한다.
④ 허용 하중을 초과한 적재를 금지한다.
⑤ 마모가 심한 타이어를 교체한다.

▲ 적재물 낙하

02 협착 및 충돌 재해 예방

① 불안전한 화물 적재 금지 및 시야를 확보하도록 적재한다.
② 지게차 전용 통로를 확보한다.
③ 교차로 등 사각지대에 반사경을 설치한다.
④ 지게차 운행구간별 제한속도 지정 및 표지판을 부착한다.
⑤ 경사진 노면에 지게차를 방치하지 않는다.

03 지게차 전도 재해 예방

① 지게차의 용량을 무시하고 무리하게 작업하지 않는다.
② 연약한 지반에서 편하중에 주의하여 작업한다.
③ 연약한 지반에서는 받침판을 사용하고 작업한다.
④ 화물의 적재중량 보다 작은 소형 지게차로 작업하지 않는다.
⑤ 급선회, 급제동, 오작동 등을 하지 않는다.

04 추락 재해 예방

① 작업 전 안전벨트를 착용하고 작업한다.
② 운전석 이외에 작업자 탑승을 금지한다.
③ 지게차를 이용한 고소작업을 금지한다.
④ 난폭운전 금지 및 유도자의 신호에 따라 작업한다.

▲ 지게차 포크 위에 탑승해 이동 중 추락

05 작업장 주변 상황 파악

① 작업 지시사항에 따라 정확하고 안전한 작업을 수행하기 위해서는 작업에 투입하는 지게차의 일일점검을 실시해야 하므로 지게차의 주기 상태를 육안으로 확인한다.
② 작업 시 안전사고 예방을 위해 지게차 작업 반경 내의 위험요소를 육안으로 확인한다.
③ 작업 지시사항에 따라 안전한 작업을 수행하기 위해 작업장 주변 구조물의 위치를 육안으로 확인한다.

2. 위험요소확인

단원핵심문제

1 다음은 안전 수칙에 대하여 설명한 내용으로 틀린 것은?
① 작업 조건에 맞는 안전 보호구의 착용방법을 숙지하고 착용한다.
② 작업장의 눈에 잘 띄는 해당 장소에 안전표지를 부착한다.
③ 작업자에게만 안전 보건교육을 실시하여 안전사고에 대비한다.
④ 작업 단위별 안전작업 절차와 순서를 준수하여 안전작업을 한다.

> 작업자 및 사업주에게 안전 보건교육을 실시하여 안전사고에 대비한다.

2 다음은 위험 요소 중 화물의 낙하 재해 예방에 대한 설명으로 거리가 먼 것은?
① 마모가 심한 타이어를 교체한다.
② 지게차 운행구간별 제한속도 지정 및 표지판을 부착한다.
③ 화물의 적재 상태를 확인한다.
④ 허용 하중을 초과한 적재를 금지한다.

> 지게차 운행구간별 제한속도 지정 및 표지판을 부착하는 것은 협착 및 충돌 재해 예방을 위한 사항이다.

3 다음은 위험 요소 중 협착 및 충돌 재해 예방을 위한 사항으로 거리가 먼 것은?
① 불안전한 화물 적재 금지 및 시야를 확보하도록 적재한다.
② 마모가 심한 타이어를 교체한다.
③ 교차로 등 사각지대에 반사경을 설치한다.
④ 경사진 노면에 지게차를 방치하지 않는다.

> 마모가 심한 타이어를 교체하는 것은 화물의 낙하 재해 예방을 위한 사항이다.

4 다음은 위험 요소 중 지게차의 전도 재해 예방을 위한 사항으로 거리가 먼 것은?
① 지게차의 용량을 무시하고 무리하게 작업하지 않는다.
② 급선회, 급제동, 오작동 등을 하지 않는다.
③ 난폭운전 금지 및 유도자의 신호에 따라 작업한다.
④ 화물의 적재중량 보다 작은 소형 지게차로 작업하지 않는다.

> 난폭운전 금지 및 유도자의 신호에 따라 작업하는 것은 추락 재해 예방을 위한 사항이다.

5 다음은 위험 요소 중 지게차의 추락 재해 예방을 위한 사항으로 거리가 먼 것은?
① 화물의 적재중량 보다 작은 소형 지게차로 작업하지 않는다.
② 운전석 이외에 작업자 탑승을 금지한다.
③ 지게차를 이용한 고소작업을 금지한다.
④ 난폭운전 금지 및 유도자의 신호에 따라 작업한다.

> 화물의 적재중량 보다 작은 소형 지게차로 작업하지 않는 것은 지게차의 전도 재해 예방을 위한 사항이다.

6 다음은 지게차 작업장 주변의 상황을 파악하기 위한 내용으로 틀린 것은?
① 일일점검을 실시해야 하므로 지게차의 주기 상태를 육안으로 확인한다.
② 안전사고 예방을 위해 지게차 작업 반경 내의 위험요소를 육안으로 확인한다.
③ 안전한 작업을 수행하기 위해 작업장 주변 구조물의 위치를 육안으로 확인한다.
④ 안전한 경로를 선택하여 빠른 속도로 주행하기 위하여 육안으로 확인한다.

정답
01.③ 02.② 03.② 04.③ 05.① 06.④

chapter 03 안전 운반 작업

3-1 지게차 사용 설명서

① 사용 설명서는 지게차를 안전하게 사용하기 위한 방법을 상세히 명기하여 사용자에게 주요 기능을 안내하는 책자이다.
② 지게차를 유지 관리하는 사용 방법 등에 관한 구체적인 항목이 열거되어 있다.
③ 운전자 매뉴얼, 장비 사용 매뉴얼, 정비지침서 등이 있다.

3-2 안전 운반

01 안전 운전 관련 지식

① 작업 전 일일점검을 실시한다.
② 정해진 운전자만 운전한다.
③ 작업 시 안전벨트를 착용한다.
④ 지게차를 다른 용도로 사용하지 않는다.
⑤ 작업 시 적재 하중을 초과하여 적재하지 않는다.
⑥ 작업 시 규정 속도를 준수한다.
⑦ 작업 시 안전한 경로를 선택하여 규정 속도로 주행한다.
⑧ 작업 시 운전 시야를 확보한다.
⑨ 작업 시 안전표지 내용을 준수한다.
⑩ 작업 중 운전석 이탈 시에는 시동키를 반드시 휴대한다.
⑪ 작업 시 휴대전화를 사용하지 않는다.
⑫ 지게차 작업 시 음주 운전을 하지 않는다.

02 운반 작업 시 안전수칙

① 마스트를 4° 정도 뒤로 기울인 상태에서 포크 높이를 지면으로부터 20~30cm 유지하며 운반한다.
② 주행 시 이동방향을 확인하고 작업장 바닥과의 간격을 유지하면서 화물을 운반한다.
③ 적재한 화물이 운전 시야를 가릴 경우 후진 주행이나 유도자를 배치하여 주행한다.
④ 혼잡한 지역이나 운전 시야가 가려질 경우 장애물과 보행자에 주의하면서 속도를 감속하여 주행한다.
⑤ 경사로를 올라가거나 내려올 때는 적재물이 경사로의 위쪽을 향하도록 한다.
⑥ 경사로를 내려오는 경우 엔진 브레이크를 사용하여 천천히 내려온다.

3. 안전운반작업

단원핵심문제

1 다음은 안전 운전에 대한 일반적인 사항을 설명한 것으로 거리가 먼 것은?
① 작업 전 일일점검을 실시한다.
② 적재 하중을 어느 정도 초과하여 적재하여 작업해도 괜찮다.
③ 작업 시 안전벨트를 착용한다.
④ 지게차를 다른 용도로 사용하지 않는다.

> 작업 시 적재 하중을 초과하여 적재하지 않아야 한다.

2 다음은 안전 운전에 대한 일반적인 사항을 설명한 것으로 거리가 먼 것은?
① 작업 시 안전표지 내용을 준수한다.
② 운전석을 떠나는 경우에는 엔진의 시동키를 끼워둔다.
③ 작업 시 휴대전화를 사용하지 않는다.
④ 지게차 작업 시 음주 운전을 하지 않는다.

> 작업 중 운전석 이탈 시에는 시동키를 반드시 휴대한다.

3 다음은 안전 운전에 대한 일반적인 사항을 설명한 것으로 거리가 먼 것은?
① 작업 시 적재 하중을 초과하여 적재하지 않는다.
② 작업 시 규정 속도를 준수한다.
③ 작업 시 안전한 경로를 선택하여 빠른 속도로 주행한다.
④ 작업 시 운전 시야를 확보한다.

> 작업 시 안전한 경로를 선택하여 규정 속도로 주행하여야 한다.

4 다음은 지게차로 화물을 운반 시 안전수칙을 설명한 것으로 틀린 것은?
① 마스트를 뒤로 충분히 기울인 상태에서 포크 높이를 지면으로부터 20~30cm 유지하며 운반한다.
② 주행 시 이동방향을 확인하고 작업장 바닥과의 간격을 유지하면서 화물을 운반한다.
③ 적재한 화물이 운전 시야를 가릴 경우 전진 주행이나 유도자를 배치하여 주행한다.
④ 혼잡한 지역이나 운전 시야가 가려질 경우 장애물과 보행자에 주의하면서 속도를 감속하여 주행한다.

> 적재한 화물이 운전 시야를 가릴 경우 후진 주행이나 유도자를 배치하여 주행한다.

5 다음은 지게차로 화물을 운반 시 안전수칙을 설명한 것으로 틀린 것은?
① 혼잡한 지역이나 운전 시야가 가려질 경우 장애물과 보행자에 주의하면서 속도를 감속하여 주행한다.
② 경사로를 올라가거나 내려올 때는 적재물이 경사로의 위쪽을 향하도록 한다.
③ 포크 높이를 지면으로부터 20~30cm 유지하며 운반한다.
④ 경사로를 내려오는 경우 핸드 브레이크를 사용하여 천천히 내려온다.

> 경사로를 내려오는 경우 엔진 브레이크를 사용하여 천천히 내려와야 한다.

정답

01.② 02.② 03.③ 04.③ 05.④

6 지게차의 운반 방법 중 틀린 것은?

① 운반 중 마스트를 뒤로 4° 가량 경사시킨다.
② 화물 운반 시 내리막길은 후진, 오르막길은 전진한다.
③ 화물 적재 운반 시 항상 후진으로 운반한다.
④ 운반 중 포크는 지면에서 20~30cm 가량 띄운다.

> 화물 적재 운반 시 적재한 화물이 시야를 가릴 경우 후진 주행이나 유도자를 배치하여 주행하여야 한다.

7 지게차의 화물 운반 작업 중 가장 적당한 것은?

① 댐퍼를 뒤로 3° 정도 경사시켜서 운반한다.
② 마스트를 뒤로 4° 정도 경사시켜서 운반한다.
③ 바이브레이터를 뒤로 8° 정도 경사시켜서 운반한다.
④ 샤퍼를 뒤로 6° 정도 경사시켜서 운반한다.

> 화물 적재 운반 시 마스트를 뒤로 약 4도 정도 경사시킨 후 포크를 지상에서 약 20~30cm 올려 원하는 곳으로 운반하여야 한다.

8 화물을 적재하고 주행할 때 포크와 지면과 간격으로 가장 적합한 것은?

① 지면에 밀착 ② 20~30cm
③ 50~55cm   ④ 80~85cm

9 지게차로 가파른 경사지에서 적재물을 운반할 때에는 어떤 방법이 좋겠는가?

① 적재물을 앞으로 하여 천천히 내려온다.
② 기어의 변속을 중립에 놓고 내려온다.
③ 기어의 변속을 저속상태로 놓고 후진으로 내려온다.
④ 지그재그로 회전하여 내려온다.

10 지게차로 화물을 싣고 경사지에서 주행할 때 안전상 올바른 운전방법은?

① 포크를 높이 들고 주행한다.
② 내려갈 때에는 저속 후진한다.
③ 내려갈 때에는 변속 레버를 중립에 놓고 주행한다.
④ 내려갈 때에는 시동을 끄고 타력으로 주행한다.

11 지게차의 작업방법을 설명한 것으로 맞는 것은?

① 화물을 싣고 평지에서 주행할 때에는 브레이크를 급격히 밟아도 된다.
② 비탈길을 오르내릴 때에는 마스트를 전면으로 기울인 상태에서 전진 운행한다.
③ 유체식 클러치는 전진 주행 중 브레이크를 밟지 않고 후진시켜도 된다.
④ 짐을 싣고 비탈길을 내려올 때에는 후진하여 천천히 내려온다.

12 다음 중 지게차 운전 작업 관련 사항으로 틀린 것은?

① 운전 시 급정지, 급선회를 하지 않는다.
② 화물을 적재 후 포크를 될 수 있는 한 높이 들고 운행한다.
③ 화물 운반 시 포크의 높이는 지면으로부터 20cm~30cm를 유지한다.
④ 포크를 상승시에는 액셀레이터를 밟으면서 상승시킨다.

> 화물 적재 운반 시 마스트를 뒤로 약 4도 정도 경사시킨 후 포크를 지상에서 약 20~30cm 올려 원하는 곳으로 운반하여야 한다.

정답
06.③ 07.② 08.② 09.③ 10.② 11.④
12.②

3-3 작업 안전

01 작업 전 안전 수칙
① 일상 점검표에 의거 작업 전, 작업 중, 작업 후 점검을 실시한다.
② 주기된 지게차의 지면을 확인하여 연료 및 각종 오일의 누유 흔적을 확인한다.
③ 브레이크 페달을 밟아 페달 유격이 정상인지 확인한다.
④ 주차 브레이크가 원활하게 해제되고 확실히 제동되는지 확인한다.
⑤ 작업 전 전·후진 레버를 조작하여 레버가 부드럽게 작동하는지 확인한다.
⑥ 조향 핸들에 이상 진동이 느껴지는지 확인하고 유격상태를 점검한다.
⑦ 리프트 실린더 레버를 작동하여 리프트 실린더의 누유 여부 및 실린더 로드의 손상을 점검한다.

02 주행 시 안전 수칙
① 작업장 내에서는 제한속도를 준수한다.
② 운전 시야 불량 시 유도자의 지시에 따라 전후·좌우를 충분히 관찰 후 운행한다.
③ 진입로, 교차로 등 시야가 제한되는 장소에서는 주행속도를 줄이고 운행한다.
④ 경사로 및 좁은 통로 등에서 급주행, 급정지, 급선회를 하지 않는다.
⑤ 다른 차량과 안전 차간 거리를 유지한다.
⑥ 선회 시 뒷바퀴에 주의하여 천천히 선회하며 다른 작업자나 구조물과의 충돌에 주의한다.

03 적재 작업 시 안전 수칙
① 적재할 화물의 앞에서 안전한 속도로 감속한다.
② 화물 앞에서 정지하여 마스트를 수직으로 조정한다.
③ 화물의 폭에 따라 포크 간격을 조절하여 화물 무게의 중심이 중앙에 오도록 한다.
④ 지게차가 화물에 대해 똑바로 향하고 파렛트 또는 스키드에 포크의 삽입 위치를 확인 후 포크를 수평으로 유지하여 천천히 삽입한다.
⑤ 포크 삽입 후 포크를 지면으로부터 10cm 들어 올려 화물의 안정 상태와 편하중을 확인한다.
⑥ 마스트를 뒤로 충분하게 기울이고 포크를 지면으로부터 20~30cm 높이를 유지한다.

04 하역 작업 시 안전 수칙
① 화물을 적재할 장소에 도착하면 안전한 속도로 감속하여 적재할 장소 앞에 정지한다.
② 적재하고 있는 화물의 붕괴, 파손 등의 위험 여부를 확인한다.
③ 마스트를 수직으로 하고 포크를 수평으로 유지하며 하역할 위치보다 약간 높은 위치까지 포크를 상승한다.
④ 지게차를 천천히 주행하여 내려놓을 위치를 확인 후 적재할 장소에 화물을 하역한다.

05 주차 및 작업 종료 후 안전 수칙
① 포크를 지면에 완전히 내리고 마스트를 앞으로 기울인다.
② 주차 브레이크를 체결하고 전, 후진 레버를 중립 위치에 놓은 상태에서 시동을 정지하고 시동 키는 운전자가 지참하여 관리한다.
③ 작업 후 점검을 실시하여 장비 이상 유무를 확인한다.
④ 지게차 내·외부를 청소하고 더러움이 심할 경우 물로 세척한다.

3. 안전운반작업

단원핵심문제

1 다음 중 작업 전 안전 수칙으로 거리가 먼 것은?
① 일상 점검표에 의거 작업 전, 작업 중, 작업 후 점검을 실시한다.
② 주기된 지게차의 지면을 확인하여 연료 및 각종 오일의 누유 흔적을 확인한다.
③ 브레이크 페달을 밟아 페달 유격이 정상인지 확인한다.
④ 지게차 내·외부를 청소하고 더러움이 심할 경우 물로 세척한다.

> 작업 종료 후 지게차 내·외부를 청소하고 더러움이 심할 경우 물로 세척하여야 한다.

2 지게차 작업 전 안전 수칙 중 틀린 것은?
① 주차 브레이크가 원활하게 해제되고 확실히 제동되는지 확인한다.
② 작업 후 전·후진 레버를 조작하여 레버가 부드럽게 작동하는지 확인한다.
③ 조향 핸들에 이상 진동이 느껴지는지 확인하고 유격상태를 점검한다.
④ 리프트 실린더 레버를 작동하여 리프트 실린더의 누유 여부 및 실린더 로드의 손상을 점검한다.

> 전·후진 레버를 조작하여 레버가 부드럽게 작동하는지 확인하는 것은 작업 전에 시행하여야 한다.

3 지게차 주행 시 주의하여야 할 사항들 중 틀린 것은?
① 짐을 싣고 주행할 때는 절대로 속도를 내서는 안 된다.
② 노면의 상태에 충분한 주의를 하여야 한다.
③ 포크의 끝을 밖으로 경사지게 한다.
④ 적하 장치에 사람을 태워서는 안 된다.

4 지게차를 경사면에서 운전할 때 안전운전 측면에서 짐의 방향으로 가장 적절한 것은?
① 짐이 언덕 위쪽으로 가도록 한다.
② 짐이 언덕 아래쪽으로 가도록 한다.
③ 운전이 편리하도록 짐의 방향을 정한다.
④ 짐의 크기에 따라 방향이 정해진다.

5 지게차에서 지켜야 할 안전수칙으로 틀린 것은?
① 후진 시는 반드시 뒤를 살필 것
② 전에서 후진 변속 시는 장비가 정지된 상태에서 행할 것
③ 주·정차시는 반드시 주차 브레이크를 작동시킬 것
④ 이동시는 포크를 반드시 지상에서 높이 들고 이동할 것

> 주행할 때 포크와 지면과 간격은 20~30cm가 좋다.

6 건설기계 작업 시 주의사항으로 틀린 것은?
① 주행 시 작업 장치는 진행 방향으로 한다.
② 주행 시는 가능한 평탄한 지면으로 주행한다.
③ 운전석을 떠날 경우에는 기관을 정지시킨다.
④ 후진 시는 후진 후 사람 및 장애물 등을 확인한다.

정답

01.④ 02.② 03.③ 04.① 05.④ 06.④

7 지게차의 작업 방법을 설명한 것으로 맞는 것은?

① 화물을 싣고 평지에서 주행할 때에는 브레이크를 급격히 밟아도 된다.
② 비탈길을 오르내릴 때에는 마스트를 전면으로 기울인 상태에서 전진 운행한다.
③ 유체식 클러치는 전진 주행 중 브레이크를 밟지 않고 후진시켜도 된다.
④ 짐을 싣고 비탈길을 내려올 때에는 후진하여 천천히 내려온다.

8 지게차에서 화물을 취급하는 방법으로 틀린 것은?

① 포크는 화물의 받침대 속에 정확히 들어갈 수 있도록 조작한다.
② 운반물을 적재하여 경사지를 주행할 때에는 짐이 언덕 위쪽으로 향하도록 한다.
③ 포크를 지면에서 약 800mm 정도 올려서 주행한다.
④ 운반 중 마스트를 뒤로 약 4°정도 경사 시킨다.

9 지게차 화물취급 작업 시 준수하여야 할 사항으로 틀린 것은?

① 화물 앞에서 일단 정지해야 한다.
② 화물의 근처에 왔을 때에는 가속 페달을 살짝 밟는다.
③ 파레트에 실려 있는 물체의 안전한 적재여부를 확인한다.
④ 지게차를 화물 쪽으로 반듯하게 향하고 포크가 파레트를 마찰하지 않도록 주의한다.

10 지게차로 적재작업을 할 때 유의사항으로 틀린 것은?

① 운반하려고 하는 화물 가까이가면 속도를 줄인다.
② 화물 앞에서 일단 정지한다.
③ 화물이 무너지거나 파손 등의 위험성 여부를 확인한다.
④ 화물을 높이 들어 올려 아랫부분을 확인하며 천천히 출발한다.

11 지게차의 적재 방법으로 틀린 것은?

① 화물을 올릴 때에는 포크를 수평으로 한다.
② 화물을 올릴 때에는 가속 페달을 밟는 동시에 레버를 조작한다.
③ 포크로 물건을 찌르거나 물건을 끌어서 올리지 않는다.
④ 화물이 무거우면 사람이나 중량물로 밸런스 웨이트를 삼는다.

12 지게차에서 적재 상태의 마스트 경사로 적합한 것은?

① 뒤로 기울어지도록 한다.
② 앞으로 기울어지도록 한다.
③ 진행 좌측으로 기울어지도록 한다.
④ 진행 우측으로 기울어지도록 한다.

13 지게차의 하역 방법 설명으로 가장 적절하지 못한 것은?

① 짐을 내릴 때는 마스트를 앞으로 약 4°정도 경사 시킨다.
② 짐을 내릴 때는 틸트 레버 조작은 필요 없다.
③ 짐을 내릴 때는 가속 페달의 사용은 필요 없다.
④ 리프트 레버를 사용할 때 시선은 포크를 주시한다.

정답
07.④ 08.③ 09.② 10.④ 11.④ 12.①
13.②

14 평탄한 노면에서의 지게차 운전하여 하역 작업 시 올바른 방법이 아닌 것은?

① 파레트에 실은 짐이 안정되고 확실하게 실려 있는가를 확인한다.
② 포크를 삽입하고자 하는 곳과 평행하게 한다.
③ 불안정한 적재의 경우에는 빠르게 작업을 진행시킨다.
④ 화물 앞에서 정지한 후 마스트가 수직이 되도록 기울여야 한다.

15 지게차에 짐을 싣고 창고나 공장을 출입할 때의 주의사항 중 틀린 것은?

① 짐이 출입구 높이에 닿지 않도록 주의한다.
② 팔이나 몸을 차체 밖으로 내밀지 않는다.
③ 주위 장애물 상태를 확인 후 이상이 없을 때 출입한다.
④ 차폭과 출입구의 폭은 확인할 필요가 없다.

■ 창고나 공장에 출입할 때 주의사항
① 차폭과 입구의 폭을 확인할 것.
② 부득이 포크를 올려서 출입하는 경우에 출입구 높이에 주의할 것.
③ 손이나 발을 차체의 밖으로 내밀지 말 것.
④ 반드시 주위 안전 상태를 확인하고 나서 출입할 것.

16 지게차의 운전을 종료했을 때 취해야 할 안전사항이 아닌 것은?

① 각종 레버는 중립에 둔다.
② 연료를 빼낸다.
③ 주차 브레이크를 작동시킨다.
④ 전원 스위치를 차단시킨다.

17 지게차를 주차할 때 취급사항으로 틀린 것은?

① 포크를 지면에 완전히 내린다.
② 기관을 정지한 후 주차 브레이크를 작동시킨다.
③ 시동을 끈 후 시동스위치의 키는 그대로 둔다.
④ 포크의 선단이 지면에 닿도록 마스트를 전방으로 적절히 경사시킨다.

18 지게차를 주차시켰을 때 포크의 적당한 위치는?

① 지상으로부터 20cm 위치에 둔다.
② 지상으로부터 30cm 위치에 둔다.
③ 지면에 내려놓는다.
④ 높이 들어둔다.

19 지게차의 주차 및 작업을 종료한 후 안전수칙을 설명한 것으로 틀린 것은?

① 포크를 지면에 완전히 내리고 마스트를 뒤로 기울인다.
② 주차 브레이크를 체결하고 전, 후진 레버를 중립 위치에 놓은 상태에서 시동을 정지하고 시동 키는 운전자가 지참하여 관리한다.
③ 작업 후 점검을 실시하여 장비의 이상 유무를 확인한다.
④ 지게차 내·외부를 청소하고 더러움이 심할 경우 물로 세척한다.

작업을 종료한 후 주차시키는 경우 포크를 지면에 완전히 내리고 마스트를 앞으로 기울여야 한다.

정답

14.③　15.④　16.②　17.③　18.③　19.①

3-4 기타 안전 사항

01 작업장 안전

(1) 작업장 안전 수칙
① 작업 중 입은 부상은 즉시 응급조치를 하고 보고한다.
② 밀폐된 실내에서는 시동을 걸지 않는다.
③ 작업 후 바닥의 오일 등을 깨끗이 청소한다.
④ 모든 사용 공구는 제자리에 정리정돈 한다.
⑤ 무거운 물건은 이동기구를 이용한다.
⑥ 폐기물은 정해진 위치에 모아 둔다.
⑦ 통로나 창문 등에 물건을 세워 놓지 않는다.

(2) 작업자의 준수사항
① 작업자는 안전 작업 방법을 준수한다.
② 작업자는 감독자의 명령에 복종한다.
③ 자신의 안전은 물론 동료의 안전도 생각한다.
④ 작업에 임해서는 보다 좋은 방법을 찾는다.
⑤ 작업자는 작업 중에 불필요한 행동을 하지 않는다.
⑥ 작업장의 환경 조성을 위해서 적극적으로 노력한다.

(3) 작업장에서의 통행 규칙
① 문은 조용히 열고 닫는다.
② 기중기 작업 중에는 접근하지 않는다.
③ 짐을 가진 사람과 마주치면 길을 비켜준다.
④ 자재 위에 앉거나 자재 위를 걷지 않도록 한다.
⑤ 통로와 궤도를 건널 때 좌우를 살핀 후 건넌다.
⑥ 함부로 뛰지 않으며, 좌·우측통행의 규칙을 지킨다.
⑦ 지름길로 가려고 위험한 장소를 횡단하여서는 안된다.
⑧ 보행 중에는 발밑이나 주위의 상황 또는 작업에 주의한다.
⑨ 주머니에 손을 넣지 않고 두 손을 자연스럽게 하고 걷는다.
⑩ 높은 곳에서 작업하고 있으면 그 곳에 주의하며, 통과한다.

(4) 사다리식 통로 구조
① 견고한 구조로 할 것
② 심한 손상·부식 등이 없는 재료를 사용할 것
③ 발판의 간격은 일정하게 할 것
④ 발판과 벽과의 사이는 15cm 이상의 간격을 유지할 것
⑤ 폭은 30cm 이상으로 할 것
⑥ 사다리가 넘어지거나 미끄러지는 것을 방지하기 위한 조치를 할 것
⑦ 사다리의 상단은 걸쳐놓은 지점으로부터 60cm 이상 올라가도록 할 것
⑧ 사다리식 통로의 길이가 10m 이상인 경우에는 5m 이내마다 계단참을 설치할 것
⑨ 사다리식 통로의 기울기는 75도 이하로 할 것. 다만, 고정식 사다리식 통로의 기울기는 90도 이하로 하고, 그 높이가 7m 이상인 경우에는 바닥으로부터 높이가 2.5m 되는 지점부터 등받이 울을 설치할 것
⑩ 접이식 사다리 기둥은 사용 시 접혀지거나 펼쳐지지 않도록 철물 등을 사용하여 견고하게 조치할 것

3. 안전운반작업

단원핵심문제

1 작업장에서 지켜야할 안전수칙이 아닌 것은?
① 작업 중 입은 부상은 즉시 응급조치를 하고 보고한다.
② 밀폐된 실내에서는 시동을 걸지 않는다.
③ 통로나 마룻바닥에 공구나 부품을 방치하지 않는다.
④ 기름걸레나 인화물질은 나무 상자에 보관한다.

> 기름걸레나 인화물질은 철제 상자에 보관한다.

2 작업장의 안전수칙 중 틀린 것은?
① 공구는 오래 사용하기 위하여 기름을 묻혀서 사용한다.
② 작업복과 안전장구는 반드시 착용한다.
③ 각종 기계를 불필요하게 공회전 시키지 않는다.
④ 기계의 청소나 손질은 운전을 정지시킨 후 실시한다.

3 일반 작업 환경에서 지켜야 할 안전사항으로 틀린 것은?
① 안전모를 착용한다.
② 해머는 반드시 장갑을 끼고 작업한다.
③ 주유 시는 시동을 끈다.
④ 정비나 청소작업은 기계를 정지 후 실시한다.

> 장갑을 끼고 해머 작업을 하는 경우 손에서 빠져나가 위험을 초래하게 된다.

4 공장 내 안전수칙으로 옳은 것은?
① 기름걸레나 인화물질은 철재 상자에 보관한다.
② 공구나 부속품을 닦을 때에는 휘발유를 사용한다.
③ 차가 잭에 의해 올려져 있을 때는 직원 외는 차내 출입을 삼가 한다.
④ 높은 곳에서 작업 시 훅을 놓치지 않게 잘 잡고, 체인블록을 이용한다.

5 작업 중 기계장치에서 이상한 소리가 날 경우 작업자가 해야 할 조치로 가장 적합한 것은?
① 진행 중인 작업은 계속하고 작업종료 후에 조치한다.
② 장비를 멈추고 열을 식힌 후 계속 작업한다.
③ 속도를 조금 줄여 작업한다.
④ 즉시, 작동을 멈추고 점검한다.

6 다음 중 현장에서 작업자가 작업 안전상 꼭 알아두어야 할 사항은?
① 장비의 가격
② 종업원의 작업환경
③ 종업원의 기술정도
④ 안전규칙 및 수칙

7 작업장에서 지킬 안전사항 중 틀린 것은?
① 안전모는 반드시 착용한다.
② 고압전기, 유해가스 등에 적색 표지판을 부착한다.
③ 해머작업을 할 때는 장갑을 착용한다.
④ 기계의 주유 시는 동력을 차단한다.

정답
01.④ 02.① 03.② 04.① 05.④ 06.④
07.③

8 보기에서 작업자의 올바른 안전 자세로 모두 짝지어진 것은?

> **보기**
> a. 자신의 안전과 타인의 안전을 고려한다.
> b. 작업에 임해서는 아무런 생각 없이 작업한다.
> c. 작업장 환경조성을 위해 노력한다.
> d. 작업 안전 사항을 준수한다.

① a, b, c
② a, c, d
③ a, b, d
④ a, b, c, d

9 작업 환경 개선 방법으로 가장 거리가 먼 것은?

① 채광을 좋게 한다.
② 조명을 밝게 한다.
③ 부품을 신품으로 모두 교환한다.
④ 소음을 줄인다.

10 작업장 내의 안전한 통행을 위하여 지켜야 할 사항이 아닌 것은?

① 주머니에 손을 넣고 보행하지 말 것
② 좌측 또는 우측통행 규칙을 엄수할 것
③ 운반차를 이용할 때에는 가장 빠른 속도로 주행할 것
④ 물건을 든 사람과 만났을 때는 즉시 길을 양보할 것

11 작업장의 사다리식 통로를 설치하는 관련법상 틀린 것은?

① 견고한 구조로 할 것
② 발판의 간격은 일정하게 할 것
③ 사다리가 넘어지거나 미끄러지는 것을 방지하기 위한 조치를 할 것
④ 사다리식 통로의 길이가 10m 이상인 때에는 접이식으로 설치할 것

12 다음 중 기계작업 시 적절한 안전거리를 가장 크게 유지해야 하는 것은?

① 프레스
② 선반
③ 절단기
④ 전동 띠톱 기계

13 작업장에서 작업자가 준수하여야 할 사항 중 틀린 것은?

① 자신만의 안전을 생각하며 작업이 임한다.
② 작업에 임해서는 보다 좋은 방법을 찾는다.
③ 작업자는 작업 중에 불필요한 행동을 하지 않는다.
④ 작업장의 환경 조성을 위해서 적극적으로 노력한다.

> ■ 작업자의 준수사항
> ① 작업자는 안전 작업 방법을 준수한다.
> ② 작업자는 감독자의 명령에 복종한다.
> ③ 자신의 안전은 물론 동료의 안전도 생각한다.
> ④ 작업에 임해서는 보다 좋은 방법을 찾는다.
> ⑤ 작업자는 작업 중에 불필요한 행동을 하지 않는다.
> ⑥ 작업장의 환경 조성을 위해서 적극적으로 노력한다.

14 작업장에서의 통행 규칙을 설명한 것으로 틀린 것은?

① 보행 중에는 발밑이나 주위의 상황 또는 작업에 주의한다.
② 지름길로 빠르게 가려고 위험한 장소를 횡단하여도 된다.
③ 주머니에 손을 넣지 않고 두 손을 자연스럽게 하고 걷는다.
④ 높은 곳에서 작업하고 있으면 그 곳에 주의하며, 통과한다.

> 지름길로 가려고 위험한 장소를 횡단하여서는 안 된다.

정답
08.② 09.③ 10.③ 11.④ 12.④ 13.①
14.②

02 감전되었을 때 위험을 결정하는 요소
① 인체에 흐른 전류의 크기
② 인체에 전류가 흐른 시간
③ 전류가 인체에 통과한 경로

03 인력에 의한 운반 시 주의사항

(1) 물건을 들어 올릴 때 주의사항
① 긴 물건은 앞을 조금 높여서 운반한다.
② 무거운 물건은 여러 사람과 협동으로 운반하거나 운반차를 이용한다.
③ 물품을 몸에 밀착시켜 몸의 평형을 유지하여 비틀거리지 않도록 한다.
④ 물품을 운반하고 있는 사람과 마주치면 그 발밑을 방해하지 않게 피한다.
⑤ 몸의 평형을 유지하도록 발을 어깨너비만큼 벌리고 허리를 충분히 낮추고 물품을 수직으로 들어올린다.

(2) 2 사람 이상의 협동 운반 작업 시 주의사항
① 육체적으로 고르고 키가 큰 사람으로 조를 편성한다.
② 정해진 지휘자의 구령 또는 호각 등에 따라 동작한다.
③ 운반물의 하중이 여러 사람에게 평균적으로 걸리도록 한다.
④ 지휘자를 정하고 지휘자는 작업자를 보고 지휘할 수 있는 위치에 선다.
⑤ 긴 물건을 어깨에 메고 운반하는 경우에는 각 작업자와 같은 쪽의 어깨에 메고서 보조를 맞춘다.
⑥ 물건을 들어 올리거나 내릴 때는 서로 같은 소리를 내는 등의 방법으로 동작을 맞춘다.

---

3. 안전운반작업 — 단원핵심문제

1 다음은 건설기계를 조정하던 중 감전되었을 때 위험을 결정하는 요소이다 틀린 것은?
① 전압의 차체 충격 경로
② 인체에 흐르는 전류의 크기
③ 인체에 전류가 흐른 시간
④ 전류의 인체 통과경로

2 전기 작업에서 안전작업상 적합하지 않은 것은?
① 저압 전력선에는 감전 우려가 없으므로 안심하고 작업할 것
② 퓨즈는 규정된 알맞은 것을 끼울 것
③ 전선이나 코드의 접속부는 절연물로서 완전히 피복하여 둘 것
④ 전기장치는 사용 후 스위치를 OFF할 것

3 다음 중 감전 재해의 대표적인 발생 형태로 틀린 것은?
① 전선이나 전기기기의 노출된 충전부의 양 단간에 인체가 접촉되는 경우
② 전기기기의 충전부와 대지사이에 인체가 접촉되는 경우
③ 누전상태의 전기기기에 인체가 접촉되는 경우
④ 고압 전력선에 안전거리 이상 이격한 경우

정답
01.① 02.① 03.④

4 감전되거나 전기화상을 입을 위험이 있는 작업에서 제일 먼저 작업자가 구비해야 할 것은?
① 완강기 ② 구급차
③ 보호구 ④ 신호기

5 운반 작업 시 지켜야 할 사항으로 옳은 것은?
① 운반 작업은 장비를 사용하기 보다는 가능한 많은 인력을 동원하여 하는 것이 좋다.
② 인력으로 운반 시 무리한 자세로 장시간 취급하지 않는다.
③ 인력으로 운반 시 보조구를 사용하되 몸에서 멀리 떨어지게 하고, 가슴위치에서 하중이 걸리게 한다.
④ 통로 및 인도에 가까운 곳에서는 빠른 속도로 벗어나는 것이 좋다.

6 무거운 물건을 들어 올릴 때의 주의사항에 관한 설명으로 가장 적합하지 않은 것은?
① 장갑에 기름을 묻히고 든다.
② 가능한 이동식 크레인을 이용한다.
③ 힘센 사람과 약한 사람과의 균형을 잡는다.
④ 약간씩 이동하는 것은 지렛대를 이용할 수도 있다.

7 길이가 긴 물건을 공동으로 운반 작업을 할 때의 주의사항과 거리가 먼 것은?
① 작업 지휘자를 반드시 정한다.
② 두 사람이 운반할 때는 힘 센 사람이 하중을 더 많이 분담한다.
③ 물건을 들어 올리거나 내릴 때는 서로 같은 소리를 내는 등의 방법으로 동작을 맞춘다.
④ 체력과 신장이 서로 잘 어울리는 사람끼리 작업한다.

8 작업장에서 공동 작업으로 물건을 들어 이동할 때 잘못된 것은?
① 힘을 균형을 유지하여 이동할 것
② 불안전한 물건은 드는 방법에 주의할 것
③ 보조를 맞추어 들도록 할 것
④ 운반 도중 상대방에게 무리하게 힘을 가할 것

9 인력으로 운반 작업을 할 때 틀린 것은?
① 긴 물건은 앞쪽을 위로 올린다.
② 드럼통과 LPG 봄베는 굴려서 운반한다.
③ 무리한 몸가짐으로 물건을 들지 않는다.
④ 공동 운반에서는 서로 협조를 하여 작업한다.

10 운반 작업을 하는 작업장의 통로에서 통과 우선순위로 가장 적당한 것은?
① 짐차 – 빈차 – 사람
② 빈차 – 짐차 – 사람
③ 사람 – 짐차 – 빈차
④ 사람 – 빈차 – 짐차

> 운반 작업을 하는 작업장의 통로에서 통과 우선순위는 짐차 – 빈차 – 사람이다.

11 운반 작업시의 안전수칙으로 틀린 것은?
① 화물 적재 시 될 수 있는 대로 중심고를 높게 한다.
② 길이가 긴 물건은 앞쪽을 높여서 운반한다.
③ 인력으로 운반 시 어깨보다 높이 들지 않는다.
④ 무거운 짐을 운반할 때는 보조구들을 사용한다.

> 운반 작업에서 화물을 적재하는 경우 될 수 있는 대로 중심고를 낮추어야 한다.

정답
04.③ 05.② 06.① 07.② 08.④ 09.②
10.① 11.①

04 중량물 운반할 때 주의 사항
① 체인블록이나 호이스트를 사용한다.
② 무거운 물건을 운반할 경우 주위사람에게 인지하게 한다.
③ 규정 용량을 초과하여 운반하지 않는다.
④ 무거운 물건을 상승시킨 채 오랫동안 방치하지 않는다.
⑤ 화물을 운반할 경우에는 운전반경 내를 확인한다.

05 점검주기에 따른 안전점검의 종류
① **수시(일상) 점검** : 작업시작 전 및 사용하기 전에 또는 작업 중에 실시하는 점검
② **정기 점검** : 1개월, 6개월, 1년 또는 2년 등 일정한 기간을 정해서 외관검사, 기능점검 및 각 부분을 분해해서 정밀검사를 실시하여 이상 발견에 노력하는 것을 말한다.
③ **특별 점검** : 법정에 입각한 호우, 강풍, 지진 등이 발생한 뒤, 작업을 재개시할 때 등 이상 시에 안전담당자 등에 의해 기계설비 등의 기능 이상을 점검하는 것.

06 방호 장치의 종류
① **격리형 방호장치** : 작업점 외에 직접 사람이 접촉하여 말려들거나 다칠 위험이 있는 장소를 덮어씌우는 방호장치 방법이다.
② **완전 차단형 방호조치** : 어떠한 방향에서도 위험장소까지 도달할 수 없도록 완전히 차단하는 것이다.
③ **덮개형 방호조치** : 작업점 외에 직접 사람이 접촉하여 말려들거나 다칠 위험이 있는 위험 장소를 덮어씌우는 방법으로 V벨트나 평 벨트 또는 기어가 회전하면서 접선방향으로 물려 들어가는 장소에 많이 설치한다.
④ **위치 제한형 방호장치** : 위험을 초래할 가능성이 있는 기계에서 작업자나 직접 그 기계와 관련되어 있는 조작자의 신체부위가 위험한계 밖에 있도록 의도적으로 기계의 조작 장치를 기계에서 일정거리 이상 떨어지게 설치해 놓고, 조작하는 두 손 중에서 어느 하나가 떨어져도 기계의 동작을 멈춰지게 하는 장치이다.
⑤ **접근 반응형 방호장치** : 작업자의 신체부위가 위험한계 또는 그 인접한 거리로 들어오면 이를 감지하여 그 즉시 동작하던 기계를 정지시키거나 스위치가 꺼지도록 하는 방호법이다.

07 방호 조치
① 작동 부분의 돌기부분은 묻힘형으로 하거나 덮개를 부착할 것
② 동력 전달부분 및 속도 조절부분에는 덮개를 부착하거나 방호망을 설치할 것
③ 회전기계의 물림점(롤러·기어 등)에는 덮개 또는 울을 설치할 것
④ 감전의 위험을 방지하기 위하여 전기기기에 대하여 접지 설비를 할 것

3. 안전운반작업

단원핵심문제

1 공장에서 엔진 등 중량물을 이동하려고 한다. 가장 좋은 방법은?
① 여러 사람이 들고 조용히 움직인다.
② 체인 블록이나 호이스트를 사용한다.
③ 로프로 묶어 인력으로 당긴다.
④ 지렛대를 이용하여 움직인다.

2 중량물 운반에 대한 설명으로 틀린 것은?
① 흔들리는 중량물은 사람이 붙잡아서 이동한다.
② 무거운 물건을 운반할 경우 주위 사람에게 인지하게 한다.
③ 규정 용량을 초과하여 운반하지 않는다.
④ 무거운 물건을 상승시킨 채 오랫동안 방치하지 않는다.

3 점검주기에 따른 안전점검의 종류에 해당되지 않는 것은?
① 수시 점검　　② 정기 점검
③ 특별 점검　　④ 구조 점검

4 작업점 외에 직접 사람이 접촉하여 말려들거나 다칠 위험이 있는 장소를 덮어씌우는 방호장치는?
① 격리형 방호장치
② 위치 제한형 방호장치
③ 포집형 방호장치
④ 접근 거부형 방호장치

5 전기기기에 의한 감전 사고를 막기 위하여 필요한 설비로 가장 중요한 것은?
① 고압계 설비
② 접지 설비
③ 방폭등 설비
④ 대지 전위 상승장치 설비

6 방호장치를 기계설비에 설치할 때 철저히 조사해야 하는 항목이 맞게 연결된 것은?
① 방호 정도 : 어느 한계까지 믿을 수 있는지 여부
② 적용 범위 : 위험 발생을 경고 또는 방지하는 기능으로 할지 여부
③ 유지 관리 : 유지관리를 하는데 편의성과 적정성
④ 신뢰도 : 기계설비의 성능, 기능에 부합되는지 여부

7 방호장치 및 방호조치에 대한 설명으로 틀린 것은?
① 충전회로 인근에서 차량, 기계장치 등의 작업이 있는 경우 충전부로부터 3m 이상 이격시킨다.
② 지반 붕괴의 위험이 있는 경우 흙막이 지보공 및 방호망을 설치해야 한다.
③ 발파 작업 시 피난장소는 좌우측을 견고하게 방호한다.
④ 직접 접촉이 가능한 벨트에는 덮개를 설치해야 한다.

8 안전 작업 사항으로 잘못된 것은?
① 전기장치는 접지를 하고 이동식 전기기구는 방호장치를 설치한다.
② 엔진에서 배출되는 일산화탄소에 대비한 통풍장치를 한다.
③ 담뱃불은 발화력이 약하므로 제한장소 없이 흡연해도 무방하다.
④ 주요 장비 등은 조작자를 지정하여 아무나 조작하지 않도록 한다.

정답
01.② 02.① 03.④ 04.① 05.② 06.③
07.③ 08.③

chapter 04 지게차 안전관리

4-1 지게차 안전관리

01 안전작업 매뉴얼 준수
① 작업 계획서를 작성한다.
② 지게차 작업 장소의 안전한 운행 경로를 확보한다.
③ 안전 수칙 및 안정도를 준수한다.

02 작업 시 안전수칙 준수
① 작업 전 일일점검을 실시한다.
② 주행 시 안전수칙을 준수한다.
③ 운반 시 안전수칙을 준수한다.
④ 하역 작업 시 안전수칙을 준수한다.
⑤ 주차 및 작업 종료 후 안전수칙을 준수한다.

03 작업 계획서 작성
지게차의 작업 계획서는 작업의 내용, 개시 및 작업시간, 종료시간 등을 세우는 계획서로 운반할 화물의 품명, 중량, 운반수량, 운반거리 및 장비제원 등이 포함된다.
① 작업명, 작업 장소, 작업일, 작업 시작시간 등 작업 개요에 대하여 확인한다.
② 신호수의 인원은 적절하게 배치되었는지 확인한다.
③ 화물의 물품명, 규격, 단위 중량, 운반거리 등 운반할 화물에 대하여 확인한다.
④ 기종, 운전자, 차체중량 및 부대작업 장치 등 장비 제원에 대하여 확인한다.
⑤ 실외용 화물은 엔진식 지게차, 실내용 화물은 전동식 지게차를 선정한다.
⑥ 작업계획서를 확인하여 운반할 위험화물이 보험에 가입되었는지 확인한다.
⑦ 안전모, 작업복, 안전조끼, 안전화 착용 여부 등 운전자의 안전장비를 확인한다.
⑧ **지게차 작업 시 준수사항**을 확인한다.
  ㉮ 작업장 내 관계자 외 출입이 통제 되었는지 확인
  ㉯ 정격하중 내에서 적재하는지 확인
  ㉰ 지게차 작업 시 안전거리에 유의.
  ㉱ 지게차 이동 시 규정 속도 준수

4-2 일상 점검 사항

① 지게차의 외관을 점검한다.
② 엔진의 오일량을 점검한다.
③ 엔진의 냉각수량을 점검한다.
④ 유압 오일의 양을 점검한다.
⑤ 팬벨트의 장력을 점검한다.
⑥ 타이어 상태를 점검한다.
⑦ 타이어 휠 볼트, 너트의 체결 상태를 점검한다.
⑧ 연료의 양을 점검한다.
⑨ 각종 계기류의 작동 상태를 점검한다.
⑩ 경적, 후진 경보 등 작동 상태를 점검한다.
⑪ 조향 장치의 작동 상태를 점검한다.
⑫ 브레이크 및 인칭 페달의 작동 상태를 점검한다.
⑬ 주차 브레이크의 작동 상태를 점검한다.

⑭ 작업 장치의 작동 상태를 점검한다.
⑮ 공기 청정기의 엘리먼트를 청소한다.
⑯ 축전지 단자의 접속 상태를 점검한다.

4-3 작업 요청서

작업 요청서는 해당 업체에서 화물의 운반 작업을 의뢰하는 요청서로 의뢰인의 작업요청 내용을 정확하게 파악할 수 있도록 작성하여야 한다.

01 도로 상태 확인
① 내비게이션이 장착된 지게차는 내비게이션을 활용하여 도로가 막힐 경우에는 도로사정에 맞는 우회도로를 선택하여 주행한다.
② 미디어 매체를 참고하여 도착 지점까지 지하철 공사 현장을 확인한다.
③ 비가 온 후 도로에 물의 흐름이 있으면 수막현상이 생겨 제동거리가 길어지므로 감속운행 및 앞차와의 차간거리를 충분히 유지한다.

02 작업시간 확인
① 작업 요청서의 화물명, 규격, 중량, 운반 수량, 운반거리 및 작업에 필요한 장비를 선정한다.
② 출발지, 도착지 및 작업장 환경을 고려하여 작업시간을 계산한다.

4-4 지게차 안전관리 교육

01 중량물 취급 시 위험 요인 확인
① 운전자의 시야 확보가 불량한지 확인한다.
② 운전이 미숙한지 확인한다.
③ 과속에 의한 충돌 위험을 확인한다.
④ 급선회 시 전도의 위험을 확인한다.
⑤ 화물을 과다하게 적재하였는지 확인한다.
⑥ 화물을 한쪽으로 편하중 상태로 적재하였는지 확인한다.
⑦ 무자격자 운전 여부를 확인한다.
⑧ 지게차의 용도 외에 사용하는지 확인한다.

02 위험 요인에 대한 안전 대책 수립
① 지게차 작업 시 안전 통로를 확보한다.
② 지게차에 안전장치를 설치한다.
③ 지게차 전용 작업 구간에 보행자의 출입을 금지시킨다.
④ 작업 구역 내 장애물을 제거한다.
⑤ 안전 표지판을 설치하고 안전표지를 부착한다.
⑥ 사각지역에 반사경을 설치한다.
⑦ 지게차 운전자 운전 시야를 확보한다.
⑧ 유자격자 만 지게차를 운전한다.
⑨ 주행 시 포크의 높이는 지면으로부터 20~30cm 든다.

03 중량물 운반 방법 숙지
(1) 중량물 운반 3원칙
① 중량물을 들어올린다.
② 중량물을 나른다.
③ 중량물을 안전하게 놓는다.

(2) 중량물 취급 방법을 숙지한다.
① 인력에 의한 방법
② 운반구에 의한 방법
③ 동력기계, 기구에 의한 방법

(3) 제품 및 원자재 적재 방법
① 모양을 갖추어서 적재한다.
② 즉시 사용할 물품은 별도로 보관한다.
③ 중량물은 랙의 하단에 적재한다.
④ 경량물은 랙의 상단에 적재한다.
⑤ 큰 것으로부터 작은 것으로 겹쳐 보관한다.

⑥ 높이는 밑의 길이보다 3배 이하로 한다.
⑦ 긴 물건은 옆으로 눕혀 놓는다.
⑧ 취급물의 안정성이 나쁜 것은 눕혀 놓는다.
⑨ 취급물을 세워서 보관 시에는 전도 방지 조치를 한다.
⑩ 구르는 것은 고임대로 받친다.
⑪ 파손되기 쉬운 중량물은 별도로 보관한다.

(4) 화물의 정리 정돈
① 적재물이 흐트러지지 않도록 보관한다.
② 필요 없는 물품은 치운다.
③ 정해진 장소에 물건을 보관한다.
④ 안전하게 적재한다.
⑤ 항상 청소하고 청결하게 유지한다.
⑥ 자주 사용하는 물품은 편리한 곳에 별도로 보관한다.
⑦ 무너지기 쉬운 물품은 고임대를 받치고 정리한다.
⑧ 품명, 수량을 알 수 있도록 정확하게 정리 정돈한다.

4. 지게차 안전관리

단원핵심문제

1 지게차의 안전작업 매뉴얼 준수 사항의 설명으로 틀린 것은?
① 작업 계획서를 작성한다.
② 지게차 작업 장소의 안전한 운행 경로를 확보한다.
③ 주차 및 작업 종료 후 안전수칙을 준수한다.
④ 안전 수칙 및 안정도를 준수한다.

2 지게차 작업 시 안전수칙 준수 사항을 설명한 것이다. 다음 중 틀린 것은?
① 지게차 작업 장소의 안전한 운행 경로를 확보한다.
② 주행 시 안전수칙을 준수한다.
③ 운반 시 안전수칙을 준수한다.
④ 하역 작업 시 안전수칙을 준수한다.

3 지게차 작업 내용과 관련된 준비사항에 대하여 파악하기 위하여 작업 계획서를 확인하여야 한다. 다음 중 확인 사항이 아닌 것은?
① 작업 개요에 대하여 확인한다.
② 신호수의 배치에 대하여 확인한다.
③ 보험가입에 대하여 확인한다.
④ 미디어 매체를 참고하여 도착 지점까지 지하철 공사 현장을 확인한다.

4 다음 중 작업 계획서의 확인 사항으로 해당하지 않는 것은?
① 운반할 화물에 대하여 확인한다.
② 운전자의 시야 확보가 불량한지 확인한다.
③ 장비 제원에 대하여 확인한다.
④ 운전자의 안전장비를 확인한다.

5 지게차의 일상 점검 사항에 해당하지 않는 것은?
① 지게차의 외관을 점검한다.
② 엔진의 오일량을 점검한다.
③ 엔진의 냉각수량을 점검한다.
④ 축전지의 비중을 점검한다.

정답
01.③ 02.① 03.④ 04.② 05.④

6 다음 중 지게차의 일상 점검 사항이 아닌 것은?

① 브레이크 페달의 유격을 측정한다.
② 유압 오일의 양을 점검한다.
③ 팬벨트의 장력을 점검한다.
④ 타이어 상태를 점검한다.

7 지게차의 일상 점검 항목에 해당하지 않는 것은?

① 타이어 휠 볼트, 너트의 체결 상태를 점검한다.
② 연료의 양을 점검한다.
③ 변속기 오일량을 점검한다.
④ 각종 계기류의 작동 상태를 점검한다.

8 지게차의 일상 점검 항목으로 틀린 것은?

① 경적, 후진 경보 등 작동 상태를 점검한다.
② 종감속기어의 오일량을 점검한다.
③ 조향 장치의 작동 상태를 점검한다.
④ 브레이크 및 인칭 페달의 작동 상태를 점검한다.

9 지게차의 일상 점검 항목으로 잘못된 것은?

① 주차 브레이크의 작동 상태를 점검한다.
② 작업 장치의 작동 상태를 점검한다.
③ 공기 청정기의 엘리먼트를 청소한다.
④ 축전지 전해액 량 높이를 점검한다.

10 중량물 취급 시 위험 요인의 확인 사항에 해당하지 않는 것은?

① 운전자의 시야 확보가 불량한지 확인한다.
② 지게차에 안전장치를 설치한다.
③ 과속에 의한 충돌 위험을 확인한다.
④ 급선회 시 전도의 위험을 확인한다.

11 다음은 중량물 취급 시 위험 요인의 확인 사항에 해당하지 않는 것은?

① 화물을 과다하게 적재하였는지 확인한다.
② 화물을 한쪽으로 편하중 상태로 적재하였는지 확인한다.
③ 지게차 작업 시 안전 통로를 확보한다.
④ 지게차의 용도 외에 사용하는지 확인한다.

12 지게차 작업 시 위험 요인에 대한 안전 대책의 수립이 아닌 것은?

① 항상 청소하고 청결하게 유지한다.
② 지게차 작업 시 안전 통로를 확보한다.
③ 지게차에 안전장치를 설치한다.
④ 지게차 전용 작업 구간에 보행자의 출입을 금지시킨다.

13 지게차 작업 시 위험 요인에 대한 안전 대책의 수립이 잘못된 것은?

① 작업 구역 내 장애물을 제거한다.
② 안전 표지판을 설치하고 안전표지를 부착한다.
③ 사각지역에 반사경을 설치한다.
④ 필요 없는 물품은 치운다.

14 지게차 작업 시 위험 요인에 대한 안전 대책의 수립으로 틀린 것은?

① 지게차 운전자 운전 시야를 확보한다.
② 취급물의 안정성이 나쁜 것은 눕혀 놓는다.
③ 유자격자 만 지게차를 운전한다.
④ 주행 시 포크의 높이는 지면으로부터 20~30cm 든다.

정답
06.① 07.③ 08.② 09.④ 10.② 11.③
12.① 13.④ 14.②

15 중량물 운반의 3원칙을 설명한 것으로 다음 중 잘못된 것은?
① 중량물을 들어올린다.
② 중량물을 나른다.
③ 중량물은 랙의 하단에 적재한다.
④ 중량물을 안전하게 놓는다.

16 다음 중 제품 및 원자재의 적재 방법으로 틀린 것은?
① 높이는 밑의 길이보다 4배 이하로 한다.
② 모양을 갖추어서 적재한다.
③ 즉시 사용할 물품은 별도로 보관한다.
④ 중량물은 랙의 하단에 적재한다.

> 제품 및 원자재를 적재할 때 높이는 밑의 길이보다 3배 이하로 하여야 한다.

17 다음 중 제품 및 원자재의 적재 방법이 아닌 것은?
① 큰 것으로부터 작은 것으로 겹쳐 보관한다.
② 높이는 밑의 길이보다 3배 이하로 한다.
③ 경량물은 랙의 하단에 적재한다.
④ 긴 물건은 옆으로 눕혀 놓는다.

> 제품 및 원자재의 적재할 때 경량물은 상단에 적재하여야 손상되지 않는다.

18 다음 중 제품 및 원자재의 적재 방법으로 잘못된 것은?
① 취급물의 안정성이 나쁜 것은 눕혀 놓는다.
② 취급물을 세워서 보관 시에는 전도 방지 조치를 한다.
③ 구르는 것은 고임대로 받친다.
④ 파손되지 않는 중량물을 별도로 보관한다.

> 파손되기 쉬운 중량물은 별도로 보관한다.

19 다음 중 화물의 정리 정돈에서 잘못된 것은?
① 적재물이 흐트러지지 않도록 보관한다.
② 모양을 갖추어서 보관한다.
③ 필요 없는 물품은 치운다.
④ 정해진 장소에 물건을 보관한다.

20 화물의 정리 정돈 사항으로 틀린 것은?
① 안전하게 적재한다.
② 항상 청소하고 청결하게 유지한다.
③ 자주 사용하는 물품은 편리한 곳에 별도로 보관한다.
④ 작은 것으로부터 큰 것으로 겹쳐 보관한다.

21 화물의 정리 정돈 방법이 아닌 것은?
① 무너지기 쉬운 물품은 고임대를 받치고 정리한다.
② 품명, 수량을 알 수 있도록 정확하게 정리 정돈한다.
③ 중량물은 랙의 상단에 보관한다.
④ 적재물이 흐트러지지 않도록 보관한다.

22 중량물 운반 3원칙으로 거리가 먼 것은?
① 중량물을 들어올린다.
② 중량물을 나른다.
③ 중량물을 안전하게 놓는다.
④ 중량물을 들어 내린다.

> ■ 중량물 운반 3원칙
> ① 중량물을 들어올린다.
> ② 중량물을 나른다.
> ③ 중량물을 안전하게 놓는다.

정 답
15.③ 16.① 17.③ 18.④ 19.② 20.④
21.③ 22.④

4-5 기계·기구 및 공구에 관한 사항

01 기계·기구에 관한 안전

(1) 기계 및 기계장치 취급 시 사고 발생원인
① 안전장치 및 보호 장치가 잘 되어 있지 않을 경우
② 정리정돈 및 조명 장치가 잘 되어 있지 않을 경우
③ 불량한 공구를 사용할 경우

(2) 일반 기계를 사용할 때 주의 사항
① 원동기의 기동 및 정지는 서로 신호에 의거한다.
② 고장 중인 기기에는 반드시 표식을 한다.
③ 정전이 된 경우에는 반드시 표식을 한다.
④ 기계 운전 중 정전 시는 즉시 주 스위치를 끈다.

(3) 연삭기 사용시 유의사항
① 숫돌 커버를 벗겨 놓고 사용하지 않는다.
② 연삭 작업 중에는 반드시 보안경을 착용하여야 한다.
③ 날이 있는 공구를 다룰 때에는 다치지 않도록 주의한다.
④ 숫돌바퀴에 공작물은 적당한 압력으로 접촉시켜 연삭한다.
⑤ 숫돌바퀴의 측면을 이용하여 공작물을 연삭해서는 안된다.
⑥ 숫돌바퀴와 받침대의 간격은 3mm 이하로 유지시켜야 한다.
⑦ 숫돌바퀴의 설치가 완료되면 3분 이상 시험 운전을 하여야 한다.
⑧ 숫돌바퀴를 설치할 경우에는 균열이 있는지 확인한 후 설치하여야 한다.
⑨ 연삭기의 스위치를 ON 시키기 전에 보안판과 숫돌 커버의 이상 유무를 점검한다.
⑩ 숫돌바퀴의 정면에 서지 말고 정면에서 약간 벗어난 곳에 서서 연삭 작업을 하여야 한다.

(4) 동력 기계의 안전 수칙
① 기어가 회전하고 있는 곳을 뚜껑으로 잘 덮어 위험을 방지한다.
② 천천히 움직이는 벨트라도 손으로 잡지 말 것
③ 회전하고 있는 벨트나 기어에 필요 없는 점검을 금한다.
④ 동력 전달을 빨리시키기 위해서 벨트를 회전하는 풀리에 걸어서는 안 된다.
⑤ 동력 압축기나 절단기를 운전할 때 위험을 방지하기 위해서는 안전장치를 한다.
⑥ 벨트의 이음쇠는 돌기가 없는 구조로 한다.
⑦ 벨트를 걸거나 벗길 때에는 기계를 정지한 상태에서 실시한다.
⑧ 벨트가 풀리에 감겨 돌아가는 부분은 커버나 덮개를 설치한다.

(5) 가스 용접 안전 수칙
① 통풍이나 환기가 불충분한 장소에 설치·저장 또는 방치하지 않도록 할 것
② 화기를 사용하는 장소 및 그 부근에 설치·저장 또는 방치하지 않도록 할 것
③ 위험물 또는 인화성 액체를 취급하는 장소 및 그 부근에 설치·저장 또는 방치하지 않도록 할 것
④ 용기의 온도를 섭씨 40℃ 이하로 유지할 것
⑤ 전도의 위험이 없도록 할 것
⑥ 충격을 가하지 않도록 할 것
⑦ 운반하는 경우에는 캡을 씌울 것
⑧ 사용하는 경우에는 용기의 마개에 부착되어 있는 유류 및 먼지를 제거할 것

⑨ 밸브의 개폐는 서서히 할 것
⑩ 사용 전 또는 사용 중인 용기와 그 밖의 용기를 명확히 구별하여 보관할 것
⑪ 용해아세틸렌의 용기는 세워 둘 것
⑫ 용기의 부식·마모 또는 변형상태를 점검한 후 사용할 것
⑬ 아세틸렌 밸브를 먼저 열고 점화한 후 산소 밸브를 연다.
⑭ 아세틸렌 용접장치의 설치장소에는 적당한 소화설비를 갖출 것

4. 지게차 안전관리

단원핵심문제

1 기계 및 기계장치 취급 시 사고 발생 원인이 아닌 것은?
① 불량 공구를 사용할 때
② 안전장치 및 보호 장치가 잘 되어 있지 않을 때
③ 정리정돈 및 조명장치가 잘 되어 있지 않을 때
④ 기계 및 기계장치가 넓은 장소에 설치되어 있을 때

2 기계 시설의 안전 유의 사항에 맞지 않은 것은?
① 회전부분(기어, 벨트, 체인) 등은 위험하므로 반드시 커버를 씌워둔다.
② 발전기, 용접기, 엔진 등 장비는 한 곳에 모아서 배치한다.
③ 작업장의 통로는 근로자가 안전하게 다닐 수 있도록 정리정돈을 한다.
④ 작업장의 바닥은 보행에 지장을 주지 않도록 청결하게 유지한다.

> 발전기, 용접기, 엔진 등 소음이 나는 장비는 분산시켜 배치한다.

3 작업장에서 전기가 예고 없이 정전되었을 경우 전기로 작동하던 기계·기구의 조치방법으로 가장 적합하지 않은 것은?
① 즉시 스위치를 끈다.
② 안전을 위해 작업장을 정리해 놓는다.
③ 퓨즈의 단락 유·무를 검사한다.
④ 전기가 들어오는 것을 알기 위해 스위치를 켜 둔다.

4 기계 취급에 관한 안전수칙 중 잘못된 것은?
① 기계 운전 중에는 자리를 지킨다.
② 기계의 청소는 작동 중에 수시로 한다.
③ 기계 운전 중 정전 시는 즉시 주 스위치를 끈다.
④ 기계 공장에서는 반드시 작업복과 안전화를 착용한다.

> 정비·청소·검사·수리 또는 그 밖에 이와 유사한 작업을 하는 경우에는 기계의 운전을 정지하여야 한다.

5 전장품을 안전하게 보호하는 퓨즈의 사용법으로 틀린 것은?
① 퓨즈가 없으면 임시로 철사를 감아서 사용한다.
② 회로에 맞는 전류 용량의 퓨즈를 사용한다.
③ 오래되어 산화된 퓨즈는 미리 교환한다.
④ 과열되어 끊어진 퓨즈는 과열된 원인을 먼저 수리한다.

정답
01.④ 02.② 03.④ 04.② 05.①

6 연삭작업 시 주의사항으로 틀린 것은?
① 숫돌 측면을 사용하지 않는다.
② 작업은 반드시 보안경을 쓰고 작업한다.
③ 연삭작업은 숫돌차의 정면에 서서 작업한다.
④ 연삭숫돌에 일감을 세게 눌러 작업하지 않는다.

7 연삭기에서 연삭 칩의 비산을 막기 위한 안전 방호 장치는?
① 안전 덮개
② 광전식 안전 방호장치
③ 급정지 장치
④ 양수 조작식 방호장치

> 연삭기에는 연삭 칩의 비산을 막기 위하여 안전 덮개를 부착하여야 한다.

8 연삭기의 안전한 사용 방법으로 틀린 것은?
① 숫돌 측면 사용 제한
② 숫돌덮개 설치 후 작업
③ 보안경과 방진 마스크 작용
④ 숫돌과 받침대 간격을 가능한 넓게 유지

9 연삭기의 워크 레스트와 숫돌과의 틈새는 몇 mm 로 조정하는 것이 적합한가?
① 3mm 이내   ② 5mm 이내
③ 7mm 이내   ④ 10mm 이내

> 연삭기의 워크레스트(숫돌 받침대)와 숫돌과의 틈새는 3mm 이내로 조정한다.

10 기계·기구 또는 설비에 설치한 방호장치를 해체하거나 사용을 정지할 수 있는 경우로 틀린 것은?
① 방호장치의 수리 시
② 방호장치의 정기점검 시
③ 방호장치의 교체 시
④ 방호장치의 조정 시

11 탁상용 연삭기 사용 시 안전수칙으로 바르지 못한 것은?
① 받침대는 숫돌차의 중심보다 낮게 하지 않는다.
② 숫돌차의 주면과 받침대는 일정 간격으로 유지해야 한다.
③ 숫돌차를 나무해머로 가볍게 두드려 보아 맑은 음이 나는가 확인한다.
④ 숫돌차의 측면에 서서 연삭해야 하며, 반드시 차광안경을 착용한다.

> 연삭작업은 숫돌차의 측면에 서서 연삭해야 하며, 반드시 보안경을 착용한다.

12 동력 전달장치에서 안전수칙으로 잘못된 것은?
① 동력 전달을 빨리시키기 위해서 벨트를 회전하는 풀리에 걸어 작동시킨다.
② 회전하고 있는 벨트나 기어에 불필요한 점검을 하지 않는다.
③ 기어가 회전하고 있는 곳을 커버로 잘 덮어 위험을 방지한다.
④ 동력 압축기나 절단기를 운전할 때 위험을 방지하기 위해서는 안전장치를 한다.

13 벨트에 대한 안전사항으로 틀린 것은?
① 벨트의 이음쇠는 돌기가 없는 구조로 한다.
② 벨트를 걸거나 벗길 때에는 기계를 정지한 상태에서 실시한다.
③ 벨트가 풀리에 감겨 돌아가는 부분은 커버나 덮개를 설치한다.
④ 바닥면으로부터 2m 이내에 있는 벨트는 덮개를 제거한다.

정답
06.③ 07.① 08.④ 09.① 10.② 11.④
12.① 13.④

14 동력 공구 사용 시 주의사항으로 틀린 것은?
① 보호구는 안 해도 무방하다.
② 에어 그라인더는 회전수에 유의한다.
③ 규정 공기압력을 유지한다.
④ 압축공기 중의 수분을 제거하여 준다.

15 벨트 전동장치에 내재된 위험적 요소로 의미가 다른 것은?
① 트랩(Trap)
② 충격(Impact)
③ 접촉(Contact)
④ 말림(Entanglement)

16 벨트 취급 시 안전에 대한 주의사항으로 틀린 것은?
① 벨트에 기름이 묻지 않도록 한다.
② 벨트의 적당한 유격을 유지하도록 한다.
③ 벨트 교환 시 회전을 완전히 멈춘 상태에서 한다.
④ 벨트의 회전을 정지시킬 때 손으로 잡아 정지시킨다.

17 가스 용접 시 사용되는 산소용 호스는 어떤 색인가?
① 적색   ② 황색
③ 녹색   ④ 청색

> 가스용접에서 사용되는 산소용 호스는 녹색이며, 아세틸렌용 호스는 황색 또는 적색이다.

18 가스 용접 시 사용하는 봄베의 안전수칙으로 틀린 것은?
① 봄베를 넘어뜨리지 않는다.
② 봄베를 던지지 않는다.
③ 산소 봄베는 40℃ 이하에서 보관한다.
④ 봄베 몸통에는 녹슬지 않도록 그리스를 바른다.

19 산소-아세틸렌 사용 시 안전수칙으로 잘못된 것은?
① 산소는 산소병에 35℃ 150기압으로 충전한다.
② 아세틸렌의 사용 압력은 15기압으로 제한한다.
③ 산소통의 메인 밸브가 얼면 60℃ 이하의 물로 녹인다.
④ 산소의 누출은 비눗물로 확인한다.

> 아세틸렌의 사용압력은 1기압으로 제한한다.

20 교류 아크 용접기의 감전 방지용 방호장치에 해당하는 것은?
① 2차 권선장치
② 자동 전격 방지기
③ 전류 조절 장치
④ 전자 계전기

> 교류 아크 용접기에 설치하는 방호장치는 자동 전격 방지기이다.

21 차체에 용접 시 주의사항이 아닌 것은?
① 용접부위에 인화될 물질이 없나 확인한 후 용접한다.
② 유리 등에 불이 튀어 흔적이 생기지 않도록 보호막을 씌운다.
③ 전기 용접 시 접지선을 스프링에 연결한다.
④ 전기 용접 시 필히 차체의 배터리 접지선을 제거한다.

정답
14.① 15.② 16.④ 17.③ 18.④ 19.②
20.② 21.③

02 공구에 관한 안전

(1) 수공구 사용 시 안전 수칙
① 수공으로 만든 공구는 사용하지 않는다.
② 작업에 알맞은 공구를 선택하여 사용할 것.
③ 공구는 사용 전에 기름 등을 닦은 후 사용한다.
④ 공구를 보관할 때에는 지정된 장소에 보관할 것.
⑤ 공구를 취급할 때에는 올바른 방법으로 사용할 것.
⑥ 공구 사용 점검 후 파손된 공구는 교환할 것
⑦ 사용한 공구는 항상 깨끗이 한 후 보관할 것

(2) 렌치 사용 시 주의사항
① 힘이 가해지는 방향을 확인하여 사용하여야 한다.
② 렌치를 잡아 당겨 볼트나 너트를 죄거나 풀어야 한다.
③ 사용 후에는 건조한 헝겊으로 닦아서 보관하여야 한다.
④ 볼트나 너트를 풀 때 렌치를 해머로 두들겨서는 안된다.
⑤ 렌치에 파이프 등의 연장대를 끼워 사용하여서는 안된다.
⑥ 산화 부식된 볼트나 너트는 오일이 스며들게 한 후 푼다.
⑦ 조정 렌치를 사용할 경우에는 조정 조에 힘이 가해지지 않도록 주의한다.
⑧ 볼트나 너트를 죄거나 풀 때에는 볼트나 너트의 머리에 꼭 맞는 것을 사용하여야 한다.

(3) 스패너 사용시 주의사항
① 스패너에 연장대를 끼워 사용하여서는 안된다.
② 작업 자세는 발을 약간 벌리고 두 다리에 힘을 준다.
③ 스패너의 입이 볼트나 너트의 치수에 맞는 것을 사용한다.
④ 스패너를 해머로 두드리거나 스패너를 해머 대신 사용해서는 안된다.
⑤ 볼트나 너트에 스패너를 깊이 물리고 조금씩 몸 쪽으로 당겨 풀거나 조인다.
⑥ 높거나 좁은 장소에서는 몸의 일부를 충분히 기대고 스패너가 빠져도 몸의 균형을 잃지 않도록 한다.

(4) 해머 사용시 주의사항
① 해머를 휘두르기 전에 반드시 주위를 살핀다.
② 해머의 타격면이 찌그러진 것을 사용하지 않는다.
③ 장갑을 끼거나 기름 묻은 손으로 작업하여서는 안된다.
④ 사용 중에 해머와 손잡이를 자주 점검하면서 작업한다.
⑤ 쐐기를 박아서 손잡이가 튼튼하게 박힌 것을 사용하여야 한다.
⑥ 처음부터 큰 해머를 크게 흔들지 말고 명중되면 점차 크게 흔든다.
⑦ 좁은 곳이나 발판이 불안한 곳에서는 해머 작업을 하여서는 안된다.
⑧ 불꽃이 발생되거나 파편이 발생될 수 있는 작업을 할 경우에는 보안경을 착용하고 작업한다.
⑨ 큰 해머로 작업할 때에는 물품에 해머를 대고 몸의 위치를 조절하며, 충분히 발을 버티고 작업 자세를 취한다.

4. 지게차 안전관리

단원핵심문제

1 작업을 위한 공구관리의 요건으로 가장 거리가 먼 것은?
① 공구별로 장소를 지정하여 보관할 것
② 공구는 항상 최소 보유량 이하로 유지할 것
③ 공구 사용 점검 후 파손된 공구는 교환할 것
④ 사용한 공구는 항상 깨끗이 한 후 보관할 것

2 일반 공구 사용에 있어 안전관리에 적합하지 않은 것은?
① 작업 특성에 맞는 공구를 선택하여 사용할 것
② 공구는 사용 전에 점검하여 불안전한 공구는 사용하지 말 것
③ 작업 진행 중 옆 사람에서 공구를 줄 때는 가볍게 던져 줄 것
④ 손이나 공구에 기름이 묻었을 때에는 완전히 닦은 후 사용할 것

3 수공구를 사용할 때 유의사항으로 맞지 않는 것은?
① 무리한 공구 취급을 금한다.
② 토크 렌치는 볼트를 풀 때 사용한다.
③ 수공구는 사용법을 숙지하여 사용한다.
④ 공구를 사용하고 나면 일정한 장소에 관리 보관한다.

> 토크 렌치는 볼트 및 너트를 조일 때 규정 토크로 조이기 위하여 사용한다.

4 작업장에서 수공구 재해예방 대책으로 잘못된 사항은?
① 결함이 없는 안전한 공구사용
② 공구의 올바른 사용과 취급
③ 공구는 항상 오일을 바른 후 보관
④ 작업에 알맞은 공구 사용

5 작업에 필요한 수공구의 보관 방법으로 적합하지 않은 것은?
① 공구함을 준비하여 종류와 크기별로 보관한다.
② 사용한 공구는 파손된 부분 등의 점검 후 보관한다.
③ 사용한 수공구는 녹슬지 않도록 손잡이 부분에 오일을 발라 보관하도록 한다.
④ 날이 있거나 뾰족한 물건은 위험하므로 뚜껑을 씌워둔다.

6 다음 중 수공구인 렌치를 사용할 때 지켜야 할 안전사항으로 옳은 것은?
① 볼트를 풀 때는 지렛대 원리를 이용하여, 렌치를 밀어서 힘이 받도록 한다.
② 볼트를 조일 때는 렌치를 해머로 쳐서 조이면 강하게 조일 수 있다.
③ 렌치 작업 시 큰 힘으로 조일 경우 연장대를 끼워서 작업한다.
④ 볼트를 풀 때는 렌치 손잡이를 당길 때 힘을 받도록 한다.

7 조정 렌치 사용 및 관리 요령으로 적합지 않는 것은?
① 볼트를 풀 때는 렌치에 연결대 등을 이용한다.
② 적당한 힘을 가하여 볼트, 너트를 죄고 풀어야 한다.
③ 잡아당길 때 힘을 가하면서 작업한다.
④ 볼트, 너트를 풀거나 조일 때는 볼트머리나 너트에 꼭 끼워져야 한다.

정답
01.② 02.③ 03.② 04.③ 05.③ 06.④
07.①

8 볼트 머리나 너트의 크기가 명확하지 않을 때나 가볍게 조이고 풀 때 사용하며 크기는 전체 길이로 표시하는 렌치는?

① 소켓 렌치 ② 조정 렌치
③ 복스 렌치 ④ 파이프 렌치

9 스패너 및 렌치 사용 시 유의사항이 아닌 것은?

① 스패너의 입이 너트 폭과 잘 맞는 것을 사용한다.
② 스패너를 너트에 단단히 끼워서 앞으로 당겨 사용한다.
③ 멍키 렌치는 웜과 랙의 마모상태를 확인한다.
④ 멍키 렌치는 윗 턱 방향으로 돌려서 사용한다.

10 일반 공구의 안전한 사용법으로 적합하지 않은 것은?

① 언제나 깨끗한 상태로 보관한다.
② 엔진의 헤드 볼트 작업에는 소켓렌치를 사용한다.
③ 렌치의 조정 조에 잡아당기는 힘이 가해져야 한다.
④ 파이프 렌치에는 연장대를 끼워서 사용하지 않는다.

> 렌치의 고정 조에 잡아당기는 힘이 가해지도록 렌치를 사용하여야 한다.

11 렌치 작업시 설명으로 옳지 못한 것은?

① 스패너는 조금씩 돌리며 사용한다.
② 스패너를 사용할 때는 반드시 앞으로 당기며 사용한다.
③ 파이프 렌치는 반드시 둥근 물체에만 사용한다.
④ 스패너 자루에 항상 둥근 파이프로 연결하여 사용한다.

12 공구의 사용법에 대한 내용으로 틀린 것은?

① 스패너의 자루가 짧다고 느낄 때는 반드시 둥근 파이프로 연결할 것
② 스패너를 사용할 때는 앞으로 당길 것
③ 스패너는 조금씩 돌리며 사용할 것
④ 파이프 렌치는 반드시 둥근 물체에만 사용할 것

13 스패너 사용 시 주의 사항으로 잘못된 것은?

① 스패너의 입이 폭과 맞는 것을 사용한다.
② 필요 시 두 개를 이어서 사용할 수 있다.
③ 스패너를 너트에 정확하게 장착하여 사용한다.
④ 스패너의 입이 변형된 것은 폐기한다.

14 스패너 작업방법으로 옳은 것은?

① 스패너로 볼트를 죌 때는 앞으로 당기고 풀 때는 뒤로 민다.
② 스패너의 입이 너트의 치수보다 조금 큰 것을 사용한다.
③ 스패너 사용 시 몸의 중심을 항상 옆으로 한다.
④ 스패너로 죄고 풀 때는 항상 앞으로 당긴다.

15 복스 렌치가 오픈엔드 렌치보다 비교적 많이 사용되는 이유로 옳은 것은?

① 두 개를 한 번에 조일 수 있다.
② 마모율이 적고 가격이 저렴하다.
③ 다양한 볼트 너트의 크기를 사용할 수 있다.
④ 볼트와 너트 주위를 감싸 힘의 균형 때문에 미끄러지지 않는다.

정답

08.② 09.④ 10.③ 11.④ 12.① 13.②
14.④ 15.④

16 해머 사용 시의 주의사항이 아닌 것은?
① 쐐기를 박아서 자루가 단단한 것을 사용한다.
② 기름 묻은 손으로 자루를 잡지 않는다.
③ 타격면이 닳아 경사진 것은 사용하지 않는다.
④ 처음에는 크게 휘두르고 차차 작게 휘두른다.

17 해머 사용 시 안전에 주의해야 될 사항으로 틀린 것은?
① 해머 사용 전 주위를 살펴본다.
② 담금질한 것은 무리하게 두들기지 않는다.
③ 해머를 사용하여 작업할 때에는 처음부터 강한 힘을 사용한다.
④ 대형 해머를 사용할 때는 자기의 힘에 적합한 것으로 한다.

18 망치(hammer) 작업 시 옳은 것은?
① 망치 자루의 가운데 부분을 잡아 놓치지 않도록 할 것
② 손은 다치지 않게 장갑을 착용할 것
③ 타격할 때 처음과 마지막에 힘을 많이 가하지 말 것
④ 열처리 된 재료는 반드시 해머작업을 할 것

19 해머 작업의 안전 수칙으로 틀린 것은?
① 목장갑을 끼고 작업한다.
② 해머를 사용하기 전 주위를 살핀다.
③ 해머 머리가 손상된 것은 사용하지 않는다.
④ 불꽃이 생길 수 있는 작업에는 보호 안경을 착용한다.

20 해머 사용 중 사용법이 틀린 것은?
① 타격면이 마모되어 경사진 것은 사용하지 않는다.
② 담금질 한 것은 단단하므로 한 번에 정확히 강타한다.
③ 기름 묻은 손으로 자루를 잡지 않는다.
④ 물건에 해머를 대고 몸의 위치를 정한다.

21 해머 작업 시 불안전한 것은?
① 해머의 타격면이 찌그러진 것을 사용치 말 것
② 타격할 때 처음은 큰 타격을 가하고 점차 적은 타격을 가할 것
③ 공동작업 시 주위를 살피면서 공작물의 위치를 주시할 것
④ 장갑을 끼고 작업하지 말아야 하며 자루가 빠지지 않게 할 것

> 타격할 때 처음은 작은 타격을 가하고 점차 큰 타격을 가할 것

22 전등 스위치가 옥내에 있으면 안 되는 경우는?
① 건설기계 장비 차고
② 절삭유 저장소
③ 카바이드 저장소
④ 기계류 저장소

> 카바이드는 습기가 있으면 아세틸렌가스가 발생되므로 전등 스위치는 옥외에 설치하여야 한다.

23 가연성 가스 저장실에 안전 사항으로 옳은 것은?
① 기름걸레를 가스통 사이에 끼워 충격을 적게 한다.
② 휴대용 전등을 사용한다.
③ 담뱃불을 가지고 출입한다.
④ 조명은 백열등으로 하고 실내에 스위치를 설치한다.

정답
16.④ 17.③ 18.③ 19.① 20.② 21.②
22.③ 23.②

24 다음 중 납산 배터리 액체를 취급하는데 가장 적합한 것은?

① 고무로 만든 옷
② 가죽으로 만든 옷
③ 무명으로 만든 옷
④ 화학섬유로 만든 옷

> 납산 배터리의 전해액은 묽은 황산이므로 취급 시에는 고무로 만든 옷을 착용하여야 한다.

25 다음 중 가열, 마찰, 충격 또는 다른 화학물질과의 접촉 등으로 인하여 산소나 산화재 등의 공급이 없더라도 폭발 등 격렬한 반응을 일으킬 수 있는 물질이 아닌 것은?

① 질산에스테르류
② 니트로 화합물
③ 무기 화합물
④ 니트로소 화합물

> 가열, 마찰, 충격 또는 다른 화학물질과의 접촉 등으로 인하여 산소나 산화재 등의 공급이 없더라도 폭발 등 격렬한 반응을 일으킬 수 있는 물질에는 질산에스테르류, 유기과산화물, 니트로 화합물, 니트로소 화합물, 아조화합물, 디아조 화합물, 히드라진 유도체, 히드록실아민, 히드록실아민 염류 등이 있다.

26 폭발의 우려가 있는 가스 또는 분진이 발생하는 장소에서 지켜야 할 사항으로 틀린 것은?

① 화기의 사용 금지
② 인화성 물질 사용 금지
③ 불연성 재료의 사용 금지
④ 점화의 원인이 될 수 있는 기계사용 금지

27 내부가 보이지 않는 병 속에 들어있는 약품을 냄새로 알아보고자 할 때 안전상 가장 적합한 방법은?

① 종이로 적셔서 알아본다.
② 손바람을 이용하여 확인한다.
③ 내용물을 조금 쏟아서 확인한다.
④ 숟가락으로 약간 떠내어 냄새를 직접 맡아본다.

28 렌치 작업으로서 안전상 올바른 것은?

① 볼트를 죌 때 힘이 필요하면 오픈 렌치를 2개 연결하거나 파이프를 연결해서 사용한다.
② 오픈렌치의 입이 너트의 치수보다 조금 큰 것을 사용한다.
③ 오픈렌치 사용 시 몸의 중심을 옆으로 한다.
④ 오픈렌치로 볼트를 죄고 풀 때 항상 작업자의 앞으로 당긴다.

29 해머 작업방법으로 안전상 가장 옳은 것은?

① 해머로 타격시에 처음과 마지막에 힘을 특히 많이 가해야 한다.
② 타격 가공하려는 곳에 시선을 고정시킬 것.
③ 해머의 타격면에 기름을 발라서 사용하는 것이 효과적이다.
④ 해머로 녹슨 것을 때릴 때에는 반드시 안전모를 쓸 것.

30 수공구 사용 시 일반적 유의사항 중 잘못된 것은?

① 수공구 사용 전 이상 유무를 확인 후 사용한다.
② 작업자는 필요한 보호구를 착용 후 작업한다.
③ 공구는 규정대로 사용해야 한다.
④ 공구는 치수가 약간 큰 것을 사용할 수 있다.

31 일반공구를 사용함에 있어 안전관리에 적합치 않은 것은?

① 작업 특성에 맞는 공구를 선택하여 사용할 것
② 공구는 사용 전에 점검하여 불안전한 공구는 사용하지 말 것
③ 공구를 옆 사람에게 넘겨줄 때는 일의 능률을 위하여 던져줄 것
④ 손이나 공구에 기름이 묻었을 때에는 완전히 닦은 후 사용할 것

> **정답**
> 24.① 25.③ 26.③ 27.② 28.④ 29.②
> 30.④ 31.③

안전운반작업

❶ 적재중량을 준수하여 적재한다.
① 화물 적재 시 불안정한 상태로 화물을 적재하지 않는다.
② 화물 적재 시 편하중 상태로 화물을 적재하지 않는다.
③ 화물 적재 후 후륜이 뜬 상태가 되게 적재하지 않는다.
④ 화물 적재 시 운전 시야를 확보한다.
⑤ 화물의 적재 상태를 확인한다.
⑥ 화물을 과다 적재하지 않는다.
⑦ 연약한 지반에서 작업 시 받침판을 사용한다.
⑧ 급선회, 급제동 및 오조작을 하지 않는다.

❷ 전·후진 주행장치와 인칭 제동장치 점검
(1) 전·후진 주행장치 점검
① 포크를 지면으로부터 20cm 들어올린다.
② 브레이크 페달을 밟은 상태에서 기어 변속 레버를 전진 위치에 놓는다.
③ 주차 브레이크를 해제한다.
④ 브레이크 페달에서 발을 떼고 가속페달을 서서히 밟는다.
⑤ 브레이크 페달을 밟아 제동이 되면 정상이다.

(2) 인칭 주행장치 점검
인칭을 위한 마스터 실린더는 좌측 페달에 의해 작동되도록 연결되어 있으며 인칭 작동 후에는 브레이크가 작동하도록 되어 있다. 인칭 페달을 밟아 페달의 유격을 점검한다.

❸ 포크를 수평으로 유지하고 안전 높이로 조정
① 팔레트에 포크 삽입 시 지게차를 화물에 대해 똑바로 향한다.
② 포크의 삽입 위치를 확인 후 천천히 팔레트에 삽입한다.
③ 포크를 지면으로부터 10cm 들어 올려 화물의 안정 상태와 포크에 대한 편하중을 확인한다.
④ 마스트를 뒤로 충분히 기울이고 포크를 지면으로부터 20cm 들어 올린다.

❹ 포크 간격을 조절하고 서행 운전
① 적재 화물의 크기나 형상에 맞게 포크 간격을 조정한다.
② 화물의 고정 상태를 확인한다.
③ 화물 적재 시 지게차 허용하중 이상을 적재하지 않는다.
④ 중량물 운반 시 서행 운전한다.

❺ 안전작업을 위하여 상부 장애물 확인
① 창고 안에 출입 시 낮은 천장이나 상부 장애물을 확인한다.
② 창고 출입 시 차폭 및 창고 출입문 폭을 확인한 후 출입한다.
③ 얼굴, 손, 발 등을 지게차 밖으로 내밀지 않는다.
④ 주위의 안전을 확인한다.
⑤ 옥내 주행 시는 전조등을 켜고 작업한다.

❻ 유도자의 요건
① 안전한 위치에 있어야 한다.
② 작업자가 신호자를 확실히 볼 수 있어야 한다.
③ 신호 수단으로 손, 깃발, 호루라기 등을 이용한다.
④ 유도자는 지게차 및 적재한 화물을 확실하게 볼 수 있어야 한다.
⑤ 작업자에 대한 신호는 한 사람이 보내도록 한다. (단, 긴급 중지 신호일 때는 제외한다.)

❼ 수신호의 요건
① 수신호는 지게차운전 작업자가 완전히 숙지하여야 한다.
② 수신호는 명확하고 간결하여야 한다.
③ 한손 신호는 다른 쪽 손으로도 사용할 수 있어야 한다.

PART.2
작업 전 점검

1. 외관 점검
2. 누유 및 누수 점검
3. 계기판 점검
4. 마스트·체인 점검
5. 엔진 시동 상태 점검

chapter 01 외관 점검

1-1 지게차 점검

01 지게차 외관 점검

(1) 지게차가 안전하게 주기되었는지 확인
① 지게차의 주기상태를 육안으로 확인한다.
② 지면이 평탄한지, 포크는 지면에 정확하게 내려졌는지 확인한다.
③ 마스트는 전경이 되었는지 확인한다.

(2) 오버 헤드가드 점검
① 작업 시 화물의 낙하 및 날아오는 물건에 대해 운전자를 보호한다.
② 안전장치인 오버 헤드가드의 균열 및 변형을 점검한다.

(3) 백 레스트 점검
① 작업 시 화물이 마스트 또는 조종석 쪽으로 쏟아지는 것을 방지한다.
② 안전장치인 백 레스트의 균열 및 변형을 점검한다.

(4) 포크 점검
① 포크의 휨, 균열, 이상 마모를 점검한다.
② 핑거보드와의 정상 연결 상태를 확인한다.

(5) 핑거보드 점검
① 핑거보드의 균열을 점검한다.
② 핑거보드의 변형을 점검한다.

02 지게차 작업 전 점검

(1) 팬벨트의 장력 점검
① 오른손 엄지손가락으로 팬벨트 중앙을 약 10kg/f의 힘으로 누른다.
② 벨트의 처지는 양이 13mm~15mm 이면 정상이다.
③ 벨트의 장력이 느슨하면 벨트의 미끄럼 현상이 발생하여 이상음이 발생한다.

(2) 공기 청정기 점검
① 흡입되는 먼지는 실린더 벽, 피스톤 링 및 흡·배기 밸브의 마멸을 촉진시킨다.
② 엔진 오일에 유입되어 각 윤활부의 마멸을 촉진시킨다.
③ 더스트 인디케이터를 확인하여 오염되었으면 엘리먼트를 빼내어 청소한다.

(3) 그리스 주입 상태 점검
① 각 작업 장치의 작동부에 그리스 주입 상태를 확인한다.
② 작동부에 그리스가 부족하면 그리스를 주입한다.

(4) 후진 경보장치 점검
지게차 후진 운전 시 후면에 통행 중인 다른 작업자나 물체와의 충돌 및 접촉을 방지하기 위한 접근 경보장치의 음량을 확인하고 경광등의 점등 상태를 점검한다.

(5) 룸 미러 점검
① 지게차 운전 시 후방 사각지역의 다른 근로자나 장비와의 충돌 및 협착을 방지

하기 위한 안전장치이다.

② 룸 미러의 정상 위치 및 오염 여부를 점검하고 오염 시 오염 물질을 제거한다.

(6) 전조등의 점등 여부 점검

짙은 안개 및 야간작업 시 안전작업을 확보하는 전조등의 점등 여부를 점검한다.

(7) 후미등의 점등 여부 점검

후진 시 충돌을 방지하기 위한 등으로 지게차의 위치 표시를 위한 안전장치인 후미등의 점등 여부를 점검한다.

1-2 타이어 공기압 및 손상 점검

01 타이어 손상 점검

(1) 타이어의 역할
① 지게차의 하중을 지지한다.
② 지게차의 동력과 제동력을 전달한다.
③ 노면에서의 충격을 흡수한다.

(2) 타이어 마모 한계
① 마모가 심한 타이어는 빗길 운전 시 수막현상 발생율이 높아져 사고의 위험이 높다.
② 타이어의 교체 시기는 ▲형이 표시된 부분을 보면 홈 속에 돌출된 부분이 마모한계 표시이다.
③ 타이어 마모 한계 : 소형 1.6mm, 중형 2.4mm, 대형 3.2mm

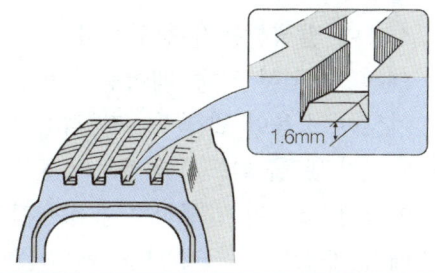

(3) 타이어 마모 한계를 초과하여 사용 시 발생되는 현상
① 브레이크 페달을 밟아도 타이어가 미끄러져 제동거리가 길어진다.
② 우천 주행 시 도로와 타이어 사이의 물이 배수되지 않아 수막현상이 발생한다.
③ 도로 주행 시 작은 이물질에 의해서도 트레드에 상처가 발생하여 사고의 원인이 된다.

(4) 공기식 타이어 점검
① 지게차가 안전하게 주기 되었는지 확인한다.
② 림이 변형되었는지 확인한다.
③ 타이어가 편 마모되었는지 확인한다.
④ 타이어 공기압은 적정한지 확인한다.
⑤ 타이어에 손상된 곳이 있는지 확인한다.
⑥ 휠 볼트 및 너트가 풀렸는지 확인한다.
⑦ 타이어 접지 면에 이물질이 끼었는지 확인한다.

02 타이어 공기압 점검

타이어의 공기압이 과다하거나 부족하면 트레트의 접지면의 접촉이 고르지 않아 이상 마모현상이 발생한다. 타이어 공기압을 측정하는 방법은 타이어 공기압 측정기를 밸브에 삽입하고 타이어에 표기된 규정값과 비교하여 부족한 경우 보충하고, 과다한 경우 빼내 적정 공기압으로 유지하여야 한다.

(1) 공기압이 부족한 경우 발생되는 현상
① 접지폭이 넓어지고, 트레드 양쪽 가장자리에 무리한 힘을 받게 된다.

② 적정한 공기압에 비해 사이드 월의 기울기가 커져 위험하다.
③ 타이어 가장자리가 빨리 마모되어 타이어 각 부위에 손상이 발생한다.

(2) 공기압이 과다한 경우 발생하는 현상
① 트레드 중앙에만 집중적으로 힘이 가해진다.
② 타이어가 접지면에 힘을 고루 받지 못해 이상 마모 현상이 발생한다.
③ 타이어 가운데 부분만 빨리 마모되어 수명이 단축된다.

1-3 조향장치 및 제동장치 점검

01 조향장치 점검

(1) 조향장치의 점검 사항
① 조향 핸들을 조작해서 유격 상태를 점검한다.
② 조향 핸들에 이상 진동이 느껴지는지 확인한다.
③ 조향 핸들 조작 시 조향비 및 조작력에 큰 차이가 느껴지면 점검이 필요하다.

(2) 핸들 조작 상태 점검
핸들을 왼쪽 및 오른쪽 끝까지 돌렸을 때 양쪽 바퀴의 돌아가는 위치의 각도가 같으면 정상이다.

(3) 조향 핸들이 무거운 원인
① 타이어의 공기압이 부족한 경우
② 조향기어의 백래시가 작은 경우
③ 조향기어 박스의 오일 양이 부족한 경우
④ 앞바퀴 정렬이 불량한 경우
⑤ 타이어의 마멸이 과대한 경우

02 제동장치 점검

(1) 제동 상태 점검 방법
① 포크를 지면으로부터 20cm 들어 올린다.
② 브레이크 페달을 밟은 상태에서 전·후진 레버를 전진 기어에 넣는다.
③ 주차 브레이크를 해제시킨다.
④ 브레이크 페달에서 발을 떼고 가속 페달을 서서히 밟는다.
⑤ 브레이크 페달을 밟아 제동이 되면 정상이다.

(2) 브레이크 고장 점검

1) 브레이크 라이닝과 드럼과의 간극이 클 경우
① 브레이크 작동이 늦어진다.
② 브레이크 페달의 행정이 길어진다.
③ 브레이크 페달이 발판에 닿아 제동 작용이 불량해 진다.

2) 브레이크 라이닝과 드럼과의 간극이 적을 경우
① 라이닝과 드럼의 마모가 촉진된다.
② 베이퍼 록의 원인이 된다.

3) 브레이크 제동이 불량한 원인
① 브레이크 회로 내의 오일 누설 및 공기가 혼입된 경우
② 라이닝에 기름, 물 등이 묻어 있을 경우
③ 라이닝 또는 드럼의 과도한 편 마모
④ 라이닝과 드럼의 간극이 너무 큰 경우
⑤ 브레이크 페달의 자유간극이 너무 클 경우

1-4 엔진 시동 전·후 점검

① 엔진 공회전 시 이상한 소음이 발생하는지 점검한다.
② 밸브 간극 및 밸브 기구 불량으로 이상한 소음이 발생하는지 점검한다.
③ 엔진 내·외부 각종 베어링의 불량으로 이상한 소음이 발생하는지 점검한다.
④ 발전기 및 물 펌프 구동벨트의 불량으로 이상한 소음이 발생하는지 점검한다.
⑤ 배기 계통의 불량으로 이상한 소음이 발생하는지 점검한다.

1. 외관 점검

단원핵심문제

1 다음 중 지게차의 작업 전 외관 점검 사항으로 옳지 않은 것은?
① 마스트는 후경이 되었는지 확인한다.
② 오버 헤드가드의 균열 및 변형을 점검한다.
③ 백 레스트의 균열 및 변형을 점검한다.
④ 핑거보드와의 정상 연결 상태를 확인한다.

> ■ 외관 점검 사항
> ① 마스트는 전경이 되었는지 확인한다.
> ② 오버 헤드가드의 균열 및 변형을 점검한다.
> ③ 백 레스트의 균열 및 변형을 점검한다.
> ④ 포크의 휨, 균열, 이상 마모를 점검한다.
> ⑤ 핑거보드와의 정상 연결 상태를 확인한다.
> ⑥ 핑거보드의 균열, 변형을 점검한다.

2 다음 중 지게차의 작업 전 외관 점검 사항으로 올바른 것은?
① 공기 청정기를 점검한다.
② 핑거보드의 균열을 점검한다.
③ 그리스 주입 상태를 점검한다.
④ 후진 경보장치를 점검한다.

> ■ 외관 점검 사항
> ① 지게차가 안전하게 주기되었는지 확인한다.
> ② 오버 헤드가드를 점검한다.
> ③ 백 레스트를 점검한다.
> ④ 포크를 점검한다.
> ⑤ 핑거보드를 점검한다.

3 다음 중 지게차의 작업 전 외관 점검 사항이 아닌 것은?
① 핑거보드를 점검한다.
② 포크를 점검한다.
③ 지게차가 안전하게 주기되었는지 확인한다.
④ 팬벨트의 장력을 점검한다.

4 다음 중 지게차의 작업 전 외관 점검 사항으로 올바른 것은?
① 후미등의 점등 여부를 점검한다.
② 전조등의 점등 여부를 점검한다.
③ 포크의 휨, 균열, 이상 마모를 점검한다.
④ 룸 미러를 점검한다.

5 다음 중 지게차의 작업 전 점검 사항으로 올바른 것은?
① 오버 헤드가드를 점검한다.
② 공기 청정기를 점검한다.
③ 핑거보드를 점검한다.
④ 백 레스트를 점검한다.

> ■ 지게차의 작업 전 점검 사항
> ① 팬벨트의 장력을 점검한다.
> ② 공기 청정기를 점검한다.
> ③ 그리스 주입 상태를 점검한다.
> ④ 후진 경보장치를 점검한다.
> ⑤ 룸 미러를 점검한다.
> ⑥ 전조등의 점등 여부를 점검한다.
> ⑦ 후미등의 점등 여부를 점검한다.

6 다음 중 지게차의 작업 전 팬벨트 장력 점검 방법으로 적당한 것은?
① 벨트 길이 측정 게이지로 측정 점검한다.
② 벨트의 중심을 엄지손가락으로 눌러서 점검한다.
③ 발전기의 고정 볼트를 느슨하게 하여 점검한다.
④ 엔진을 가동하여 점검한다.

> 팬벨트의 장력은 벨트의 중심을 엄지손가락으로 눌러서 점검한다.

정답
01.① 02.② 03.④ 04.③ 05.② 06.②

7 지게차의 작업 전 팬벨트에 대한 점검과정이다. 틀린 것은?

① 팬벨트를 눌러(약 10kg) 13~20mm 정도로 한다.
② 팬벨트는 풀리의 밑 부분에 접촉되어야 한다.
③ 팬벨트 조정은 발전기를 움직이면서 조정한다.
④ 팬벨트가 너무 헐거우면 기관 과열의 원인이 된다.

> 팬벨트는 풀리의 양쪽 경사진 부분에 접촉되어야 미끄러지지 않는다.

8 팬벨트의 장력이 너무 강할 경우에 발생되는 현상은?

① 기관이 과열된다.
② 발전기 베어링이 손상된다.
③ 발전기의 스테이터가 손상된다.
④ 충전 부족 현상이 생긴다.

> 팬벨트의 장력이 너무 강하면(팽팽하면) 물 펌프 및 발전기 베어링이 손상된다.

9 냉각 팬의 벨트 유격이 너무 클 때 일어나는 현상은?

① 베어링의 마모가 심하다.
② 벨트가 절단된다.
③ 기관의 과열 원인이 된다.
④ 점화시기가 빨라진다.

> 냉각 팬의 벨트 유격이 너무 크면 미끄러져 기관의 과열 원인이 된다.

10 지게차 기관에 있는 팬벨트의 장력이 약할 때 생기는 현상으로 맞는 것은?

① 발전기 출력이 저하될 수 있다.
② 물 펌프 베어링이 조기 손상된다.
③ 엔진이 과냉된다.
④ 엔진이 부조를 일으킨다.

> 팬벨트의 장력이 약하면 발전기 출력이 저하하고, 엔진이 과열하기 쉽다.

11 건식 공기 청정기의 효율저하를 방지하기 위한 방법으로 가장 적합한 것은?

① 기름으로 닦는다.
② 마른 걸레로 닦아야 한다.
③ 압축 공기로 먼지 등을 털어 낸다.
④ 물로 깨끗이 세척한다.

> 건식 공기 청정기의 엘리먼트는 압축 공기로 안에서 밖으로 불어내어 청소한다.

12 건식 공기 여과기 세척 방법으로 가장 적합한 것은?

① 압축 공기로 안에서 밖으로 불어낸다.
② 압축 공기로 밖에서 안으로 불어낸다.
③ 압축 오일로 안에서 밖으로 불어낸다.
④ 압축 오일로 밖에서 안으로 불어낸다.

13 에어 클리너가 막혔을 때 발생되는 현상으로 가장 적절한 것은?

① 배기 색은 흰색이며, 출력은 저하된다.
② 배기 색은 흰색이며, 출력은 증가된다.
③ 배기 색은 검은색이며, 출력은 저하된다.
④ 배기 색은 무색이며, 출력은 정상이다.

14 다음 중 지게차의 작업 전 점검 사항이 아닌 것은?

① 팬벨트의 장력을 점검한다.
② 후진 경보장치를 점검한다.
③ 핑거보드를 점검한다.
④ 그리스 주입 상태를 점검한다.

> **핑거보드 점검**: 지게차의 작업 전 외관 점검 사항

정답
07.② 08.② 09.③ 10.① 11.③ 12.①
13.③ 14.③

15 다음 중 지게차의 작업 전 점검 사항으로 틀린 것은?

① 백 레스트를 점검한다.
② 룸 미러를 점검한다.
③ 전조등의 점등 여부를 점검한다.
④ 후미등의 점등 여부를 점검한다.

> **백레스트 점검**은 지게차의 작업 전 외관 점검 사항이다.

16 다음 중 지게차의 작업 전 공기식 타이어 점검 사항으로 틀린 것은?

① 타이어 휠 밸런스가 맞는지 확인한다.
② 림이 변형되었는지 확인한다.
③ 타이어가 편 마모되었는지 확인한다.
④ 타이어 공기압은 적정한지 확인한다.

> ■ 공기식 타이어 점검
> ① 지게차가 안전하게 주기 되었는지 확인한다.
> ② 림이 변형되었는지 확인한다.
> ③ 타이어가 편 마모되었는지 확인한다.
> ④ 타이어 공기압은 적정한지 확인한다.
> ⑤ 타이어에 손상된 곳이 있는지 확인한다.
> ⑥ 휠 볼트 및 너트가 풀렸는지 확인한다.
> ⑦ 타이어 접지 면에 이물질이 끼었는지 확인한다.

17 다음 중 지게차의 작업 전 공기식 타이어 점검 사항으로 거리가 먼 것은?

① 타이어 접지 면에 이물질이 끼었는지 확인한다.
② 타이어에 손상된 곳이 있는지 확인한다.
③ 타이어 사이즈와 휠 사이즈가 맞는지 확인한다.
④ 휠 볼트 및 너트가 풀렸는지 확인한다.

18 타이어 마모 한계를 초과하여 사용 시 발생되는 현상으로 틀린 것은?

① 브레이크 페달을 밟아도 타이어가 미끄러져 제동거리가 길어진다.
② 우천 주행 시 도로와 타이어 사이의 물이 배수되지 않아 수막현상이 발생한다.
③ 도로 주행 시 작은 이물질에 의해서도 트레드에 상처가 발생하여 사고의 원인이 된다.
④ 지면과 접촉 면적이 크게 되어 마찰력이 크게 된다.

> 타이어 마모 한계를 초과하여 사용하면 지면과의 마찰력이 감소된다.

19 타이어의 공기압이 부족한 경우 발생되는 현상은?

① 트레드 중앙에만 집중적으로 힘이 가해진다.
② 타이어 가장자리가 빨리 마모되어 타이어 각 부위에 손상이 발생한다.
③ 타이어가 접지면에 힘을 고루 받지 못해 이상 마모 현상이 발생한다.
④ 타이어 가운데 부분만 빨리 마모되어 수명이 단축된다.

> ■ 공기압이 부족한 경우 발생되는 현상
> ① 접지 폭이 넓어지고, 트레드 양쪽 가장자리에 무리한 힘을 받게 된다.
> ② 적정한 공기압에 비해 사이드 월의 기울기가 커져 위험하다.
> ③ 타이어 가장자리가 빨리 마모되어 타이어 각 부위에 손상이 발생한다.

20 타이어의 공기압이 과다한 경우 발생되는 현상은?

① 접지 폭이 넓어지고, 트레드 양쪽 가장자리에 무리한 힘을 받게 된다.
② 적정한 공기압에 비해 사이드 월의 기울기가 커져 위험하다.
③ 트레드 중앙에만 집중적으로 힘이 가해진다.
④ 타이어 가장자리가 빨리 마모되어 타이어 각 부위에 손상이 발생한다.

정답

15.① 16.① 17.③ 18.④ 19.② 20.③

- 공기압이 과다한 경우 발생하는 현상
① 트레드 중앙에만 집중적으로 힘이 가해진다.
② 타이어가 접지면에 힘을 고루 받지 못해 이상 마모 현상이 발생한다.
③ 타이어 가운데 부분만 빨리 마모되어 수명이 단축된다.

21 다음 중 지게차의 작업 전 조향장치의 점검 사항이 아닌 것은?

① 조향 기어 링키지의 조정 상태를 점검한다.
② 조향 핸들을 조작해서 유격 상태를 점검한다.
③ 조향 핸들에 이상 진동이 느껴지는지 확인한다.
④ 조향 핸들 조작 시 조작력에 큰 차이가 느껴지면 점검이 필요하다.

- 조향장치의 점검 사항
① 조향 핸들을 조작해서 유격 상태를 점검한다.
② 조향 핸들에 이상 진동이 느껴지는지 확인한다.
③ 조향 핸들 조작 시 조향비 및 조작력에 큰 차이가 느껴지면 점검이 필요하다.

22 다음 중 조향 핸들이 무거운 원인에 해당하는 것은?

① 타이어의 공기압이 불균형인 경우
② 앞바퀴 정렬이 불량한 경우
③ 조향 기어 하우징이 풀린 경우
④ 타이어의 밸런스가 불량하다.

- 조향 핸들이 무거운 원인
① 타이어의 공기압이 부족한 경우
② 조향기어의 백래시가 작은 경우
③ 조향기어 박스의 오일 양이 부족한 경우
④ 앞바퀴 정렬이 불량한 경우
⑤ 타이어의 마멸이 과대한 경우

23 다음 중 조향 핸들이 무거운 원인에 해당되지 않는 것은?

① 타이어의 공기압이 부족한 경우
② 조향기어의 백래시가 큰 경우
③ 조향기어 박스의 오일 양이 부족한 경우
④ 앞바퀴 정렬이 불량한 경우

24 주행 중 특정속도에서 조향 핸들의 떨림이 발생되는 원인으로 틀린 것은?

① 타이어 좌우 공기압이 틀림
② 타이어 사이즈와 휠 사이즈가 틀림
③ 타이어 휠 밸런스가 맞지 않음
④ 타이어 또는 휠 불량

주행 중 특정속도에서 조향 핸들의 떨림이 발생되는 원인은 타이어 사이즈와 휠 사이즈가 틀림, 타이어 휠 밸런스가 맞지 않음, 타이어 또는 휠의 불량 때문이다.

25 지게차의 작업 전 제동 상태를 점검하는 방법으로 거리가 먼 것은?

① 포크를 지면으로부터 40cm 들어 올린다.
② 브레이크 페달을 밟은 상태에서 전·후진 레버를 전진 기어에 넣는다.
③ 브레이크 페달에서 발을 떼고 가속 페달을 서서히 밟는다.
④ 브레이크 페달을 밟아 제동이 되면 정상이다.

- 제동 상태 점검 방법
① 포크를 지면으로부터 20cm 들어 올린다.
② 브레이크 페달을 밟은 상태에서 전·후진 레버를 전진 기어에 넣는다.
③ 주차 브레이크를 해제시킨다.
④ 브레이크 페달에서 발을 떼고 가속 페달을 서서히 밟는다.
⑤ 브레이크 페달을 밟아 제동이 되면 정상이다.

정답

21.① 22.② 23.② 24.① 25.①

26 다음 중 브레이크 라이닝과 드럼과의 간극이 클 경우 발생되는 현상은?

① 브레이크 작동이 빨라진다.
② 브레이크 페달의 행정이 작아진다.
③ 브레이크 페달이 발판에 닿아 제동 작용이 불량해 진다.
④ 베이퍼 록의 원인이 된다.

> ■ 브레이크 라이닝과 드럼과의 간극이 클 경우
> ① 브레이크 작동이 늦어진다.
> ② 브레이크 페달의 행정이 길어진다.
> ③ 브레이크 페달이 발판에 닿아 제동 작용이 불량해 진다.

27 다음 중 브레이크 라이닝과 드럼과의 간극이 적을 경우 발생되는 현상은?

① 브레이크 작동이 늦어진다.
② 라이닝과 드럼의 마모가 촉진된다.
③ 브레이크 페달이 발판에 닿아 제동 작용이 불량해 진다.
④ 브레이크 페달의 행정이 길어진다.

> 브레이크 라이닝과 드럼과의 간극이 적을 경우
> ① 라이닝과 드럼의 마모가 촉진된다.
> ② 베이퍼 록의 원인이 된다.

28 다음 중 브레이크 제동이 불량한 원인으로 거리가 먼 것은?

① 브레이크 회로 내의 오일 누설 및 공기가 혼입된 경우
② 라이닝에 기름, 물 등이 묻어 있을 경우
③ 라이닝 또는 드럼의 과도한 편 마모
④ 브레이크 페달의 자유간극이 너무 적은 경우

> 브레이크 페달의 자유간극이 너무 적은 경우에는 브레이크 드럼과 라이닝이 끌리는 현상이 발생된다.

29 다음 중 엔진 시동 전·후 점검 사항이 아닌 것은?

① 엔진 공회전 시 이상한 소음이 발생하는지 점검한다.
② 밸브 간극 불량으로 이상한 소음이 발생하는지 점검한다.
③ 냉각 계통의 불량으로 이상한 소음이 발생하는지 점검한다.
④ 구동벨트의 불량으로 이상한 소음이 발생하는지 점검한다.

> ①, ②, ④ 외에도 배기 계통의 불량으로 이상한 소음이 발생하는지 점검하고, 엔진 내·외부 각종 베어링의 불량으로 이상한 소음이 발생하는지 점검하여야 한다.

30 경사진 내리막길을 내려갈 때 베이퍼록을 방지하려면?

① 시동을 끄고 브레이크 페달을 밟고 내려간다.
② 클러치를 끊고 브레이크 페달을 계속 밟고 속도를 조정하며 내려간다.
③ 변속레버를 중립으로 높고 브레이크 페달을 밟고 내려간다.
④ 엔진 브레이크를 사용한다.

31 유압식 조향장치의 핸들의 조작이 무거운 원인 중 틀린 것은?

① 유압 계통 내에 공기가 혼입되었다.
② 타이어의 공기압력이 너무 낮다.
③ 유압이 낮다.
④ 펌프의 회전이 빠르다.

> ■ 조향 핸들의 조작이 무거운 원인
> ① 유압계통 내에 공기가 유입되었다.
> ② 타이어의 공기 압력이 너무 낮다.
> ③ 오일이 부족하거나 유압이 낮다.
> ④ 조향 펌프(오일펌프)의 회전속도가 느리다.
> ⑤ 오일 펌프의 벨트가 파손되었다.
> ⑥ 오일 호스가 파손되었다.

정답

26.③ 27.② 28.④ 29.③ 30.④ 31.④

chapter 02 누유 및 누수 점검

2-1 엔진 누유 점검

01 엔진 오일의 양 점검
① 유면 표시기를 빼어 유면 표시기에 묻은 오일을 깨끗이 닦는다.
② 유면 표시기를 다시 끼웠다 빼어 오일이 묻은 부분이 상한선과 하한선의 중간 부분에 위치하면 정상이다.
③ 엔진 오일 양이 부족한 경우 보충을 하고 1~2분 지난 상태에서 점검한다.
④ 재점검하여 오일 양을 상한선과 하한선 사이에 있도록 보충한다.

02 엔진 오일의 누유 점검
① 엔진에서 누유 된 부분이 있는지 육안으로 확인한다.
② 주기된 지게차의 지면을 확인하여 엔진 오일의 누유 흔적을 확인한다.

03 엔진 오일의 색 점검
① 검은색 : 심하게 오염된 경우로 점도를 점검하고 오일을 교환한다.
② 우유색 : 냉각수가 혼합된 경우로 오일을 교환한다.

2-2 유압 실린더 누유 점검

01 유압유의 유면 표시기
① 유압유 탱크 내의 유압유의 양을 점검할 때 사용되는 유면 표시기이다.
② 유면 표시기는 아래쪽에 L(low or min) 위쪽에 F(full or max) 의 눈금이 있다.
③ 유압유의 양이 유면 표시기의 L과 F 중간에 위치하고 있으면 정상이다.
④ 유압유의 양을 확인하여 부족한 경우 F선까지 유압유를 보충한다.

02 유압유의 누유 점검
① 유압장치에서 누유 된 부분이 있는지 육안으로 확인한다.
② 주기된 지게차의 지면을 확인하여 유압유의 누유 흔적을 확인한다.

03 유압 실린더 및 호스의 누유 상태 점검
① 유압 펌프 배관 및 호스와의 이음새 부분의 누유를 확인한다.
② 컨트롤 밸브의 누유를 확인한다.
③ 리프트 실린더 및 틸트 실린더의 누유를 확인한다.

2-3 제동장치 및 조향장치 누유 점검

01 제동장치 누유 점검
① 마스터 실린더의 누유를 점검한다.
② 제동계통 파이프 연결 부위의 누유를 점검한다.

02 조향장치 누유 점검
① 조향장치의 유압 펌프의 누유를 점검한다.
② 조향계통의 파이프 연결부위에서의 누유를 점검한다.

2-4 냉각수 점검

01 냉각수의 양 점검
① 보조 탱크 옆면에 표기된 상한선과 하한선의 사이에 있으면 정상이다.
② 라디에이터는 캡을 열어 냉각수가 그 안에 가득 차 있으면 정상이다.
③ 부족한 경우 보조 탱크에 냉각수를 상한선까지 보충하여야 한다.

02 냉각수의 누수 점검
① 냉각장치에서 누수 된 부분이 있는지 육안으로 확인한다.
② 주기된 지게차의 지면을 확인하여 냉각수의 누수 흔적을 확인한다.

2. 누유 및 누수작업

단원핵심문제

1 엔진 오일 점검 시 틀리는 것은?
① 계절 및 기관에 알맞은 오일을 사용한다.
② 엔진을 수평상태에서 한다.
③ 오일량을 점검할 때는 시동이 걸린 상태에서 한다.
④ 오일은 정기적으로 점검, 교환한다.

> 엔진 오일량을 점검하는 경우에는 엔진을 정지시킨 상태에서 시행하여야 한다.

2 엔진 오일이 우유색을 띄고 있을 때의 원인은?
① 냉각수가 섞여 있다.
② 오염되었다.
③ 가솔린이 유입되었다.
④ 4에틸납의 연소 생성물이 섞여 있다.

> 엔진 오일이 우유색으로 변화된 경우는 냉각수가 혼합된 것이다.

3 엔진 시동 전에 점검할 사항과 관계가 먼 것은?
① 엔진 오일량
② 냉각수량
③ 윤활 계통 누설 여부
④ 엔진 오일의 압력

4 엔진의 시동 전에 해야 할 가장 일반적인 점검 사항은?
① 유압계의 지침
② 에어클리너의 오염도
③ 충전장치
④ 엔진 오일량과 냉각수량

5 유압실린더의 누유검사 방법 중 틀린 것은?
① 정상적인 작동온도에서 실시한다.
② 각 유압실린더를 몇 번씩 작동 후 점검한다.
③ 얇은 종이를 펴서 로드에 대고 앞뒤로 움직여 본다.
④ 얇은 가죽이나 V패킹으로 교환한다.

6 지게차의 일상 점검 중 해당되지 않는 것은?
① 엔진 밸브 간극 점검
② 작동유 탱크 유량 점검
③ 브레이크 액량 점검
④ 냉각수량 점검

> **지게차의 일상 점검**: 작동유 탱크 유량 점검, 브레이크 액량 점검, 냉각수량 점검, 연료 보유량 점검

정답
01.③ 02.① 03.④ 04.④ 05.④ 06.①

chapter 03 계기판 점검

3-1 게이지 및 경고등, 방향지시등, 전조등 점검

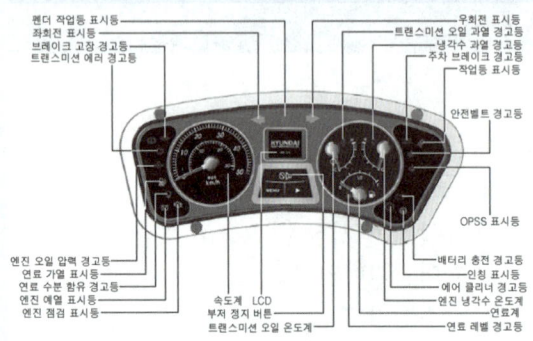

▲ 지게차 게이지 및 경고등 배치도

▲ 경고등의 종류

01 엔진 오일 압력 경고등
① 엔진 시동 전에는 점등되었다가 엔진이 시동되면 소등이 된다.
② 엔진이 작동하는 도중 유압이 규정값 이하로 떨어지면 경고등이 점등한다.
③ 경고등이 점등되면 엔진 시동을 끄고 오일 계통을 점검하여야 한다.

02 엔진 경고등
① 엔진이 비정상 작동 시에 점등된다.
② 경고등 점등되어도 작동이 가능하지만 빠른 시간 내에 점검을 받아야 한다.
③ 경고등이 점등되면 장비를 완전히 정지 및 주차시킨 후에 즉시 딜러나 서비스 대리점에 문의하여야 한다.

03 브레이크 고장 경고등
① 주행 브레이크의 오일 압력이 정상 운전 영역 이하가 되면 램프가 점등된다.
② 램프가 점등되면 엔진을 정지하고 원인을 점검하여야 한다.

04 주차 브레이크 표시등
① 주차 브레이크가 작동되면 램프가 점등된다.
② 주차 브레이크를 해제시키면 램프가 소등된다.
③ 주행하기 전에 램프가 소등되었는지 확인하여야 한다.

05 엔진 예열 표시등
① 시동 스위치가 ON 위치일 때 램프가 점등되면 엔진 예열장치가 작동 중이다.
② 엔진의 냉각수 온도에 따라 약 15~45초 후 예열이 완료되면 램프가 꺼진다.
③ 엔진 예열 표시등이 꺼지면 엔진을 시동한다.

06 OPSS 표시등
① 램프는 운전자가 운전석을 이탈할 시에 점등된다.
② 시동 스위치가 ON 또는 START된 후 지게차를 작동하려면 반드시 운전자가 운전석에 정확하게 위치해야 한다.
③ 운전자가 운전석을 이탈하면 자동으로 트랜스미션이 중립기어로 변경된다.
④ 정상운전 상태로 돌아가려면 운전석에 정확하게 착석하여 전·후진 레버를 순환 작동해야 한다.

07 트랜스미션 에러 경고등
① 트랜스미션에 에러가 발생하면 램프가 점등되고 LCD에 에러코드가 표시된다.
② 램프가 점등되면 엔진을 정지하고 원인을 점검하여야 한다.

08 에어클리너 경고등
① 에어클리너의 필터가 막혀 진공이 발생하면 스위치가 작동하여 점등한다.
② 램프가 점등되면 필터를 점검하고 세척이나 교환하여야 한다.

09 배터리 충전 경고등
① 시동 스위치를 ON한 후 램프가 점등된다.
② 엔진 가동 시에 충전 램프가 점등되어 있으면 충전회로를 점검하여야 한다.

10 연료 레벨 경고등
① 연료가 하한 레벨 아래가 되면 램프가 점등된다.
② 램프가 점등되면 즉시 연료를 보충하여야 한다.

11 연료 수분함유 경고등
① 수분 분리기에 물이 가득차거나 고장일 때 램프가 점등된다.
② 램프가 점등되면 지게차를 정지하고 수분 분리기에서 물을 배출하여야 한다.

12 냉각수 과열 경고등
① 엔진 냉각수의 온도가 104℃ 이상 되었을 때 점등된다.
② 램프가 점등되면 냉각수 및 냉각계통을 점검하여야 한다.

13 변속기 오일온도 경고등
① 변속기 오일의 온도가 규정 이상 되었을 때 점등된다.
② 램프가 점등되면 냉각기 계통을 점검하여야 한다.

14 연료 가열 경고등
① 경고등은 냉각수 온도가 10℃, 유압유 온도가 20℃일 때 점등된다.
② 시동 스위치를 ON으로 하고 냉각수 온도가 60℃ 이상, 유압유 온도가 45℃ 이상일 때는 자동으로 연료 가열은 취소된다.

3. 계기판 점검

단원핵심문제

1 기관의 오일 게이지로 무엇을 측정하는가?
① 오일 팬 내의 유면 높이
② 연료 여과기의 유면의 높이
③ 오일 미터 내의 유압의 표시
④ 연료 탱크 내의 유면의 높이

> 오일 게이지(유면 표시기)는 오일 팬 내에 저장되어 있는 오일의 유면 높이를 측정하는 게이지이다.

2 기관의 오일 레벨 게이지에 대한 설명으로 틀린 것은?
① 윤활유 레벨을 점검할 때 사용한다.
② 윤활유 점도 확인 시에도 활용된다.
③ 기관의 오일 팬에 있는 오일을 점검하는 것이다.
④ 기관 가동 상태에서 게이지를 뽑아서 점검한다.

> 엔진이 정지된 상태에서 게이지를 뽑아서 F(MAX)와 L(MIN)선 중간 이상이어야 한다.

3 엔진 오일량 점검에서 오일 게이지에 상한선(Full)과 하한선(Low) 표시가 되어 있을 때 가장 적합한 것은?
① Low 표시에 있어야 한다.
② Low와 Full 표시 사이에서 Low에 가까이 있으면 좋다.
③ Low와 Full 표시 사이에서 Full에 가까이 있으면 좋다.
④ Full 표시 이상이 되어야 한다.

4 유압유의 유면 표시기를 설명한 것으로 거리가 먼 것은?
① 유압유 탱크 내의 유압유의 양을 점검할 때 사용되는 유면 표시기이다.
② 유압유의 양이 유면 표시기의 L에 위치하고 있으면 정상이다.
③ 유면 표시기는 아래쪽에 L(low or min) 위쪽에 F(full or max)의 눈금이 있다.
④ 유압유의 양을 확인하여 부족한 경우 F선까지 유압유를 보충한다.

> 유압유의 양은 유면 표시기의 L과 F 중간에 위치하고 있으면 정상이다.

5 엔진 오일이 우유색을 띄고 있을 때의 원인은?
① 경유가 유입되었다.
② 연소가스가 섞여있다.
③ 냉각수가 섞여있다.
④ 가솔린이 유입되었다.

> 엔진 오일에 냉각수가 섞이면 우유 색을 띤다.

6 다음 중 유압 실린더 및 유압 호스 누유 상태의 점검으로 적당하지 않은 것은?
① 유압 펌프 배관 및 호스와의 이음새 부분의 누유를 확인한다.
② 컨트롤 밸브의 누유를 확인한다.
③ 리프트 실린더 및 틸트 실린더의 누유를 확인한다.
④ 마스터 실린더 유압유의 누유 흔적을 확인한다.

> 제동장치의 마스터 실린더는 브레이크액을 사용한다.

정답

01.① 02.④ 03.③ 04.② 05.③ 06.④

7 다음 중 냉각수의 양과 누수 점검으로 거리가 먼 것은?

① 보조 탱크 옆면에 표기된 하한선에 있으면 정상이다.
② 냉각장치에서 누수 된 부분이 있는지 육안으로 확인한다.
③ 부족한 경우 보조 탱크에 냉각수를 상한선까지 보충하여야 한다.
④ 주기된 지게차의 지면을 확인하여 냉각수의 누수 흔적을 확인한다.

냉각수의 양은 보조 탱크 옆면에 표기된 상한선과 하한선의 사이에 있으면 정상이다.

8 운전석 계기판에 아래 그림과 같은 경고등이 점등되었다면 가장 관련이 있는 경고등은?

① 엔진 오일 압력 경고등
② 엔진 오일 온도 경고등
③ 냉각수 배출 경고등
④ 냉각수 온도 경고등

9 유압계가 부착된 지게차에서 유압계 지침이 정상으로 압력이 상승되지 않았다. 그 원인으로 틀린 것은?

① 오일 파이프 파손   ② 오일펌프 고장
③ 유압계의 고장   ④ 연료 파이프 파손

10 엔진 오일 압력 경고등이 켜지는 경우가 아닌 것은?

① 오일이 부족할 때
② 오일 필터가 막혔을 때
③ 가속을 하였을 때
④ 오일 회로가 막혔을 때

오일 압력 경고등은 오일 라인에 공급되는 오일의 압력이 규정값 이하일 경우에 점등된다.

11 디젤기관을 공회전시 유압계의 경보램프가 꺼지지 않는 원인 중 틀린 것은?

① 오일 팬의 유량 부족
② 유압 조정 밸브 불량
③ 오일 여과기 막힘
④ 팬벨트의 늘어짐

팬벨트가 늘어지면 발전기에서의 출력 저하 및 기관이 과열하는 원인이 된다.

12 지게차 작업 시 계기판에서 오일 경고등이 점등되었을 때 우선 조치사항으로 적합한 것은?

① 엔진을 분해한다.
② 즉시 시동을 끄고 오일계통을 점검한다.
③ 엔진 오일을 교환하고 운전한다.
④ 냉각수를 보충하고 운전한다.

13 다음 중 커먼레일 디젤엔진 차량의 계기판에서 경고등 및 지시등의 종류가 아닌 것은?

① 예열 플러그 작동 지시등
② DPF 경고등
③ 연료 수분 감지 경고등
④ 연료 차단 지시등

연료의 차단은 컴퓨터의 제어에 의해 이루어지며, 지시등은 설치되어 있지 않다.

14 디젤기관의 연료계통에서 응축수가 생기면 시동이 어렵게 되는데 이 응축수는 어느 계절에 가장 많이 생기는가?

① 봄   ② 여름
③ 가을   ④ 겨울

연료계통의 응축수는 주로 겨울에 가장 많이 발생한다.

정답
07.① 08.① 09.④ 10.③ 11.④ 12.②
13.④ 14.④

15 지게차를 운전할 때 계기판에서 냉각수 과열 경고등이 점등되었을 때 운전자로서 가장 적절한 조치는?

① 라디에이터를 교환한다.
② 냉각수를 보충하고 운전한다.
③ 오일 양을 점검한다.
④ 시동을 끄고 정비를 받는다.

16 지게차 운전 시 계기판에서 냉각수 과열 경고등이 점등되었다. 그 원인으로 가장 거리가 먼 것은?

① 냉각수량이 부족할 때
② 냉각계통의 물 호스가 파손되었을 때
③ 라디에이터 캡이 열린 채 운행하였을 때
④ 냉각수 통로에 스케일(물때)이 많이 퇴적되었을 때

> 냉각수 과열 경고등은 냉각수 량이 기준면보다 낮을 때 점등된다. 그리고 냉각수 통로에 스케일이 많이 퇴적된 경우에는 엔진 과열의 원인이 된다.

17 운전 중 갑자기 계기판에 충전 경고등이 점등되었다. 그 현상으로 맞는 것은?

① 정상적으로 충전이 되고 있음을 나타낸다.
② 충전이 되지 않고 있음을 나타낸다.
③ 충전 계통에 이상이 없음을 나타낸다.
④ 주기적으로 점등되었다가 소등되는 것이다.

> 운전 중 계기판에 충전 경고등이 점등되면 충전이 되지 않고 있음을 나타낸다.

18 운전 중 운전석 계기판에 그림과 같은 등이 갑자기 점등되었다. 무슨 표시인가?

① 배터리 완전충전 표시등
② 전원 차단 경고등
③ 전기 계통 작동 표시등
④ 충전 경고등

> 충전 계통에 이상이 발생되면 그림과 같은 경고등이 점등된다.

19 운전석 계기판에 아래 그림과 같은 경고등이 점등되었다면 가장 관련이 있는 경고등은?

① 엔진 오일 온도 경고등
② 연료 수분 감지 경고등
③ 냉각수 온도 경고등
④ DPF 경고등

20 운전 중 갑자기 계기판에 그림과 같은 경고등이 점등되었다. 어떤 부분의 결함을 나타낸 것인가?

① 에어 클리너 경고등
② 엔진 예열 표시등
③ 엔진 점검 경고등
④ 연료 레벨 경고등

21 운전 중 갑자기 계기판에 그림과 같은 경고등이 점등되었다. 어떤 부분의 결함을 나타낸 것인가?

① 에어 클리너 경고등
② 냉각수 과열 경고등
③ 변속기 오일 경고등
④ 연료 레벨 경고등

정답
15.④ 16.③ 17.② 18.④ 19.② 20.③
21.①

chapter 04 마스트·체인 점검

4-1 체인 연결 부위 점검

01 포크와 체인의 연결 부위 균열 상태 점검
① 포크와 리프트 체인 연결부의 균열 여부를 점검한다.
② 포크의 휨, 이상 마모, 균열 및 핑거보드와의 연결 상태를 점검한다.

02 좌우 리프트 체인 점검
좌우 리프트 체인의 유격 상태를 확인한다.

4-2 마스트 및 베어링 점검

01 마스트 상하 작동 상태 점검
① 마스트의 휨, 이상 마모, 균열 여부 및 변형을 점검한다.
② 리프트 실린더를 조작하여 마스트의 정상 작동 상태를 점검한다.

02 리프트 체인 및 마스트 베어링 상태 점검
① 리프트 레버를 조작, 리프트 실린더를 작동하여 리프트 체인 고정핀의 마모 및 헐거움을 점검한다.
② 마스트 롤러 베어링의 정상 작동 상태를 점검한다.

---

4. 마스트·체인 점검 — 단원핵심문제

1 지게차의 작업 전 점검에서 체인 연결 부위 점검으로 거리가 먼 것은?
① 포크와 리프트 체인 연결부의 균열 여부를 점검한다.
② 포크의 휨, 이상 마모, 균열 및 핑거보드와의 연결 상태를 점검한다.
③ 좌우 리프트 체인의 유격 상태를 확인한다.
④ 마스트 롤러 베어링의 정상 작동 상태를 점검한다.

2 지게차의 작업 전 점검에서 마스트 및 베어링의 점검 사항이 아닌 것은?
① 마스트의 휨, 이상 마모, 균열 여부 및 변형을 점검한다.
② 리프트 실린더를 조작하여 마스트의 정상 작동 상태를 점검한다.
③ 좌우 리프트 체인의 유격 상태를 확인한다.
④ 마스트 롤러 베어링의 정상 작동 상태를 점검한다.

정답 01.④ 02.③

chapter 05 엔진 시동 상태 점검

5-1 축전지 점검

01 축전지 단자 및 결선 상태 점검
① 축전지 단자의 파손 상태를 점검한다.
② 축전지 배선의 결선 상태를 점검한다.
③ 축전지 단자를 보호하기 위하여 고무 커버를 씌운다.

02 축전지 충전 상태 점검

(1) 축전지 점검
① 축전지 충전 상태를 점검 창을 통하여 확인하고 방전 시 축전지를 충전한다.
② MF 축전지의 점검 방법은 점검창의 색깔로 확인할 수 있다.
  ㉮ ● 초록색 : 충전된 상태
  ㉯ ● 검정색 : 방전된 상태(충전 필요)
  ㉰ ○ 흰색 : 축전지 점검(축전지 교환)

(2) 축전지 충전 시 주의사항
① 충전장소에는 환기장치를 설치한다.
② 축전지 방전 시 충전한다.
③ 충전 중 전해액의 온도는 45℃ 이상 상승시키지 않는다.
④ 충전 중인 축전지 근처에서 불꽃을 가까이 하지 않는다.
⑤ 충전 중 축전지를 과충전시키지 않는다.
⑥ 지게차에서 축전지를 떼어내지 않고 충전 시 축전지와 시동 전동기의 연결 배선을 분리한다.

5-2 예열장치 점검

01 예열 플러그 점검
① 예열 플러그의 작동 여부를 점검한다.
② 예열 플러그의 예열 시간을 점검한다.

02 예열 플러그의 단선 원인
① 예열 시간이 너무 길 때
② 기관이 과열된 상태에서 빈번한 예열
③ 예열 플러그를 규정 토크로 조이지 않았을 때(접지 불량)
④ 정격이 아닌 예열 플러그를 사용했을 때
⑤ 규정 이상의 과대전류가 흐를 때

5-3 시동장치 점검

01 엔진 시동 시 주의
① 시동 전동기의 기동 시간은 1회 10초 정도이며, 기동이 되지 않으면 다른 부분을 점검하고 다시 기동한다.
② 시동 전동기의 최대 연속 사용 시간은 30초 이내로 한다.
③ 엔진이 시동되면 재 기동하지 않는다.
④ 시동 전동기의 회전속도가 규정 이하이면 장시간 연속 기동해도 엔진이 시동되지 않으므로 회전속도에 유의한다.

02 시동 전동기가 회전하지 않는 원인
① 기동 스위치 접촉 및 배선 불량일 때
② 계자 코일이 손상되었을 때

③ 브러시가 정류자에 밀착이 안 될 때
④ 전기자 코일이 단선되었을 때

5-4 지게차 난기운전

한랭 시 지게차 시동 후 작업 전에 유압유의 온도를 상승시키는 것을 **난기운전**이라고 한다. 동절기 또는 한랭 시에는 필히 난기운전을 해야 한다.

01 엔진의 난기운전

엔진의 난기운전은 시동 후 기관이 정상 작동 온도에 도달할 때까지의 시간을 의미한다.

02 지게차 난기운전

작업 전 유압유 온도를 최소 20~27℃ 이상이 되도록 상승시키는 운전이다.

(1) 지게차 난기운전 방법

① 엔진 온도를 정상온도까지 상승시킨다.
② 가속페달을 서서히 밟으면서 리프트 실린더를 최고 높이까지 상승시킨다.
③ 가속페달에서 발을 떼고 리프트 실린더를 하강시킨다.
④ ②와 ③을 10회 정도 실시한다(동절기에는 횟수를 증가해서 실시한다).
⑤ 가속페달을 서서히 밟으면서 틸트 실린더를 후경시킨다.
⑥ 가속페달을 서서히 밟으면서 틸트 실린더를 전경시킨다.
⑦ ⑤와 ⑥을 10회 정도 실시한다(동절기에는 횟수를 증가해서 실시한다).

(2) 유압유의 온도

① 난기운전 후 유압유의 온도 : 20~27℃
② 최저 허용 유압유의 온도 : 40℃
③ 작업 중 적정 유압유의 온도 : 50±5℃ (45~55℃)
④ 최고 허용 유압유의 온도 : 80℃
⑤ 열화 되는 유압유의 온도 : 80~100℃

---

5. 엔진 시동 상태 점검 — 단원핵심문제

1 축전지 외부, 내부 점검사항이다. 틀린 것은?
① 축전지는 설치 상태가 완전 한가 확인한다.
② 축전지는 외부가 청결한지 점검한다.
③ 전해액 주입구 공기구멍은 막혀 있어도 무관하다.
④ 케이스의 균열이 없는지를 확인한다.

2 축전지 단자 및 결선 상태를 점검하는 사항으로 거리가 먼 것은?
① 축전지 단자의 파손 상태를 점검한다.
② 축전지 배선의 결선 상태를 점검한다.
③ 축전지 단자를 보호하기 위하여 고무 커버를 씌운다.
④ 축전지 표면에 있는 침식물이나 먼지 등은 압축공기를 이용하여 청소한다.

3 MF 축전지의 충전 상태의 점검은 점검창의 색깔로 확인할 수 있다. 다음 중 틀린 것은?
① 적색 : 충전된 상태이다.
② 초록색 : 충전된 상태이다.
③ 검정색 : 방전된 상태로 충전이 필요하다
④ 흰색 : 축전지 점검 상태로 축전지를 교환하여야 한다.

정답
01.③ 02.④ 03.①

■ 점검창의 색깔
① 초록색 : 충전된 상태
② 검정색 : 방전된 상태(충전 필요)
③ 흰색 : 축전지 점검(축전지 교환)

4 납산 일반 축전지가 방전되었을 때 보충전시 주의하여야 할 사항으로 가장 거리가 먼 것은?

① 충전 시 전해액 온도를 45℃이하로 유지할 것
② 충전 시 가스발생이 되므로 화기에 주의할 것
③ 충전 시 벤트 플러그를 모두 열 것
④ 충전 시 배터리 용량보다 조금 높은 전압으로 충전할 것

축전지를 충전할 때 주의할 사항은 ①, ②, ③항 이외에 축전지 단자 전압보다 조금 높은 전압으로 충전한다.

5 납산 축전지를 충전기로 충전할 때 전해액의 온도가 상승하면 위험한 상황이 될 수 있다. 최대 몇 ℃를 넘지 않도록 하여야 하는가?

① 5℃　　　　② 10℃
③ 25℃　　　　④ 45℃

6 충전중인 축전지에 화기를 가까이 하면 위험하다. 그 이유는?

① 수소가스가 폭발성 가스이기 때문에
② 산소가스가 폭발성 가스이기 때문에
③ 충전기가 폭발될 위험이 있기 때문에
④ 전해액이 폭발성 액체이기 때문에

충전중인 축전지에 화기를 가까이 하면 음극에서 발생하는 수소가스가 폭발성 가스이기 때문에 위험하다.

7 축전지 급속 충전 시 주의사항으로 잘못된 것은?

① 통풍이 잘 되는 곳에서 한다.
② 충전 중인 축전지에 충격을 가하지 않도록 한다.
③ 전해액의 온도가 45℃를 넘지 않도록 특별히 주의한다.
④ 충전 시간은 가능한 길게 하고, 가능한 2주에 한 번씩 하도록 한다.

급속 충전은 축전지 용량의 50% 전류로 충전하기 때문에 수명을 단축시키는 요인이 되므로 충전시간은 가능한 짧게 하고, 급속 충전은 가능한 하지 않도록 한다.

8 예열 플러그가 스위치 ON 후 15~20초에서 완전히 가열되었을 경우의 설명으로 옳은 것은?

① 정상 상태이다.
② 접지되었다.
③ 단락되었다.
④ 다른 플러그가 모두 단선 되었다.

예열 플러그가 15~20초에서 완전히 가열된 경우는 정상 상태이다.

9 예열 플러그의 고장이 발생하는 경우로 거리가 먼 것은?

① 엔진이 과열되었을 때
② 발전기의 발전 전압이 낮을 때
③ 예열시간이 길었을 때
④ 정격이 아닌 예열 플러그를 사용했을 때

■ 예열 플러그의 단선 원인
① 예열 시간이 너무 길 때
② 기관이 과열된 상태에서 빈번한 예열
③ 예열 플러그를 규정 토크로 조이지 않았을 때
④ 정격이 아닌 예열 플러그를 사용했을 때
⑤ 규정 이상의 과대 전류가 흐를 때

정답
04.④　05.④　06.①　07.④　08.①　09.②

10 디젤 기관에서 예열 플러그가 단선되는 원인으로 틀린 것은?

① 너무 짧은 예열 시간
② 규정 이상의 과대 전류 흐름
③ 기관의 과열상태에서 잦은 예열
④ 예열 플러그 설치할 때 조임 불량

11 예열 플러그를 빼서 보았더니 심하게 오염되어 있다. 그 원인은?

① 불완전 연소 또는 노킹
② 엔진 과열
③ 플러그의 용량과다
④ 냉각수 부족

12 지게차의 시동 전동기 취급 시 주의사항으로 틀린 것은?

① 시동 전동기의 연속 사용기간은 3분 정도로 한다.
② 기관이 시동된 상태에서 시동 스위치를 켜서는 안 된다.
③ 시동 전동기의 회전속도가 규정 이하이면 오랜 시간 연속 회전시켜도 시동이 되지 않으므로 회전속도에 유의해야한다.
④ 전선 굵기는 규정 이하의 것을 사용하면 안 된다.

13 다음 중 기동 전동기의 최대 연속 사용 시간으로 가장 알맞은 것은?

① 2분 이내   ② 1분 이내
③ 50초 이내   ④ 30초 이내

14 건설기계에서 기동 전동기가 회전하지 않을 경우 점검할 사항으로 틀린 것은?

① 축전지의 방전여부
② 배터리 단자의 접촉여부
③ 팬벨트의 이완여부
④ 배선의 단선여부

> 팬벨트 이완여부는 기관이 과열되거나 발전기 출력이 약할 때 점검한다.

15 기관을 시동하기 위해 시동키를 작동했지만 기동 모터가 회전하지 않아 점검하려고 한다. 점검 내용으로 틀린 것은?

① 배터리 방전상태 확인
② 인젝션 펌프 솔레노이드 점검
③ 배터리 터미널 접촉상태 확인
④ ST회로 연결 상태 확인

> 인젝션 펌프의 솔레노이드는 기관을 시동할 때에는 인젝션 펌프의 연료통로를 열고, 기관의 시동을 끄면 인젝션 펌프의 연료 통로를 닫아 연료공급을 차단한다.

16 다음 중 작업하기 전 지게차의 난기운전을 하는 목적으로 알맞은 것은?

① 유압 회로의 공기를 빼기 위함이다.
② 유압유 온도를 상승시키기 위함이다.
③ 유압 탱크의 공기를 빼기 위함이다.
④ 기관의 냉각수 온도를 상승시키기 위함이다.

> 지게차의 난기운전은 작업 전 유압유 온도를 최소 20~27℃ 이상이 되도록 상승시키는 운전이다.

17 작업 전에 지게차의 포크를 상승 및 하강, 마스트를 전경 또는 후경시키는 이유로 가장 적절한 것은?

① 유압 탱크의 공기를 빼기 위함이다.
② 기관의 냉각수 온도를 상승시키기 위함이다.
③ 유압 회로의 공기를 빼기 위함이다.
④ 유압유 온도를 상승시키기 위함이다.

정답
10.① 11.① 12.① 13.④ 14.③ 15.②
16.② 17.④

작업 전·중·후 점검

❶ 작업 전, 작업 중, 작업 후 점검

(1) 작업 전 점검
작업 전 점검사항은 외관 점검, 각부 누유, 누수 점검, 엔진오일 양 점검, 냉각수 양 점검, 유압오일 양 점검, 팬 벨트 장력 점검, 타이어 외관 상태 점검, 공기청정기 엘리먼트 청소, 축전지 점검 등이 있다.

(2) 작업 중 점검
작업 중 점검사항은 지게차 작업 중 실시하는 점검으로 지게차에서 발생하는 이상한 소리, 이상한 냄새, 배기색을 확인한다.

(3) 작업 후 점검
작업 후 점검사항은 작업을 마치고 실시하는 점검으로 지게차 외관의 변형 및 균열 점검, 각부 누유, 누수 점검, 연료 보충 등을 확인한다.

❷ 브레이크 오일의 조건

① 점도가 알맞고 점도지수가 커야 한다.
② 윤활성이 있어야 한다.
③ 빙점이 낮고 비등점이 높아야 한다.
④ 화학적 안정성이 높아야 한다.
⑤ 고무 또는 금속을 부식시키지 않아야 한다.
⑥ 침전물 발생이 없어야 한다.

❸ 제동 장치 점검 방법

① 포크를 지면으로부터 20cm 들어 올린다.
② 브레이크 페달을 밟은 상태에서 전·후진 기어를 전진에 넣는다.
③ 주차 브레이크를 해제한다.
④ 브레이크 페달에서 발을 떼고 가속페달을 서서히 밟는다.
⑤ 브레이크 페달을 밟아 제동이 되면 제동장치는 정상이다.

❹ 부동액의 구비 조건

① 비등점이 물보다 높아야 하며 응고점은 물보다 낮아야 한다.
② 물과 혼합이 잘 되어야 한다.
③ 휘발성이 없고 순환이 잘 되어야 한다.
④ 내 부식성이 크고 팽창계수가 적어야 한다.
⑤ 침전물이 없어야 한다.

❺ 엔진 과열 시 현상

① 냉각수 순환이 불량해지고 금속의 산화가 촉진된다.
② 각 작동 부분의 고착 및 변형이 발생된다.
③ 윤활 불충분으로 각 부품이 손상된다.

❻ 엔진 과냉 시 현상

① 연료의 응결로 연소가 불량해진다.
② 연료 소비율이 증가한다.
③ 엔진 오일의 점도가 높아져 엔진 기동 시 회전저항이 커진다.

❼ 엔진 오일의 구비 조건

① 점도지수가 커서 점도 변화가 적어야 한다.
② 인하점 및 자연 발화점이 높아야 한다.
③ 강인한 오일 막을 형성하여야 한다.
④ 응고점이 낮아야 한다.
⑤ 기포 발생 및 카본 생성에 대한 저항력이 커야 한다.

❽ 베어링의 구비 조건

① 축의 재료보다 연하면서 마모에 잘 견디어야 한다.
② 축과의 마찰계수가 적어야 한다.
③ 마찰열의 냉각이 잘 되도록 열전도성이 좋아야 한다.
④ 내 부식성이 있어야 한다.
⑤ 제작이 쉬워야 한다.

PART.3
화물적재 및 하역작업

1. 화물의 무게 중심 확인
2. 화물 하역 작업

chapter 01 화물의 무게 중심 확인

1-1 화물의 종류 및 무게 중심

01 지게차 화물의 종류
① 컨테이너에 적재된 화물
② 팔레트에 적재된 화물
③ 박스로 포장된 화물
④ 화물별로 포장된 화물
⑤ 단위별로 묶인 화물

(1) 컨테이너
① 단위별 화물을 수송, 보관 등을 용이하게 할 수 있어 선정된 포장 방법이다.
② **재료** : 목재, 합판, 강철, 알루미늄, 경합금, FRP 등 다양하다.
③ 소유자와 연번 등을 나타내는 ISO 6346에 따른 표시가 문에 표시되어 있다.
④ 표준형(TEU)은 길이 20피트(6.1m), 폭 8피트(2.4m), 높이 8.5피트(2.6m)이다.
⑤ **컨테이너 종류** : 오픈탑 컨테이너, 프레트랙 컨테이너, 알루미늄 컨테이너, 냉동 컨테이너, 일반 컨테이너, 탱크 컨테이너

(2) 팔레트(pallet) 및 단위별 포장 종류
팔레트의 종류를 크게 구분하면 평 팔레트, 포커스 팔레트, 포스트 팔레트 및 시트 팔레트의 4종류로 나눠진다.
① 지게차용 팔레트는 목재, 철제, 알루미늄, 플라스틱, 하드보드 등 화물의 사용 목적에 따라 장단점을 검토하여 적재, 운반, 하역 시 작업이 용이하도록 제작되고 사용자가 선택하여 사용하는 포장 방법이다.
② 일반 팔레트는 외형과 규격은 비슷하나 재질은 목재, 플라스틱, 스틸, 알루미늄 등으로 제작된다.
③ 개별 포장은 철재류, 목재류, 섬유류 등 단위별로 개 당 처리 또는 묶음 처리하여도 작업이 가능한 화물이다.
④ 화물 종류별 비중을 참고하여 작업 전 사전에 내용물을 파악하여야 한다.

02 화물의 무게 중심
① 컨테이너 화물은 포크로 지면에서 인양 시 무게 중심이 맞는지 서서히 인양하여 균형을 확인한다.
② 팔레트 화물은 포크로 지면에서 인양 시 무게 중심이 맞는지 서서히 인양하여 균형을 확인한다.
③ 포장화물이 액체일 경우 유체 이동으로 주행 시 흔들림이 발생될 수 있으므로 적재 후 약간의 전·후진 주행 동작으로 유체 이동의 여부를 감지하고 작업 시 대처한다.
④ 무게가 가볍고 부피가 큰 화물의 경우 외부 동하중(바람) 및 장애물에 대처한다.
⑤ 길이가 긴 철근, 파이프, 목재 등은 주행 시 발생되는 동하중으로 인한 안정성을 감안한 인양한다.
⑥ 개별 포장이거나 단위별 묶음 포장일 경우 포크의 폭 및 좌우 이동으로 화물의 무게 중심을 정확히 맞추어 인양되도록 한다.

1-2 적재 작업

01 포크의 깊이와 각도로 적재상태 확인

① 적재하고자 하는 화물의 바로 앞에 도달하면 안전한 속도로 감속한다.
② 화물 앞에 가까이 갔을 때에는 일단 정지하여 마스트를 수직으로 한다.
③ 포크의 간격(폭)은 컨테이너 및 팔레트 폭의 1/2 이상 3/4 이하 정도로 유지하여 적재하여야 한다.

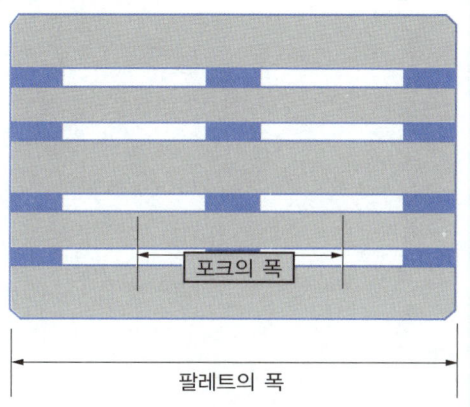

▲ 포크의 폭 간격

④ 컨테이너, 팔레트, 스키드(skid)에 포크를 꽂아 넣을 때에는 지게차를 화물에 대해 똑바로 향하고 포크의 삽입 위치를 확인한 후에 천천히 포크를 넣는다.
⑤ 단위 포장 화물은 화물의 무게 중심에 따라 포크 폭을 조정하고 천천히 포크를 완전히 넣는다.

02 지면으로부터 화물을 들어 올릴 때의 순서

① 일단 포크를 지면으로부터 5~10cm 들어 올린 후에 화물의 안정 상태와 포크에 대한 편하중이 없는지 등을 확인한다.
② 이상이 없음을 확인한 후에 마스트를 충분히 뒤로 기울이고, 포크를 바닥면으로부터 약 20~30cm의 높이를 유지한 상태에서 약간의 후진 시 브레이크 작동으로 화물의 내용물에 동하중이 발생되는지를 확인한다.
③ 적재 후 마스트를 지면에 내려놓은 후 필히 화물의 적재상태의 이상 유무를 확인한 후 포크를 바닥면으로부터 약 20~30cm의 높이를 유지한 상태에서 주행한다.

1-3 화물의 결착

① 적재 화물이 무너질 우려가 있는 경우에는 밧줄로 묶거나 그 밖의 안전조치를 한 후에 적재한다.
② 단위 화물의 바닥이 불균형인 형태 시 포크와 화물 사이에 고임목을 사용하여 안정시킨다.
③ 팔레트는 적재하는 화물의 중량에 따른 충분한 강도를 가지고 심한 손상이나 변형이 없는 것을 확인하고 적재한다.
④ 팔레트에 실려 있는 화물은 안전하고 확실하게 적재되어 있는지를 확인하며, 불안정한 상태는 결착하여 안정시킨다.
⑤ 인양물이 불안정할 경우 스링(sling) 와이어, 로프, 체인블록(chain block) 등 결착도구(공구)를 사용하여 지게차와 결착한다.

1-4 포크 삽입 확인

① 지게차는 화물 적재 시에 지게차 균형추(counter balance) 무게에 의하여 안정된 상태를 유지할 수 있도록 제작된 장비로서 최대 하중 이하에서 적재하여야 한다.

② 지게차의 이상적인 적재 안전작업은 지게차의 임계하중 모멘트(forklift tipping load moment) 즉 카운터 밸런스가 장착된 뒷부분이 들리지 않는 상태로서 화물은 포크의 중심점 안쪽으로 작업하여 임계하중 모멘트 안에서 작업하는 것이 이상적인 안전 작업이다.

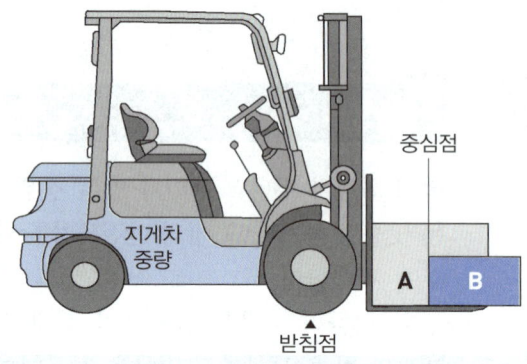

▲ 지게차 중심점

그림과 같이 화물 A, B가 같은 중량이라도 B 화물의 경우 받침점(fulcrum)을 기준으로 장비의 앞쪽에 가해지는 임계 하중이 증가한다.

③ 마스트는 레일 확장식으로 마스트 리프트 실린더가 확장되거나 수축되면 실린더 로드에 연결된 크로스바가 상하 작동되고 크로스바와 포크 캐리지에 연결된 체인에 의하여 상하 작동되는 원리로서 무게 중심은 화물의 높이에 따라서 변동 폭이 증가하므로 주의하여야 한다.

④ 표준 생산품 (STD)은 2단 마스트이나 고소 작업을 위하여 3단 이상을 선택 장비로 구입하여 사용할 수 있다.

⑤ 마스트와 차체에 부착된 유압 실린더로 마스트를 숙이거나 뒤로 젖히어 포크의 각도를 변경하고 포크를 위 아래로 조절하여 작업을 수행한다.

⑥ 지게차에 부착 사용하는 작업 장치를 이해한다. 포크의 작업 장치는 용도에 따라서 부착할 수 있으며 이 외에 여러 형태의 많은 작업 장치가 있다(항만전용 컨테이너 작업용, 고소 작업용, 벌크(bulk)용, 철 자재류 전용, 자동 하역용 버킷 전용, 롤로 된 종이류 전용, 작업대 등).

chapter 02 화물 하역 작업

2-1 화물 적재 상태 확인

① 팔레트는 적재하는 화물의 중량에 따른 충분한 강도를 가지고 심한 손상이나 변형이 없는지를 확인하고 적재한다.
② 팔레트에 실려 있는 화물은 안전하고 확실하게 적재되어 있는지를 확인하며 불안정한 적재 또는 화물이 무너질 우려가 있는 경우에는 밧줄로 묶거나 그 밖의 안전조치를 한 후에 적재한다.
③ 단위 화물의 바닥이 불균형인 형태 시 포크와 화물의 사이에 고임목을 사용하여 안정시켜야 한다.
④ 인양물이 불안정할 경우 스링(sling) 와이어, 로프, 체인블록(chain block) 등 결착도구(공구)를 사용하여 지게차와 결착한다.
⑤ 결착 시 화물의 형태에 따라 결착도구(공구)와 화물 간에 손상 방지를 위하여 보호대를 사용하여야 한다.
⑥ 금속과 금속 간에 결착 시 중간에 목재 및 하드보드(hard bord), 종이, 천 등을 사용하여 금속 간에 미끄러짐 방지 및 완충 역할을 하도록 한다.

2-2 마스트 각도 조절

01 마스트의 전경각 및 후경각

① **마스트 전경각** : 지게차의 기준무부하상태에서 지게차의 마스트를 포크 쪽으로 가장 기울인 경우 마스트가 수직면에 대하여 이루는 기울기를 말한다.
② **마스트 후경각** : 지게차의 기준무부하상태에서 지게차의 마스트를 조종실 쪽으로 가장 기울인 경우 마스트가 수직면에 대하여 이루는 기울기를 말한다.
③ **카운터 밸런스형 지게차** : 전경각은 6° 이하, 후경각은 12° 이하
④ **사이드 포크형 지게차** : 전경각 및 후경각은 각각 5° 이하

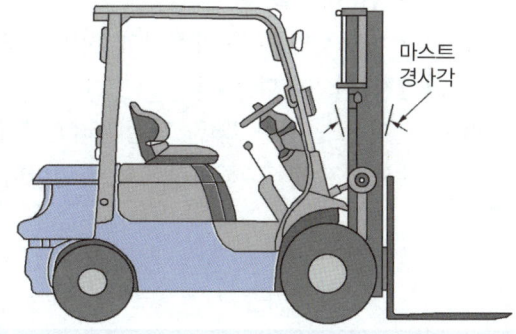

▲ 마스트의 전경각과 후경각

02 지게차의 안정도

주행 시 전후 안정도는 4%, 좌우 안정도는 6% 이내이며 마스트는 전후 작동이 5~12%로써 마스트 작동 시에 변동 하중이 가산됨을 숙지하여야 한다.

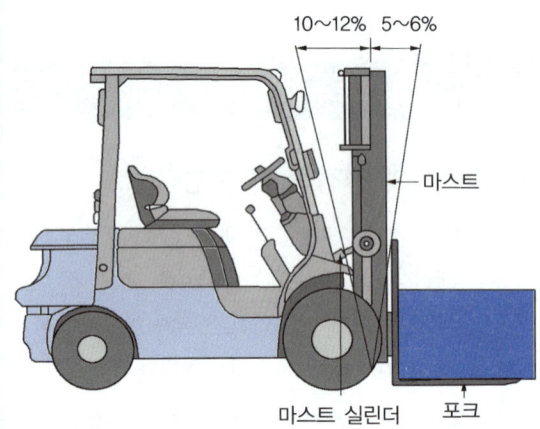

▲ 지게차 안정도

2-3 하역 작업

01 하역장소 확인

① 하역장소를 답사하여 하역장소의 지반 및 주변 여건을 확인하여야 한다.
② 일반 비포장인 경우 야적장에 지반이 견고한지 확인한다.
③ 지반이 불안정한 경우 작업관리자에게 통보하여 수정 후 하역장에서 하역한다.

02 화물 하역 작업 순서

① 하역하는 장소의 바로 앞에 오면 안전한 속도로 감속한다.
② 하역하는 장소의 앞에 접근하였을 때에는 일단 정지한다.
③ 하역하는 장소에 화물의 붕괴, 파손 등의 위험이 없는지 확인한다.
④ 마스트를 수직으로 하고 포크를 수평으로 한 후 내려놓을 위치보다 약간 높은 위치까지 포크를 올린다.
⑤ 내려놓을 위치를 확인한 후 천천히 전진하여 하역할 위치에 내린다.
⑥ 천천히 후진하여 포크를 10~20cm 정도 빼내고, 다시 약간 들어 올려 안전하고 올바른 하역 위치까지 밀어 넣고 내려야 한다.
⑦ 팔레트 또는 스키드로부터 포크를 빼낼 때에도 넣을 때와 마찬가지로 접촉 또는 비틀지 않도록 조작한다.
⑧ 하역하는 경우에 포크를 완전히 올린 상태에서는 마스트 전·후경 작동을 거칠게 조작하지 않는다.
⑨ 하역하는 상태에서는 절대로 조종사가 지게차에서 내리거나 이탈하여서는 안 된다.

2. 화물 하역 작업

단원핵심문제

1 다음 중 지게차 화물의 종류가 아닌 것은?
① 컨테이너에 적재된 화물
② 팔레트에 적재된 화물
③ 개별로 묶인 화물
④ 화물별로 포장된 화물

> ■ 지게차 화물의 종류
> ① 컨테이너에 적재된 화물
> ② 팔레트에 적재된 화물
> ③ 박스로 포장된 화물
> ④ 화물별로 포장된 화물
> ⑤ 단위별로 묶인 화물

2 다음 중 컨테이너의 설명으로 거리가 먼 것은?
① 단위별 화물을 수송, 보관 등을 용이하게 할 수 있어 선정된 포장 방법이다.
② 재료는 목재, 합판, 강철, 알루미늄, 경합금, FRP 등 다양하다.
③ 소유자와 연번 등을 나타내는 ISO 6346에 따른 표시가 문에 표기되어 있다.
④ 표준형(TEU)은 길이 40피트(6.1m), 폭 8피트(2.4m), 높이 8.5피트(2.6m)이다.

> 표준형(TEU)은 길이 20피트(6.1m), 폭 8피트(2.4m), 높이 8.5피트(2.6m)이다.

3 다음 중 지게차 작업에서 화물의 적재, 운반, 하역 작업이 용이하도록 사용자가 선택하여 사용하는 것은?
① 철판
② 팔레트
③ 판자
④ 상자

> 지게차용 팔레트는 목재, 철제, 알루미늄, 플라스틱, 하드보드 등 화물의 사용 목적에 따라 장단점을 검토하여 적재, 운반, 하역 시 작업이 용이하도록 제작되고 사용자가 선택하여 사용하는 포장 방법이다.

4 지게차로 적재 작업을 할 때 유의사항으로 틀린 것은?
① 운반하려고 하는 화물 가까이가면 속도를 줄인다.
② 화물 앞에서 일단 정지한다.
③ 화물이 무너지거나 파손 등의 위험성 여부를 확인한다.
④ 화물을 높이 들어 올려 아랫부분을 확인하며 천천히 출발한다.

> ■ 지게차로 적재 작업할 때 유의사항
> ① 운반하려고 하는 화물 가까이가면 속도를 줄인다.
> ② 화물 앞에서 일단 정지한다.
> ③ 화물이 무너지거나 파손 등의 위험성 여부를 확인한다.

5 지게차의 적재 방법으로 틀린 것은?
① 화물을 올릴 때에는 포크를 수평으로 한다.
② 화물을 올릴 때에는 가속 페달을 밟는 동시에 레버를 조작한다.
③ 포크로 물건을 찌르거나 물건을 끌어서 올리지 않는다.
④ 화물이 무거우면 사람이나 중량물로 밸런스 웨이트를 삼는다.

> 정격 하중이 초과되는 화물을 싣고 균형을 맞추기 위해 밸런스 웨이트 위에 사람을 태우지 말 것.

정답
01.③ 02.④ 03.② 04.④ 05.④

6 지게차 화물취급 작업 시 준수하여야 할 사항으로 틀린 것은?

① 화물 앞에서 일단 정지해야 한다.
② 화물의 근처에 왔을 때에는 가속 페달을 살짝 밟는다.
③ 팔레트에 실려 있는 물체의 안전한 적재여부를 확인한다.
④ 지게차를 화물 쪽으로 반듯하게 향하고 포크가 팔레트를 마찰하지 않도록 주의한다.

> 화물의 근처에 왔을 때에는 브레이크 페달을 살짝 밟는다.

7 지게차 화물취급 작업시 포크의 간격은 컨테이너 및 팔레트 폭의 얼마 정도로 유지하여야 하는가?

① 1/2 ~ 3/4   ② 1/2 ~ 2/3
③ 1/2 ~ 1/3   ④ 1/2 ~ 5/2

> 포크의 간격(폭)은 컨테이너 및 팔레트 폭의 1/2 이상 3/4 이하 정도로 유지하여 적재하여야 한다.

8 다음 중 포크의 깊이와 각도로 적재 상태를 확인하는 과정에서 잘못된 것은?

① 포크의 간격(폭)은 컨테이너 및 팔레트 폭의 1/2 이상 3/4 이하 정도로 유지하여 적재하여야 한다.
② 컨테이너, 팔레트, 스키드(skid)에 포크를 꽂아 넣을 때에는 지게차를 화물에 대해 똑바로 향하고 포크의 삽입 위치를 확인한 후에 천천히 포크를 넣는다.
③ 화물 앞에 가까이 갔을 때에는 일단 정지하여 마스트를 후경시킨다.
④ 단위 포장 화물은 화물의 무게 중심에 따라 포크 폭을 조정하고 천천히 포크를 완전히 넣는다.

> 지게차로 화물을 적재하기 위해 화물 앞에 가까이 갔을 때에는 일단 정지하여 마스트를 수직으로 하여야 한다.

9 다음 중 화물의 결착에 대한 설명으로 거리가 먼 것은?

① 인양물이 불안정할 경우 스링(sling) 와이어를 사용하여 지게차와 결착한다.
② 단위 화물의 바닥이 불균형인 상태이면 포크와 화물 사이에 팔레트를 사용하여 안정시킨다.
③ 인양물이 불안정할 경우 체인블록(chain block)을 사용하여 지게차와 결착한다.
④ 팔레트에 실려 있는 화물이 불안정하면 결착하여 안정시킨다.

> 단위 화물의 바닥이 불균형인 상태이면 포크와 화물 사이에 고임목을 사용하여 안정시킨다.

10 카운터 밸런스형 지게차의 전경각으로 알맞은 것은?

① 2° 이하   ② 4° 이하
③ 6° 이하   ④ 8° 이하

> 카운터 밸런스형 지게차의 전경각은 6° 이하, 후경각은 12° 이하이다.

11 카운터 밸런스형 지게차의 후경각으로 알맞은 것은?

① 9° 이하   ② 10° 이하
③ 11° 이하   ④ 12° 이하

12 사이드 포크형 지게차의 전경각으로 알맞은 것은?

① 4° 이하   ② 5° 이하
③ 6° 이하   ④ 7° 이하

> 사이드 포크형 지게차의 전경각 및 후경각은 각각 5° 이하이다.

정답
06.② 07.① 08.③ 09.② 10.③ 11.④
12.②

13 사이드 포크형 지게차의 후경각으로 알맞은 것은?

① 4° 이하
② 5° 이하
③ 6° 이하
④ 7° 이하

14 지게차의 하역 방법 설명으로 가장 적절하지 못한 것은?

① 짐을 내릴 때는 마스트를 앞으로 약 4° 정도 경사시킨다.
② 짐을 내릴 때는 틸트 레버 조작은 필요 없다.
③ 짐을 내릴 때는 가속 페달의 사용은 필요 없다.
④ 리프트 레버를 사용할 때 시선은 포크를 주시한다.

> ■ 지게차의 하역 방법
> ① 짐을 내릴 때는 마스트를 앞으로 약 4° 정도 경사시킨다.
> ② 짐을 내릴 때는 가속 페달의 사용은 필요 없다.
> ③ 리프트 레버를 사용할 때 시선은 포크를 주시한다.

15 평탄한 노면에서의 지게차 운전하여 하역 작업 시 올바른 방법이 아닌 것은?

① 팔레트에 실은 짐이 안정되고 확실하게 실려 있는가를 확인한다.
② 포크를 삽입하고자 하는 곳과 평행하게 한다.
③ 불안정한 적재의 경우에는 빠르게 작업을 진행시킨다.
④ 화물 앞에서 정지한 후 마스트가 수직이 되도록 기울여야 한다.

16 평탄한 노면에서의 지게차를 운전하여 하역 작업 시 올바른 취급 방법이 아닌 것은?

① 불안정한 적재의 경우에는 빠르게 작업을 진행시킨다.
② 팔레트를 사용하지 않고 밧줄로 짐을 걸어 올릴 때에는 포크에 잘 맞는 고리를 사용한다.
③ 팔레트에 실은 짐이 안정되고 확실하게 실려 있는가를 확인한다.
④ 포크는 상황에 따라 안전한 위치로 이동한다.

17 평탄한 노면에서의 지게차 운전 하역 시 올바른 방법이 아닌 것은?

① 팔레트에 실은 짐이 안정되고 확실하게 실려 있는가를 확인한다.
② 포크는 상황에 따라 안전한 위치로 이동한다.
③ 불안정한 적재의 경우에는 빠르게 작업을 진행시킨다.
④ 팔레트를 사용하지 않고 밧줄로 짐을 걸어 올릴 때에는 포크에 잘 맞는 고리를 사용한다.

18 평탄한 노면에서의 지게차를 이용하여 하역 작업 시 올바른 방법이 아닌 것은?

① 하역하는 장소의 바로 앞에 오면 안전한 속도로 감속한다.
② 하역하는 장소의 앞에 접근하였을 때에는 일단 정지한다.
③ 하역하는 장소에 화물의 붕괴, 파손 등의 위험이 없는지 확인한다.
④ 내려놓을 위치를 확인한 후 천천히 후진하여 하역할 위치에 내린다.

> 지게차를 이용하여 하역 작업 시 내려놓을 위치를 확인한 후 천천히 전진하여 하역할 위치에 내린다.

정답
13.② 14.② 15.③ 16.① 17.③ 18.④

화물 적재 하역작업

❶ 마스트 및 포크에 관한 지식

① 마스트(mast)란 포크 장착장치(cage)를 상하 또는 전후로 작동하게 하는 장치를 말한다.
② 마스트는 표준형 2단(2-stage) 으로 작업 용도에 따라 고소 작업의 경우 3단 이상으로 사용할 수 있으며 선택 사양으로 구입 사용할 수 있다.
③ 포크 이동장치(side shift)란 포크를 장착하고 화물의 적재 및 하역을 용이하게 하기 위하여 포크의 폭 또는 좌우를 조정하는 유압 실린더를 탑재하고 포크 케이지에 장착된 장치를 말한다.
④ 포크란 차체의 앞에 부착된 지게차 주목적 부착장치로써 화물을 적재하는데 사용하는 장치를 말한다.
⑤ 포크 이송장치에 좌우 폭 조정 장치가 없는 기계식은 수동으로 포크를 조정한다.
⑥ 포크 조정 후는 필히 포크 상부에 안전핀을 꽂아야 한다.

❷ 화물의 적재 전 상태 확인

① 적재 화물이 무너질 우려가 있는 경우에는 밧줄로 묶거나 그 밖의 안전조치를 한 후에 적재한다.
② 단위 화물의 바닥이 불균형인 형태 시 포크와 화물의 사이에 고임목을 사용하여 안정시킬 수 있다.
③ 팔레트는 적재하는 화물의 중량에 따른 충분한 강도를 가지고 심한 손상이나 변형이 없는 것을 확인하고 적재한다.
④ 팔레트에 실려 있는 화물은 안전하고 확실하게 적재되어 있는지를 확인하며 불안정한 상태는 결착하여 안정시킬 수 있다.
⑤ 인양물이 불안정할 경우 스링(sling) 와이어, 로프, 체인블록(chain block) 등 결착도구(공구)를 사용하여 지게차와 결착할 수 있다.

❸ 지게차 작업의 위험 요인 3가지

① 화물의 낙하 원인
② 협착 및 충돌의 원인
③ 차량의 전도 원인

❹ 흔들림 없이 무게 중심을 확인

① 지게차는 화물 적재 시에 지게차 균형추 무게에 의하여 안정된 상태를 유지할 수 있도록 제작된 장비로서 최대하중 이하에서 적재하여야 한다.
② 지게차의 이상적인 적재 안전작업은 뒷부분이 들리지 않는 상태로서 화물은 포크의 중심점 안쪽으로 작업하여 임계하중 모멘트 안에서 작업하는 것이다.
③ 마스트는 레일 확장식으로 무게 중심은 화물의 높이에 따라서 변동 폭이 증가하므로 주의하여야 한다.
④ 표준 생산품(STD)은 2단 마스트이나 고소 작업을 위하여 3단 이상을 선택 장비로 구입하여 사용할 수 있다.
⑤ 마스트와 차체에 부착된 유압 실린더로 마스트를 전경 또는 후경시켜 포크의 각도를 변경하고 포크를 위 아래로 조절하여 작업을 수행한다.
⑥ 지게차에 부착 사용하는 포크의 작업 장치는 용도에 따라서 부착할 수 있으며 이 외에 여러 형태의 많은 작업 장치가 있다(항만전용 컨테이너 작업용, 고소작업용, 벌크(bulk)용, 철자재류 전용, 자동하역용 버켓 전용, 롤로 된 종이류 전용, 작업대 등).

PART.4
화물 운반 작업

1. 화물 운반 작업

chapter 01 화물 운반 작업

1-1 전·후진 주행 방법

01 주행 자세

① 리프트 레버를 뒤로 당겨 포크를 5~10cm 올린 후 화물의 상태를 확인한다.
② 리프트 레버를 뒤로 당겨 포크를 지면에서 약 20~30cm 정도 되도록 올린다.
③ 틸트 레버를 뒤로 당겨 마스트를 화물에 따라 적절하게 기울인다.

▲ 주행 자세

02 전·후진 레버 및 변속 레버

① 전·후진 레버를 중립(N) 위치에서 앞으로 밀면 전진, 뒤로 당기면 후진이 선택된다.
② 변속 레버를 앞뒤로 돌리면 1~3단으로 변속을 할 수 있다.
③ 적재 작업을 할 때에는 1~2단으로 수행하여야 한다.
④ 갑작스런 출발을 방지하기 위하여 중립 잠금 장치가 장착되어 있다.

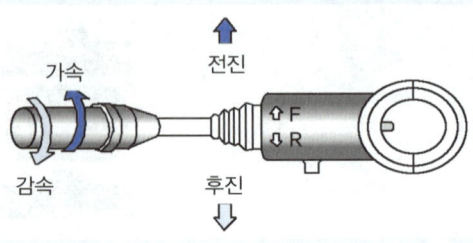

▲ 변속 및 전후진 레버

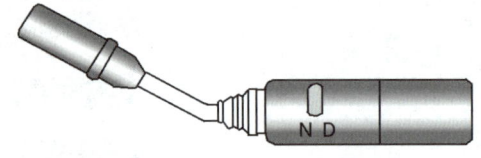

▲ 중립 잠금장치

03 지게차 출발 요령

① 안전모와 안전띠를 착용한다.
② 전·후진 레버가 중립에 있는지를 확인한다.
③ 주차 브레이크가 잠겨 있는지를 확인한다.
④ 엔진을 시동한 후 브레이크 페달을 밟고 주차 브레이크를 해제한다.
⑤ 브레이크 페달을 밟은 상태에서 전·후진 레버를 전진 또는 후진 위치로 한다.
⑥ 브레이크 페달에서 발을 떼고 가속 페달을 가볍게 밟으면서 출발한다.

04 전·후진 전환 방법

① 지게차를 정지시키고 전·후진 전환을 한다.

② 전·후진 레버를 원하는 위치(전진 또는 후진)로 하여 전환한다.
③ 전·후진 전환을 할 때에는 전환 방향의 안전을 확인한다.
④ 고속에서 전·후진 방향의 전환을 피한다.
⑤ 전·후진 레버를 앞으로 밀거나 뒤로 당겨서 전진, 중립, 후진을 선택할 수 있다.

05 지게차 좌우 회전 방법
① 조향 핸들을 회전하고자 하는 방향으로 돌리면 지게차가 회전한다.
② 지게차는 조향 실린더에 의해 바퀴가 좌측 또는 우측으로 회전한다.
③ 고속에서의 급회전 및 경사지에서의 회전을 피한다.
④ 주행 중 엔진이 정지하면 조향 핸들이 움직이지 않으므로 전복 위험이 있다.

06 운전 중 주의 사항
① 운전 중 계기판에 경고등이 점등되면 레버를 중립으로 하고 지게차를 정지시킨 후 엔진을 공회전 한 다음 정지시킨다.
② 경고등 관련 계통을 확인한다.
③ 작업 중 지게차에 부하가 급격히 떨어지면 지게차 속도가 빨라지므로 주의한다.
④ 요철 또는 울퉁불퉁한 길에서는 지게차의 안전을 고려하여 저속으로 주행한다.
⑤ 30분 이상 연속으로 주행하지 않는다.

07 주행 시 주의 사항
① 지게차의 주행 속도는 10km/h를 초과할 수 없다.
② 비포장 및 좁은 통로, 굴곡이 있는 곳 등에서는 급출발이나 급브레이크 사용, 급선회 등을 하지 않는다.
③ 탑재한 화물이 시야를 현저하게 방해할 때에는 보조자를 배치하여야 한다.
④ 화물적재 상태에서 지상에서 30cm이상 들어 올리거나 마스트가 수직이거나 앞으로 기울인 상태에서 주행하여서는 안 된다.
⑤ 선회 시에는 감속하고 화물의 안전에 유의하며, 차체 뒷부분이 주변에 접촉되지 않도록 주의한다.
⑥ 후진 시에는 경광등과 후진 경고음, 경적 등을 사용한다.
⑦ 도로상을 주행할 때에는 포크의 선단에 표식을 부착하는 등 보행자와 작업자가 식별할 수 있도록 한다.
⑧ 적재화물이나 지게차에는 사람을 태우고 주행하지 않는다.
⑨ 적재 하중이 무거워 지게차의 뒤쪽이 들리는 듯한 상태로 주행해서는 안 된다.
⑩ 포크 밑으로 사람을 출입하게 하여서는 안 된다.

08 화물을 운반하는 방법
① 운반 중 마스트를 뒤로 4° 가량 경사시킨다.
② 경사지에서 화물을 운반할 때 내리막에서는 후진으로, 오르막에서는 전진으로 운행한다.
③ 운전 중 포크를 지면에서 20~30cm정도 유지한다.
④ 부피가 큰 화물을 적재하고 운반할 때에는 후진으로 운행한다.

1-2 화물 운반 작업

01 현장 작업 신호수 배치
현행 산업안전보건기준에 관한 규칙 제40조 제1항에 따르면 다음 사항에 대하여 건설기계 작업 시 사업주는 원칙적으로 신호수를 배치하여야 한다.

① 건설기계 작업 시 근로자에게 위험이 미칠 우려가 있는 경우
② 운전 중인 건설기계에 접촉되어 근로자가 부딪칠 위험이 있는 장소
③ 지반의 부동침하 및 갓길 붕괴 위험이 있을 경우
④ 근로자를 출입시키는 경우
⑤ 신호수는 교육을 통해 일정한 신호방법을 숙지하여 신호하도록 한다.
⑥ 운전자는 신호수의 신호에 따라야 한다.

02 신호수와 조종사 간 수신호 방법

① 작업장 내 신호 방법은 지게차 사용자 지침서에 의하나 모든 건설기계 신호지침과 거의 동일하다.
② 지게차의 신호수는 작업장의 책임자가 지명한 자 이외에는 하여서는 안 된다.
③ 신호수는 조종사와 긴밀한 연락을 취하여야 한다.
④ 신호수는 1인으로 하여 수신호, 경적 등을 정확하게 사용하여야 한다.
⑤ 신호수의 부근에 혼동되기 쉬운 경적, 음성, 다른 작업자의 동작 등이 있어서는 안 된다.
⑥ 신호수는 조종사의 시야가 차단되지 않는 위치에 항상 있어야 한다.
⑦ 신호수는 장비의 성능, 작동 등을 충분히 이해하고 비상 시 응급 처치가 가능하도록 항시 현장의 상황을 확인하여야 한다.

운전구분	1. 화물 상승	2. 화물 하강
수신호	오른손 중지로 원을 그린다.	오른팔로 내리는 동작을 한다.

운전구분	3. 화물 이동	4. 마스트 숙임
수신호	중지로 요구되는 이동 위치로 지시한다.	엄지손가락으로 아래 위치를 반복 지시한다.

운전구분	5. 마스트 제침	6. 작업 끝
수신호	엄지손가락으로 위쪽 위치를 반복 지시한다.	양 손을 배 부분에 대고 모은다.

운전구분	7. 정지	
수신호	양팔을 수평 상태로 든다.	

03 창고나 공장에 출입구 확인

① 차폭과 입구의 폭을 확인할 것.
② 부득이 포크를 올려서 출입하는 경우에 출입구 높이에 주의할 것.
③ 손이나 발을 차체의 밖으로 내밀지 말 것.
④ 반드시 주위 안전 상태를 확인하고 나서 출입할 것.

1. 화물운반작업

단원핵심문제

1 지게차의 조종 레버 명칭이 아닌 것은?

① 리프트 레버 ② 밸브 레버
③ 변속 레버 ④ 틸트 레버

지게차는 포크를 상승 또는 하강시키는 리프트 레버, 마스트를 전경 또는 후경시키는 틸트 레버 및 변속기의 변속을 위한 변속 레버, 지게차의 전진 또는 후진을 위한 전·후진 레버가 설치되어 있다.

2 지게차의 주행 자세를 설명한 것으로 거리가 먼 것은?

① 리프트 레버를 뒤로 당겨 포크를 5~10cm 올린 후 화물의 상태를 확인한다.
② 리프트 레버를 뒤로 당겨 포크를 지면에서 약 20~30cm 정도 되도록 올린다.
③ 틸트 레버를 뒤로 당겨 마스트를 화물에 따라 적절하게 기울인다.
④ 리프트 레버를 앞으로 밀어 포크를 5~10cm 올린 후 화물의 상태를 확인한다.

3 지게차의 운전 장치를 조작하는 동작의 설명으로 틀린 것은?

① 전·후진 레버를 앞으로 밀면 후진이 된다.
② 틸트 레버를 뒤로 당기면 마스트는 뒤로 기운다.
③ 리프트 레버를 앞으로 밀면 포크가 내려간다.
④ 전·후진 레버를 뒤로 당기면 후진이 된다.

전·후진 레버를 앞으로 밀면 지게차는 전진한다.

4 지게차 조종 레버의 설명으로 틀린 것은?

① 로우어링(lowering)
② 덤핑(dumping)
③ 리프팅(lifting)
④ 틸팅(tilting)

■ 작업 내용
① **로우어링**(lowering): 포크의 하강 작업
② **리프팅**(lifting) : 포크의 상승 작업
③ **틸팅**(tilting) : 마스터의 전경 또는 후경 작업

5 지게차 포크를 하강시키는 방법으로 가장 적합한 것은?

① 가속 페달을 밟고 리프트 레버를 앞으로 민다.
② 가속 페달을 밟고 리프트 레버를 뒤로 당긴다.
③ 가속 페달을 밟지 않고 리프트 레버를 뒤로 당긴다.
④ 가속 페달을 밟지 않고 리프트 레버를 앞으로 민다.

지게차 포크를 하강시키는 방법은 가속 페달을 밟지 않고 리프트 레버를 앞으로 민다.

6 지게차의 좌측 레버를 당기면 포크가 상승, 하강하는 장치는?

① 리프트 레버 ② 고·저속 레버
③ 틸트 레버 ④ 전·후진 레버

7 지게차의 마스트를 앞 또는 뒤로 기울이도록 작동시키는 것은?

① 틸트 레버 ② 포크
③ 리프트 레버 ④ 변속 레버

지게차의 마스트를 앞뒤로 기울이는 작동은 틸트 레버에 의해서 이루어지고 포크의 상하 작동은 리프트 레버에 의해 이루어진다.

정답
01.② 02.④ 03.① 04.② 05.④ 06.①
07.①

8 지게차의 전경각과 후경각은 조종사가 적절하게 선정하여 작업을 하여야 하는데 이를 조정하는 레버는?

① 전·후진 레버
② 리프트 레버
③ 틸트 레버
④ 변속 레버

9 지게차의 틸트 레버를 운전석에서 운전자 몸 쪽으로 당기면 마스트는 어떻게 기울어지는가?

① 운전자의 몸 쪽에서 멀어지는 방향으로 기운다.
② 지면 방향 아래쪽으로 내려온다.
③ 운전자의 몸 쪽 방향으로 기운다.
④ 지면에서 위쪽으로 올라간다.

> 틸트 레버를 운전석에서 운전자 몸 쪽으로 당기면 마스트는 운전자의 몸 쪽 방향으로 기운다.

10 지게차에서 틸트 레버를 운전자 쪽으로 당기면 마스트는 어떻게 기울어지는가?

① 아래쪽으로　　② 앞쪽으로
③ 위쪽으로　　　④ 뒤쪽으로

11 지게차에서 적재 상태의 마스트 경사로 적합한 것은?

① 뒤로 기울어지도록 한다.
② 앞으로 기울어지도록 한다.
③ 진행 좌측으로 기울어지도록 한다.
④ 진행 우측으로 기울어지도록 한다.

> 적재 상태에서 마스트는 뒤로 기울어지도록 한다.

12 지게차의 전·후진 레버 및 변속 레버를 설명한 것으로 거리가 먼 것은?

① 전·후진 레버를 중립(N) 위치에서 뒤로 당기면 전진, 앞으로 밀면 후진이 된다.
② 변속 레버를 앞뒤로 돌리면 1~3단으로 변속을 할 수 있다.
③ 적재 작업을 할 때에는 1~2단으로 수행하여야 한다.
④ 갑작스런 출발을 방지하기 위하여 중립 잠금 장치가 장착되어 있다.

> 전·후진 레버를 중립 위치에서 앞으로 밀면 전진, 뒤로 당기면 후진이 된다.

13 지게차의 출발 요령을 설명한 것으로 틀린 것은?

① 안전모와 안전띠를 착용한다.
② 엔진을 시동한 후 브레이크 페달을 밟고 주차 브레이크를 해제한다.
③ 브레이크 페달에서 발을 떼고 가속 페달을 세게 밟으면서 출발한다.
④ 브레이크 페달을 밟은 상태에서 전·후진 레버를 전진 또는 후진 위치로 한다.

> 지게차를 출발할 때에는 가속 페달을 가볍게 밟으면서 출발하여야 한다.

14 지게차의 전·후진을 전환하는 방법으로 틀린 것은?

① 고속에서 전·후진 방향의 전환을 피한다.
② 전·후진 레버를 앞으로 밀거나 뒤로 당겨서 전진, 중립, 후진을 선택한다.
③ 전·후진 전환을 할 때에는 전환 방향의 안전을 확인한다.
④ 지게차를 주행하면서 전·후진의 전환을 한다.

> 전·후진의 전환은 지게차를 정지시키고 시행하여야 한다.

정답

08.③　09.③　10.④　11.①　12.①　13.③
14.④

15 지게차 좌우 회전 방법을 설명한 것을 올바른 것은?

① 조향 핸들을 우측으로 돌리면 지게차가 좌측으로 회전한다.
② 조향 핸들을 좌측으로 돌리면 지게차가 좌측으로 회전한다.
③ 지게차는 조향 피스톤에 의해 바퀴가 좌측 또는 우측으로 회전한다.
④ 고속에서의 급회전 및 경사지에서의 회전을 한다.

- 지게차 좌우 회전 방법
  ① 조향 핸들을 회전하고자 하는 방향으로 돌리면 지게차가 회전한다.
  ② 지게차는 조향 실린더에 의해 바퀴가 좌측 또는 우측으로 회전한다.
  ③ 고속에서의 급회전 및 경사지에서의 회전을 피한다.
  ④ 주행 중 엔진이 정지하면 조향 핸들이 움직이지 않으므로 전복 위험이 있다.

16 지게차의 운전 중 주의 사항으로 틀린 것은?

① 운전 중 계기판에 경고등이 점등되면 레버를 중립으로 하고 지게차를 정지시킨 후 엔진을 공회전 한 다음 정지시킨다.
② 지게차를 30분 이상 연속으로 주행하지 않는다.
③ 작업 중 지게차에 부하가 급격히 떨어지면 지게차 속도가 느려진다.
④ 요철 또는 울퉁불퉁한 길에서는 지게차의 안전을 고려하여 저속으로 주행한다.

작업 중 지게차에 부하가 급격히 떨어지면 지게차 속도가 빨라지므로 주의하여야 한다.

17 지게차의 주행 시 주의 사항으로 거리가 먼 것은?

① 지게차의 주행 속도는 30km/h를 초과할 수 없다.
② 비포장 및 좁은 통로, 굴곡이 있는 곳 등에서는 급출발이나 급브레이크 사용, 급선회 등을 하지 않는다.
③ 탑재한 화물이 시야를 현저하게 방해할 때에는 보조자를 배치하여야 한다.
④ 화물적재 상태에서 지상에서 30cm이상 들어 올리거나 마스트가 수직이거나 앞으로 기울인 상태에서 주행하여서는 안된다.

지게차의 주행 속도는 10km/h를 초과할 수 없다.

18 지게차에서 화물취급 방법으로 틀린 것은?

① 포크는 화물의 받침대 속에 정확히 들어갈 수 있도록 조작한다.
② 운반물을 적재하여 경사지를 주행할 때에는 짐이 언덕 위쪽으로 향하도록 한다.
③ 포크를 지면에서 약 800mm 정도 올려서 주행해야 한다.
④ 운반 중 마스트를 뒤로 약 4° 정도 경사시킨다.

- 화물을 운반하는 방법
  ① 운반 중 마스트를 뒤로 4° 가량 경사시킨다.
  ② 경사지에서 화물을 운반할 때 내리막에서는 후진으로, 오르막에서는 전진으로 운행한다.
  ③ 운전 중 포크를 지면에서 20~30cm정도 유지한다.
  ④ 부피가 큰 화물을 적재하고 운반할 때에는 후진으로 운행한다.

19 지게차의 화물 운반 작업 중 가장 적당한 것은?

① 댐퍼를 뒤로 3° 정도 경사시켜서 운반한다.
② 마스트를 뒤로 4° 정도 경사시켜서 운반한다.
③ 바이브레이터를 뒤로 8° 정도 경사시켜서 운반한다.
④ 샤퍼를 뒤로 6° 정도 경사시켜서 운반한다.

정답
15.② 16.③ 17.① 18.③ 19.②

20 지게차의 운반 방법 중 틀린 것은?

① 운반 중 마스트를 뒤로 4° 가량 경사시킨다.
② 화물 운반 시 내리막길은 후진, 오르막길은 전진한다.
③ 화물 적재 운반 시 항상 후진으로 운반한다.
④ 운반 중 포크는 지면에서 20~30cm 가량 띄운다.

21 지게차 주행 시 포크의 높이로 가장 적절한 것은?

① 지면으로부터 60~70cm 정도 높인다.
② 지면으로부터 90cm 정도 높인다.
③ 지면으로부터 20~30cm 정도 높인다.
④ 최대한 높이를 올리는 것이 좋다.

> 지게차가 주행할 때 포크는 지면으로부터 20~30cm 정도 높인다.

22 화물을 적재하고 주행할 때 포크와 지면과 간격으로 가장 적합한 것은?

① 지면에 밀착
② 20~30cm
③ 50~55cm
④ 80~85cm

23 지게차로 가파른 경사지에서 적재물을 운반할 때에는 어떤 방법이 좋겠는가?

① 적재물을 앞으로 하여 천천히 내려온다.
② 기어의 변속을 중립에 놓고 내려온다.
③ 기어의 변속을 저속상태로 놓고 후진으로 내려온다.
④ 지그재그로 회전하여 내려온다.

> 적재물을 포크에 적재하고 경사지를 내려올 때는 기어 변속을 저속상태로 놓고 후진으로 내려온다.

24 지게차로 화물을 싣고 경사지에서 주행할 때 안전상 올바른 운전방법은?

① 포크를 높이 들고 주행한다.
② 내려갈 때에는 저속 후진한다.
③ 내려갈 때에는 변속레버를 중립에 놓고 주행한다.
④ 내려갈 때에는 시동을 끄고 타력으로 주행한다.

25 지게차를 경사면에서 운전할 때 안전운전 측면에서 짐의 방향으로 가장 적절한 것은?

① 짐이 언덕 위쪽으로 가도록 한다.
② 짐이 언덕 아래쪽으로 가도록 한다.
③ 운전이 편리하도록 짐의 방향을 정한다.
④ 짐의 크기에 따라 방향이 정해진다.

> 지게차를 경사면에서 운전할 때 짐의 방향은 짐이 언덕 위쪽으로 가도록 한다.

26 지게차를 운행할 때 주의사항으로 틀린 것은?

① 급유 중은 물론 운전 중에도 화기를 가까이 하지 않는다.
② 적재 시 급제동을 하지 않는다.
③ 내리막길에서는 브레이크를 밟으면서 서서히 주행한다.
④ 적재 시에는 최고 속도로 주행한다.

27 다음 중 지게차 운전 작업 관련 사항으로 틀린 것은?

① 운전 시 급정지, 급선회를 하지 않는다.
② 화물을 적재 후 포크를 될 수 있는 한 높이 들고 운행한다.
③ 화물 운반 시 포크의 높이는 지면으로부터 20cm~30cm를 유지한다.
④ 포크를 상승 시에는 액셀러레이터 페달을 밟으면서 상승시킨다.

정답
20.③ 21.③ 22.② 23.③ 24.② 25.①
26.④ 27.②

28 지게차의 작업방법을 설명한 것으로 맞는 것은?

① 화물을 싣고 평지에서 주행할 때에는 브레이크를 급격히 밟아도 된다.
② 비탈길을 오르내릴 때에는 마스트를 전면으로 기울인 상태에서 전진 운행한다.
③ 유체식 클러치는 전진 주행 중 브레이크를 밟지 않고 후진시켜도 된다.
④ 짐을 싣고 비탈길을 내려올 때에는 후진하여 천천히 내려온다.

29 지게차 주행 시 주의하여야 할 사항들 중 틀린 것은?

① 짐을 싣고 주행할 때는 절대로 속도를 내서는 안 된다.
② 노면의 상태에 충분한 주의를 하여야 한다.
③ 포크의 끝을 밖으로 경사지게 한다.
④ 적하 장치에 사람을 태워서는 안 된다.

30 지게차 작업 시 주의사항으로 틀린 것은?

① 주행 시 작업 장치는 진행방향으로 한다.
② 주행 시는 가능한 평탄한 지면으로 주행한다.
③ 운전석을 떠날 경우에는 기관을 정지시킨다.
④ 후진 시는 후진 후 사람 및 장애물 등을 확인한다.

31 지게차에서 지켜야 할 안전수칙으로 틀린 것은?

① 후진 시는 반드시 뒤를 살필 것
② 전진에서 후진 변속 시는 장비가 정지된 상태에서 행할 것
③ 주·정차시는 반드시 주차 브레이크를 작동시킬 것
④ 이동시는 포크를 반드시 지상에서 높이 들고 이동할 것

> 주행할 때 포크와 지면과 간격은 20~30cm가 좋다.

32 보조 신호수가 다음과 같은 수신호 방법은 어떤 작업을 신호하고 있는가?

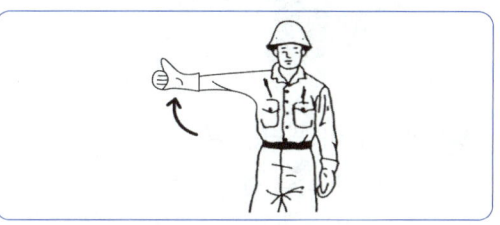

① 마스트 제침 ② 마스트 숙임
③ 화물 상승   ④ 화물 하강

33 그림의 수신호는 보조 신호수가 운전자에게 보내는 신호이다. 어떻게 운전하라는 것인가?

① 화물의 이동 ② 화물 상승
③ 화물 하강   ④ 작업 끝

34 지게차에 짐을 싣고 창고나 공장을 출입할 때의 주의사항 중 틀린 것은?

① 짐이 출입구 높이에 닿지 않도록 주의한다.
② 팔이나 몸을 차체 밖으로 내밀지 않는다.
③ 주위 장애물 상태를 확인 후 이상이 없을 때 출입한다.
④ 차폭과 출입구의 폭은 확인할 필요가 없다.

> ■ 창고나 공장에 출입구 확인
> ① 차폭과 입구의 폭을 확인할 것.
> ② 부득이 포크를 올려서 출입하는 경우에 출입구 높이에 주의할 것.
> ③ 손이나 발을 차체의 밖으로 내밀지 말 것.
> ④ 반드시 주위 안전 상태를 확인하고 나서 출입할 것.

정답
28.④ 29.③ 30.④ 31.④ 32.① 33.②
34.④

안전운반

❶ 안전 운전 관련 지식
① 지게차 작업 전 일일점검을 실시한다.
② 지게차는 정해진 운전자만 운전한다.
③ 지게차 작업 시 적재하중을 초과하여 적재하지 않는다.
④ 지게차 작업 시 규정 속도를 준수한다.
⑤ 지게차 작업 중 운전석 이탈 시에는 시동 키를 반드시 휴대한다.
⑥ 지게차 작업 시 안전표지 내용을 준수한다.
⑦. 지게차 작업 시 안전벨트를 착용한다.
⑧ 지게차를 다른 용도로 사용하지 않는다.
⑨ 지게차 작업 시 안전한 경로를 선택해 규정 속도로 주행한다.
⑩ 지게차 작업 시 운전 시야를 확보한다.
⑪ 지게차 작업 시 휴대전화를 사용하지 않는다.
⑫ 지게차 작업 시 음주 운전을 하지 않는다.

❷ 효율적인 운반 경로
① 지게차 작업 시 운반거리가 짧아야 한다.
② 지게차 작업 시 통행이 편리해야 한다.
③ 지게차 작업이 용이해야 한다.

❸ 지게차 운행 경로를 확인
① 작업 장소의 지면이 충분한 강도를 유지하는지 확인한다.
② 노견의 붕괴에 의한 전복, 전락의 위험 요소를 확인한다.
③ 운행경로상의 운행을 방해하는 장애물을 제거한다.
④ 필요 시 유도자를 배치한다.

❹ 주행 시 안전수칙 준수
① 작업장 내에서는 제한속도를 준수한다.
② 운전 시야 불량 시 유도자의 지시에 따라 전후 좌우를 충분히 관찰 후 운행한다.
③ 진입로, 교차로 등 시야가 제한되는 장소에서는 주행속도를 줄이고 운행한다.
④ 경사로 및 좁은 통로 등에서 급주행, 급정지, 급선회를 하지 않는다.
⑤ 다른 차량과 안전 차간 거리를 유지한다.
⑥ 선회 시 뒷바퀴에 주의하여 천천히 선회하며 다른 작업자나 구조물과의 충돌에 주의한다.

❺ 운반 시 안전수칙을 준수
① 마스트를 뒤로 충분하게 기울인 상태에서 포크 높이를 지면으로부터 20cm 유지하며 운반한다.
② 적재한 화물이 운전 시야를 가릴 때 에는 후진 주행이나 유도자를 배치하여 주행한다.
③ 주행 시 이동방향을 확인하고 작업장 바닥과의 간격을 유지하면서 화물을 운반한다.
④ 혼잡한 지역이나 운전 시야가 가려질 때는 장애물과 보행자에 주의하면서 속도를 감속하여 주행한다.
⑤ 경사로를 올라가거나 내려올 때는 적재물이 경사로의 위쪽을 향하도록 하고 경사로를 내려오는 경우에는 엔진 브레이크를 사용하여 천천히 내려온다.

❻ 사고 발생 시 대응조치
① 사고 발생 사실 전파 및 사고 현장 접근 금지 경고 안내를 한다.
② 부상자 발생 시 사고 현장에서 안전하게 대피시키고 응급조치를 실시한다.
③ 안전이 확보되는 범위 내에서 초등 대응을 실시한다.
　㉮ 화재 발생 시 : 소화기 또는 소화전으로 소화한다.
　㉯ 가스 누출 시 : 가스 밸브를 잠그고 실내를 환기한다.
　㉰ 약품 누출 시 : 실내를 환기한다.
④ 관련 부서 및 시설관리담당 부서에 사고 발생 사실을 통보한다.

PART.5

운전 시야 확보

1. 운전 시야 확보

chapter 01 운전시야 확보

1-1 운전시야 확보

01 적재물 낙하 및 충돌사고

(1) 제한 속도 준수 규칙
① 제한 속도 내에서 주행은 현장 여건에 맞추어야 하므로 필수 요건은 아니지만 화물의 종류와 지면의 상태에 따라서 운전자가 필히 준수하여야 할 사항이다.
② 작업장 내에서 지게차의 주행속도는 10km/h를 초과할 수 없다.
③ 일반차도 주행 시는 통행 제한구역 및 시간이 있으므로 관련 법규를 준수하여야 이동이 가능하므로 목적지까지 이동 가능 여부가 사전 확인되어야 한다.

(2) 안전 경고 및 표시 확인
① 운행 통로를 확인하여 장애물을 제거하고 주행 동선을 확인한다.
② 작업장 내 안전 표지판은 목적에 맞는 표지판을 정위치에 설치한다.
③ 지게차는 조종사 앞쪽에서 화물의 적재 작업이 주목적이므로 적재 후 이동 시 통로를 확인한다.
④ 하역 시 하역 장소에 대한 사전 답사를 하며, 필히 신호수의 지시에 따라 작업이 진행되는 방법을 사전에 숙지한다.

(3) 보조 신호수 도움으로 동선 확보
① 보조 신호수와는 서로의 맞대면으로 항시 통하여야 한다.
② 운반용 차량에 적재할 경우는 차량 운전사 입회하에 작업을 진행하여야 한다.
③ 지게차 화물은 전방 작업이므로 시야가 확보되지 않은 작업 상태에서는 보조 신호수를 요구하여 충돌과 낙하의 사고를 예방하여야 한다.

02 접촉 사고 예방

(1) 운행 동선 확인
① 적재 화물의 폭을 측정하여 운행 동선을 확인하고 통행 가능 여부를 확인하여야 하며 착오로 작업에 중단이 발생되지 않도록 한다.
② 출입구 진입 시 높이와 폭을 확인하여 진입 가능 여부를 판단하도록 한다.
③ 주행 시 적재 화물의 낙하에 주의하여야 하며, 사전에 통행로에 문제점이 있는지를 확인하여야 한다.
④ 주행 시 노면의 상태에 따라 덜컹거림이 발생한다. 이때는 화물의 중량, 내용물(유체), 체적, 및 도로의 요철 상태에 따라 동하중이 발생되므로 적재 전 공차로 현장 답사를 하여 예측 가능한 속도 및 장애물의 대처 능력을 검토해야 한다.
⑤ 보조자의 배치 시는 항상 신호수의 위치를 확인하고 수신호에 따라 작업한다.

(2) 작업자와 보행자의 안전거리 확보
① 제한속도는 현장 여건에 맞추어 시행하여야 하며 화물의 종류와 지면의 상태에 따

라서 운전자가 필히 속도에 따른 제동거리를 준수하여야 한다.

② 도로상을 주행할 때에는 포크의 선단에 표식을 부착하는 등 보행자와 작업자가 식별할 수 있도록 하며 주행 속도에 비례한 안전거리를 확보한 방어운전을 하여야 한다.

1-2 지게차 및 주변 상태 확인

01 운전 중 소음 상태 확인

(1) 동력 전달장치 소음 상태

① 클러치 및 클러치 페달(기계식 경우) : 중립 상태에서 클러치를 밟아 이상 소음 발생 여부 확인 및 기어 변속 시 클러치의 이상 상태 여부를 확인한다.

② 파워 트랜스미션 : 주행 레버 작동 시 덜컹거림 발생 여부 확인 후 이상 소음 없이 주행하는지 확인한다.

(2) 조향 장치

핸들의 허용 유격이 정상인지 상하·좌우 및 앞뒤로 덜컹거림 여부를 확인한다.

(3) 주차 브레이크

레버를 완전히 당긴 상태에서 여유를 확인하고 평탄 노면에서 저속 주행 시 레버 작동으로 브레이크의 작동상태 이상 및 소음 유무를 확인한다.

(4) 주브레이크

페달의 여유 및 페달을 밟았을 때 페달과 바닥판의 간격 유무를 확인한다.

(5) 작업 장치의 소음 상태

① 마스트 고정 핀(foot pin) 및 부싱의 상태를 확인한다.
② 가이드 및 롤러 베어링의 정상 작동을 확인한다.
③ 마스트 리프트 실린더 및 연결 핀, 부싱의 상태를 확인한다.
④ 브래킷 및 연결부의 상태를 확인한다.
⑤ 리프트 체인의 마모 및 좌우 균형상태를 확인한다.
⑥ 포크를 올림 상태에서 정지 시 하강이 없는지 확인한다.(실린더 내 피스톤 실의 누유 상태를 확인)

(6) 포크 이송 장치 소음 상태

① 유압 실린더 고정 핀 및 부싱의 정상 연결 상태를 확인한다.
② 호스의 연결 확인 및 고정 상태를 확인한다.
③ 구조물의 손상 및 외관 상태를 확인한다.
④ 가이드 및 롤러 베어링의 정상 작동 상태를 확인한다.
⑤ 포크 이송 장치 및 각 부분의 주유 상태를 확인한다.

(7) 작동 장치 이상 소음 상태

① 마스트를 최대한 올리고 내림을 2~3회 반복하여 이상 소음을 확인한다.
② 마스트를 앞뒤로 2~3회 반복 조작하여 이상 소음을 확인한다.
③ 포크 폭을 2~3회 반복 조종하여 이상 소음을 확인한다.

(8) 냄새(후각)에 의한 상태

① 엔진 과열로 엔진 오일의 타는 냄새 확인
② 브레이크 라이닝 타는 냄새 확인
③ 작동유의 과열로 인한 냄새 확인
④ 각종 구동 부위의 베어링 타는 냄새 확인

(9) 포크의 이상 유무 확인

작업 전 포크의 육안으로 확인하여 균열이 의심되면 관리자에게 통보한다.(형광 탐색 검사를 하여 대형사고 예방)

(10) 위험 요소 확인

냄새가 감지되었을 경우는 열에 의한 이상 상태로 화재 발생의 소지가 있으므로 소화기의 위치 및 정상 충전 상태를 확인하여야 한다(화재 초기 진압이 목적).

02 운전 중 누유, 누수 상태 확인

① 엔진 오일에 누유 확인
② 엔진 냉각수 누수 확인
③ 작동유의 누유 확인
④ 하체 구성품의 누유 확인

03 위험 요소 파악 및 안전 조치

(1) 지게차 운행통로 등의 확보

① 지게차 운행 통로의 폭은 지게차의 최대 폭 이상이어야 한다.
② 양 방향의 여유로는 30cm 이상의 간격을 유지한다.
③ 지게차 운행 통로 선은 황색 실선으로 표시하고, 선의 폭은 12cm로 한다.
④ 화물의 적재, 기계 설비의 설치, 출구의 신설 등을 할 때에는 지게차 운전자 및 보행자의 조망 상태를 충분히 고려하여야 한다.

(2) 표지등의 설치

① 지게차의 통행로, 출입구 등에는 도로교통표지 또는 안전보건표지와 같이 일반적으로 잘 알려진 기호를 사용하는 표지를 부착하여야 한다.
③ 건물 뒤편, 사각지대 등에 대한 경고 표지는 운전자 및 보행자가 커브를 돌기 전에 사전 표지하여 미리 알도록 하여야 한다.

---

1. 운전 시야 확보

단원핵심문제

1 다음은 제한 속도를 준수하는 규칙으로 거리가 먼 것은?

① 제한 속도 내에서 주행은 화물의 종류와 지면의 상태에 따라서 운전자가 필히 준수하여야 할 사항이다.
② 작업장 내에서 지게차의 주행속도는 10km/h를 초과할 수 없다.
③ 일반차도 주행 시는 통행 제한구역 및 시간이 있으므로 관련 법규를 준수하여야 한다.
④ 목적지까지 이동 가능 여부를 사전에 확인하지 않아도 된다.

> 일반차도 주행 시는 통행 제한구역 및 시간이 있으므로 관련 법규를 준수하여야 이동이 가능하므로 목적지까지 이동 가능 여부가 사전 확인되어야 한다.

2 다음은 지게차 작업에서 안전 경고 및 표시 확인을 설명한 것으로 틀린 것은?

① 운행 통로를 확인하여 장애물을 제거하고 주행 동선을 확인한다.
② 작업장 내 안전 표지판은 목적에 맞는 표지판을 정 위치에 설치하여야 한다.
③ 지게차는 조종사 앞쪽에서 화물의 적재 작업이 주목적이므로 적재 전 이동 통로를 확인한다.
④ 하역 시 하역 장소에 대한 사전 답사를 하며, 필히 신호수의 지시에 따라 작업이 진행되는 방법을 사전에 숙지한다.

> 지게차는 조종사 앞쪽에서 화물의 적재 작업이 주목적이므로 적재 후 이동 시 통로를 확인한다.

정답
01.④ 02.③

3 지게차의 운행 동선을 확보하는 사항으로 거리가 먼 것은?

① 적재 화물의 높이를 측정하여 운행 동선의 통행 가능 여부를 확인하여야 한다.
② 출입구 진입 시 높이와 폭을 확인하여 진입 가능 여부를 판단하여야 한다.
③ 주행 시 적재 화물의 낙하에 주의하여야 하며, 사전에 통행로에 문제점이 있는지를 확인하여야 한다.
④ 보조자의 배치 시는 항상 신호수의 위치를 확인하고 수신호에 따라 작업한다.

> 적재 화물의 폭을 측정하여 운행 동선의 통행 가능 여부를 확인하여야 한다.

4 지게차의 운행 동선을 확보하는 사항이 아닌 것은?

① 출입구 진입 시 높이와 폭을 확인하여 진입 가능 여부를 판단하도록 한다.
② 사전에 통행로에 문제점이 있는지를 확인하여 주행 시 적재 화물의 낙하에 주의하여야 한다.
③ 적재 전 공차로 현장 답사를 하여 예측 가능한 속도 및 장애물의 대처 능력을 검토해야 한다.
④ 보조자의 배치 시는 항상 작업자의 위치를 확인하고 수신호에 따라 작업한다.

> 보조자의 배치 시는 항상 신호수의 위치를 확인하고 수신호에 따라 작업한다.

5 작업자와 보행자의 안전거리 확보에 대한 설명으로 틀린 것은?

① 화물의 종류와 지면의 상태에 따라서 운전자가 필히 속도에 따른 제동거리를 준수하여야 한다.
② 도로상을 주행할 때에는 주행 속도에 비례한 안전거리를 확보한 방어운전을 하여야 한다.
③ 주행 시 적재 화물의 낙하에 주의하여야 하며, 사전에 통행로에 문제점이 있는지를 확인하여야 한다.
④ 도로상을 주행할 때에는 포크의 선단에 표식을 부착하여야 한다.

> ■ 작업자와 보행자의 안전거리 확보
> ① 제한속도는 현장 여건에 맞추어 시행하여야 하며 화물의 종류와 지면의 상태에 따라서 운전자가 필히 속도에 따른 제동거리를 준수하여야 한다.
> ② 도로상을 주행할 때에는 포크의 선단에 표식을 부착하는 등 보행자와 작업자가 식별할 수 있도록 하며 주행 속도에 비례한 안전거리를 확보한 방어운전을 하여야 한다.

6 다음은 작업 장치의 소음 상태를 확인하는 사항이다. 다음 중 거리가 먼 것은?

① 마스트 고정 핀(foot pin) 및 부싱의 상태를 확인한다.
② 가이드 및 롤러 베어링의 정상 작동을 확인한다.
③ 틸트 실린더 및 연결 핀, 부싱의 상태를 확인한다.
④ 브래킷 및 연결부의 상태를 확인한다.

> 작업 장치의 소음 상태
> ① 마스트 고정 핀(foot pin) 및 부싱의 상태를 확인한다.
> ② 가이드 및 롤러 베어링의 정상 작동을 확인한다.
> ③ 마스트 리프트 실린더 및 연결 핀, 부싱의 상태를 확인한다.
> ④ 브래킷 및 연결부의 상태를 확인한다.
> ⑤ 리프트 체인의 마모 및 좌우 균형 상태를 확인한다.
> ⑥ 포크를 올림 상태에서 정지 시 하강이 없는지 확인한다.

정답
03.① 04.④ 05.③ 06.③

7 다음 중 작업 장치의 소음 상태를 확인하는 사항으로 올바른 것은?

① 유압 실린더 고정 핀 및 부싱의 정상 연결 상태를 확인한다.
② 리프트 체인의 마모 및 좌우 균형 상태를 확인한다.
③ 포크 이송 장치 및 각 부분의 주유 상태를 확인한다.
④ 호스의 연결 확인 및 고정 상태를 확인한다.

8 다음 중 포크 이송 장치의 소음 상태를 확인하는 사항으로 틀린 것은?

① 유압 실린더 고정 핀 및 부싱의 정상 연결 상태를 확인한다.
② 호스의 연결 확인 및 고정 상태를 확인한다.
③ 구조물의 손상 및 외관 상태를 확인한다.
④ 마스트를 앞뒤로 2~3회 반복 조작하여 이상 소음을 확인한다.

> ■ 포크 이송 장치 소음 상태
> ① 유압 실린더 고정 핀 및 부싱의 정상 연결 상태를 확인한다.
> ② 호스의 연결 확인 및 고정 상태를 확인한다.
> ③ 구조물의 손상 및 외관 상태를 확인한다.
> ④ 가이드 및 롤러 베어링의 정상 작동 상태를 확인한다.
> ⑤ 포크 이송 장치 및 각 부분의 주유 상태를 확인한다.

9 다음 중 포크 이송 장치의 소음 상태를 확인하는 사항으로 올바른 것은?

① 유압 실린더 고정 핀 및 부싱의 정상 연결 상태를 확인한다.
② 브래킷 및 연결부의 상태를 확인한다.
③ 리프트 체인의 마모 및 좌우 균형 상태를 확인한다.
④ 포크를 올림 상태에서 정지 시 하강이 없는지 확인한다.

10 지게차 운전 중 누유 및 누수 상태를 확인하는 사항으로 옳지 않은 것은?

① 엔진 오일의 누유 확인
② 유압 파이프에서 냉각수 누수 확인
③ 작동유의 누유 확인
④ 하체 구성 부품의 누유 확인

> ■ 운전 중 누유, 누수 상태 확인
> ① 엔진 오일에 누유 확인
> ② 엔진 냉각수 누수 확인
> ③ 작동유의 누유 확인
> ④ 하체 구성품의 누유 확인

정답
07.② 08.④ 09.① 10.②

PART.6
작업 후 점검

1. 안전 주차
2. 연료상태 점검

chapter 01 안전 주차

01 주기장 선정
건설기계관리법 시행규칙에 따른 주기장을 선정하여야 한다.

02 주차 제동장치 체결
① 지게차의 운전석을 떠나는 경우에는 주차 브레이크를 체결한다.
② 전·후진 레버를 중립으로 한 후 포크를 지면에 밀착시키고 엔진을 정지시킨다.

03 주차 시 안전조치
① 마스트를 앞으로 기울게 한다.
② 포크 끝이 지면에 닿게 주차한다.

04 경사지 주차 시 안전 조치
① 지정된 장소에만 지게차를 주차하고 포크는 완전히 바닥에 밀착시킨다.
② 전·후진 레버는 중립에 위치시키고 주차 브레이크를 체결한다.
③ 열쇠는 빼서 열쇠 함에 보관하고 지게차의 바퀴에 고임목으로 고정시킨다.

05 지게차를 주차할 때 취해야 할 안전 사항
① 전·후진 레버를 중립에 놓는다.
② 포크를 지면에 완전히 내린다.
③ 포크의 선단이 지면에 닿도록 마스트를 전방으로 적절히 경사시킨다.
④ 엔진의 작동을 정지시킨 후 주차 브레이크를 작동시킨다.
⑤ 시동을 끈 후 시동 스위치의 키는 빼둔다.

---

1. 안전주차 — 단원핵심문제

1 지게차의 운전을 종료했을 때 취해야 할 안전 사항이 아닌 것은?
① 각종 레버는 중립에 둔다.
② 연료를 빼낸다.
③ 주차 브레이크를 작동시킨다.
④ 전원 스위치를 차단시킨다.

2 지게차를 주차할 때 취급사항으로 틀린 것은?
① 포크를 지면에 완전히 내린다.
② 기관을 정지한 후 주차 브레이크를 작동시킨다.
③ 시동을 끈 후 시동 스위치의 키는 그대로 둔다.
④ 포크의 선단이 지면에 닿도록 마스트를 전방으로 적절히 경사 시킨다.

3 지게차를 주차시켰을 때 포크의 적당한 위치는?
① 지상으로부터 20cm 위치에 둔다.
② 지상으로부터 30cm 위치에 둔다.
③ 지면에 내려놓는다.
④ 높이 들어둔다.

> 포크의 선단이 지면에 닿도록 마스트를 전방으로 적절히 경사시킨다.

정답
01.② 02.③ 03.③

chapter 02 연료 상태 점검

2-1 연료량 및 누유 점검

01 연료 주입 시 주의사항
① 연료를 주입하는 동안 폭발성 가스가 존재할 수도 있다.
② 급유 장소에서는 불꽃을 일으키거나 담배를 피워서는 안 된다.
③ 지게차의 급유는 지정된 안전한 장소에서만 하며, 옥내보다는 옥외가 좋다.
④ 급유 중에는 엔진의 작동을 정지하고 지게차에서 하차하여야 한다.
⑤ 연료량을 너무 낮게 내려가게 하거나 또는 연료를 완전히 소진시키게 하여서는 안 된다. 연료 탱크 내의 침전물이나 불순물이 연료 계통으로 흡수되어 들어갈 수 있기 때문이다. 그렇게 되면 시동이 어렵게 되거나 부품이 손상을 입을 수 있다.

02 작업 후 연료를 주입하는 방법
① 지게차를 지정된 안정한 장소에서만 주차한다.
② 전·후진 레버를 중립에 위치시키고 포크를 바닥에 밀착시킨다.
③ 주차 브레이크를 체결하고 엔진의 작동을 정지시킨다.
④ 연료 주입구 캡(필러 캡)을 연다.
⑤ 연료 탱크에 연료를 서서히 주입한다.
⑥ 연료 주입구 캡(필러 캡)을 닫고 연료가 넘쳤으면 닦아내고 흡수제로 깨끗이 정리한다.

2-2 결로 현상을 방지하기 위한 방법

① 매일 작업 후에는 연료를 보충하여야 한다.
② 연료 탱크에서 습기를 함유한 공기를 제거하여 응축이 되지 않도록 한다.
③ 동절기에 수분이 응축되어 연료 계통에 녹이 발생할 수 있다.
④ 응축된 수분이 동결되면 시동이 어려워질 수 있다.
⑤ 기온이 올라가면 연료가 팽창하여 넘칠 수 있으므로 연료 탱크를 완전히 채득 채워서도 안 된다.

2. 연료상태 점검 — 단원핵심문제

1 작업 후 탱크에 연료를 가득 채워주는 이유가 아닌 것은?
① 연료의 기포 방지를 위해서
② 내일의 작업을 위해서
③ 연료 탱크에 수분이 생기는 것을 방지하기 위해서
④ 연료의 압력을 높이기 위해서

2 디젤 엔진의 연료 계통에서 응축수가 생기면 시동이 어렵게 되는데 이 응축수는 어느 계절에 가장 많이 생기는가?
① 봄　　② 여름
③ 가을　④ 겨울

3 건설기계 장비 운전자가 연료 탱크의 배출 콕을 열었다가 잠그는 작업을 하고 있다면 무엇을 배출하기 위한 목적인가?
① 오물 및 수분　② 공기
③ 엔진 오일　　　④ 유압 오일

> 정기적으로 연료 탱크 내의 수분 및 오물을 배출하여야 한다.

4 작업 현장에서 드럼통으로 연료를 운반했을 경우 올바른 주유 방법은?
① 불순물을 침전시킨 후 침전물이 혼합되지 않도록 주입한다.
② 불순물을 침전시켜서 모두 주입한다.
③ 연료가 도착하면 즉시 주입한다.
④ 수분이 있는가를 확인 후 즉시 주입한다.

5 다음 중 연료 주입 시 주의사항으로 틀린 것은?
① 연료를 주입하는 동안 폭발성 가스가 존재할 수도 있다.
② 급유 장소에서는 불꽃을 일으키거나 담배를 피워서는 안 된다.
③ 지게차의 급유는 지정된 안전한 장소에서만 하며, 옥내보다는 옥외가 좋다.
④ 급유 중에는 엔진을 작동시키고 지게차에서 하차하여야 한다.

> 급유 중에는 엔진의 작동을 정지하고 지게차에서 하차하여야 한다.

6 지게차 작업 후 연료를 주입하는 방법으로 올바르지 않은 것은?
① 지게차를 지정된 안정한 장소에서만 주차한다.
② 전·후진 레버를 중립에 위치시키고 포크를 바닥에 밀착시킨다.
③ 주차 브레이크를 체결하고 엔진의 작동시킨다.
④ 연료 주입구 캡을 닫고 연료가 넘쳤으면 닦아내고 흡수제로 깨끗이 정리한다.

7 다음 중 지게차의 연료 계통의 결로 현상을 방지하기 위한 방법을 거리가 먼 것은?
① 매일 작업 후에는 연료를 보충하여야 한다.
② 연료 탱크에 연료를 완전히 가득 채운다.
③ 연료 탱크에서 습기를 함유한 공기를 제거하여 응축이 되지 않도록 한다.
④ 응축된 수분이 동결되면 시동이 어려워질 수 있다.

> ■ 결로 현상을 방지하기 위한 방법
> ① 매일 작업 후에는 연료를 보충하여야 한다.
> ② 연료 탱크에서 습기를 함유한 공기를 제거하여 응축이 되지 않도록 한다.
> ③ 동절기에 수분이 응축되어 연료 계통에 녹이 발생할 수 있다.
> ④ 응축된 수분이 동결되면 시동이 어려워질 수 있다.
> ⑤ 기온이 올라가면 연료가 팽창하여 넘칠 수 있으므로 연료 탱크를 완전히 채득 채워서도 안 된다.

정답
01.④　02.④　03.①　04.①　05.④　06.③
07.②

PART.7
건설기계관리법 및 도로교통법

1. 도로교통법
2. 안전운전 준수
3. 건설기계관리법

chapter 01 도로교통법

1-1 도로 주행 관련 도로교통법

01 도로교통법에서 사용하는 용어의 정의

① **차선** : 차로와 차로를 구분하기 위하여 그 경계지점을 안전표지로 표시한 선을 말한다.

② **자전거 도로** : 안전표지, 위험방지용 울타리나 그와 비슷한 인공구조물로 경계를 표시하여 자전거 및 개인형 이동장치가 통행할 수 있도록 설치된 자전거 이용 활성화에 관한 법률 제3조 각 호의 도로를 말한다.

③ **자전거 횡단도** : 자전거 및 개인형 이동장치가 일반도로를 횡단할 수 있도록 안전표지로 표시한 도로의 부분을 말한다.

④ **보도** : 연석선, 안전표지나 그와 비슷한 인공 구조물로 경계를 표시하여 보행자(유모차, 보행보조용 의자차, 노약자용 보행기 등 행정안전부령으로 정하는 기구·장치를 이용하여 통행하는 사람을 포함한다.)가 통행할 수 있도록 한 도로의 부분을 말한다.

⑤ **길 가장자리 구역** : 보도와 차도가 구분되지 아니한 도로에서 보행자의 안전을 확보하기 위하여 안전표지 등으로 경계를 표시한 도로의 가장자리 부분을 말한다.

⑥ **횡단보도** : 보행자가 도로를 횡단할 수 있도록 안전표지로 표시한 도로의 부분을 말한다.

⑦ **교차로** : 십자로, T자로나 그 밖에 둘 이상의 도로(보도와 차도가 구분되어 있는 도로에서는 차도를 말한다)가 교차하는 부분을 말한다.

⑧ **안전지대** : 도로를 횡단하는 보행자나 통행하는 차마의 안전을 위하여 안전표지나 이와 비슷한 인공 구조물로 표시한 도로의 부분을 말한다.

⑨ **신호기** : 도로교통에서 문자·기호 또는 등화를 사용하여 진행·정지·방향전환·주의 등의 신호를 표시하기 위하여 사람이나 전기의 힘으로 조작하는 장치를 말한다.

⑩ **안전표지** : 교통안전에 필요한 주의·규제·지시 등을 표시하는 표지판이나 도로의 바닥에 표시하는 기호·문자 또는 선 등을 말한다.

⑪ **자동차** : 철길이나 가설된 선을 이용하지 아니하고 원동기를 사용하여 운전되는 차(견인되는 자동차도 자동차의 일부로 본다)로서 승용자동차, 승합자동차, 화물자동차, 특수자동차, 이륜자동차, 덤프트럭, 아스팔트살포기, 노상안정기, 콘크리트믹서트럭, 콘크리트펌프, 천공기(트럭 적재식을 말한다)를 말한다.

⑫ **자율주행 시스템** : 상용화 촉진 및 지원에 관한 법률에 따른 자율주행 시스템을 말한다. 이 경우 그 종류는 자율주행시스템, 부분 자율주행시스템 등 행정안전부령으로 정하는 바에 따라 세분할 수 있다.

⑬ **자율주행 자동차** : 운전자 또는 승객의 조작 없이 자동차 스스로 운행이 가능한 자율주행자동차로서 자율주행시스템을 갖추고 있는 자동차를 말한다.

⑭ **주차** : 운전자가 승객을 기다리거나 화물을 싣거나 차가 고장 나거나 그 밖의 사유로 차를 계속 정지 상태에 두는 것 또는 운전자가 차에서 떠나서 즉시 그 차를 운전할 수 없는 상태에 두는 것을 말한다.

⑮ **정차** : 운전자가 5분을 초과하지 아니하고 차를 정지시키는 것으로서 주차 외의 정지 상태를 말한다.

⑯ **서행** : 운전자가 차 또는 노면전차를 즉시 정지시킬 수 있는 정도의 느린 속도로 진행하는 것을 말한다.

02 신호 또는 지시에 따를 의무

① 도로를 통행하는 보행자와 차마 또는 노면전차의 운전자는 교통안전시설이 표시하는 신호 또는 지시와 교통정리를 하는 교통공무원(의무경찰 포함) 및 제주특별자치도의 자치경찰공무원, 경찰공무원을 보조하는 사람으로서 대통령령이 정하는 사람이 하는 신호 또는 지시를 따라야 한다.

② 도로를 통행하는 보행자, 차마 또는 노면전차의 운전자는 교통안전시설이 표시하는 신호 또는 지시와 경찰공무원등의 신호 또는 지시가 서로 다른 경우에는 경찰공무원등의 신호 또는 지시에 따라야 한다.

03 신호기 신호의 뜻

(1) 녹색 등화
① 차마는 직진 또는 우회전할 수 있다.
② 비보호 좌회전 표지 또는 비보호 좌회전 표시가 있는 곳에서는 좌회전할 수 있다.

(2) 황색 등화
① 차마는 정지선이 있거나 횡단보도가 있을 때에는 그 직전이나 교차로의 직전에 정지하여야 한다.
② 이미 교차로에 차마의 일부라도 진입한 경우에는 신속히 교차로 밖으로 진행하여야 한다.
③ 차마는 우회전할 수 있고 우회전하는 경우에는 보행자의 횡단을 방해하지 못한다.

(3) 적색 등화
① 차마는 정지선, 횡단보도 및 교차로의 직전에서 정지하여야 한다.
② 차마는 우회전하려는 경우 정지선, 횡단보도 및 교차로의 직전에서 정지한 후 신호에 따라 진행하는 다른 차마의 교통을 방해하지 않고 우회전할 수 있다.
③ 제2호에도 불구하고 차마는 우회전 삼색등이 적색의 등화인 경우 우회전할 수 없다.

(4) 황색 등화의 점멸
차마는 다른 교통 또는 안전표지의 표시에 주의하면서 진행할 수 있다.

(5) 적색 등화의 점멸
차마는 정지선이나 횡단보도가 있을 때에는 그 직전이나 교차로의 직전에 일시정지한 후 다른 교통에 주의하면서 진행할 수 있다.

04 안전 표지

① **주의 표지** : 도로상태가 위험하거나 도로 또는 그 부근에 위험물이 있는 경우에 필요한 안전조치를 할 수 있도록 이를 도로 사용자에게 알리는 표지로 빨간색 테두리에 노란색으로 채워지며, 기호는 검은색으로 표시한다.

+자형 교차로	T자형 교차로	Y자형 교차로

② **규제 표지** : 도로교통의 안전을 위하여 각종 제한·금지 등의 규제를 하는 경우에 이를 도로 사용자에게 알리는 표지로 빨간색 테두리에 흰색 또는 청색으로 채워지고 검은색 기호를 사용하여 표시한다.

③ **지시 표지** : 도로의 통행방법·통행구분 등 도로교통의 안전을 위하여 필요한 지시를 하는 경우에 도로 사용자가 이에 따르도록 알리는 표지로 청색 바탕에 흰색 기호로 표시되어 있다.

④ **보조 표지** : 주의표지·규제표지 또는 지시표지의 주 기능을 보충하여 도로 사용자에게 알리는 표지로 주로 흰색 바탕에 검은색 글씨로 표시한다.

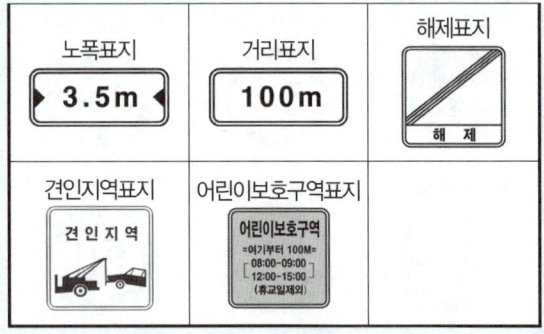

⑤ **노면 표지** : 도로교통의 안전을 위하여 각종 주의·규제·지시 등의 내용을 노면에 기호·문자 또는 선으로 도로 사용자에게 알리는 표지이다.

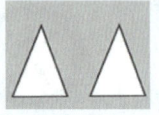

▲ 노면 표지

05 중앙 우측 부분 통행

① 차마의 운전자는 보도와 차도가 구분된 도로에서는 차도로 통행하여야 한다.
② 다만, 도로 외의 곳으로 출입할 때에는 보도를 횡단하여 통행할 수 있다.
③ 단서의 경우 차마의 운전자는 보도를 횡단하기 직전에 일시 정지하여 좌측과 우측 부분 등을 살핀 후 보행자의 통행을 방해하지 아니하도록 횡단하여야 한다.
④ 차마의 운전자는 도로(보도와 차도가 구분된 도로에서는 차도를 말한다)의 중앙(중앙선이 설치되어 있는 경우에는 그 중앙선을 말한다.) 우측 부분을 통행하여야 한다.
⑤ 안전지대 등 안전표지에 의하여 진입이 금지된 장소에 들어가서는 아니된다.

06 도로의 중앙이나 좌측부분 통행

① 도로가 일방통행인 경우
② 도로의 파손, 도로공사나 그 밖의 장애 등으로 도로의 우측 부분을 통행할 수 없

는 경우
③ 도로 우측 부분의 폭이 6미터가 되지 아니하는 도로에서 다른 차를 앞지르려는 경우
④ 도로 우측 부분의 폭이 차마의 통행에 충분하지 아니한 경우
⑤ 가파른 비탈길의 구부러진 곳에서 교통의 위험을 방지하기 위하여 시·도경찰청장이 필요하다고 인정하여 구간 및 통행방법을 지정하고 있는 경우에 그 지정에 따라 통행하는 경우

07 건설기계의 속도

(1) 자동차 등과 노면 전차의 속도
① 자동차등(개인형 이동장치는 제외)과 노면전차의 도로 통행 속도는 행정안전부령으로 정한다.
② 경찰청장(고속도로)이나 시·도경찰청장(일반도로)은 도로에서 일어나는 위험을 방지하고 교통의 안전과 원활한 소통을 확보하기 위하여 필요하다고 인정하는 경우에는 구역이나 구간을 지정하여 제1항에 따라 정한 속도를 제한할 수 있다.

(2) 일반도로(고속도로 및 자동차전용도로 외의 모든 도로를 말한다)
① 매시 60km 이내.
② 편도 2차로 이상의 도로에서는 매시 80km 이내

(3) 자동차 전용도로
① 최고속도는 매시 90km
② 최저속도는 매시 30km

(4) 편도 2차로 이상 고속도로
① 최고속도는 매시 80km, 최저속도는 매시 50km
② 상향 지정한 경우 최고속도는 매시 90km 이내, 최저속도는 매시 50km

08 비·안개·눈 등으로 인한 악천후 시 속도

(1) 최고속도의 100분의 20을 줄인 속도로 운행하여야 하는 경우
① 비가 내려 노면이 젖어있는 경우
② 눈이 20mm 미만 쌓인 경우

(2) 최고속도의 100분의 50을 줄인 속도로 운행하여야 하는 경우
① 폭우·폭설·안개 등으로 가시거리가 100m 이내인 경우
② 노면이 얼어붙은 경우
③ 눈이 20mm 이상 쌓인 경우

09 앞지르기 금지장소
① 교차로, 터널 안, 다리 위
② 도로의 구부러진 곳
③ 비탈길의 고갯마루 부근
④ 가파른 비탈길의 내리막
⑤ 안전표지로 지정한 곳

10 정차 및 주차금지 장소
① 교차로·횡단보도·건널목이나 보도와 차도가 구분된 도로의 보도
② 교차로의 가장자리 또는 도로의 모퉁이로부터 5m 이내의 곳
③ 안전지대가 설치된 도로에서는 그 안전지대의 사방으로부터 각각 10m 이내의 곳
④ 버스여객자동차의 정류지를 표시하는 기둥이나 표지판 또는 선이 설치된 곳으로부터 10m 이내의 곳
⑤ 건널목의 가장자리 또는 횡단보도로부터 10m 이내의 곳
⑥ 소방 용수시설 또는 비상 소화 장치가 설치된 곳으로부터 5m 이내의 곳

11 주차 금지 장소
① 터널 안 및 다리 위
② 다음 장소로부터 5m 이내의 곳

㉮ 시·도경찰청장이 도로에서의 위험을 방지하고 교통의 안전과 원활한 소통을 확보하기 위하여 필요하다고 인정하여 지정한 곳
㉯ 다중이용업소의 영업장이 속한 건축물로 소방본부장의 요청에 의하여 시·도경찰청장이 지정한 곳
㉰ 도로공사를 하고 있는 경우에는 그 공사 구역의 양쪽 가장자리

12 술에 취한 상태에서의 운전 금지
① 술에 취한 상태의 기준은 운전자의 혈중알코올농도가 0.03%이상인 경우로 한다.
② 술에 취한 상태의 기준(혈중알코올농도 0.03% 이상)을 넘어서 운전을 하다가 교통사고로 사람을 죽게 하거나 다치게 한 때는 운전면허가 취소된다.
③ 혈중알코올농도 0.08% 이상의 상태에서 운전한 때는 운전면허가 취소된다.
④ 술에 취한 상태의 기준을 넘어 운전하거나 술에 취한 상태의 측정에 불응한 사람이 다시 술에 취한 상태(혈중알코올농도 0.03% 이상)에서 운전한 때는 운전면허가 취소된다.

13 긴급 자동차의 우선 통행
① 교차로나 그 부근에서 긴급자동차가 접근하는 경우에는 차마와 노면전차의 운전자는 교차로를 피하여 일시 정지하여야 한다.
② 모든 차와 노면전차의 운전자는 교차로나 그 부근 외의 곳에서 긴급자동차가 접근한 경우에는 긴급자동차가 우선 통행할 수 있도록 진로를 양보하여야 한다.

14 밤에 도로에서 차와 노면 전차를 운행하는 경우 등의 등화
① **자동차** : 전조등, 차폭등, 미등, 번호등과 실내 조명등(승합자동차와 여객자동차 운송사업용 승용자동차만 해당)
② **원동기장치 자전거** : 전조등 및 미등
③ **견인되는 차** : 미등·차폭등 및 번호등
④ **노면 전차** : 전조등, 차폭등, 미등 및 실내 조명등
⑤ **자동차 등 외의 모든 차** : 시·도경찰청장이 정하여 고시하는 등화

15 밤에 도로에서 정차하거나 주차할 때 켜야 하는 등화
① **자동차**(이륜자동차 제외) : 자동차안전기준에서 정하는 미등 및 차폭등
② **이륜자동차 및 원동기장치 자전거** : 미등 (후부 반사기를 포함)
③ **노면 전차** : 차폭등 및 미등
④ **자동차 등 외의 모든 차** : 시·도경찰청장이이 정하여 고시하는 등화

16 밤에 마주보고 진행하는 경우 등의 등화 조작
① 서로 마주보고 진행할 때에는 전조등의 밝기를 줄이거나 불빛의 방향을 아래로 향하게 하거나 잠시 전조등을 끌 것.
② 앞차 또는 노면전차의 바로 뒤를 따라갈 때에는 전조등 불빛의 방향을 아래로 향하게 하고, 전조등 불빛의 밝기를 함부로 조작하여 앞차 또는 노면전차의 운전을 방해하지 아니할 것

1. 도로교통법

1 차로와 차로를 구분하기 위하여 그 경계지점을 안전표지로 표시한 선을 정의한 용어로 가장 적합한 것은?

① 안전지대 ② 차선
③ 횡단보도 ④ 신호기

> 차선이란 차로와 차로를 구분하기 위하여 그 경계지점을 안전표지로 표시한 선을 말한다.

2 도로교통 관련법상 차마의 통행을 구분하기 위한 중앙선에 대한 설명으로 옳은 것은?

① 백색 실선 또는 황색 점선으로 되어 있다.
② 백색 실선 또는 백색 점선으로 되어 있다.
③ 황색 실선 또는 황색 점선으로 되어 있다.
④ 황색 실선 또는 백색 점선으로 되어 있다.

> 중앙선이란 차마의 통행 방향을 명확하게 구분하기 위하여 도로에 황색 실선이나 황색 점선 등의 안전표지로 표시한 선 또는 중앙분리대나 울타리 등으로 설치한 시설물을 말한다. 다만, 가변차로가 설치된 경우에는 신호기가 지시하는 진행방향의 가장 왼쪽에 있는 황색 점선을 말한다.

3 연석선, 안전표지나 그와 비슷한 인공 구조물로 경계를 표시하여 보행자가 통행할 수 있도록 한 도로의 부분을 정의한 용어로 가장 적합한 것은?

① 보도 ② 횡단보도
③ 안전표지 ④ 안전지대

4 보행자가 도로를 횡단할 수 있도록 안전표지로 표시한 도로의 부분은?

① 교차로 ② 횡단보도
③ 안전지대 ④ 규제표시

> 횡단보도란 보행자가 도로를 횡단할 수 있도록 안전표지로 표시한 도로의 부분을 말한다.

5 도로교통법에서 안전지대의 정의에 관한 설명으로 옳은 것은?

① 버스정류장 표지가 있는 장소
② 자동차가 주차할 수 있도록 설치된 장소
③ 도로를 횡단하는 보행자나 통행하는 차마의 안전을 위하여 안전표지 등으로 표시된 도로의 부분
④ 사고가 잦은 장소에 보행자의 안전을 위하여 설치한 장소

> 안전지대란 도로를 횡단하는 보행자나 통행하는 차마의 안전을 위하여 안전표지나 이와 비슷한 인공 구조물로 표시한 도로의 부분을 말한다.

6 도로교통법상 정차의 정의에 해당하는 것은?

① 차가 10분을 초과하여 정지
② 운전자가 5분을 초과하지 않고 차를 정지시키는 것으로 주차 외의 정지 상태
③ 차가 화물을 싣기 위하여 계속 정지
④ 운전자가 식사하기 위하여 차고에 세워둔 것

> 정차란 운전자가 5분을 초과하지 아니하고 차를 정지시키는 것으로서 주차 외의 정지 상태를 말한다.

7 도로 교통법상 건설기계를 운전하여 도로를 주행할 때 서행에 대한 정의로 옳은 것은?

① 매시 60km 미만의 속도로 주행하는 것을 말한다.
② 운전자가 차를 즉시 정지시킬 수 있는 느린 속도로 진행하는 것을 말한다.
③ 정지거리 10m 이내에서 정지할 수 있는 경우를 말한다.
④ 매시 20km 이내로 주행하는 것을 말한다.

정답
01.② 02.③ 03.① 04.② 05.③ 06.②
07.②

8 도로교통법상 가장 우선하는 신호는?

① 경찰공무원의 수신호
② 신호기의 신호
③ 운전자의 수신호
④ 안전표지의 지시

> 도로를 통행하는 보행자와 모든 차마의 운전자는 교통안전시설이 표시하는 신호 또는 지시와 교통정리를 하는 경찰공무원 등의 신호 또는 지시가 서로 다른 경우에는 경찰공무원 등의 신호 또는 지시에 따라야 한다.

9 도로교통법령상 교통안전 표지의 종류를 올바르게 나열한 것은?

① 교통안전 표지는 주의, 규제, 지시, 안내, 교통 표지로 되어있다.
② 교통안전 표지는 주의, 규제, 지시, 보조, 노면 표지로 되어있다.
③ 교통안전 표지는 주의, 규제, 지시, 안내, 보조 표지로 되어있다.
④ 교통안전 표지는 주의, 규제, 안내, 보조, 통행 표지로 되어있다.

> ■ 도로 교통 안전표지의 종류
> ① **주의 표지** : 도로상태가 위험하거나 도로 또는 그 부근에 위험물이 있는 경우에 필요한 안전조치를 할 수 있도록 이를 도로 사용자에게 알리는 표지
> ② **규제 표지** : 도로교통의 안전을 위하여 각종 제한·금지 등의 규제를 하는 경우에 이를 도로 사용자에게 알리는 표지
> ③ **지시 표지** : 도로의 통행방법·통행구분 등 도로 교통의 안전을 위하여 필요한 지시를 하는 경우에 도로 사용자가 이에 따르도록 알리는 표지
> ④ **보조 표지** : 주의·규제 또는 지시표지의 주 기능을 보충하여 도로 사용자에게 알리는 표지
> ⑤ **노면 표시** : 도로교통의 안전을 위하여 각종 주의·규제·지시 등의 내용을 노면에 기호·문자 또는 선으로 도로 사용자에게 알리는 표지

10 교차로에서 적색등화 시 진행할 수 있는 경우는?

① 경찰공무원의 진행신호에 따를 때
② 교통이 한산한 야간운행 시
③ 보행자가 없을 때
④ 앞차를 따라 진행할 때

11 교통안전 표지 중 노면표지에서 차마가 일시 정지해야 하는 표시로 올바른 것은?

① 백색 점선으로 표시한다.
② 황색 점선으로 표시한다.
③ 황색 실선으로 표시한다.
④ 백색 실선으로 표시한다.

12 노면표시 중 진로변경 제한선에 대한 설명으로 맞는 것은?

① 황색 점선은 진로 변경을 할 수 없다.
② 백색 점선은 진로 변경을 할 수 없다.
③ 황색 실선은 진로 변경을 할 수 있다.
④ 백색 실선은 진로 변경을 할 수 없다.

> ■ **차선의 의미**
> ① **백색 실선의 차선** : 자동차의 진로 변경을 제한하는 차선이다.
> ② **백색 점선의 차선** : 자동차의 진로 변경이 가능한 차선이다.
> ③ **황색 점선의 가장자리 구역선** : 주차는 금지되고 정차는 할 수 있는 구역선이다.
> ④ **황색 실선의 가장자리 구역선** : 주차 및 정차를 금지하는 구역선이다.

13 그림의 교통안전 표지로 맞는 것은?

① 우로 이중 굽은 도로
② 좌우로 이중 굽은 도로
③ 좌로 굽은 도로
④ 회전형 교차로

정답
08.① 09.② 10.① 11.④ 12.④ 13.②

14 다음 교통안전 표지의 설명으로 맞는 것은?

① 최고 중량 제한표시
② 차간거리 최저 30m 제한표지
③ 최고시속 30킬로미터 속도제한 표시
④ 최저시속 30킬로미터 속도제한 표시

15 다음 그림의 교통안전 표지는 무엇인가?

① 차간거리 최저 50m이다.
② 차간거리 최고 50m이다.
③ 최저속도 제한표지이다.
④ 최고속도 제한표지이다.

16 그림과 같은 교통안전표지의 뜻은?

① 좌합류 도로가 있음을 알리는 것
② 좌로 굽은 도로가 있음을 알리는 것
③ 우합류 도로가 있음을 알리는 것
④ 철길건널목이 있음을 알리는 것

17 그림과 같은 교통안전표지의 뜻은?

① 좌합류 도로가 있음을 알리는 것
② 철길건널목이 있음을 알리는 것
③ 회전형 교차로가 있음을 알리는 것
④ 좌로 계속 굽은 도로가 있음을 알리는 것

18 그림의 교통안전 표지는?

① 좌·우회전 금지표지이다.
② 양측방 일방통행표지이다.
③ 좌·우회전 표지이다.
④ 양측방 통행 금지표지이다.

19 도로교통법령상 보도와 차도가 구분된 도로에 중앙선이 설치되어 있는 경우 차마의 통행 방법으로 옳은 것은?(단, 도로의 파손 등 특별한 사유는 없다.)

① 중앙선 좌측
② 중앙선 우측
③ 보도
④ 보도의 좌측

> 차마의 운전자는 도로(보도와 차도가 구분된 도로에서는 차도를 말한다)의 중앙(중앙선이 설치되어 있는 경우에는 그 중앙선을 말한다.) 우측 부분을 통행하여야 한다.

20 도로의 중앙을 통행할 수 있는 행렬로 옳은 것은?

① 학생의 대열
② 말·소를 몰고 가는 사람
③ 사회적으로 중요한 행사에 따른 시가행진
④ 군부대의 행렬

> ■ 도로의 우측으로 통행하여야 하는 사람이나 행렬
> ① 말·소 등의 큰 동물을 몰고 가는 사람
> ② 사다리, 목재, 그 밖에 보행자의 통행에 지장을 줄 우려가 있는 물건을 운반중인 사람
> ③ 도로에서 청소나 보수 등의 작업을 하고 있는 사람
> ④ 군부대나 그 밖에 이에 준하는 단체의 행렬
> ⑤ 기(旗) 또는 현수막 등을 휴대한 행렬
> ⑥ 장의(葬儀) 행렬

정답
14.④ 15.④ 16.③ 17.③ 18.③ 19.②
20.③

21 도로교통법상에서 차마가 도로의 중앙이나 좌측부분을 통행할 수 있도록 허용한 것은 도로 우측부분의 폭이 얼마 이하 일 때인가?

① 2미터　　② 3미터
③ 5미터　　④ 6미터

> 차마가 도로의 중앙이나 좌측부분을 통행할 수 있도록 허용한 것은 도로 우측부분의 폭이 6m 이하일 때이다.

22 도로의 중앙으로부터 좌측을 통행할 수 있는 경우는?

① 편도 2차로의 도로를 주행할 때
② 도로가 일방통행으로 된 때
③ 중앙선 우측에 차량이 밀려 있을 때
④ 좌측도로가 한산할 때

> ■ 도로의 중앙이나 좌측부분 통행
> ① 도로가 일방통행인 경우
> ② 도로의 파손, 도로공사나 그 밖의 장애 등으로 도로의 우측 부분을 통행할 수 없는 경우
> ③ 도로 우측 부분의 폭이 6미터가 되지 아니하는 도로에서 다른 차를 앞지르려는 경우
> ④ 도로 우측 부분의 폭이 차마의 통행에 충분하지 아니한 경우

23 편도 4차로의 일반도로에서 지게차는 어느 차로로 통행해야 하는가?

① 1차로
② 2차로
③ 1차로 또는 2차로
④ 4차로

> 건설기계는 도로교통법에 따라 도로 주행 시 가장자리 차선을 준수하여 운전하여야 한다.

24 편도 4차로 일반도로에서 4차로가 버스 전용차로일 때 지게차는 어느 차로로 통행하여야 하는가?

① 2차로　　② 3차로
③ 4차로　　④ 한가한 차로

25 도로교통법에서 안전운행을 위해 차속을 제한하고 있는데, 악천후 시 최고속도의 100분의 50으로 감속 운행하여야 할 경우가 아닌 것은?

① 노면이 얼어붙은 때
② 폭우, 폭설, 안개 등으로 가시거리가 100m 이내인 때
③ 비가 내려 노면이 젖어 있을 때
④ 눈이 20mm 이상 쌓인 때

> 비가 내려 노면이 젖어있는 경우는 최고속도의 100분의 20으로 감속 운행하여야 한다.

26 주행 중 앞지르기 금지장소가 아닌 것은?

① 교차로
② 터널 안
③ 버스 정류장 부근
④ 다리 위

> ■ 앞지르기 금지 장소
> ① 교차로, 터널 안, 다리 위
> ② 도로의 구부러진 곳
> ③ 비탈길의 고갯마루 부근
> ④ 가파른 비탈길의 내리막
> ⑤ 안전표지로 지정한 곳

27 주·정차 금지장소로서 맞는 것은?

① 편도 3차로 이상의 도로
② 도로가 일방통행으로 된 곳
③ 건널목
④ 학교 앞

> 교차로·횡단보도·건널목이나 보도와 차도가 구분된 도로의 보도에서는 정차 및 주차를 해서는 안 된다.

정답

21.④　22.②　23.④　24.②　25.③　26.③
27.③

28 다음 중 정차 및 주차가 금지되어 있지 않은 장소는?

① 횡단보도
② 교차로
③ 경사로의 정상부근
④ 건널목

29 다음 중 주·정차를 할 수 있는 곳은?

① 도로의 우측 가장자리
② 도로의 모퉁이
③ 교차로의 가장자리
④ 횡단보도 옆

30 도로 교통법상 주차금지 장소가 아닌 것은?

① 건널목의 가장자리 또는 횡단보도로부터 10m 이상의 곳
② 터널 안
③ 다리 위
④ 도로공사를 하고 있는 경우에는 그 공사구역의 양쪽 가장자리

■ 주차 금지 장소
① 터널 안 및 다리 위
② 다음 장소로부터 5m 이내의 곳
  ㉮ 시·도경찰청장이 도로에서의 위험을 방지하고 교통의 안전과 원활한 소통을 확보하기 위하여 필요하다고 인정하여 지정한 곳
  ㉯ 다중이용업소의 영업장이 속한 건축물로 소방본부장의 요청에 의하여 사 도경찰청장이 지정한 곳
  ㉰ 도로공사를 하고 있는 경우에는 그 공사 구역의 양쪽 가장자리

31 도로 교통법상 주차를 금지하는 곳으로서 틀린 것은?

① 상가 앞 도로의 5m 이내의 곳
② 터널 안 및 다리 위
③ 도로공사를 하고 있는 경우에는 그 공사구역의 양쪽 가장자리로부터 5m 이내의 곳
④ 다중이용업소의 영업장이 속한 건축물로 소방본부장의 요청에 의하여 시·도경찰청장이 지정한 곳으로부터 5m 이내의 곳

32 도로공사를 하고 있는 경우에 있어서는 당해 공사구역의 양쪽 가장자리로부터 몇 미터 이내의 지점에 주차하여서는 안 되는가?

① 5미터   ② 6미터
③ 10미터   ④ 15미터

33 도로에서 정차를 하고자 할 때의 방법으로 옳은 것은?

① 차체의 전단부가 도로 중앙을 향하도록 비스듬히 정차한다.
② 진행방향의 반대방향으로 정차한다.
③ 차도의 우측 가장자리에 정차한다.
④ 일방통행로에서 좌측 가장자리에 정차한다.

모든 차의 운전자는 도로에서 정차할 때에는 차도의 오른쪽 가장자리에 정차할 것. 다만, 차도와 보도의 구별이 없는 도로의 경우에는 도로의 오른쪽 가장자리로부터 중앙으로 50cm 이상의 거리를 두어야 한다.

34 도로 교통법상 술에 취한 상태의 기준으로 옳은 것은?

① 혈중 알코올농도가 0.02% 이상
② 혈중 알코올농도가 0.1% 이상
③ 혈중 알코올농도가 0.03% 이상
④ 혈중 알코올농도가 0.2% 이상

도로교통법상 술에 취한 상태의 기준은 혈중 알코올농도 0.03% 이상이고, 술에 만취한 상태의 기준은 혈중 알코올농도 0.08% 이상인 경우이다.

정답
28.③ 29.① 30.① 31.① 32.① 33.③
34.③

35 일방통행으로 된 도로가 아닌 교차로 또는 그 부근에서 긴급자동차가 접근하였을 때 운전자가 취해야 할 방법으로 옳은 것은?

① 교차로의 우측단에 일시 정지하여 진로를 양보한다.
② 교차로를 피하여 도로의 우측 가장자리에 일시 정지한다.
③ 서행하면서 앞지르기 하라는 신호를 한다.
④ 그대로 진행방향으로 진행을 계속한다.

> 교차로나 그 부근에서 긴급자동차가 접근하는 경우에는 차마와 노면전차의 운전자는 교차로를 피하여 일시 정지하여야 한다.

36 야간 등화조작의 내용으로 맞는 것은?

① 야간에 도로가에 잠시 정차할 경우 미등을 꺼두어도 무방하다.
② 야간주행 운행 시 등화의 밝기를 줄이는 것은 국토교통부령으로 규정되어 있다.
③ 차량의 야간등화 조작은 국토교통부령에 의한다.
④ 자동차는 밤에 도로를 주행할 때 전조등, 차폭등, 미등, 번호등과 그 밖의 등화를 켜야 한다.

> 밤에 도로에서 차를 운행하는 경우 전조등, 차폭등, 미등, 번호등과 실내 조명등(승합자동차와 여객자동차운송사업용 승용자동차만 해당)을 켜야 한다.

37 밤에 도로에서 차를 운행하거나 일시정지할 때 켜야 할 등화는?

① 전조등, 안개등과 번호등
② 전조등, 차폭등과 미등
③ 전조등, 실내등과 미등
④ 전조등, 제동등과 번호등

38 야간에 차가 서로 마주보고 진행하는 경우의 등화조작 방법 중 맞는 것은?

① 전조등, 보호등, 실내 조명등을 조작 한다.
② 전조등을 켜고 보조등을 끈다.
③ 전조등 불빛을 하향으로 한다.
④ 전조등 불빛을 상향으로 한다.

> 서로 마주보고 진행할 때에는 전조등의 밝기를 줄이거나 불빛의 방향을 아래로 향하게 하거나 잠시 전조등을 끌 것. 다만, 도로의 상황으로 보아 마주보고 진행하는 차의 교통을 방해할 우려가 없는 경우에는 그러하지 아니하다.

39 도로교통법령에 따라 도로를 통행하는 자동차가 야간에 켜야 하는 등화의 구분 중 견인되는 차가 켜야 할 등화는?

① 전조등, 차폭등, 미등
② 미등, 차폭등, 번호등
③ 전조등, 미등, 번호등
④ 전조등, 미등

> 야간에 견인되는 자동차가 켜야 할 등화는 미등·차폭등, 번호등이다.

40 범칙금 납부 통고서를 받은 사람은 며칠 이내에 경찰청장이 지정하는 곳에 납부하여야 하는가?(단, 천재지변이나 그 밖의 부득이한 사유가 있는 경우는 제외한다.)

① 5일　　② 10일
③ 15일　　④ 30일

> 범칙금 납부 통고서를 받은 사람은 10일 이내에 경찰청장이 지정하는 국고은행, 지점, 대리점, 우체국 또는 제주특별자치도지사가 지정하는 금융회사 등이나 그 지점에 범칙금을 내야 한다. 다만, 천재지변이나 그 밖의 부득이한 사유로 말미암아 그 기간에 범칙금을 낼 수 없는 경우에는 부득이한 사유가 없어지게 된 날부터 5일 이내에 내야 한다.

정 답

35.② 36.④ 37.② 38.③ 39.② 40.②

1-2 도로 표지판

01 도로명판 및 도로 표지판의 종류

(1) 도로명판의 종류

도로명 주소란 부여된 도로명, 기초번호, 건물번호, 상세주소에 의하여 건물의 주소를 표기하는 방식으로 도로에는 도로명을 부여하고 건물에는 도로에 따라 규칙적으로 건물번호를 부여하여 도로명과 건물번호 및 상세주소(동·층·호)로 표기하는 주소 제도이다.

① 왼쪽 또는 오른쪽 한 방향용 도로명판

㉮ 오른쪽 한 방향용 도로 명판으로 강남대로의 넓은 길 시작점을 의미하며 "1→" 현 위치는 도로의 시작점, 699는 6.99km(699×10m)를 의미한다.

㉯ 왼쪽 한 방향용 도로 명판으로 대정로 23번 길 끝점을 의미하며 "←65" 현 위치는 도로의 끝 지점, 65는 650m(65×10m)를 의미한다.

▲ 도로의 시작점

▲ 도로의 끝 지점

② 양방향용 도로명판

전방 교차 도로는 중앙로를 의미하며, "92"는 좌측으로 92번 이하 건물 위치, "96"은 우측 96번 이상 건물 위치를 의미한다.

▲ 교차 지점

③ 앞쪽 방향용 도로명판

사임당로 중간 지점을 의미하며, "92→" 현 위치는 도로상의 92번, "92→250"은 남은 거리 1.5km((250−92)×10m)를 의미한다.

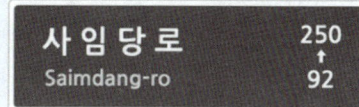

▲ 진행 방향

④ 예고용 도로명판 및 기초 번호판

"종로"는 현 위치에서 다음에 나타날 도로는 종로를 의미하며, "200m"는 현 위치로부터 전방 200m에 예고한 도로가 있음을 의미한다.

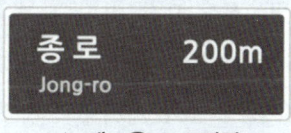

▲ 예고용 도로명판

▲ 기초 번호판

(2) 건물 번호판

① 일반용 건물번호판
② 문화재·관광용 건물번호판
③ 관공서용 건물번호판

▲ 일반용 건물번호판

▲ 문화재·관광용

▲ 관공서용

02 도로 표지판의 종류

　도로 표지란 도로 이용자가 도로 시설을 쉽게 이용하고, 원하는 목적지까지 쉽게 도착할 수 있도록 도로의 방향·노선·시설물 및 도로명의 정보를 안내하는 도로의 부속물을 말하며, 안내 지명이란 도로 이용자가 원하는 목적지까지 안내할 목적으로 도로 표지에서 사용하는 행정구역명, 지명, 시설물명 및 도로명을 말한다.

(1) 방향 표지판

　방향 표지판은 목표지까지의 방향을 나타내는 표지로 도로명 표지판, 도로명 예고 표지판, 차로 지정 표지판 등으로 분류한다.

① **도로명 표지** : 도로명 등을 나타내는 표지이다.
② **도로명 예고 표지** : 도로명 등을 예고해 주는 표지이다.
③ **차로 지정 표지** : 교통의 흐름을 명확히 분류하기 위하여 진행방향의 차로를 안내하는 표지이다.

▲ 도로명 표지

▲ 도로명 예고 표지

▲ 차로 지정 표지

(2) 이정 표지

목적지까지의 거리를 나타내는 표지이다.

▲ 1지명 이정표지

▲ 2지명 이정표지

▲ 3지명 이정표지

(3) 경계 표지

특별시·광역시·특별자치시·도 또는 시·군·읍·면 사이의 행정구역의 경계를 나타내는 표지이다.

▲ 시계 표지

(4) 노선 표지

주행 노선 또는 분기 노선을 나타내는 표지판으로 노선 유도, 노선 방향, 노선 확인 표지판 등으로 분류한다.

① **노선 유도 표지** : 곧 만나게 되는 도로의 노선 정보를 안내하기 위해 도로명 표지 및 도로명 예고 표지 상단에 설치하는 표지이다.

② **노선 방향 표지** : 현재 주행 중인 도로의 노선정보를 안내하기 위해 도로명 표지 및 도로명 예고 표지 상단에 설치하는 표지이다.

③ **노선 확인 표지** : 현재 주행 중인 도로의 노선 정보를 안내하기 위해 단독으로 설치하는 표지이다.

③ **주차장 표지** : 주차장을 안내하는 표지
④ **시설물 표지** : 하천 표지, 교량 표지, 터널 표지, 도로관리기관 표지
⑤ **자동차 전용도로 표지** : 자동차 전용도로의 시점 및 종점을 안내하는 표지이다.

▲ 노선 유도 표지 　▲ 노선 방향 표지 　▲ 노선 확인 표지

▲ 주차장 표지

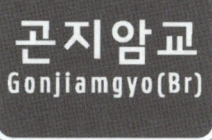
▲ 교량 표지

▲ 도로관리기관 표지

▲자동차 전용도로

(5) 안내 표지

① **공공시설 표지** : 공공시설을 안내하는 표지

▲ 공공 시설 표지

② **관광지 표지** : 관광지를 안내하는 표지

▲ 관광지 표지

1. 도로교통법

단원핵심문제

1 다음 중 오른쪽 한 방향용 도로명판에 대한 설명으로 알맞은 것은?

강남대로 1→699
Gangnam-daero

① 강남대로는 도로 이름을 나타낸다.
② "1→" 이 위치는 도로 끝나는 지점이다.
③ 강남대로는 699m이다.
④ 왼쪽과 오른쪽 양 방향용 도로명판이다.

오른쪽 한 방향용 도로명판으로 강남대로의 넓은 길 시작점을 의미하며 "1→" 현 위치는 도로의 시작 점, 699는 6.99km(699×10m)를 의미한다.

2 다음 중 왼쪽 한 방향용 도로명판에 대한 설명으로 알맞은 것은?

1←65 대정로23번길
Daejeong-ro 23beon-gil

① 왼쪽과 오른쪽 양 방향용 도로 명판이다.
② "←65" 현 위치는 도로의 시작점이다.
③ 대정로 23번 길은 65km이다.
④ 대정로 23번 길 끝점을 의미한다.

왼쪽 한 방향용 도로명판으로 대정로 23번 길 끝점을 의미하며 "←65" 현 위치는 도로의 끝 지점, 65는 650m(65×10m)를 의미한다.

3 다음 중 앞쪽 방향용 도로명판에 대한 설명으로 틀린 것은?

시임당로 250↑92
Saimdang-ro

① 앞쪽 방향용 도로명판으로 사임당로 중간 지점을 의미한다.
② "92→" 현 위치는 도로상의 92번을 의미한다.
③ "92→250"은 남은 거리 158m를 의미한다.
④ "92→250"은 남은 거리 1.5km를 의미한다.

앞쪽 방향용 도로명판으로 사임당로 중간 지점을 의미하며, "92→" 현 위치는 도로상의 92번, "92→250"은 남은 거리 1.5km((250 − 92)×10m)를 의미한다.

4 다음 중 관공서용 건물 번호판으로 알맞은 것은?

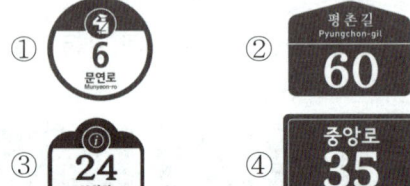

2번과 4번은 일반용 건물 번호판이고, 3번은 문화재 및 관광용 건물 번호판, 1번은 관공서용 건물 번호판이다.

5 다음 중 건물 번호판을 설명한 것으로 알맞은 것은?

① 중앙로는 도로 시작점, 243은 건물 주소이다.
② 중앙로는 주 출입구, 243은 기초 번호이다.
③ 중앙로는 도로명, 243은 건물 번호이다.
④ 중앙로는 도로별 구분 기준, 243은 상세 주소이다.

중앙로는 도로명이고 243은 왼쪽 건물 번호이다.

정답

01.① 02.④ 03.③ 04.① 05.③

6 다음 3방향 도로명 예고표지에 대한 설명으로 맞는 것은?

① 좌회전하면 300m 전방에 시청이 나온다.
② 직진하면 300m 전방에 관평로가 나온다.
③ 우회전하면 300m 전방에 평촌역이 나온다.
④ 관평로는 북에서 남으로 도로 구간이 설정되어 있다.

> 도로 구간은 서쪽 방향은 시청, 동쪽 방향은 평촌역, 북쪽 방향은 만안구청, 300은 직진하면 300m 전방에 관평로가 나온다는 의미이다. 도로의 시작 지점에서 끝 지점으로 갈수록 건물 번호가 커진다.

7 차량이 남쪽에서부터 북쪽 방향으로 진행 중일 때, 그림의 「2방향 도로명 예고표지」에 대한 설명으로 틀린 것은?

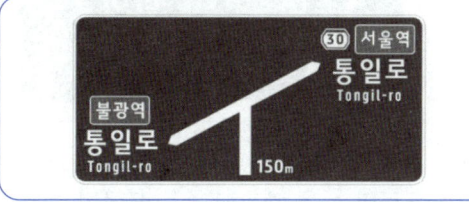

① 차량을 좌회전하는 경우 '통일로'의 건물번호가 커진다.
② 차량을 좌회전하는 경우 '통일로'로 진입할 수 있다.
③ 차량을 좌회전하는 경우 '통일로'의 건물번호가 작아진다.
④ 차량을 우회전하는 경우 '통일로'로 진입할 수 있다.

> 도로 구간의 설정은 서쪽에서 동쪽, 남쪽에서 북쪽 방향으로 설정하며, 건물 번호는 왼쪽은 홀수, 오른쪽은 짝수의 일련번호를 부여하되 도로의 시작점에서 끝 지점까지 좌우 대칭을 유지한다.

8 차량이 남쪽에서부터 북쪽 방향으로 진행 중일 때, 그림의 「3방향 도로명 표지」에 대한 설명으로 틀린 것은?

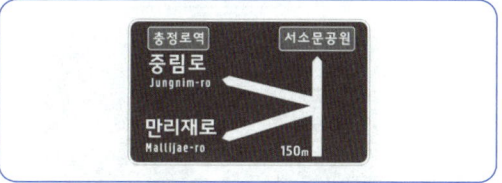

① 차량을 좌회전하는 경우 '중림로', 또는 '만리재로'로 진입할 수 있다.
② 차량을 좌회전하는 경우 '중림로', 또는 '만리재로' 도로구간의 끝 지점과 만날 수 있다.
③ 차량을 직진하는 경우 '서소문공원' 방향으로 갈 수 있다.
④ 차량을 '중림로'로 좌회전하면 '충정로역' 방향으로 갈 수 있다.

9 차량이 남쪽에서 북쪽 방향으로 진행 중일 때 그림의 「다지형 교차로 도로명 예고표지」에 대한 설명으로 틀린 것은?

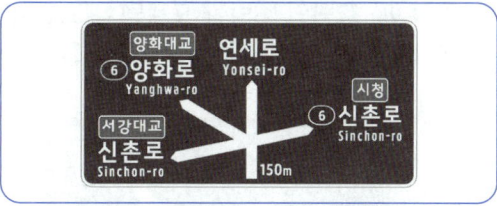

① 차량을 좌회전하는 경우 '신촌로' 또는 '양화로'로 진입할 수 있다.
② 차량을 좌회전하는 경우 '신촌로' 또는 '양화로' 도로구간의 끝 지점과 만날 수 있다.
③ 차량을 직진하는 경우 '연세로' 방향으로 갈 수 있다.
④ 차량을 '신촌로'로 우회전하면 '시청' 방향으로 갈 수 있다.

정답

06.② 07.① 08.② 09.②

10 차량이 남쪽에서부터 북쪽 방향으로 진행 중일 때, 그림의 「3방향 도로명 표지(지하차도 교차로)」에 대한 설명으로 틀린 것은?

① 차량을 우회전하는 경우 고가차도로 '왕십리길'의 '한양대학교'방향으로는 진입할 수 없다.
② 차량을 우회전하는 경우 고가차도로 '왕십리길'의 '시청'방향으로 진입할 수 있다.
③ 차량을 직진하는 경우 고하차도로 아래로 진입하여 '성수대교'방향으로 갈 수 있다.
④ 차량을 우회전하는 경우 고가차도 '왕십리길'의 '한양대학교'방향으로만 진입할 수 있다.

11 차량이 남쪽에서부터 북쪽 방향으로 진행 중일 때, 그림의 「3방향 도로명 예고표지(Y형 교차로 같은 길)」에 대한 설명으로 틀린 것은?

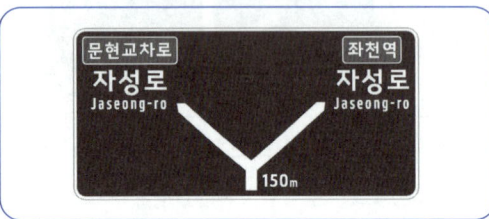

① 차량을 우회전하는 경우 '자성로'로 진입할 수 있다.
② 차량을 좌회전하는 경우 '자성로'의 '좌천역' 방향으로 갈 수 있다.
③ 차량을 좌회전하는 경우 '자성로'의 '문현교차로' 방향으로 갈 수 있다.
④ 차량을 우회전하는 경우 '자성로'의 '좌천역'방향으로 갈 수 있다.

12 다음의 도로 표지판이 의미하는 것으로 알맞은 것은?

① 도로명 등을 나타내는 도로명 표지이다.
② 도로명 등을 예고해 주는 도로명 예고 표지이다.
③ 교통의 흐름을 명확히 분류하기 위하여 진행방향의 차로를 안내하는 차로 지정하는 표지이다.
④ 목적지까지의 거리를 나타내는 이정 표지이다.

13 다음의 도로 표지판이 의미하는 것으로 알맞은 것은?

① 도로명 등을 나타내는 도로명 표지이다.
② 도로명 등을 예고해 주는 도로명 예고 표지이다.
③ 교통의 흐름을 명확히 분류하기 위하여 진행방향의 차로를 안내하는 차로 지정하는 표지이다.
④ 목적지까지의 거리를 나타내는 이정 표지이다.

정답
10.④　11.②　12.②　13.③

14 다음의 도로 표지판이 의미하는 것으로 알맞은 것은?

[강남대로 Gangnam-daero 1→699]

① 도로명 등을 나타내는 도로명 표지이다.
② 도로명 등을 예고해 주는 도로명 예고 표지이다.
③ 교통의 흐름을 명확히 분류하기 위하여 진행방향의 차로를 안내하는 차로 지정하는 표지이다.
④ 목적지까지의 거리를 나타내는 이정 표지이다.

15 다음의 도로 표지판이 의미하는 것으로 알맞은 것은?

[시청 City Hall 12 km / 여의도 Yeouido 7 km]

① 도로명 등을 나타내는 도로명 표지이다.
② 도로명 등을 예고해 주는 도로명 예고 표지이다.
③ 교통의 흐름을 명확히 분류하기 위하여 진행방향의 차로를 안내하는 차로 지정하는 표지이다.
④ 목적지까지의 거리를 나타내는 이정 표지이다.

16 다음 중 양방향용 도로명판에 대한 설명으로 틀리는 것은?

① 전방 교차로 도로는 중앙로를 의미한다.
② "92"는 좌측으로 92번 이상의 건물 위치를 의미한다.
③ "96"은 우측으로 96번 이상의 건물 위치를 의미한다.
④ "92"는 좌측으로 92번 이하의 건물 위치를 의미한다.

> 양방향용 도로명판으로 전방 교차 도로는 중앙로를 의미하며, "92"는 좌측으로 92번 이하 건물 위치, "96"은 우측 96번 이상 건물 위치를 의미한다.

17 다음은 주행 노선 또는 분기 노선을 나타내는 표지판으로 노선 유도 표지로 알맞은 것은?

> ①번은 관공서용 건물 번호판, ③번은 노선 방향표지, ④번은 노선 확인 표지이다.

18 다음 그림의 도로 표지판이 의미하는 것으로 올바른 것은?

① 도로명 등을 나타내는 표지이다.
② 도로명 등을 예고해 주는 표지이다.
③ 교통의 흐름을 명확히 분류하기 위하여 진행 방향의 차로를 안내하는 표지이다.
④ 현재 주행 중인 도로의 노선 정보를 안내하기 위한 표지이다.

정답

14.① 15.④ 16.② 17.② 18.③

1-3 도로교통법 관련 벌칙

01 통고 처분

범칙자로 인정하는 사람에 대하여는 이유를 분명하게 밝힌 범칙금 납부 통고서로 범칙금을 낼 것을 통고할 수 있다.

02 범칙금 납부

① 범칙금 납부통고서를 받은 사람은 10일 이내에 경찰청장이 지정하는 국고은행, 지점, 대리점, 우체국 또는 제주특별자치도지사가 지정하는 금융회사 등이나 그 지점에 범칙금을 내야 한다.
② 천재지변이나 그 밖의 부득이한 사유로 말미암아 그 기간에 범칙금을 낼 수 없는 경우에는 부득이한 사유가 없어지게 된 날부터 5일 이내에 내야 한다.

---

1. 도로교통법 — 단원핵심문제

1 차로가 설치된 도로에서 통행방법 위반으로 옳은 것은?
① 택시가 건설기계를 앞지르기를 하였다.
② 차로를 따라 통행하였다.
③ 경찰관의 지시에 따라 중앙 좌측으로 진행하였다.
④ 두 개의 차로에 걸쳐 운행하였다.

2 일시정지 안전 표지판이 설치된 횡단보도에서 위반되는 것은?
① 경찰공무원이 진행신호를 하여 일시정지 하지 않고 통과하였다.
② 횡단보도 직전에 일시정지 하여 안전을 확인한 후 통과하였다.
③ 보행자가 보이지 않아 그대로 통과하였다.
④ 연속적으로 진행 중인 앞차의 뒤를 따라 진행할 때 일시 정지하였다.

> 일시정지 안전 표지판이 설치된 횡단보도에서는 보행자가 없어도 일시정지 후 통과하여야 한다.

3 횡단보도에서의 보행자 보호의무 위반 시 받는 처분으로 옳은 것은?
① 면허 취소 ② 즉심 회부
③ 통고 처분 ④ 형사 입건

4 다음 중 도로교통법을 위반한 경우는?
① 밤에 교통이 빈번한 도로에서 전조등을 계속 하향했다.
② 낮에 어두운 터널 속을 통과할 때 전조등을 켰다.
③ 소방용 방화물통으로부터 10m 지점에 주차하였다.
④ 노면이 얼어붙은 곳에서 최고속도의 20/100을 줄인 속도로 운행하였다.

> 노면이 얼어붙은 곳에서는 최고속도의 50/100을 줄인 속도로 운행하여야 한다.

5 범칙금 납부 통고서를 받은 사람은 며칠 이내에 경찰청장이 지정하는 곳에 납부하여야 하는가?(단, 천재지변이나 그 밖의 부득이한 사유가 있는 경우는 제외한다.)
① 5일   ② 10일
③ 15일 ④ 30일

> 범칙금 납부 통고서를 받은 사람은 10일 이내에 경찰청장이 지정하는 곳에 납부하여야 한나.

정답
1.④ 2.③ 3.③ 4.④ 5.②

chapter 02 안전 운전 준수

2-1 안전거리 확보

① 모든 차의 운전자는 같은 방향으로 가고 있는 앞차의 뒤를 따르는 경우에는 앞차가 갑자기 정지하게 되는 경우 그 앞차와의 충돌을 피할 수 있는 필요한 거리를 확보하여야 한다.
② 자동차 등의 운전자는 같은 방향으로 가고 있는 자전거 운전자에 주의하여야 하며, 그 옆을 지날 때에는 자전거와의 충돌을 피할 수 있는 필요한 거리를 확보하여야 한다.
③ 모든 차의 운전자는 차의 진로를 변경하려는 경우에 그 변경하려는 방향으로 오고 있는 다른 차의 정상적인 통행에 장애를 줄 우려가 있을 때에는 진로를 변경하여서는 아니 된다.
④ 모든 차의 운전자는 위험방지를 위한 경우와 그 밖의 부득이한 경우가 아니면 운전하는 차를 갑자기 정지시키거나 속도를 줄이는 등의 급제동을 하여서는 아니 된다.

2-2 철길 건널목 통과 방법

① 건널목 앞에서 일시정지 하여 안전한지 확인한 후에 통과하여야 한다.
② 신호기 등이 표시하는 신호에 따르는 경우에는 통과할 수 있다.
③ 건널목의 차단기가 내려져 있는 경우에는 통과하여서는 안 된다.
④ 건널목의 차단기가 내려지려고 하는 경우에는 통과하여서는 안 된다.
⑤ 건널목의 경보기가 울리고 있는 동안에는 통과하여서는 안 된다.

2-3 교차로 통행 방법

01 교통정리가 있는 교차로
① **우회전** : 미리 도로의 우측 가장자리를 서행하면서 우회전하며, 보행자 또는 자전거에 주의하여야 한다.
② **좌회전** : 미리 도로의 중앙선을 따라 서행하면서 교차로의 중심 안쪽을 이용하여 좌회전하여야 한다.
③ 다른 차의 통행에 방해가 될 우려가 있는 경우에는 정지선 직전에 정지한다.
④ 황색 등화로 바뀌면 이미 교차로에 차마의 일부라도 진입한 경우에는 신속히 교차로 밖으로 진행하여야 한다.

02 교통정리가 없는 교차로
① 이미 교차로에 들어가 있는 다른 차가 있는 때에는 진로를 양보하여야 한다.
② 교차로에 들어가고자 하는 차가 통행하고 있는 도로의 폭보다 교차하는 도로의 폭이 넓은 경우에는 서행하여야 한다.
③ 폭이 넓은 도로로부터 교차로에 들어가려고 하는 차가 있는 때에는 그 차에 진로를 양보하여야 한다.

④ 동시에 들어가고자 하는 차는 우측도로의 차에 진로를 양보하여야 한다.
⑤ 좌회전하고자 하는 차는 그 교차로에서 직진하거나 우회전하려는 차에 진로를 양보하여야 한다.

2-4 보행자 보호

① 모든 차 또는 노면전차의 운전자는 보행자(자전거등에서 내려서 자전거등을 끌거나 들고 통행하는 자전거등의 운전자를 포함)가 횡단보도를 통행하고 있거나 통행하려고 하는 때에는 보행자의 횡단을 방해하거나 위험을 주지 아니하도록 그 횡단보도 앞(정지선)에서 일시 정지하여야 한다.
② 모든 차 또는 노면전차의 운전자는 교통정리를 하고 있는 교차로에서 좌회전이나 우회전을 하려는 경우에는 신호기 또는 경찰공무원 등의 신호나 지시에 따라 도로를 횡단하는 보행자의 통행을 방해하여서는 아니 된다.
③ 모든 차의 운전자는 교통정리를 하고 있지 아니하는 교차로 또는 그 부근의 도로를 횡단하는 보행자의 통행을 방해하여서는 아니 된다.
④ 모든 차의 운전자는 도로에 설치된 안전지대에 보행자가 있는 경우와 차로가 설치되지 아니한 좁은 도로에서 보행자의 옆을 지나는 경우에는 안전한 거리를 두고 서행하여야 한다.
⑤ 모든 차 또는 노면전차의 운전자는 보행자가 횡단보도가 설치되어 있지 아니한 도로를 횡단하고 있을 때에는 안전거리를 두고 일시 정지하여 보행자가 안전하게 횡단할 수 있도록 하여야 한다.
⑥ 모든 차의 운전자는 다음 어느 하나에 해당하는 곳에서 보행자의 옆을 지나는 경우에는 안전한 거리를 두고 서행하여야 하며, 보행자의 통행에 방해가 될 때에는 서행하거나 일시지하여 보행자가 안전하게 통행할 수 있도록 하여야 한다.
　㉮ 보도와 차도가 구분되지 아니한 도로 중 중앙선이 없는 도로
　㉯ 보행자우선도로
　㉰ 도로 외의 곳
⑦ 모든 차 또는 노면전차의 운전자는 어린이 보호구역 내에 설치된 횡단보도 중 신호기가 설치되지 아니한 횡단보도 앞(정지선)에서는 보행자의 횡단 여부와 관계없이 일시 정지하여야 한다.

2-5 서행하여야 할 장소

① 교통정리를 하고 있지 아니하는 교차로
② 도로가 구부러진 부근
③ 비탈길의 고갯마루 부근
④ 가파른 비탈길의 내리막
⑤ 시·도경찰청장이 도로에서의 위험을 방지하고 교통의 안전과 원활한 소통을 확보하기 위하여 필요하다고 인정하여 안전표지로 지정한 곳

2-6 일시 정지할 장소

① 교통정리를 하고 있지 아니하고 좌우를 확인할 수 없거나 교통이 빈번한 교차로
② 시·도경찰청장이 도로에서의 위험을 방지하고 교통의 안전과 원활한 소통을 확보하기 위하여 필요하다고 인정하여 안전표지로 지정한 곳

2. 안전운전 준수 — 단원핵심문제

1 운행 중 올바른 안전거리란?
① 뒤차가 앞지를 수 있는 거리
② 앞차와 평균 10m 이상의 거리
③ 앞차가 급정지 했을 때 충돌을 피할 수 있는 거리
④ 앞차의 진행방향을 확인할 수 있는 거리

> 모든 차의 운전자는 같은 방향으로 가고 있는 앞차의 뒤를 따르는 경우에는 앞차가 갑자기 정지하게 되는 경우 그 앞차와의 충돌을 피할 수 있는 필요한 거리를 확보하여야 한다.

2 동일 방향으로 주행하고 있는 전·후 차 간의 안전운전 방법으로 틀린 것은?
① 뒤차는 앞차가 급정지할 때 충돌을 피할 수 있는 필요한 안전거리를 유지한다.
② 뒤에서 따라오는 차량의 속도보다 느린 속도로 진행하려고 할 때에는 진로를 양보한다.
③ 앞차가 다른 차를 앞지르고 있을 때에는 더욱 빠른 속도로 앞지른다.
④ 차는 부득이한 경우를 제외하고는 급정지·급 감속을 하여서는 안 된다.

> 모든 차의 운전자는 앞지르기를 하는 차가 있을 때에는 속도를 높여 경쟁하거나 그 차의 앞을 가로막는 등의 방법으로 앞지르기를 방해하여서는 아니 된다.

3 주행 중 진로를 변경하고자 할 때 운전자가 지켜야할 사항으로 틀린 것은?
① 후사경 등으로 주위의 교통상황을 확인한다.
② 신호를 주어 뒤차에게 알린다.
③ 진로를 변경할 때에는 뒤차에 주의할 필요가 없다.
④ 뒤에서 따라오는 차보다 느린 속도로 가려는 경우에는 도로의 우측 가장자리로 피하여 진로를 양보하여야 한다.

> 모든 차의 운전자는 차의 진로를 변경하려는 경우에 그 변경하려는 방향으로 오고 있는 다른 차의 정상적인 통행에 장애를 줄 우려가 있을 때에는 진로를 변경하여서는 아니 된다.

4 가장 안전한 앞지르기 방법은?
① 좌·우측으로 앞지르기 하면 된다.
② 앞차의 속도와 관계없이 앞지르기 한다.
③ 반드시 경음기를 울려야 한다.
④ 반대방향의 교통, 전방의 교통 및 후방에 주의를 하고 앞차의 속도에 따라 안전하게 한다.

> 모든 차의 운전자는 반대방향의 교통과 앞차 앞쪽의 교통에도 주의를 충분히 기울여야 하며, 앞차의 속도·진로와 그 밖의 도로상황에 따라 방향지시기·등화 또는 경음기를 사용하는 등 안전한 속도와 방법으로 앞지르기를 하여야 한다.

5 신호등이 없는 철길건널목 통과방법 중 옳은 것은?
① 차단기가 올라가 있으면 그대로 통과해도 된다.
② 반드시 일지정지를 한 후 안전을 확인하고 통과한다.
③ 신호등이 진행신호일 경우에도 반드시 일시정지를 하여야 한다.
④ 일시정지를 하지 않아도 좌우를 살피면서 서행으로 통과하면 된다.

> 모든 차의 운전자는 철길 건널목을 통과하려는 경우에는 건널목 앞에서 일시 정지하여 안전한지 확인한 후에 통과하여야 한다. 다만, 신호기 등이 표시하는 신호에 따르는 경우에는 정지하지 아니하고 통과할 수 있다.

정답 01.③ 02.③ 03.③ 04.④ 05.②

6 일시정지를 하지 않고도 철길건널목을 통과할 수 있는 경우는?

① 차단기가 내려져 있을 때
② 경보기가 울리지 않을 때
③ 앞차가 진행하고 있을 때
④ 신호등이 진행신호 표시일 때

7 철길 건널목 통과방법에 대한 설명으로 옳지 않은 것은?

① 철길 건널목에서는 앞지르기를 하여서는 안 된다.
② 철길 건널목 부근에서는 주·정차를 하여서는 안 된다.
③ 철길 건널목에 일시정지 표지가 없을 때에는 서행하면서 통과한다.
④ 철길 건널목에서는 반드시 일시정지 후 안전함을 확인 후에 통과한다.

8 좌회전하기 위해 차로에 진입되어 있을 때 황색등화로 바뀌면 어떻게 하여야 하는가?

① 정지하여 정지선으로 후진한다.
② 그 자리에 정지하여야 한다.
③ 신속히 좌회전하여 교차로 밖으로 진행한다.
④ 좌회전을 중단하고 횡단보도 앞 정지선까지 후진하여야 한다.

> 황색등화의 경우에는 차마는 정지선이 있거나 횡단보도가 있을 때에는 그 직전이나 교차로의 직전에 정지하여야 하며, 이미 교차로에 차마의 일부라도 진입한 경우에는 신속히 교차로 밖으로 진행하여야 한다.

9 신호등이 없는 교차로에 좌회전하려는 버스와 그 교차로에 진입하여 직진하고 있는 건설기계가 있을 때 어느 차가 우선권이 있는가?

① 직진하고 있는 건설기계가 우선
② 좌회전하려는 버스가 우선
③ 사람이 많이 탄 차가 우선
④ 형편에 따라서 우선순위가 정해짐

10 다음 중 교통정리가 행하여 지지 않는 교차로에서 통행의 우선권이 가장 큰 차량은?

① 우회전하려는 차량이다.
② 좌회전하려는 차량이다.
③ 이미 교차로에 진입하여 좌회전하고 있는 차량이다.
④ 직진하려는 차량이다.

> 교통정리를 하고 있지 아니하는 교차로에 들어가려고 하는 차의 운전자는 이미 교차로에 들어가 있는 다른 차가 있을 때에는 그 차에 진로를 양보하여야 한다.

11 교통정리가 행하여지고 있지 않은 교차로에서 차량이 동시에 교차로에 진입한 때의 우선순위로 옳은 것은?

① 소형 차량이 우선한다.
② 우측도로의 차가 우선한다.
③ 좌측도로의 차가 우선한다.
④ 중량이 큰 차량이 우선한다.

> 교통정리를 하고 있지 아니하는 교차로에 동시에 들어가려고 하는 차의 운전자는 우측도로의 차에 진로를 양보하여야 한다.

12 차로가 설치되지 아니한 좁은 도로에서 보행자의 옆을 지나는 경우 가장 올바른 방법은?

① 보행자 옆을 속도 감속 없이 빨리 주행한다.
② 경음기를 울리면서 주행한다.
③ 안전거리를 두고 서행한다.
④ 보행자가 멈춰 있을 때는 서행하지 않아도 된다.

> 모든 차의 운전자는 도로에 설치된 안전지대에 보행자가 있는 경우와 차로가 설치되지 아니한 좁은 도로에서 보행자의 옆을 지나는 경우에는 안전한 거리를 두고 서행하여야 한다.

정답
06.④ 07.③ 08.③ 09.① 10.③ 11.②
12.③

13 도로 교통법상 반드시 서행하여야 할 장소로 지정된 곳으로 가장 적절한 것은?

① 안전지대 우측
② 비탈길의 고갯마루 부근
③ 교통정리가 행하여지고 있는 교차로
④ 교통정리가 행하여지고 있는 횡단보도

> 반드시 서행하여야 하는 장소
> ① 교통정리를 하고 있지 아니하는 교차로
> ② 도로가 구부러진 부근
> ③ 비탈길의 고갯마루 부근
> ④ 가파른 비탈길의 내리막
> ⑤ 안전표지로 지정한 곳

14 운전자가 진행방향을 변경하려고 할 때 신호를 하여야 할 시기로 옳은 것은?(단, 고속도로 제외)

① 변경하려고 하는 지점의 3m 전에서
② 변경하려고 하는 지점의 10m 전에서
③ 변경하려고 하는 지점의 30m 전에서
④ 특별히 정하여져 있지 않고, 운전자 임의대로

> 진행방향을 변경하려는 지점에 이르기 전 30m(고속도로에서는 100m) 이상의 지점에 이르렀을 때 신호를 하여야 한다.

15 도로주행의 일반적인 주의사항으로 틀린 것은?

① 시력이 저하될 수 있으므로 터널 진입 전 헤드라이트를 켜고 주행한다.
② 고속주행 시 급 핸들조작, 급브레이크는 옆으로 미끄러지거나 전복될 수 있다.
③ 야간운전은 주간보다 주의력이 양호하며, 속도감이 민감하여 과속 우려가 없다.
④ 비 오는 날 고속주행은 수막현상이 생겨 제동효과가 감소된다.

> 야간 운전은 주간보다 주의력이 산만하며, 속도감이 둔감하여 과속 우려가 있다.

16 타이어식 건설기계의 좌석 안전띠는 속도가 최소 몇 km/h 이상일 때 설치하여야 하는가?

① 10
② 30
③ 40
④ 50

> 지게차, 전복 보호구조 또는 전도 보호 구조를 장착한 건설기계와 시간당 30킬로미터 이상의 속도를 낼 수 있는 타이어식 건설기계에는 좌석 안전띠를 설치하여야 한다.

17 도로교통법령상 운전자의 준수사항이 아닌 것은?

① 출석지시서를 받은 때에는 운전하지 아니할 것
② 자동차의 운전 중에 휴대용 전화를 사용하지 않을 것
③ 자동차의 화물 적재함에 사람을 태우고 운행하지 말 것
④ 물이 고인 곳을 운행할 때에는 고인 물을 튀게 하여 다른 사람에게 피해를 주는 일이 없도록 할 것

정답
13.② 14.③ 15.③ 16.② 17.①

chapter 03 건설기계관리법

3-1 건설기계관리법의 입법 목적 및 정의

01 건설기계 관리법의 입법 목적
① 건설기계의 효율적인 관리
② 건설기계 안전도 확보
③ 건설공사의 기계화를 촉진함

02 건설기계의 범위
① **불도저** : 무한궤도 또는 타이어식인 것
② **굴착기** : 무한궤도 또는 타이어식으로 굴착장치를 가진 자체중량 1톤 이상인 것
③ **로더** : 무한궤도 또는 타이어식으로 적재장치를 가진 자체중량 2톤 이상인 것. 다만, 차체굴절식 조향장치가 있는 자체중량 4톤 미만인 것은 제외한다.
④ **지게차** : 타이어식으로 들어 올림 장치와 조종석을 가진 것. 다만, 전동식으로 솔리드 타이어를 부착한 것 중 도로가 아닌 장소에서만 운행하는 것은 제외한다.
⑤ **스크레이퍼** : 흙·모래의 굴착 및 운반장치를 가진 자주식인 것
⑥ **덤프트럭** : 적재용량 12톤 이상인 것. 다만, 적재용량 12톤 이상 20톤 미만의 것으로 화물운송에 사용하기 위하여 자동차관리법에 의한 자동차로 등록된 것을 제외한다.
⑦ **기중기** : 무한궤도 또는 타이어식으로 강재의 지주 및 선회장치를 가진 것. 다만, 궤도(레일)식인 것을 제외한다.
⑧ **모터그레이더** : 정지장치를 가진 자주식인 것
⑨ **롤러** : 1. 조종석과 전압장치를 가진 자주식인 것, 2. 피견인 진동식인 것
⑩ **노상안정기** : 노상안정장치를 가진 자주식인 것
⑪ **콘크리트 뱃칭 플랜트** : 골재 저장통·계량장치 및 혼합장치를 가진 것으로서 원동기를 가진 이동식인 것
⑫ **콘크리트 피니셔** : 정리 및 사상장치를 가진 것으로 원동기를 가진 것
⑬ **콘크리트 살포기** : 정리장치를 가진 것으로 원동기를 가진 것
⑭ **콘크리트 믹서트럭** : 혼합장치를 가진 자주식인 것(재료의 투입·배출을 위한 보조장치가 부착된 것을 포함한다)
⑮ **콘크리트 펌프** : 콘크리트 배송능력이 매시간당 5m³ 이상으로 원동기를 가진 이동식과 트럭 적재식인 것
⑯ **아스팔트 믹싱플랜트** : 골재공급장치·건조가열장치·혼합장치·아스팔트공급장치를 가진 것으로 원동기를 가진 이동식인 것
⑰ **아스팔트 피니셔** : 정리 및 사상장치를 가진 것으로 원동기를 가진 것
⑱ **아스팔트 살포기** : 아스팔트살포장치를 가진 자주식인 것
⑲ **골재 살포기** : 골재살포장치를 가진 자주식인 것

⑳ 쇄석기 : 20kW 이상의 원동기를 가진 이동식인 것
㉑ 공기압축기 : 공기 토출량이 매분당 2.83 m³(매 m³당 7kg 기준) 이상의 이동식인 것
㉒ 천공기 : 천공장치를 가진 자주식인 것
㉓ 항타 및 항발기 : 원동기를 가진 것으로 헤머 또는 뽑는 장치의 중량이 0.5톤 이상인 것
㉔ 자갈채취기 : 자갈채취장치를 가진 것으로 원동기를 가진 것
㉕ 준설선 : 펌프식·바켓식·딧퍼식 또는 그래브식으로 비자항식인 것. 다만, 「선박법」에 따른 선박으로 등록된 것은 제외한다.
㉖ 특수 건설기계 : 제1호부터 제25호까지의 규정 및 제27호에 따른 건설기계와 유사한 구조 및 기능을 가진 기계류로서 국토교통부장관이 따로 정하는 것
㉗ 타워크레인 : 수직타워의 상부에 위치한 지브(jib)를 선회시켜 중량물을 상하, 전후 또는 좌우로 이동시킬 수 있는 것으로서 원동기 또는 전동기를 가진 것. 다만, 「산업집적활성화 및 공장설립에 관한 법률」 제16조에 따라 공장등록대장에 등록된 것은 제외한다.

3-2 건설기계 사업 및 형식

01 건설기계 사업
① 건설기계의 소유자가 건설기계를 등록할 때에는 특별시장·광역시장·특별자치시장·도지사 또는 특별자치도지사(이하 "시·도지사"라 한다)에게 등록신청을 하여야 한다.(권한 위임 : 시·도지사, 시장·군수·구청장)
② 건설기계사업을 하려는 자(지방자치단체는 제외한다)는 대통령령으로 정하는 바에 따라 사업의 종류별로 시장·군수 또는 구청장(자치구의 구청장을 말한다. 이하 같다)에게 등록하여야 한다.

02 건설기계 대여업
(1) 건설기계 대여업의 등록
① 건설기계 대여업 : 건설기계의 대여를 업(業)으로 하는 것을 말한다.
② 건설기계 대여업(건설기계 조종사와 함께 건설기계를 대여하는 경우와 건설기계의 운전경비를 부담하면서 건설기계를 대여하는 경우를 포함한다)의 등록을 하려는 자는 건설기계 대여업 등록신청서에 국토교통부령이 정하는 서류를 첨부하여 시장·군수 또는 구청장에게 제출하여야 한다.
③ 일반 건설기계 대여업 : 5대 이상의 건설기계로 운영하는 사업(2이상의 개인 또는 법인이 공동으로 운영하는 경우를 포함한다)
④ 개별 건설기계 대여업 : 1인의 개인 또는 법인이 4대 이하의 건설기계로 운영하는 사업

(2) 대여업 등록 신청 시 첨부서류
① 건설기계 소유 사실을 증명하는 서류
② 사무실의 소유권 또는 사용권이 있음을 증명하는 서류
③ 주기장 소재지를 관할하는 시장·군수·구청장이 발급한 주기장 시설보유 확인서
④ 2인 이상의 법인 또는 개인이 공동으로 건설기계 대여업을 영위하려는 경우에는 각 구성원은 그 영업에 관한 권리·의무에 관한 계약서 사본

03 건설기계 정비업
① 건설기계 정비업 : 건설기계를 분해·조립 또는 수리하고 그 부분품을 가공제작

・교체하는 등 건설기계를 원활하게 사용하기 위한 모든 행위(경미한 정비행위 등 국토교통부령으로 정하는 것은 제외한다)를 업으로 하는 것을 말한다.
② 건설기계 정비업의 등록을 하려는 자는 건설기계 정비업 등록신청서에 국토교통부령이 정하는 서류를 첨부하여 시장·군수 또는 구청장에게 제출하여야 한다.
③ 건설기계 정비업의 등록 구분은 종합 건설기계 정비업, 부분 건설기계 정비업, 전문 건설기계 정비업으로 한다.
④ 건설기계사업자는 건설기계의 정비를 요청한 자가 정비가 완료된 후 장기간 건설기계를 찾아가지 아니하는 경우에는 국토교통부령으로 정하는 바에 따라 건설기계의 정비를 요청한 자로부터 건설기계의 보관·관리에 드는 비용을 받을 수 있다.

04 자동차 보험에 반드시 가입하여야 하는 건설기계
① 덤프트럭
② 타이어식 기중기
③ 콘크리트 믹서트럭
④ 트럭적재식 콘크리트펌프
⑤ 트럭적재식 아스팔트살포기
⑥ 타이어식 굴착기

05 건설기계 형식
건설기계의 구조·규격 및 성능 등에 관하여 일정하게 정한 것을 말한다.

3-3 건설기계 신규 등록

01 건설기계 등록 신청
① 건설기계의 소유자가 건설기계를 등록할 때에는 특별시장·광역시장·특별자치시장·도지사 또는 특별자치도지사(이하 "시·도지사"라 한다)에게 등록신청을 하여야 한다.(권한 위임 : 시·도지사. 시장·군수·구청장)
② 건설기계 등록신청은 건설기계를 취득한 날(판매를 목적으로 수입된 건설기계의 경우에는 판매한 날을 말한다)부터 2월 이내에 하여야 한다.
③ 전시·사변 기타 이에 준하는 국가비상사태하에 있어서는 5일 이내에 신청하여야 한다.
④ 건설기계의 소유자는 건설기계 등록증을 잃어버리거나 건설기계 등록증이 헐어 못쓰게 된 경우에는 국토교통부령으로 정하는 바에 따라 재발급을 신청하여야 한다.

02 건설기계의 출처를 증명하는 서류
① 건설기계 제작증(국내에서 제작한 건설기계)
② 수입면장 등 수입사실을 증명하는 서류(수입한 건설기계)
③ 매수증서(행정기관으로부터 매수한 건설기계)

03 건설기계 등록 신청 시 첨부서류
① 건설기계의 출처를 증명하는 서류
② 건설기계의 소유자임을 증명하는 서류. 다만, 출처를 증명하는 서류가 건설기계의 소유자임을 증명할 수 있는 경우에는 당해 서류로 갈음할 수 있다.
③ 건설기계 제원표
④ 자동차손해배상 보험 또는 공제의 가입을 증명하는 서류[시장·군수 또는 구청장(자치구의 구청장을 말한다.)에게 신고한 매매용 건설기계를 제외한다]

04 등록의 경정

시·도지사는 등록을 행한 후에 그 등록에 관하여 착오 또는 누락이 있음을 발견한 때에는 부기로써 경정등록을 하고, 그 뜻을 지체 없이 등록명의인 및 그 건설기계의 검사대행자에게 통보하여야 한다.

3-4 등록이전 신고

건설기계의 소유자는 건설기계 등록사항에 변경이 있는 때에는 그 변경이 있은 날부터 30일(상속의 경우에는 상속개시일부터 6개월)이내에 건설기계 등록사항 변경신고서(전자문서로 된 신고서를 포함한다)에 변경내용을 증명하는 서류, 건설기계 등록증, 건설기계 검사증(전자문서를 포함한다)을 첨부하여 건설기계를 등록을 한 시·도지사에게 제출해야 한다. 다만, 전시·사변 기타 이에 준하는 국가비상사태하에 있어서는 5일 이내에 해야 한다.

3-5 건설기계 등록 말소

01 건설기계의 등록 말소 사유
① 거짓이나 그 밖의 부정한 방법으로 등록을 한 경우
② 건설기계가 천재지변 또는 이에 준하는 사고 등으로 사용할 수 없게 되거나 멸실된 경우
③ 건설기계의 차대가 등록 시의 차대와 다른 경우
④ 건설기계 안전기준에 적합하지 아니하게 된 경우
⑤ 정기검사 명령, 수시검사 명령 또는 정비 명령에 따르지 아니한 경우
⑥ 건설기계를 수출하는 경우
⑦ 건설기계를 도난당한 경우
⑧ 건설기계를 폐기한 경우
⑨ 건설기계 해체 재활용업자에게 폐기를 요청한 경우
⑩ 구조적 제작 결함 등으로 건설기계를 제작자 또는 판매자에게 반품한 경우
⑪ 건설기계를 교육·연구 목적으로 사용하는 경우
⑫ 대통령령으로 정하는 내구연한을 초과한 건설기계. 다만, 정밀진단을 받아 연장된 경우는 그 연장기간을 초과한 건설기계

02 건설기계 등록의 말소 신청
① 건설기계 소유자는 건설기계 등록말소 신청서를 등록지의 시·도지사에게 제출하여야 한다.
② 첨부 서류
　㉮ 건설기계 등록증
　㉯ 첨부 서류
　㉰ 멸실·도난·수출·폐기·폐기요청·반품 및 교육·연구목적 사용 등 등록말소사유를 확인할 수 있는 서류

03 건설기계 등록의 말소 신청 기간
① 건설기계가 천재지변 또는 이에 준하는 사고 등으로 사용할 수 없게 되거나 멸실된 경우 : 30일 이내
② 건설기계를 폐기한 경우와 건설기계를 교육·연구 목적으로 사용하는 경우 : 30일 이내
③ 구조적 제작 결함 등으로 건설기계를 제작자 또는 판매자에게 반품한 때 : 30일 이내
④ 건설기계를 도난당한 경우 : 2개월 이내

04 등록 원부의 보존
시·도지사는 건설기계 등록원부를 건설기계의 등록을 말소한 날부터 10년간 보존하여야 한다.

3-6 건설기계 조종사 면허

01 건설기계 조종사 면허
① 건설기계를 조종하려는 사람은 시장·군수 또는 구청장에게 건설기계 조종사 면허를 받아야 한다.
② 국토교통부령으로 정하는 건설기계를 조종하려는 사람은 도로교통법에 따른 운전면허를 받아야 한다.
③ 건설기계 조종사 면허는 국토교통부령으로 정하는 바에 따라 건설기계의 종류별로 받아야 한다.
③ 건설기계 조종사 면허를 받으려는 사람은 국가기술자격법에 따른 해당 분야의 기술자격을 취득하고 적성검사에 합격하여야 한다.
④ 국토교통부령으로 정하는 소형 건설기계의 건설기계 조종사 면허의 경우에는 시·도지사가 지정한 교육기관에서 실시하는 소형 건설기계의 조종에 관한 교육과정의 이수로 국가기술자격법에 따른 기술자격의 취득을 대신할 수 있다.
⑤ 건설기계 조종사 면허증의 발급, 적성검사의 기준, 그 밖에 건설기계 조종사 면허에 필요한 사항은 국토교통부령으로 정한다.

02 건설기계 조종사 면허의 결격 사유
① 18세 미만인 사람
② 건설기계 조종 상의 위험과 장해를 일으킬 수 있는 정신질환자 또는 뇌전증환자로서 국토교통부령으로 정하는 사람
③ 앞을 보지 못하는 사람, 듣지 못하는 사람, 그 밖에 국토교통부령으로 정하는 장애인
④ 건설기계 조종 상의 위험과 장해를 일으킬 수 있는 마약·대마·향정신성의약품 또는 알코올중독자로서 국토교통부령으로 정하는 사람
⑤ 건설기계 조종사 면허가 취소된 날부터 1년(거짓이나 그 밖의 부정한 방법으로 건설기계조종사면허를 받은 경우 및 건설기계조종사면허의 효력정지 기간 중 건설기계를 조종한 사유로 취소된 경우에는 2년)이 지나지 아니하였거나 건설기계 조종사 면허의 효력정지 처분 기간 중에 있는 사람

03 건설기계 조종사 면허증 발급 신청 시 첨부서류
① 신체검사서
② 소형 건설기계 조종교육 이수증(소형 건설기계 조종사 면허증을 발급 신청하는 경우에 한정한다)
③ 건설기계 조종사 면허증(건설기계 조종사 면허를 받은 자가 면허의 종류를 추가하고자 하는 때에 한한다)
④ 6개월 이내에 촬영한 탈모 상반신 사진 2매
⑤ 국가기술 자격증 정보(소형 건설기계 조종사 면허증을 발급 신청하는 경우는 제외한다)
⑥ 자동차 운전면허 정보(3톤 미만의 지게차를 조종하려는 경우에 한정한다)
※ ⑤항 및 ⑥항은 신청인이 행정정보의 공동이용을 통하여 정보의 확인에 동의하지 아니하는 경우에는 해당 서류의 사본을 첨부하도록 하여야 한다.

04 건설기계 적성검사 기준
① 두 눈을 동시에 뜨고 잰 시력(교정시력을 포함한다.)이 0.7이상일 것
② 두 눈의 시력이 각각 0.3이상일 것
③ 55데시벨(보청기를 사용하는 사람은 40데시벨)의 소리를 들을 수 있을 것.
④ 언어 분별력이 80퍼센트 이상일 것
⑤ 시각은 150도 이상일 것

05 건설기계 조종사 면허의 종류 및 조종할 수 있는 건설기계
① **불도저** : 불도저
② **5톤 미만의 불도저** : 5톤 미만의 불도저
③ **굴착기** : 굴착기
④ **3톤 미만의 굴착기** : 3톤 미만의 굴착기
⑤ **로더** : 로더
⑥ **3톤 미만의 로더** : 3톤 미만의 로더
⑦ **5톤 미만의 로더** : 5톤 미만의 로더
⑧ **지게차** : 지게차
⑨ **3톤 미만의 지게차** : 3톤 미만의 지게차
⑩ **기중기** : 기중기
⑪ **롤러** : 롤러, 모터그레이더, 스크레이퍼, 아스팔트 피니셔, 콘크리트 피니셔, 콘크리트 살포기 및 골재 살포기
⑫ **이동식 콘크리트 펌프** : 이동식 콘크리트 펌프
⑬ **쇄석기** : 쇄석기, 아스팔트 믹싱 플랜트 및 콘크리트 뱃칭 플랜트
⑭ **공기 압축기** : 공기 압축기
⑮ **천공기** : 천공기(타이어식, 무한궤도식 및 굴진식을 포함한다. 다만, 트럭 적재식은 제외한다), 항타 및 항발기
⑯ **5톤 미만의 천공기** : 5톤 미만의 천공기(트럭 적재식은 제외한다)
⑰ **준설선** : 준설선 및 자갈채취기
⑱ **타워크레인** : 타워크레인
⑲ **3톤 미만의 타워크레인** : 3톤 미만의 타워크레인

06 국토교통부령으로 정하는 소형 건설기계
① 5톤 미만의 불도저
② 5톤 미만의 로더
③ 5톤 미만의 천공기. 다만, 트럭적재식은 제외한다.
④ 3톤 미만의 지게차(자동차 운전면허를 소지)
⑤ 3톤 미만의 굴착기
⑥ 3톤 미만의 타워크레인
⑦ 공기압축기
⑧ 콘크리트 펌프. 다만, 이동식에 한정한다.
⑨ 쇄석기
⑩ 준설선

07 소형 건설기계 조종교육 내용

소형건설기계	교육 내용	시간
1. 3톤 미만의 굴착기, 3톤 미만의 로더 및 3톤 미만의 지게차	① 건설기계기관, 전기 및 작업장치 ② 유압 일반 ③ 건설기계관리법규 및 도로통행방법 ④ 조종실습	2(이론) 2(이론) 2(이론) 6(실습)
2. 3톤 이상 5톤 미만의 로더, 5톤 미만의 불도저 및 콘크리트펌프(이동식으로 한정한다)	① 건설기계기관, 전기 및 작업장치 ② 유압 일반 ③ 건설기계관리법규 및 도로통행방법 ④ 조종실습	2(이론) 2(이론) 2(이론) 12(실습)
3. 5톤 미만의 천공기(트럭적재식은 제외한다)	① 건설기계기관, 전기 및 작업장치 ② 유압 일반 ③ 건설기계관리법규 및 도로통행방법 ④ 조종실습	2(이론) 2(이론) 2(이론) 12(실습)
4. 공기압축기, 쇄석기 및 준설선	① 건설기계기관, 전기, 유압 및 작업장치 ② 건설기계관리법규 및 작업 안전 ③ 장비 취급 및 관리 요령 ④ 조종실습	2(이론) 4(이론) 2(이론) 12(실습)

소형건설기계	교육 내용	시간
5. 3톤 미만의 타워크레인	① 타워크레인 구조 및 기능일반 ② 양중작업 일반 ③ 타워크레인 설치·해체 일반 ④ 조종실습	2(이론) 2(이론) 4(이론) 12(실습)

08 제1종 대형면허로 조종하여야 하는 건설기계

① 덤프트럭
② 아스팔트 살포기
③ 노상 안정기
④ 콘크리트 믹서트럭
⑤ 콘크리트 펌프
⑥ 천공기(트럭 적재식을 말한다)
⑦ 특수건설기계 중 국토교통부장관이 지정하는 건설기계

09 건설기계 조종 면허증의 반납 사유

① 면허가 취소된 때
② 면허의 효력이 정지된 때
③ 면허증의 재교부를 받은 후 잃어버린 면허증을 발견한 때
④ 사유가 발생한 날부터 10일 이내에 주소지를 관할하는 시장·군수 또는 구청장에게 그 면허증을 반납하여야 한다.

3-7 건설기계 등록번호표

01 건설기계 등록번호표 표시

① 등록번호표에는 용도·기종 및 등록번호를 표시해야 한다.
② 등록번호표는 압형으로 제작한다.
③ **등록번호표의 재질** : 알루미늄 제 판으로 제작한다.
④ 번호표에 표시되는 모든 문자 및 외각선은 1.5mm 튀어나와야 한다.

02 건설기계 등록번호표의 색상 및 등록번호

① **임시번호판** : 흰색 페인트 판에 검은색 문자
② **비사업용(관용 또는 자가용)** : 흰색 바탕에 검은색 문자
  ㉮ 관용 등록번호 : 0001 ~ 0999
  ㉯ 자가용 등록번호 : 1000 ~ 5999
③ **대여사업용** : 주황색 바탕에 검은색 문자, 등록번호 : 6000 ~ 9999

03 건설기계 기종 번호

01 : 불도저   02 : 굴착기
03 : 로더   04 : 지게차
05 : 스크레이퍼
06 : 덤프트럭
07 : 기중기
08 : 모터그레이더
09 : 롤러
10 : 노상안정기
11 : 콘크리트뱃칭플랜트
12 : 콘크리트피니셔
13 : 콘크리트살포기
14 : 콘크리트믹서트럭
15 : 콘크리트펌프
16 : 아스팔트믹싱플랜트
17 : 아스팔트피니셔
18 : 아스팔트살포기
19 : 골재살포기
20 : 쇄석기
21 : 공기압축기
22 : 천공기
23 : 항타 및 항발기
24 : 자갈채취기
25 : 준설선
26 : 특수 건설기계
27 : 타워크레인

04 건설기계 등록번호표의 반납

① 건설기계의 등록이 말소된 경우
② 건설기계의 등록사항 중 대통령령으로 정하는 사항이 변경된 경우(등록된 건설기계의 소유자의 주소지 또는 사용본거지의 변경)
③ 등록번호표 또는 그 봉인이 떨어지거나 알아보기 어렵게 된 되어 등록번호표의 부착 및 봉인을 신청하는 경우
④ 등록된 건설기계의 소유자는 반납 사유가 발생한 경우에는 10일 이내에 등록번호표의 봉인을 떼어낸 후 그 등록번호표를 시·도지사에게 반납하여야 한다.
⑤ 시·도지사는 반납 받은 등록번호표를 절단하여 폐기하여야 한다.

3-8 건설기계의 임시운행 사유 및 기간

01 건설기계의 임시운행 사유

① 등록신청을 하기 위하여 건설기계를 등록지로 운행하는 경우
② 신규등록검사 및 확인검사를 받기 위하여 건설기계를 검사장소로 운행하는 경우
③ 수출을 하기 위하여 건설기계를 선적지로 운행하는 경우
④ 수출을 하기 위하여 등록말소 한 건설기계를 점검·정비의 목적으로 운행하는 경우
⑤ 신개발 건설기계를 시험·연구의 목적으로 운행하는 경우
⑥ 판매 또는 전시를 위하여 건설기계를 일시적으로 운행하는 경우

02 건설기계의 임시운행 기간

① 임시운행 기간은 15일 이내로 한다.
② 신개발 건설기계를 시험·연구의 목적으로 운행하는 경우에는 3년 이내

3-9 조종사의 정기 적성검사 및 수시 적성검사

01 정기 적성 검사

① 건설기계 조종사는 10년마다(65세 이상인 경우는 5년마다) 주소지를 관할하는 시장·군수 또는 구청장이 실시하는 정기 적성검사를 받아야 한다.
② 정기 적성검사를 받으려는 사람은 해당 면허를 받은 날(건설기계조종사 면허를 2종류 이상 받은 경우에는 최종 면허를 받은 날을 말한다)의 다음 날부터 기산하여 매 10년(65세 이상인 사람은 5년)이 되는 날이 속하는 해의 1월 1일부터 12월 31일까지 건설기계 조종사 면허 정기(수시)적성검사 신청서를 주소지 관할하는 시장·군수 또는 구청장에게 제출해야 한다.

02 수시 적성 검사

① 시장·군수 또는 구청장은 수시 적성검사를 받아야 하는 사람에게 수시 적성검사를 받아야 한다는 사실을 수시 적성검사 기간 20일 전까지 통지해야 한다.
② 수시 적성검사 기간에 수시 적성검사를 받지 않은 사람에게는 다시 수시 적성검사 기간을 지정하여 수시 적성검사 기간 20일 전까지 통지해야 한다.
③ 수시 적성검사 통지를 받은 사람은 시장·군수 또는 구청장이 정하는 날부터 3개월 이내에 건설기계 조종사 면허 정기(수시) 적성검사 신청서를 주소지 관할하는 시장·군수 또는 구청장에게 제출해야 한다.

3. 건설기계관리법 — 단원핵심문제

1 건설기계관리법의 입법 목적에 해당되지 않는 것은?
① 건설기계의 효율적인 관리를 하기 위함
② 건설기계 안전도 확보를 위함
③ 건설기계의 규제 및 통제를 하기 위함
④ 건설공사의 기계화를 촉진함

> 건설기계 관리법의 목적은 건설기계의 등록·검사·형식승인 및 건설기계 사업과 건설기계 조종사 면허 등에 관한 사항을 정하여 건설기계를 효율적으로 관리하고 건설기계의 안전도를 확보하여 건설공사의 기계화를 촉진함을 목적으로 한다.

2 건설기계관리법령상 건설기계의 범위로 옳은 것은?
① 덤프트럭 : 적재용량 10톤 이상인 것
② 기중기 : 무한궤도식으로 레일식인 것
③ 불도저 : 무한궤도식 또는 타이어식인 것
④ 공기압축기 : 공기토출량이 매분 당 10세제곱미터 이상의 이동식 인 것

> ■ 건설기계의 범위
> ① **덤프트럭** : 적재용량 12톤 이상인 것. 다만, 적재용량 12톤 이상 20톤 미만의 것으로 화물운송에 사용하기 위하여 자동차관리법에 의한 자동차로 등록된 것을 제외한다.
> ② **기중기** : 무한궤도 또는 타이어식으로 강재의 지주 및 선회장치를 가진 것. 다만 궤도(레일)식은 제외한다.
> ③ **공기압축기** : 공기토출량이 매분 당 2.83세제곱미터(매세제곱센티미터당 7킬로그램 기준)이상의 이동식인 것

3 건설기계의 범위에 속하지 않는 것은?
① 공기 토출량이 매분 당 2.83세제곱미터 이상의 이동식인 공기압축기
② 노상안정장치를 가진 자주식인 노상안정기
③ 정지장치를 가진 자주식인 모터그레이더
④ 전동식 솔리드 타이어를 부착한 것 중 도로가 아닌 장소에서만 운행하는 지게차

> 지게차의 건설기계 범위는 타이어식으로 들어 올림 장치를 가진 것. 다만, 전동식으로 솔리드 타이어를 부착한 것을 제외한다.

4 건설기계 범위에 해당되지 않는 것은?
① 준설선
② 3톤 지게차
③ 항타 및 항발기
④ 자체중량 1톤 미만의 굴착기

> 굴착기의 정의는 무한궤도 또는 타이어식으로 굴착 장치를 가진 자체중량 1톤 이상인 것

5 건설기계관리법령상 건설기계사업의 종류가 아닌 것은?
① 건설기계 매매업
② 건설기계 대여업
③ 건설기계 해체재활용법
④ 건설기계 수리업

> 건설기계 사업의 종류에는 건설기계 대여업, 건설기계 정비업, 건설기계 매매업 및 건설기계 해체재활용법이 있다.

6 건설기계 사업을 영위하고자 하는 자는 누구에게 등록하여야 하는가?
① 시·도지사
② 전문 건설기계정비업자
③ 국토해양부장관
④ 건설기계 폐기업자

정답
01.③ 02.③ 03.④ 04.④ 05.④ 06.①

건설기계사업을 하려는 자(지방자치단체는 제외한다)는 대통령령으로 정하는 바에 따라 사업의 종류별로 시장·군수 또는 구청장(자치구의 구청장을 말한다. 이하 같다)에게 등록하여야 한다.

7 건설기계 대여업을 하고자 하는 자는 누구에게 등록을 하여야 하는가?

① 고용노동부장관
② 행정안전부장관
③ 국토교통부장치
④ 시·도지사

8 건설기계 대여업 등록 신청서에 첨부하여야 할 서류가 아닌 것은?

① 건설기계 소유 사실을 증명하는 서류
② 사무실의 소유권 또는 사용권이 있음을 증명하는 서류
③ 주민등록표등본
④ 주기장 소재지를 관할하는 시장군수구청장이 발급한 주기장 시설 보유 확인서

■ **대여업 등록 신청 시 첨부서류**
① 건설기계 소유 사실을 증명하는 서류
② 사무실의 소유권 또는 사용권이 있음을 증명하는 서류
③ 주기장 소재지를 관할하는 시장·군수·구청장이 발급한 주기장 시설보유 확인서
④ 2인 이상의 법인 또는 개인이 공동으로 건설기계 대여업을 영위하려는 경우에는 각 구성원은 그 영업에 관한 권리·의무에 관한 계약서 사본

9 건설기계 매매업의 등록을 하고자 하는 자의 구비 서류로 맞는 것은?

① 건설기계 매매업 등록필증
② 건설기계 보험증서
③ 건설기계 등록증
④ 5천만 원 이상의 하자보증금 예치증서 또는 보증보험증서

■ **건설기계 매매업 등록시 첨부서류**
① 사무실의 소유권 또는 사용권이 있음을 증명하는 서류
② 주기장 소재지를 관할하는 시장·군수·구청장이 발급한 주기장 시설보유 확인서
③ 5천만원 이상의 하자보증금 예치증서 또는 보증보험증서

10 건설기계 관리 법령상 다음 설명에 해당하는 건설기계 사업은?

건설기계를 분해·조립 또는 수리하고 그 부분품을 가공제작·교체하는 등 건설기계를 원활하게 사용하기 위한 모든 행위를 업으로 하는 것

① 건설기계 정비업   ② 건설기계 제작업
③ 건설기계 매매업   ④ 건설기계 폐기업

건설기계 정비업이란 건설기계를 분해·조립 또는 수리하고 그 부분품을 가공제작·교체하는 등 건설기계를 원활하게 사용하기 위한 모든 행위(경미한 정비행위 등 국토교통부령으로 정하는 것은 제외한다)를 업으로 하는 것을 말한다.

11 건설기계 관리 법령상 건설기계 정비업의 등록 구분으로 옳은 것은?

① 종합 건설기계 정비업, 부분 건설기계 정비업, 전문 건설기계 정비업
② 종합 건설기계 정비업, 단종 건설기계 정비업, 전문 건설기계 정비업
③ 부분 건설기계 정비업, 전문 건설기계 정비업, 개별 건설기계 정비업
④ 종합 건설기계 정비업, 특수 건설기계 정비업, 전문 건설기계 정비업

건설기계 정비업의 등록 구분은 종합 건설기계 정비업, 부분 건설기계 정비업, 전문 건설기계 정비업으로 한다.

정답
07.④   08.③   09.④   10.①   11.①

12 건설기계 정비업 등록을 하지 아니한 자가 할 수 있는 정비 범위가 아닌 것은?

① 오일의 보충
② 창유리 교환
③ 제동장치 수리
④ 트랙의 장력조정

> 제동장치 수리는 종합 건설기계 정비업, 부분 건설기계 정비업을 등록한 자가 할 수 있는 정비 범위이다.

13 부분 건설기계 정비업의 사업 범위로 옳은 것은?

① 프레임 조정, 롤러, 링크, 트랙슈의 재생을 제외한 차체부분의 정비
② 원동기부의 완전분해정비
③ 차체부의 완전분해정비
④ 실린더 헤드의 탈착정비

> 부분 건설기계 정비업의 사업 범위는 ①번 외에 유압장치의 탈부착 및 분해 정비, 변속기 탈부착, 전후 차축 제동장치 정비(타이어식으로 된 것), 응급조치, 원동기의 탈부착, 유압장치의 탈부착이다.

14 건설기계 소유자가 건설기계의 정비를 요청하여 그 정비가 완료된 후 장기간 해당 건설기계를 찾아가지 아니하는 경우, 정비사업자가 할 수 있는 조치사항은?

① 건설기계를 말소시킬 수 있다.
② 건설기계의 보관·관리에 드는 비용을 받을 수 있다.
③ 건설기계의 폐기 인수증을 발부할 수 있다.
④ 과태료를 부과할 수 있다.

> 건설기계 사업자가 건설기계 소유자로부터 받을 수 있는 보관·관리 비용은 정비 완료 사실을 건설기계 소유자에게 통보한 날부터 5일이 경과하여도 당해 건설기계를 찾아가지 아니하는 경우 당해 건설기계의 보관·관리에 소요되는 실세 비용으로 한다.

15 건설기계 관리 법령상 자동차 손해배상보장법에 따른 자동차 보험에 반드시 가입하여야 하는 건설기계가 아닌 것은?

① 타이어식 지게차
② 타이어식 굴착기
③ 타이어식 기중기
④ 덤프트럭

> ■ 자동차 보험에 반드시 가입하여야 하는 건설기계
> ① 덤프트럭 ② 타이어식 기중기
> ③ 콘크리트 믹서트럭
> ④ 트럭적재식 콘크리트펌프
> ⑤ 트럭적재식 아스팔트살포기
> ⑥ 타이어식 굴착기

16 건설기계관리법에서 정의한 건설기계 형식을 가장 잘 나타낸 것은?

① 엔진 구조 및 성능을 말한다.
② 형식 및 규격을 말한다.
③ 성능 및 용량을 말한다.
④ 구조·규격 및 성능 등에 관하여 일정하게 정한 것을 말한다.

> 건설기계의 구조·규격 및 성능 등에 관하여 일정하게 정한 것을 말한다.

17 건설기계 등록 신청은 누구에게 하는가?

① 소유자의 주소지 또는 건설기계 사용 본거지를 관할하는 시·군·구청장
② 안전행정부 장관
③ 소유자의 주소지 또는 건설기계 소재지를 관할하는 검사소장
④ 소유자의 주소지 또는 건설기계 소재지를 관할하는 경찰서장

> 건설기계 소유자의 주소지 또는 건설기계의 사용본거지를 관할하는 특별시장·광역시장·도지사 또는 특별자치도지사에게 등록신청을 하여야 한다.(권한 위임 : 시·도지사, 시장·군수·구청장)

정답
12.③ 13.① 14.② 15.① 16.④ 17.①

18 건설기계관리법령상 건설기계의 소유자가 건설기계 등록신청을 하고자 할 때 신청할 수 없는 단체장은?

① 산청군수
② 경기도지사
③ 부산광역시장
④ 제주특별자치도지사

> 건설기계 소유자의 주소지 또는 건설기계의 사용 본거지를 관할하는 특별시장·광역시장·도지사 또는 특별자치도지사(이하 "시·도지사"라 한다)에게 등록신청을 하여야 한다.

19 건설기계관리법령상, 건설기계 등록신청을 받을 수 있는 자는 누구인가?

① 행정자치부 장관
② 읍·면·동장
③ 시·도지사
④ 시·군·동장

20 건설기계관리법령상 건설기계 소유자에게 건설기계 등록증을 교부할 수 없는 단체장은?

① 전주시장 ② 강원도지사
③ 대전광역시장 ④ 세종특별자치시장

21 건설기계 등록신청에 대한 설명으로 맞는 것은?(단, 전시·사변 등 국가비상사태 하의 경우 제외)

① 시·군·구청장에게 취득한 날로부터 10일 이내 등록신청을 한다.
② 시·도지사에게 취득한 날로부터 15일 이내 등록신청을 한다.
③ 시·군·구청장에게 취득한 날로부터 1개월 이내 등록신청을 한다.
④ 시·도지사에게 취득한 날로부터 2개월 이내 등록신청을 한다.

> 건설기계 등록신청은 건설기계를 취득한 날(판매를 목적으로 수입된 건설기계의 경우에는 판매한 날을 말한다)부터 2월 이내에 하여야 한다.

22 국가비상사태하가 아닐 때 건설기계 등록신청은 건설기계관리법령상 건설기계를 취득한 날로부터 얼마의 기간 이내에 하여야 되는가?

① 5일 ② 15일
③ 1월 ④ 2월

23 건설기계를 등록할 때 건설기계 출처를 증명하는 서류와 관계없는 것은?

① 건설기계 제작증
② 수입면장
③ 매수증서(관청으로부터 매수)
④ 건설기계 대여업 신고증

> ■ 건설기계 등록신청 시 첨부서류
> ① 건설기계의 출처를 증명하는 서류
> ② 건설기계의 소유자임을 증명하는 서류
> ③ 건설기계 제원표
> ④ 자동차손해배상 보험 또는 공제의 가입을 증명하는 서류

24 건설기계 등록신청 시 첨부하지 않아도 되는 서류는?

① 호적등본
② 건설기계 소유자임을 증명하는 서류
③ 건설기계 제작증
④ 건설기계 제원표

25 건설기계의 수급조절을 위하여 필요한 경우 건설기계 수급조절위원회의 심의를 거친 후 사업용 건설기계의 등록을 2년 이내의 범위에서 일정 기간 제한할 수 있다. 건설기계 수급계획을 마련할 때 반영하는 사항과 가장 거리가 먼 것은?

① 건설 경기(景氣)의 동향과 전망
② 건설기계 대여 시장의 동향과 전망
③ 건설기계의 등록 및 가동률 추이
④ 건설기계 수출 시장의 추세

> **정답**
> 18.① 19.③ 20.① 21.④ 22.④ 23.④
> 24.① 25.④

■ 건설기계 수급계획을 마련할 때 반영하는 사항
① 건설 경기(景氣)의 동향과 전망
② 건설기계의 등록 및 가동률 추이
③ 건설기계 대여 시장의 동향 및 전망
④ 건설기계 설치·해체 및 운전 등 전문인력 수급 동향 및 전망
⑤ 국민안전을 위협하는 건설기계 사고의 발생 추이
④ 그 밖에 대통령령으로 정하는 사항으로서 건설기계 수급계획 수립에 필요한 사항

26 건설기계에서 등록의 경정은 어느 때 하는가?

① 등록을 행한 후에 그 등록에 관하여 착오 또는 누락이 있음을 발견한 때
② 등록을 행한 후에 소유권이 이전되었을 때
③ 등록을 행한 후에 등록지가 이전되었을 때
④ 등록을 행한 후에 소재지가 변동되었을 때

등록의 경정은 등록을 행한 후에 그 등록에 관하여 착오 또는 누락이 있음을 발견한 때 한다.

27 건설기계 소유자는 등록한 주소지가 다른 시·도로 변경된 경우 어떤 신고를 해야 하는가?

① 등록사항 변경신고를 하여야 한다.
② 등록이전 신고를 하여야 한다.
③ 건설기계 소재지 변동신고를 한다.
④ 등록지의 변경 시에는 아무 신고도 하지 않는다.

건설기계소유자의 성명 또는 주소가 변경된 경우 건설기계소유자가 주민등록법에 따른 성명 또는 주소의 정정신고, 전입신고를 한 경우에는 등록사항의 변경신고를 한 것으로 본다.

28 건설기계관리법령상 건설기계의 등록말소 사유에 해당하지 않는 것은?

① 건설기계를 도난당한 경우
② 건설기계를 변경할 목적으로 해체한 경우
③ 건설기계를 교육·연구 목적으로 사용한 경우
④ 건설기계의 차대가 등록 시의 차대와 다를 경우

■ 건설기계 등록의 말소 사유
① 거짓이나 그 밖의 부정한 방법으로 등록을 한 경우
② 건설기계가 천재지변 또는 이에 준하는 사고 등으로 사용할 수 없게 되거나 멸실된 경우
③ 건설기계의 차대(車臺)가 등록 시의 차대와 다른 경우
④ 건설기계가 건설기계 안전기준에 적합하지 아니하게 된 경우
⑤ 정기검사 명령, 수시검사 명령 또는 정비 명령에 따르지 아니한 경우
⑥ 건설기계를 수출하는 경우
⑦ 건설기계를 도난당한 경우
⑧ 건설기계를 폐기한 경우
⑨ 구조적 제작 결함 등으로 건설기계를 제작자 또는 판매자에게 반품한 때
⑩ 건설기계를 교육·연구 목적으로 사용하는 경우
⑪ 대통령령으로 정하는 내구연한을 초과한 건설기계
⑫ 건설기계 해체 재활용업자에게 폐기를 요청한 경우

29 건설기계등록 말소 신청시의 첨부서류가 아닌 것은?

① 건설기계 검사증
② 건설기계 등록증
③ 건설기계 제작증
④ 말소사유를 확인할 수 있는 서류

등록말소 신청서의 첨부서류는 건설기계 등록증, 건설기계 검사증, 건설기계의 멸실, 도난 등 말소사유를 확인할 수 있는 서류 등이다.

정 답

26.① 27.① 28.② 29.③

30 건설기계 소유자는 건설기계를 도난당한 날로 부터 얼마 이내에 등록말소를 신청해야 하는가?

① 30일 이내 ② 2개월 이내
③ 3개월 이내 ④ 6개월 이내

> 건설기계를 도난당한 경우에는 도난당한 날부터 2개월 이내에 등록말소를 신청하여야 한다.

31 시·도지사는 건설기계 등록원부를 건설기계의 등록을 말소한 날부터 몇 년간 보존하여야 하는가?

① 1년 ② 3년
③ 5년 ④ 10년

> 건설기계 등록원부는 건설기계의 등록을 말소한 날부터 10년간 보존하여야 한다.

32 건설기계 조종사 면허에 관한 사항으로 틀린 것은?

① 자동차운전면허로 운전할 수 있는 건설기계도 있다.
② 면허를 받고자 하는 자는 국공립병원, 시·도지사가 지정하는 의료기관의 적성검사에 합격하여야 한다.
③ 특수건설기계 조종은 국토교통부장관이 지정하는 면허를 소지하여야 한다.
④ 특수건설기계 조종은 특수조종면허를 받아야 한다.

33 건설기계 조종사 면허증 발급 신청 시 첨부하는 서류와 가장 거리가 먼 것은?

① 신체검사서
② 국가기술자격 수첩
③ 주민등록표 등본
④ 소형 건설기계 조종교육 이수증

> ■ 면허증 발급 신청할 때 첨부하는 서류
> ① 신체검사서
> ② 소형 건설기계 조종교육 이수증
> ③ 건설기계 조종사 면허증(건설기계 조종사 면허를 받은 자가 면허의 종류를 추가하고자 하는 때에 한한다)
> ④ 6개월 이내에 촬영한 탈모 상반신 사진 2매
> ⑤ 국가기술자격 수첩(소형 건설기계 조종사 면허증을 발급 신청하는 경우는 제외한다)
> ⑥ 자동차 운전면허 정보(3톤 미만의 지게차를 조종하려는 경우에 한정한다)

34 건설기계를 조종할 때 적용받는 법령에 대한 설명으로 가장 적합한 것은?

① 건설기계관리법에 대한 적용만 받는다.
② 건설기계관리법 외에 도로상을 운행할 때에는 도로교통법 중 일부를 적용받는다.
③ 건설기계관리법 및 자동차관리법의 전체 적용을 받는다.
④ 도로교통법에 대한 적용만 받는다.

35 건설기계 조종사의 적성검사 기준으로 가장 거리가 먼 것은?

① 두 눈을 동시에 뜨고 잰 시력이 0.7 이상이고, 두 눈의 시력이 각각 0.3 이상일 것
② 시각은 150° 이상일 것
③ 언어 분별력이 80% 이상일 것
④ 교정시력의 경우는 시력이 2.0 이상일 것

> ■ 건설기계 적성검사 기준
> ① 두 눈을 동시에 뜨고 잰 시력(교정시력을 포함한다.)이 0.7 이상이고 두 눈의 시력이 각각 0.3이상일 것
> ② 55데시벨(보청기를 사용하는 사람은 40데시벨)의 소리를 들을 수 있을 것.
> ③ 언어 분별력이 80퍼센트 이상일 것
> ④ 시각은 150도 이상일 것

정답
30.② 31.④ 32.④ 33.③ 34.② 35.④

36 건설기계관리법령상 기중기를 조종할 수 있는 면허는?

① 공기압축기 면허
② 모터그레이더 면허
③ 기중기 면허
④ 타워크레인 면허

37 건설기계 관리 법령상 롤러운전 건설기계 조종사 면허로 조종할 수 없는 건설기계는?

① 골재 살포기
② 콘크리트 살포기
③ 콘크리트 피니셔
④ 아스팔트 믹싱플랜트

> 롤러 조종 면허로 조종할 수 있는 건설기계는 롤러, 모터그레이더, 스크레이퍼, 아스팔트 피니셔, 콘크리트 피니셔, 콘크리트 살포기 및 골재 살포기이다. 아스팔트 믹싱플랜트는 쇄석기 조종 면허로 조종할 수 있다.

38 건설기계 운전 중량 산정 시 조종사 1명의 체중으로 맞는 것은?

① 50kg   ② 55kg
③ 60kg   ④ 65kg

> 운전 중량이란 자체 중량에 건설기계의 조종에 필요한 최소의 조종사가 탑승한 상태의 중량을 말하며, 조종사 1명의 체중은 65kg으로 본다.

39 시·도지사가 지정한 교육기관에서 당해 건설기계의 조종에 관한 교육과정을 이수한 경우 건설기계 조종사 면허를 받은 것으로 보는 소형 건설기계는?

① 5톤 미만의 불도저
② 5톤 미만의 지게차
③ 5톤 미만의 굴착기
④ 5톤 미만의 롤러

40 건설기계 관리법상 소형 건설기계에 포함되지 않는 것은?

① 3톤 미만의 굴착기
② 5톤 미만의 불도저
③ 천공기
④ 공기압축기

> ■ 국토교통부령으로 정하는 소형 건설기계
> ① 5톤 미만의 불도저
> ② 5톤 미만의 로더
> ③ 5톤 미만의 천공기. 다만, 트럭적재식은 제외한다.
> ④ 3톤 미만의 지게차(자동차 운전면허를 소지)
> ⑤ 3톤 미만의 굴착기
> ⑥ 3톤 미만의 타워크레인
> ⑦ 공기압축기
> ⑧ 콘크리트 펌프. 다만, 이동식에 한정한다.
> ⑨ 쇄석기
> ⑩ 준설선

41 다음 중 소형 건설기계 조종 교육 이수만으로 면허를 취득할 수 있는 건설기계는?

① 5톤 미만 기중기
② 5톤 미만의 롤러
③ 5톤 미만의 로더
④ 5톤 미만의 지게차

42 3톤 미만 지게차의 소형 건설기계 조종 교육 시간은?

① 이론 6시간, 실습 6시간
② 이론 4시간, 실습 8시간
③ 이론 12시간, 실습 12시간
④ 이론 10시간, 실습 14시간

> 3톤 이상 5톤 미만 로더, 불도저 및 콘크리트 펌프(이동식으로 한정한다)의 교육시간은 이론 6시간, 조종실습 12시간이며, 3톤 미만 굴착기, 지게차, 로더의 교육시간은 이론 6시간, 조종실습 6시간이다.

정답
36.③ 37.④ 38.④ 39.① 40.③ 41.③
42.①

43 소형 건설기계 조종교육의 내용으로 틀린 것은?
① 건설기계 관리 법규 및 자동차 관리법
② 건설기계 기관, 전기 및 작업 장치
③ 유압 일반
④ 조종 실습

44 소형건설기계 교육기관에서 실시하는 공기압축기, 쇄석기 및 준설선에 대한 교육 이수시간은 몇 시간인가?
① 이론 8시간, 실습 12시간
② 이론 7시간, 실습 5시간
③ 이론 5시간, 실습 7시간
④ 이론 5시간, 실습 5시간

> ■ 공기압축기, 쇄석기 및 준설선 조종교육 내용
> ① 건설기계기관, 전기, 유압 및 작업장치 2시간 (이론)
> ② 건설기계관리법규 및 작업 안전 4시간(이론)
> ③ 장비 취급 및 관리 요령 2시간(이론)
> ④ 조종실습 12시간

45 제1종 대형 자동차 면허로 조종할 수 없는 건설기계는?
① 콘크리트 펌프
② 노상안정기
③ 아스팔트 살포기
④ 타이어식 기중기

> ■ 제1종 대형면허로 조종하여야 하는 건설기계
> ① 덤프트럭
> ② 아스팔트 살포기
> ③ 노상 안정기
> ④ 콘크리트 믹서트럭
> ⑤ 콘크리트 펌프
> ⑥ 천공기(트럭적재식을 말한다)
> ⑦ 특수건설기계 중 국토교통부장관이 지정하는 건설기계

46 자동차 1종 대형 면허로 조종할 수 없는 건설기계는?
① 아스팔트 살포기
② 무한궤도식 천공기
③ 콘크리트 펌프
④ 덤프트럭

47 건설기계 조종 시 자동차 제1종 대형 면허가 있어야 하는 기종은?
① 로더   ② 지게차
③ 콘크리트 펌프 ④ 기중기

48 건설기계관리법령상 자동차 1종 대형면허로 조종할 수 없는 건설기계는?
① 5톤 굴착기   ② 노상안정기
③ 콘크리트 펌프 ④ 아스팔트 살포기

49 제1종 대형운전면허로 조종할 수 있는 건설기계는?
① 콘크리트 살포기
② 콘크리트 피니셔
③ 아스팔트 살포기
④ 아스팔트 피니셔

50 건설기계 조종사 면허증의 반납 사유에 해당하지 않는 것은?
① 면허가 취소된 때
② 면허의 효력이 정지된 때
③ 건설기계 조종을 하지 않을 때
④ 면허증의 재교부를 받은 후 잃어버린 면허증을 발견한 때

> ■ 건설기계 조종 면허증의 반납 사유
> ① 면허가 취소된 때
> ② 면허의 효력이 정지된 때
> ③ 면허증의 재교부를 받은 후 잃어버린 면허증을 발견한 때
> ④ 사유가 발생한 날부터 10일 이내에 주소지를 관할하는 시장·군수 또는 구청장에게 그 면허증을 반납하여야 한다.

정답
43.① 44.① 45.④ 46.② 47.③ 48.①
49.③ 50.③

51 건설기계 조종사 면허를 받은 자는 면허증을 반납하여야 할 사유가 발생한 날로부터 며칠 이내에 반납하여야 하는가?
① 5일 ② 10일
③ 15일 ④ 30일

52 건설기계 조종사 면허가 취소되었을 경우 그 사유가 발생한 날로부터 며칠 이내에 면허증을 반납해야 하는가?
① 7일 이내 ② 10일 이내
③ 14일 이내 ④ 30일 이내

53 건설기계 등록번호표의 봉인이 떨어졌을 경우에 조치방법으로 올바른 것은?
① 운전자가 즉시 수리한다.
② 관할 시·도지사에게 봉인을 신청한다.
③ 관할 검사소에 봉인을 신청한다.
④ 가까운 카센터에서 신속하게 봉인한다.

> 건설기계 소유자는 등록번호표 또는 그 봉인이 떨어지거나 알아보기 어렵게 된 경우에는 시·도지사에게 등록번호표의 부착 및 봉인을 신청하여야 한다.

54 건설기계관리법령상 자가용 건설기계 등록번호표의 도색으로 옳은 것은?
① 청색판에 백색 문자
② 적색판에 흰색 문자
③ 흰색판에 황색 문자
④ 흰색판에 검은색 문자

> 등록번호표의 색상 기준
> ① **비사업용(관용)** : 흰색 바탕에 검은색 문자
> ② **비사업용(자가용)** : 흰색 바탕에 검은색 문자
> ③ **대여사업용** : 주황색 바탕에 검은색 문자

55 대여사업용 건설기계 등록번호표의 색상으로 맞는 것은?
① 흰색판에 검은색 문자
② 녹색판에 흰색 문자
③ 청색판에 흰색 문자
④ 주황색판에 검은색 문자

56 건설기계 등록번호표의 도색이 황색판인 경우는?
① 관용 ② 자가용
③ 영업용 ④ 대여사업용

57 불도저의 기종별 기호 표시로 옳은 것은?
① 01 ② 02
③ 03 ④ 04

> ■ 기종별 기호표시
> • 01 : 불도저   • 02 : 굴착기
> • 03 : 로더   • 04 : 지게차
> • 05 : 스크레이퍼 • 06 : 덤프트럭
> • 07 : 기중기   • 08 : 모터그레이더
> • 09 : 롤러   • 10 : 노상안정기

58 건설기계 소유자가 관련법에 의하여 등록번호표를 반납하고자 하는 때에는 누구에게 하여야 하는가?
① 국토교통부장관 ② 구청장
③ 시·도지사 ④ 동장

> 등록된 건설기계의 소유자는 등록번호표를 반납하여야 하는 사유가 발생한 경우에는 10일 이내에 등록번호표의 봉인을 떼어낸 후 그 등록번호표를 시·도지사에게 반납하여야 한다.

59 등록된 건설기계의 소유자는 등록번호표의 반납 사유가 발생하였을 경우에는 며칠이내에 반납하여야 하는가?
① 20일 ② 10일
③ 15일 ④ 30일

> 등록된 건설기계의 소유자는 반납 사유가 발생한 경우에는 10일 이내에 등록번호표의 봉인을 떼어낸 후 그 등록번호표를 시·도지사에게 반납하여야 한다.

정답
51.② 52.② 53.② 54.④ 55.④ 56.③
57.① 58.③ 59.②

60 건설기계 등록을 말소한 때에는 등록번호표를 며칠이내 시·도지사에게 반납하여야 하는가?

① 10일　　② 15일
③ 20일　　④ 30일

61 건설기계관리법령상 미등록 건설기계의 임시운행 사유에 해당되지 않는 것은?

① 등록신청을 하기 위하여 건설기계를 등록지로 운행하는 경우
② 등록신청 전에 건설기계 공사를 하기 위하여 임시로 사용하는 경우
③ 수출을 하기 위하여 건설기계를 선적지로 운행하는 경우
④ 신개발 건설기계를 시험·연구의 목적으로 운행하는 경우

> ① 등록신청을 하기 위하여 건설기계를 등록지로 운행하는 경우
> ② 신규등록검사 및 확인검사를 받기 위하여 건설기계를 검사장소로 운행하는 경우
> ③ 수출을 하기 위하여 건설기계를 선적지로 운행하는 경우
> ④ 수출을 하기 위하여 등록말소 한 건설기계를 점검·정비의 목적으로 운행하는 경우
> ⑤ 신개발 건설기계를 시험·연구의 목적으로 운행하는 경우
> ⑥ 판매 또는 전시를 위하여 건설기계를 일시적으로 운행하는 경우

62 건설기계 소유자가 건설기계의 등록 전 일시적으로 운행할 수 없는 경우는?

① 등록신청을 하기 위하여 건설기계를 등록지로 운행하는 경우
② 신규등록검사 및 확인검사를 받기 위하여 검사장소로 운행하는 경우
③ 간단한 작업을 위하여 건설기계를 일시적으로 운행하는 경우
④ 신개발 건설기계를 시험·연구의 목적으로 운행하는 경우

63 신개발 건설기계의 시험·연구 목적 운행을 제외한 건설기계의 임시운행 기간은 며칠 이내인가?

① 5일　　② 10일
③ 15일　　④ 20일

> 건설기계의 임시운행 기간은 15일 이내로 한다.

64 건설기계 소유자가 건설기계의 등록 전 일시적으로 운행할 수 없는 경우는?

① 등록신청을 하기 위하여 건설기계를 등록지로 운행하는 경우
② 신규등록검사 및 확인검사를 받기 위하여 검사장소로 운행하는 경우
③ 간단한 작업을 위하여 건설기계를 일시적으로 운행하는 경우
④ 신개발 건설기계를 시험·연구의 목적으로 운행하는 경우

65 건설기계 등록사항의 변경 또는 등록이전 신고 대상이 아닌 것은?

① 소유자 변경
② 소유자의 주소지 변경
③ 건설기계 소재지 변동
④ 건설기계의 사용본거지 변경

> 건설기계 소재지 변동은 등록사항의 변경 또는 등록이전 신고 대상에 포함되지 않는다.

정답
60.① 61.② 62.③ 63.③ 64.③ 65.③

3-10 건설기계 검사

01 건설기계 검사 등
① 건설기계의 소유자는 국토교통부장관이 실시하는 검사를 받아야 한다.
  ㉮ **신규 등록검사** : 건설기계를 신규로 등록할 때 실시하는 검사
  ㉯ **정기검사** : 건설공사용 건설기계로서 3년의 범위에서 검사 유효기간이 끝난 후에 계속하여 운행하려는 경우에 실시하는 검사와 대기환경보전법 및 소음·진동관리법 에 따른 운행차의 정기검사
  ㉰ **구조변경검사** : 건설기계의 주요 구조를 변경하거나 개조한 경우 실시하는 검사
  ㉱ **수시검사** : 성능이 불량하거나 사고가 자주 발생하는 건설기계의 안전성 등을 점검하기 위하여 수시로 실시하는 검사와 건설기계 소유자의 신청을 받아 실시하는 검사
② 건설기계의 검사를 받으려는 자는 국토교통부장관에게 검사 신청서를 제출하고 해당 건설기계를 제시하여야 한다.
③ **건설기계 검사를 실시할 때 확인 사항**
  ㉮ 건설기계의 구조·규격 또는 성능 등이 국토교통부령으로 정하는 기준에 적합한지 여부
  ㉯ 등록번호 등이 건설기계 등록증에 적힌 것과 같은지 여부
④ 시·도지사는 신규 등록검사를 받은 건설기계 중 정기검사를 받아야 하는 건설기계의 경우에는 건설기계 검사증을 건설기계의 소유자에게 발급하여야 한다.
⑤ 시·도지사는 정기검사를 받지 아니한 건설기계의 소유자에게 국토교통부령으로 정하는 바에 따라 정기검사를 받을 것을 명령하여야 한다.
⑥ 시·도지사는 안전성 등을 점검하기 위하여 국토교통부령으로 정하는 바에 따라 수시검사를 받을 것을 명령할 수 있다.
⑦ 시·도지사는 검사에 불합격된 건설기계에 대하여는 국토교통부령으로 정하는 바에 따라 정비를 받을 것을 명령할 수 있다.

02 건설기계 검사의 유효기간

기종	연 식	검사유효기간
1. 굴착기(타이어식)	–	1년
2. 로더(타이어식)	20년 이하	2년
	20년 초과	1년
3. 지게차(1톤 이상)	20년 이하	2년
	20년 초과	1년
4. 덤프트럭	20년 이하	1년
	20년 초과	6개월
5. 기중기	–	1년
6. 모터그레이더	20년 이하	2년
	20년 초과	1년
7. 콘크리트 믹서 트럭	20년 이하	1년
	20년 초과	6개월
8. 콘크리트 펌프 (트럭 적재식)	20년 이하	1년
	20년 초과	6개월
9. 아스팔트 살포기	–	1년
10. 천공기	–	1년
11. 항타 및 항발기	–	1년
12. 타워크레인	–	6개월
13. 그 밖의 건설기계	20년 이하	3년
	20년 초과	1년

03 건설기계의 정기검사 신청 등
① 정기검사를 받으려는 자는 검사유효기간의 만료일 전후 각각 **31일 이내**의 기간에 정기검사 신청서를 시·도지사에게 제출하여야 한다.
② 검사신청을 받은 시·도지사 또는 검사대행자는 신청을 받은 날부터 **5일 이내**에 검사일시와 검사장소를 지정하여 신청인에게 통지하여야 한다.

③ 시·도지사 또는 검사대행자는 검사결과 해당 건설기계가 검사기준에 적합하다고 인정하는 경우에는 건설기계 검사증에 유효기간을 적어 발급해야 한다.

④ 유효기간의 산정은 정기검사 신청기간까지 정기검사를 신청한 경우에는 종전 검사유효기간 만료일의 다음 날부터, 그 외의 경우에는 검사를 받은 날의 다음 날부터 기산한다.

04 건설기계 검사의 연기

① 검사 신청기간 내에 검사를 신청할 수 없는 경우에는 검사 신청기간 만료일까지 검사 연기 신청서에 연기사유를 증명할 수 있는 서류를 첨부하여 시·도지사에게 제출하여야 한다. 다만, 검사대행자를 지정한 경우에는 검사대행자에게 제출하여야 한다.

② 검사 연기 신청을 받은 시·도지사 또는 검사대행자는 그 신청일부터 5일 이내에 검사 연기여부를 결정하여 신청인에게 통지하여야 한다. 이 경우 검사 연기 불허 통지를 받은 자는 검사 신청기간 만료일부터 10일 이내에 검사신청을 하여야 한다.

③ 검사를 연기하는 경우에는 그 연기기간을 6월 이내[남북경제협력 등으로 북한지역의 건설공사에 사용되는 건설기계와 해외임대를 위하여 일시 반출되는 건설기계의 경우에는 반출기간 이내, 압류된 건설기계의 경우에는 그 압류기간 이내, 타워크레인 또는 천공기(터널 보링식 및 실드 굴진식으로 한정한다)가 해체된 경우에는 해체되어 있는 기간 이내]로 한다.

05 검사소에서 검사를 받아야 하는 건설기계

① 덤프트럭
② 콘크리트 믹서트럭
③ 콘크리트 펌프(트럭 적재식)
④ 아스팔트 살포기
⑤ 트럭 지게차(특수건설기계인 트럭 지게차)

06 건설기계가 위치한 장소에서 검사하여야 하는 건설기계

① 도서지역에 있는 경우
② 자체중량이 40톤을 초과하거나 축중이 10톤을 초과하는 경우
③ 너비가 2.5미터를 초과하는 경우
④ 최고속도가 시간당 35킬로미터 미만인 경우

07 정기검사 최고

① 시·도지사는 정기검사를 받지 아니한 건설기계소유자에 대하여 최고를 하고자 하는 경우에는 서면으로 하여야 한다.
② 시·도지사는 제1항에 따른 정기검사의 최고를 할 때에는 건설기계소유자가 정기검사 최고에 따르지 아니하면 해당 건설기계의 등록번호표를 영치할 수 있다는 사실을 알려야 한다.

3-11 건설기계 구조변경

01 구조변경 검사
① 구조변경 검사를 받고자 하는 자는 주요 구조를 변경 또는 개조한 날부터 20일 이내에 건설기계 구조변경 검사 신청서를 시·도지사에게 제출하여야 한다. 다만, 검사대행자를 지정한 경우에는 검사대행자에게 제출하여야 한다.
② 타워 크레인의 주요 구조부를 변경 또는 개조하는 경우에는 변경 또는 개조 후 검사에 소요되는 기간 전에 건설기계 구조변경 검사 신청서를 시·도지사에게 제출하여야 한다.
③ 시·도지사 또는 검사대행자는 당해 건설기계가 검사기준에 적합하다고 인정되는 때에는 건설기계 검사증 및 건설기계 등록원부에 구조변경 검사일 기타 필요한 사항을 기재하여 교부하여야 한다.

02 구조변경 검사 신청시 첨부서류
① 변경 전·후의 주요 제원 대비표
② 변경 전·후의 건설기계의 외관도(외관의 변경이 있는 경우에 한한다)
③ 변경한 부분의 도면
④ 한국해양교통안전공단 또는 선급법인이 발행한 안전도 검사증명서(수상작업용 건설기계에 한한다)
⑤ 건설기계를 제작하거나 조립하는 자 또는 건설기계 정비업자의 등록을 한 자가 발행하는 구조변경 사실을 증명하는 서류

03 구조변경 범위
① 원동기 및 전동기의 형식변경
② 동력전달장치의 형식변경
③ 제동장치의 형식변경
④ 주행장치의 형식변경
⑤ 유압장치의 형식변경
⑥ 조종장치의 형식변경
⑦ 조향장치의 형식변경
⑧ 작업장치의 형식변경. 다만, 가공작업을 수반하지 아니하고 작업장치를 선택 부착하는 경우에는 작업장치의 형식변경으로 보지 아니한다.
⑨ 건설기계의 길이·너비·높이 등의 변경
⑩ 수상작업용 건설기계의 선체의 형식변경
⑪ 타워크레인 설치기초 및 전기장치의 형식변경

04 건설기계의 구조변경을 할 수 없는 경우
① 건설기계의 기종변경
② 육상작업용 건설기계규격의 증가
③ 육상작업용 적재함의 용량증가

3-12 건설기계 사후관리

① 건설기계 형식에 관한 승인을 얻거나 그 형식을 신고한 자(이하 "제작자등"이라 한다)는 건설기계를 판매한 날부터 12개월(당사자 간에 12개월을 초과하여 별도 계약하는 경우에는 그 해당기간)동안 무상으로 건설기계의 정비 및 정비에 필요한 부품을 공급하여야 한다. 다만, 취급설명서에 따라 관리하지 아니함으로 인하여 발생한 고장 또는 하자와 정기적으로 교체하여야 하는 부품 또는 소모성 부품에 대하여는 유상으로 정비하거나 정비에 필요한 부품을 공급할 수 있다.
② 12개월 이내에 건설기계의 주행거리가 2만 킬로미터(원동기 및 차동장치의 경우에는 4만 킬로미터)를 초과하거나 가동시간이 2천 시간을 초과하는 때에는 12개월이 경과한 것으로 본다.

③ 제작자등은 기술 또는 교육 자료로서 다음 각 호의 사항을 기재한 건설기계 취급설명서를 건설기계 구입자에게 교부하여야 한다. 이 경우 인터넷 홈페이지에 게시 또는 공고하는 형태로 제공할 수 있다.
  ㉮ 건설기계의 관리요령(「도로법」 운행제한 대상 건설기계의 경우에는 분해·이동에 필요한 기술적인 사항을 포함한다)
  ㉯ 제작자등의 사후관리 정비시설·부품판매점 및 고객 상담실의 이용 안내
  ㉰ 주행거리 또는 가동 시간별 무상 점검 내용

3-13 건설기계 조종사 면허 취소사유

01 면허 취소 사유
① 거짓이나 그 밖의 부정한 방법으로 건설기계 조종사 면허를 받은 경우
② 건설기계 조종사 면허의 효력정지 기간 중 건설기계를 조종한 경우
③ 건설기계 조종 상의 위험과 장해를 일으킬 수 있는 정신질환자 또는 뇌전증환자로서 국토교통부령으로 정하는 사람
④ 앞을 보지 못하는 사람, 듣지 못하는 사람, 그 밖에 국토교통부령으로 정하는 장애인
⑤ 건설기계 조종 상의 위험과 장해를 일으킬 수 있는 마약·대마·향정신성의약품 또는 알코올 중독자로서 국토교통부령으로 정하는 사람
⑥ 건설기계의 조종 중 고의 또는 과실로 중대한 사고를 일으킨 경우
⑦ 국가기술자격법에 따른 해당 분야의 기술자격이 취소되거나 정지된 경우
⑧ 건설기계 조종사 면허증을 다른 사람에게 빌려 준 경우
⑨ 술에 취하거나 마약 등 약물을 투여한 상태 또는 과로·질병의 영향이나 그 밖의 사유로 정상적으로 조종하지 못할 우려가 있는 상태에서 건설기계를 조종한 경우
⑩ 정기적성검사를 받지 아니하고 1년이 지난 경우
⑪ 정기적성검사 또는 수시적성검사에서 불합격한 경우
⑫ 술에 취한 상태에서 건설기계를 조종하다가 사고로 사람을 죽게 하거나 다치게 한 경우
⑬ 술에 만취한 상태(혈중알콜농도 0.08% 이상)에서 건설기계를 조종한 경우
⑭ 2회 이상 술에 취한 상태에서 건설기계를 조종하여 면허효력정지를 받은 사실이 있는 사람이 다시 술에 취한 상태에서 건설기계를 조종한 경우
⑮ 약물(마약, 대마, 향정신성 의약품 및 「유해화학물질 관리법 시행령」 제25조에 따른 환각물질을 말한다)을 투여한 상태에서 건설기계를 조종한 경우

02 건설기계 조종 면허의 효력정지
① **면허 효력정지 180일** : 건설기계의 조종 중 고의 또는 과실로 도시가스사업법에 따른 가스 공급 시설을 손괴하거나 가스 공급 시설의 기능에 장애를 입혀 가스의 공급을 방해한 경우
② **면허 효력정지 60일** : 술에 취한 상태(혈중알코올농도 0.03% 이상 0.08% 미만을 말한다)에서 건설기계를 조종한 경우
③ **면허 효력정지 45일** : 사망 1명마다
④ **면허 효력정지 15일** : 중상 1명마다
⑤ **면허 효력정지 5일** : 경상 1명마다
⑥ **면허 효력정지 1일**(90일을 넘지 못함) : 재산피해 금액 50만원 마다

3-14 벌칙

01 2년 이하의 징역 또는 2천만원 이하의 벌금

① 등록되지 아니한 건설기계를 사용하거나 운행한 자
② 등록이 말소된 건설기계를 사용하거나 운행한 자
③ 시·도지사의 지정을 받지 아니하고 등록번호표를 제작하거나 등록번호를 새긴 자
④ 검사대행자 또는 그 소속 직원에게 재물이나 그 밖의 이익을 제공하거나 제공 의사를 표시하고 부정한 검사를 받은 자
⑤ 건설기계의 주요 구조나 원동기, 동력전달장치, 제동장치 등 주요 장치를 변경 또는 개조한 자
⑥ 무단 해체한 건설기계를 사용·운행하거나 타인에게 유상·무상으로 양도한 자
⑦ 제작 결함의 시정명령을 이행하지 아니한 자
⑧ 등록을 하지 아니하고 건설기계사업을 하거나 거짓으로 등록을 한 자
⑨ 등록이 취소되거나 사업의 전부 또는 일부가 정지된 건설기계사업자로서 계속하여 건설기계사업을 한 자

02 1년 이하의 징역 또는 1천만 원 이하의 벌금

① 건설기계를 거짓이나 그 밖의 부정한 방법으로 등록을 한 자
② 등록번호를 지워 없애거나 그 식별을 곤란하게 한 자
③ 구조변경검사 또는 수시검사를 받지 아니한 자
④ 정비명령을 이행하지 아니한 자
⑤ 건설기계의 사용·운행 중지 명령을 위반하여 사용·운행한 자
⑥ 사업정지명령을 위반하여 사업정지기간 중에 검사를 한 자
⑦ 형식승인, 형식변경승인 또는 확인검사를 받지 아니하고 건설기계의 제작등을 한 자
⑧ 사후관리에 관한 명령을 이행하지 아니한 자
⑨ 내구연한을 초과한 건설기계 또는 건설기계 장치 및 부품을 운행하거나 사용한 자
⑩ 내구연한을 초과한 건설기계 또는 건설기계 장치 및 부품의 운행 또는 사용을 알고도 말리지 아니하거나 운행 또는 사용을 지시한 고용주
⑪ 부품인증을 받지 아니한 건설기계 장치 및 부품을 사용한 자
⑫ 부품인증을 받지 아니한 건설기계 장치 및 부품을 건설기계에 사용하는 것을 알고도 말리지 아니하거나 사용을 지시한 고용주
⑬ 매매용 건설기계를 운행하거나 사용한 자
⑭ 폐기인수 사실을 증명하는 서류의 발급을 거부하거나 거짓으로 발급한 자
⑮ 폐기요청을 받은 건설기계를 폐기하지 아니하거나 등록번호표를 폐기하지 아니한 자
⑯ 건설기계 조종사 면허를 받지 아니하고 건설기계를 조종한 자
⑰ 건설기계 조종사 면허를 거짓이나 그 밖의 부정한 방법으로 받은 자
⑱ 소형 건설기계의 조종에 관한 교육과정의 이수에 관한 증빙서류를 거짓으로 발급한 자
⑲ 술에 취하거나 마약 등 약물을 투여한 상태에서 건설기계를 조종한 자와 그러한 자가 건설기계를 조종하는 것을 알고도 말리지 아니하거나 건설기계를 조종하도록 지시한 고용주
⑳ 건설기계 조종사 면허가 취소되거나 건설기계 조종사 면허의 효력정지처분을 받은 후에도 건설기계를 계속하여 조종한 자
㉑ 건설기계를 도로나 타인의 토지에 버려둔 자

03 300만원 이하의 과태료
① 등록번호표를 부착하지 아니하거나 봉인하지 아니한 건설기계를 운행한 자
② 정기검사를 받지 아니한 자
③ 건설기계 임대차 등에 관한 계약서를 작성하지 아니한 자
④ 정기 적성검사 또는 수시 적성검사를 받지 아니한 자
⑤ 건설기계의 소유자, 건설기계 등록번호표의 제작과 등록번호 새김을 하는 자, 검사대행자, 건설기계의 제작 등을 한 자, 건설기계사업자, 교육·연구 목적으로 건설기계를 사용하는 교육·연구기관에서 시설 또는 업무에 관한 보고를 하지 아니하거나 거짓으로 보고한 자
⑥ 건설기계의 소유자, 건설기계 등록번호표의 제작과 등록번호 새김을 하는 자, 검사대행자, 건설기계의 제작 등을 한 자, 건설기계사업자, 교육·연구 목적으로 건설기계를 사용하는 교육·연구기관에 국토교통부장관, 시·도지사, 시장·군수 또는 구청 소속 공무원의 검사·질문을 거부·방해·기피한 자
⑦ 건설기계로 인한 중대한 사고가 발생한 경우 제작결함 또는 안전기준 적합 여부의 조사를 위하여 조사 기관에 소속된 직원의 출입을 거부하거나 방해한 자

04 100만원 이하의 과태료
① 수출의 이행 여부를 신고하지 아니하거나 폐기 또는 등록을 하지 아니한 자
② 등록번호표를 부착·봉인하지 아니하거나 등록번호를 새기지 아니한 자
③ 등록번호표를 가리거나 훼손하여 알아보기 곤란하게 한 자 또는 그러한 건설기계를 운행한 자
④ 등록번호의 새김명령을 위반한 자
⑤ 건설기계 안전기준에 적합하지 아니한 건설기계를 사용하거나 운행한 자 또는 사용하게 하거나 운행하게 한 자
⑥ 총괄기관의 조사 또는 자료제출 요구를 거부·방해·기피한 자
⑦ 검사유효기간이 끝난 날부터 31일이 지난 건설기계를 사용하게 하거나 운행하게 한 자 또는 사용하거나 운행한 자
⑧ 특별한 사정없이 건설기계 임대차 등에 관한 계약과 관련된 자료를 제출하지 아니한 자
⑨ 건설기계 사업자의 의무를 위반한 자
⑩ 안전교육 등을 받지 아니하고 건설기계를 조종한 자

05 50만원 이하의 과태료
① 임시번호표를 부착하지 아니하고 운행한 자
② 등록사항 변경신고를 하지 아니하거나 거짓으로 신고한 자
③ 등록의 말소를 신청하지 아니한 자
④ 등록번호표 제작자가 지정받은 사항의 변경신고를 하지 아니하거나 거짓으로 변경 신고한 자
⑤ 등록번호표를 반납하지 아니한 자
⑥ 정비시설의 종류 및 규모에 따라 국토교통부령으로 정하는 범위를 위반하여 건설기계를 정비한 자
⑦ 건설기계의 형식 승인 신고를 하지 아니한 자
⑧ 건설기계 사업자의 변경 신고를 하지 아니하거나 거짓으로 신고한 자
⑨ 건설기계 사업의 양도·양수 신고를 하지 아니하거나 거짓으로 신고한 자
⑩ 매매용 건설기계를 사업장에 제시, 매매용 건설기계의 판매 신고를 하지 아니하거나 거짓으로 신고한 자
⑪ 건설기계해체재활용업자가 건설기계 수출 전에 등록말소 사유 변경신고를 하지 아니하거나 거짓으로 신고한 자

⑫ 건설기계를 주택가 주변의 도로·공터 등에 세워 둔 자

3-15 특별표지판 부착대상 건설기계 및 특별표지

01 특별표지판 부착대상 건설기계
① 길이가 16.7미터를 초과하는 건설기계
② 너비가 2.5미터를 초과하는 건설기계
③ 높이가 4.0미터를 초과하는 건설기계
④ 최소회전반경이 12미터를 초과하는 건설기계
⑤ 총중량이 40톤을 초과하는 건설기계
⑥ 총중량 상태에서 축하중이 10톤을 초과하는 건설기계
⑦ 대형 건설기계에는 기준에 적합한 특별표지판을 부착하여야 한다.

02 대형 건설기계의 특별표지
① 특별 표지판의 바탕은 검은색으로, 문자 및 테두리는 흰색으로 도색할 것.
② 특별 표지판은 등록번호가 표시되어 있는 면에 부착할 것. 다만, 건설기계 구조상 불가피한 경우는 건설기계의 좌우 측면에 부착할 수 있다.
③ 조종실 내부의 조종사가 보기 쉬운 곳에 경고 표지판을 부착하여야 한다.
④ 경고 표지판의 바탕은 검은색으로, 문자 및 테두리선은 흰색으로 도색하고, 문자는 고딕체로 할 것
⑤ 대형 건설기계에는 건설기계의 식별이 쉽도록 전후 범퍼에 특별 도색을 하여야 한다. 다만, 최고 주행속도가 시간당 35킬로미터 미만인 건설기계의 경우에는 그러하지 아니하다.

---

3. 건설기계관리법 — 단원핵심문제

1 건설기계 검사의 종류에 해당되는 것은?
① 계속 검사 ② 임시 검사
③ 예비 검사 ④ 수시 검사

■ 건설기계 검사의 종류
① **신규 등록 검사** : 건설기계를 신규로 등록할 때 실시하는 검사
② **정기 검사** : 검사유효기간이 끝난 후에 계속하여 운행하려는 경우에 실시하는 검사와 운행차의 정기검사
③ **구조변경 검사** : 건설기계의 주요 구조를 변경하거나 개조한 경우 실시하는 검사
④ **수시 검사** : 성능이 불량하거나 사고가 자주 발생하는 건설기계의 안전성 등을 점검하기 위하여 수시로 실시하는 검사와 건설기계 소유자의 신청을 받아 실시하는 검사

2 건설기계 관리법령상 건설기계에 대하여 실시하는 검사가 아닌 것은?
① 신규 등록검사 ② 예비 검사
③ 구조 변경 검사 ④ 수시 검사

3 건설기계의 수시검사 대상이 아닌 것은?
① 소유자가 수시검사를 신청한 건설기계
② 사고가 자주 발생하는 건설기계
③ 성능이 불량한 건설기계
④ 구조를 변경한 건설기계

정답
01.④ 02.② 03.④

> 수시 검사 대상의 건설기계는 성능이 불량하거나 사고가 자주 발생하는 건설기계의 안전성 등을 점검하기 위하여 수시로 실시하는 검사와 건설기계 소유자의 신청을 받아 실시하는 검사로 분류한다.

4 건설기계로 등록한지 10년 된 덤프트럭의 검사 유효기간은?

① 6월   ② 1년   ③ 2년   ④ 3년

5 타이어식 굴착기의 정기검사 유효기간으로 옳은 것은?

① 1년   ② 2년
③ 3년   ④ 4년

■ 건설기계 검사 유효기간

기종	연 식	검사유효기간
1. 굴착기(타이어식)	–	1년
2. 로더(타이어식)	20년 이하	2년
	20년 초과	1년
3. 지게차(1톤 이상)	20년 이하	2년
	20년 초과	1년
4. 덤프트럭	20년 이하	1년
	20년 초과	6개월
5. 기중기	–	1년
6. 모터그레이더	20년 이하	2년
	20년 초과	1년
7. 콘크리트믹서트럭	20년 이하	1년
	20년 초과	6개월
8. 콘크리트펌프 (트럭적재식)	20년 이하	1년
	20년 초과	6개월
9. 아스팔트살포기	–	1년
10. 천공기	–	1년
11. 항타 항발기	–	1년
12. 타워크레인	–	6개월
13. 기타 건설기계	20년 이하	3년
	20년 초과	1년

6 정기검사 유효기간이 1년인 건설기계는?

① 기중기
② 20년 이하 모터그레이더
③ 20년 이하 타이어식 로더
④ 20년 이하 1톤 이상의 지게차

■ 검사 유효기간이 1년인 건설기계

기종	구분	검사유효기간
1. 굴착기	타이어식	1년
4. 덤프트럭	–	1년
5. 기중기	타이어식, 트럭적재식	1년
7. 콘크리트믹서트럭	–	1년
8. 콘크리트펌프	트럭적재식	1년
9. 아스팔트살포기	–	1년

7 건설기계 관리 법령상 정기검사 유효기간이 다른 건설기계는?

① 20년 이하 덤프트럭
② 20년 이하 콘크리트 믹서 트럭
③ 타워 크레인
④ 굴착기(타이어식)

8 건설기계 관리 법령상 건설기계의 정기검사 유효기간이 잘못된 것은?

① 20년 이하 덤프트럭 : 1년
② 타워크레인 : 6개월
③ 아스팔트 살포기 : 1년
④ 지게차 1톤 이상 : 3년

9 정기 검사대상 건설기계의 정기검사 신청기간으로 옳은 것은?

① 건설기계의 정기검사 유효기간 만료일 전후 45일 이내에 신청한다.
② 건설기계의 정기검사 유효기간 만료일 전 90일 이내에 신청한다.
③ 건설기계의 정기검사 유효기간 만료일 전후 각각 31일 이내에 신청한다

정답

04.②   05.①   06.①   07.③   08.④   09.③

④ 건설기계의 정기검사 유효기간 만료일 후 60일 이내에 신청한다.

> 정기검사를 받으려는 자는 검사 유효기간의 만료일 전후 각각 30일 이내의 기간에 정기검사 신청서를 시·도지사에게 제출하여야 한다.

10 건설기계관리법령상 건설기계가 정기검사 신청기간 내에 정기검사를 받은 경우, 다음 정기검사 유효기간의 산정방법으로 옳은 것은?

① 정기검사를 받은 날부터 기산한다.
② 정기검사를 받은 날의 다음날부터 기산한다.
③ 종전 검사유효기간 만료일부터 기산한다.
④ 종전 검사유효기간 만료일의 다음날부터 기산한다.

> 유효기간의 산정은 정기검사 신청기간 내에 정기검사를 받은 경우에는 종전 검사 유효기간 만료일의 다음 날부터, 그 외의 경우에는 검사를 받은 날의 다음 날부터 기산한다.

11 정기검사 신청을 받은 검사대행자는 며칠 이내에 검사일시 및 장소를 신청인에게 통지하여야 하는가?

① 20일　　② 15일
③ 5일　　　④ 3일

> 검사신청을 받은 시·도지사 또는 검사대행자는 신청을 받은 날부터 5일 이내에 검사일시와 검사장소를 지정하여 신청인에게 통지하여야 한다.

12 건설기계의 정비명령은 누구에게 하여야 하는가?

① 해당기계 운전자
② 해당기계 검사업자
③ 해당기계 정비업자
④ 해당기계 소유자

> 정비명령은 검사에 불합격한 해당 건설기계 소유자에게 한다.

13 검사 연기 신청을 하였으나 불허 통지를 받은 자는 언제까지 검사를 신청하여야 하는가?

① 불허 통지를 받은 날부터 5일 이내
② 불허 통지를 받은 날부터 10일 이내
③ 검사 신청기간 만료일부터 5일 이내
④ 검사 신청기간 만료일부터 10일 이내

> 검사 연기신청을 받은 시·도지사 또는 검사대행자는 그 신청일부터 5일 이내에 검사 연기여부를 결정하여 신청인에게 통지하여야 한다. 이 경우 검사연기 불허통지를 받은 자는 검사 신청기간 만료일부터 10일 이내에 검사신청을 하여야 한다.

14 건설기계 정기검사를 연기하는 경우 그 연장기간은 몇 월 이내로 하여야 하는가?

① 1월　　　② 2월
③ 3월　　　④ 6월

> 검사를 연기하는 경우에는 그 연기기간을 6월 이내로 한다.

15 건설기계 검사소에서 검사를 받아야 하는 건설기계는?

① 콘크리트 살포기
② 트럭적재식 콘크리트 펌프
③ 지게차
④ 스크레이퍼

> ■ 검사소에서 검사를 받아야 하는 건설기계
> ① 덤프트럭
> ② 콘크리트 믹서트럭
> ③ 콘크리트 펌프(트럭 적재식)
> ④ 아스팔트 살포기
> ⑤ 트럭 지게차(특수 건설기계인 트럭지게차)

정답
10.④　11.③　12.④　13.④　14.④　15.②

16 건설기계의 구조변경검사 신청서에 첨부할 서류가 아닌 것은?
① 변경 전·후의 건설기계 외관도
② 변경 전·후의 주요제원 대비표
③ 변경한 부분의 도면
④ 변경한 부분의 사진

■ **구조변경 검사 신청시 첨부서류**
① 변경 전·후의 주요 제원 대비표
② 변경 전·후의 건설기계의 외관도(외관의 변경이 있는 경우에 한한다)
③ 변경한 부분의 도면
④ 한국해양교통안전공단 또는 선급법인이 발행한 안전도 검사증명서(수상작업용 건설기계에 한한다)
⑤ 건설기계를 제작하거나 조립하는 자 또는 건설기계 정비업자의 등록을 한 자가 발행하는 구조변경 사실을 증명하는 서류

17 건설기계관리 법령상 건설기계의 구조변경 검사 신청은 주요구조를 변경 또는 개조한 날부터 며칠이내에 하여야 하는가?
① 5일 이내   ② 15일 이내
③ 20일 이내   ④ 30일 이내

구조변경 검사를 받고자 하는 자는 주요 구조를 변경 또는 개조한 날부터 20일 이내에 건설기계 구조변경 검사 신청서를 시·도지사에게 제출하여야 한다. 다만, 검사대행을 하게 한 경우에는 검사대행자에게 제출하여야 한다.

18 건설기계의 주요구조 변경 범위에 포함되지 않는 사항은?
① 원동기의 형식변경
② 제동장치의 형식변경
③ 조종장치의 형식변경
④ 충전장치의 형식변경

■ **구조변경 범위**
① 원동기 및 전동기의 형식변경
② 동력전달장치의 형식변경
③ 제동장치의 형식변경
④ 주행장치의 형식변경
⑤ 유압장치의 형식변경
⑥ 조종장치의 형식변경
⑦ 조향장치의 형식변경
⑧ 작업장치의 형식변경. 다만, 가공작업을 수반하지 아니하고 작업장치를 선택 부착하는 경우에는 작업장치의 형식변경으로 보지 아니한다.
⑨ 건설기계의 길이·너비·높이 등의 변경
⑩ 수상작업용 건설기계의 선체의 형식변경
⑪ 타워크레인 설치기초 및 전기장치의 형식변경

19 건설기계 관리 법령에서 건설기계의 주요 구조변경 및 개조의 범위에 해당하지 않는 것은?
① 기종 변경
② 원동기의 형식변경
③ 유압장치의 형식변경
④ 동력전달장치의 형식변경

건설기계의 구조변경을 할 수 없는 경우
① 건설기계의 기종변경
② 육상작업용 건설기계규격의 증가
③ 육상작업용 적재함의 용량증가

20 건설기계의 구조변경 및 개조의 범위에 해당되지 않는 것은?
① 원동기의 형식 변경
② 주행 장치의 형식 변경
③ 적재함의 용량 증가를 위한 형식 변경
④ 유압장치의 형식 변경

21 건설기계 조종사의 면허 취소 사유가 아닌 것은?
① 거짓 또는 부정한 방법으로 건설기계 면허를 받은 때
② 면허 정지 처분을 받은 자가 그 정지 기간 중 건설기계를 조종한 때
③ 건설기계의 조종 중 고의로 중대한 사고를 일으킨 때
④ 정기검사를 받지 않은 건설기계를 조종한 때

정답
16.④   17.③   18.④   19.①   20.③   21.④

■ 면허 취소 사유
① 거짓이나 그 밖의 부정한 방법으로 건설기계 조종사 면허를 받은 경우
② 건설기계 조종사 면허의 효력정지 기간 중 건설기계를 조종한 경우
③ 건설기계 조종 상의 위험과 장해를 일으킬 수 있는 정신질환자 또는 뇌전증환자로서 국토교통부령으로 정하는 사람
④ 앞을 보지 못하는 사람, 듣지 못하는 사람, 그 밖에 국토교통부령으로 정하는 장애인
⑤ 건설기계 조종 상의 위험과 장해를 일으킬 수 있는 마약·대마·향정신성의약품 또는 알코올 중독자로서 국토교통부령으로 정하는 사람
⑥ 건설기계의 조종 중 고의 또는 과실로 중대한 사고를 일으킨 경우
⑦ 고의로 인명피해(사망·중상·경상 등을 말한다)를 입힌 경우
⑧ 정기적성검사를 받지 아니하거나 불합격한 경우
⑨ 약물(마약, 대마, 향정신성 의약품 및 환각물질을 말한다)을 투여한 상태에서 건설기계를 조종한 경우
⑩ 건설기계 조종사 면허증을 다른 사람에게 빌려준 경우
⑪ 술에 취한 상태에서 건설기계를 조종하다가 사고로 사람을 죽게 하거나 다치게 한 경우
⑫ 술에 만취한 상태(혈중알코올농도 0.1% 이상)에서 건설기계를 조종한 경우
⑬ 2회 이상 술에 취한 상태에서 건설기계를 조종하여 면허 효력 정지를 받은 사실이 있는 사람이 다시 술에 취한 상태에서 건설기계를 조종한 경우

22 건설기계 조종사 면허를 취소하거나 정지시킬 수 있는 사유에 해당하지 않는 것은?

① 면허증을 타인에게 대여한 때
② 조종 중 과실로 중대한 사고를 일으킨 때
③ 면허를 부정한 방법으로 취득하였음이 밝혀졌을 때
④ 여행을 목적으로 1개월 이상 해외로 출국하였을 때

23 건설기계조종사면허의 취소·정지 사유가 아닌 것은?

① 등록번호표 식별이 곤란한 건설기계를 조종한 때
② 건설기계 조종사 면허증을 타인에게 대여한 때
③ 고의 또는 과실로 건설기계에 중대한 사고를 발생케 한 때
④ 부정한 방법으로 조종사 면허를 받은 때

24 건설기계 조종 중 고의로 인명 피해를 입힌 때 면허의 처분 기준으로 옳은 것은?

① 면허 취소
② 면허 효력정지 15일
③ 면허 효력정지 30일
④ 면허 효력정지 45일

25 건설기계조종사 면허정치처분 기간 중 건설기계를 조종한 경우의 정저처분 내용은?

① 취소
② 면허효력 정지 60일
③ 면허효력 정지 30일
④ 면허 효력정지 20일

26 술에 만취한 상태(혈중 알코올 농도 0.8 퍼센트 이상)에서 건설기계를 조종한 자에 대한 면허의 취소·정지처분 내용은?

① 면허취소
② 면허 효력정지 60일
③ 면허 효력정지 50일
④ 면허 효력정지 70일

27 고의 또는 과실로 가스공급 시설을 손괴하거나 기능에 장애를 입혀 가스의 공급을 방해한 때의 건설기계 조종사 면허 효력정지 기간은?

① 240일   ② 180일
③ 90일   ④ 45일

정답

22.④   23.①   24.①   25.①   26.①   27.②

■ 건설기계 조종 면허의 효력정지
① 효력정지 180일 : 건설기계의 조종 중 고의 또는 과실로 도시가스사업법에 따른 가스 공급 시설을 손괴하거나 가스 공급 시설의 기능에 장애를 입혀 가스의 공급을 방해한 경우
② 효력정지 60일 : 술에 취한 상태(혈중알코올농도 0.03% 이상 0.08% 미만을 말한다)에서 건설기계를 조종한 경우
③ 효력정지 45일 : 사망 1명마다
④ 효력정기 15일 : 중상 1명마다
⑤ 효력정지 5일 : 경상 1명마다
⑥ 효력정지 1일(90일을 넘지 못함) : 재산피해 금액 50만원 마다

28 건설기계의 조종 중 과실로 사망 1명의 인명피해를 입힌 때 조종사 면허 처분기준은?

① 면허취소
② 면허 효력정지 60일
③ 면허 효력정지 45일
④ 면허 효력정지 30일

29 과실로 경상 6명의 인명피해를 입힌 건설기계를 조종한 자의 처분기준은?

① 면허 효력정지 10일
② 면허 효력정지 20일
③ 면허 효력정지 30일
④ 면허 효력정지 60일

경상 1명마다 면허 효력정지가 5일이므로 6명×5일=30일

30 건설기계관리법규 상 과실로 경상 14명의 인명피해를 냈을 때 면허 효력정지 처분기준은?

① 30일   ② 40일
③ 60일   ④ 70일

경상 1명마다 면허 효력정지가 5일이므로 14명×5일=70일

31 건설기계 운전면허의 효력정지 사유가 발생한 경우 건설기계 관리법상 효력정지 기간으로 옳은 것은?

① 1년 이내   ② 6월 이내
③ 5년 이내   ④ 3년 이내

시장·군수 또는 구청장은 1년 이내의 기간을 정하여 건설기계 조종사 면허의 효력을 정지시킬 수 있다.

32 등록되지 아니하거나 등록 말소된 건설기계를 사용한 자에 대한 벌칙은?

① 100만 원 이하 벌금
② 300만 원 이하 벌금
③ 1년 이하의 징역 또는 1000만 원 이하 벌금
④ 2년 이하의 징역 또는 2000만 원 이하 벌금

■ 2년 이하의 징역 또는 2천만 원 이하의 벌금
① 등록되지 아니한 건설기계를 사용하거나 운행한 자
② 등록이 말소된 건설기계를 사용하거나 운행한 자
③ 시·도지사의 지정을 받지 아니하고 등록번호표를 제작하거나 등록번호를 새긴 자
④ 검사대행자 또는 그 소속 직원에게 재물이나 그 밖의 이익을 제공하거나 제공 의사를 표시하고 부정한 검사를 받은 자
⑤ 건설기계의 주요 구조나 원동기, 동력전달장치, 제동장치 등 주요 장치를 변경 또는 개조한 자
⑥ 무단 해체한 건설기계를 사용·운행하거나 타인에게 유상·무상으로 양도한 자
⑦ 제작 결함의 시정명령을 이행하지 아니한 자
⑧ 등록을 하지 아니하고 건설기계사업을 하거나 거짓으로 등록을 한 자
⑨ 등록이 취소되거나 사업의 전부 또는 일부가 정지된 건설기계사업자로서 계속하여 건설기계사업을 한 자

정답
28.③ 29.③ 30.④ 31.① 32.④

33 2년 이하의 징역 또는 2천만 원 이하의 벌금에 해당하는 것은?

① 매매용 건설기계의 운행하거나 사용한 자
② 등록번호표를 지워 없애거나 그 식별을 곤란하게 한 자
③ 건설기계 사업을 등록하지 않고 건설기계 사업을 하거나 거짓으로 등록을 한 자
④ 사후관리에 관한 명령을 이해하지 아니한 자

34 건설기계 관리 법령상 건설기계 조종사 면허를 받지 아니하고 건설기계를 조종한 자에 대한 벌칙은?

① 3년 이하의 징역 또는 3천만 원 이하의 벌금
② 2년 이하의 징역 또는 2천만 원 이하의 벌금
③ 1년 이하의 징역 또는 1천만 원 이하의 벌금
④ 1년 이하의 징역 또는 500만 원 이하의 벌금

> ① 건설기계를 거짓이나 그 밖의 부정한 방법으로 등록을 한 자
> ② 등록번호를 지워 없애거나 그 식별을 곤란하게 한 자
> ③ 구조변경검사 또는 수시검사를 받지 아니한 자
> ④ 정비명령을 이행하지 아니한 자
> ⑤ 건설기계의 사용·운행 중지 명령을 위반하여 사용·운행한 자
> ⑥ 사업정지명령을 위반하여 사업정지기간 중에 검사를 한 자
> ⑦ 형식승인, 형식변경승인 또는 확인검사를 받지 아니하고 건설기계의 제작등을 한 자
> ⑧ 사후관리에 관한 명령을 이행하지 아니한 자
> ⑨ 내구연한을 초과한 건설기계 또는 건설기계 장치 및 부품을 운행하거나 사용한 자
> ⑩ 내구연한을 초과한 건설기계 또는 건설기계 장치 및 부품의 운행 또는 사용을 알고도 말리지 아니하거나 운행 또는 사용을 지시한 고용주
> ⑪ 부품인증을 받지 아니한 건설기계 장치 및 부품을 사용한 자
> ⑫ 부품인증을 받지 아니한 건설기계 장치 및 부품을 건설기계에 사용하는 것을 알고도 말리지 아니하거나 사용을 지시한 고용주
> ⑬ 매매용 건설기계를 운행하거나 사용한 자
> ⑭ 폐기인수 사실을 증명하는 서류의 발급을 거부하거나 거짓으로 발급한 자
> ⑮ 폐기요청을 받은 건설기계를 폐기하지 아니하거나 등록번호표를 폐기하지 아니한 자
> ⑯ 건설기계 조종사 면허를 받지 아니하고 건설기계를 조종한 자
> ⑰ 건설기계 조종사 면허를 거짓이나 그 밖의 부정한 방법으로 받은 자
> ⑱ 소형 건설기계의 조종에 관한 교육과정의 이수에 관한 증빙서류를 거짓으로 발급한 자
> ⑲ 술에 취하거나 마약 등 약물을 투여한 상태에서 건설기계를 조종한 자와 그러한 자가 건설기계를 조종하는 것을 알고도 말리지 아니하거나 건설기계를 조종하도록 지시한 고용주
> ⑳ 건설기계 조종사 면허가 취소되거나 건설기계 조종사 면허의 효력정지처분을 받은 후에도 건설기계를 계속하여 조종한 자
> ㉑ 건설기계를 주택가 주변의 도로·공터 등에 세워 둔 자

35 건설기계 조종사 면허가 취소된 상태로 건설기계를 계속하여 조종한 자에 대한 벌칙은?

① 2년 이하의 징역 또는 2000만 원 이하의 벌금
② 1년 이하의 징역 또는 1000만 원 이하의 벌금
③ 200만 원 이하의 벌금
④ 100만 원 이하의 벌금

36 건설기계 소유자 또는 점유자가 건설기계를 도로에 계속하여 버려두거나 정당한 사유 없이 타인의 토지에 버려둔 경우의 처벌은?

① 1년 이하의 징역 또는 500만 원 이하의 벌금

정답

33.③ 34.③ 35.② 36.③

② 1년 이하의 징역 또는 400만 원 이하의 벌금
③ 1년 이하의 징역 또는 1000만 원 이하의 벌금
④ 1년 이하의 징역 또는 200만 원 이하의 벌금

37 건설기계 관리 법령상 건설기계를 도로에 계속하여 방치하거나 정당한 사유 없이 타인의 토지에 방치한 자에 대한 벌칙은?

① 2년 이하의 징역 또는 1천만 원 이하의 벌금
② 1년 이하의 징역 또는 1천만 원 이하의 벌금
③ 200만 원 이하의 벌금
④ 100만 원 이하의 벌금

38 건설기계 등록번호를 지워 없애거나 그 식별을 곤란하게 한 자에 대한 벌칙은?

① 1년 이하의 징역 또는 1천만 원 이하의 벌금
② 50만 원 이하의 벌금
③ 30만 원 이하의 벌금
④ 2년 이하의 징역

39 건설기계 관리법상 건설기계가 국토교통부장관이 실시하는 검사에 불합격하여 정비 명령을 받았을 경우, 건설기계 소유자가 이 명령을 이행하지 않았을 때의 벌칙으로 맞는 것은?

① 100만 원 이하의 벌금
② 300만 원 이하의 벌금
③ 500만 원 이하의 벌금
④ 1년 이하의 징역 또는 1천만 원 이하의 벌금

40 구조변경검사를 받지 아니한 자에 대한 처벌은?

① 1년 이하의 징역 또는 1천만 원 이하의 벌금
② 150만 원 이하의 벌금
③ 200만 원 이하의 벌금
④ 250만 원 이하의 벌금

41 건설기계 관리 법령상 국토교통부령으로 정하는 바에 따라 등록번호표를 부착 및 봉인하지 않은 건설기계를 운행하여서는 아니 된다. 이를 1차 위반했을 경우의 과태료는?(단, 임시번호표를 부착한 경우는 제외한다.)

① 5만 원   ② 10만 원
③ 50만 원 ④ 100만 원

> 등록번호표를 부착 및 봉인하지 않은 건설기계를 운행자는 100만원 이하의 과태료를 부과한다.

42 과태료 처분에 대하여 불복이 있는 자는 그 처분의 고지를 받은 날로부터 며칠 이내에 이의를 제기하여야 하는가?

① 5일   ② 10일
③ 20일   ④ 30일

> 과태료 처분에 대하여 불복이 있는 자는 그 처분의 고지를 받은 날로부터 30일 이내에 이의를 제기하여야 한다.

43 건설기계를 주택가 주변에 세워 두어 교통 소통을 방해하거나 소음 등으로 주민의 생활환경을 침해한 자에 대한 벌칙은?

① 200만 원 이하의 벌금
② 100만 원 이하의 벌금
③ 100만 원 이하의 과태료
④ 50만 원 이하의 과태료

> 주택가 주변에 건설기계를 세워둔 자는 50만원 이하의 과태료를 부과한다.

정답

37.② 38.① 39.④ 40.① 41.④ 42.④ 43.④

44 특별표지판을 부착하지 않아도 되는 건설기계는?

① 최소회전 반경이 13m인 건설기계
② 길이가 17m인 건설기계
③ 너비가 3m인 건설기계
④ 높이가 3m인 건설기계

> ■ 특별표지판 부착 대상 건설기계
> ① 길이가 16.7m 이상인 경우
> ② 너비가 2.5m 이상인 경우
> ③ 최소회전 반경이 12m 이상인 경우
> ④ 높이가 4m 이상인 경우
> ⑤ 총중량이 40톤 이상인 경우
> ⑥ 축하중이 10톤 이상인 경우

45 대형 건설기계 특별 표지판 부착을 하지 않아도 되는 건설기계는?

① 너비 3미터인 건설기계
② 길이 16미터인 건설기계
③ 최소회전반경 13미터인 건설기계
④ 총중량 50톤인 건설기계

46 도로운행시의 건설기계의 축하중 및 총중량 제한은?

① 윤하중 5톤 초과, 총중량 20톤 초과
② 축하중 10톤 초과, 총중량 20톤 초과
③ 축하중 10톤 초과, 총중량 40톤 초과
④ 윤하중 10톤 초과, 총중량 10톤 초과

> 도로운행시의 건설기계의 축하중 및 총중량 제한은 축하중 10톤 초과, 총중량 40톤 초과이다.

47 대형건설기계의 특별표지 중 경고표지판 부착 위치는?

① 작업 인부가 쉽게 볼 수 있는 곳
② 조종실 내부의 조종사가 보기 쉬운 곳
③ 교통경찰이 쉽게 볼 수 있는 곳
④ 특별 번호판 옆

> 대형건설기계에는 조종실 내부의 조종사가 보기 쉬운 곳에 경고표지판을 부착하여야 한다.

정답
44.④ 45.② 46.③ 47.②

PART.8
응급
대처

1. 고장이 발생하였을 때의 응급조치
2. 교통사고가 발생하였을 경우의 대처

chapter 01 고장이 발생하였을 때의 응급조치

1-1 제동장치가 고장이 났을 경우

01 제동 성능이 불량한 경우 조치

제동성능이 불량한 경우 안전하게 주차하고 후면 안전거리에 고장 표시판을 설치한 후 고장 내용을 점검한다.

① 브레이크액이 부족한 경우는 보충하고 공기 빼기를 실시한다.
② 브레이크 호스 및 라인이 파손된 경우는 서비스 센터에 연락하여 교환한다.
③ 디스크 및 패드가 마모된 경우는 서비스 센터에 연락하여 교환한다.
④ 휠 실린더에서 누유가 되는 경우 서비스 센터에 연락하여 교환한다.
⑤ 베이퍼록이 발생하는 경우는 엔진 브레이크를 사용하여 대처한다.
⑥ 페이드 현상이 발생되는 경우 엔진 브레이크를 사용하여 대처한다.

02 베이퍼록이 발생하는 원인

브레이크 회로 내의 오일이 비등·기화하여 오일의 압력전달 작용을 방해하는 현상이며 그 원인은 다음과 같다.

① 긴 내리막길에서 과도한 풋 브레이크를 사용하는 경우
② 브레이크 드럼과 라이닝의 끌림에 의해 가열되는 경우
③ 마스터 실린더, 브레이크슈 리턴 스프링 쇠손에 의한 잔압이 저하된 경우
④ 브레이크 오일 변질에 의한 비점의 저하 및 불량한 오일을 사용하는 경우

03 페이드 현상

브레이크를 연속하여 자주 사용하면 브레이크 드럼이 과열되어 마찰계수가 떨어지며, 브레이크가 잘 듣지 않는 것으로서 짧은 시간 내에 반복 조작이나 내리막길을 내려갈 때 브레이크 효과가 나빠지는 현상이다.

(1) 방지책
① 드럼의 냉각성능을 크게 한다.
② 드럼은 열팽창률이 적은 재질을 사용한다.
③ 온도 상승에 따른 마찰계수 변화가 작은 라이닝을 사용한다.
④ 드럼의 열팽창률이 적은 형상으로 한다.

04 브레이크가 잘 듣지 않는 원인

① 휠 실린더 오일 누출
② 라이닝에 오일이 묻었을 때
③ 브레이크 드럼의 간극이 클 때
④ 브레이크 페달 자유 간극이 클 때

05 브레이크가 풀리지 않는 원인

① 마스터 실린더 리턴 포트의 막힘
② 마스터 실린더 컵이 부풀었을 때
③ 브레이크 페달 자유 간극이 적을 때
④ 브레이크 페달 리턴 스프링이 불량할 때
⑤ 마스터 실린더 리턴 스프링이 불량할 때
⑥ 라이닝이 드럼에 소결되었을 때
⑦ 푸시로드를 길게 조정하였을 때

1-2 타이어 펑크 및 주행 장치가 고장이 났을 경우

01 타이어가 펑크 났을 경우 조치
① 타이어 펑크 시 안전한 장소에 주차한다.
② 후면 안전거리에 고장 표시판을 설치한 후 타이어를 교환한다.
③ 타이어가 노화된 경우에는 타이어를 교환한다.
④ 타이어 공기압이 과도하게 높은 경우 규정 압력보다 높지 않게 조절한다.

02 전·후진 장치에서 고장이 났을 경우 조치
안전하게 주차하고 후면 안전거리에 고장 표시판을 설치한 후 서비스 센터에 견인 조치를 의뢰한다.

(1) 기어가 빠지는 원인
① 록킹 볼 스프링의 장력이 작다.
② 기어의 마모가 심하다.
③ 록킹 볼이 마멸 되었다.
④ 기어가 충분히 물리지 않았다.

(2) 변속기에서 기어의 마찰음이 발생되는 원인
① 기어 백래시가 과다.
② 변속기 베어링의 마모
③ 변속기의 오일부족

(3) 종감속 장치에서 열이 발생하는 원인
① 윤활유 부족
② 윤활유 오염
③ 종감속 기어의 접촉상태 불량

03 조향 장치가 불량한 경우 조치
조향 장치가 불량한 경우 서비스 센터에 연락하여 수리를 의뢰한다.

(1) 조향 핸들의 유격이 크게 되는 원인
① 조향 기어의 백래시가 크다.
② 조향 기어가 마모되었다.
③ 조향 기어 링키지 조정이 불량하다.
④ 조향 바퀴 베어링 마모
⑤ 피트먼 암이 헐겁다.
⑥ 조향 너클 암이 헐겁다.
⑦ 아이들 암 부시의 마모
⑧ 타이로드의 볼 조인트 마모
⑨ 조향(스티어링) 기어 박스 장착부의 풀림

(2) 조향 핸들의 조작을 가볍게 하는 방법
① 타이어의 공기압을 적정압으로 한다.
② 앞바퀴 정렬을 정확히 한다.
③ 조향 휠을 크게 한다.
④ 동력 조향장치를 사용한다.
⑤ 하중을 감소시킨다.
⑥ 조향기어 관계의 베어링을 잘 조정한다.

(3) 조향 핸들이 한쪽으로 쏠리는 원인
① 좌우 타이어 공기압이 불균일하다.
② 브레이크 라이닝 간극이 불균일하다.
③ 휠 얼라인먼트 조정이 불량하다.
④ 한쪽의 허브 베어링이 마모되었다.

(4) 동력조향 핸들의 조작이 무거운 원인
① 유압계통 내에 공기가 유입되었다.
② 타이어의 공기 압력이 너무 낮다.
③ 오일이 부족하거나 유압이 낮다.
④ 조향펌프(오일펌프)의 회전속도가 느리다.
⑤ 오일펌프의 벨트가 파손되었다.
⑥ 오일호스가 파손되었다.

1-3 마스트 유압 라인이 고장 났을 경우

마스트 유압라인 고장 시 안전주차 하고 후면 안전거리에 고장표시판을 설치 후 포크를 마스트에 고정하여 응급 운행 할 수 있다.

01 리프트 실린더의 상승력이 부족한 원인
① 오일 필터의 막힘
② 유압 펌프의 불량
③ 리프트 실린더에서 작동유 누출

02 체인 장력 조정 방법
① 손으로 체인을 눌러보아 양쪽이 다르면 조정 너트로 조정한다.
② 포크를 지상에서 10 ~ 15 cm 올린 후 조정한다.
③ 좌우체인이 동시에 평행한가를 확인한다.
④ 조정 후 로크 너트를 로크 시킨다.

1-4 지게차 응급 견인 방법

01 견인 방법
① 견인은 단거리 이동을 위한 비상 응급 견인이며 장거리 이동시는 항상 수송 트럭으로 운반하여야 한다.
② 견인되는 지게차에는 운전자가 핸들과 제동장치를 조작할 수 없으며 탑승자를 허용해서는 아니된다.
③ 견인하는 지게차는 고장 난 지게차 보다 커야 한다.
④ 고장 난 지게차를 경사로 아래로 이동할 때는 충분한 조정과 제농을 얻기 위해 너 큰 견인 지게차로 견인하거나 또는 몇 대의 지게차를 뒤에 연결할 필요가 있을 때도 있다. 그렇게 하여 예기치 못한 구름을 방지한다.

02 마스트 유압라인 고장 시 응급 견인 요령
① 안전 주차 후 후면의 고장 표시판을 설치한 후 포크를 마스트에 고정한다.
② 주차 브레이크를 푼다.
③ 주브레이크 페달을 놓는다.
④ 키 스위치는 OFF로 한다.
⑤ 전·후진 레버를 중립에 위치한다.
⑥ 지게차에 견인봉을 연결한다.
⑦ 바퀴의 굄목을 들어내고 지게차를 서서히 견인한다.
⑧ 견인 속도는 2km/h 이하로 유지한다.

1-5 자동변속기의 과열 원인

① 메인 압력이 규정보다 높은 경우
② 과부하 운전을 계속하는 경우
③ 오일이 규정량보다 적은 경우
④ 변속기 오일 쿨러가 막힌 경우

1. 고장 발생시 응급처치

단원핵심문제

1 브레이크 오일이 비등하여 송유 압력의 전달 작용이 불가능하게 되는 현상은?

① 페이드 현상
② 베이퍼록 현상
③ 사이클링 현상
④ 브레이크 록 현상

> 베이퍼록 현상은 브레이크 회로 내의 오일이 비등 · 기화하여 송유 압력의 전달이 불가능하게 되는 현상이다.

2 유압식 브레이크에서 베이퍼 록의 원인과 관계없는 것은?

① 비점이 높은 브레이크 오일 사용
② 브레이크 간극이 작아 끌림 현상 발생
③ 드럼의 과열
④ 과도한 브레이크 사용

> ■ 베이퍼 록이 발생하는 원인
> ① 지나친 브레이크 조작
> ② 드럼의 과열 및 잔압의 저하
> ③ 긴 내리막길에서 과도한 브레이크 사용
> ④ 라이닝과 드럼의 간극 과소
> ⑤ 오일의 변질에 의한 비점 저하
> ⑥ 불량한 오일 사용
> ⑦ 드럼과 라이닝의 끌림에 의한 가열

3 타이어식 건설기계의 브레이크 파이프 내에 베이퍼 록이 생기는 원인이다. 관계없는 것은?

① 드럼의 과열
② 지나친 브레이크 조작
③ 잔압의 저하
④ 라이닝과 드럼의 간극 과대

4 긴 내리막길을 내려갈 때 베이퍼 록을 방지하려고 하는 좋은 운전방법은?

① 변속 레버를 중립으로 놓고 브레이크 페달을 밟고 내려간다.
② 시동을 끄고 브레이크 페달을 밟고 내려간다.
③ 엔진 브레이크를 사용한다.
④ 클러치를 끊고 브레이크 페달을 계속 밟고 속도를 조정하면서 내려간다.

> 경사진 내리막길을 내려갈 때 베이퍼 록을 방지하려면 엔진 브레이크를 사용하여야 한다.

5 브레이크 장치의 베이퍼 록 발생 원인이 아닌 것은?

① 긴 내리막길에서 과도한 브레이크 사용
② 엔진 브레이크를 장시간 사용
③ 드럼과 라이닝의 끌림에 의한 가열
④ 오일의 변질에 의한 비등점의 저하

6 브레이크를 연속하여 자주 사용하면 브레이크 드럼이 과열되어 마찰계수가 떨어지고 브레이크가 잘 듣지 않는 것으로 짧은 시간 내에 반복 조작이나, 내리막길을 내려갈 때 브레이크 효과가 나빠지는 현상은?

① 자기작동
② 페이드
③ 하이드로 플래닝
④ 와전류

> ① **자기작동** : 제동시 마찰력에 의해 드럼과 함께 회전하려는 경향이 생겨 마찰력이 더욱 증대되는 작용
> ② **하이드로 플래닝(수막 현상)** : 물이 고인 노면을 고속으로 주행할 때 타이어는 홈 사이에 있는 물을 배수하는 기능이 감소되어 물의 저항에 의해 노면으로부터 떠올라 물위를 미끄러지듯이 되는 현상

정답

01.② 02.① 03.④ 04.③ 05.② 06.②

7 제동장치의 페이드 현상 방지책으로 틀린 것은?

① 드럼의 냉각 성능을 크게 한다.
② 드럼은 열팽창률이 적은 재질을 사용한다.
③ 온도 상승에 따른 마찰계수 변화가 큰 라이닝을 사용한다.
④ 드럼의 열팽창률이 적은 형상으로 한다.

> 페이드 현상은 브레이크 라이닝 및 드럼에 마찰열이 축척되어 마찰계수 저하로 제동력이 감소되는 현상으로 방지책은 ①, ②, ④항 이외에 온도 상승에 따른 마찰계수 변화가 작은 라이닝을 사용한다.

8 운행 중 브레이크에 페이드 현상이 발생했을 때 조치방법은?

① 브레이크 페달을 자주 밟아 열을 발생시킨다.
② 운행속도를 조금 올려준다.
③ 운행을 멈추고 열이 식도록 한다.
④ 주차 브레이크를 대신 사용한다.

> 브레이크에 페이드 현상이 발생하면 정차하여 열이 식도록 하여야 한다.

9 브레이크가 잘 작동되지 않을 때의 원인으로 가장 거리가 먼 것은?

① 라이닝에 오일이 묻었을 때
② 휠 실린더 오일이 누출되었을 때
③ 브레이크 페달 자유간극이 작을 때
④ 브레이크 드럼의 간극이 클 때

> ■ 브레이크가 잘 듣지 않을 때의 원인
> ① 휠 실린더 오일 누출
> ② 라이닝에 오일이 묻었을 때
> ③ 브레이크 드럼의 간극이 클 때
> ④ 브레이크 페달 자유 간극이 클 때

10 브레이그기 잘 듣지 않을 때의 원인으로 가장 거리가 먼 것은?

① 휠 실린더 오일 누출
② 라이닝에 오일이 묻었을 때
③ 브레이크 드럼 간극이 클 때
④ 브레이크 페달 자유간극이 적을 때

11 유압식 브레이크 장치에서 제동이 잘 풀리지 않는 원인에 해당되는 것은?

① 브레이크 오일 점도가 낮기 때문
② 파이프 내의 공기의 침입
③ 체크 밸브의 접촉 불량
④ 마스터 실린더의 리턴구멍 막힘

> ■ 브레이크가 잘 풀리지 않는 원인
> ① 마스터 실린더 리턴 포트의 막힘
> ② 마스터 실린더 컵이 부풀었을 때
> ③ 브레이크 페달 자유 간극이 적을 때
> ④ 브레이크 페달 리턴 스프링이 불량할 때
> ⑤ 마스터 실린더 리턴 스프링이 불량할 때
> ⑥ 라이닝이 드럼에 소결되었을 때
> ⑦ 푸시로드를 길게 조정하였을 때

12 수동변속기가 장착된 건설기계 장비에서 주행 중 기어가 빠지는 원인이 아닌 것은?

① 기어의 물림이 덜 물렸을 때
② 기어의 마모가 심할 때
③ 클러치의 마모가 심할 때
④ 변속기 록 장치가 불량할 때

> ■ 기어가 빠지는 원인
> ① 록킹 볼 스프링의 장력이 작다.
> ② 기어의 마모가 심하다.
> ③ 록킹 볼이 마멸 되었다.
> ④ 기어가 충분히 물리지 않았다.

13 장비의 운행 중 변속레버가 빠질 수 있는 원인에 해당되는 것은?

① 기어가 충분히 물리지 않았을 때
② 클러치 조정이 불량할 때
③ 릴리스 베어링이 파손되었을 때
④ 클러치 연결이 분리되었을 때

정답
07.③ 08.③ 09.③ 10.④ 11.④ 12.③
13.①

14 타이어식 건설기계에서 전·후 주행이 되지 않을 때 점검하여야 할 곳으로 틀린 것은?
① 타이로드 엔드를 점검한다.
② 변속장치를 점검한다.
③ 유니버설 조인트를 점검한다.
④ 주차 브레이크 잠김 여부를 점검한다.

15 건설기계 장비의 변속기에서 기어의 마찰소리가 나는 이유가 아닌 것은?
① 기어 백래시가 과다
② 변속기 베어링의 마모
③ 변속기의 오일부족
④ 웜과 웜기어의 마모

> ■ 변속기에서 기어의 마찰소리가 나는 이유
> ① 기어 백래시가 과다.
> ② 변속기 베어링의 마모
> ③ 변속기의 오일부족

16 정상 작동되었던 변속기에서 심한 소음이 난다. 그 원인과 가장 거리가 먼 것은?
① 변속기 베어링의 마모
② 변속기 기어의 마모
③ 변속기 오일의 부족
④ 점도지수가 높은 오일 사용

17 타이어식 건설기계의 종감속 장치에서 열이 발생하고 있다. 그 원인으로 틀린 것은?
① 윤활유 부족
② 오일 오염
③ 종감속 기어의 접촉상태 불량
④ 종감속기 하우징 볼트의 과도한 조임

> ■ 종감속 장치에서 열이 발생하는 원인
> ① 윤활유 부족
> ② 윤활유 오염
> ③ 종감속 기어의 접촉상태 불량

18 타이어식 장비에서 핸들 유격이 클 경우가 아닌 것은?
① 타이로드의 볼 조인트 마모
② 스티어링 기어박스 장착부의 풀림
③ 스태빌라이저 마모
④ 아이들러 암 부싱의 마모

> ■ 조향 핸들의 유격이 커지는 원인
> ① 조향 기어의 백래시가 크다.
> ② 조향 기어가 마모되었다.
> ③ 조향 기어 링키지 조정이 불량하다.
> ④ 조향 바퀴 베어링 마모
> ⑤ 피트먼 암이 헐겁다.
> ⑥ 조향 너클 암이 헐겁다.
> ⑦ 아이들 암 부싱의 마모
> ⑧ 타이로드의 볼 조인트 마모
> ⑨ 조향(스티어링) 기어 박스 장착부의 풀림

19 조향 핸들의 유격이 커지는 원인과 관계없는 것은?
① 피트먼 암의 헐거움
② 타이어 공기압 과대
③ 조향 기어, 링키지 조정불량
④ 앞바퀴 베어링 과대 마모

20 조향 핸들의 유격이 커지는 원인이 아닌 것은?
① 피트먼 암의 헐거움
② 타이로드 엔드 볼 조인트 마모
③ 조향 바퀴 베어링 마모
④ 타이어 마모

21 조향기어 백래시가 클 경우 발생될 수 있는 현상은?
① 핸들의 유격이 커진다.
② 조향 핸들의 축 방향 유격이 커진다.
③ 조향 각도가 커진다.
④ 핸들이 한쪽으로 쏠린다.

> **정 답**
> 14.① 15.④ 16.④ 17.④ 18.③ 19.②
> 20.④ 21.①

22 조향 핸들의 조작을 가볍게 하는 방법으로 틀린 것은?

① 저속으로 주행한다.
② 바퀴의 정렬을 정확히 한다.
③ 동력조향을 사용한다.
④ 타이어의 공기압을 높인다.

> ■ 조향 핸들의 조작을 가볍게 하는 방법
> ① 타이어의 공기압을 적정압으로 한다.
> ② 앞바퀴 정렬을 정확히 한다.
> ③ 조향 휠을 크게 한다.
> ④ 동력 조향장치를 사용한다.
> ⑤ 하중을 감소시킨다.
> ⑥ 조향기어 관계의 베어링을 잘 조정한다.

23 타이어식 건설기계 장비에서 조향 핸들의 조작을 가볍고 원활하게 하는 방법과 가장 거리가 먼 것은?

① 동력조향을 사용한다.
② 바퀴의 정렬을 정확히 한다.
③ 타이어 공기압을 적정압으로 한다.
④ 종감속 장치를 사용한다.

24 타이어식 건설기계에서 주행 중 조향 핸들이 한쪽으로 쏠리는 원인이 아닌 것은?

① 타이어 공기압 불균일
② 브레이크 라이닝 간극 조정 불량
③ 베이퍼록 현상 발생
④ 휠 얼라인먼트 조정 불량

> ■ 조향 핸들이 한쪽으로 쏠리는 원인
> ① 좌우 타이어 공기압이 불균일하다.
> ② 브레이크 라이닝 간극이 불균일하다.
> ③ 휠 얼라인먼트 조정이 불량하다.
> ④ 한쪽의 허브 베어링이 마모되었다.

25 파워 스티어링에서 핸들이 매우 무거워 조작하기 힘든 상태일 때의 원인으로 맞는 것은?

① 바퀴가 습지에 있다.
② 조향 펌프에 오일이 부족하다.
③ 볼 조인트의 교환시기가 되었다.
④ 핸들 유격이 크다.

> ■ 동력조향 핸들의 조작이 무거운 원인
> ① 유압계통 내에 공기가 유입되었다.
> ② 타이어의 공기 압력이 너무 낮다.
> ③ 오일이 부족하거나 유압이 낮다.
> ④ 조향펌프(오일펌프)의 회전속도가 느리다.
> ⑤ 오일펌프의 벨트가 파손되었다.
> ⑥ 오일호스가 파손되었다.

26 조향 핸들의 조작이 무거운 원인으로 틀린 것은?

① 유압유 부족 시
② 타이어 공기압 과다주입 시
③ 앞바퀴 휠 얼라인먼트 조정불량 시
④ 유압 계통 내에 공기혼입 시

27 타이어식 건설기계가 주행 중 동력 조향 핸들의 조작이 무거운 이유가 아닌 것은?

① 유압이 낮다.
② 호스나 부품 속에 공기가 침입했다.
③ 오일 펌프의 회전이 빠르다.
④ 오일이 부족하다.

28 지게차에서 리프트 실린더의 상승력이 부족한 원인과 거리가 먼 것은?

① 오일 필터의 막힘
② 유압펌프의 불량
③ 리프트 실린더에서 유압유 누출
④ 틸트 로크 밸브의 밀착 불량

> ■ 리프트 실린더의 상승력이 부족한 원인
> ① 오일 필터의 막힘
> ② 유압 펌프의 불량
> ③ 리프트 실린더에서 작동유 누출

정답
22.① 23.④ 24.③ 25.② 26.② 27.③
28.④

29 다음은 지게차의 조향 휠이 정상보다 돌리기 힘들 때 원인이다. 가장 거리가 먼 것은?
① 오일펌프 벨트 파손
② 파워 스티어링 오일 부족
③ 오일 호스 파손
④ 타이어 공기압 과다

30 지게차의 포크 양쪽 중 한쪽이 낮아졌을 경우에 해당되는 원인으로 볼 수 있는 것은?
① 체인의 늘어짐
② 사이드 롤러의 과다한 마모
③ 실린더의 마모
④ 윤활유 불충분

> 지게차 작업 장치의 포크가 한쪽으로 기울어지는 원인은 한쪽 리프트 체인(lift chain)이 늘어졌기 때문이다.

31 지게차 작업 장치의 포크가 한쪽으로 기울어지는 가장 큰 원인은?
① 한쪽 롤러(side roller)가 마모
② 한쪽 실린더(cylinder)의 작동유가 부족
③ 한쪽 체인(chain)이 늘어짐
④ 한쪽 리프트 실린더(lift cylinder)가 마모

32 지게차 체인장력 조정법으로 틀린 것은?
① 좌우 체인이 동시에 평행한가를 확인한다.
② 포크를 지상에서 조금 올린 후 조정한다.
③ 손으로 체인을 눌러보아 양쪽이 다르면 조정 너트로 조정한다.
④ 조정 후 로크 너트를 풀어둔다.

> ■ 지게차 체인 장력 조정법
> ① 손으로 체인을 눌러보아 양쪽이 다르면 조정 너트로 조정한다.
> ② 포크를 지상에서 10~15cm 올린 후 조정한다.
> ③ 좌우 체인이 동시에 평행한가를 확인한다.
> ④ 조정 후 로크 너트를 로크 시킨다.

33 자동변속기의 과열 원인이 아닌 것은?
① 메인 압력이 높다.
② 과부하 운전을 계속하였다.
③ 오일이 규정량보다 많다.
④ 변속기 오일 쿨러가 막혔다.

> ■ 자동변속기의 과열 원인
> ① 메인 압력이 규정보다 높은 경우
> ② 과부하 운전을 계속하는 경우
> ③ 오일이 규정량보다 적은 경우
> ④ 변속기 오일 쿨러가 막힌 경우

34 자동변속기의 구성품이 아닌 것은?
① 토크 변환기
② 유압 제어장치
③ 싱크로메시 기구
④ 유성기어 유닛

> 토크 컨버터, 유성 기어 유닛, 유압 제어 장치로 구성되어 있다.

35 자동변속기의 메인 압력이 떨어지는 이유가 아닌 것은?
① 클러치판 마모
② 오일펌프 내 공기 생성
③ 오일필터 막힘
④ 오일 부족

> 자동변속기의 메인 압력이 떨어지는 이유는 오일펌프 내 공기 생성, 오일필터 막힘, 오일 부족 등이다.

정답
29.④ 30.① 31.③ 32.④ 33.③ 34.③
35.①

chapter 02 교통사고가 발생하였을 경우의 대처

2-1 인명 사고가 발생하였을 경우 긴급구호 요청

01 사고발생 시의 조치

① 교통으로 인하여 사람을 사상하거나 물건을 손괴(이하 "교통사고"라 한다)한 경우에는 사상자를 구호하는 등 필요한 조치를 하여야 한다.

② 경찰공무원이 현장에 있을 때에는 그 경찰공무원에게, 경찰공무원이 현장에 없을 때에는 가장 가까운 국가경찰관서에 다음 각 호의 사항을 지체 없이 신고하여야 한다.
  ㉮ 사고가 일어난 곳
  ㉯ 사상자 수 및 부상 정도
  ㉰ 손괴한 물건 및 손괴 정도
  ㉱ 그 밖의 조치사항 등

③ 신고를 받은 국가경찰관서의 경찰공무원은 부상자의 구호와 그 밖의 교통위험 방지를 위하여 필요하다고 인정하면 경찰공무원(자치경찰공무원은 제외한다)이 현장에 도착할 때까지 신고한 운전자 등에게 현장에서 대기할 것을 명할 수 있다.

④ 경찰공무원은 교통사고를 낸 차 또는 노면전차의 운전자 등에 대하여 그 현장에서 부상자의 구호와 교통안전을 위하여 필요한 지시를 명할 수 있다.

⑤ 긴급자동차, 부상자를 운반 중인 차, 우편물자동차 및 노면전차 등의 운전자는 긴급한 경우에는 동승자 등으로 하여금 제1항에 따른 조치나 제2항에 따른 신고를 하게 하고 운전을 계속할 수 있다.

⑥ 국가경찰공무원은 교통사고가 발생하였을 때에는 다음 각 호의 사항을 조사하여야 한다.
  ㉮ 교통사고 발생 일시 및 장소
  ㉯ 교통사고 피해 상황
  ㉰ 교통사고 관련자, 차량등록 및 보험가입 여부
  ㉱ 운전면허의 유효 여부, 술에 취하거나 약물을 투여한 상태에서의 운전 여부 및 부상자에 대한 구호조치 등 필요한 조치의 이행 여부
  ㉲ 운전자의 과실 유무
  ㉳ 교통사고 현장 상황
  ㉴ 그 밖에 차, 노면전차 또는 교통안전시설의 결함 등 교통사고 유발 요인 및 「교통안전법」 제55조에 따라 설치된 운행기록장치 등 증거의 수집 등과 관련하여 필요한 사항

02 인적 피해 교통사고

① **사망 기준** : 사고발생 시부터 72시간 이내에 사망한 때
② **중상 기준** : 3주 이상의 치료를 요하는 의사의 진단이 있는 사고
③ **경상 기준** : 3주 미만 5일 이상의 치료를 요하는 의사의 진단이 있는 사고
④ **부상 기준** : 5일 미만의 치료를 요하는 의사의 진단이 있는 사고

2-2 소화기

화재의 극히 초기 단계에서 소화제가 갖는 냉각 또는 공기의 차단 등의 효과를 이용하여 소화하는 기구를 말한다. 사용하는 약제 또는 그 구조에 따라 여러 종류가 있으나 현재 사용되고 있는 소화기는 포말소화기·분말소화기·할론소화기·이산화탄소소화기 등이다.

01 자연발화가 일어나기 쉬운 조건
① 발열량이 클 경우
② 주위 온도가 높을 경우
③ 착화점이 낮을 경우

02 자연 발화성 및 금속성 물질
① **나트륨**(sodium, Natrium) : 전기적 양성이 매우 강한 1가의 금속 이온이다. 공기 중에서는 산화되어 신속히 광택을 상실하며, 습기 및 이산화탄소 때문에 탄산나트륨 피막으로 덮인다. 상온에서는 자연발화는 하지 않지만 녹는점 이상으로 가열하면 황색 불꽃을 내며 타서 과산화나트륨이 된다.
② **칼륨**(kalium) : 무르며 녹는점이 낮고, 화학 반응성이 매우 큰 은백색 고체금속이다. 공기 중에서 쉽게 산화되고, 물과는 많은 열과 수소기체를 내면서 격렬히 반응하고 폭발하기도 한다.
③ **알킬나트륨**(alkyl sodium, Alkyl Natrium) : 무색의 비휘발성 고체인데 석유, 벤젠 등에 녹지 않으며 가열하면 용융되지 않고 분해된다. 공기 중에서는 곧 발화한다. 알킬기가 고급으로 되는 데 따라 열에 대해 불안정하게 된다.

03 화재의 종류 및 소화기 표식
① **A급 화재** : 일반 가연물의 화재로 냉각소화의 원리에 의해서 소화되며, 소화기에 표시된 원형 표식은 백색으로 되어 있다.
② **B급 화재** : 가솔린, 알코올, 석유 등의 유류 화재로 질식소화의 원리에 의해서 소화되며, 소화기에 표시된 원형의 표식은 황색으로 되어 있다.
③ **C급 화재** : 전기 기계, 전기 기구 등에서 발생되는 화재로 질식소화의 원리에 의해서 소화되며, 소화기에 표시된 원형의 표식은 청색으로 되어 있다.
④ **D급 화재** : 마그네슘 등의 금속 화재로 질식소화의 원리에 의해서 소화시켜야 한다.

04 소화 방법
① **가연물 제거** : 가연물을 연소구역에서 멀리 제거하는 방법으로, 연소방지를 위해 파괴하거나 폭발물을 이용한다.
② **산소의 차단** : 산소의 공급을 차단하는 질식소화 방법으로 이산화탄소 등의 불연성 가스를 이용하거나 발포제 또는 분말소화제에 의한 냉각효과 이외에 연소 면을 덮는 직접적 질식효과와 불연성 가스를 분해·발생시키는 간접적 질식효과가 있다.
③ **열량의 공급 차단** : 냉각시켜 신속하게 연소열을 빼앗아 연소물의 온도를 발화점 이하로 낮추는 소화방법이며, 일반적으로 사용되고 있는 보통 화재 때의 주수소화(注水消火)는 물이 다른 것보다 열량을 많이 흡수하고, 증발할 때에도 주위로부터 많은 열을 흡수하는 성질을 이용한다.

2-3 교통사고가 발생하였을 때 2차 사고 예방

01 차량의 응급상황을 알리는 삼각대 설치
① 안전 삼각대 설치 위반 시에는 과태료가 부과되며, 고속도로에서는 주간 최소 100m, 야간 최소 200m 전에 설치해야 한다.
② 야간 사방 500m 지점에서 식별할 수 있는 적색의 섬광 신호·전기 제등 또는 불꽃신호 설치해야 한다.

02 소화기 및 비상용 망치, 손전등
① 차량 화재, 혹은 내부에 갇히게 될 경우에 대비해 소화기와 비상용 망치도 반드시 준비해야 한다. 특히 소화기의 경우, 휴대가 간편한 스프레이형 제품도 있으므로 운전자의 안전을 위해 항상 실내에 구비하는 것이 좋다.
② 차량 고장 발생 시 하부나 엔진 룸 깊숙한 곳을 살피기 위해서는 주간에도 손전등이 필요하다. 특히 야간에는 응급 상황에 대처하는데도 도움이 되므로 반드시 준비해 두는 것이 좋다.

03 사고 표시용 스프레이
① 교통사고 발생 시 현장 상황을 보존하는 것은 매우 중요하다. 차량에 사고 표시용 스프레이를 미리 준비해 두면 억울하게 불이익을 당하지 않도록 증거를 남길 수 있다.
② 휴대폰이나 카메라 등을 이용해 사고 상황을 촬영해 두어도 도움이 된다.

2-4 교통사고 대처

01 인명사고 시 긴급구호 요청 방법 파악
즉시 정차 → 사상자 구호 → 신고 순으로 조치 후 긴급구조 요청을 한다.

02 지게차 전복 시 생존 방법을 숙지
① 항상 운전자 안전장치를 사용한다.
② 뛰어내리지 않는다.
③ 핸들을 꽉 잡는다.
④ 발을 힘껏 벌린다.
⑤ 상체를 전복되는 반대 방향으로 기울인다.
⑥ 머리와 몸을 앞쪽으로 기울인다.

2-5 소화기 사용법 숙지

① 안전핀을 뽑는다. 이때 손잡이를 누른 상태로는 잘 빠지지 않으니 침착하도록 한다.
② 호스 걸이에서 호스를 벗겨내어 잡고 끝을 불쪽으로 향한다.
③ 가위질 하듯 손잡이를 힘껏 잡아 누른다.
④ 불의 아래쪽에서 비를 쓸 듯이 차례로 덮어 나간다.
⑤ 불이 꺼지면 손잡이를 놓는다.

2. 교통사고 발생시 응급처치

단원핵심문제

1 도로 교통법상 교통사고에 해당되지 않는 것은?
① 도로운전 중 언덕길에서 추락하여 부상한 사고
② 차고에서 적재하던 화물이 전락하여 사람이 부상한 사고
③ 주행 중 브레이크 고장으로 도로변의 전주를 충돌한 사고
④ 도로주행 중 화물이 추락하여 사람이 부상한 사고

> 차 또는 노면전차의 운전 등 교통으로 인하여 사람을 사상하거나 물건을 손괴한 경우를 교통사고라 한다.

2 교통사고가 발생하였을 때 운전자가 가장 먼저 취해야 할 조차로 적절한 것은?
① 즉시 보험회사에 신고한다.
② 모범운전자에게 신고한다.
③ 즉시 피해자 가족에게 알린다.
④ 즉시 사상자를 구호하고 경찰에 연락한다.

> 차의 운전 등 교통으로 인하여 교통사고가 발생한 경우에는 그 차의 운전자 등은 즉시 정차하여 사상자를 구호하는 등 필요한 조치를 하고, 그 차의 운전자 등은 경찰공무원이 현장에 있을 때에는 그 경찰공무원에게, 경찰공무원이 현장에 없을 때에는 가장 가까운 국가경찰관서(지구대, 파출소 및 출장소를 포함한다.)에 지체 없이 신고하여야 한다.

3 도로교통법령상 도로에서 교통사고로 인하여 사람을 사상한 때 운전자의 조치로 가장 적합한 것은?
① 경찰관을 찾아 신고하는 것이 가장 우선행위이다.
② 경찰서에 출두하여 신고한 다음 사상자를 구호한다.
③ 중대한 업무를 수행하는 중인 경우에는 후조치를 할 수 있다.
④ 즉시 정차하여 사상자를 구호하는 등 필요한 조치를 한다.

4 교통사고로 인하여 사람을 사상하거나 물건을 손괴하는 사고가 발생하였을 때 우선 조치사항으로 가장 적절한 것은?
① 사고 차를 견인 조치한 후 승무원을 구호하는 등 필요한 조치를 취해야 한다.
② 사고 차를 운전한 운전자는 물적 피해 정도를 파악하여 즉시 경찰서로 가서 사고 현황을 신고한다.
③ 그 차의 운전자는 즉시 경찰서로 가서 사고와 관련된 현황을 신고 조치한다.
④ 그 차의 운전자나 그 밖의 승무원은 즉시 정차하여 사상자를 구호하는 등 필요한 조치를 취해야 한다.

5 교통사고로서 중상의 기준에 해당하는 것은?
① 1주 이상의 치료를 요하는 부상
② 2주 이상의 치료를 요하는 부상
③ 3주 이상의 치료를 요하는 부상
④ 4주 이상의 치료를 요하는 부상

> ■ 교통사고의 기준
> ① **사망** : 사고발생 시부터 72시간 이내에 사망한 때
> ② **중상** : 3주 이상의 치료를 요하는 의사의 진단이 있는 사고
> ③ **경상** : 3주 미만 5일 이상의 치료를 요하는 의사의 진단이 있는 사고
> ④ **부상** : 5일 미만의 치료를 요하는 의사의 진단이 있는 사고

정답
01.② 02.④ 03.④ 04.④ 05.③

6 자연발화가 일어나기 쉬운 조건으로 틀린 것은?
① 발열량이 클 때
② 주위 온도가 높을 때
③ 착화점이 낮을 때
④ 표면적이 작을 때

7 화재예방 조치로서 적합하지 않은 것은?
① 가연성 물질을 인화 장소에 두지 않는다.
② 유류 취급 장소에는 방화수를 준비한다.
③ 흡연은 정해진 장소에서만 한다.
④ 화기는 정해진 장소에서만 취급한다.

> 유류 취급 장소에는 소화기 및 모래를 준비해 두어야 한다.

8 가스 및 인화성 액체에 의한 화재예방조치 방법으로 틀린 것은?
① 가연성 가스는 대기 중에 자주 방출시키지 않을 것
② 인화성 액체의 취급은 폭발 한계의 범위를 초과하지 않은 농도로 할 것
③ 배관 또는 기기에서 가연성 증기의 누출여부를 철저히 점검할 것
④ 화재를 진화하기 위한 방화 장치는 위급 상황 시 눈에 잘 띄는 곳에 설치할 것

9 다음 중 자연 발화성 및 금속성 물질이 아닌 것은?
① 탄소　　　② 나트륨
③ 칼륨　　　④ 알킬나트륨

10 화재 발생 시 연소 조건이 아닌 것은?
① 점화원
② 산소(공기)
③ 발화시기
④ 가연성 물질

11 화재의 분류가 옳게 된 것은?
① A급 화재 : 일반 가연물 화재
② B급 화재 : 금속 화재
③ C급 화재 : 유류 화재
④ D급 화재 : 전기 화재

12 보통화재라고 하며 목재, 종이 등 일반 가연물의 화재로 분류되는 것은?
① A급 화재　　② B급 화재
③ C급 화재　　④ D급 화재

13 B급 화재에 대한 설명으로 옳은 것은?
① 목재, 섬유류 등의 화재로서 일반적으로 냉각소화를 한다.
② 유류 등의 화재로서 일반적으로 질식효과(공기차단)로 소화한다.
③ 전기기기의 화재로서 일반적으로 전기절연성을 갖는 소화제로 소화한다.
④ 금속나트륨 등의 화재로서 일반적으로 건조사를 이용한 질식효과로 소화한다.

14 유류 화재 시 소화용으로 가장 거리가 먼 것은?
① 물　　　② 소화기
③ 모래　　④ 흙

15 작업장에서 휘발유 화재가 일어났을 경우 가장 적합한 소화방법은?
① 물 호스의 사용
② 불의 확대를 막는 덮개의 사용
③ 소다 소화기의 사용
④ 탄산가스 소화기의 사용

정답
06.④　07.②　08.①　09.①　10.③　11.①
12.①　13.②　14.①　15.④

16 유류로 인하여 발생한 화재에 가장 부적합한 소화기는?

① 포말 소화기
② 이산화탄소 소화기
③ 물소화기
④ 탄산수소염류 소화기

17 전기 시설과 관련된 화재로 분류되는 것은?

① A급 화재　② B급 화재
③ C급 화재　④ D급 화재

18 전기 화재의 원인과 관련이 없는 것은?

① 단락(합선)　② 과절연
③ 전기불꽃　　④ 과전류

19 다음 중 전기설비 화재 시 가장 적합하지 않은 소화기는?

① 포말 소화기
② 이산화탄소 소화기
③ 무상 강화액 소화기
④ 할로겐 화합물 소화기

> 전기화재의 소화에 포말 소화기는 사용해서는 안 된다.

20 화재 발생으로 부득이 화염이 있는 곳을 통과할 때의 요령으로 틀린 것은?

① 몸을 낮게 엎드려서 통과한다.
② 물수건으로 입을 막고 통과한다.
③ 머리카락, 얼굴, 발, 손 등을 불과 닿지 않게 한다.
④ 뜨거운 김은 입으로 마시면서 통과한다.

21 소화설비를 설명한 내용으로 맞지 않는 것은?

① 포말 소화설비는 저온 압축한 질소가스를 방사시켜 화재를 진화한다.
② 분말 소화설비는 미세한 분말 소화재를 화염에 방사시켜 진화시킨다.
③ 물 분무 소화설비는 연소물의 온도를 인화점 이하로 냉각시키는 효과가 있다.
④ 이산화탄소 소화설비는 질식작용에 의해 화염을 진화시킨다.

22 소화설비 선택 시 고려하여야 할 사항이 아닌 것은?

① 작업의 성질
② 작업자의 성격
③ 화재의 성질
④ 작업장의 환경

23 소화방식의 종류 중 주된 작용이 질식소화에 해당하는 것은?

① 강화액　　② 호스 방수
③ 에어-폼　④ 스프링클러

24 구급처치 중에서 환자의 상태를 확인하는 사항과 가장 거리가 먼 것은?

① 의식　② 상처
③ 출혈　④ 격리

25 사고로 인하여 위급한 환자가 발생하였다. 의사의 치료를 받기 전까지 응급처치를 실시할 때 응급처치 실시자의 준수사항으로 가장 거리가 먼 것은?

① 사고 현장 조사를 실시한다.
② 원칙적으로 의약품의 사용은 피한다.
③ 의식 확인이 불가능하여도 생사를 임의로 판정하지 않는다.
④ 정확한 방법으로 응급처치를 한 후 반드시 의사의 치료를 받도록 한다.

정답

16.③　17.③　18.②　19.①　20.④　21.①
22.②　23.③　24.④　25.①

26 화상을 입었을 때 응급조치로 가장 적합한 것은?

① 옥도정기를 바른다.
② 메틸알코올에 담근다.
③ 아연화연고를 바르고 붕대를 감는다.
④ 찬물에 담갔다가 아연화연고를 바른다.

27 전기용접의 아크 빛으로 인해 눈이 혈안이 되고 눈이 붓는 경우가 있다. 이럴 때 응급조치 사항으로 가장 적절한 것은?

① 안약을 넣고 계속 작업한다.
② 눈을 잠시 감고 안정을 취한다.
③ 소금물로 눈을 세정한 후 작업한다.
④ 냉습포를 눈 위에 올려놓고 안정을 취한다.

28 세척작업 중 알칼리 또는 산성 세척유가 눈에 들어갔을 경우 가장 먼저 조치하여야 하는 응급처치는?

① 수돗물로 씻어낸다.
② 눈을 크게 뜨고 바람 부는 쪽을 향해 눈물을 흘린다.
③ 알칼리성 세척유가 눈에 들어가면 붕산수를 구입하여 중화시킨다.
④ 산성 세척유가 눈에 들어가면 병원으로 후송하여 알칼리성으로 중화시킨다.

> 세척유가 눈에 들어갔을 경우에는 가장 먼저 수돗물로 씻어낸다.

29 화재발생 시 소화기를 사용하여 소화 작업을 하고 할 때 올바른 방법은?

① 바람을 안고 우측에서 좌측을 향해 실시한다.
② 바람을 등지고 좌측에서 우측을 향해 실시한다.
③ 바람을 안고 아래쪽에서 위쪽을 향해 실시한다.
④ 바람을 등지고 위쪽에서 아래쪽을 향해 실시한다.

30 흡연으로 인한 화재를 예방하기 위한 것으로 옳은 것은?

① 금연 구역으로 지정된 장소에서 흡연한다.
② 흡연 장소 부근에 인화성 물질을 비치한다.
③ 배터리를 충전할 때 흡연은 가능한 삼가하되 배터리의 셀 캡을 열고 했을 때는 관계없다.
④ 담배꽁초는 반드시 지정된 용기에 버려야 한다.

31 교통사고로 인한 화재와 관련해 운전자의 행동으로 가장 맞는 것은?

① 구조대의 활동이 본격적으로 시작되면 반드시 같이 구조 활동을 해야 한다.
② 긴장감 해소를 위해 담배를 피워도 무방하다.
③ 위험 물질 수송 차량과 충돌한 경우엔 사고 지점에서 빠져나와야 한다.
④ 화재가 발생하더라도 부상자는 절대 건드리지 않아야 한다.

32 건설기계를 운전 중 터널 내에서 화재가 났을 경우 조치해야 할 행동으로 가장 옳은 것은?

① 건설기계에서 내려 이동할 경우 시동을 켜놓은 채 하차한다.
② 소화기로 불을 끌 경우 바람을 등지고 서야 한다.
③ 터널 밖으로 이동이 어려운 경우 차량은 최대한 중앙선 쪽으로 정차시킨다.
④ 건설기계를 두고 대피할 경우는 키를 뽑아 가지고 이동한다.

정답
26.④ 27.④ 28.① 29.④ 30.④ 31.③ 32.②

PART.9
장비 구조

1. 엔진구조 익히기
2. 전기장치 익히기
3. 전·후진 주행장치 익히기
4. 유압장치 익히기
5. 작업장치 익히기

chapter 01 엔진 구조 익히기

1-1 엔진 본체 구조와 기능

01 엔진 본체

(1) 열기관과 총배기량

① **열기관**(Engine) : 열에너지를 기계적 에너지로 변환시키는 장치
② **rpm**(revolution per minute): 분당 엔진 회전수를 나타내는 단위
③ **엔진의 총배기량** : 각 실린더 행정 체적(배기량)의 합
④ **디젤 엔진의 압축비가 높은 이유**: 공기의 압축열로 자기 착화시키기 위함

(2) 디젤 엔진의 장점

① 열효율이 높고 연료 소비율(량)이 적다.
② 전기 점화장치가 없어 고장률이 적다.
③ 인화점이 높은 경유를 사용하므로 취급이 용이하다(화재의 위험이 적다).
④ 유해 배기가스 배출량이 적다.
⑤ 흡입행정에서 펌핑 손실을 줄일 수 있다.

(3) 4행정 & 2행정 사이클 엔진

① **4 행정 사이클 엔진** : 피스톤이 흡입, 압축, 폭발, 배기의 4개 행정을 크랭크축이 2회전하여 1 사이클을 완성하는 엔진.
② **2 행정 사이클 엔진** : 크랭크축이 1 회전할 때 피스톤이 흡입, 소기, 압축, 폭발, 배기의 과정을 피스톤이 2 행정 하여 1 사이클을 완성하는 엔진

(4) 4행정 사이클 디젤 엔진의 작동

1) **흡입 행정**
① 흡입 밸브를 통하여 공기를 흡입한다.
② 실린더 내의 부압(負壓)이 발생
③ 흡입 밸브는 상사점 전에 열린다.
④ 흡입 계통에는 벤투리, 초크 밸브가 없다.

▲ 4행정사이클

2) **압축 행정**
① 압축행정의 중간부분에서는 단열압축의 과정을 거친다.
② **흡입한 공기의 압축 온도** : 약 400~700℃
③ 압축행정의 끝에서 연료가 분사된다.
④ 연료가 분사되었을 때 고온의 공기는 와류 운동을 한다.

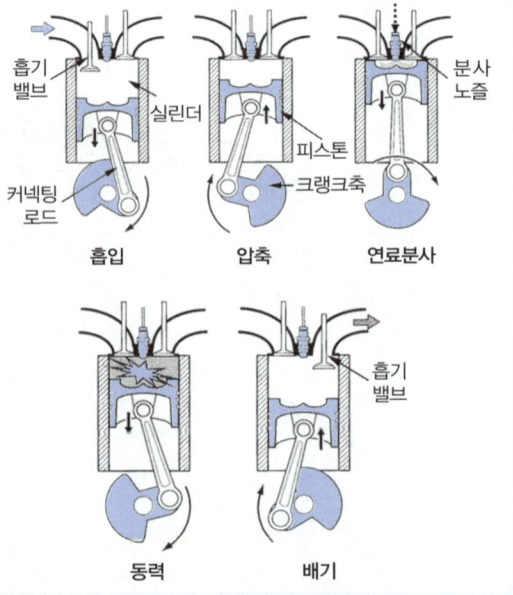
▲ 4행정 사이클 엔진의 작동

3) 동력(폭발) 행정
① 연료가 급격히 연소하여 동력을 얻는다.
② 흡입 및 배기 밸브가 모두 닫혀 있다.
③ 폭발 압력에 의해 크랭크축이 회전한다.

4) 배기 행정
① 피스톤이 상승하는 행정으로 연소 가스를 대기 중으로 배출한다.
② 흡입 밸브는 닫히고 배기 밸브는 열려 있다.
③ 피스톤은 4행정을 완료하며, 크랭크축은 720° 회전한다.

(5) 2행정 사이클 디젤 엔진의 작동
① 피스톤이 하강하여 소기 포트가 열리면 공기가 실린더 내로 유입된다.
② 실린더 내는 와류를 동반한 새로운 공기로 가득 차게 된다.
③ 배기 행정 초기에 배기 밸브가 열려 연소 가스 자체의 압력으로 배출된다.
④ 연소가스가 자체의 압력에 의해 배출되는 것을 블로다운이라고 한다.

(6) 행정과 내경비
① 단행정 엔진 : 실린더 내경(D)이 피스톤 행정(L)보다 큰 형식이다.
② 스퀘어 엔진 : 실린더 내경(D)과 피스톤 행정(L)의 크기가 똑같은 형식이다.
③ 장행정 엔진 : 실린더 내경(D)이 피스톤 행정(L)보다 작은 형식이다.

(7) 디젤 엔진의 연소 4단계

▲ 연소4단계
① 착화 지연기간(연소 준비기간)
② 화염 전파기간(폭발 연소시간)
③ 직접 연소기간(제어 연소시간)
④ 후기 연소기간(후 연소시간)

02 실린더 헤드(Cylinder Head)

(1) 연소실
① 공기와 연료의 연소 및 연소 가스의 팽창이 시작되는 부분이다.
② 단실식인 직접분사실식과 복실식인 예연소실식, 와류실식, 공기실식이 있다.

▲실린더헤드

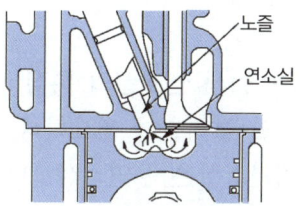
▲ 직접분사실식

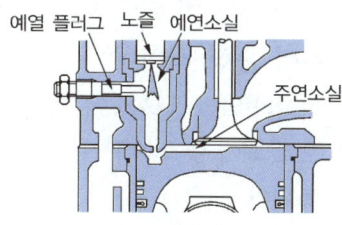
▲ 예연소실식

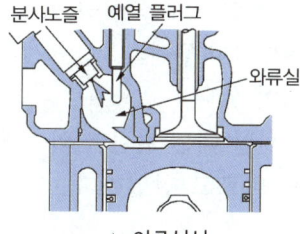
▲ 와류실식

(2) 연소실의 구비조건
① 압축 행정 끝에서 강한 와류를 일으키게 할 것.
② 진동이나 소음이 적을 것.
③ 평균 유효 압력이 높으며, 연료 소비량이 적을 것.
④ 기동이 쉬우며, 노킹이 발생되지 않을 것.
⑤ 고속 회전에서도 연소 상태가 양호할 것.

⑥ 분사된 연료를 가능한 짧은 시간에 완전 연소시킬 것.

(3) 직접분사실식의 장점
① 연료 소비량(율)이 다른 형식보다 적다.
② 연소실 체적이 작아 냉각 손실이 적다.
③ 연소실이 간단하고 열효율이 높다.
④ 실린더 헤드의 구조가 간단하여 열 변형이 적다.
⑤ 시동이 쉽게 이루어져 예열 플러그가 필요 없다.

(4) 예연소실식 연소실의 특징
① 예열 플러그가 필요하다.
② 예연소실은 주연소실보다 작다.
③ 분사 압력이 가장 낮다.
④ 사용 연료의 변화에 둔감하다.

03 실린더 습식 라이너
① 라이너 바깥 둘레가 물 재킷으로 되어 냉각수와 직접 접촉된다.
② 상부의 플랜지에 의해서 실린더 블록에 설치된다.
③ 실린더 하부에는 2 ~ 3 개의 실링이 설치되어 있다.
④ 교환할 때는 실린더 외주에 진한 비눗물을 바르고 삽입한다.

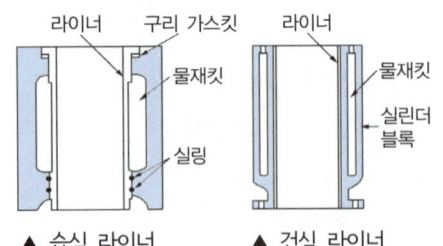
▲ 습식 라이너　　▲ 건식 라이너

04 피스톤(Piston)
(1) 피스톤의 구비조건
① 고온에서 강도가 저하되지 않을 것
② 온도 변화에도 가스 및 오일의 누출이 없을 것
③ 열팽창 및 기계적 마찰 손실이 적을 것
④ 열전도가 양호하고 열부하가 적을 것
⑤ 관성력의 증대를 방지하기 위해 가벼울 것

▲ 피스톤

(2) 피스톤 간극이 클 때 미치는 영향
① 블로바이 현상이 발생된다.
② 압축 압력이 저하된다.
③ 엔진의 출력이 저하된다.
④ 오일이 희석되거나 카본에 오염된다.
⑤ 연료 소비량이 증대된다.
⑥ 피스톤 슬랩 현상이 발생된다.

(3) 엔진의 압축압력이 낮은 원인
① 실린더 벽이 과다하게 마모되었다.
② 피스톤 링이 파손 또는 과다 마모되었다.
③ 피스톤 링의 탄력이 부족하다.
④ 헤드 개스킷에서 압축가스가 누설된다.

(4) 피스톤 링의 3대 작용
① 기밀 유지 작용(밀봉작용)
② 오일 제어 작용(실린더 벽의 오일 긁어내리기 작용)
③ 열전도 작용(냉각 작용)

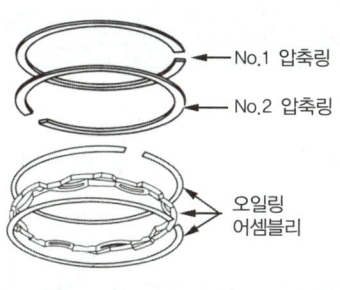

▲ 피스톤 링

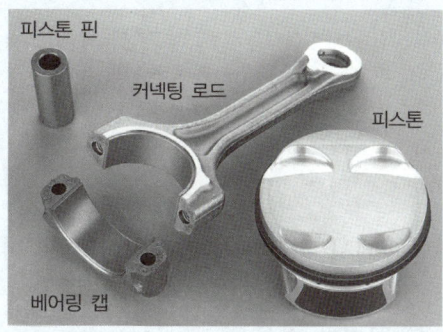

05 크랭크 축(Crank Shaft)

(1) 크랭크축의 기능
① 피스톤의 직선운동을 회전운동으로 변환시킨다.
② 엔진의 출력으로 외부에 전달하는 역할을 한다.
③ 흡입, 압축, 배기 행정은 작용력이 크랭크 축에서 피스톤에 전달된다.
④ **구성 부품** : 메인저널, 크랭크 핀, 크랭크 암, 평형추(밸런스 웨이트).

크랭크축

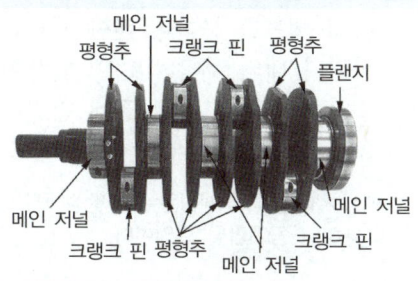

(2) 6기통의 폭발(연료 분사) 순서
① **우수식** : 1-5-3-6-2-4
② **좌수식** : 1-4-2-6-3-5

06 밸브 개폐기구(Valve Train)

(1) 흡·배기 밸브의 구비조건
① 열전도율이 좋을 것
② 열에 대한 팽창율이 적을 것
③ 열에 대한 저항력이 클 것
④ 가스에 견디고 고온에 잘 견딜 것

(2) 밸브 주요 부분의 기능
① **밸브 시트** : 밸브 페이스와 접촉되어 연소실의 기밀 작용을 한다.
② **밸브 페이스** : 시트에 밀착되어 연소실 내의 기밀유지 작용을 한다.
③ **밸브 스템** : 밸브 가이드 내부를 상하 왕복 운동 하며, 밸브 헤드가 받는 열을 가이드를 통해 방출하고, 밸브의 개폐를 돕는다.
④ **밸브 스템 엔드** : 밸브에 캠의 운동을 전달하는 로커 암과 충격적으로 접촉하는 부분이며, 스템 엔드와 로커 암 사이에 열팽창을 고려한 밸브 간극이 설정된다.
⑤ **밸브 스프링** : 밸브가 닫혀있는 동안 밸브 시트와 밸브 페이스를 밀착시켜 기밀이 유지되도록 한다.

(3) 밸브 간극이 너무 클 때의 영향
① 밸브가 늦게 열리고 일찍 닫힌다.
② 흡입량의 부족을 초래한다.
③ 배기의 불충분으로 엔진이 과열된다.
④ 심한 소음이 나고 밸브기구에 충격을 준다.

(4) 밸브 간극이 너무 적을 때의 영향
① 밸브가 일찍 열리고 늦게 닫힌다.
② 엔진의 출력이 감소한다.
③ 역화 및 실화가 발생한다.
④ 후화가 일어나기 쉽다.

1. 엔진구조 익히기

단원핵심문제

1 열기관이란 어떤 에너지를 어떤 에너지로 바꾸어 유효한 일을 할 수 있도록 한 기계인가?
① 열에너지를 기계적 에너지로
② 전기적 에너지를 기계적 에너지로
③ 위치 에너지를 기계적 에너지로
④ 기계적 에너지를 열에너지로

> 열기관(엔진) : 열에너지(연료의 연소)를 기계적 에너지(크랭크축의 회전)로 변환시켜주는 장치

2 디젤 엔진의 압축비가 높은 이유는?
① 연료의 무화를 양호하게 하기 위하여
② 공기의 압축열로 착화시키기 위하여
③ 엔진 과열과 진동을 적게 하기 위하여
④ 연료의 분사를 높게 하기 위하여

> 디젤 엔진의 압축비가 높은 이유는 공기의 압축열로 자기 착화시키기 위함이다.

3 고속 디젤 엔진이 가솔린 엔진보다 좋은 점은?
① 열효율이 높고 연료 소비율이 적다.
② 운전 중 소음이 비교적 적다.
③ 엔진의 출력당 무게가 가볍다.
④ 엔진의 압축비가 낮다.

> ■ 디젤 엔진의 장점
> ① 열효율이 높고 연료 소비량이 적다.
> ② 전기 점화장치가 없어 고장률이 적다.
> ③ 인화점이 높은 경유를 사용하므로 취급이 용이하다(화재의 위험이 적다).
> ④ 유해 배기가스 배출량이 적다.
> ⑤ 흡입행정에서 펌핑 손실을 줄일 수 있다.

4 고속 디젤 엔진의 장점으로 틀린 것은?
① 열효율이 가솔린 엔진보다 높다.
② 가솔린 엔진보다 최고 회전수가 빠르다.
③ 연료 소비량이 가솔린 엔진보다 적다.
④ 인화점이 높은 경유를 사용하므로 취급이 용이하다.

5 4행정으로 1사이클을 완성하는 엔진에서 각 행정의 순서는?
① 압축→흡입→폭발→배기
② 흡입→압축→폭발→배기
③ 흡입→압축→배기→폭발
④ 흡입→폭발→압축→배기

6 엔진에서 피스톤의 행정이란?
① 피스톤의 길이
② 실린더 벽의 상하 길이
③ 상사점과 하사점과의 총면적
④ 상사점과 하사점과의 거리

> 피스톤 행정이란 상사점과 하사점과의 거리이다.

7 4행정 디젤 엔진에서 흡입 행정 시 실린더 내에 흡입되는 것은?
① 혼합기   ② 연료
③ 공기   ④ 스파크

8 4행정 사이클 디젤 엔진의 흡입행정에 관한 설명 중 맞지 않는 것은?
① 흡입 밸브를 통하여 혼합기를 흡입한다.
② 실린더 내의 부압(負壓)이 발생한다.
③ 흡입 밸브는 상사점 전에 열린다.
④ 흡입 계통에는 벤투리, 초크 밸브가 없다.

> 4행정 사이클 디젤 엔진은 흡입 행정에서 흡입 밸브를 통하여 공기만을 흡입한다.

정답
01.① 02.② 03.① 04.② 05.② 06.④
07.③ 08.①

9 4행정 사이클 디젤 엔진의 압축 행정에 관한 설명으로 틀린 것은?

① 흡입한 공기의 압축온도는 약 400~700℃가 된다.
② 압축 행정의 끝에서 연료가 분사된다.
③ 압축 행정의 중간부분에서는 단열 압축의 과정을 거친다.
④ 연료가 분사되었을 때 고온의 공기는 와류운동을 하면 안 된다.

> 연료가 분사되었을 때 고온의 공기는 와류운동을 하여 연소를 촉진시켜야 한다.

10 디젤 엔진에서 흡입 밸브와 배기 밸브가 모두 닫혀있을 때는?

① 소기 행정   ② 배기 행정
③ 흡입 행정   ④ 동력 행정

> 동력 행정(폭발 행정)은 압축 행정 말기에 분사 노즐로부터 실린더 내로 연료를 분사하여 연소시켜 동력을 얻는 행정으로 피스톤은 상사점에서 하사점으로 내려가고, 흡·배기 밸브는 모두 닫혀 있으며, 크랭크축은 540° 회전한다.

11 4행정 사이클 디젤 엔진의 동력 행정에 관한 설명 중 틀린 것은?

① 연료는 분사됨과 동시에 연소를 시작한다.
② 피스톤이 상사점에 도달하기 전 소요의 각도 범위 내에서 분사를 시작한다.
③ 연료분사 시작점은 회전속도에 따라 진각된다.
④ 디젤 엔진의 진각에는 연료의 착화 늦음이 고려된다.

> 연료는 분사된 후 착화지연 기간을 거쳐 착화되기 시작한다.

12 2행정 사이클 엔진에만 해당되는 과정(행정)은?

① 소기   ② 압축
③ 흡입   ④ 동력

> 소기란 잔류 배기가스를 내보내고 새로운 공기를 실린더 내에 유입시키는 과정이며, 2행정 사이클 엔진에서만 해당된다.

13 배기행정 초기에 배기밸브가 열려 실린더 내의 연소가스가 스스로 배출되는 현상은?

① 피스톤 슬랩   ② 블로 바이
③ 블로다운   ④ 피스톤 행정

> ① **피스톤 슬랩** : 실린더와 피스톤 간극이 클 때 피스톤이 실린더 벽을 때리는 현상
> ② **블로바이** : 압축 행정시 혼합 가스가 피스톤과 실린더 사이로 누출되는 현상
> ③ **블로다운** : 폭발행정 끝 부분에서 실린더 내의 압력에 의해 배기가스가 배기밸브를 통해 배출되는 현상
> ④ **피스톤 행정** : 상사점과 하사점과의 거리

14 디젤 엔진 연소 과정에서 연소 4단계와 거리가 먼 것은?

① 전기연소기간(전 연소기간)
② 화염전파기간(폭발연소시간)
③ 직접연소기간(제어연소시간)
④ 후기연소기간(후 연소시간)

> ■ 디젤 엔진의 연소 4단계 과정의 순서
> 착화지연기간(연소준비시간)→화염전파기간(폭발연소시간)→직접연소기간(제어연소시간)→후기연소기간(후 연소시간)

15 보기에 나타낸 것은 어느 구성품을 형태에 따라 구분한 것인가?

> **보기**
> 직접분사식, 예연소식, 와류실식, 공기실식

① 연료 분사장치   ② 연소실
③ 엔진 구성   ④ 동력전달장치

정답
09.④ 10.④ 11.① 12.① 13.③ 14.①
15.②

16 다음 중 연소실과 연소의 구비조건이 아닌 것은?

① 분사된 연료를 가능한 한 긴 시간 동안 완전 연소시킬 것
② 평균 유효 압력이 높을 것
③ 고속 회전에서 연소 상태가 좋을 것
④ 노크 발생이 적을 것

> ■ 연소실의 구비조건
> ① 압축 행정 끝에서 강한 와류를 일으키게 할 것.
> ② 진동이나 소음이 적을 것.
> ③ 평균 유효 압력이 높으며, 연료 소비량이 적을 것.
> ④ 기동이 쉬우며, 노킹이 발생되지 않을 것.
> ⑤ 고속 회전에서도 연소 상태가 양호할 것.
> ⑥ 분사된 연료를 가능한 짧은 시간에 완전 연소시킬 것.

17 디젤 엔진에서 직접분사실식 장점이 아닌 것은?

① 연료 소비량이 적다.
② 냉각 손실이 적다.
③ 연료 계통의 연료누출 염려가 적다.
④ 구조가 간단하여 열효율이 높다.

> ■ 직접분사실식의 장점
> ① 연료 소비량(율)이 다른 형식보다 적다.
> ② 연소실 체적이 작아 냉각 손실이 적다.
> ③ 연소실이 간단하고 열효율이 높다.
> ④ 실린더 헤드의 구조가 간단하여 열 변형이 적다.
> ⑤ 시동이 쉽게 이루어져 예열 플러그가 필요 없다.

18 직접분사식 엔진의 장점 중 틀린 것은?

① 구조가 간단하므로 열효율이 높다.
② 연료의 분사 압력이 낮다.
③ 실린더 헤드의 구조가 간단하다.
④ 냉각에 의한 열 손실이 적다.

19 예연소실식 연소실에 대한 설명으로 가장 거리가 먼 것은?

① 예열 플러그가 필요하다.
② 사용 연료의 변화에 민감하다.
③ 예연소실은 주연소실보다 작다.
④ 분사 압력이 낮다.

> ■ 예연소실식 연소실의 특징
> ① 예열플러그가 필요하다.
> ② 예연소실은 주연소실보다 작다.
> ③ 분사압력이 가장 낮다.
> ④ 사용 연료의 변화에 둔감하다.

20 헤드 개스킷에 관한 설명으로 관계없는 것은?

① 고온·고압에 견딜 수 있어야 한다.
② 가스나 물 등의 누출을 방지한다.
③ 기름 등의 누출을 방지한다.
④ 오버랩을 방지한다.

> 헤드 개스킷은 실린더 헤드와 블록 사이에 설치되어 압축과 폭발가스의 기밀을 유지하고 냉각수와 엔진오일이 누출되는 것을 방지하는 역할을 한다.

21 실린더 헤드와 블록 사이에 삽입하여 압축과 폭발가스의 기밀을 유지하고 냉각수와 엔진오일이 누출되는 것을 방지하는 역할을 하는 것은?

① 헤드 워터 재킷 ② 헤드 오일 통로
③ 헤드 가스켓   ④ 헤드 펌프

22 실린더 라이너(cylinder liner)에 대한 설명으로 틀린 것은?

① 종류는 습식과 건식이 있다.
② 일명 슬리브(sleeve)라고도 한다.
③ 냉각효과는 습식보다 건식이 더 좋다.
④ 습식은 냉각수가 실린더 안으로 들어갈 염려가 있다.

> 습식 라이너는 냉각수가 라이너 바깥둘레에 직접 접촉하는 형식이며, 정비작업을 할 때 라이너 교환이 쉽고 냉각효과가 좋으나, 크랭크 케이스로 냉각수가 들어갈 우려가 있다.

정답
16.① 17.③ 18.② 19.② 20.④ 21.③
22.③

23 건설기계 엔진에 사용되는 습식 라이너의 단점은?

① 냉각효과가 좋다.
② 냉각수가 크랭크 실로 누출될 우려가 있다.
③ 직접 냉각수와 접촉하므로 누출될 우려가 있다.
④ 라이너의 압입 압력이 높다.

> 습식 라이너는 냉각수가 라이너 바깥둘레에 직접 접촉하며, 라이너 교환이 쉽고, 냉각효과가 좋으나, 크랭크 케이스에 냉각수가 들어갈 우려가 있다.

24 냉각수가 라이너 바깥둘레에 직접 접촉하고, 정비시 라이너 교환이 쉬우며, 냉각효과가 좋으나, 크랭크 케이스에 냉각수가 들어갈 수 있는 단점을 가진 것은?

① 진공식 라이너 ② 건식 라이너
③ 유압 라이너   ④ 습식 라이너

25 피스톤의 구비조건으로 틀린 것은?

① 고온고압에 견딜 것
② 열전도가 잘될 것
③ 열팽창율이 적을 것
④ 피스톤 중량이 클 것

> ■ 피스톤의 구비조건
> ① 고온에서 강도가 저하되지 않을 것.
> ② 온도 변화에도 가스 및 오일의 누출이 없을 것.
> ③ 열팽창 및 기계적 마찰 손실이 적을 것.
> ④ 열전도가 양호하고 열부가 적을 것.
> ⑤ 관성력의 증대를 방지하기 위해 가벼울 것.

26 피스톤과 실린더 사이의 간극이 너무 클 때 일어나는 현상은?

① 실린더의 소결
② 압축압력 증가
③ 엔진 출력향상
④ 윤활유 소비량 증가

> 실린더의 소결은 피스톤 간극이 너무 작을 때 일어나는 현상이다.

27 다음 보기에서 피스톤과 실린더 벽 사이의 간극이 클 때 미치는 영향을 모두 나타낸 것은?

> **보기**
> a. 마찰열에 의해 소결되기 쉽다.
> b. 블로바이에 의해 압축압력이 낮아진다.
> c. 피스톤 링의 기능 저하로 인하여 오일이 연소실에 유입되어 오일소비가 많아진다.
> d. 피스톤 슬랩 현상이 발생되며, 엔진 출력이 저하된다.

① a, b, c
② c, d
③ b, c, d
④ a, b, c, d

> ■ 피스톤 간극이 클 때 미치는 영향
> ① 블로바이 현상이 발생된다.
> ② 압축 압력이 저하된다.
> ③ 엔진의 출력이 저하된다.
> ④ 오일이 희석되거나 카본에 오염된다.
> ⑤ 연료 소비량이 증대된다.
> ⑥ 피스톤 슬랩 현상이 발생된다.

28 디젤 엔진에서 압축압력이 저하되는 가장 큰 원인은?

① 냉각수 부족
② 엔진오일 과다
③ 기어오일의 열화
④ 피스톤 링의 마모

> ■ 엔진 압축압력이 낮은 원인
> ① 실린더 벽이 과다하게 마모되었다.
> ② 피스톤 링이 파손 또는 과다 마모되었다.
> ③ 피스톤 링의 탄력이 부족하다.
> ④ 헤드 개스킷에서 압축가스가 누설된다.

> **정답**
> 23.② 24.④ 25.④ 26.④ 27.③ 28.④

29 엔진 압축압력이 낮을 경우의 원인으로 가장 적당한 것은?
① 압축 링이 파손 또는 과다 마모되었다.
② 배터리의 출력이 높다.
③ 연료펌프가 손상되었다.
④ 연료 세탄가가 높다.

30 디젤 엔진에서 피스톤 링의 3대 작용과 거리가 먼 것은?
① 응력 분산 작용
② 기밀 작용
③ 오일 제어 작용
④ 열전도 작용

> 피스톤 링의 작용은 기밀 작용(밀봉 작용), 오일제어 작용(엔진오일을 실린더 벽에서 긁어내리는 작용), 열전도 작용(냉각 작용)이다.

31 실린더와 피스톤 사이에 유막을 형성하여 압축 및 연소가스가 누설되지 않도록 기밀을 유지하는 작용으로 옳은 것은?
① 밀봉 작용   ② 감마 작용
③ 냉각 작용   ④ 방청 작용

> 밀봉 작용은 기밀 작용이라고도 하며, 실린더와 피스톤 사이에 유막을 형성하여 압축 및 연소가스가 누설되지 않도록 기밀을 유지한다.

32 엔진 주요 부품 중 밀봉작용과 냉각작용을 하는 것은?
① 베어링   ② 피스톤 핀
③ 피스톤 링   ④ 크랭크축

33 엔진에서 크랭크축의 역할은?
① 원활한 직선운동을 하는 장치이다.
② 엔진의 진동을 줄이는 장치이다.
③ 직선운동을 회전운동으로 변환시키는 장치이다.
④ 원운동을 직선운동으로 변환시키는 장치이다.

> 엔진에서 크랭크축의 역할은 피스톤의 직선운동을 회전운동으로 변환시키는 장치이다.

34 건설기계 엔진에서 크랭크축(crank shaft)의 구성 부품이 아닌 것은?
① 크랭크 암(crank arm)
② 크랭크 핀(crank pin)
③ 저널(journal)
④ 플라이 휠(fly wheel)

> 플라이휠은 크랭크축 끝 부분에 볼트로 조립되어 엔진의 맥동적인 회전을 관성력을 이용하여 원활한 회전으로 바꾸어주는 역할을 한다.

35 우수식 크랭크축이 설치된 4행정 6실린더 엔진의 폭발순서는?
① 1-3-2-5-6-4
② 1-4-3-5-2-6
③ 1-5-3-6-2-4
④ 1-6-2-5-3-4

> ■ 직렬 6실린더 엔진의 크랭크축 폭발순서
> 우수식 : 1-5-3-6-2-4
> 좌수식 : 1-4-2-6-3-5

36 흡·배기 밸브의 구비조건이 아닌 것은?
① 열전도율이 좋을 것
② 열에 대한 팽창률이 적을 것
③ 열에 대한 저항력이 적을 것
④ 가스에 견디고 고온에 잘 견딜 것

> ■ 흡·배기 밸브의 구비조건
> ① 열전도율이 좋을 것
> ② 열에 대한 팽창율이 적을 것
> ③ 열에 대한 저항력이 클 것
> ④ 가스에 견디고 고온에 잘 견딜 것

정답
29.① 30.① 31.① 32.③ 33.③ 34.④
35.③ 36.③

37 엔진의 밸브가 닫혀있는 동안 밸브 시트와 밸브 페이스를 밀착시켜 기밀이 유지되도록 하는 것은?

① 밸브 리테이너
② 밸브 가이드
③ 밸브 스템
④ 밸브 스프링

> 밸브 스프링은 밸브가 닫혀있는 동안 밸브 시트와 밸브 페이스를 밀착시켜 기밀이 유지되도록 한다.

38 엔진의 밸브장치 중 밸브 가이드 내부를 상하 왕복운동 하며 밸브 헤드가 받는 열을 가이드를 통해 방출하고, 밸브의 개폐를 돕는 부품의 명칭은?

① 밸브 시트
② 밸브 스템
③ 밸브 페이스
④ 밸브 스템 엔드

> ■ 밸브 주요 부분의 기능
> ① **밸브 헤드** : 고온·고압의 가스에 노출되며, 특히 배기 밸브에서는 열 부하가 매우 크다. 밸브 헤드의 지름은 흡입 효율을 증대시키기 위해 흡입 밸브 헤드 지름을 크게 하는 경우도 있다.
> ② **밸브 페이스(밸브 면)** : 시트(seat)에 밀착되어 연소실 내의 기밀유지 작용을 한다.
> ③ **밸브 스템** : 밸브 가이드 내부를 상하 왕복운동 하며, 밸브 헤드가 받는 열을 가이드를 통해 방출하고, 밸브의 개폐를 돕는다.
> ④ **밸브 스템 엔드** : 밸브에 캠의 운동을 전달하는 로커 암과 충격적으로 접촉하는 부분이며, 스템 엔드와 로커 암 사이에 열팽창을 고려한 밸브 간극이 설정된다.

39 엔진의 밸브 간극이 너무 클 때 발생하는 현상에 관한 설명으로 올바른 것은?

① 정상 온도에서 밸브가 확실하게 닫히지 않는다.
② 밸브 스프링의 장력이 약해진다.
③ 푸시로드가 변형된다.
④ 정상 온도에서 밸브가 완전히 개방되지 않는다.

> 엔진의 밸브 간극이 너무 크면 소음이 발생하며, 정상온도에서 밸브가 완전히 개방되지 않는다.

40 밸브 간극이 작을 때 일어나는 현상으로 가장 적당한 것은?

① 엔진이 과열된다.
② 밸브 시트의 마모가 심하다.
③ 밸브가 적게 열리고 닫히기는 꽉 닫힌다.
④ 실화가 일어날 수 있다.

> 밸브 간극이 적으면 밸브가 열려 있는 기간이 길어지므로 실화가 발생할 수 있다.

정답

37.④ 38.② 39.④ 40.④

1-2 윤활장치 구조와 기능

01 윤활유의 기능

① **마찰 및 마멸 방지 작용** : 유막을 형성하여 마찰 및 마멸을 방지하는 작용.

▲ 윤활유

② **기밀(밀봉) 작용** : 고온·고압의 가스가 누출되는 것을 방지하는 작용.
③ **냉각 작용** : 마찰열을 흡수하여 방열하고 소결을 방지하는 작용.
④ **세척 작용** : 먼지와 연소 생성물의 카본, 금속 분말 등을 흡수하는 작용.
⑤ **응력 분산 작용** : 국부적인 압력을 오일 전체에 분산시켜 평균화시키는 작용.
⑥ **방청 작용** : 수분 및 부식성 가스가 침투하는 것을 방지하는 작용.

02 오일의 종류(SAE 분류)

① **봄, 가을철용 오일** : SAE 30 사용
② **여름철용 오일** : SAE 40 사용
③ **겨울철용 오일** : SAE 20 사용
④ **다급용 오일** : 가솔린 엔진은 10W – 30, 디젤 엔진은 20W – 40 을 사용한다.
⑤ **점도** : 유체를 이동시킬 때 나타나는 내부 저항을 말한다.
⑥ **점도지수** : 오일이 온도 변화에 따라 점도가 변화하는 정도를 표시하는 것으로 점도지수가 높을수록 온도에 의한 점도 변화가 적다.

03 윤활 방식

① **비산식** : 커넥팅 로드 대단부에 설치된 디퍼를 이용하여 윤활한다.
② **압송식** : 오일펌프를 이용하여 윤활부에 공급한다.
③ **비산 압송식** : 압송식과 비산식으로 급유한다.
④ **전압송식** : 압송식으로 급유한다.
⑤ **혼합 급유식** : 윤활유에 가솔린을 혼합하여 급유한다.

04 윤활장치의 구성 부품

(1) 오일 팬
① 오일을 저장 및 냉각한다.
② 오일을 배출시키기 위한 드레인 플러그가 설치되어 있다.
③ 내부에 격리판이 설치되어 있다.

(2) 오일 스트레이너
① 고운 스크린으로 되어 오일펌프에 설치되어 있다.
② 오일 팬의 오일을 오일펌프로 유도한다.
③ 오일펌프에 흡입되는 오일의 굵은 불순물을 여과한다.
④ 스크린이 막혔을 때 바이패스 밸브를 통하여 오일이 공급된다.

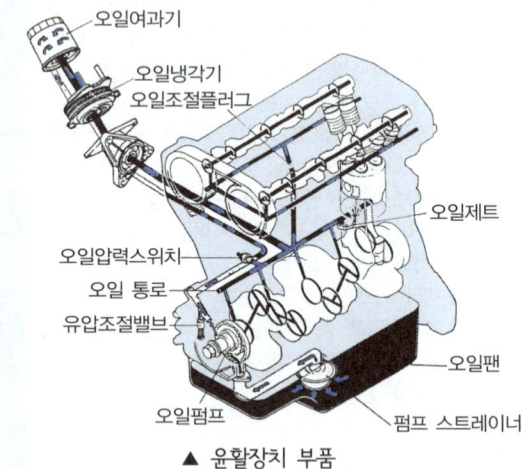
▲ 윤활장치 부품

(3) 오일 펌프
① 오일 팬 내의 오일을 흡입 가압하여 각 윤활부에 공급한다.
② **종류** : 기어 펌프, 로터리 펌프, 베인 펌프, 플런저 펌프

(4) 오일 여과기

1) 기능
① 오일 속에 금속 분말, 연소 생성물, 수분, 등의 불순물을 여과한다.
② 오일의 송출 라인에 설치되어 항상 깨끗한 오일을 공급한다.

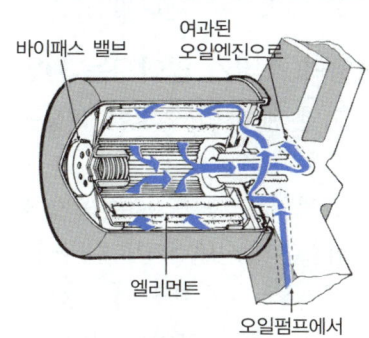

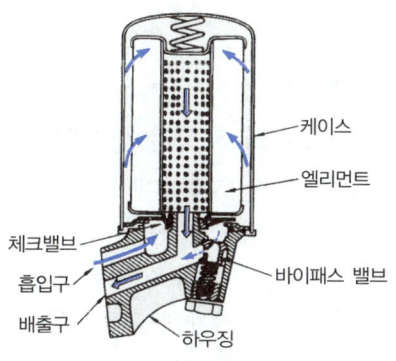

▲ 오일 여과기의 구조

2) 여과기의 종류
① **여과지식** : 엘리먼트를 여과지나 여과포를 사용하여 불순물을 여과한다.
② **합성재식** : 합성재의 엘리먼트를 통과할 때 함유된 불순물을 여과한다.
③ **원심식** : 로터의 회전에 의한 원심력을 이용하여 불순물을 여과한다.
④ **혼성식** : 여과 정도가 서로 다른 2 종류의 재료를 혼합하여 만든 엘리먼트를 이용하여 오일 속에 함유되어 있는 불순물을 여과한다.

3) 여과 방식
① **전류식** : 오일펌프에서 공급된 오일을 모두 여과하여 윤활부에 공급한다. 엘리먼트가 막혔을 경우에는 바이패스 밸브를 통하여 공급된다.
② **샨트식** : 오일펌프에서 공급된 오일의 일부는 여과되지 않은 상태에서 윤활부에 공급한다. 나머지 오일도 여과기의 엘리먼트를 통하여 여과시킨 후 윤활부에 공급한다.
③ **분류식** : 오일펌프에서 공급되는 오일의 일부는 여과하지 않은 상태에서 윤활부에 공급된다. 나머지 오일은 여과기의 엘리먼트를 통하여 여과시킨 후 오일 팬으로 되돌려 보낸다.

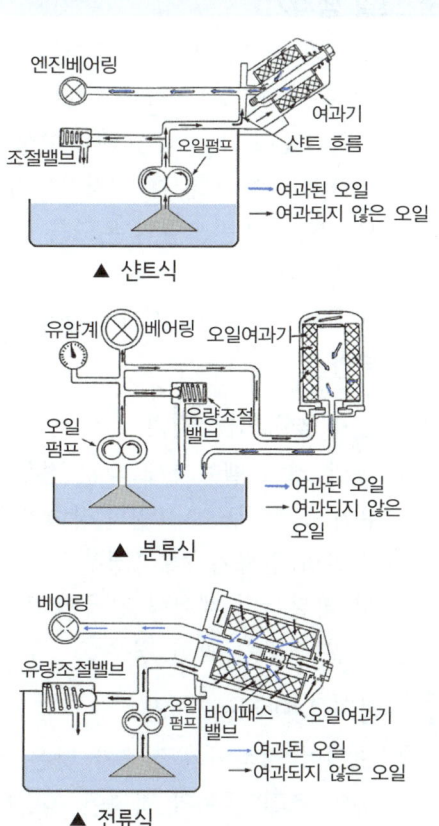

(4) 유압 조절 밸브(릴리프 밸브)
① 오일펌프의 송출 쪽에 설치되어 윤활 회로 내의 압력이 과도하게 상승되는 것을 방지하여 최고 유압을 조정한다.
② 윤활 회로 내의 유압이 과도하게 상승되는 것을 방지한다.
③ 유압은 일반적으로 1500rpm에서 2.5 ~ 4.5kg/cm²
④ 유압이 규정보다 높아지면 오일을 바이패스시켜 유압을 조절한다.
㉮ 조정 스크루를 조여 스프링 장력을 높이면 유압이 높아진다.
㉯ 조정 스크루를 풀어 스프링 장력을 낮추면 유압이 낮아진다.

(5) 오일 냉각기
① 오일의 높은 온도를 낮추어 70 ~ 80℃로 유지시키는 역할을 한다.
② 오일의 온도가 125 ~ 130℃ 이상이 되면 오일의 성능이 급격히 저하된다.
③ 오일 냉각기는 오일의 온도를 항상 일정하게 유지한다.
④ 오일 냉각기는 공랭식과 수냉식으로 분류된다.

05 유압이 높아지는 원인
① 유압 조절 밸브가 고착된 경우
② 유압 조절 밸브 스프링의 장력이 클 경우
③ 오일의 점도가 높은 경우
④ 각 마찰부의 베어링 간극이 적은 경우
⑤ 오일 회로가 막힌 경우

06 유압이 낮아지는 원인
① 오일이 희석되어 점도가 낮은 경우
② 유압 조절 밸브의 접촉이 불량한 경우
③ 유압 조절 밸브 스프링의 장력이 작은 경우
④ 오일 통로에 공기가 유입된 경우
⑤ 오일펌프 설치 볼트의 조임이 불량한 경우
⑥ 오일펌프의 마멸이 과대한 경우
⑦ 오일 통로의 파손 및 오일이 누출되는 경우
⑧ 오일 팬 내의 오일이 부족한 경우
⑨ 각 마찰부의 베어링 간극이 큰 경우

07 오일의 소비가 많아지는 원인
① 오일 팬 내의 오일이 규정량 보다 높은 경우
② 오일의 열화 또는 점도가 불량한 경우
③ 피스톤과 실린더와의 간극이 과대한 경우
④ 피스톤 링의 마모가 심한 경우
⑤ 밸브 스템과 가이드 사이의 간극이 과대한 경우
⑥ 밸브 가이드 오일 시일이 불량한 경우

08 엔진 오일의 온도가 상승되는 원인
① 오일량이 부족하다.
② 오일의 점도가 높다.
③ 고속 및 과부하로 연속작업을 하였다.
④ 오일 냉각기가 불량하다.

1. 엔진구조 익히기

단원핵심문제

1 건설기계 엔진에서 사용하는 윤활유의 주요 기능이 아닌 것은?

① 기밀 작용 ② 방청 작용
③ 냉각 작용 ④ 산화 작용

> 윤활유의 주요 기능은 기밀 작용, 방청 작용, 냉각 작용, 마찰 및 마멸 방지작용, 응력 분산 작용, 세척 작용 등이 있다.

2 윤활유 사용 방법으로 옳은 것은?

① SAE 번호는 일정하다.
② 여름은 겨울보다 SAE 번호가 큰 윤활유를 사용한다.
③ 계절과 윤활유 SAE 번호는 관계가 없다.
④ 겨울은 여름보다 SAE 번호가 큰 윤활유를 사용한다.

> SAE(미국자동차기술협회)에서 점도에 의해 분류한 엔진 오일로 SAE 번호로 표시하며, 번호가 클수록 점도가 높은 오일이다. 여름에는 겨울보다 SAE 번호가 큰 윤활유(점도가 높은)를 사용한다.

3 윤활유 점도가 기준보다 높은 것을 사용했을 때 일어나는 현상은?

① 동절기에 사용하면 엔진 시동이 용이하다.
② 점차 묽어지므로 경제적이다.
③ 윤활유가 좁은 공간에 잘 스며들어 충분한 주유가 된다.
④ 윤활유 공급이 원활하지 못하다.

> 윤활유의 점도가 기준보다 높은 것을 사용하면 유동성이 저하되어 윤활유의 공급이 원활하지 못하다.

4 점도지수가 큰 오일의 온도변화에 따른 점도 변화는?

① 적다.
② 크다.
③ 온도와 점도 관계는 무관하다.
④ 불변이다.

> 점도지수가 큰 오일은 온도 변화에 따른 점도 변화가 적다.

5 윤활 방식 중 오일 펌프로 급유하는 방식은?

① 비산식   ② 압송식
③ 분사식   ④ 비산분무식

> 오일 펌프로 급유하는 방식을 압송식이라 한다.

6 오일 팬에 대한 설명으로 틀린 것은?

① 엔진 오일 저장 용기이다.
② 오일의 온도를 높인다.
③ 내부에 격리판이 설치되어 있다.
④ 오일 드레인 플러그가 있다.

> 오일을 저장 및 냉각하며, 오일 드레인 플러그 중앙에는 영구 자석이 설치되어 있다.

7 윤활장치에 사용되고 있는 오일 펌프로 적합하지 않은 것은?

① 기어 펌프   ② 로터리 펌프
③ 베인 펌프   ④ 나사 펌프

> 오일펌프의 종류에는 기어 펌프, 로터리 펌프, 베인 펌프, 플런저 펌프가 있다.

정답
01.④ 02.② 03.④ 04.① 05.② 06.②
07.④

8 오일 여과기의 역할은?
① 오일의 순환작용
② 오일의 압송 작용
③ 오일 불순물 제거작용
④ 연료와 오일 정유 작용

> 오일 여과기는 오일 속에 금속 분말, 연소 생성물, 수분, 등의 불순물을 제거(세정 작용)하는 작용을 한다.

9 엔진의 오일 여과기가 막히는 것을 대비해서 설치하는 것은?
① 체크 밸브(check valve)
② 바이패스 밸브(bypass valve)
③ 오일 디퍼(oil dipper)
④ 오일 팬(oil pan)

> 엔진 오일 여과기가 막혔을 때 엔진의 내부 손상을 방지하기 위해 여과되지 않은 오일을 윤활부로 공급하기 위한 바이패스 밸브를 설치한다.

10 엔진의 윤활장치에서 엔진 오일의 여과방식이 아닌 것은?
① 전류식　② 샨트식
③ 합류식　④ 분류식

> 엔진 오일의 여과방식은 전류식, 분류식, 샨트식으로 분류한다.

11 윤활유 공급 펌프에서 공급된 윤활유 전부가 엔진 오일 필터를 거쳐 윤활 부분으로 가는 방식은?
① 분류식
② 자력식
③ 전류식
④ 샨트식

> 공급된 윤활유 전부가 엔진 오일 필터를 거쳐 윤활 부분으로 가는 방식을 전류식이라 한다.

12 오일 냉각기의 기능은?
① 오일 온도를 125~130℃ 이상 유지
② 오일 온도를 정상 온도로 일정하게 유지
③ 유압을 일정하게 유지
④ 수분·슬러지(sludge) 등을 제거

> 오일 냉각기는 오일의 높은 온도를 낮추어 70~80℃로 유지시키는 역할을 한다.

13 엔진 오일의 압력이 상승하는 원인에 해당될 수 있는 것은?
① 오일 펌프가 마모되었을 때
② 오일 점도가 높을 때
③ 윤활유가 너무 적을 때
④ 유압 조절 밸브 스프링이 약할 때

> 오일의 점도가 높으면 엔진의 오일 압력이 상승한다.

14 엔진의 윤활유 압력이 규정보다 높게 표시되는 원인과 관계없는 것은?
① 윤활유 불량
② 압력계 부정확
③ 엔진 오일 실(seal) 마모
④ 압력 조절밸브 불량

> 오일 실이 마모된 경우는 오일이 누출되어 유압이 낮아지는 원인이 된다.

15 엔진의 윤활유 압력이 규정보다 높게 표시될 수 있는 원인으로 맞는 것은?
① 엔진 오일 실(seal) 파손
② 오일 게이지 휨
③ 압력 조절 밸브 불량
④ 윤활유 부족

> 압력 조절 밸브가 불량(고착)하면 엔진의 윤활유 압력이 규정보다 높게 표시될 수 있다.

정답
08.③　09.②　10.③　11.③　12.②　13.②
14.③　15.③

16 엔진의 오일 압력계 수치가 낮은 경우와 관계없는 것은?

① 오일 릴리프 밸브가 막혔다.
② 크랭크축 오일 틈새가 크다.
③ 크랭크 케이스에 오일이 적다.
④ 오일 펌프가 불량하다.

> 오일 릴리프 밸브가 막히면 유압이 높아지는 원인이 된다.

17 디젤 엔진의 윤활유 압력이 낮은 원인과 관계가 먼 것은?

① 윤활유의 양이 부족하다.
② 오일펌프가 과대 마모되었다.
③ 윤활유의 점도가 높다.
④ 윤활유 압력 릴리프 밸브가 열린 채 고착되어 있다.

> 윤활유의 점도가 높은 경우는 유동성이 떨어져 유압이 높아지는 원인이 된다.

18 엔진 오일의 온도가 상승되는 원인이 아닌 것은?

① 유량의 과다
② 오일의 점도가 부적당할 때
③ 고속 및 과부하로의 연속작업
④ 오일 냉각기의 불량

> ■ 엔진 오일의 온도가 상승되는 원인
> ① 오일량이 부족하다.
> ② 오일의 점도가 높다.
> ③ 고속 및 과부하로 연속작업을 하였다.
> ④ 오일 냉각기가 불량하다.

19 윤활유의 소비가 증대될 수 있는 두 가지 원인은?

① 연소와 누설
② 비산과 압력
③ 비산과 희석
④ 희석과 혼합

> 윤활유의 소비가 증대되는 2가지 원인은 "연소와 누설"이다.

20 엔진 오일이 많이 소비되는 원인이 아닌 것은?

① 피스톤 링의 마모가 심할 때
② 실린더의 마모가 심할 때
③ 엔진의 압축 압력이 높을 때
④ 밸브 가이드의 마모가 심할 때

> 윤활유 소비량이 과대해지는 원인은 연소와 누설이다. 실린더 마모 및 밸브 가이드가 마모되거나 피스톤 링이 마멸되면 실린더 벽면의 윤활유가 연소실로 유입되어 연소된다.

정답

16.① 17.③ 18.① 19.① 20.③

1-3 기계식 연료장치 구조와 기능

01 디젤 엔진의 연료

(1) 연료의 착화성
세탄가(cetane number)는 연료의 착화성을 표시하는 수치이다.

(2) 디젤 엔진 연료의 구비조건
① 발열량이 클 것
② 카본의 발생이 적을 것
③ 연소 속도가 빠를 것
④ 착화가 용이할 것
⑤ 매연 발생이 적을 것
⑥ 세탄가가 높고 착화점이 낮을 것

(3) 디젤 엔진의 노크
디젤 노크는 연소 초기의 착화지연기간이 길어져 실린더 내의 연소 및 압력상승이 급격하게 일어나는 현상이다.

1) 디젤 엔진 노킹 발생의 원인
① 연료의 세탄가가 낮다.
② 연료의 분사압력이 낮다.
③ 연소실의 온도가 낮다.
④ 착화지연 시간이 길다.
⑤ 분사노즐의 분무상태가 불량하다.
⑥ 엔진이 과냉 되었다.
⑦ 착화 지연기간 중 연료 분사량이 많다.

▲ 디젤분사노즐

2) 노킹이 엔진에 미치는 영향
① 엔진의 회전수(rpm)가 낮아진다.
② 엔진의 출력이 저하한다.
③ 엔진이 과열한다.
④ 흡기효율이 저하한다.

3) 디젤 엔진 노크 방지방법
① 연료의 착화점이 낮은 것을 사용한다.
② 흡기 압력과 온도를 높인다.
③ 실린더(연소실) 벽의 온도를 높인다.
④ 압축비 및 압축압력과 온도를 높인다.
⑤ 착화지연 기간을 짧게 한다.
⑥ 세탄가가 높은 연료를 사용한다.

02 디젤 엔진의 연료 공급 장치

(1) 연료 탱크
겨울철에는 공기 중의 수증기가 응축하여 물이 되어 들어가므로 작업 후 연료를 탱크에 가득 채워 두어야 한다.

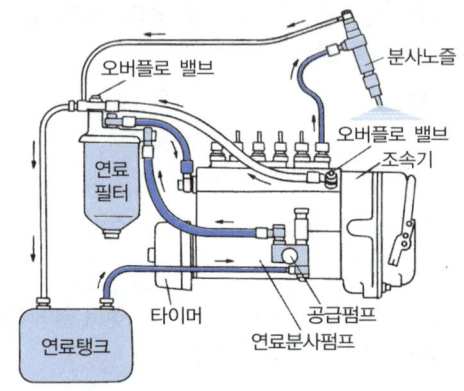

(2) 연료 공급 펌프
① 연료를 가압하여 연료 여과기 및 분사 펌프에 공급하는 역할을 한다.

▲ 연료공급펌프

② 캠축의 캠에 의해 플런저가 상승하면 연료가 배출된다.
③ 플런저가 하강하면 흡입 밸브가 열리면서 펌프 실에 연료가 유입된다.
④ 송출압력이 규정 값 이상 되면 플런저가 상승한 상태에서 펌프작용이 정지된다.
⑤ 연료계통의 공기빼기 작업에 사용하는 프라이밍 펌프(priming pump)를 두고 있다.

1) 프라이밍 펌프
① 엔진이 정지되었을 때 수동으로 연료를 공급한다.
② 연료 장치 내에 공기 빼기 작업을 한다.

③ 공기 빼기 순서 : 연료 공급 펌프 → 연료 여과기 → 연료 분사 펌프

2) 공기빼기 작업을 하여야 하는 경우
① 연료 탱크 내의 연료가 결핍되어 보충한 경우
② 연료 호스나 파이프 등을 교환한 경우
③ 연료 필터의 교환
④ 분사 펌프를 탈·부착한 경우

(3) 오버플로 밸브
① 연료 여과기 내의 압력이 규정 이상으로 상승되는 것을 방지한다.
② 연료 여과기에서 분사 펌프까지의 연결부에서 연료가 누출되는 것을 방지한다.
③ 엘리먼트에 가해지는 부하를 방지하여 보호 작용을 한다.
④ 연료 탱크 내에서 발생된 기포를 자동적으로 배출시키는 작용을 한다.
⑤ 연료의 송출 압력이 규정 이상으로 되어 소음이 발생되는 것을 방지한다.

(4) 연료 분사 펌프
① 연료 압력을 높이며, 조속기와 타이머가 부착되어 있다.
② 펌프는 파이프를 통하여 분사 노즐에 연결되어 있다.
③ 분사 순서에 따라 분사 노즐에 연료가 공급된다.
④ 구조와 조정이 어려운 단점이 있다.
⑤ 다기통 엔진 및 고속 회전용 엔진에 적합하다.

▲ 분사펌프

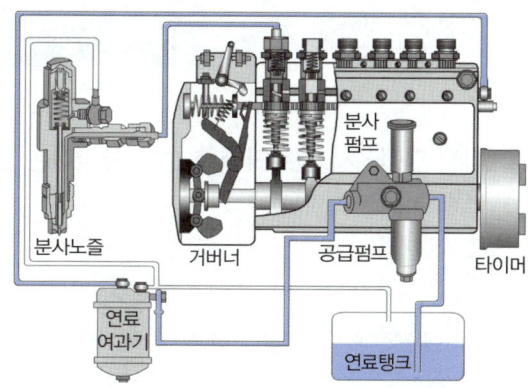

1) 조속기(거버너)
① 엔진의 회전속도에 따라 연료의 분사량을 조정한다.
② 엔진의 부하 변동에 따라 연료의 분사량을 조정한다.
② 엔진의 최고 회전속도를 제어하고 저속운전을 안정시킨다.

2) 타이머(분사시기 조정기)
① 엔진의 회전 속도에 따라 연료의 분사시기를 조절한다.
② 엔진의 부하 변동에 따라 연료의 분사시기를 조절한다.

(5) 분사 노즐
① 연료의 자체 압력으로 니들 밸브가 열려 연료를 분사시킨다.
② 고압의 연료를 안개 모양으로 연소실에 분사시키는 역할을 한다.
③ 종류 : 구멍(홀)형, 핀틀형, 스로틀형 노즐

▲ 분사 노즐

1. 엔진구조 익히기 — 단원핵심문제

1 디젤 엔진에서 연료의 착화성을 표시하는 것은?
① 옥탄가 ② 부탄가
③ 프로판가 ④ 세탄가

> 디젤 엔진에서 연료의 착화성은 세탄가로 나타낸다.

2 다음 중 착화성이 가장 좋은 연료는?
① 가솔린 ② 경유
③ 등유 ④ 중유

> ■ 연료의 착화점과 인화점
> ① 가솔린 : 400~500℃(인화점 -50 ~ -43℃)
> ② 경유 : 340℃(인화점 45~80℃)
> ③ 등유 : 450℃(인화점 40~70℃)
> ④ 중유 : 400℃(인화점 50~90℃)

3 디젤 엔진 연료의 구비조건에 속하지 않는 것은?
① 카본의 발생이 적을 것
② 발열량이 클 것
③ 착화가 용이할 것
④ 연소 속도가 느릴 것

> ■ 디젤 엔진 연료의 구비조건
> ① 발열량이 클 것
> ② 카본의 발생이 적을 것
> ③ 연소 속도가 빠를 것
> ④ 착화가 용이할 것
> ⑤ 매연 발생이 적을 것
> ⑥ 세탄가가 높고 착화점이 낮을 것

4 착화 지연기간이 길어져 실린더 내에 연소 및 압력 상승이 급격하게 일어나는 현상은?
① 디젤 노크 ② 조기 점화
③ 가솔린 노크 ④ 정상 연소

> 디젤 노크는 착화지연기간이 길어져 실린더 내의 연소 및 압력상승이 급격하게 일어나는 현상이다.

5 디젤 엔진에서 노킹을 일으키는 원인으로 맞는 것은?
① 흡입 공기의 온도가 너무 높을 때
② 착화지연 기간이 짧을 때
③ 연료에 공기가 혼입되었을 때
④ 연소실에 누적된 연료가 많아 일시에 연소할 때

> ■ 디젤 엔진 노킹 발생의 원인
> ① 연료의 세탄가가 낮다.
> ② 연료의 분사압력이 낮다.
> ③ 연소실의 온도가 낮다.
> ④ 착화지연 시간이 길다.
> ⑤ 분사노즐의 분무상태가 불량하다.
> ⑥ 엔진이 과냉 되었다.
> ⑦ 착화 지연기간 중 연료 분사량이 많다.

6 노킹이 발생하였을 때 엔진에 미치는 영향은?
① 압축비가 커진다.
② 제동마력이 커진다.
③ 엔진이 과열될 수 있다.
④ 엔진의 출력이 향상된다.

> ■ 노킹이 발생되어 엔진에 미치는 영향
> ① 엔진의 회전수(rpm)가 낮아진다.
> ② 엔진의 출력이 저하한다.
> ③ 엔진이 과열한다.
> ④ 흡기효율이 저하한다.

정답
01.④ 02.② 03.④ 04.① 05.④ 06.③

7 디젤 엔진의 노킹발생 원인과 가장 거리가 먼 것은?
① 착화기간 중 분사량이 많다.
② 노즐의 분무상태가 불량하다.
③ 고세탄가 연료를 사용하였다.
④ 엔진이 과냉 되어있다.

8 디젤 엔진의 노킹 방지책으로 틀린 것은?
① 연료의 착화점이 낮은 것을 사용한다.
② 흡기 압력을 높게 한다.
③ 실린더 벽의 온도를 낮춘다.
④ 흡기 온도를 높인다.

> ■ 디젤 엔진 노크 방지방법
> ① 연료의 착화점이 낮은 것을 사용한다.
> ② 흡기 압력과 온도를 높인다.
> ③ 실린더(연소실) 벽의 온도를 높인다.
> ④ 압축비 및 압축압력과 온도를 높인다.
> ⑤ 착화지연 기간을 짧게 한다.
> ⑥ 세탄가가 높은 연료를 사용한다.

9 디젤 엔진에서 연료장치의 구성요소가 아닌 것은?
① 분사 노즐   ② 분사 펌프
③ 연료 필터   ④ 예열 플러그

> 예열 플러그는 디젤 엔진의 시동보조 장치이다.

10 분사 펌프에 붙어 있는 공급 펌프의 작용에 대한 설명 중 틀린 것은?
① 플런저 스프링 장력과 유압이 같으면 펌핑 작용은 중지된다.
② 캠이 상승하면 연료가 배출된다.
③ 분사 펌프 캠축에 의하여 작동된다.
④ 캠이 내려오면 배출 밸브가 열린다.

> 캠이 내려오면 흡입 밸브가 열려 연료가 흡입된다.

11 연료 탱크의 연료를 분사 펌프 저압부분까지 공급하는 것은?
① 연료 공급 펌프
② 연료 분사펌프
③ 인젝션 펌프
④ 로터리 펌프

> 연료 탱크의 연료를 흡입 가압하여 연료 여과기 및 분사 펌프에 공급하는 역할을 한다.

12 프라이밍 펌프는 어느 때 사용하는가?
① 연료 계통의 공기 배출을 할 때
② 연료의 분사 압력을 측정할 때
③ 출력을 증가시키고자 할 때
④ 연료의 양을 가감할 때

> 프라이밍 펌프는 연료 공급펌프에 설치되어 있으며, 연료계통의 공기를 배출 할 때 사용한다.

13 디젤 엔진에서 연료 장치의 공기 빼기 순서가 바른 것은?
① 공급 펌프→연료 여과기→분사 펌프
② 공급 펌프→분사 펌프→연료 여과기
③ 연료 여과기→공급 펌프→분사 펌프
④ 연료 여과기→분사 펌프→공급 펌프

14 디젤 엔진의 연료 여과기에 장착되어 있는 오버플로 밸브의 역할이 아닌 것은?
① 연료계통의 공기를 배출한다.
② 연료공급 펌프의 소음 발생을 방지한다.
③ 연료필터 엘리먼트를 보호한다.
④ 분사펌프의 압송 압력을 높인다.

> ■ 연료 여과기의 오버플로 밸브 기능
> ① 연료계통의 공기를 배출한다.
> ② 연료공급 펌프의 소음발생을 방지한다.
> ③ 연료필터 엘리먼트를 보호한다.

> **정답**
> 07.③ 08.③ 09.④ 10.④ 11.① 12.①
> 13.① 14.④

15 디젤 엔진 연료 라인에 공기 빼기를 하여야 하는 경우가 아닌 것은?

① 예열이 안 되어 예열 플러그를 교환한 경우
② 연료 호스나 파이프 등을 교환한 경우
③ 연료 탱크 내의 연료가 결핍되어 보충한 경우
④ 연료 필터의 교환, 분사 펌프를 탈·부착한 경우

> 연료라인의 공기빼기 작업은 연료탱크 내의 연료가 결핍되어 보충한 경우, 연료 호스나 파이프 등을 교환한 경우, 연료 필터의 교환, 분사펌프를 탈·부착한 경우 등에 한다.

16 디젤 엔진관의 연료장치에서 연료 여과기의 역할은?

① 연료의 역순환 방지작용
② 연료에 필요한 방청 작용
③ 연료에 포함된 불순물 제거작용
④ 연료계통에 압력증대 작용

> ■ 연료 여과기의 역할(기능)
> ① 연료 속에 포함되어 있는 먼지나 수분 등의 불순물을 여과한다.
> ② 플런저의 마멸을 방지하고 노즐의 분공이 막히는 것을 방지한다.
> ③ 성능은 0.01 mm 이상의 불순물을 여과할 수 있는 능력이 있어야 한다.

17 디젤 엔진에 공급하는 연료의 압력을 높이는 것으로 조속기와 분사시기를 조절하는 장치가 설치되어 있는 것은?

① 유압 펌프
② 프라이밍 펌프
③ 연료 분사 펌프
④ 플런저 펌프

> 연료 분사펌프는 분사량을 조절하는 조속기와 분사시기를 조절하는 타이머(분사시기 조정기)가 설치되어 있다.

18 엔진에서 연료를 압축하여 분사순서에 맞게 노즐로 압송시키는 장치는?

① 연료 분사 펌프
② 연료 공급 펌프
③ 프라이밍 펌프
④ 유압 펌프

> 연료 분사펌프는 연료를 압축하여 분사순서에 맞추어 노즐로 압송시키는 것으로 조속기(연료 분사량 조정)와 분사시기를 조절하는 장치(타이머)가 설치되어 있다.

19 디젤 엔진에서 조속기의 기능으로 맞는 것은?

① 연료 분사량 조정
② 연료 분사시기 조정
③ 엔진 부하량 조정
④ 엔진 부하시기 조정

> 조속기(거버너)는 디젤 엔진에서 연료 분사량을 조정하는 부품이다.

20 엔진의 부하에 따라 자동적으로 분사량을 가감하여 최고 회전속도를 제어하는 것은?

① 플런저 펌프   ② 캠축
③ 거버너   ④ 타이머

> 거버너(조속기)는 엔진의 부하에 따라 자동적으로 분사량을 가감하여 최고 회전속도를 제어한다.

21 디젤 엔진에서 타이머의 역할로 가장 적당한 것은?

① 분사량 조절   ② 자동 변속 조절
③ 분사시기 조절 ④ 엔진 속도 조절

> 타이머(timer)는 엔진의 회전속도에 따라 자동적으로 분사시기를 조정하여 운전을 안정되게 한다.

정답

15.① 16.③ 17.③ 18.① 19.① 20.③
21.③

22 엔진의 속도에 따라 자동적으로 분사시기를 조정하여 운전을 안정되게 하는 것은?
① 노즐 ② 과급기
③ 타이머 ④ 디콤프

23 엔진에서 연료 펌프로부터 보내진 고압의 연료를 미세한 안개 모양으로 연소실에 분사하는 부품은?
① 분사 노즐 ② 커먼레일
③ 분사 펌프 ④ 공급 펌프

> 분사 노즐은 분사펌프에서 보내준 고압의 연료를 연소실에 분사하는 장치이다.

24 디젤 엔진에 사용하는 분사 노즐의 종류에 속하지 않는 것은?
① 핀틀(pintle)형
② 스로틀(throttle)형
③ 홀(hole)형
④ 싱글 포인트(single point)형

> 분사노즐의 종류에는 개방형과 밀폐형이 있으며 디젤 엔진에서 주로 사용하는 밀폐형에는 구멍(hole)형, 핀틀(pintle)형, 스로틀(throttle)형이 있다.

25 디젤 엔진의 연료 탱크에서 분사 노즐까지 연료의 순환 순서로 맞는 것은?
① 연료 탱크→연료 공급펌프→분사 펌프→연료 필터→분사 노즐
② 연료 탱크→연료 필터→분사 펌프→연료 공급펌프→분사 노즐
③ 연료 탱크→연료 공급펌프→연료 필터→분사 펌프→분사 노즐
④ 연료 탱크→분사 펌프→연료 필터→연료 공급펌프→분사 노즐

> 디젤 엔진의 연료 공급 순서는 연료 탱크→연료 공급펌프→연료 필터→분사펌프→분사 노즐이다.

26 디젤 엔진의 연료계통에서 고압부분은?
① 탱크와 공급펌프 사이
② 인젝션 펌프와 탱크 사이
③ 연료 필터와 탱크 사이
④ 인젝션 펌프와 노즐 사이

> 연료 탱크 – 공급펌프 – 인젝션(분사) 펌프 입구까지는 저압부분이고 인젝션 펌프 – 분사 파이프 – 분사 노즐은 고압부분이다.

27 디젤 엔진의 인젝션 펌프에서 딜리버리 밸브의 기능으로 틀린 것은?
① 역류 방지
② 후적 방지
③ 잔압 유지
④ 유량 조정

> 딜리버리 밸브는 플런저의 상승행정으로 배럴 내의 압력이 규정 값(약 10kg/cm²)에 도달하면 열려 연료를 고압 파이프로 압송한다. 플런저의 유효행정이 완료되어 배럴 내의 연료 압력이 급격히 낮아지면 스프링 장력에 의해 신속히 닫혀 연료의 역류(분사 노즐에서 펌프로의 흐름)를 방지한다. 또 밸브 면이 시트에 밀착될 때까지 내려가므로 그 체적만큼 고압 파이프 내의 연료 압력을 낮춰 분사 노즐의 후적을 방지하며, 잔압을 유지시킨다.

28 디젤 엔진에서 연료를 고압으로 연소실에 분사하는 것은?
① 프라이밍 펌프
② 분사 노즐
③ 인젝션 펌프
④ 조속기

> 분사 노즐은 분사펌프에서 보내준 고압의 연료를 연소실에 분사하는 장치이다.

정답
22.③ 23.① 24.④ 25.③ 26.④ 27.④
28.②

1-4 커먼레일 연료 시스템

01 디젤 엔진의 커먼레일 시스템의 장점
① 각 운전 점에서 회전력의 향상이 가능하고 동력성능이 향상된다.
② 배출가스 규제수준을 충족시킬 수 있다.
③ 분사 펌프의 설치공간이 절약된다.
④ 더 많은 영향변수의 고려가 가능하다.
⑤ 분사시기 보정장치 등 부가장치가 필요 없다.
⑥ 엔진의 소음을 감소시켜 최적화된 정숙운전이 가능하다.

▲ 커먼레일

02 디젤 연료장치의 커먼레일
① 고압 펌프로부터 발생된 연료를 저장하는 부분이다.
② 실제적으로 연료의 압력을 지닌 부분이다.
③ 연료 압력은 항상 일정하게 유지한다.
④ 연료는 연료 압력 조절기에 의해 압력이 조절된다.
⑤ 고압의 연료를 저장하고 인젝터에 분배한다.

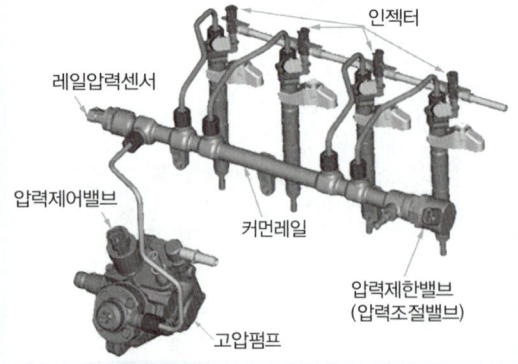
▲ 커먼레일의 고압부분의 구성

03 커먼레일 디젤 엔진의 연료장치 구성 부품
① **저압 계통** : 연료 탱크, 연료 필터, 저압 펌프
② **고압 계통** : 고압 펌프, 커먼레일, 인젝터, 연료 압력 조정기
③ **연료 공급 순서** : 연료 탱크 → 연료 필터 → 저압 펌프 → 고압 펌프 → 커먼 레일 → 인젝터

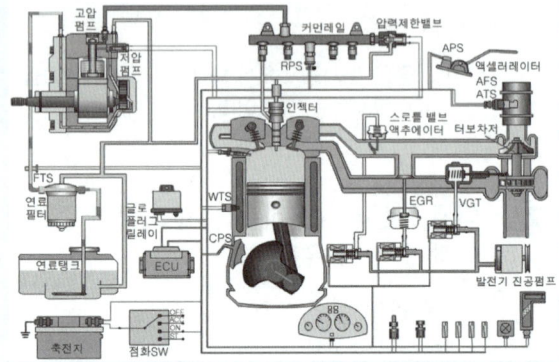

04 압력 제어 밸브와 압력 제한 밸브
① **압력 제어 밸브** : 고압 펌프에 부착되어 연료 압력이 과도하게 상승되는 것을 방지 한다.
② **압력 제한 밸브** : 커먼레일에 설치되어 커먼레일 내의 연료 압력이 규정 값보다 높으면 열려 연료의 일부를 연료탱크로 복귀시킨다.

05 커먼레일 디젤 엔진 센서의 기능
(1) 공기 유량 센서
① 열막 방식을 사용한다.
② 배기가스 재순환(EGR) 피드백 제어 기능을 한다.
③ 스모그 제한 부스터 압력 제어용으로 사용한다.

(2) TPS(스로틀 포지션 센서)
① 운전자가 가속페달을 얼마나 밟았는지 감지한다.
② 가변 저항식 센서이다.
③ 급가속을 감지하면 컴퓨터가 연료분사시간을 늘려 실행시키도록 한다.

(3) 가속페달 포지션 센서
① 운전자의 의지를 컴퓨터로 전달하는 센서이다.
② 센서 1의 신호는 연료 분사량과 분사시기를 결정한다.
③ 센서 2의 신호는 센서 1을 감시하는 센서이다.
④ 센서 2의 신호는 차량의 급출발을 방지하기 위한 것이다.

(4) 연료 압력 센서(RPS)
① 반도체 피에조 소자 방식이다.
② 센서의 신호는 연료 분사량 조정신호로 사용한다.
③ 센서의 신호는 연료 분사시기 조정신호로 사용한다.
④ 고장이 발생하면 림프 홈 모드(페일 세이프)로 진입하여 연료압력을 400bar로 고정시킨다.

(5) 크랭크축 센서(CPS, CKP)
① 크랭크축과 일체로 된 센서 휠의 돌기를 검출한다.
② 크랭크각 및 피스톤의 위치, 엔진의 회전을 검출한다.
③ 연료의 분사시기와 분사순서를 결정한다.

(6) 냉각 수온 센서(ECTS)
① 실린더의 냉각수 통로에 설치되어 엔진 냉각수의 온도를 측정한다.
② 온도와 저항이 반비례하는 부특성 서미스터를 사용한다.
③ 냉각수온의 정보를 통해 연료 분사량과 분사시기를 보정한다.
④ 연료량의 보정 및 냉각팬 제어, 예열장치 작동시간 제어를 수행한다.

(7) 연료 온도 센서(FTS)
① 연료 탱크로부터 공급된(연료 필터 경유) 연료의 온도를 측정한다.
② 온도와 저항이 반비례하는 부특성 서미스터를 사용한다.
③ 연료량을 보정하며, 과도한 온도 상승을 방지하기 위해 연료 분사량을 제한하여 엔진의 출력을 조절한다.

(8) 캠 샤프트 포지션 센서(CMPS)
① 실린더 헤드 커버에 장착되어 있으며, 홀 센서라고도 한다.
② 홀 소자를 이용하여 캠 샤프트의 위치를 검출한다.
③ 크랭크샤프트 포지션 센서로 확인 불가능한 개별 피스톤의 위치를 알 수 있다.
④ 각 실린더의 정확한 행정을 알 수 있어 연료 분사를 순차적으로 제어한다.

(9) 전자제어장치(ECU)
① 운전 상황에 맞는 엔진 속도 제어 및 고장 진단 등을 한다.
② 엔진의 순간적인 작동 성능을 총괄적으로 제어한다.
③ 각종 센서로부터 신호를 입력 받아 공기와 연료 혼합비를 효율적으로 제어한다.

1. 엔진구조 익히기

단원핵심문제

1 전자제어 디젤 분사장치의 장점이 아닌 것은?
① 배출가스 규제 수준 충족
② 엔진 소음의 감소
③ 연료소비율 증대
④ 최적화된 정숙 운전

> ■ 전자제어 분사펌프 장치의 장점
> ① 각 운전 점에서 회전력의 향상이 가능하고 동력 성능이 향상된다.
> ② 배출가스 규제수준을 충족시킬 수 있다.
> ③ 분사 펌프의 설치 공간이 절약된다.
> ④ 더 많은 영향 변수의 고려가 가능하다.
> ⑤ 분사시기 보정장치 등 부가장치가 필요 없다.
> ⑥ 엔진의 소음을 감소시켜 최적화된 정숙운전이 가능하다.

2 디젤 연료장치의 커먼레일에 대한 설명 중 맞지 않는 것은?
① 고압 펌프로부터 발생된 연료를 저장하는 부분이다.
② 실제적으로 연료의 압력을 지닌 부분이다.
③ 연료 압력은 항상 일정하게 유지한다.
④ 연료는 유량 제한기에 의해 커먼레일로 들어간다.

> 커먼레일은 연료 분배 파이프로 고압의 연료를 저장하고 인젝터에 분배하며, 고압 펌프에서 보내지는 고압의 연료는 연료 압력 제한기를 통하여 압력이 조절 된다.

3 커먼레일 디젤 엔진의 연료장치 구성부품이 아닌 것은?
① 인젝터
② 커먼레일
③ 분사 펌프
④ 연료 압력 조정기

> 커먼레일 엔진은 고압 펌프로 압송된 연료가 축압장치(accumulator 또는 rail)를 경유하여 인젝터에서 분사되는 시스템으로 응답성이 높은 인젝터, 커먼레일, 연료압력 조정기와 분사를 독립적으로 제어하는 전자제어 시스템으로 구성되어 있다.

4 다음 중 커먼레일 연료 분사장치의 저압계통이 아닌 것은?
① 커먼레일
② 1차 연료 공급 펌프
③ 연료 필터
④ 연료 스트레이너

> 커먼레일 엔진은 전자제어 디젤엔진으로 연료 계통이 저압과 고압 계통으로 구분하며 연료의 공급 순서는 연료 탱크→연료 필터 → 저압 펌프 → 고압 펌프 → 커먼레일 → 인젝터 순으로 공급되며 고압 펌프 → 커먼레일 → 인젝터는 고압 연료 라인에 해당된다.

5 커먼레일 디젤 엔진에서 기계식 저압펌프의 연료공급 경로가 맞는 것은?
① 연료탱크 — 저압펌프 — 연료필터 — 고압펌프 — 커먼레일 — 인젝터
② 연료탱크 — 연료필터 — 저압펌프 — 고압펌프 — 커먼레일 — 인젝터
③ 연료탱크 — 저압펌프 — 연료필터 — 커먼레일 — 고압펌프 — 인젝터
④ 연료탱크 — 연료필터 — 저압펌프 — 커먼레일 — 고압펌프 — 인젝터

> 연료공급 경로는 연료 탱크→연료 필터→저압 펌프→고압 펌프→커먼레일→인젝터 순서이다.

정답
01.③ 02.④ 03.③ 04.① 05.②

6 다음 중 커먼레일 연료 분사장치의 고압 연료 펌프에 부착된 것은?

① 압력 제어 밸브
② 커먼레일 압력 센서
③ 압력 제한 밸브
④ 유량 제한기

> 커먼레일 연료 분사장치의 고압 펌프에는 압력 제어 밸브가 부착되어 연료 압력이 과도하게 상승되는 것을 방지 한다.

7 커먼레일 디젤 엔진의 압력 제한 밸브에 대한 설명 중 틀린 것은?

① 커먼레일의 압력을 제어한다.
② 커먼레일에 설치되어 있다.
③ 연료압력이 높으면 연료의 일부분이 연료 탱크로 되돌아간다.
④ 컴퓨터가 듀티 제어한다.

> 압력 제한 밸브는 커먼레일에 설치되어 커먼레일 내의 연료 압력이 규정 값보다 높으면 열려 연료의 일부를 연료 탱크로 복귀시킨다.

8 다음 중 커먼레일 디젤 엔진의 공기 유량 센서(AFS)에 대한 설명 중 맞지 않는 것은?

① EGR 피드백 제어기능을 주로 한다.
② 열막 방식을 사용한다.
③ 연료량 제어 기능을 주로 한다.
④ 스모그 제한 부스터 압력 제어용으로 사용한다.

> 커먼레일 디젤 엔진에서 사용하는 공기 유량 센서는 열막 방식을 사용하며, 배기가스 재순환(EGR) 피드백 제어와 스모그 제한 부스터 압력제어용으로 사용한다.

9 커먼레일 디젤 엔진의 공기 유량 센서(AFS)로 많이 사용되는 방식은?

① 베인 방식
② 칼만 와류 방식
③ 피토관 방식
④ 열막 방식

10 TPS(스로틀 포지션 센서)에 대한 설명으로 틀린 것은?

① 가변 저항식이다.
② 운전자가 가속페달을 얼마나 밟았는지 감지한다.
③ 급가속을 감지하면 컴퓨터가 연료 분사 시간을 늘려 실행시킨다.
④ 분사시기를 결정해 주는 가장 중요한 센서이다.

> TPS는 운전자가 가속페달을 얼마나 밟았는지 감지하는 가변 저항식 센서이며, 급가속을 감지하면 컴퓨터가 연료 분사 시간을 늘려 실행시키도록 한다.

11 커먼레일 디젤 엔진의 가속페달 포지션 센서에 대한 설명 중 맞지 않는 것은?

① 가속페달 포지션 센서는 운전자의 의지를 전달하는 센서이다.
② 가속페달 포지션 센서2는 센서1을 검사하는 센서이다.
③ 가속페달 포지션 센서3은 연료 온도에 따른 연료량 보정 신호를 한다.
④ 가속페달 포지션 센서1은 연료량과 분사시기를 결정한다.

> 가속페달 위치센서는 운전자의 의지를 컴퓨터로 전달하는 센서이며, 센서 1에 의해 연료 분사량과 분사시기가 결정되며, 센서 2는 센서 1을 감시하는 기능으로 차량의 급출발을 방지하기 위한 것이다.

12 커먼레일 디젤 엔진의 연료 압력 센서(RPS)에 대한 설명 중 맞지 않는 것은?

① RPS의 신호를 받아 연료 분사량을 조정하는 신호로 사용한다.
② RPS의 신호를 받아 연료 분사시기를 조정하는 신호로 사용한다.
③ 반도체 피에조 소자방식이다.
④ 이 센서가 고장이면 시동이 꺼진다.

> **정답**
> 06.① 07.④ 08.③ 09.④ 10.④ 11.③ 12.④

연료압력 센서(RPS)는 반도체 피에조 소자를 사용하며, 이 센서의 신호를 받아 컴퓨터는 연료 분사량 및 분사시기 조정신호로 사용한다. 고장이 발생하면 림프 홈 모드(페일 세이프)로 진입하여 연료 압력을 400bar로 고정시킨다.

13 전자제어 디젤 엔진의 회전을 감지하여 분사순서와 분사시기를 결정하는 센서는?

① 가속 페달 센서
② 냉각수 온도 센서
③ 크랭크축 센서
④ 엔진 오일 온도 센서

■ 센서의 기능
① **가속 페달 센서 1 & 2** : 센서 1(main sensor)에 의해 연료 분사량과 분사시기가 결정되며, 센서 2는 센서 1을 감시하는 기능으로 차량의 급출발을 방지하기 위한 것이다.
② **수온 센서** : 부특성 서미스터를 사용하며 냉간 시동에서는 연료 분사량을 증가시켜 원활한 시동이 될 수 있도록 엔진의 냉각수 온도를 검출한다.
③ **크랭크축 센서(CPS, CKP)** : 크랭크축과 일체로 되어 있는 센서 휠(sensor wheel)의 돌기를 검출하여 크랭크축의 각도 및 피스톤의 위치, 엔진 회전속도 등을 검출하여 분사시기와 분사순서를 결정한다.

14 커먼레일 디젤 엔진의 센서에 대한 설명 중 맞지 않는 것은?

① 연료 온도 센서는 연료 온도에 따른 연료량 보정 신호를 한다.
② 수온 센서는 엔진의 온도에 따른 연료량을 증감하는 보정 신호로 사용한다.
③ 수온 센서는 엔진의 온도에 따른 냉각 팬 제어 신호로 사용한다.
④ 크랭크 포지션 센서는 밸브 개폐시기를 감지한다.

커먼레일의 크랭크 포지션 센서는 엔진 회전수 감지 및 분사순서와 분사시기를 결정하는 신호로 사용된다.

15 전자제어 연료분사 장치에서 컴퓨터는 무엇에 근거하여 기본 연료 분사량을 결정하는가?

① 엔진회전 신호와 차량속도
② 흡입 공기량과 엔진 회전수
③ 냉각수 온도와 흡입 공기량
④ 차량 속도와 흡입공기량

전자제어 연료분사 장치에서 컴퓨터는 흡입 공기량과 엔진 회전수를 근거하여 기본 연료 분사량을 결정한다.

16 다음 중 커먼레일 디젤 엔진 차량의 계기판에서 경고등 및 지시등의 종류가 아닌 것은?

① 예열플러그 작동 지시등
② DPF 경고등
③ 연료 수분 감지 경고등
④ 연료 차단 지시등

연료의 차단은 컴퓨터의 제어에 의해 이루어지며, 지시등은 설치되어 있지 않다.

17 전자제어 디젤 분사장치에서 연료를 제어하기 위해 각종 센서로부터 정보(가속 페달 위치, 엔진 속도, 분사시기, 흡기, 냉각수, 연료 온도 등)를 입력 받아 전기적 출력 신호로 변환하는 것은?

① 컨트롤 로드 액추에이터
② 전자제어 유닛(ECU)
③ 컨트롤 슬리브 액추에이터
④ 자기 진단(self diagnosis)

전자제어 디젤 엔진은 각종 센서 및 스위치로부터 운전 상태 및 조건 등의 정보를 ECU(전자제어 유닛)에 입력하면 ECU는 내부에 내장된 기본 정보와 연산 비교하여 액추에이터(작동기)를 작동 시킨다.

정답

13.③ 14.④ 15.② 16.④ 17.②

18 커먼레일 방식 디젤 엔진에서 크랭킹은 되는데 엔진이 시동되지 않는다. 점검 부위로 틀린 것은?

① 인젝터
② 레일 압력
③ 연료 탱크 유량
④ 분사펌프 딜리버리 밸브

> 분사펌프의 딜리버리 밸브는 연료의 역류와 후적을 방지하고 고압 파이프에 잔압을 유지시키는 작용을 한다.

19 고장진단 및 테스트용 출력단자를 갖추고 있으며, 항상 시스템을 감시하고, 필요하면 운전자에게 경고신호를 보내주는 기능에 해당되는 것은?

① 제어 유닛
② 피드백
③ 주파수 신호처리
④ 자기진단

20 디젤 엔진의 커먼레일(common-rail)방식 분사장치의 특징 중 틀린 것은?

① 파일럿 분사(pilot injection) 즉 예분사가 가능하다.
② 운전상태의 변화에 따라 분사압력을 제어할 수 있다.
③ 분사압력이 최대 800bar 정도로 높기 때문에 유해 배기가스를 줄일 수 있다.
④ ECU가 분사 개시점, 분사량, 분사 종료점 등을 결정하기 때문에 출력이 향상된다.

> ■ 커먼레일 방식 분사장치의 특징
> ① 분사된 연료를 완전연소에 가깝게 연소시켜 유해배출 가스를 감소시킬 수 있다.
> ② 연료소비율을 향상시킬 수 있다.
> ③ ECU가 분사 개시점, 분사량, 분사 종료점 등을 결정하기 때문에 출력이 향상된다.
> ④ 운전성능을 향상시킬 수 있다.
> ⑤ 밀집된(compact) 설계 및 경량화를 이룰 수 있다.
> ⑦ 모듈(module)화 장치가 가능하다.
> ⑧ 파일럿 분사(pilot injection)가 가능하다.
> ⑨ 운전상태의 변화에 따라 분사압력을 제어할 수 있다.

21 다음 중 커먼레일 디젤 엔진의 연료장치 구성부품이 아닌 것은?

① 고압 펌프
② 커먼레일
③ 인젝터
④ 공급 펌프

> 공급 펌프는 기계식 디젤 엔진 연료 장치의 구성부품이다.

22 건설기계 엔진에 장착된 전자제어장치(ECU)의 주된 기능으로 가장 옳은 것은?

① 운전 상황에 맞는 엔진 속도제어 및 고장진단 등을 하는 장치이다.
② 운전자가 편리하도록 작업 장치를 자동적으로 조작시켜 주는 장치이다.
③ 조이스틱의 작동을 전자화 한 장치이다.
④ 컨트롤 밸브의 조작을 용이하게 하기 위해 전자화 한 장치이다.

> ECU의 기능은 운전 상황에 맞는 엔진 속도제어, 고장진단 등을 하는 장치이다.

23 커먼레일 엔진에 사용되는 크랭크 각(crank angle) 센서의 기능은?

① 엔진 회전수 및 크랭크축의 위치를 검출한다.
② 엔진부하의 크기를 검출한다.
③ 캠축의 위치를 검출한다.
④ 1번 실린더가 압축 상사점에 있는 상태를 검출한다.

> 크랭크 각 센서의 기능은 엔진 회전수 및 크랭크축의 위치를 검출이다.

정답
18.④ 19.④ 20.③ 21.④ 22.① 23.①

1-5 흡배기장치 구조와 기능

01 흡기장치의 요구 조건
① 전 회전영역에 걸쳐서 흡입 효율이 좋아야 한다.
② 연소속도를 빠르게 해야 한다.
③ 흡입부에 와류를 일으키도록 하여야 한다.
④ 균일한 분배성을 가져야 한다.

▲흡배기장치

02 건식 공기 청정기(air cleaner)

(1) 기능 및 청소
① **기능** : 흡입 공기의 먼지 등의 여과와 흡기 소음을 감소시키는 작용을 한다.
② **청소** : 엘리먼트는 압축공기로 안에서 밖으로 불어내어 청소한다.
③ 에어클리너가 막히면 배기 색은 검은색이며, 출력은 저하된다.

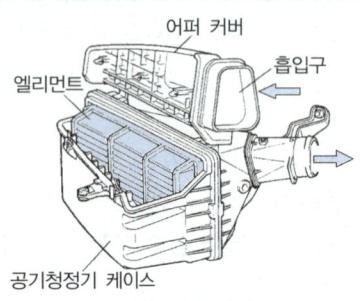
▲건식 공기 청정기

(2) 건식 공기 청정기의 장점
① 설치 또는 분해조립이 간단하다.
② 작은 입자의 먼지나 오물을 여과할 수 있다.
③ 구조가 간단하고 여과망(엘리먼트)은 압축공기로 청소하여 사용할 수 있다.
④ 엔진의 회전속도 변동에도 안정된 공기 청정 효율을 얻을 수 있다.

03 습식 공기 청정기(여과기)
① 공기를 여과시키는 엘리먼트는 스틸 울이나 천으로 오일이 묻어 있다.
② 엘리먼트가 케이스 내면의 일정 높이로 설치되어 아래쪽에 오일이 담겨 있다.
③ 엔진이 작동할 때 케이스와 커버 사이를 통하여 공기가 유입된다.
④ 유입된 공기는 유면을 통하여 급격히 위로 상승되어 에어 혼에 유입된다.
⑤ 무거운 먼지는 유면에 떨어지고 가벼운 먼지는 스틸 울에 부착되어 여과된다.
⑥ 청정 효율은 엔진의 회전속도가 빠를수록 향상된다.

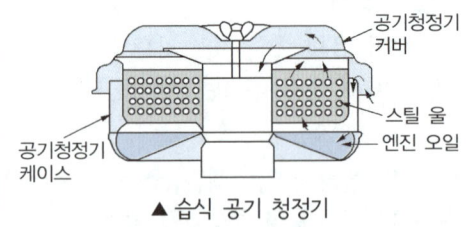
▲ 습식 공기 청정기

04 원심식 공기 청정기(여과기)
① 흡입공기를 선회시켜 엘리먼트 이전에서 이물질을 제거한다.
② 원심력을 이용하여 흡입공기와 함께 유입되는 먼지나 이물질이 여과장치에서 분리되고 정화된 공기만이 실린더로 공급되는 방식.

05 과급기

(1) 특징
① 엔진의 출력이 35 ~ 45% 증가된다.
② 평균 유효압력이 높아진다.
③ 엔진의 회전력이 증대된다.
④ 고지대에서도 출력의 감소가 적다.

▲과급기

⑤ 착화지연 기간이 짧다.
⑥ 체적 효율이 증대된다.
⑦ 세탄가가 낮은 연료의 사용이 가능하다.
⑧ 냉각 손실이 적고 연료 소비율이 향상된다.
⑨ 과급기를 설치하면 엔진의 중량이 증가한다.

(2) 터보 차저(배기 터빈 과급기)
① 1개의 축 양끝에 각도가 서로 다른 터빈이 설치되어 있다.
② 한쪽은 흡기 다기관에 연결하고 다른 한쪽은 배기 다기관에 연결되어 있다.
③ 배기가스의 압력으로 회전되어 공기는 원심력을 받아 디퓨저에 유입된다.
④ 디퓨저*에 공급된 공기의 압력 에너지에 의해 실린더에 공급되어 체적 효율이 향상된다.
⑤ 배기 터빈이 회전하므로 배기 효율이 향상된다.

> 디퓨저(diffuser) : 확산 한다는 뜻으로 유체의 유로를 넓혀서 흐름을 느리게 함으로써 유체의 속도 에너지를 압력 에너지로 바꾸는 장치이다.

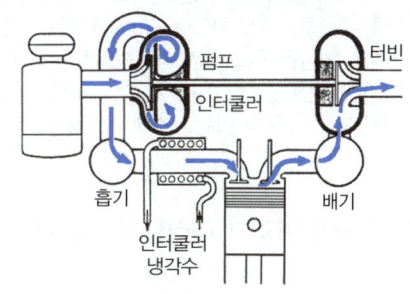

---

1. 엔진구조 익히기   단원핵심문제 ●

1 다음 중 흡기장치의 요구조건으로 틀린 것은?
① 전 회전영역에 걸쳐서 흡입효율이 좋아야 한다.
② 연소속도를 빠르게 해야 한다.
③ 흡입부에 와류가 발생할 수 있는 돌출부를 설치해야 한다.
④ 균일한 분배성을 가져야 한다.

> 흡기다기관은 각 실린더에 혼합가스가 균일하게 분배되도록 하여야 하며, 공기의 충돌을 방지하여 흡입효율이 떨어지지 않도록 굴곡이 있어서는 안 되며 연소가 촉진되도록 공기에 와류를 일으키도록 해야 한다.

2 엔진에서 공기 청정기의 설치 목적으로 맞는 것은?
① 연료의 여과와 가압작용
② 공기의 가압작용
③ 공기의 여과와 소음방지
④ 연료의 여과와 소음방지

3 연소에 필요한 공기를 실린더로 흡입할 때, 먼지 등의 불순물을 여과하여 피스톤 등의 마모를 방지하는 역할을 하는 장치는?
① 과급기(super charger)
② 에어 클리너(air cleaner)
③ 냉각장치(cooling system)
④ 플라이 휠(fly wheel)

> 에어 클리너(공기 청정기)는 흡입 공기의 먼지 등을 여과하는 작용 이외에 흡기 소음을 감소시킨다.

정답
01.③ 02.③ 03.②

4 건식 공기 청정기의 장점이 아닌 것은?
① 설치 또는 분해조립이 간단하다.
② 작은 입자의 먼지나 오물을 여과할 수 있다.
③ 구조가 간단하고 여과망을 세척하여 사용할 수 있다.
④ 엔진 회전속도의 변동에도 안정된 공기청정 효율을 얻을 수 있다.

> 건식 공기 청정기는 작은 입자의 먼지나 오물을 여과할 수 있고 엔진 회전속도의 변동에도 안정된 공기청정 효율을 얻을 수 있다. 구조가 간단하므로 설치 또는 분해·조립이 간단하다. 그리고 여과망(엘리먼트)은 압축공기로 청소하여 사용할 수 있다.

5 건식 공기 여과기 세척방법으로 가장 적합한 것은?
① 압축공기로 안에서 밖으로 불어낸다.
② 압축공기로 밖에서 안으로 불어낸다.
③ 압축오일로 안에서 밖으로 불어낸다.
④ 압축오일로 밖에서 안으로 불어낸다.

> 건식 공기 청정기의 엘리먼트는 압축공기로 안에서 밖으로 불어내어 청소한다.:

6 건식 공기 청정기의 효율저하를 방지하기 위한 방법으로 가장 적합한 것은?
① 기름으로 닦는다.
② 마른걸레로 닦아야 한다.
③ 압축공기로 먼지 등을 털어 낸다.
④ 물로 깨끗이 세척한다.

7 습식 공기 청정기에 대한 설명이 아닌 것은?
① 청정효율은 공기량이 증가할수록 높아지며, 회전속도가 빠르면 효율이 좋아진다.
② 흡입 공기는 오일로 적셔진 여과망을 통과시켜 여과시킨다.
③ 공기 청정기 케이스 밑에는 일정한 양의 오일이 들어 있다.
④ 공기 청정기는 일정기간 사용 후 무조건 신품으로 교환해야 한다.

> 습식 공기 청정기의 여과망은 세척하여 사용한다.

8 여과기 종류 중 원심력을 이용하여 이물질을 분리시키는 형식은?
① 건식 여과기 ② 오일 여과기
③ 습식 여과기 ④ 원심식 여과기

> 원심식 여과기는 흡입 공기와 함께 유입되는 먼지나 이물질이 원심력에 의해 여과장치에서 분리되고 정화된 공기만이 실린더로 공급되는 방식이다.

9 흡입 공기를 선회시켜 엘리먼트 이전에서 이물질이 제거되게 하는 에어 클리너 방식은?
① 습식   ② 건식
③ 원심 분리식 ④ 비스키 무수식

> 원심 분리식 에어 클리너는 흡입공기를 선회시켜 엘리먼트 이전에서 이물질을 제거한다.

10 공기 청정기에 대한 설명으로 틀린 것은?
① 공기 청정기는 실린더 마멸과 관계없다.
② 공기 청정기가 막히면 배기 색은 흑색이 된다.
③ 공기 청정기가 막히면 출력이 감소한다.
④ 공기 청정기가 막히면 연소가 나빠진다.

> 공기 청정기가 막히면 실린더 내에 공급되는 공기가 부족하여 불완전 연소가 이루어지므로 실린더 마멸을 촉진한다.

11 에어 클리너가 막혔을 때 발생되는 현상으로 가장 적절한 것은?
① 배기 색은 흰색이며, 출력은 저하된다.
② 배기 색은 흰색이며, 출력은 증가된다.
③ 배기 색은 검은색이며, 출력은 저하된다.
④ 배기 색은 무색이며, 출력은 정상이다.

정답
04.③ 05.① 06.③ 07.④ 08.④ 09.③
10.① 11.③

에어 클리너가 막히면 배기 색은 검은색이며, 출력은 저하된다.

12 배기관이 불량하여 배압이 높을 때 엔진에 생기는 현상 중 틀린 것은?

① 피스톤의 운동을 방해한다.
② 엔진의 출력이 감소된다.
③ 냉각수 온도가 내려간다.
④ 엔진이 과열된다.

배압이 높으면 피스톤의 운동을 방해하여 엔진의 출력이 감소되며, 엔진이 과열하여 냉각수의 온도가 올라간다.

13 국내에서 디젤 엔진에 규제하는 배출 가스는?

① 탄화수소 ② 매연
③ 일산화탄소 ④ 공기 과잉률(λ)

14 다음 중 연소 시 발생하는 질소산화물(Nox)의 발생 원인과 가장 밀접한 관계가 있는 것은?

① 높은 연소온도 ② 가속불량
③ 흡입공기 부족 ④ 소연 경계층

질소산화물(Nox)이 발생되는 원인은 높은 연소온도 때문이다.

15 보기에서 머플러(소음기)와 관련된 설명이 모두 올바르게 조합된 것은?

보기

a. 카본이 많이 끼면 엔진이 과열되는 원인이 될 수 있다.
b. 머플러가 손상되어 구멍이 나면 배기음이 커진다.
c. 카본이 쌓이면 엔진 출력이 떨어진다.
d. 배기가스의 압력을 높여서 열효율을 증가시킨다.

① a, b, d ② b, c, d
③ a, c, d ④ a, b, c

■ 머플러(소음기)에 관한 사항
① 카본이 많이 끼면 엔진이 과열된다.
② 카본이 쌓이면 엔진 출력이 떨어진다.
③ 머플러에 구멍이 나면 배기 음이 커진다.

16 디젤 엔진에 과급기를 부착하는 주된 목적은?

① 출력의 증대 ② 냉각효율의 증대
③ 배기의 정화 ④ 윤활성의 증대

■ 과급기 엔진의 장점
① 엔진의 출력이 35 ~ 45% 증가된다.
② 평균 유효압력이 높아진다.
③ 엔진의 회전력이 증대된다.
④ 고지대에서도 출력의 감소가 적다.
⑤ 착화지연 기간이 짧다.
⑥ 체적 효율이 증대된다.
⑦ 세탄가가 낮은 연료의 사용이 가능하다.
⑧ 냉각 손실이 적고 연료 소비율이 향상된다.
⑨ 과급기를 설치하면 엔진의 중량이 증가 한다.

17 과급기를 부착하였을 때의 이점으로 틀린 것은?

① 고지대에서도 출력의 감소가 적다.
② 회전력이 증가한다.
③ 엔진 출력이 향상된다.
④ 압축 온도의 상승으로 착화지연시간이 길어진다.

18 과급기 케이스 내부에 설치되며 공기의 속도에너지를 압력에너지로 바꾸는 장치는?

① 임펠러 ② 디퓨저
③ 터빈 ④ 디플렉터

디퓨저는 과급기 케이스 내부에 설치되며, 공기의 속도에너지를 압력에너지로 바꾸는 장치이다.

정답

12.③ 13.② 14.① 15.④ 16.① 17.④
18.②

19 터보차저에 대한 설명 중 틀린 것은?
① 배기가스 배출을 위한 일종의 블로워(blower)이다.
② 과급기라고도 한다.
③ 배기관에 설치된다.
④ 엔진 출력을 증가시킨다.

> 터보차저(과급기)는 배기관에 설치되어 배기가스로 구동된다. 기능은 배기량이 일정한 상태에서 연소실에 강압적으로 많은 공기를 공급하여 흡입효율을 높이고 엔진의 출력과 토크를 증대시키기 위한 장치이다.

20 다음은 터보식 과급기의 작동상태이다. 관계없는 것은?
① 디퓨저에서 공기의 압력 에너지가 속도 에너지로 바뀌게 된다.
② 배기가스가 임펠러를 회전시키면 공기가 흡입되어 디퓨저에 들어간다.
③ 디퓨저에서는 공기의 속도 에너지가 압력 에너지로 바뀌게 된다.
④ 압축 공기가 각 실린더의 밸브가 열릴 때마다 들어가 충전효율이 증대된다.

21 다음 중 터보차저를 구동하는 것으로 가장 적합한 것은?
① 엔진의 열
② 엔진의 배기가스
③ 엔진의 흡입가스
④ 엔진의 여유동력

> 터보차저는 엔진의 배기가스에 의해 구동된다.

22 과급기(Turbo Charger)에 대한 설명 중 옳은 것은?
① 피스톤의 흡입력에 의해 임펠러가 회전한다.
② 가솔린 엔진에만 설치된다.
③ 연료 분사량을 증대시킨다.
④ 실린더 내의 흡입 공기량을 증가시킨다.

> 흡기다기관에 공기 펌프를 설치하여 강제적으로 많은 공기량을 실린더에 공급시키므로 체적 효율이 증대되어 엔진의 출력이 향상된다.

23 과급기에 대해 설명한 것 중 틀린 것은?
① 배기 터빈 과급기는 주로 원심식이다.
② 흡입 공기에 압력을 가해 엔진에 공기를 공급한다.
③ 과급기를 설치하면 엔진 중량과 출력이 감소된다.
④ 4행정 사이클 디젤 엔진은 배기가스에 의해 회전하는 원심식 과급기가 주로 사용된다.

> 자동차에 과급기를 설치하면 엔진의 중량이 증가되고 충진 효율이 향상되기 때문에 엔진의 출력 및 회전력이 증대된다.

24 디젤 엔진 장치 중에서 터보차저의 기능으로 맞는 것은?
① 실린더 내에 공기를 압축 공급하는 장치이다.
② 냉각수 유량을 조절하는 장치이다.
③ 엔진 회전수를 조절하는 장치이다.
④ 윤활유 온도를 조절하는 장치이다.

25 터보차저는 무엇에 의해 구동되는가?
① 엔진의 배기가스에 의해 구동된다.
② 엔진의 흡입가스에 의해 구동된다.
③ 엔진의 열에 의해 구동된다.
④ 엔진의 동력으로 구동된다.

> 터보차저는 엔진의 배기가스에 의해 구동된다.

정답
19.① 20.① 21.② 22.④ 23.③ 24.①
25.①

1-6 냉각장치 구조와 기능

01 냉각의 목적

① 정상적인 작동 온도 75~95℃로 유지시키는 역할을 한다.
② 엔진의 작동 온도는 실린더 헤드 물 재킷부의 냉각수 온도로 표시한다.
③ 부품의 과열 및 손상을 방지한다.

▲ 냉각장치

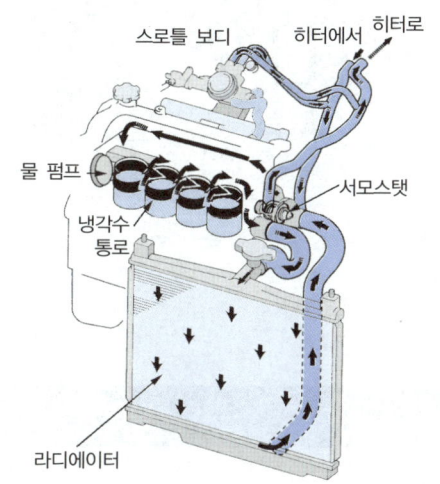
▲ 수냉식 냉각수의 순환경로

02 냉각 방식의 종류

① **공랭식** : 자연 통풍식, 강제 통풍식
② **수냉식** : 자연 순환식, 강제 순환식, 압력 순환식, 밀봉 압력식

03 냉각장치의 구성 부품

(1) 물 재킷
① 실린더 주위, 밸브 시트, 밸브 가이드, 연소실 주위에 설치된 냉각수 통로.
② 물 펌프에 의해서 순환되는 냉각수가 엔진의 열을 흡수한다.
③ 흡수한 열을 라디에이터에서 방열한다.

(2) 물 펌프
① 벨트에 의해서 크랭크축의 동력을 받아 회전하는 원심력 펌프가 사용된다.
② 냉각수를 실린더 블록 및 실린더 헤드의 냉각수 통로에 순환시킨다.
③ 펌프 하우징, 임펠러, 축, 베어링, 펌프 풀리, 실(seal) 등으로 구성되어 있다.

(3) 구동 벨트
① 크랭크축의 동력을 받아 발전기와 물 펌프를 구동시킨다.
② 이음이 없는 섬유질과 고무를 이용하여 성형한 V 벨트를 사용한다.

(4) 냉각 팬
① 엔진과 라디에이터 사이에 설치되어 있다.
② 라디에이터의 냉각 효과를 향상시킨다.
③ 배기 다기관의 과열을 방지한다.
④ 냉각 팬은 물 펌프 축과 일체로 회전한다.

(5) 라디에이터
① 다량의 냉각수를 저장하고 흡수한 열을 대기 중으로 방출한다.
② 방열은 냉각팬과 자동차가 주행할 때 유입되는 공기에 의해 냉각된다.

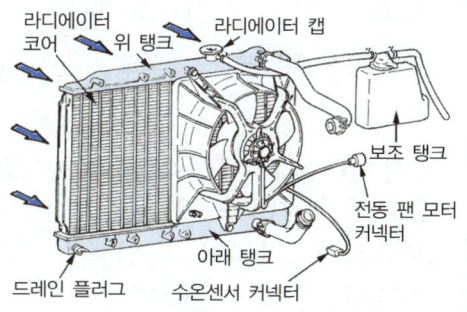
▲ 라디에이터의 구조

1) 라디에이터의 구비조건
① 단위 면적당 방열량이 클 것.

② 공기의 흐름 저항이 적을 것
③ 냉각수의 유동 저항이 적을 것.
④ 가볍고 작으며, 강도가 클 것.

2) 압력식 라디에이터 캡
① 냉각 계통을 밀폐시켜 내부의 온도 및 압력을 조정한다.
② 냉각장치 내의 압력을 $0.2 \sim 1.05 kg/cm^2$ 정도로 유지하여 비점을 112℃로 상승시킨다.
③ **압력 밸브** : 냉각 장치 내의 압력을 항상 일정하게 유지한다.
④ **진공 밸브** : 냉각수 온도가 저하되면 열려 라디에이터 내의 압력을 대기압과 동일하게 유지시킨다.

(6) 수온조절기
① 실린더 헤드 냉각수 통로에 설치되어 냉각수의 온도를 알맞게 조절한다.
② 65℃에서 서서히 열리기 시작하여 85℃가 되면 완전히 열린다.
③ 종류는 벨로즈형과 펠릿형 수온 조절기로 분류한다.

▲ 수랭식 구조

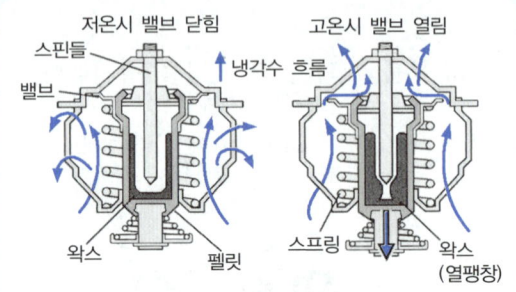
▲ 수온 조절기의 작동

1. 엔진구조 익히기 단원핵심문제 ●

1 엔진의 정상적인 냉각수 온도는?
① 30~45℃ ② 110~120℃
③ 75~95℃ ④ 45~65℃

> 엔진의 정상적인 냉각수 온도는 75~95℃이다.

2 엔진 냉각수의 수온을 측정하는 곳으로 다음 중 가장 적당한 것은?
① 수온 조절기 내부
② 실린더 헤드 물 재킷부
③ 라디에이터 하부
④ 라디에이터 상부

> 엔진 냉각수의 수온을 측정하는 곳은 실린더 헤드 물 재킷 부분이다.

3 엔진의 온도를 일정하게 유지하기 위해서 설치된 물 통로에 해당되는 것은?
① 오일 팬
② 밸브
③ 워터 재킷
④ 실린더 헤드

> 워터 재킷은 실린더 주위, 밸브 시트, 밸브 가이드, 연소실 주위에 설치된 냉각수 통로로 냉각수가 순환되어 엔진의 온도를 일정하게 유지한다.

정답
01. ③ 02. ② 03. ③

4 엔진에서 워터 펌프의 역할로 맞는 것은?
① 정온기 고장 시 자동으로 작동하는 펌프이다.
② 엔진의 냉각수 온도를 일정하게 유지한다.
③ 엔진의 냉각수를 순환시킨다.
④ 냉각수 수온을 자동으로 조절한다.

> 벨트에 의해서 크랭크축의 동력을 받아 회전하여 냉각수를 실린더 블록 및 실린더 헤드의 냉각수 통로에 순환시킨다.

5 다음 중 팬벨트와 연결되지 않은 것은?
① 발전기 풀리
② 엔진 오일 펌프 풀리
③ 워터 펌프 풀리
④ 크랭크축 풀리

> 엔진 오일펌프는 크랭크축이나 캠축에 의해 직접 구동된다.

6 라디에이터의 구비 조건으로 틀린 것은?
① 단위 면적 당 방열량이 클 것
② 공기의 흐름 저항이 클 것
③ 냉각수의 흐름 저항이 적을 것
④ 가볍고 작으며 견고할 것

> 공기의 흐름 저항은 적어야 한다.

7 압축공기로 라디에이터 핀을 청소할 때 옳은 것은?
① 엔진 쪽에서 불어낸다.
② 엔진 쪽으로 불어낸다.
③ 냉각 팬 회전방향으로 불어낸다.
④ 워터 재킷 쪽으로 불어낸다.

> 압축공기로 라디에이터 핀을 청소할 때에는 엔진 쪽에서 불어낸다.

8 냉각장치에서 냉각수의 비등점을 올리기 위한 것으로 맞는 것은?
① 진공식 캡
② 압력식 캡
③ 라디에이터
④ 물재킷

> 압력식 캡은 냉각장치 내의 압력을 0.2~1.05 kg/cm² 정도로 유지하여 비점을 112℃로 상승시킨다.

9 라디에이터 캡의 스프링이 파손되었을 때 가장 먼저 나타나는 현상은?
① 냉각수 비등점이 높아진다.
② 냉각수 비등점이 낮아진다.
③ 냉각수 순환이 빨라진다.
④ 냉각수 순환이 불량해진다.

> 냉각수의 비등점은 압력을 높이면 상승하고 감압하면 낮아진다. 즉, 라디에이터 캡의 스프링이 파손되면 냉각수 비등점이 낮아진다.

10 냉각장치의 수온 조절기는 냉각수 수온이 약 몇 도(℃)일 때 처음 열려 몇 도(℃)에서 완전히 열리는가?
① 35~55℃
② 65~85℃
③ 45~65℃
④ 95~112℃

> 수온 조절기는 냉각수 수온이 약 65℃일 때 처음 열려 85℃에서 완전히 열린다.

11 냉각장치의 수온 조절기가 완전히 열리는 온도가 낮을 경우 가장 적절한 것은?
① 엔진의 회전속도가 빨라진다.
② 엔진이 과열되기 쉽다.
③ 워밍업 시간이 길어지기 쉽다.
④ 물 펌프에 부하가 걸리기 쉽다.

> 수온 조절기가 완전히 열리는 온도가 낮으면 워밍업 시간이 길어지기 쉽다.

정답
04.③ 05.② 06.② 07.① 08.② 09.②
10.② 11.③

12 작업 중 엔진 온도가 급상승하였을 때 먼저 점검하여야 할 것은?
① 고부하 작업
② 장기간 작업
③ 윤활유 수준 점검
④ 냉각수의 양 점검

13 디젤 엔진이 작동될 때 과열되는 원인이 아닌 것은?
① 냉각수 양이 적다.
② 물 재킷 내의 물때가 많다.
③ 온도 조절기가 열려 있다.
④ 물 펌프의 회전이 느리다.

> 온도 조절기가 열려 있는 경우에는 워밍업 시간이 길어지며, 과냉의 원인이 된다.

14 엔진이 과열되는 원인이 아닌 것은?
① 분사시기의 부적당
② 냉각수 부족
③ 팬벨트의 장력 과다
④ 물 재킷 내의 물때 형성

> 팬벨트의 장력이 과다하면 물 펌프 및 발전기의 베어링이 손상된다.

15 엔진 과열 원인과 가장 거리가 먼 것은?
① 팬벨트가 헐거울 때
② 물 펌프 작용이 불량할 때
③ 크랭크축 타이밍기어가 마모되었을 때
④ 방열기 코어가 규정 이상으로 막혔을 때

16 엔진 작동 중 냉각수의 온도가 정상적으로 올라가지 않을 때 과냉의 원인으로 맞는 것은?
① 냉각수 부족
② 물 펌프의 불량
③ 수온 조절기의 열림
④ 팬벨트의 헐거움

> 과냉의 이유는 수온 조절기가 열린 상태로 고장 난 경우이다.

17 엔진 과열시 일어나는 현상이 아닌 것은?
① 금속이 빨리 산화되고 변형되기 쉽다.
② 윤활유 점도 저하로 유막이 파괴된다.
③ 각 작동부분이 열팽창으로 고착된다.
④ 연료소비율이 줄고, 효율이 향상된다.

18 공랭식 엔진에서 볼 수 있는 것은?
① 냉각 핀(fin)
② 코어 플러그
③ 수온 조절기
④ 물 펌프

> 공랭식 엔진에는 실린더 및 실린더 헤드 둘레에 냉각핀이 설치되어 있다.

19 엔진의 냉각장치 방식이 아닌 것은?
① 강제 순환식   ② 압력 순환식
③ 진공 순환식   ④ 자연 순환식

> 엔진의 냉각장치 방식에는 자연 순환식, 강제 순환식, 압력 순환식, 밀봉 압력식이 있다.

20 냉각수 순환용 물 펌프가 고장이 났을 때 엔진에 나타날 수 있는 현상으로 가장 중요한 것은?
① 시동 불능
② 축전지의 비중 저하
③ 발전기 작동 불능
④ 엔진 과열

> 물 펌프가 고장이 나면 엔진 과열의 원인이 된다.

정답
12.④ 13.③ 14.③ 15.③ 16.③ 17.④
18.① 19.③ 20.④

chapter 02 전기장치 익히기

2-1 시동장치 구조와 기능

01 기초 전기

(1) 정전기와 동전기

① **정전기** : 전기가 이동하지 않고 물질에 정지하고 있는 전기이다.

▲ 동전기

② **직류 전기** : 전압 및 전류가 일정값을 유지하고 흐름의 방향도 일정한 전기.
③ **교류 전기** : 전압 및 전류가 시시각각으로 변화하고 흐름의 방향도 정방향과 역방향으로 차례로 반복되어 흐르는 전기.

(2) 전류

① 도선을 통하여 전자가 이동하는 것을 전류라 한다.
② **1A 란** : 도체 단면에 임의의 한 점을 매초 1쿨롱의 전하가 이동할 때의 전류
③ **전류의 3대 작용** : 발열 작용, 화학 작용, 자기 작용

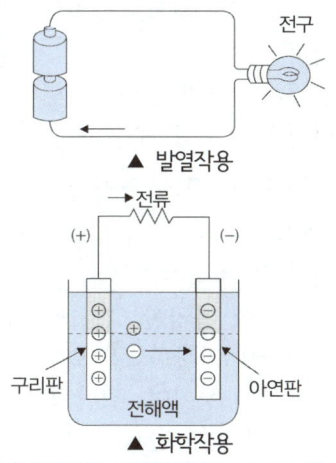
▲ 발열작용
▲ 화학작용

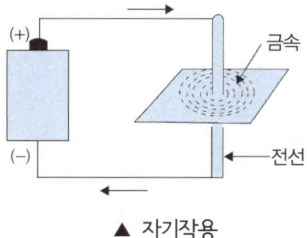
▲ 자기작용

(3) 저항

① 전류가 물질 속을 흐를 때 그 흐름을 방해하는 것을 저항이라 한다.
② **1Ω 이란** : 도체에 1A의 전류를 흐르게 할 때 1V의 전압을 필요로 하는 도체의 저항.
③ **물질의 고유 저항** : 온도, 단면적, 재질, 형상에 따라 변화된다.
④ **접촉 저항** : 접촉면에서 발생되는 저항을 접촉 저항이라 한다.

(4) 직렬연결

① 합성 저항의 값은 각 저항의 합과 같다.
② 각 저항에 흐르는 전류는 일정하다.
③ 각 저항에 가해지는 전압의 합은 전원의 전압과 같다.
④ 동일 전압의 축전지를 직렬연결하면 전압은 개수 배가되고 용량은 1개 때와 같다.

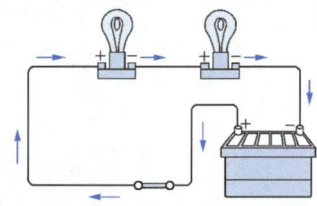

(5) 옴(Ω)의 법칙

① 도체에 흐르는 전류는 도체에 가해진 전압에 정비례한다.

② 도체에 흐르는 전류는 도체의 저항에 반비례한다.

$$I = \frac{E}{R} \quad E = I \times R \quad R = \frac{E}{I}$$

I : 도체에 흐르는 전류(A)
E : 도체에 가해진 전압(V)
R : 도체의 저항(Ω)

(6) 전력
① 전기가 단위 시간 1초 동안에 하는 일의 양을 전력이라 한다.
② **전력을 구하는 공식**

$$P = E \cdot I \quad P = I^2 \cdot R \quad P = \frac{E^2}{R}$$

P : 전력(W)   I : 도체에 흐르는 전류(A)
E : 도체에 가해진 전압(V)
R : 도체의 저항(Ω)

(7) 퓨즈
① 회로에 직렬로 설치된다.
② 단락 및 누전에 의해 과대 전류가 흐르면 차단되어 과대 전류의 흐름을 방지한다.
③ **재질** : 납(25%) + 주석(13%) + 창연(50%) + 카드뮴(12%) – 납과 주석 합금

(8) 플레밍의 왼손 법칙
① 자계 내의 도체에 전류를 흐르게 하였을 때 도체에 작용하는 힘의 방향을 나타내는 법칙이다.

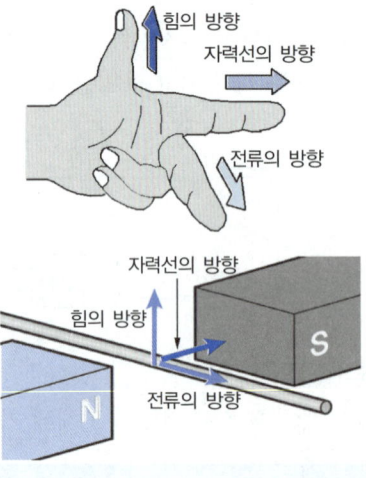

② 자계의 방향, 전류의 방향 및 도체가 움직이는 방향에는 일정한 관계가 있다.
③ 기동 전동기, 전류계, 전압계 등에 이용한다.

(9) 플레밍의 오른손 법칙
① 자계 내에서 도체를 움직였을 때 도체에 발생하는 유도 기전력을 나타내는 법칙
② 플레밍의 오른손 법칙은 발전기에 이용된다.

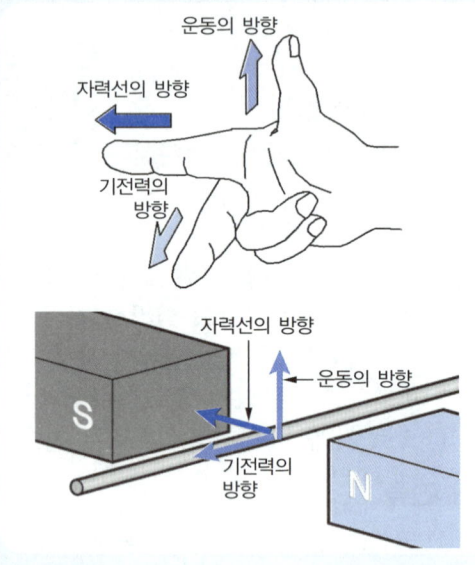

02 축전지

(1) 축전지의 역할
① 기동 장치의 전기적 부하를 부담한다.
② 발전기 고장 시 주행을 확보하기 위한 전원으로 작동한다.
③ 발전기 출력과 부하와의 언밸런스를 조정한다.

▲ 축전지

(2) 축전지의 극판과 격리판
① 양극판의 과산화납은 암갈색 결정성의 미립자이다.
② 양극판이 음극판보다 1장 적다.
③ 양극판의 과산화납은 화학 반응성이 풍부하고 다공성이며, 결합력이 강하다.
④ 격리판은 양극판과 음극판의 단락을 방지

하며, 다공성이고 비전도성이다.

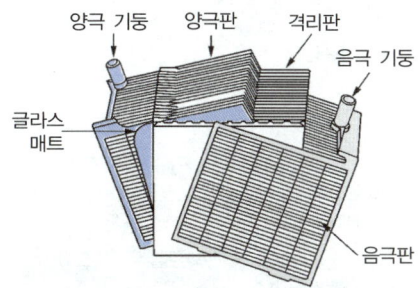

(3) 축전지 셀과 단자 기둥
① 몇 장의 극판을 접속편에 용접하여 터미널 포스트와 일체가 되도록 한 것.
② 완전 충전시 셀당 기전력은 2.1 V이다.
③ 단전지 6 개를 직렬로 연결하면 12 V의 축전지가 된다.
④ **단자 기둥 식별**

구 분	양극 기둥	음극 기둥
단자의 직경	굵다	가늘다
단자의 색	적갈색	회색
표시 문자	⊕, P	⊖, N

(4) 전해액의 비중과 온도
① 전해액의 온도가 높으면 비중이 낮아진다.
② 전해액의 온도가 낮으면 비중은 높아진다.
③ 전해액 비중은 완전 충전된 상태 20℃ 에서 1.260 ~ 1.280 이다.
④ 축전지 전해액의 비중은 온도 1℃ 변화에 대하여 0.00074 변화한다.
⑤ 전해액 비중은 흡입식 비중계 또는 광학식 비중계로 측정한다.
⑥ 전해액의 온도가 상승되면 용량은 증가된다.
⑦ 전해액의 온도가 상승되면 기전력은 높게 된다.

(5) 방전 종지 전압
① 어떤 전압 이하로 방전하여서는 안되는 방전 한계 전압을 말한다.
② 셀당 방전 종지 전압은 1.7 ~ 1.8 V이다.
③ 20 시간율의 전류로 방전하였을 경우의 방전 종지 전압은 한 셀당 1.75 V이다.

(6) 축전지 용량
① 완전 충전된 축전지를 일정의 전류로 연속 방전하여 방전 종지 전압까지 사용할 수 있는 전기량.
② 전해액의 온도가 높으면 용량은 증가한다.
③ 용량은 극판의 크기, 극판의 형상 및 극판의 수에 의해 좌우된다.
④ 용량은 전해액의 비중, 전해액의 온도 및 전해액의 양에 의해 좌우된다.
⑤ 용량은 격리판의 재질, 격리판의 형상 및 크기에 의해 좌우된다.
⑥ **용량**(Ah) = 방전 전류(A) × 방전 시간(h)

(7) 축전지 자기방전의 원인
① 자기방전은 축전지를 사용하지 않아도 자연적으로 방전이 되어 용량이 감소하는 현상이다.
② 극판의 작용물질이 화학작용으로 황산납이 되기 때문에(구조상 부득이 한 경우)
③ 전해액에 포함된 불순물이 국부전지를 구성하기 때문에
④ 탈락한 극판 작용물질이 축전지 내부에 퇴적되기 때문에
⑤ 축전지 커버와 케이스의 표면에서 전기 누설 때문에

(8) MF(maintenance free battery) 축전지
① 납산 축전지의 자기 방전이나 전해액의 감소를 방지하기 위한 축전지이다.
② 격자의 재질은 납과 칼슘 합금으로 되어 있다.
③ 수소 및 산소 가스를 물로 환원시키는 촉매 마개가 설치되어 있다.
④ 증류수의 보충 및 정비가 필요 없다.

(9) 축전지의 보충전 방법
① **정전류 충전** : 충전 시작에서부터 종료까지 일정한 전류로 충전하는 방법이다.
② **정전압 충전** : 충전 시작에서부터 종료까지 일정한 전압으로 충전하는 방법이다.
③ **단별전류 충전** : 충전이 진행됨에 따라 단

계적으로 전류를 감소시켜 충전하는 방법이다.

④ **급속 충전** : 시간적 여유가 없을 때 급속 충전기를 이용하여 충전하는 방법이다.

※ MF 배터리가 아닌 일반 납산 축전지를 보관 관리할 경우 15일마다 정기적으로 충전하여야 한다.

(10) 급속 충전 중 주의 사항

① 충전 중 수소가스가 발생되므로 통풍이 잘 되는 곳에서 충전할 것.
② 발전기 실리콘 다이오드의 파손을 방지하기 위해 축전지의 ⊕, ⊖케이블을 떼어낸다.
③ 충전 시간을 가능한 한 짧게 한다.
④ 충전 중 축전지 부근에서 불꽃이 발생되지 않도록 한다.
⑤ 충전 중 축전지에 충격을 가하지 말 것.
⑥ 전해액의 온도가 45℃ 이상이 되면 충전 전류를 감소시킨다.
⑦ 전해액의 온도가 45℃ 이상이 되면 충전을 일시 중지하여 온도가 내려가면 다시 충전한다.
⑧ 충전 전류는 축전지 용량의 50%이다.

03 시동장치

(1) 기동 전동기의 기능

▲ 기동 전동기

① 기관을 구동시킬 때 사용한다.
② 플라이휠의 링 기어에 기동 전동기의 피니언을 맞물려 크랭크축을 회전시킨다.
③ 링 기어와 피니언 기어비는 10~15 : 1 정도이다.
④ 기관의 시동이 완료되면 피니언을 링 기어로부터 분리시킨다.

(2) 기동 전동기의 종류

① **직권 전동기** : 전기자 코일과 계자 코일이 직렬로 접속되어 있으며, 기동 전동기에 사용한다.
② **분권 전동기** : 전기자 코일과 계자 코일이 병렬로 접속되어 있으며, 전동 팬 모터에 사용한다.
③ **복권 전동기** : 전기자 코일과 계자 코일이 직병렬로 접속되어 있으며, 와이퍼 모터에 사용된다.

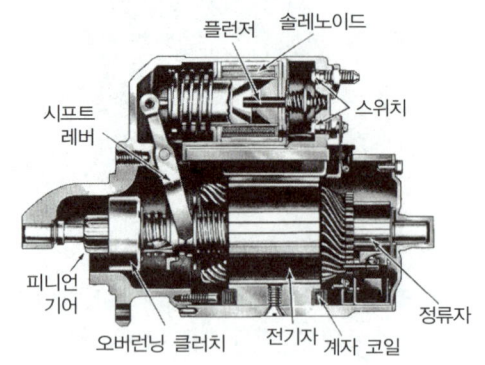
▲ 피니언 섭동식 기동 전동기

(3) 전동기의 구조

① **전기자** : 전기자 철심, 전기자 코일, 축 및 정류자로 구성되어 있으며, 축 양끝은 베어링으로 지지되어 계자 철심 내를 회전한다.
② **전기자 철심** : 전기자 코일을 지지하고 계자 철심에서 발생한 자력선을 통과시키는 자기 회로 역할을 한다.
③ **전기자 코일** : 전자력에 의해 전기자를 회전시키는 역할을 한다.

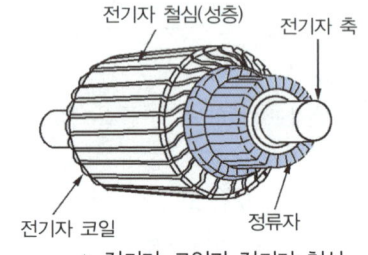
▲ 전기자 코일과 전기자 철심

④ **정류자** : 브러시에서 공급되는 전류를 일정한 방향으로 흐르도록 하는 역할을 한다.
⑤ **계자 철심** : 계자 코일에 전류가 흐르면 강력한 전자석이 된다.
⑥ **계자 코일** : 전류가 흐르면 계자 철심을 자화시켜 토크를 발생한다.
⑦ **브러시** : 정류자와 접촉되어 전기자 코일에 전류를 유출입시키며, 본래 길이의 ⅓ 이상 마멸되면 교환한다.

(4) 기동 전동기 동력전달 방식
① **벤딕스 방식** : 피니언의 관성과 전동기의 고속 회전을 이용한다.
② **피니언 섭동 방식** : 솔레노이드의 전자력을 이용한다.
③ **전기자 섭동 방식** : 자력선이 가까운 거리를 통과하려는 성질을 이용한다.

04 예열장치

(1) 예열 장치의 설치 목적
① 흡기다기관이나 연소실 내의 공기를 미리 가열한다.
② 냉간시 시동을 쉽도록 하는 장치이다.

(2) 흡기 가열식
① 흡입되는 공기를 예열하여 실린더에 공급한다.
② 직접 분사실식에 사용된다.
③ 연소열을 이용하는 흡기 히터와 가열 코일을 이용하는 히트 레인지가 있다.

(3) 예열 플러그식
① 연소실에 흡입된 공기를 직접 가열하는 방식
② 예연소실식과 와류실식 엔진에 사용된다.

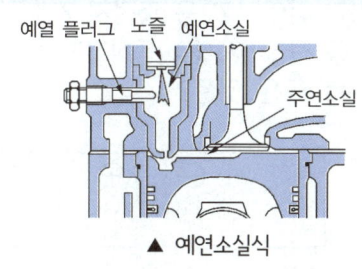
▲ 예연소실식

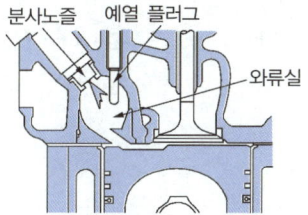
▲ 와류실식

1) 코일형 예열 플러그
① 흡입 공기 속에 히트 코일이 노출되어 있기 때문에 예열 시간이 짧다.
② 히트 코일은 굵은 열선으로 되어 있으며, 직렬로 연결되어 있다.
③ 전체 저항값이 작기 때문에 회로 내에 예열 플러그 저항이 설치되어 있다.
④ 예열 플러그 저항은 과대 전류의 흐름을 방지하여 예열 플러그의 소손을 방지한다.
⑤ 내진성 및 연소 가스에 의한 부식에 약하다.

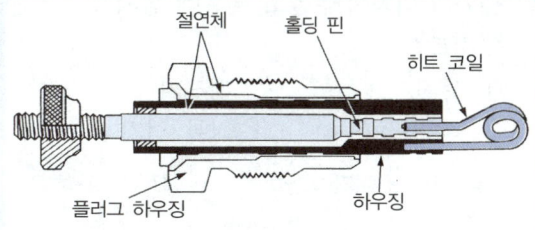
▲ 코일형 예열 플러그

2) 시일드형 예열 플러그
① 히트 코일이 가는 열선으로 되어 예열 플러그 자체의 저항이 크다.
② 예열 플러그 저항이 필요 없으며, 병렬로 연결되어 있다.
③ 발열량 및 열용량이 크다.
④ 히트 코일이 보호 금속 튜브 내에 설치되어 적열되는 시간이 길다.
⑤ 히트 코일이 연소열의 영향을 적게 받으므로 내구성이 향상된다.
⑥ 열용량이나 발열량이 커 시동성이 향상된다.

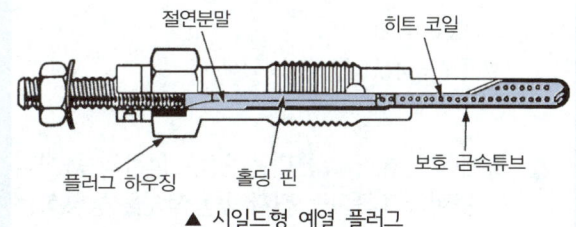
▲ 시일드형 예열 플러그

(4) 예열 플러그의 단선 원인
① 예열시간이 너무 길 때
② 엔진이 과열된 상태에서 빈번한 예열
③ 예열 플러그를 규정 토크로 조이지 않았을 때(접지 불량)
④ 정격이 아닌 예열 플러그를 사용했을 때
⑤ 규정 이상의 과대전류가 흐를 때

2. 전기장치 익히기

기초 전기

1 전기가 이동하지 않고 물질에 정지하고 있는 전기는?

① 동전기 ② 정전기
③ 직류 전기 ④ 교류 전기

> 정전기란 전기가 이동하지 않고 물질에 정지하고 있는 전기이다.

2 전류의 3대 작용이 아닌 것은?

① 발열작용 ② 자정작용
③ 자기작용 ④ 화학작용

> ■ 전류의 3대작용
> ① 발열작용(전구, 예열 플러그 등에서 이용)
> ② 화학작용(축전지 및 전기 도금에서 이용)
> ③ 자기작용(발전기와 전동기에서 이용)

3 전기 단위 환산으로 맞는 것은?

① 1kV = 1000V
② 1A = 10mA
③ 1kV = 100V
④ 1A = 100mA

4 도체에 전류가 흐른다는 것은 전자의 움직임을 뜻한다. 다음 중 전자의 움직임을 방해하는 요소는 무엇인가?

① 전압 ② 저항
③ 전력 ④ 전류

> ① **전류** : 도선을 통하여 전자가 이동하는 것
> ② **전력** : 전기가 단위 시간 1초 동안에 하는 일의 양
> ③ **전압** : 도체에 전류를 흐르게 하는 전기적인 압력

5 도체에도 물질 내부의 원자와 충돌하는 고유 저항이 있다. 고유 저항과 관련이 없는 것은?

① 물질의 모양
② 자유전자의 수
③ 원자핵의 구조 또는 온도
④ 물질의 색깔

> 물질의 고유저항은 재질, 모양, 자유전자의 수, 원자핵의 구조 또는 온도에 따라서 변화한다.

6 전기장치에서 접촉저항이 발생하는 개소 중 틀린 것은?

① 배선 중간 지점
② 스위치 접점
③ 축전지 터미널
④ 배선 커넥터

> 접촉저항이 발생하는 개소는 스위치 접점, 축전지 터미널, 배선 커넥터 등이다.

7 그림과 같이 12V용 축전지 2개를 사용하여 24V용 건설기계를 시동하고자 한다. 연결 방법으로 옳은 것은?

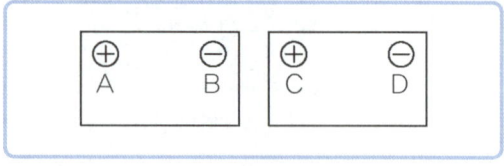

① B - D ② A - C
③ B - C ④ A - B

정답
01.② 02.② 03.① 04.② 05.④ 06.①
07.③

8 같은 축전지 2개를 직렬로 접속하면 어떻게 되는가?

① 전압은 2배가 되고, 용량은 같다.
② 전압은 같고, 용량은 2배가 된다.
③ 전압과 용량은 변화가 없다.
④ 전압과 용량 모두 2배가 된다.

> 직렬연결이란 전압과 용량이 동일한 축전지 2개 이상을 (+)단자와 연결대상 축전지의 (−)단자에 서로 연결하는 방식이며, 이때 전압은 축전지를 연결한 개수만큼 증가하나 용량은 1개일 때와 같다.

9 건설기계에서 사용하는 축전지 2개를 직렬로 연결하였을 때 변화되는 것은?

① 전압이 증가된다.
② 사용전류가 증가된다.
③ 비중이 증가된다.
④ 전압 및 이용전류가 증가된다.

10 건설기계에 사용되는 12볼트(V) 80암페어(A) 축전지 2개를 직렬 연결하면 전압과 전류는?

① 24볼트(V) 160암페어(A)가 된다.
② 12볼트(V) 160암페어(A)가 된다.
③ 24볼트(V) 80암페어(A)가 된다.
④ 12볼트(V) 80암페어(A)가 된다.

> 2V 80A 축전지 2개를 직렬로 연결하면 전압은 축전지를 연결한 개수만큼 증가하고 용량은 1개일 때와 같기 때문에 24V 80A가 된다.

11 다음 중 전력계산 공식으로 맞지 않는 것은?(단, P = 전력, I = 전류, E = 전압, R = 저항이다.)

① $P = EI$ ② $P = E^2 R$
③ $P = \dfrac{E^2}{R}$ ④ $P = I^2 R$

> $P = EI$, $P = \dfrac{E^2}{R}$, $P = I^2 R$

12 옴의 법칙에 관한 공식으로 맞는 것은? (단, 전류 = I, 저항 = R, 전압 = V)

① $I = V \times R$ ② $V = \dfrac{R}{I}$
③ $R = \dfrac{V}{I}$ ④ $I = \dfrac{R}{V}$

> $I = \dfrac{E}{R}$ $E = I \times R$ $R = \dfrac{E}{I}$
> I : 도체에 흐르는 전류(A)
> E : 도체에 가해진 전압(V) R : 도체의 저항(Ω)

13 전기회로에서 단락에 의해 전선이 타거나 과대전류가 부하에 흐르지 않도록 하는 구성품은?

① 스위치 ② 릴레이
③ 퓨즈   ④ 축전지

> 퓨즈는 회로에 직렬로 설치되며, 단락 및 누전에 의해 과대 전류가 흐르면 차단되어 과대 전류의 흐름을 방지한다.

14 퓨즈의 접촉이 나쁠 때 나타나는 현상으로 옳은 것은?

① 연결부의 저항이 떨어진다.
② 전류의 흐름이 높아진다.
③ 연결부가 끊어진다.
④ 연결부가 튼튼해진다.

15 지게차의 전기회로를 보호하기 위한 장치는?

① 캠버   ② 퓨저블 링크
③ 안전 밸브 ④ 턴시그널 램프

> 퓨저블 링크는 지나치게 높은 전압이 가해질 경우에 전기가 단절될 수 있도록 배려한 회로 연결 방식을 의미한다.

정답
08.① 09.① 10.③ 11.② 12.③ 13.③
14.③ 15.②

16 건설기계에 사용되는 전기장치 중 플레밍의 왼손법칙이 적용된 부품은?

① 발전기　　② 점화코일
③ 릴레이　　④ 시동 전동기

> 기동 전동기의 원리는 계자철심 내에 설치된 전기자에 전류를 공급하면 전기자는 플레밍의 왼손 법칙에 따르는 방향의 힘을 받는다.

17 건설기계에 사용되는 전기장치 중 플레밍의 오른손 법칙이 적용되어 사용되는 부품은?

① 발전기　　② 기동 전동기
③ 점화코일　④ 릴레이

> 자계 내에서 도체를 움직였을 때 도체에 발생하는 유도 기전력을 나타내는 법칙이며, 발전기의 원리로 사용된다.

축전지

1 건설기계 엔진에 사용되는 축전지의 가장 중요한 역할은?

① 주행 중 점화장치에 전류를 공급한다.
② 주행 중 등화장치에 전류를 공급한다.
③ 주행 중 발생하는 전기부하를 담당한다.
④ 기동장치의 전기적 부하를 담당한다.

> ■ 축전지의 역할
> ① 기동 장치의 전기적 부하를 부담한다.
> ② 발전기 고장 시 주행을 확보하기 위한 전원으로 작동한다.
> ③ 발전기 출력과 부하와의 언밸런스를 조정한다.

2 건설기계 엔진에서 축전지를 사용하는 주된 목적은?

① 기동 전동기의 작동
② 연료 펌프의 작동
③ 워터 펌프의 작동
④ 오일 펌프의 작동

3 축전지의 가장 중요한 역할이라고 할 수 있는 것은?

① 기동장치의 전기적 부하를 담당하기 위하여
② 축전지 점화식에서 주행 중 점화장치에 전류를 공급하기 위하여
③ 주행 중 냉·난방장치에 전류를 공급하기 위하여
④ 주행 중 등화장치에 전류를 공급하기 위하여

4 축전지의 역할을 설명한 것으로 틀린 것은?

① 기동장치의 전기적 부하를 담당한다.
② 발전기 출력과 부하와의 언밸런스를 조정한다.
③ 엔진 시동 시 전기적 에너지를 화학적 에너지로 바꾼다.
④ 발전기 고장 시 주행을 확보하기 위한 전원으로 작동한다.

5 납산 축전지를 방전하면 양극판과 음극판의 재질은 어떻게 변하는가?

① 황산납이 된다.
② 해면상납이 된다.
③ 일산화납이 된다.
④ 과산화납이 된다.

> 축전지를 방전하면 양극판(과산화납)과 음극판(해면상납)의 재질은 모두 황산납이 된다.

6 축전지에서 방전 중일 때의 화학작용을 설명하였다. 틀린 것은?

① 음극판 : 해면상납 → 황산납
② 전해액 : 묽은황산 → 물
③ 격리판 : 황산납 → 물
④ 양극판 : 과산화납 → 황산납

정답
16.④　17.①
01.④　02.①　03.①　04.③　05.①　06.③

7 납산 축전지의 충·방전 상태를 나타낸 것이 아닌 것은?

① 축전지가 방전되면 양극판은 과산화납이 황산납으로 된다.
② 축전지가 방전되면 전해액은 묽은 황산이 물로 변하여 비중이 낮아진다.
③ 축전지가 충전되면 음극판은 황산납이 해면상납으로 된다.
④ 축전지가 충전되면 양극판에서 수소를, 음극판에서 산소를 발생시킨다.

> ■ 납산 축전지가 충·방전 중일 때 화학작용
> ① 방전되면 양극판의 과산화납은 황산납으로 변화한다.
> ② 방전되면 음극판의 해면상납은 황산납으로 변화한다.
> ③ 방전되면 전해액은 묽은 황산이 물로 변하여 비중이 낮아진다.
> ④ 충전되면 양극판은 황산납이 과산화납으로 된다.
> ⑤ 충전되면 음극판은 황산납이 해면상납으로 된다.
> ⑥ 충전되면 전해액은 물이 묽은 황산으로 된다.
> ⑦ 충전되면 양극판에서 산소를, 음극판에서 수소를 발생시킨다.

8 축전지를 설명한 것으로 틀린 것은?

① 양극판이 음극판보다 1장 더 적다.
② 단자의 기둥은 양극이 음극보다 굵다.
③ 격리판은 다공성이며 전도성인 물체로 만든다.
④ 일반적으로 12V 축전지의 셀은 6개로 구성되어 있다.

> 격리판은 양극판과 음극판의 단락을 방지하기 위한 것이며, 다공성이고 비전도성인 물체로 만든다.

9 12V의 납축전지 셀에 대한 설명으로 맞는 것은?

① 6개의 셀이 직렬로 접속되어 있다.
② 6개의 셀이 병렬로 접속되어 있다.
③ 6개의 셀이 직렬과 병렬로 혼용하여 접속되어 있다.
④ 3개의 셀이 직렬과 병렬로 혼용하여 접속되어 있다.

> 12V 축전지는 2.1V의 셀(cell) 6개를 직렬로 접속한 것이다.

10 축전지 전해액의 온도가 상승하면 비중은?

① 일정하다. ② 올라간다.
③ 내려간다. ④ 무관하다.

> 축전지 전해액의 온도가 상승하면 비중은 내려가고, 온도가 내려가면 비중은 올라간다.

11 축전지 전해액에 관한 내용으로 옳지 않은 것은?

① 전해액의 온도가 1℃ 변화함에 따라 비중은 0.0007씩 변한다.
② 온도가 올라가면 비중은 올라가고 온도가 내려가면 비중이 내려간다.
③ 전해액은 증류수에 황산을 혼합하여 희석시킨 묽은 황산이다.
④ 축전지 전해액 점검은 비중계로 한다.

> 전해액의 온도가 올라가면 비중은 내려가고 온도가 내려가면 비중은 올라간다.

12 황산과 증류수를 사용하여 전해액을 만들 때의 설명으로 옳은 것은?

① 황산을 증류수에 부어야 한다.
② 증류수를 황산에 부어야 한다.
③ 황산과 증류수를 동시에 부어야 한다.
④ 철재 용기를 사용한다.

> ■ 전해액을 만드는 순서
> ① 질그릇 등의 절연체인 용기를 준비한다.
> ② 증류수에 황산을 부어 혼합한다.
> ③ 조금씩 혼합하며 잘 저어서 냉각시킨다.
> ④ 전해액의 온도가 20℃일 때 1.280이 되도록 비중을 측정하면서 작업을 끝낸다.

정답

07.④ 08.③ 09.① 10.③ 11.② 12.①

13 축전지 케이스와 커버를 청소할 때 용액은?
① 비수와 물　② 소금과 물
③ 소다와 물　④ 오일 가솔린

> 축전지 케이스와 커버의 청소는 소다와 물로 한다.

14 축전지의 방전 종지 전압에 대한 설명이 잘못된 것은?
① 축전지의 방전 끝(한계) 전압을 말한다.
② 한 셀 당 1.7~1.8V 이하로 방전되는 것을 말한다.
③ 방전 종지 전압 이하로 방전시키면 축전지의 성능이 저하된다.
④ 20시간율 전류로 방전하였을 경우 방전종지 전압은 한 셀 당 2.1V이다.

> 20 시간율의 전류로 방전하였을 경우의 방전 종지 전압은 한 셀당 1.75 V이다.

15 12V용 납산 축전지의 방전종지 전압은?
① 12V　② 10.5V
③ 7.5V　④ 1.75V

> 12V 축전지는 2.1V 셀 6개가 직렬로 연결되어 있으며, 셀당 방전종지 전압이 1.75V이므로 12V용 납산 축전지의 방전종지 전압은 6×1.75V = 10.5V이다.

16 축전지의 방전은 어느 한도 내에서 단자 전압이 급격히 저하하며 그 이후는 방전능력이 없어지게 된다. 이때의 전압을 ( )이라고 한다. ( )에 들어갈 용어로 옳은 것은?
① 충전 전압
② 누전 전압
③ 방전 전압
④ 방전 종지 전압

> 축전지의 방전은 어느 한도 내에서 단자 전압이 급격히 저하하며 그 이후는 방전능력이 없어지게 된다. 이때의 전압을 방전 종지 전압이라 한다.

17 축전지의 용량을 결정짓는 인자가 아닌 것은?
① 셀 당 극판 수
② 극판의 크기
③ 단자의 크기
④ 전해액의 양

> 축전지의 용량은 극판의 크기, 극판의 수, 황산의 양(전해액의 양)에 의해 결정된다.

18 5A로 연속 방전하여 방전종지 전압에 이를 때까지 20시간이 소요되었다면 이 축전지의 용량은?
① 4Ah　② 50Ah
③ 100Ah　④ 200Ah

> 축전지 용량(Ah)=방전전류(A)×방전시간(h)
> ∴ 5A×20h=100Ah

19 배터리의 자기방전 원인에 대한 설명으로 틀린 것은?
① 전해액 중에 불순물이 혼입되어 있다.
② 배터리 케이스의 표면에서는 전기 누설이 없다.
③ 이탈된 작용물질이 극판의 아래 부분에 퇴적되어 있다.
④ 배터리의 구조상 부득이하다.

> ■축전지 자기방전의 원인
> ① 극판의 작용물질이 화학작용으로 황산납이 되기 때문에(구조상 부득이 한 경우)
> ② 전해액에 포함된 불순물이 국부전지를 구성하기 때문에
> ③ 탈락한 극판 작용물질이 축전지 내부에 퇴적되기 때문에
> ④ 축전지 커버와 케이스의 표면에서 전기 누설 때문에

정답
13.③　14.④　15.②　16.④　17.③　18.③
19.②

20 MF(Maintenance Free) 축전지에 대한 설명으로 적합하지 않은 것은?

① 격자의 재질은 납과 칼슘 합금이다.
② 무보수용 배터리다.
③ 밀봉 촉매마개를 사용한다.
④ 증류수는 매 15일마다 보충한다.

> MF 축전지는 증류수를 점검 및 보충하지 않아도 된다.

21 축전지의 일반적인 충전방법 중 가장 많이 사용되는 것은?

① 정전류 충전
② 정전압 충전
③ 단별전류 충전
④ 급속 충전

> 정전류 충전은 충전을 시작에서부터 완료될 때까지 일정한 전류로 충전하는 방법으로 축전지의 보충전에서 가장 많이 이용한다.

22 충전중인 축전지에 화기를 가까이 하면 위험하다. 그 이유는?

① 수소가스가 폭발성 가스이기 때문에
② 산소가스가 폭발성 가스이기 때문에
③ 충전기가 폭발될 위험이 있기 때문에
④ 전해액이 폭발성 액체이기 때문에

> 충전중인 축전지에 화기를 가까이 하면 음극에서 발생하는 수소가스가 폭발성 가스이기 때문에 위험하다.

23 축전지 급속 충전시 주의사항으로 잘못된 것은?

① 통풍이 잘 되는 곳에서 한다.
② 충전 중인 축전지에 충격을 가하지 않도록 한다.
③ 전해액의 온도가 45℃를 넘지 않도록 특별히 주의한다.
④ 충전시간은 가능한 길게 하고, 가능한 2주에 한 번씩 하도록 한다.

> 급속 충전은 축전지 용량의 50% 전류로 충전하기 때문에 수명을 단축시키는 요인이 되므로 충전시간은 가능한 짧게 하고, 급속 충전은 가능한 하지 않도록 한다.

24 장비에 장착된 축전지를 급속 충전할 때 축전지의 접지 케이블을 분리시키는 이유로 맞는 것은?

① 과충전을 방지하기 위해
② 발전기의 다이오드를 보호하기 위해
③ 시동 스위치를 보호하기 위해
④ 기동 전동기를 보호하기 위해

> 건설기계에 장착된 축전지를 급속 충전할 때 축전지의 접지 케이블을 떼어내는 이유는 발전기의 다이오드를 보호하기 위함이다.

25 축전지를 교환 및 장착할 때의 연결순서로 맞는 것은?

① ⊕ 나 ⊖ 선 중 편리한 것부터 연결하면 된다.
② 축전지의 ⊖ 선을 먼저 부착하고, ⊕ 선을 나중에 부착한다.
③ 축전지의 ⊕, ⊖ 선을 동시에 부착한다.
④ 축전지의 ⊕ 선을 먼저 부착하고, ⊖ 선을 나중에 부착한다.

> 축전지를 장착할 때에는 ⊕ 선을 먼저 부착하고, ⊖ 선을 나중에 부착한다.

정답

20.④ 21.① 22.① 23.④ 24.② 25.④

기동장치

1 기동 전동기의 기능으로 틀린 것은?
① 링 기어와 피니언 기어비는 15~20 : 1 정도이다.
② 플라이휠의 링 기어에 기동 전동기의 피니언을 맞물려 크랭크축을 회전시킨다.
③ 엔진을 구동시킬 때 사용한다.
④ 엔진의 시동이 완료되면 피니언을 링 기어로부터 분리시킨다.

> 플라이휠 링 기어와 기동전동기 피니언의 기어비는 10~15 : 1 정도이다.

2 엔진 시동장치에서 링 기어를 회전시키는 구동 피니언은 어느 곳에 부착되어 있는가?
① 변속기   ② 기동 전동기
③ 뒤 차축   ④ 클러치

> 엔진 시동장치에서 링 기어를 회전시키는 구동 피니언은 기동 전동기에 부착되어 있다.

3 건설기계에 주로 사용되는 기동 전동기로 맞는 것은?
① 직류 복권전동기
② 직류 직권전동기
③ 직류 분권전동기
④ 교류 전동기

> 엔진 시동으로 사용하는 전동기는 직류 직권전동기이다.

4 전동기의 종류와 특성 설명으로 틀린 것은?
① 직권 전동기는 계자 코일과 전기자 코일이 직렬로 연결된 것이다.
② 분권 전동기는 계자 코일과 전기자 코일이 병렬로 연결된 것이다.
③ 복권 전동기는 직권 전동기와 분권전동기 특성을 합한 것이다.
④ 내연기관에서는 순간적으로 강한 토크가 요구되는 복권전동기가 주로 사용된다.

> 내연기관에서는 순간적으로 강한 토크가 요구되는 직권전동기가 사용된다.

5 직권식 기동 전동기의 전기자 코일과 계자 코일의 연결이 맞는 것은?
① 병렬로 연결되어 있다.
② 직렬로 연결되어 있다.
③ 직렬·병렬로 연결되어 있다.
④ 계자 코일은 직렬, 전기자 코일은 병렬로 연결되어 있다.

6 기동 전동기 전기자 코일에 항상 일정한 방향으로 전류가 흐르도록 하기 위해 설치한 것은?
① 다이오드   ② 슬립링
③ 로터   ④ 정류자

> 기동 전동기의 정류자는 전기자 코일에 항상 일정한 방향으로 전류가 흐르도록 하는 작용을 한다.

7 기동 전동기 전기자는 (A), 전기자 코일, 축 및 (B)로 구성되어 있고, 축 양끝은 축받이(bearing)로 지지되어 자극사이를 회전한다. (A), (B) 안에 알맞은 말은?
① A : 솔레노이드, B : 스테이터 코일
② A : 전기자 철심, B : 정류자
③ A : 솔레노이드, B : 정류자
④ A : 전기자 철심, B : 계철

> 전기자는 전기자 철심, 전기자 코일, 축 및 정류자로 구성되어 있다.

정답
01.① 02.② 03.② 04.④ 05.② 06.④
07.②

8 기동 전동기의 동력전달 기구를 동력전달 방식으로 구분한 것이 아닌 것은?

① 벤딕스식
② 피니언 섭동식
③ 계자 섭동식
④ 전기자 섭동식

> 기동 전동기의 피니언이 엔진의 플라이휠 링 기어에 물리는 방식에는 벤딕스 방식, 피니언 섭동 방식, 전기자 섭동 방식 등이 있다.

9 기동 전동기의 피니언을 엔진의 링 기어에 물리게 하는 방법이 아닌 것은?

① 피니언 섭동식
② 벤딕스식
③ 전기자 섭동식
④ 오버런닝 클러치식

> 오버런닝 클러치는 전동기의 회전력을 플라이휠 링 기어에 전달하지만 플라이휠의 회전력이 기동 전동기로 전달되지 않도록 하는 장치이다.

10 기동 전동기의 마그넷 스위치는?

① 기동 전동기의 전자석 스위치이다.
② 기동 전동기의 전류 조절기이다.
③ 기동 전동기의 전압 조절기이다.
④ 기동 전동기의 저항 조절기이다.

> 마그넷 스위치란 솔레노이드 스위치라고도 부르며, 기동 전동기의 전자석 스위치를 말한다.

11 기동 전동기 피니언을 플라이휠 링 기어에 물려 엔진을 크랭킹시킬 수 있는 점화 스위치 위치는?

① ON 위치
② ACC 위치
③ OFF 위치
④ ST 위치

> ST(시동)위치는 기동 전동기 피니언을 플라이휠 링 기어에 물려 엔진을 크랭킹하는 점화 스위치의 위치이다.

12 스타트 릴레이의 설치 목적과 관계없는 것은?

① 회로에 충분한 전류가 공급될 수 있도록 하여 크랭킹이 원활하게 한다.
② 키 스위치를 보호한다.
③ 엔진 시동을 용이하게 한다.
④ 축전지 충전을 용이하게 한다.

> ■ 스타트 릴레이 설치목적
> ① 회로에 충분한 전류가 공급될 수 있도록 하여 크랭킹이 원활하게 한다.
> ② 엔진 시동을 용이하게 한다.
> ③ 키 스위치(시동스위치)를 보호한다.

예열장치

1 다음 중 예열장치의 설치 목적으로 옳은 것은?

① 연료를 압축하여 분무성을 향상시키기 위함이다.
② 냉간 시동 시 시동을 원활히 하기 위함이다.
③ 연료 분사량을 조절하기 위함이다.
④ 냉각수의 온도를 조절하기 위함이다.

> 예열장치는 한랭한 상태에서 엔진을 시동할 때 시동을 원활히 하기 위해 사용한다.

2 예열 플러그의 사용시기로 가장 알맞은 것은?

① 냉각수의 양이 많을 때
② 기온이 영하로 떨어졌을 때
③ 축전지가 방전되었을 때
④ 축전지가 과충전되었을 때

정답
08.③ 09.④ 10.① 11.④ 12.④
01.② 02.②

3 디젤 엔진의 연소실 방식에서 흡기 가열식 예열장치를 사용하는 것은?

① 직접분사식
② 예연소실식
③ 와류실식
④ 공기실식

> 흡기 가열방식은 실린더 내로 흡입되는 공기를 흡기 다기관에서 가열하는 방식으로 흡기 히터와 히트 레인지가 있으며, 주로 직접분사식 연소실에서 사용한다.

4 디젤 엔진에서 시동을 돕기 위해 설치된 부품으로 맞는 것은?

① 과급장치 ② 발전기
③ 디퓨저   ④ 히트 레인지

> 디젤 엔진은 압축착화 방식이므로 한랭한 경우에는 경유가 잘 착화되지 못해 시동이 어렵다. 따라서 디젤 엔진에서는 시동을 보조하기 위해 예열 플러그 회로가 설치되어 있다.

5 디젤 엔진에서만 볼 수 있는 회로는?

① 예열 플러그 회로
② 시동회로
③ 충전회로
④ 등화회로

6 디젤 엔진의 예열장치에서 연소실 내의 압축공기를 직접 예열하는 형식은?

① 히트 릴레이식
② 예열 플러그식
③ 흡기 히터식
④ 히트 레인지식

> 예열 플러그식은 연소실에 흡입된 공기를 직접 가열하는 방식으로 예연소실식과 와류실식 엔진에 사용된다.

7 디젤 엔진의 예연소실식 예열방식에서 연소실 내의 압축공기를 직접 예열하는 방식은?

① 예열 플러그식
② 흡기 가열식
③ 흡기 히터식
④ 히트 레인지식

> ■ 예열장치
> ① **예열 플러그식** : 연소실에 압축된 공기를 직접 가열하는 방식으로 예연소실식과 와류실식 엔진에 사용된다.
> ② **흡기 가열식** : 공기를 예열하여 실린더에 공급하는 방식으로 직접 분사실식에 사용되며, 흡기 히터와 히트 레인지로 분류된다.

8 실드형 예열 플러그에 대한 설명으로 맞는 것은?

① 히트 코일이 노출되어 있다.
② 발열량은 많으나 열용량은 적다.
③ 열선이 병렬로 결선되어 있다.
④ 축전지의 전압을 강하시키기 위하여 직렬 접속 한다.

> ■ 실드형 예열 플러그
> ① 히트 코일이 가는 열선으로 되어 예열 플러그 자체의 저항이 크다.
> ② 예열 플러그 저항이 필요 없으며, 병렬로 연결되어 있다.
> ③ 발열량 및 열용량이 크다.
> ④ 히트 코일이 보호 금속 튜브 내에 설치되어 적열되는 시간이 길다.
> ⑤ 히트 코일이 연소열의 영향을 적게 받으므로 내구성이 향상된다.
> ⑥ 열용량이나 발열량이 커 시동성이 향상된다.

정답

03.①　04.④　05.①　06.②　07.①　08.③

9 글로우 플러그가 설치되는 연소실이 아닌 것은?(단 전자제어 커먼레일은 제외)

① 직접분사실식
② 예연소실식
③ 공기실식
④ 와류실식

10 예열 플러그의 고장이 발생하는 경우로 거리가 먼 것은?

① 엔진이 과열되었을 때
② 발전기의 발전 전압이 낮을 때
③ 예열시간이 길었을 때
④ 정격이 아닌 예열 플러그를 사용했을 때

> ■ 예열 플러그의 단선 원인
> ① 예열시간이 너무 길 때
> ② 엔진이 과열된 상태에서 빈번한 예열
> ③ 예열 플러그를 규정 토크로 조이지 않았을 때
> ④ 정격이 아닌 예열 플러그를 사용했을 때
> ⑤ 규정 이상의 과대전류가 흐를 때

11 예열장치의 고장원인이 아닌 것은?

① 가열시간이 너무 길면 자체 발열에 의해 단선된다.
② 접지가 불량하면 전류의 흐름이 적어 발열이 충분하지 못하다.
③ 규정 이상의 전류가 흐르면 단선되는 고장의 원인이 된다.
④ 예열 릴레이가 회로를 차단하면 예열 플러그가 단선된다.

> 예열 릴레이는 예열을 시킬 때에는 예열 플러그로만 축전지 전류를 공급하고, 시동할 때에는 기동 전동기로만 전류를 공급하는 부품이다.

12 기통 디젤 엔진의 병렬로 연결된 예열 플러그 중 3번 기통의 예열 플러그가 단선 되었을 때 나타나는 현상에 대한 설명으로 옳은 것은?

① 2번과 4번의 예열 플러그도 작동이 안 된다.
② 예열 플러그 전체가 작동이 안 된다.
③ 3번 실린더 예열 플러그만 작동이 안 된다.
④ 축전지 용량의 배가 방전된다.

> 병렬로 연결된 예열 플러그 중 3번 실린더의 예열 플러그가 단선되면 3번 실린더 예열 플러그만 작동되지 않는다.

13 예열 플러그가 스위치 ON 후 15~20초에서 완전히 가열되었을 경우의 설명으로 옳은 것은?

① 정상 상태이다.
② 접지 되었다.
④ 단락 되었다.
⑤ 다른 플러그가 모두 단선 되었다.

> 예열 플러그가 15~20초에서 완전히 가열된 경우는 정상상태이다.

정답

09.① 10.② 11.④ 12.③ 13.①

2-2 충전장치 구조와 기능

01 발전기의 특징

① 3상 교류 발전기로 저속에서 충전 성능이 우수하다.
② 정류자가 없기 때문에 브러시의 수명이 길다.

▲ 충전장치

③ 정류자를 두지 않아 풀리비를 크게 할 수 있다.(허용 회전속도 한계가 높다)
④ 실리콘 다이오드를 사용하기 때문에 정류 특성이 우수하다.
⑤ 발전 조정기는 전압 조정기 뿐이다.
⑥ 경량이고 소형이며, 출력이 크다.

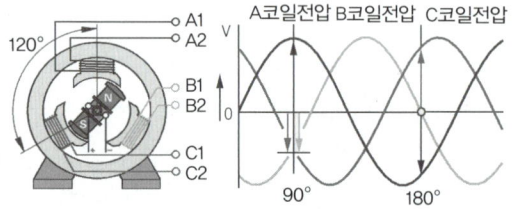

02 교류(AC) 발전기의 구조

① **스테이터** : 고정 부분으로 스테이터 코어 및 스테이터 코일로 구성되어 3상 교류가 유기된다.
② **로터** : 로터 코어, 로터 코일 및 슬립링으로 구성되어 있으며, 회전하여 자속을 형성한다.
③ **슬립 링** : 브러시와 접촉되어 축전지의 여자 전류를 로터 코일에 공급한다.
④ **브러시** : 로터 코일에 축전지 전류를 공급하는 역할을 한다.
⑤ **실리콘 다이오드** : 스테이터 코일에 유기된 교류를 직류로 변환시키는 정류 작용을 하여 외부로 내보낸다.

03 IC 전압 조정기의 장점

① 배선을 간소화 할 수 있다.
② 진동에 의한 전압 변동이 없고, 내구성이 크다.
③ 조정 전압의 정밀도 향상이 크다.
④ 내열성이 크며, 출력을 증대시킬 수 있다.
⑤ 초소형화가 가능하므로 발전기 내에 설치할 수 있다.
⑥ 축전지 충전성능이 향상되고, 각 전기부하에 적절한 전력공급이 가능하다.

---

2. 전기장치 익히기 　　　　　　　　　　　　　단원핵심문제

1 충전장치의 역할로 틀린 것은?
① 램프류에 전력을 공급한다.
② 에어컨 장치에 전력을 공급한다.
③ 축전지에 전력을 공급한다.
④ 기동장치에 전력을 공급한다.

> 기동장치에 전력을 공급하는 것은 축전지이다.

2 건설기계 장비의 충전장치에서 가장 많이 사용하고 있는 발전기는?
① 직류 발전기　② 3상 교류 발전기
③ 와전류 발전기　④ 단상 교류 발전기

> 건설기계의 충전장치에서 가장 많이 사용하고 있는 발전기는 3상 교류 발전기이다.

3 교류(AC) 발전기의 장점이 아닌 것은?
① 소형 경량이다.
② 저속 시 충전특성이 양호하다.
③ 정류자를 두지 않아 풀리비를 작게 할 수 있다.
④ 반도체 정류기를 사용하므로 전기적 용량이 크다.

■ 교류 발전기의 장점
① 속도변화에 따른 적용 범위가 넓고 소형·경량이다.
② 저속에서도 충전 가능한 출력전압이 발생한다.
③ 실리콘 다이오드로 정류하므로 전기적 용량이 크다.
④ 브러시 수명이 길다.
⑤ 전압 조정기만 있으면 된다.
⑥ 출력이 크고, 고속회전에 잘 견딘다.
⑦ 정류자를 두지 않아 풀리비를 크게 할 수 있다.
⑧ 실리콘 다이오드를 사용하기 때문에 정류특성이 좋다.

4 교류 발전기의 설명으로 틀린 것은?
① 타려자 방식의 발전기다.
② 고정된 스테이터에서 전류가 생성된다.
③ 정류자와 브러시가 정류작용을 한다.
④ 발전기 조정기는 전압조정기만 필요하다.

교류 발전기는 타려자 방식의 발전기이며, 전류를 발생하는 스테이터(stator), 전류가 흐르면 전자석이 되는(자계를 발생하는) 로터(rotor), 스테이터 코일에서 발생한 교류를 직류로 정류하는 실리콘 다이오드, 여자 전류를 로터코일에 공급하는 슬립링과 브러시, 엔드 프레임 등으로 되어 있다.

5 교류 발전기(AC)의 주요부품이 아닌 것은?
① 로터   ② 브러시
③ 스테이터 코일   ④ 솔레노이드 조정기

교류 발전기의 조정기는 전압 조정기만 필요하다.

6 교류 발전기에서 회전체에 해당하는 것은?
① 스테이터   ② 브러시
③ 엔드 프레임   ④ 로터

교류 발전기는 전자석이 되는 로터가 회전하며, 직류 발전기는 전류가 발생하는 전기자가 회전한다.

7 AC 발전기에서 전류가 발생되는 곳은?
① 여자 코일   ② 레귤레이터
③ 스테이터 코일   ④ 계자 코일

스테이터는 고정 부분으로 스테이터 코어 및 스테이터 코일로 구성되며, 24 ~ 36 개의 홈에 스테이터 코일이 수개씩 설치되어 로터가 회전할 때 3 상 유도 전류가 발생된다.

8 교류 발전기의 유도 전류는 어디에서 발생하는가?
① 로터   ② 전기자
③ 계자코일   ④ 스테이터

9 AC 발전기에서 다이오드의 역할은?
① 여자 전류를 조정하고 역류를 방지한다.
② 전류를 조정한다.
③ 교류를 정류하고 역류를 방지한다.
④ 전압을 조정한다.

교류 발전기의 다이오드는 발전기에서 발생한 교류를 직류로 변환시키는 정류 작용과 축전지의 전류가 발전기로 역류하는 것을 방지한다.

10 충전장치에서 교류 발전기는 무엇을 변화시켜 충전 출력을 조정하는가?
① 회전속도   ② 로터 코일 전류
③ 브러시 위치   ④ 스테이터 전류

교류 발전기의 출력은 로터 코일의 전류를 변화시켜 조정한다.

정답
01.④ 02.② 03.③ 04.③ 05.④ 06.④
07.③ 08.④ 09.③ 10.②

2-3 계기 및 등화장치 구조와 기능

01 조명의 용어
① 광속 : 광원에서 나오는 빛의 다발을 말하며, 단위는 루멘(lumen, 기호는 lm)이다.
② 광도 : 빛의 세기를 말하며, 단위는 칸델라(기호는 cd)이다.
③ 조도 : 빛을 받는 면의 밝기를 말하며, 단위는 룩스(lux, 기호는 Lx)이다.

02 전조등과 그 회로

(1) 실드빔 전조등
① 반사경에 필라멘트를 붙이고 렌즈를 녹여 붙인 전조등이다.
② 내부에 불활성 가스를 넣어 그 자체가 1개의 전구가 되도록 한 것이다.
③ 밀봉되어 있기 때문에 광도의 변화가 적다.
④ 대기의 조건에 따라 반사경이 흐려지지 않는다.
⑤ 필라멘트가 끊어지면 전체를 교환하여야 한다.

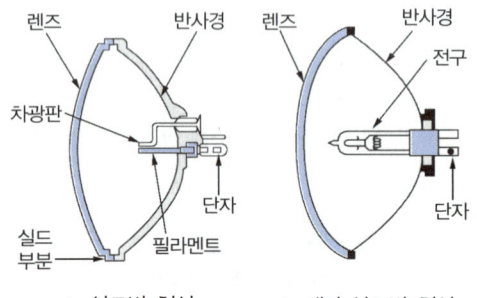

▲ 실드빔 형식   ▲ 세미 실드빔 형식

(2) 세미 실드빔 전조등
① 렌즈와 반사경이 일체로 되어 있는 전조등이다.
② 전구는 별개로 설치한다.
③ 공기가 유통되기 때문에 반사경이 흐려진다.
④ 필라멘트가 끊어지면 전구만 교환한다.

(3) 할로겐 전조등
① 할로겐 전구를 사용한 세미 실드빔 형식이다.
② 필라멘트에서 증발한 텅스텐 원자와 휘발성의 할로겐 원자가 결합하여 휘발성 할로겐 텅스텐을 형성한다.
③ 할로겐 사이클로 흑화 현상이 없어 수명이 다할 때까지 밝기가 변하지 않는다.
④ 색 온도가 높아 밝은 백색의 빛을 얻을 수 있다.
⑤ 교행용의 필라멘트 아래에 차광판이 있어 눈부심이 적다.
⑥ 전구의 효율이 높아 밝기가 밝다.

(4) 전조등 회로
① 하이 빔과 로우 빔이 각각 병렬로 연결되어 있다.
② 퓨즈, 전조등 릴레이, 전조등 스위치, 디머 스위치 등으로 구성되어 있다.
③ 전조등 스위치 1단에서 미등, 차폭등, 번호등이 점등된다.
④ 전조등 스위치 2단에서 미등, 차폭등, 번호등, 전조등, 보조 전조등(안개등)이 모두 점등된다.
⑤ 교행시 전조등은 디머 스위치에 의해 조명하는 방향과 거리가 변화된다.
⑥ 전류가 많이 흐르기 때문에 복선식 배선을 사용한다.

03 방향지시등

(1) 개요
① 전류를 일정한 주기로 단속하여 점멸시키거나 광도를 증감시킨다.
② 전자열선 방식 플래셔 유닛은 열에 의한 열선의 신축작용을 이용하여 단속한다.
③ 플래셔 유닛을 사용하여 램프에 흐르는 전류를 일정한 주기로 단속 점멸한다.
④ 중앙에 있는 전자석과 이 전자석에 의해 끌어 당겨지는 2조의 가동 접점으로 구성

되어 있다.
(2) 좌우 방향 지시등의 점멸 회수가 다른 원인
① 전구의 용량이 규정과 다르다.
② 전구의 접지가 불량하다.
③ 하나의 전구가 단선되었다.

04 계기

① **속도계** : 지게차의 속도를 표시한다.

▲ 속도계

② **연료계**
㉮ 연료의 잔량을 표시한다.
㉯ 지침이 E를 지시하면 연료를 보충한다.
㉰ 시동 스위치를 OFF하여도 연료계 지침은 내려가지 않고 현재의 연료량을 표시한다. 지침이 내려가지 않아도 고장이 아니다.

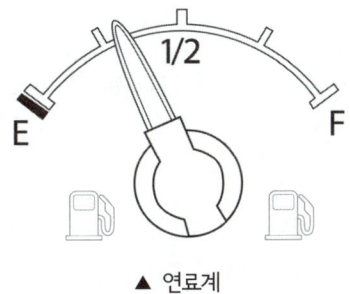

▲ 연료계

③ **엔진 냉각수 온도계**
㉮ 엔진 냉각수 온도를 표시한다.(적색 영역 : 104℃ 초과)
㉯ 운전 시에는 지침이 작동 범위 내에 있는 것이 정상이다.
㉰ 시동 시에는 지침이 작동 범위 내에 올 때까지 저속 공회전 시킨다.
㉱ 지침이 적색 영역에 오면 엔진을 저속으로 5분간 공회전 시킨 후 시동을 끄고 라디에이터와 엔진을 점검한다.

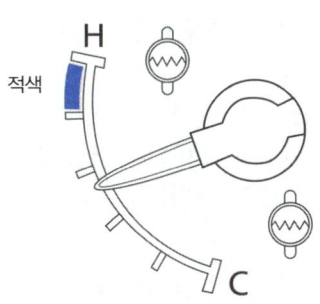

▲ 엔진 냉각수 온도계

④ **트랜스미션 오일 온도계**
㉮ 트랜스미션의 오일 온도를 표시한다. (적색 영역: 107℃ 초과)
㉯ 운전 시에는 지침이 작동 범위 내에 있는 것이 정상이다.
㉰ 시동 시에는 지침이 작동 범위 내에 올 때까지 저속 공회전 시킨다.
㉱ 지침이 적색 영역에 오면 과열 상태이다. 엔진을 무부하 또는 저속운전으로 적색 영역에 지침이 들어가지 않도록 해야 한다.

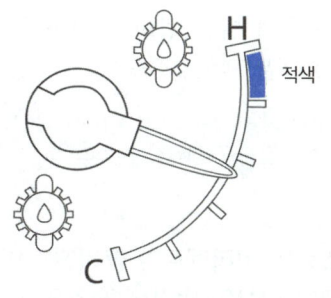

▲ 트랜스미션 오일 온도계

2. 전기장치 익히기 — 단원핵심문제

1 다음의 조명에 관련된 용어의 설명으로 틀린 것은?
① 조도의 단위는 루멘이다.
② 피조면의 밝기는 조도로 나타낸다.
③ 광도의 단위는 cd이다.
④ 빛의 밝기를 광도라 한다.

> 조도의 단위는 룩스(Lux)이며, 루멘은 광속의 단위이다.

2 건설기계의 등화장치 종류 중에서 조명용 등화가 아닌 것은?
① 전조등　② 안개등
③ 번호등　④ 후진등

> 전조등, 후퇴등(후진등), 안개등, 실내등은 조명용 등화이며, 번호등은 외부 표시용이다.

3 실드빔식 전조등에 대한 설명으로 맞지 않는 것은?
① 대기조건에 따라 반사경이 흐려지지 않는다.
② 내부에 불활성 가스가 들어있다.
③ 사용에 따른 광도의 변화가 적다.
④ 필라멘트를 갈아 끼울 수 있다.

> 실드빔 형(shield beam type)은 렌즈·반사경 및 전구를 일체로 제작한 것이다.

4 전조등의 필라멘트가 끊어진 경우 렌즈나 반사경에 이상이 없어도 전조등 전부를 교환하여야 하는 형식은?
① 전구형　② 분리형
③ 세미 실드빔형　④ 실드빔형

> 실드빔 형은 전조등의 필라멘트가 끊어진 경우 렌즈나 반사경에 이상이 없어도 전조등 전부를 교환하여야 한다.

5 헤드라이트에서 세미 실드빔 형은?
① 렌즈, 반사경 및 전구를 분리하여 교환이 가능한 것
② 렌즈와 반사경을 분리하여 제작한 것
③ 렌즈, 반사경 및 전구가 일체인 것
④ 렌즈와 반사경은 일체이고, 전구는 교환이 가능한 것

> 헤드라이트에서 세미 실드빔 형이란 렌즈와 반사경은 일체이고, 전구는 교환이 가능한 것

6 세미 실드빔 형식을 사용하는 건설기계 장비에서 전조등이 점등되지 않을 때 가장 올바른 조치 방법은?
① 렌즈를 교환　② 반사경을 교환
③ 전구를 교환　④ 전조등을 교환

7 현재 널리 사용되고 있는 할로겐 램프에 대하여 운전사 두 사람(A, B)이 아래와 같이 서로 주장하고 있다. 어느 운전사의 말이 옳은가?

> 운전사 A : 실드빔 형이다.
> 운전사 B : 세미실드빔 형이다.

① A가 맞다.
② B가 맞다.
③ A, B 모두 맞다.
④ A, B 모두 틀리다.

> 할로겐 램프를 사용한 세미 실드빔 형식으로 필라멘트가 단선되면 램프를 교환한다.

정답
01.① 02.③ 03.④ 04.④ 05.④ 06.③
07.②

8 좌·우측 전조등 회로의 연결 방법으로 옳은 것은?

① 직렬 연결 ② 단식 배선
③ 병렬 연결 ④ 직·병렬 연결

> 양쪽의 전조등은 하이 빔과 로우 빔이 각각 병렬로 연결되어 있으며, 복선식의 배선이다.

9 전조등 회로의 구성품으로 틀린 것은?

① 전조등 릴레이 ② 전조등 스위치
③ 디머 스위치   ④ 플래셔 유닛

> 전조등 회로는 퓨즈, 전조등 릴레이, 라이트 스위치, 디머 스위치로 구성되어 있다.

10 야간작업 시 헤드라이트가 한쪽만 점등되었다. 고장 원인으로 가장 거리가 먼 것은? (단, 헤드램프 퓨즈가 좌··우측으로 구성됨)

① 헤드라이트 스위치 불량
② 전구 접지불량
③ 회로의 퓨즈 단선
④ 전구 불량

> 헤드라이트 스위치가 불량하면 등화가 모두 점등되지 않는다.

11 배선 회로도에서 표시된 0.85RW의 "R"은 무엇을 나타내는가?

① 단면적   ② 바탕색
③ 줄 색   ④ 전선의 재료

> 0.85RW : 0.85는 전선의 단면적, R은 바탕색, W는 줄 색을 나타낸다.

12 다음 배선의 색과 기호에서 파랑색의 기호는?

① G   ② L
③ B   ④ R

> G(Green, 녹색), L(Blue, 파랑색), B(Black, 검정색), R(Red, 빨강색)

13 방향지시등에 대한 설명으로 틀린 것은?

① 램프를 점멸시키거나 광도를 증감시킨다.
② 전자 열선식 플래셔 유닛은 전압에 의한 열선의 차단 작용을 이용한 것이다.
③ 점멸은 플래셔 유닛을 사용하여 램프에 흐르는 전류를 일정한 주기로 단속 점멸한다.
④ 중앙에 있는 전자석과 이 전자석에 의해 끌어 당겨지는 2조의 가동 접점으로 구성되어 있다.

> 전자열선 방식 플래셔 유닛은 열에 의한 열선(heat coil)의 신축작용을 이용한 것이며, 중앙에 있는 전자석과 이 전자석에 의해 끌어 당겨지는 2조의 가동 접점으로 구성되어 있다. 방향지시기 스위치를 좌우 어느 방향으로 넣으면 접점은 열선의 장력에 의해 열려지는 힘을 받고 있다. 따라서 열선이 가열되어 늘어나면 닫히고, 냉각되면 다시 열리며 이에 따라 방향지시등이 점멸한다.

14 방향지시등의 한쪽 등이 빠르게 점멸하고 있을 때 운전자가 가장 먼저 점검하여야 할 곳은?

① 전구(램프)
② 플래셔 유닛
③ 배터리
④ 콤비네이션 스위치

> 방향지시등의 한쪽 등이 빠르게 점멸하고 있을 때 가장 먼저 점검하여야 할 곳은 전구(램프)이다.

15 한쪽의 방향지시등만 점멸속도가 빠른 원인으로 옳은 것은?

① 전조등 배선접촉 불량
② 플래셔 유닛 고장
③ 한쪽 램프의 단선
④ 비상등 스위치 고장

> 한쪽 램프가 단선되면 한쪽의 방향지시등만 점멸속도가 빨라진다.

정답
08.③ 09.④ 10.① 11.② 12.② 13.②
14.① 15.③

16 방향지시등 스위치를 작동할 때 한쪽은 정상이고, 다른 한쪽은 점멸 작용이 정상과 다르게(빠르게 또는 느리게) 작용한다. 고장원인이 아닌 것은?
① 전구 1개가 단선 되었을 때
② 전구를 교체하면서 규정 용량의 전구를 사용하지 않았을 때
③ 플래셔 유닛이 고장 났을 때
④ 한쪽 전구 소켓에 녹이 발생하여 전압강하가 있을 때

> 플래셔 유닛이 고장 나면 모든 방향지시등이 점멸되지 못한다.

17 다음 등화장치 설명 중 내용이 잘못된 것은?
① 후진등은 변속기 시프트 레버를 후진위치로 넣으면 점등된다.
② 방향지시등은 방향지시등의 신호가 운전석에서 확인되지 않아도 된다.
③ 번호등은 단독으로 점멸되는 회로가 있어서는 안 된다.
④ 제동등은 브레이크 페달을 밟았을 때 점등된다.

> 방향지시등의 신호를 운전석에서 확인할 수 있는 파일럿 램프가 설치되어 있어야 한다.

18 계기판을 통하여 엔진 오일의 순환상태를 알 수 있는 것은?
① 연료 잔량계   ② 오일 압력계
③ 전류계   ④ 진공계

19 작업 중 운전자가 확인해야 할 것으로 가장 거리가 먼 것은?
① 온도계기   ② 전류계기
③ 오일 압력계기   ④ 실린더 압력계기

> 작업 중 운전자가 확인해야 하는 계기는 전류계기, 오일 압력계기, 온도계기 등이다.

20 엔진 온도계가 표시하는 온도는 무엇인가?
① 연소실 내의 온도
② 작동유 온도
③ 엔진 오일 온도
④ 냉각수 온도

> 엔진의 냉각수 온도는 실린더 헤드 물재킷 부분의 온도로 나타내며, 75~95℃정도면 정상이다.

21 작업 중 냉각계통의 순환여부를 확인하는 방법은?
① 유압계의 작동상태를 수시로 확인한다.
② 엔진의 소음으로 판단한다.
③ 전류계의 작동상태를 수시로 확인한다.
④ 온도계의 작동상태를 수시로 확인한다.

22 엔진 정지 상태에서 계기판 전류계의 지침이 정상에서 (−)방향을 지시하고 있다. 그 원인이 아닌 것은?
① 전조등 스위치가 점등위치에서 방전되고 있다.
② 배선에서 누전되고 있다.
③ 엔진 예열장치를 동작시키고 있다.
④ 발전기에서 축전지로 충전되고 있다.

> 발전기에서 축전지로 충전되면 전류계의 지침은 (+)방향을 지시한다.

23 건설기계 장비로 현장에서 작업 시 온도계기는 정상인데 엔진 부조가 발생하기 시작했다. 다음 중 점검사항으로 가장 적합한 것은?
① 연료계통을 점검한다.
② 충전계통을 점검한다.
③ 윤활계통을 점검한다.
④ 냉각계통을 점검한다.

> 디젤 엔진에서 부조가 발생하면 연료계통을 점검한다.

정답
16.③ 17.② 18.② 19.④ 20.④ 21.④
22.④ 23.①

chapter 03 전·후진 주행장치 익히기

3-1 지게차 조향장치의 구조와 기능

01 조향장치의 개요
① 건설기계의 주행 방향을 임의로 변환시키는 장치
② 조향 휠을 조작하면 앞바퀴가 향하는 위치가 변환되는 구조로 되어있다.
③ 조향 핸들, 조향 기어 박스, 링크 기구로 구성되어 있다.
④ **조향 조작력의 전달 순서** : 조향 핸들→조향 축→조향 기어→피트먼 암→드래그 링크→타이로드→조향 암→바퀴

▲ 조향장치

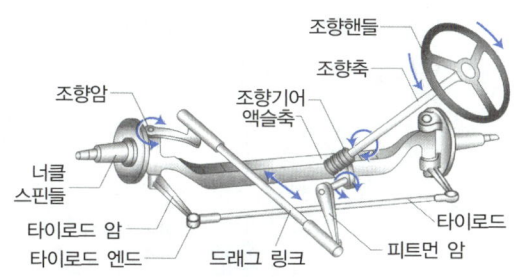

02 앞차축 구성 부품
① 지게차는 앞바퀴로 구동하고 뒷바퀴로 조향한다.
② 앞차축(구동 차축)은 화물을 적재하였을 때 하중을 지지한다.
③ 엔진의 회전력을 앞바퀴에 전달하는 역할을 한다.
④ 앞바퀴는 직접 프레임에 설치된다.

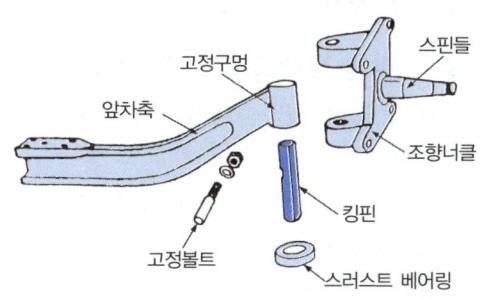

03 동력 조향장치의 장점
① 작은 힘으로 조향 조작을 할 수 있다.
② 조향 기어비를 조작력에 관계없이 선정할 수 있다.
③ 굴곡 노면에서 충격을 흡수하여 핸들에 전달되는 것을 방지한다.
④ 조향 핸들의 시미 현상을 줄일 수 있다.
⑤ 노면에서 발생되는 충격을 흡수하기 때문에 킥 백을 방지할 수 있다.

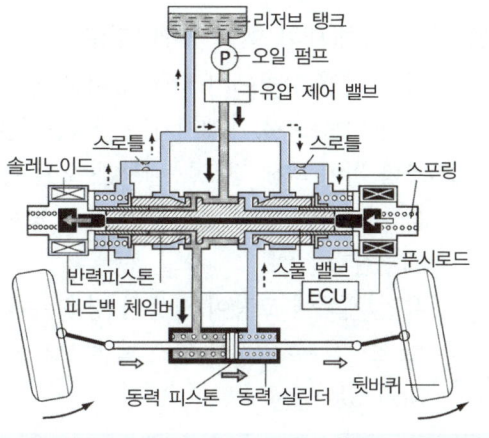

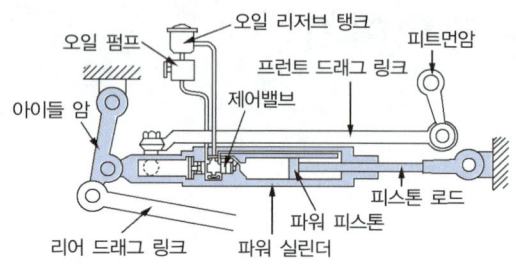

04 동력 조향장치의 구조

(1) 동력 발생 장치(오일 펌프 – 유압 발생)
① 조향 조작력을 증대시키기 위한 유압을 발생한다.
② 오일 펌프 : 엔진에 의해 회전하여 유압을 발생시킨다.
③ 유압 조절 밸브 : 오일 펌프에서 발생된 유압을 라인 압력으로 일정하게 유지시키는 역할을 한다.
④ 유량 조절 밸브 : 작동 장치에 공급되는 유량을 제어 하는 역할을 한다.

(2) 작동 장치(유압 실린더 – 작동 부분)
① 유압을 기계적 에너지로 변환시켜 바퀴에 조향력을 발생한다.
② 동력 실린더 : 2개의 실린더로 구성되어 유압이 공급되면 배력 작용을 한다.
③ 동력 피스톤 : 배력 작용으로 동력 실린더를 좌우로 움직여 조향 링키지에 전달한다.

(3) 제어 장치(제어 밸브 – 제어부분)
① 동력 발생 장치에서 작동 장치로 공급되는 오일 통로를 개폐시키는 역할을 한다.
② 조향 휠에 의해 컨트롤 밸브가 오일 통로를 개폐하여 동력 실린더의 작동 방향을 제어한다.
③ 유압 계통에 고장이 발생된 경우 수동으로 조작할 수 있도록 안전 첵 밸브가 설치되어 있다.

05 조향바퀴 얼라인먼트

▲ 앞바퀴 정렬

(1) 앞바퀴 정렬의 필요성
① 조향 핸들의 조작을 작은 힘으로 쉽게 할 수 있도록 한다.
② 조향 핸들의 조작을 확실하게 하고 안전성을 준다.
③ 진행 방향을 변환시키면 조향 핸들에 복원성을 준다.
④ 선회시 사이드슬립을 방지하여 타이어의 마멸을 최소로 한다.
⑤ 얼라인먼트의 요소 : 캠버, 캐스터, 토인, 킹핀 경사각

(2) 캠버(camber)
앞바퀴를 앞에서 보았을 때 타이어 중심선이 수선에 대해 어떤 각도를 두고 설치되어 있는 상태를 말하며, 필요성은 다음과 같다.
① 조향 핸들의 조작을 가볍게 한다.
② 수직 방향의 하중에 의한 앞 차축의 휨을 방지한다.
③ 하중을 받았을 때 바퀴의 아래쪽이 바깥쪽으로 벌어지는 것을 방지한다.
④ 토(Toe)와 관련성이 있다.

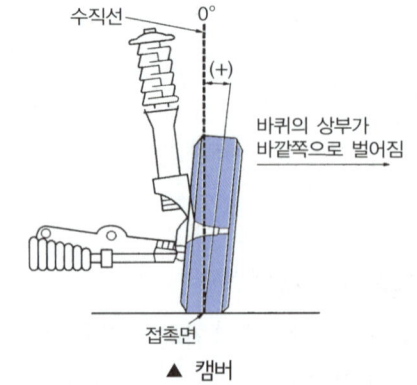
▲ 캠버

(3) 캐스터(caster)
① 앞바퀴를 옆에서 보았을 때 킹핀의 중심선이 수선에 대해 어떤 각도를 두고 설치되어 있는 상태

② 캐스터의 효과는 정의 캐스터에서만 얻을 수 있다.

(4) 토인(toe-in)

앞바퀴를 위에서 보았을 때 좌우 타이어 중심 선간의 거리가 앞쪽이 뒤쪽보다 좁은 것으로 보통 2 ~ 6 mm 정도가 좁다. 토인의 필요성은 다음과 같다.

① 앞바퀴를 평행하게 회전시킨다.
② 앞바퀴가 옆 방향으로 미끄러지는 것을 방지한다.
③ 타이어의 이상 마멸을 방지한다.
④ 조향 링키지의 마멸에 의해 토 아웃됨을 방지한다.
⑤ 토인은 반드시 직진상태에서 측정해야 한다.
⑥ 토인은 타이로드 길이로 조정한다.

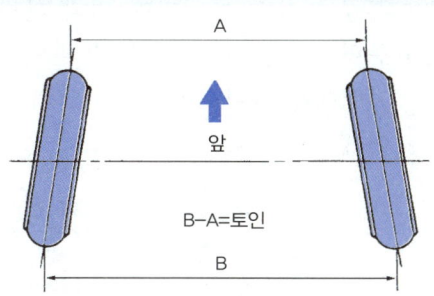

③ 엔진 플라이휠로부터의 동력은 토크 컨버터를 거쳐 트랜스 액슬의 입력 축으로 전달된다.
④ 트랜스 액슬은 스프링 장력에 의해 해제되는 두 쌍의 유압 클러치 팩이 내장되어 있으며, 전진 1~2단, 후진 1~2단의 기어 변속이 가능하다.
⑤ 클러치 팩으로부터의 동력은 출력 기어와 스파이럴 베벨 기어를 통하여 차동장치로 전달된다.
⑥ 차동장치는 액슬을 통하여 동력을 종감속 기어와 바퀴로 전달한다.

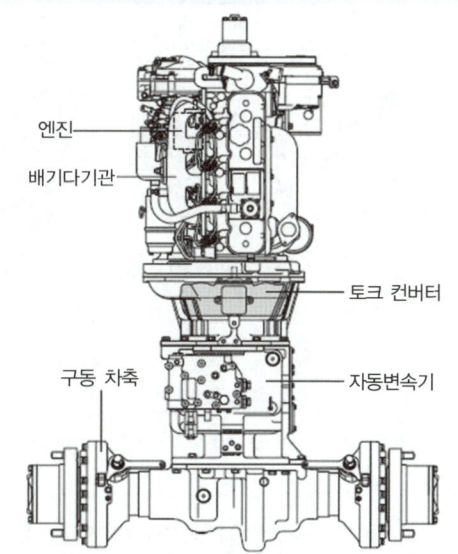

3-2 동력전달장치

01 동력 전달장치의 개요

① **동력 전달장치** : 토크 컨버터, 자동변속기, 종감속기어 및 차동기어, 로 구성되어 있으며, 전진 1~2단, 후진 1~2단으로 되어 있다.
② 2개의 구동축은 차동기어 및 종감속 기어에 연결되며, 구동 바퀴는 종감속 기어에 장착된다.

02 지게차 변속장치의 구조와 기능

(1) 토크 컨버터

① 토크 컨버터는 엔진 플라이휠 하우징에 볼트로 직접 연결되어 있다.
② 엔진 출력은 플라이휠로부터 플렉서블 플레이트로 전달된다.

1) 토크 컨버터의 구조

① **펌프 임펠러** : 크랭크축에 연결되어 엔진이 회전하면 유체 에너지를 발생한다.

▲ 토크 컨버터

② 터빈 : 입력축 스플라인에 접속되어 유체 에너지에 의해 회전한다.
③ 스테이터 : 오일의 흐름 방향을 바꾸어 회전력을 증대시킨다.
④ 토크 컨버터는 오일로 채워져 있다.
⑤ 엔진은 임펠러 휠을 회전시키고 임펠러 블레이드는 유체에너지를 발생시킨다.
⑥ 오일이 원심력으로 통로를 따라 흐르고, 이 에너지는 터빈 휠에 토크를 준다.
⑦ 토크 변환율은 2~3 : 1 이며, 동력 전달 효율은 97~98%이다.

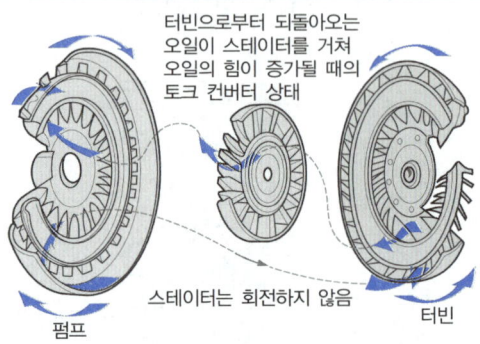

2) 토크 컨버터의 특징
① 유체가 완충 작용을 하기 때문에 운전 중 소음이 없다.
② 주행 상태에 따라 자동적으로 회전력이 변화 된다.
③ 기계적인 마모가 없고 자동차의 출발이 유연하다.
④ 출발 시 충격에 의해 엔진이 정지되지 않는다.
⑤ 마찰 클러치에 비하여 연료의 소비량이 많다.
⑥ 엔진의 회전력에 의한 충격과 회전 진동을 유체에 의해 흡수 및 감쇠된다.
⑦ 전부하 출발 시에도 최대 회전력이 발생 된다.
⑧ 클러치의 설치 공간을 작게 할 수 있다.

3) 토크 컨버터 오일의 구비조건
① 점도가 낮을 것 ② 비중이 클 것
③ 착화점이 높을 것 ④ 내산성이 클 것
⑤ 유성이 좋을 것 ⑥ 비점이 높을 것
⑦ 융점이 낮을 것 ⑧ 윤활성이 클 것

(2) 자동변속기
① 토크 컨버터는 지게차가 주행을 시작할 때 최대 출력 토크를 낸다.
② 지게차가 최대속도로 달릴 때 높은 토크가 요구되지 않으므로 출력 토크는 점진적으로 줄어든다.
③ 지게차 속도에 상관없이 엔진은 계속 가동되고 토크는 지게차의 속도에 따라 자동적으로 변환된다.
④ 엔진의 동력은 토크 컨버터를 통해 터빈축에서 클러치 축으로 전달되고, 전진 및 후진은 유압 클러치에 의해 선택된다.
⑤ 동력은 구동축과 기어를 통해 전진 구동 기어에서 하이포이드 피니언의 종동 기어에 전달된다.

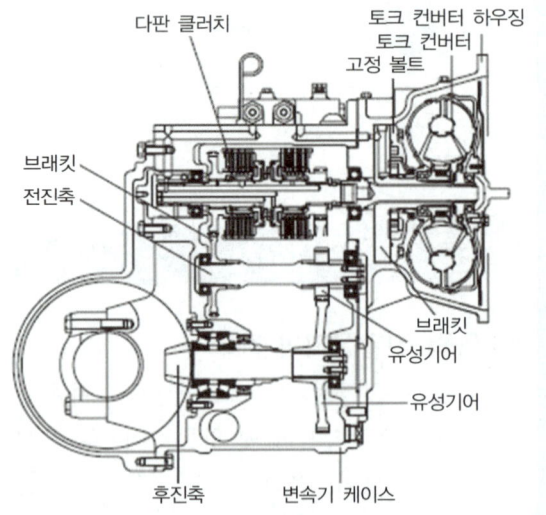

⑥ 후진기어의 경우 동력은 구동축과 기어가 피니언을 역으로 회전시킴으로써 후진축과 기어를 통하여 클러치의 후진 구동

기어에서 하이포이드 피니언의 종동 기어에 전달된다.

(3) 유성기어 유닛
① 큰 구동력을 얻기 위하여 필요하다.
② 엔진을 무부하 상태로 유지하기 위하여 필요하다.
③ 후진시에 구동 바퀴를 역회전시키기 위하여 필요하다.
④ 유성기어 유닛은 선 기어, 유성기어, 유성기어 캐리어, 링 기어로 구성되어 있다.

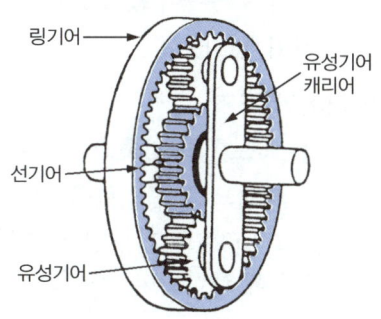

03 드라이브 라인과 종감속기어 및 차동기어 장치

(1) 드라이브 라인

1) 드라이브 라인의 구성과 기능
① 자재 이음, 추진축, 슬립 이음으로 구성되어 있다.
② 변속기에서 전달되는 회전력을 종감속 기어장치에 전달하는 역할을 한다.

▲ 드라이브 라인

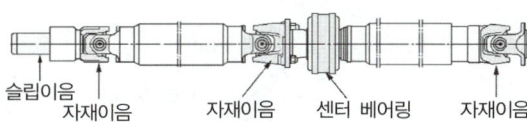

2) 자재 이음(universal joint)
① 2개의 축이 동일 평면상에 있지 않은 축에 동력을 전달할 때 사용한다.
② 각도 변화에 대응하여 피동축에 원활한 회전력을 전달하는 역할을 한다.
③ 추진축 앞뒤에 십자축 자재이음을 설치하여 회전 각속도의 변화를 상쇄시킨다.
③ 십자축 자재이음은 구조가 간단하고 동력 전달이 확실하다.
④ 훅형(십자축) 조인트에는 그리스를 급유하여야 한다.

3) 슬립 이음(slip joint)
① 변속기 출력축 스플라인에 설치되어 추진축의 길이 방향에 변화를 주기 위함이다.
② 액슬축의 상하 운동에 의해 축 방향으로 길이가 변화되어 동력이 전달된다.

(2) 종감속 기어장치

1) 종감속 기어(final drive gear)의 역할
① 회전력을 직각 또는 직각에 가까운 각도로 바꾸어 차축에 전달한다.
② 최종적으로 속도를 감속하여 구동력을 증대시킨다.

▲ 종감속 기어

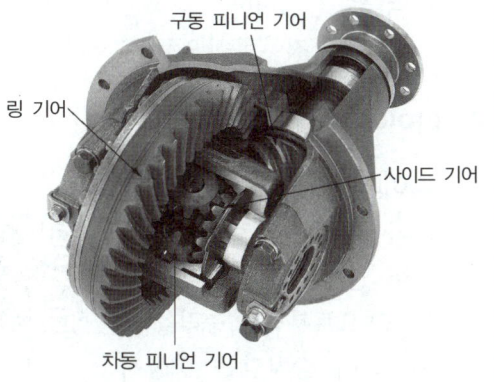

2) 종감속비
① 종감속비는 중량, 등판 성능, 엔진의 출력, 가속 성능 등에 따라 결정된다.
② 종감속비가 크면 등판 성능 및 가속 성능은 향상된다.

③ 종감속비가 적으면 가속 성능 및 등판 성능은 저하된다.
④ 종감속비는 나누어지지 않는 값으로 정하여 이의 마멸을 고르게 한다.

(3) 차동기어 장치
① 랙크와 피니언 기어의 원리를 이용하여 좌우 바퀴의 회전수를 변화시킨다.
② 선회시에 양쪽 바퀴가 미끄러지지 않고 원활하게 선회할 수 있도록 한다.
③ 회전할 때 바깥쪽 바퀴의 회전수를 빠르게 한다.
④ 요철 노면을 주행할 경우 양쪽 바퀴의 회전수를 변화시킨다.

(4) 구동축(액슬축)
① 구동축은 차동기어 장치 및 종감속기어에서 전달된 동력을 구동바퀴에 전달하는 역할을 한다.
② 안쪽 끝 부분의 스플라인은 사이드 기어 스플라인에 결합되어 있다.
③ 바깥쪽 끝 부분은 구동 바퀴와 결합되어 있다.
④ 액슬축을 지지하는 방식은 반부동식, 3/4 부동식, 전부동식으로 분류된다.

04 타이어

(1) 타이어 개요
① 타이어는 휠의 림에 설치되어 일체로 회전한다.
② 노면으로부터의 충격을 흡수하여 승차감을 향상시킨다.
③ 노면과 접촉하여 건설기계의 구동이나 제동을 가능하게 한다.

▲ 타이어

(2) 타이어의 사용 압력에 의한 분류
① 고압 타이어, 저압 타이어, 초저압 타이어로 분류한다.
② 타이어식 굴착기에는 고압 타이어를 사용한다.
③ 지게차에 저압 타이어를 사용하는 이유
㉮ 완충장치가 없으므로 요동치지 않도록 한다.
㉯ 단면적이 고압 타이어보다 크고 압력이 낮아 완충 효과가 양호하다.
㉰ 압입 공기량이 많고 노면과의 접지 면적이 넓다.

(3) 타이어의 구조
① 트레드 : 노면과 접촉되어 마모에 견디고 적은 슬립으로 견인력을 증대시킨다.
② 카커스 : 고무로 피복된 코드를 여러 겹 겹친 층에 해당되며, 타이어 골격을 이루는 부분이다.
③ 브레이커 : 노면에서의 충격을 완화하고 트레이드의 손상이 카커스에 전달되는 것을 방지한다.
④ 비드 : 타이어가 림과 접촉하는 부분이며, 비드부가 늘어나는 것을 방지하고 타이어가 림에서 빠지는 것을 방지한다.

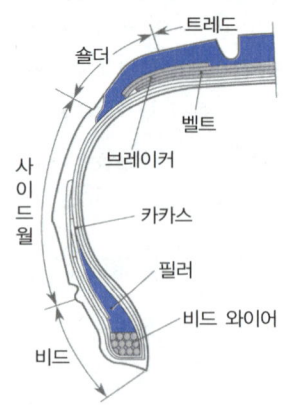

(4) 튜브리스 타이어의 장점
① 고속 주행을 하여도 발열이 적다.
② 튜브가 없기 때문에 중량이 가볍다.
③ 못 같은 것이 박혀도 공기가 잘 새지 않는다.
④ 펑크의 수리가 간단하다

(5) 트레드 패턴의 필요성
① 타이어 내부의 열을 발산한다.
② 트레드에 생긴 절상 등의 확대를 방지한다.
③ 전진 방향의 미끄러짐이 방지되어 구동력을 향상시킨다.
④ 타이어의 옆 방향 미끄러짐이 방지되어 선회 성능이 향상된다.
⑤ **패턴과 관련 요소** : 제동력·구동력 및 견인력, 타이어의 배수 효과, 조향성·안정성 등이다.

(6) 타이어 호칭치수
① **저압 타이어** : 타이어 폭(inch) - 타이어 내경(inch) - 플라이 수
② **고압 타이어** : 타이어 외경(inch) × 타이어 폭(inch) - 플라이 수
③ 11.00 - 20 - 12PR
 • 11.00 : 타이어 폭(inch)
 • 20 : 타이어 내경(inch)
 • 12 : 플라이 수

3-3 지게차 제동장치 구조와 기능

01 제동장치의 작동

(1) 브레이크 장치의 개요
① 주행 중인 건설기계를 감속 또는 정지시키는 역할을 한다.
② 건설기계의 주차 상태를 유지시키는 역할을 한다.
③ 운동에너지를 열에너지로 바꾸어 제동 작용을 한다.

▲ 제동장치

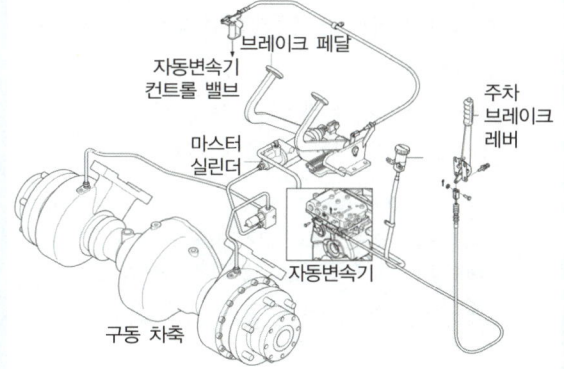

(2) 구비 조건
① 최고 속도와 차량 중량에 대하여 항상 충분한 제동 작용을 할 것.
② 작동이 확실하고 효과가 클 것.
③ 신뢰성이 높고 내구성이 우수할 것.
④ 점검이나 조정하기가 쉬울 것.

(3) 유압식 브레이크
① 지게차의 주 브레이크는 디스크 브레이크이다.
② 브레이크 페달을 밟으면 마스터 실린더에서 유압이 형성되어 액슬 하우징 내 피스톤으로 전달된다.
③ 유압에 의해 피스톤의 이동으로 패드가 디스크를 압착하여 제동력을 발생

시킨다.
④ 주차 브레이크는 브레이크 레버를 당기게 되면 브레이크 케이블을 통해 힘이 브레이크로 전달된다.

02 인칭 페달 및 링크
① 브레이크 페달은 구동 액슬의 유압 브레이크를 작동시킨다.
② 페달의 초기 스트로크에서는 트랜스미션 컨트롤 밸브의 인칭 스풀의 작동으로 유압 클러치가 중립이 된다.
③ 인칭 페달의 초기 스트로크로 구동력을 차단하게 된다.
④ 페달을 더욱 깊게 밟음으로써 브레이크가 작동하게 된다.

3. 전·후진 주행장치 익히기

단원핵심문제

1 건설기계 장비의 조향장치 원리는 무슨 형식인가?
① 애커먼 장토식   ② 포토래스형
③ 전부동식   ④ 빌드업형

> 조향 장치는 선회하는 안쪽 바퀴의 조향각을 바깥쪽 바퀴의 조향각보다 크게 하여 동심원을 그리며 선회할 수 있도록 하는 애커먼 장토식의 원리를 이용한 것이다.

2 지게차 조향 핸들에서 바퀴까지의 조작력 전달순서로 다음 중 가장 적합한 것은?
① 핸들 → 피트먼 암 → 드래그 링크 → 조향기어 → 타이로드 → 조향 암 → 바퀴
② 핸들 → 드래그 링크 → 조향기어 → 피트먼 암 → 타이로드 → 조향 암 → 바퀴
③ 핸들 → 조향 암 → 조향기어 → 드래그 링크 → 피트먼 암 → 타이로드 → 바퀴
④ 핸들 → 조향기어 → 피트먼 암 → 드래그 링크 → 타이로드 → 조향 암 → 바퀴

> 조향 조작력의 전달순서 : 핸들→조향축→조향기어→피트먼 암→드래그 링크→타이로드→조향암→바퀴

3 조향기구 장치에서 앞 액슬과 너클 스핀들을 연결하는 것은?
① 타이로드   ② 스티어링 암
③ 드래그 링크 ④ 킹핀

> 액슬 양 끝에는 조향 너클을 설치하기 위하여 킹핀을 끼우는 홈이 있다.

4 조향핸들의 조작을 가볍게 하는 방법으로 틀린 것은?
① 저속으로 주행한다.
② 바퀴의 정렬을 정확히 한다.
③ 동력조향을 사용한다.
④ 타이어의 공기압을 높인다.

> ■ 핸들의 조작을 가볍게 하는 방법
> ① 타이어의 공기압을 높인다.
> ② 바퀴의 정렬을 정확히 한다.
> ③ 조향 휠을 크게 한다.
> ④ 고속으로 주행한다.
> ⑤ 차량의 하중을 감소시킨다.
> ⑥ 조향 기어 관계의 베어링을 잘 조정한다.
> ⑦ 동력 조향을 사용한다.

정답
01.① 02.④ 03.④ 04.①

5 타이어식 건설기계 장비에서 조향 핸들의 조작을 가볍고 원활하게 하는 방법과 가장 거리가 먼 것은?

① 동력조향을 사용한다.
② 바퀴의 정렬을 정확히 한다.
③ 타이어 공기압을 적정압으로 한다.
④ 종감속 장치를 사용한다.

6 타이어식 건설기계에서 주행 중 조향핸들이 한쪽으로 쏠리는 원인이 아닌 것은?

① 타이어 공기압 불균일
② 브레이크 라이닝 간극 조정 불량
③ 베이퍼 록 현상 발생
④ 휠 얼라인먼트 조정 불량

> 베이퍼록 현상은 액체가 흐르는 파이프에 열이 가해져 액체가 증기로 되어 액체의 흐름을 방해하는 현상으로 연료장치나 제동장치 등에서 발생하기 쉽다.

7 동력조향장치의 장점으로 적합하지 않은 것은?

① 작은 조작력으로 조향조작을 할 수 있다.
② 조향 기어비는 조작력에 관계없이 선정할 수 있다.
③ 굴곡 노면에서의 충격을 흡수하여 조향 핸들에 전달되는 것을 방지한다.
④ 조작이 미숙하면 엔진이 자동으로 정지된다.

> ■ 동력 조향장치의 장점
> ① 작은 조작력으로 조향 조작을 할 수 있다.
> ② 조향 기어비를 조작력에 관계없이 선정할 수 있다.
> ③ 굴곡 노면에서의 충격을 흡수하여 조향핸들에 전달되는 것을 방지한다.
> ④ 조향 핸들의 시미 현상을 줄일 수 있다.

8 동력 조향장치의 장점과 거리가 먼 것은?

① 작은 조작력으로 조향 조작이 가능하다.
② 조향 핸들의 시미현상을 줄일 수 있다.
③ 설계·제작 시 조향 기어비를 조작력에 관계없이 선정할 수 있다.
④ 조향 핸들의 유격 조정이 자동으로 되어 볼 조인트의 수명이 반영구적이다.

9 파워 스티어링에서 핸들이 매우 무거워 조작하기 힘든 상태일 때의 원인으로 맞는 것은?

① 바퀴가 습지에 있다.
② 조향 펌프에 오일이 부족하다.
③ 볼 조인트의 교환시기가 되었다.
④ 핸들 유격이 크다.

> ■ 조향 핸들의 조작이 무거운 원인
> ① 유압계통 내에 공기가 유입되었다.
> ② 타이어의 공기 압력이 너무 낮다.
> ③ 오일이 부족하거나 유압이 낮다.
> ④ 조향 펌프(오일펌프)의 회전속도가 느리다.
> ⑤ 오일펌프의 벨트가 파손되었다.
> ⑥ 오일 호스가 파손되었다.

10 조향 핸들의 조작이 무거운 원인으로 틀린 것은?

① 유압유 부족 시
② 타이어 공기압 과다 주입 시
③ 앞바퀴 휠 얼라인먼트 조정불량 시
④ 유압계통 내에 공기혼입 시

11 타이어식 건설기계 주행 중 동력 조향 핸들의 조작이 무거운 이유가 아닌 것은?

① 유압이 낮다.
② 호스나 부품 속에 공기가 침입했다.
③ 오일펌프의 회전이 빠르다.
④ 오일이 부족하다.

> 정답
> 05.④ 06.③ 07.④ 08.④ 09.② 10.②
> 11.③

휠 얼라인먼트

12 타이어식 건설기계에서 앞바퀴 정렬의 역할과 거리가 먼 것은?
① 브레이크의 수명을 길게 한다.
② 타이어 마모를 최소로 한다.
③ 방향 안정성을 준다.
④ 조향 핸들의 조작을 작은 힘으로 쉽게 할 수 있다.

> ■ 앞바퀴 정렬의 필요성
> ① 조향 핸들의 조작을 작은 힘으로 쉽게 할 수 있도록 한다.
> ② 조향 핸들의 조작을 확실하게 하고 안전성을 준다.
> ③ 진행 방향을 변환시키면 조향핸들에 복원성을 준다.
> ④ 선회 시 사이드슬립을 방지하여 타이어의 마멸을 최소로 한다.

13 타이어식 건설장비에서 조향바퀴의 얼라인먼트 요소와 관련 없는 것은?
① 캠버   ② 캐스터
③ 토인   ④ 부스터

> 휠 얼라인먼트의 요소는 캠버, 캐스터, 킹핀 경사각, 토인이다.

14 앞바퀴 정렬 중 캠버의 필요성에서 가장 거리가 먼 것은?
① 앞차축의 휨을 적게 한다.
② 조향 휠의 조작을 가볍게 한다.
③ 조향시 바퀴의 복원력이 발생한다.
④ 토(Toe)와 관련성이 있다.

> ■ 캠버의 필요성
> ① 조향 핸들의 조작을 가볍게 한다.
> ② 수직 하중에 의한 앞차축의 휨을 방지한다.
> ③ 하중을 받았을 때 바퀴의 아래쪽이 바깥쪽으로 벌어지는 것을 방지한다.
> ④ 토(Toe)와 관련성이 있다.

15 타이어식 장비에서 캠버가 틀어졌을 때 가장 거리가 먼 것은?
① 핸들의 쏠림 발생
② 로어 암 휨 발생
③ 타이어 트레드의 편마모 발생
④ 휠 얼라인먼트 점검 필요

16 타이어식 건설기계의 휠 얼라인먼트에서 토인의 필요성이 아닌 것은?
① 조향바퀴의 방향성을 준다.
② 타이어 이상 마멸을 방지한다.
③ 조향바퀴를 평행하게 회전시킨다.
④ 바퀴가 옆 방향으로 미끄러지는 것을 방지한다.

> ■ 토인의 필요성
> ① 앞바퀴를 평행하게 회전시킨다.
> ② 앞바퀴가 옆 방향으로 미끄러지는 것을 방지한다.
> ③ 타이어의 이상 마멸을 방지한다.
> ④ 조향 링키지의 마멸에 의해 토 아웃됨을 방지한다.

17 타이어식 건설기계 장비에서 토인에 대한 설명으로 틀린 것은?
① 토인은 반드시 직진상태에서 측정해야 한다.
② 토인은 직진성을 좋게 하고 조향을 가볍도록 한다.
③ 토인은 좌·우 앞바퀴의 간격이 앞보다 뒤가 좁은 것이다.
④ 토인 조정이 잘못되면 타이어가 편 마모된다.

> 토인은 좌·우 앞바퀴의 간격이 뒤보다 앞이 좁은 것이다.

정답
12.① 13.④ 14.③ 15.② 16.① 17.③

18 타이어식 건설기계에서 조향 바퀴의 토인을 조정하는 것은?

① 핸들　　② 타이로드
③ 웜 기어　④ 드래그 링크

> 토인은 타이로드에서 조정한다.

토크 컨버터

19 토크 컨버터의 3대 구성요소가 아닌 것은?

① 오버런링 클러치　② 스테이터
③ 펌프　　　　　　④ 터빈

> 토크 컨버터는 엔진과 함께 회전하는 펌프, 변속기 입력축에 연결되어 동력을 전달하는 터빈, 펌프와 터빈 사이에 설치되어 오일의 흐름 방향을 바꾸는 스테이터로 구성되어 있다.

20 토크 컨버터 동력전달 매체로 맞는 것은?

① 클러치 판　② 유체
③ 벨트　　　④ 기어

> 토크 컨버터는 유체 클러치에 스테이터를 추가로 설치하여 회전력을 증대시키며, 엔진에서 전달되는 동력을 유체의 운동 에너지로 변환시킨다.

21 토크 컨버터 구성 요소 중 엔진에 의해 직접 구동되는 것은?

① 터빈　　② 펌프
③ 스테이터　④ 가이드 링

> ■ 토크 컨버터의 구조
> ① **펌프** : 크랭크축에 연결되어 엔진이 회전하면 유체 에너지를 발생한다.
> ② **터빈** : 입력축 스플라인에 접속되어 유체 에너지에 의해 회전한다.
> ③ **스테이터** : 오일의 흐름 방향을 바꾸어 회전력을 증대시킨다.

22 엔진과 직결되어 같은 회전수로 회전하는 토크 컨버터의 구성품은?

① 터빈　　② 펌프
③ 스테이터　④ 변속기 출력축

23 토크 컨버터의 오일의 흐름 방향을 바꾸어 주는 것은?

① 펌프　　② 터빈
③ 변속기축　④ 스테이터

> 스테이터는 펌프와 터빈 사이에 배치되어 오일의 흐름 방향을 바꾸어 회전력을 증대시킨다.

24 토크 컨버터에 대한 설명으로 맞는 것은?

① 구성품 중 펌프(임펠러)는 변속기 입력축과 기계적으로 연결되어 있다.
② 펌프, 터빈, 스테이터 등이 상호운동 하여 회전력을 변환시킨다.
③ 엔진 속도가 일정한 상태에서 장비의 속도가 줄어들면 토크는 감소한다.
④ 구성품 중 터빈은 엔진의 크랭크축과 기계적으로 연결되어 구동된다.

> ■ 토크 컨버터의 구조 및 작용
> ① 펌프(임펠러), 터빈(러너), 스테이터 등이 상호운동 하여 회전력을 변환시킨다.
> ② 펌프는 엔진의 크랭크축에, 터빈은 변속기 입력축과 연결되어 있다.
> ③ 스테이터는 펌프와 터빈사이의 오일 흐름방향을 바꾸어 회전력을 증대시킨다.
> ④ 토크 변환율은 2~3 : 1 이다.
> ⑤ 오일의 충돌에 의한 효율저하 방지를 위하여 가이드 링을 둔다.
> ⑥ 엔진 속도가 일정한 상태에서 장비의 속도가 줄어들면 회전력은 증가한다.
> ⑦ 일정 이상의 과부하가 걸려도 엔진이 정지하지 않는다.
> ⑧ 마찰 클러치에 비해 연료 소비율이 더 높다.

정답
18.②
19.①　20.②　21.②　22.②　23.④　24.②

25 토크 컨버터 구성품 중 스테이터의 기능으로 옳은 것은?
① 오일의 방향을 바꾸어 회전력을 증대시킨다.
② 토크 컨버터의 동력을 전달 또는 차단시킨다.
③ 오일의 회전속도를 감속하여 견인력을 증대시킨다.
④ 클러치판의 마찰력을 감소시킨다.

26 동력전달장치에서 토크 컨버터에 대한 설명 중 틀린 것은?
① 조작이 용이하고 엔진에 무리가 없다.
② 기계적인 충격을 흡수하여 엔진의 수명을 연장한다.
③ 부하에 따라 자동적으로 변속한다.
④ 일정 이상의 과부하가 걸리면 엔진이 정지한다.

> 유체가 완충 작용을 하기 때문에 운전 중 소음이 없으며, 일정 이상의 과부하가 걸리면 엔진이 정지되지 않는다.

27 장비에 부하가 걸릴 때 토크 컨버터의 터빈 속도는 어떻게 되는가?
① 빨라진다.   ② 느려진다.
③ 일정하다.   ④ 관계없다.

> 장비에 부하가 걸릴 때 토크 컨버터의 터빈 속도는 느려진다.

28 다음에서 토크 변환기 오일의 구비조건 중 알맞은 것은?
① 점도가 낮을 것
② 비중이 작을 것
③ 착화점이 낮을 것
④ 비점이 낮을 것

> ■ 토크 컨버터 오일의 구비조건
> ① 점도가 낮을 것.   ② 비중이 클 것.
> ③ 착화점이 높을 것. ④ 내산성이 클 것.
> ⑤ 유성이 좋을 것.   ⑥ 비점이 높을 것.
> ⑦ 융점이 낮을 것.   ⑧ 윤활성이 클 것.

29 토크 컨버터가 설치된 지게차의 출발 방법은?
① 저·고속 레버를 저속위치로 하고 클러치 페달을 밟는다.
② 클러치 페달을 조작할 필요 없이 가속페달을 서서히 밟는다.
③ 저·고속 레버를 저속위치로 하고 브레이크 페달을 밟는다.
④ 클러치 페달에서 서서히 발을 떼면서 가속페달을 밟는다.

> 토크 컨버터가 설치된 건설기계는 클러치 페달이 없다.

30 자동변속기의 구성품이 아닌 것은?
① 토크변환기
② 유압 제어장치
③ 싱크로메시 기구
④ 유성기어 유닛

> 토크 컨버터, 유성 기어 유닛, 유압 제어 장치로 구성되어 있다.

31 유성기어 장치의 주요 부품은?
① 유성기어, 베벨기어, 선기어
② 선기어, 클러치기어, 헬리컬 기어
③ 유성기어, 베벨기어, 클러치 기어
④ 선기어, 유성기어, 링기어, 유성캐리어

> 유성기어 장치의 주요 부품은 선기어, 유성기어, 링기어, 유성캐리어이다.

정답
25.① 26.④ 27.② 28.① 29.② 30.③
31.④

드라이브 라인

32 변속기와 종감속기어 사이의 구동 각도에 변화를 줄 수 있는 동력전달 기구로 옳은 것은?
① 슬립이음 ② 자재이음
③ 스태빌라이저 ④ 크로스 멤버

> 자재이음(유니버설 조인트)은 두 축 간의 충격 완화와 각도 변화를 융통성 있게 동력 전달하는 기구이다.

33 십자축 자재이음을 추진축 앞뒤에 둔 이유를 가장 적합하게 설명한 것은?
① 추진축의 진동을 방지하기 위하여
② 회전 각속도의 변화를 상쇄하기 위하여
③ 추진축의 굽음을 방지하기 위하여
④ 길이의 변화를 다소 가능케 하기 위하여

> 십자축 자재이음은 각도 변화를 주는 부품이며, 추진축 앞뒤에 둔 이유는 회전 각속도의 변화를 상쇄하기 위함이다.

34 유니버설 조인트 중에서 훅형(십자형) 조인트가 가장 많이 사용되는 이유가 아닌 것은?
① 구조가 간단하다.
② 급유가 불필요하다.
③ 큰 동력의 전달이 가능하다.
④ 작동이 확실하다.

> 훅형(십자형) 조인트를 많이 사용하는 이유는 구조가 간단하고, 작동이 확실하며, 큰 동력의 전달이 가능하기 때문이다. 그리고 훅형 조인트에는 그리스를 급유하여야 한다.

35 드라이브 라인에 슬립 이음을 사용하는 이유는?
① 회전력을 직각으로 전달하기 위해
② 출발을 원활하게 하기 위해
③ 추진축의 길이 방향에 변화를 주기 위해
④ 추진축의 각도변화에 대응하기 위해

> 드라이브 라인에 슬립이음을 사용하는 이유는 추진축의 길이 방향에 변화를 주기 위함이다.

36 동력전달장치에서 추진축의 길이의 변동을 흡수하도록 되어 있는 장치는?
① 슬립이음 ② 자재이음
③ 2중 십자이음 ④ 차축

37 타이어식 건설장비에서 추진축의 스플라인부가 마모되면 어떤 현상이 발생하는가?
① 차동기어의 물림이 불량하다.
② 클러치 페달의 유격이 크다.
③ 가속 시 미끄럼 현상이 발생한다.
④ 주행 중 소음이 나고 차체에 진동이 있다.

> 추진축의 스플라인부분이 마모되면 주행 중 소음이 나고 차체에 진동이 발생한다.

38 타이어식 건설기계의 동력 전달장치에서 추진축의 밸런스 웨이트에 대한 설명으로 맞는 것은?
① 추진축의 비틀림을 방지한다.
② 추진축의 회전수를 높인다.
③ 변속조작 시 변속을 용이하게 한다.
④ 추진축의 회전 시 진동을 방지한다.

> 밸런스 웨이트는 추진축이 회전할 때 진동을 방지한다.

39 슬립이음이나 유니버설 조인트에 윤활 주입으로 가장 좋은 것은?
① 유압유 ② 기어 오일
③ 그리스 ④ 엔진 오일

> 슬립이음이나 유니버설 조인트에 주입하는 윤활유는 그리스이다.

정답
32.② 33.② 34.② 35.③ 36.① 37.④
38.④ 39.③

종감속 기어장치 및 차동장치

40 동력전달 계통에서 최종적으로 구동력 증가시키는 것은?
① 트랙 모터 ② 종감속 기어
③ 스프로켓 ④ 변속기

> 종감속 기어는 동력전달 계통에서 최종적으로 구동력 증가시킨다.

41 엔진에서 발생한 회전동력을 바퀴까지 전달할 때 마지막으로 감속작용을 하는 것은?
① 클러치
② 트랜스미션
③ 프로펠러 샤프트
④ 파이널 드라이브 기어

> 파이널 드라이브 기어(종감속 기어)는 엔진의 동력을 바퀴까지 전달할 때 마지막으로 감속하여 전달한다.

42 종감속비에 대한 설명으로 맞지 않는 것은?
① 종감속비는 링 기어 잇수를 구동피니언 잇수로 나눈 값이다.
② 종감속비가 크면 가속성능이 향상된다.
③ 종감속비가 적으면 등판능력이 향상된다.
④ 종감속비는 나누어서 떨어지지 않는 값으로 한다.

> 종감속비가 적으면 가속성능 및 등판성능은 저하된다.

43 동력전달장치에 사용되는 차동기어 장치에 대한 설명으로 틀린 것은?
① 선회할 때 좌·우 구동바퀴의 회전속도를 다르게 한다.
② 선회할 때 바깥쪽 바퀴의 회전속도를 증대시킨다.
③ 보통 차동기어 장치는 노면의 저항을 작게 받는 구동바퀴가 더 많이 회전하도록 한다.
④ 엔진의 회전력을 크게 하여 구동바퀴에 전달한다.

> 엔진의 회전력을 크게 하여 구동바퀴에 전달하는 장치는 변속기와 종감속 기어이다.

44 타이어식 장비에서 커브를 돌 때 장비의 회전을 원활히 하기 위한 장치로 맞는 것은?
① 차동장치 ② 최종 감속기어
③ 변속기 ④ 유니버설 조인트

> 차동장치는 커브를 돌 때 장비의 회전을 원활히 하는 장치이다.

45 하부 추진체가 휠로 되어 있는 건설기계 장비로 커브를 돌 때 선회를 원활하게 해주는 장치는?
① 변속기 ② 차동장치
③ 최종 구동장치 ④ 트랜스퍼 케이스

> 차동장치는 타이어형 건설기계에서 선회할 때 바깥쪽 바퀴의 회전속도를 안쪽 바퀴보다 빠르게 하여 커브를 돌 때 선회를 원활하게 해주는 작용을 한다.

46 액슬축과 액슬 하우징의 조합 방법에서 액슬축의 지지방식이 아닌 것은?
① 전부동식 ② 반부동식
③ 3/4 부동식 ④ 1/4 부동식

> ■ 액슬축(차축) 지지방식
> ① **전부동식**: 차량의 하중을 하우징이 모두 받고, 액슬축은 동력만을 전달하는 형식
> ② **반부동식**: 액슬축에서 1/2, 하우징이 1/2정도의 하중을 지지하는 형식
> ③ **3/4부동식**: 액슬축이 동력을 전달함과 동시에 차량 하중의 1/4을 지지하는 형식

정답
40.② 41.④ 42.③ 43.④ 44.① 45.②
46.④

타이어

47 사용 압력에 따른 타이어의 분류에 속하지 않는 것은?

① 고압 타이어
② 초고압 타이어
③ 저압 타이어
④ 초저압 타이어

> 사용 압력에 따른 타이어의 분류에는 고압 타이어, 저압 타이어, 초저압 타이어가 있다.

48 지게차에 주로 사용되는 타이어는?

① 고압 타이어
② 저압 타이어
③ 초저압 타이어
④ 강성 타이어

> 지게차는 완충장치가 없으므로 저압 타이어를 사용한다.

49 지게차에 저압 타이어를 사용하는 이유 중 틀린 것은?

① 완충장치가 없으므로 화물이 요동치지 않도록 한다.
② 단면적이 크고 압력이 낮아 완충 효과가 양호하다.
③ 압입 공기량이 많고 노면과의 접지 면적이 넓다.
④ 단면적이 적고 압력이 낮아 완충 효과가 양호하다.

> ■ 지게차에 저압 타이어를 사용하는 이유
> ① 완충장치가 없으므로 요동치지 않도록 한다.
> ② 단면적이 고압 타이어보다 크고 압력이 낮아 완충 효과가 양호하다.
> ③ 압입 공기량이 많고 노면과의 접지 면적이 넓다.

50 타이어의 구조에서 직접 노면과 접촉되어 마모에 견디고 적은 슬립으로 견인력을 증대시키는 것의 명칭은?

① 비드(bead)
② 트레드(tread)
③ 카커스(carcass)
④ 브레이커(breaker)

> ■ 타이어의 구조
> ① **비드** : 타이어가 림에 부착된 상태를 유지시키는 역할을 한다.
> ② **트레드** : 노면과 접촉되어 마모에 견디고 적은 슬립으로 견인력을 증대시킨다.
> ③ **카커스** : 내부의 공기 압력을 받으며, 고무로 피복 된 코드를 여러 겹 겹친 층으로 타이어의 골격을 이루는 부분이다.
> ④ **브레이커** : 노면에서의 충격을 완화하고 트레드의 손상이 카커스에 전달되는 것을 방지한다.

51 타이어에서 고무로 피복 된 코드를 여러 겹으로 겹친 층에 해당되며 타이어 골격을 이루는 부분은?

① 카커스(carcass)부
② 트레드(tread)부
③ 숄더(should)부
④ 비드(bead)부

52 타이어에서 트레드 패턴과 관련 없는 것은?

① 제동력, 구동력 및 견인력
② 타이어의 배수효과
③ 편평률
④ 조향성, 안정성

> ■ 타이어 트레드 패턴의 필요성
> ① 타이어의 배수 효과를 위하여 필요하다.
> ② 타이어 내부의 열을 발산한다.
> ③ 제동력, 견인력, 구동력이 증가된다.
> ④ 조향성 및 안정성이 향상된다.

정답

47.② 48.② 49.④ 50.② 51.① 52.③

53 타이어의 트레드에 대한 설명으로 가장 옳지 못한 것은?

① 트레드가 마모되면 구동력과 선회능력이 저하된다.
② 트레드가 마모되면 지면과 접촉 면적이 크게 되어 마찰력이 크게 된다.
③ 타이어의 공기압이 높으면 트레드의 양단부보다 중앙부의 마모가 크다.
④ 트레드가 마모되면 열의 발산이 불량하게 된다.

> 트레드가 마모되면 지면과의 마찰력이 감소된다.

54 지게차에 사용되는 저압 타이어 호칭치수 표시는?

① 타이어의 외경 − 타이어의 폭 − 플라이 수
② 타이어의 폭 − 타이어의 내경 − 플라이 수
③ 타이어의 폭 − 림의 지름
④ 타이어 내경 − 타이어의 폭 − 플라이 수

> ■ 타이어 호칭치수
> ① **저압 타이어** : 타이어 폭(inch) − 타이어 내경(inch) − 플라이 수
> ② **고압 타이어** : 타이어 외경(inch) × 타이어 폭(inch) − 플라이 수

55 타이어식 건설기계의 타이어에서 저압 타이어의 안지름이 20인치, 바깥지름이 32인치, 폭이 12인치, 플라이 수가 18인 경우 표시방법은?

① 20.00 − 32 − 18PR
② 20.00 − 12 − 18PR
③ 12.00 − 20 − 18PR
④ 32.00 − 12 − 18PR

> 저압 타이어의 호칭치수는 타이어의 폭(인치) − 타이어의 내경(인치) − 플라이 수로 표기한다.

56 타이어에 11.00 - 20 - 12PR 이란 표시 중 "11.00"이 나타내는 것은?

① 타이어 외경을 인치로 표시한 것
② 타이어 폭을 센티미터로 표시한 것
③ 타이어 내경을 인치로 표시한 것
④ 타이어 폭을 인치로 표시한 것

> 11.00−20−12PR에서 11.00은 타이어 폭(인치), 20은 타이어 내경(인치), 14PR은 플라이 수를 의미한다.

브레이크 장치

57 제동장치의 구비조건 중 틀린 것은?

① 작동이 확실하고 잘되어야 한다.
② 신뢰성과 내구성이 뛰어나야 한다.
③ 점검 및 조정이 용이해야 한다.
④ 마찰력이 작아야 한다.

> ■ 제동장치의 구비 조건
> ① 점검 및 조정이 용이해야 한다.
> ② 작동이 확실하고 잘되어야 한다.
> ③ 신뢰성과 내구성이 뛰어나야 한다.
> ④ 최고 속도와 차량 중량에 대하여 항상 충분한 제동 작용을 할 것.
> ⑤ 조작이 간단하고 운전자에게 피로감을 주지 않을 것.

58 유압 브레이크는 무슨 원리를 응용한 것인가?

① 아르키메데스의 원리
② 베르누이의 원리
③ 아인슈타인의 원리
④ 파스칼의 원리

> **파스칼의 원리** : 밀폐된 용기에 넣은 액체의 일부에 압력을 가하면 가해진 압력과 같은 크기의 압력이 액체 각부에 전달된다. 유압식 브레이크는 파스칼의 원리를 이용한 것이다.

정답
53.② 54.② 55.③ 56.④ 57.④ 58.④

chapter 04 유압장치 익히기

4-1 유압 장치의 개요

01 파스칼의 원리

① 밀폐 용기 속의 유체 일부에 가해진 압력은 각 부분에 똑같은 세기로 전달된다.
② 유체의 압력은 면에 대하여 직각으로 작용한다.
③ 각 점의 압력은 모든 방향으로 같다.
④ 유압기기에서 작은 힘으로 큰 힘을 얻기 위해 적용하는 원리이다.

▲ 유압장치

02 유압장치의 장점 및 단점

(1) 유압 장치의 장점

① 윤활성, 내마모성, 방청성이 좋다.

▲ 유압장치 장단점

② 속도제어(speed control)와 힘의 연속적 제어가 용이하다.
③ 작은 동력원으로 큰 힘을 낼 수 있다.
④ 과부하 방지가 용이하다.
⑤ 운동 방향을 쉽게 변경할 수 있다.
⑥ 전기·전자의 조합으로 자동제어가 용이하다.
⑦ 에너지 축적이 가능하며, 힘의 전달 및 증폭이 용이하다.
⑧ 무단변속이 가능하고, 정확한 위치제어를 할 수 있다.
⑨ 미세 조작 및 원격 조작이 가능하다.
⑩ 진동이 작고, 작동이 원활하다.
⑪ 동력의 분배와 집중이 쉽다.

(2) 유압 장치의 단점

① 고압 사용으로 인한 위험성 및 이물질에 민감하다.
② 유온의 영향에 따라 정밀한 속도와 제어가 곤란하다.
③ 폐유에 의한 주변 환경이 오염될 수 있다.
④ 오일은 가연성이 있어 화재에 위험하다.
⑤ 회로의 구성이 어렵고 누설되는 경우가 있다.
⑥ 오일의 온도에 따라서 점도가 변하므로 기계의 속도가 변한다.
⑦ 에너지의 손실이 크다.
⑧ 유압장치의 점검이 어렵다.
⑨ 고장 원인의 발견이 어렵고, 구조가 복잡하다.

4. 유압장치 익히기 — 단원핵심문제

1 파스칼의 원리를 설명한 것 중 틀린 것은?
① 유체의 압력은 면에 대하여 수직으로 작용한다.
② 각 점의 압력은 모든 방향으로 같다.
③ 정지해 있는 유체에 힘을 가하면 단면적이 적은 곳은 속도가 느리게 전달된다.
④ 밀폐 용기 속의 유체 일부에 가해진 압력은 각부에 똑같은 세기로 전달된다.

> ■ 파스칼의 원리
> ① 밀폐 용기 속의 유체 일부에 가해진 압력은 각부에 똑같은 세기로 전달된다.
> ② 유체의 압력은 면에 대하여 수직으로 작용한다.
> ③ 각 점의 압력은 모든 방향으로 같다.
> ④ 유압기기에서 작은 힘으로 큰 힘을 얻기 위해 적용하는 원리이다.

2 "밀폐된 용기 속의 유체 일부에 가해진 압력은 각부의 모든 부분에 같은 세기로 전달된다."는 원리는?
① 베르누이의 원리
② 렌츠의 원리
③ 파스칼의 원리
④ 보일 샤를의 원리

3 밀폐된 용기 내의 액체 일부에 가해진 압력은 어떻게 전달되는가?
① 유체 각 부분에 다르게 전달된다.
② 유체 각 부분에 동시에 같은 크기로 전달된다.
③ 유체의 압력이 돌출부분에 더 세게 작용된다.
④ 유체의 압력이 홈 부분에서 더 세게 작용된다.

4 유압기기는 작은 힘으로 큰 힘을 얻기 위해 어느 원리를 적용하는가?
① 베르누이 원리
② 아르키메데스의 원리
③ 보일의 원리
④ 파스칼의 원리

> 유압식 브레이크 및 유압기기에 사용되는 유압장치는 파스칼의 원리를 이용한다.

5 유압장치의 장점이 아닌 것은?
① 속도 제어가 용이하다.
② 힘의 연속적 제어가 용이하다.
③ 온도의 영향을 많이 받는다.
④ 윤활성, 내마멸성, 방청성이 좋다.

> ■ 유압장치의 장점
> ① 작은 동력원으로 큰 힘을 낼 수 있다.
> ② 과부하 방지가 용이하다.
> ③ 운동방향을 쉽게 변경할 수 있다.
> ④ 속도 제어가 용이하다.
> ⑤ 에너지 축적이 가능하다.
> ⑥ 힘의 전달 및 증폭이 용이하다.
> ⑦ 힘의 연속적 제어가 용이하다.
> ⑧ 윤활성·내마멸성 및 방청성이 좋다.

6 유압기계의 장점이 아닌 것은?
① 속도제어가 용이하다.
② 에너지 축적이 가능하다.
③ 유압장치는 점검이 간단하다.
④ 힘의 전달 및 증폭이 용이하다.

> 유압장치의 점검이 어렵다.

정 답
01. ③ 02. ③ 03. ② 04. ④ 05. ③ 06. ③

7 유압장치의 장점이 아닌 것은?
① 작은 동력원으로 큰 힘을 낼 수 있다.
② 과부하 방지가 용이하다.
③ 운동방향을 쉽게 변경할 수 있다.
④ 고장 원인의 발견이 쉽고 구조가 간단하다.

> 고장 원인의 발견이 어렵고, 구조가 복잡하다.

8 유압장치의 장점에 속하지 않는 것은?
① 소형으로 큰 힘을 낼 수 있다.
② 정확한 위치 제어가 가능하다.
③ 배관이 간단하다.
④ 원격 제어가 가능하다.

> 유압장치의 배관이 복잡하다.

9 유압장치의 단점이 아닌 것은?
① 관로를 연결하는 곳에서 유체가 누출될 수 있다.
② 고압 사용으로 인한 위험성 및 이물질에 민감하다.
③ 작동유에 대한 화재의 위험이 있다.
④ 전기·전자의 조합으로 자동 제어가 곤란하다.

> ■ 유압장치의 단점
> ① 고압 사용으로 인한 위험성 및 이물질에 민감하다.
> ② 유온의 영향에 따라 정밀한 속도와 제어가 곤란하다.
> ③ 폐유에 의한 주변 환경이 오염될 수 있다.
> ④ 오일은 가연성이 있어 화재에 위험하다.
> ⑤ 회로의 구성이 어렵고 누설되는 경우가 있다.
> ⑥ 오일의 온도에 따라서 점도가 변하므로 기계의 속도가 변한다.
> ⑦ 에너지의 손실이 크다.
> ⑧ 유압장치의 점검이 어렵다.
> ⑨ 고장 원인의 발견이 어렵고, 구조가 복잡하다.

10 유압 기기에 대한 단점 중 틀린 것은?
① 오일은 가연성이 있어 화재에 위험하다.
② 회로 구성이 어렵고 누설되는 경우가 있다.
③ 오일의 온도에 따라서 점도가 변하므로 기계의 속도가 변한다.
④ 에너지의 손실이 적다.

11 유압장치의 특징 중 가장 거리가 먼 것은?
① 진동이 작고 작동이 원활하다.
② 고장원인 발견이 어렵고 구조가 복잡하다.
③ 에너지의 저장이 불가능하다.
④ 동력의 분배와 집중이 쉽다.

> 에너지 축적(저장)이 가능하며, 힘의 전달 및 증폭이 용이하다.

07.④ 08.③ 09.④ 10.④ 11.③

4-2 유압 펌프 구조와 기능

01 유압 펌프의 기능
원동기의 기계적 에너지를 유압 에너지로 변환한다.

▲ 유압 펌프

02 유압 펌프의 종류

(1) 기어 펌프

1) 기어 펌프의 특징
① 외접과 내접기어 방식이 있다.
② 유압유 속에 기포 발생이 적다.
③ 구조가 간단하고 흡입 성능이 우수하다.
④ 소음과 토출량의 맥동(진동)이 비교적 크고, 효율이 낮다.
⑤ 정용량형로 펌프의 회전속도가 변화하면 흐름 용량이 바뀐다.
⑥ 트로코이드 펌프는 내·외측 로터로 구성되어 있다.

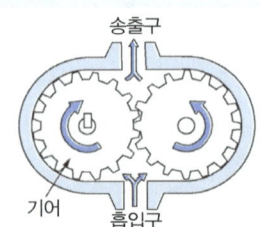
▲ 외접 기어 펌프

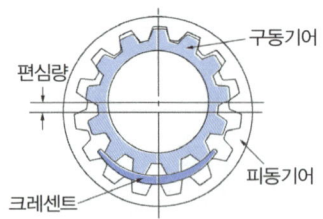
▲ 내접 기어 펌프

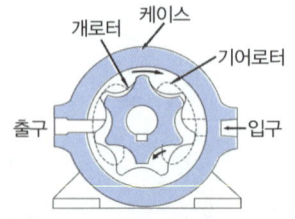
▲ 트로코이드 펌프

2) 기어 펌프의 장점 및 단점

기어 펌프의 장점
• 구조가 간단하다.
• 흡입저항이 작아 공동현상 발생이 적다.
• 고속회전이 가능하다.
• 가혹한 조건에 잘 견딘다.

기어 펌프의 단점
• 토출량의 맥동이 커 소음과 진동이 크다.
• 수명이 비교적 짧다.
• 대용량의 펌프로 하기가 곤란하다.
• 초고압에는 사용이 곤란하다.

3) 기어 펌프의 폐입 현상(폐쇄 작용)
① 폐입 현상이란 토출된 유량의 일부가 입구 쪽으로 복귀하는 현상
② 펌프의 토출량이 감소하고 펌프를 구동하는 동력이 증가된다.
③ 펌프 케이싱이 마모되고 기포가 발생된다.
④ 폐입된 부분의 기름은 압축이나 팽창을 받는다.
⑤ 폐입 현상은 소음과 진동의 원인이 된다.
⑥ 펌프 측판(side plate)에 홈을 만들어 방지한다.

(2) 베인 펌프

1) 베인 펌프의 특징
① 펌프의 구성 요소 : 캠링(cam ring), 로터(rotor), 날개(vane)

▲ 베인 펌프

② 날개(vane)로 펌프 작용을 시키는 것이다.
③ 구조가 간단해 수리와 관리가 용이하다.
④ 소형·경량이므로 값이 싸다.
⑤ 자체 보상 기능이 있으며, 맥동과 소음이 적다.

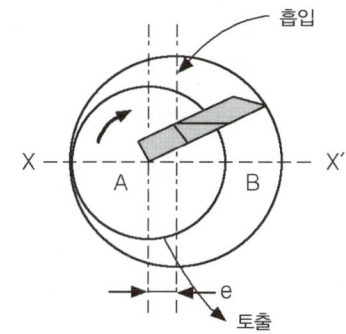

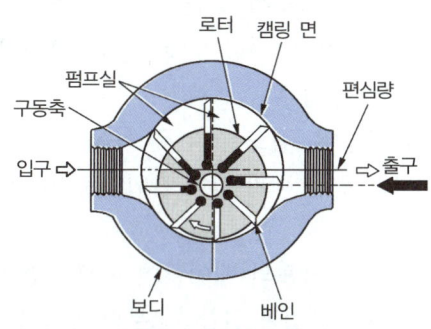

2) 베인 펌프의 장점
① 출구 압력의 맥동과 소음이 적다.
② 구조가 간단하고 성능이 좋다.
③ 펌프 출력에 비해 소형·경량이다.
④ 베인의 마모에 의한 압력 저하가 발생하지 않는다.
⑤ 비교적 고장이 적고 수리 및 관리가 쉽다.
⑥ 수명이 길고 장시간 안정된 성능을 발휘할 수 있다.

3) 베인 펌프의 단점
① 제작할 때 높은 정밀도가 요구된다.
② 유압유의 점도에 제한을 받는다.
③ 유압유의 오염에 주의하고 흡입 진공도가 허용 한도이하이어야 한다.

(3) 피스톤(플런저) 펌프

1) 피스톤 펌프의 특징
① 유압 펌프 중 가장 고압·고효율이다.
② 맥동적 출력을 하나 전체 압력의 범위가 높아 최근에 많이 사용된다.
③ 다른 펌프에 비해 수명이 길고, 용적 효율과 최고 압력이 높다.
④ 가변용량형과 정용량형이 있다.

▲ 피스톤 펌프

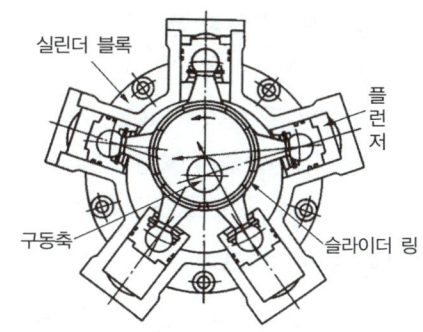

2) 피스톤 펌프의 장점
① 피스톤이 직선운동을 한다.
② 축은 회전 또는 왕복운동을 한다.
③ 펌프 효율이 가장 높다.
④ 가변 용량에 적합하다.(토출량의 변화 범위가 넓다).
⑤ 일반적으로 토출 압력이 높다.

3) 피스톤 펌프의 단점
① 베어링에 부하가 크다.
② 구조가 복잡하고 수리가 어렵다.
③ 흡입 능력이 가장 낮다.
④ 가격이 비싸다.

4) 피스톤 펌프의 종류
① **레이디얼 피스톤 펌프** : 플런저 왕복 운동의 방향이 구동축과 거의 직각인 플런저 펌프를 말한다. 실린더 블록의 바깥 둘레에 중심을 향하여 방사상으로 플런저를 편심이 되도록 설치하여 슬라이드 링 속에서 회전을 시켜 상대적인 플런저의 운동에 의해 흡입 및 토출하는 펌프이다.
② **액시얼형 피스톤 펌프(사판식)** : 플런저가 왕복 운동을 하는 방향이 실린더 블록의 중심축과 평행인 플런저 펌프를 말하며, 구동축을 회전시키면서 경사판에 의

해 피스톤이 왕복운동을 하면 체크 밸브에 의해 흡입과 토출을 하게 된다. 경사판의 기울기(각)에 의하여 토출 유량이 달라진다.

(4) 유압 펌프의 토출 압력
① 기어 펌프 : 10~250kg/cm²
② 베인 펌프 : 35~140kg/cm²
③ 레이디얼 플런저 펌프 : 140~250kg/cm²
④ 액시얼 플런저 펌프 : 210~400kg/cm²

03 유압 펌프의 크기
① 유압 펌프의 크기는 주어진 속도와 그때의 토출량으로 표시한다.
② GPM(gallon per minute) 또는 LPM(liter per minute)이란 분당 토출하는 작동유의 양을 말한다.
③ 토출량이란 펌프가 단위시간당 토출하는 액체의 체적이며, 토출량의 단위는 L/min(LPM)나 GPM을 사용한다.

04 펌프가 오일을 토출하지 못하는 원인
① 유압 펌프의 회전수가 너무 낮다.
② 흡입관 또는 스트레이너가 막혔다.
③ 회전방향이 반대로 되어있다.
④ 흡입관으로부터 공기가 흡입되고 있다.
⑤ 오일 탱크의 유면이 낮다.
⑥ 유압유의 점도가 너무 높다.

05 유압 펌프에서 소음이 발생하는 원인
① 유압유의 양이 부족하거나 공기가 들어 있을 경우
② 유압유 점도가 너무 높을 경우
③ 스트레이너가 막혀 흡입 용량이 작아졌을 경우
④ 유압 펌프의 베어링이 마모되었을 경우
⑤ 펌프 흡입관 접합부로부터 공기가 유입될 경우
⑥ 유압 펌프 축의 편심 오차가 클 경우
⑦ 유압 펌프의 회전속도가 너무 빠를 경우

---

4. 유압장치 익히기 — 단원핵심문제

1 유압 펌프의 기능을 설명한 것으로 가장 적합한 것은?
① 유압회로 내의 압력을 측정하는 기구이다.
② 어큐뮬레이터와 동일한 기능을 한다.
③ 유압 에너지를 동력으로 변환한다.
④ 원동기의 기계적 에너지를 유압 에너지로 변환한다.

> 유압 펌프는 원동기의 기계적 에너지를 유압에너지로 변환한다.

2 유압 펌프의 종류에 포함되지 않는 것은?
① 기어 펌프　② 진공 펌프
③ 베인 펌프　④ 플런저 펌프

> 유압 펌프의 종류 : 기어 펌프, 베인 펌프, 피스톤(플런저) 펌프, 나사 펌프, 트로코이드 펌프 등

3 유압장치에 사용되는 펌프가 아닌 것은?
① 기어 펌프　② 원심 펌프
③ 베인 펌프　④ 플런저 펌프

정답
01.④　02.②　03.②

4 기어 펌프의 장·단점이 아닌 것은?
① 소형이며 구조가 간단하다.
② 피스톤 펌프에 비해 흡입력이 나쁘다.
③ 피스톤 펌프에 비해 수명이 짧고 진동 소음이 크다.
④ 초고압에는 사용이 곤란하다.

기어 펌프의 장단점

기어펌프의 장점	기어펌프의 단점
㉮ 구조가 간단하다. ㉯ 흡입저항이 작아 공동현상 발생이 적다. ㉰ 고속회전이 가능하다. ㉱ 가혹한 조건에 잘 견딘다.	㉮ 토출량의 맥동이 커 소음과 진동이 크다. ㉯ 수명이 비교적 짧다. ㉰ 대용량의 펌프로 하기가 곤란하다. ㉱ 초고압에는 사용이 곤란하다.

5 유압장치에서 기어 펌프의 특징이 아닌 것은?
① 구조가 다른 펌프에 비해 간단하다.
② 유압 작동유의 오염에 비교적 강한 편이다.
③ 피스톤 펌프에 비해 효율이 떨어진다.
④ 가변 용량형 펌프로 적당하다.

■ 기어 펌프의 특징
① 외접과 내접기어 방식이 있다.
② 유압유 속에 기포 발생이 적다.
③ 구조가 간단하고 흡입 성능이 우수하다.
④ 소음과 토출량의 맥동(진동)이 비교적 크고, 효율이 낮다.
⑤ 정용량형로 펌프의 회전속도가 변화하면 흐름 용량이 바뀐다.
⑥ 트로코이드 펌프는 내·외측 로터로 구성되어 있다.

6 기어 펌프의 특징이 아닌 것은?
① 외접식과 내접식이 있다.
② 베인펌프에 비해 소음이 비교적 크다.
③ 펌프의 발생 압력이 가장 높다.
④ 구조가 간단하고 흡입성이 우수하다.

■ 기어펌프의 특징
① 외접식과 내접식이 있다.
② 베인 펌프에 비해 소음이 비교적 크다.
③ 구조가 간단하고 흡입성이 우수하다.

7 구동되는 기어 펌프의 회전수가 변하였을 때 가장 적합한 것은?
① 오일 흐름의 양이 바뀐다.
② 오일 압력이 바뀐다.
③ 오일 흐름방향이 바뀐다.
④ 회전 경사판의 각도가 바뀐다.

기어 펌프는 정용량형 펌프라서 회전수가 변하면 오름의 흐름양이 바뀐다.

8 다음 그림과 같이 안쪽은 내·외측 로터로 바깥쪽은 하우징으로 구성되어 있는 오일펌프는?

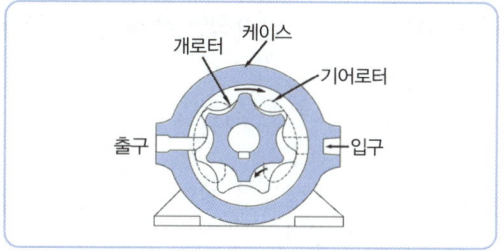

① 기어 펌프   ② 베인 펌프
③ 트로코이드 펌프 ④ 피스톤 펌프

9 외접형 기어 펌프의 폐입 현상에 대한 설명으로 틀린 것은?
① 폐입 현상은 소음과 진동의 원인이 된다.
② 폐입된 부분의 기름은 압축이나 팽창을 받는다.
③ 보통 기어 측면에 접하는 펌프 측판(side plate)에 홈을 만들어 방지한다.
④ 펌프의 압력, 유량, 회전수 등이 주기적으로 변동해서 발생하는 진동현상이다.

폐입 현상에 대한 설명은 ①,②,③항 이외에 토출된 유량 일부가 입구 쪽으로 귀환하여 토출량 감소, 축동력 증가 및 케이싱 마모 등의 원인을 유발하는 현상이다.

정답
04.② 05.④ 06.③ 07.① 08.③ 09.④

10 기어식 유압 펌프에 폐쇄작용이 생기면 어떤 현상이 생길 수 있는가?
① 기름의 토출
② 기포의 발생
③ 기어 진동의 소멸
④ 출력의 증가

> 폐쇄작용이란 토출된 유량일부가 입구 쪽으로 복귀하여 토출량 감소, 펌프를 구동하는 동력증가 및 케이싱 마모, 기포발생 등의 원인을 유발하는 현상이다. 폐쇄 된 부분의 유압유는 압축이나 팽창을 받으므로 소음과 진동의 원인이 된다.

11 베인 펌프의 일반적인 특성 설명 중 맞지 않는 것은?
① 맥동과 소음이 적다.
② 소형·경량이다.
③ 간단하고 성능이 좋다.
④ 수명이 짧다.

> ■ 베인 펌프의 일반적인 특성
> ① 출구 압력의 맥동과 소음이 적다
> ② 구조가 간단하고 성능이 좋다.
> ③ 펌프 출력에 비해 소형·경량이다.
> ④ 베인의 마모에 의한 압력 저하가 발생하지 않는다.
> ⑤ 비교적 고장이 적고 수리 및 관리가 쉽다.
> ⑥ 수명이 길고 장시간 안정된 성능을 발휘할 수 있다.

12 날개로 펌핑 동작을 하며, 소음과 진동이 적은 유압 펌프는?
① 기어 펌프   ② 플런저 펌프
③ 베인 펌프   ④ 나사 펌프

> 베인 펌프는 원통형 캠링(cam ring)안에 편심 된 로터(rotor)가 들어 있으며 로터에는 홈이 있고, 그 홈 속에 판 모양의 날개(vane)가 끼워져 자유롭게 작동유가 출입할 수 있도록 되어있다.

13 베인 펌프의 펌핑 작용과 관련되는 주요 구성요소만 나열한 것은?
① 배플, 베인, 캠링
② 베인, 캠링, 로터
③ 캠링, 로터, 스풀
④ 로터, 스풀, 배플

> 베인 펌프의 구성부품은 베인(vane), 캠링(cam ring), 로터(rotor) 등이다.

14 플런저식 유압펌프의 특징이 아닌 것은?
① 구동축이 회전운동을 한다.
② 플런저가 회전운동을 한다.
③ 가변용량형과 정용량형이 있다.
④ 기어펌프에 비해 최고압력이 높다.

> ■ 플런저식 유압펌프의 특징
> ① 기어펌프에 비해 최고압력이 높다.
> ② 축은 회전 또는 왕복운동을 한다.
> ③ 가변용량이 가능하다.
> ④ 피스톤은 왕복운동을 한다.

15 펌프의 최고 토출압력, 평균효율이 가장 높아, 고압 대출력에 사용하는 유압펌프로 가장 적합한 것은?
① 기어 펌프
② 베인 펌프
③ 트로코이드 펌프
④ 피스톤 펌프

> 피스톤 펌프는 최고 토출압력, 평균효율이 가장 높아, 고압 대출력에서 주로 사용한다.

16 맥동적 토출을 하지만 다른 펌프에 비해 일반적으로 최고압 토출이 가능하고, 펌프 효율에서도 전압력 범위가 높아 최근에 많이 사용되고 있는 펌프는?
① 피스톤 펌프   ② 베인 펌프
③ 나사 펌프   ④ 기어 펌프

> 피스톤(플런저) 펌프는 맥동적 출력을 하나 전체 압력의 범위가 높아 최근에 많이 사용된다.

정답
10.② 11.④ 12.③ 13.② 14.② 15.④ 16.①

17 유압 펌프에서 경사판의 각을 조정하여 토출 유량을 변환시키는 펌프는?
① 기어 펌프   ② 로터리 펌프
③ 베인 펌프   ④ 플런저 펌프

> 플런저 펌프의 사판식 펌프는 구동축을 회전시키면서 경사판에 의해 피스톤이 왕복운동을 하면 체크밸브에 의해 흡입과 토출을 하게 된다. 경사판의 기울기(각)에 의하여 토출 유량이 달라진다.

18 유압 펌프 중 토출량을 변화시킬 수 있는 것은?
① 가변 토출량형   ② 고정 토출량형
③ 회전 토출량형   ④ 수평 토출량형

> 유압 펌프의 토출량을 변화시킬 수 있는 것은 가변 토출형이며, 회전수가 같을 때 펌프의 토출량이 변화하는 펌프를 가변 용량형 펌프라 한다.

19 피스톤식 유압 펌프에서 회전 경사판의 기능으로 가장 적합한 것은?
① 펌프 압력을 조정
② 펌프 출구의 개·폐
③ 펌프 용량을 조정
④ 펌프 회전속도를 조정

> 피스톤식 유압펌프에서 회전 경사판의 기능은 펌프의 용량 조정이다.

20 다음 유압 펌프에서 토출 압력이 가장 높은 것은?
① 베인 펌프
② 레이디얼 플런저 펌프
③ 기어 펌프
④ 액시얼 플런저 펌프

> ■ 유압 펌프의 토출 압력
> ① 기어 펌프 : 10~250kg/cm²
> ② 베인 펌프 : 35~140kg/cm²
> ③ 레이디얼 플런저 펌프 : 140~250kg/cm²
> ④ 액시얼 플런저 펌프 : 210~400kg/cm²

21 유압 펌프에서 사용되는 GPM의 의미는?
① 복동 실린더의 치수
② 계통 내에서 형성되는 압력의 크기
③ 흐름에 대한 저항
④ 계통 내에서 이동되는 유체(오일)의 양

> GPM(gallon per minute) : 계통 내에서 이동되는 유체(오일)의 양 즉 분당 토출하는 작동유의 양

22 유압 펌프에서 사용되는 GPM의 의미는?
① 분당 토출하는 작동유의 양
② 복동 실린더의 치수
③ 계통 내에서 형성되는 압력의 크기
④ 흐름에 대한 저항

23 유압 펌프의 토출량을 표시하는 단위로 옳은 것은?
① L/min   ② kgf-m
③ kgf/cm²   ④ kW 또는 PS

> 유압펌프의 토출량이란 펌프가 단위시간당 토출하는 액체의 체적이며, 토출량의 단위는 L/min(LPM)이나 GPM을 사용한다.

24 펌프가 오일을 토출하지 않을 때의 원인으로 틀린 것은?
① 오일 탱크의 유면이 낮다.
② 흡입관으로 공기가 유입된다.
③ 토출측 배관 체결 볼트가 이완되었다.
④ 오일이 부족하다.

> ■ 펌프가 오일을 토출하지 못하는 원인
> ① 유압 펌프의 회전수가 너무 낮다.
> ② 흡입 관 또는 스트레이너가 막혔다.
> ③ 회전방향이 반대로 되어있다.
> ④ 흡입관으로부터 공기가 흡입되고 있다.
> ⑤ 오일탱크의 유면이 낮다.
> ⑥ 유압유의 점도가 너무 높다.

정답
17.④ 18.① 19.③ 20.④ 21.④ 22.①
23.① 24.③

25 유압 펌프가 오일을 토출하지 않을 경우는?
① 펌프의 회전이 너무 빠를 때
② 유압유의 점도가 낮을 때
③ 흡입관으로부터 공기가 흡입되고 있을 때
④ 릴리프 밸브의 설정 압이 낮을 때

26 유압 펌프의 소음 발생 원인으로 틀린 것은?
① 펌프 흡입관부에서 공기가 혼입된다.
② 흡입오일 속에 기포가 있다.
③ 펌프의 속도가 너무 빠르다.
④ 펌프 축의 센터와 원동기 축의 센터가 일치한다.

> ■ 유압펌프에서 소음이 발생하는 원인
> ① 유압유의 양이 부족하거나 공기가 들어 있을 때
> ② 유압유 점도가 너무 높을 때
> ③ 스트레이너가 막혀 흡입용량이 작아졌을 때
> ④ 유압 펌프의 베어링이 마모되었을 때
> ⑤ 펌프 흡입관 접합부로부터 공기가 유입될 때
> ⑥ 유압 펌프 축의 편심오차가 클 때
> ⑦ 유압 펌프의 회전속도가 너무 빠를 때

27 유압 펌프에서 소음이 발생할 수 있는 원인으로 거리가 가장 먼 것은?
① 오일의 양이 적을 때
② 유압 펌프의 회전속도가 느릴 때
③ 오일 속에 공기가 들어 있을 때
④ 오일의 점도가 너무 높을 때

28 기어식 유압펌프에서 소음이 나는 원인이 아닌 것은?
① 흡입라인의 막힘
② 오일량의 과다
③ 펌프의 베어링 마모
④ 오일의 과부족

29 다음 유압펌프 중 가장 높은 압력조건에 사용할 수 있는 펌프는?
① 기어 펌프   ② 로터리 펌프
③ 플런저 펌프   ④ 베인 펌프

> 플런저 펌프는 맥동적 토출을 하지만 다른 펌프에 비해 일반적으로 최고압력 토출이 가능하고, 펌프 효율이 가장 높다.

30 일반적으로 유압펌프 중 가장 고압·고효율인 것은?
① 베인 펌프
② 플런저 펌프
③ 2단 베인 펌프
④ 기어 펌프

31 유압펌프 중 압력 발생이 가장 높은 것은?
① 기어 펌프
② 베인 펌프
③ 나사 펌프
④ 피스톤 펌프

> ■ 유압 펌프의 토출 압력
> ① 기어펌프 : 10~250kg/cm²
> ② 베인 펌프 : 35~140kg/cm²
> ③ 레이디얼 피스톤 펌프 : 140~250kg/cm²
> ④ 엑시얼 피스톤 펌프 : 210~400kg/cm²

32 유압 펌프 내의 내부 누설은 무엇에 반비례하여 증가하는가?
① 작동유의 오염
② 작동유의 점도
③ 작동유의 압력
④ 작동유의 온도

> 유압 펌프 내의 내부 누설은 작동유의 점도에 반비례하여 증가한다.

정답
25.③ 26.④ 27.② 28.② 29.③ 30.②
31.④ 32.②

4-3 유압 실린더 및 모터 구조와 기능

01 유압 액추에이터
① 작동유의 압력 에너지(힘)를 기계적 에너지(일)로 변환시키는 장치이다.
② 유압 펌프를 통하여 송출된 에너지를 직선 운동이나 회전 운동을 통하여 기계적 일을 하는 기기이다.
③ 종류 : 유압 실린더와 유압 모터

▲ 유량제어밸브

02 유압 실린더
① 유압 실린더는 직선 왕복운동을 하는 액추에이터이다.
② 유압 실린더의 종류 : 단동 실린더, 복동 실린더(싱글 로드형과 더블 로드형), 다단 실린더, 램형 실린더 등
③ 단동 실린더 : 한쪽 방향으로만 유효한 일을 하고 복귀는 중력이나 복귀 스프링에 의해 이루어진다.
④ 복동 실린더 : 피스톤의 양쪽에 유압을 교대로 공급하여 양방향에 유효한 일을 한다.
⑤ 유압 실린더 지지 방식 : 푸트형, 플랜지형, 트러니언형, 클레비스형
⑥ 유압 실린더의 구성 : 실린더, 피스톤, 피스톤 로드

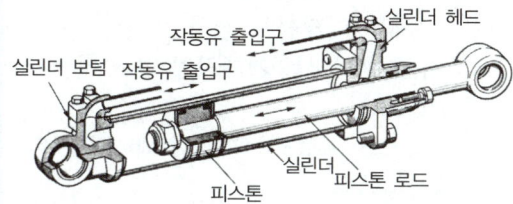

(1) 쿠션 기구
① 피스톤 행정의 끝에서 피스톤이 커버에 충돌하여 발생하는 충격을 흡수한다.
② 충격력에 의해 발생하는 유압회로의 악영향이나 유압기기의 손상을 방지한다.

(2) 유압 실린더 지지 방식
① 플랜지형 : 실린더 본체가 실린더 중심선과 직각의 면에서 고정된 것.
② 트러니언형 : 실린더 중심선과 직각인 핀으로 지지되어 본체가 요동하는 것.
③ 클레비스형 : 실린더 캡 측의 핀혈로 지지되며, 본체가 요동하는 것.
④ 푸트형 : 실린더 본체가 실린더 중심선과 평행한 면에서 고정되어 지지부에 구부려 모멘트가 작동하는 것.

03 유압 모터
① 유압 모터는 회전운동을 하는 액추에이터이다.
② 종류 : 기어 모터, 베인 모터, 피스톤(플런저) 모터 등이 있다.

(1) 유압 모터의 장점
① 넓은 범위의 무단 변속이 용이하다.
② 소형·경량으로서 큰 출력을 낼 수 있다.
③ 과부하에 대해 안전하다.
④ 정·역회전 변화가 가능하다.
⑤ 자동 원격 조작이 가능하고 작동이 신속·정확하다.
⑥ 속도나 방향의 제어가 용이하다.
⑦ 회전체의 관성이 작아 응답성이 빠르다.
⑧ 구조가 간단하며, 과부하에 대해 안전하다.

(2) 유압 모터의 단점
① 유압유의 점도 변화에 의하여 유압 모터의 사용에 제약이 있다.
② 유압유는 인화하기 쉽다.
③ 유압유에 먼지나 공기가 침입하지 않도록 특히 보수에 주의해야 한다.
④ 공기와 먼지 등이 침투하면 성능에 영향을 준다.

(3) 기어 모터의 장단점

1) 기어 모터의 장점
① 구조가 간단하고 가격이 싸다.
② 가혹한 운전조건에서 비교적 잘 견딘다.
③ 먼지나 이물질에 의한 고장 발생율이 낮다.

2) 기어 모터의 단점
① 유량 잔류가 많다.
② 토크 변동이 크다.
③ 수명이 짧다.
④ 효율이 낮다.

(4) 피스톤(플런저) 모터의 특징
① 효율이 높다.
② 내부 누설이 적다.
③ 고압 작동에 적합하다.
④ 구조가 복잡하고 수리가 어렵다.
⑤ 레이디얼 플런저 모터는 플런저가 구동축의 직각방향으로 설치되어 있다.
⑥ 액시얼 플런저 모터는 플런저가 구동축에 대하여 일정한 경사각으로 설치되어 있다.
⑦ 펌프의 최고 토출압력, 평균효율이 가장 높아 고압 대출력에 사용한다.

(5) 유압 모터에서 소음과 진동이 발생하는 원인
① 유압유 속에 공기가 유입되었다.
② 체결 볼트가 이완되었다.
③ 내부 부품이 파손되었다.

4. 유압장치 익히기 — 단원핵심문제

1 건설기계에 사용되는 유압 실린더는 어떠한 원리를 응용한 것인가?
① 베르누이의 정리
② 파스칼의 원리
③ 지렛대의 원리
④ 후크의 법칙

> 파스칼의 원리는 밀폐된 용기 안에 정지하고 있는 액체의 일부에 힘을 가하면 세기가 변하지 않고 용기안의 모든 액체에 똑같은 압력으로 전달되며, 각 면에 수직으로 작용한다.

2 유압유의 유체 에너지(압력, 속도)를 기계적인 일로 변환시키는 유압장치는?
① 유압펌프   ② 유압 액추에이터
③ 어큐뮬레이터   ④ 유압 밸브

> 유압 액추에이터는 압력(유압)에너지를 기계적 에너지(일)로 바꾸는 장치이다.

3 유압장치의 구성요소 중 유압 액추에이터에 속하는 것은?
① 유압 펌프   ② 엔진 또는 전기모터
③ 오일 탱크   ④ 유압 실린더

4 유압 작동기(hydraulic actuator)의 설명으로 맞는 것은?
① 유체 에너지를 생성하는 기기
② 유체 에너지를 축적하는 기기
③ 유체 에너지를 기계적인 일로 변환시키는 기기
④ 기계적인 에너지를 유체 에너지로 변환시키는 기기

정답
01.② 02.② 03.④ 04.③

5 유압 액추에이터의 기능에 대한 설명으로 맞는 것은?
① 유압의 방향을 바꾸는 장치이다.
② 유압을 일로 바꾸는 장치이다.
③ 유압의 빠르기를 조정하는 장치이다.
④ 유압의 오염을 방지하는 장치이다.

6 일반적인 유압 실린더의 종류에 해당하지 않는 것은?
① 다단 실린더 ② 단동 실린더
③ 레디얼 실린더 ④ 복동 실린더

> 압 실린더의 종류에는 단동 실린더, 복동 실린더, 다단 실린더, 램형 실린더 등이 있다.

7 유압 실린더 중 피스톤의 양쪽에 유압유를 교대로 공급하여 양방향의 운동을 유압으로 작동시키는 형식은?
① 단동식 ② 복동식
③ 다동식 ④ 편동식

> ■ 단동식과 복동식
> ① 단동식 : 한쪽 방향에 대해서만 유효한 일을 하고, 복귀는 중력이나 복귀스프링에 의한다.
> ② 복동식 : 유압 실린더 피스톤의 양쪽에 유압유를 교대로 공급하여 양방향의 운동을 유압으로 작동시킨다.

8 유압 실린더의 주요 구성부품이 아닌 것은?
① 피스톤 로드 ② 피스톤
③ 실린더 ④ 커넥팅 로드

> 유압 실린더는 실린더, 피스톤, 피스톤 로드로 구성되어 있다.

9 유압 실린더 지지방식 중 트러니언형 지지방식이 아닌 것은?
① 캡측 플랜지 지지형
② 헤드측 지지형
③ 캡측 지지형
④ 센터 지지형

> 트러니언형 지지방식에는 헤드측 지지형, 캡측 지지형, 센터 지지형이 있다.

10 유압 실린더에서 피스톤 행정이 끝날 때 발생하는 충격을 흡수하기 위해 설치하는 장치는?
① 쿠션기구 ② 압력 보상 장치
③ 서보밸브 ④ 스로틀 밸브

> 쿠션기구는 유압 실린더에서 피스톤 행정이 끝날 때 발생하는 충격을 흡수하기 위해 설치하는 장치이다.

11 실린더의 피스톤이 고속으로 왕복 운동할 때 행정의 끝에서 피스톤이 커버에 충돌하여 발생하는 충격을 흡수하고, 그 충격력에 의해서 발생하는 유압회로의 악영향이나 유압기기의 손상을 방지하기 위해서 설치하는 것은?
① 쿠션 기구 ② 밸브 기구
③ 유량제어 기구 ④ 셔틀 기구

12 유압장치에서 작동 유압 에너지에 의해 연속적으로 회전운동 함으로서 기계적인 일을 하는 것은?
① 유압 모터 ② 유압 실린더
③ 유압 제어 밸브 ④ 유압 탱크

> 유압모터는 유압 에너지에 의해 연속적으로 회전운동 함으로서 기계적인 일을 하는 장치이다.

13 유압 에너지를 공급받아 회전운동을 하는 유압기기는?
① 유압 실린더 ② 유압 모터
③ 유압 밸브 ④ 롤러 리미터

> **정답**
> 05.② 06.③ 07.② 08.④ 09.① 10.①
> 11.① 12.① 13.②

14 유압 모터의 장점이 아닌 것은?
① 효율이 기계식에 비해 높다.
② 무단계로 회전속도를 조절할 수 있다.
③ 회전체의 관성이 작아 응답성이 빠르다.
④ 동일 출력 원동기에 비해 소형이 가능하다.

> ① 넓은 범위의 무단 변속이 용이하다.
> ② 소형·경량으로서 큰 출력을 낼 수 있다.
> ③ 과부하에 대해 안전하다.
> ④ 정·역회전 변화가 가능하다.
> ⑤ 자동 원격 조작이 가능하고 작동이 신속·정확하다.
> ⑥ 속도나 방향의 제어가 용이하다.
> ⑦ 회전체의 관성이 작아 응답성이 빠르다.
> ⑧ 구조가 간단하며, 과부하에 대해 안전하다.

15 유압 모터의 장점이 될 수 없는 것은?
① 소형·경량으로서 큰 출력을 낼 수 있다.
② 공기와 먼지 등이 침투하여도 성능에는 영향이 없다.
③ 변속·역전의 제어도 용이하다.
④ 속도나 방향의 제어가 용이하다.

16 유압 모터의 장점이 아닌 것은?
① 작동이 신속정확하다.
② 관성력이 크며, 소음이 크다.
③ 전동 모터에 비하여 급속 정지가 쉽다.
④ 광범위한 무단변속을 얻을 수 있다.

> 유압모터의 장점은 작동이 신속정확하고, 전동모터에 비하여 급속정지가 쉬우며, 광범위한 무단변속을 얻을 수 있다.

17 유압 모터의 특징 중 거리가 가장 먼 것은?
① 무단 변속이 가능하다.
② 속도나 방향의 제어가 용이하다.
③ 작동유의 점도 변화에 의하여 유압 모터의 사용에 제약이 있다.
④ 작동유가 인화되기 어렵다.

> 유압 모터는 무단 변속이 가능하고, 속도나 방향의 제어가 용이한 장점이 있으나 작동유의 점도변화에 의하여 유압 모터의 사용에 제약이 따르고, 작동유가 인화되기 쉬운 단점이 있다.

18 유압 모터의 일반적인 특징으로 가장 적합한 것은?
① 운동량을 직선으로 속도 조절이 용이하다.
② 운동량을 자동으로 직선 조작을 할 수 있다.
③ 넓은 범위의 무단 변속이 용이하다.
④ 각도에 제한 없이 왕복 각운동을 한다.

> 유압 모터의 가장 큰 특징은 넓은 범위의 무단변속이 용이하다.

19 유압장치에서 기어형 모터의 장점이 아닌 것은?
① 가격이 싸다.
② 구조가 간단하다.
③ 소음과 진동이 작다.
④ 먼지나 이물질이 많은 곳에서도 사용이 가능하다.

■ 기어 모터의 장점 및 단점

장 점	단 점
① 구조가 간단하고 가격이 싸다.	① 유량 잔류가 많다.
② 가혹한 운전조건에서 비교적 잘 견딘다.	② 토크 변동이 크다.
	③ 수명이 짧다.
③ 먼지나 이물질에 의한 고장 발생률이 낮다.	④ 효율이 낮다.

20 기어 모터의 장점에 해당하지 않는 것은?
① 구조가 간단하다.
② 토크 변동이 크다.
③ 가혹한 운전 조건에서 비교적 잘 견딘다.
④ 먼지나 이물질에 의한 고장 발생율이 낮다.

정 답
14.① 15.② 16.② 17.④ 18.③ 19.③
20.②

21 유압장치에서 기어 모터에 대한 설명 중 잘못된 것은?

① 내부 누설이 적어 효율이 높다.
② 구조가 간단하고 가격이 저렴하다.
③ 일반적으로 스퍼 기어를 사용하나 헬리컬 기어도 사용한다.
④ 유압유에 이물질이 혼입되어도 고장발생이 적다.

22 플런저가 구동축의 직각방향으로 설치되어 있는 유압 모터는?

① 캠형 플런저 모터
② 액시얼 플런저 모터
③ 블래더 플런저 모터
④ 레이디얼 플런저 모터

> 레이디얼 플런저 모터는 플런저가 구동축의 직각방향으로 설치되어 있다.

23 베인 모터는 항상 베인을 캠링(cam ring) 면에 압착시켜 두어야 한다. 이 때 사용하는 장치는?

① 볼트와 너트
② 스프링 또는 로킹 빔(locking beam)
③ 스프링 또는 배플 플레이트
④ 캠링 홀더(cam ring holder)

> 베인 모터에서 항상 베인을 캠링(cam ring) 내면에 압착시켜 두기 위해 사용하는 장치는 스프링 또는 로킹 빔(locking beam)이다.

24 펌프의 최고 토출압력, 평균효율이 가장 높아 고압 대출력에 사용하는 유압모터로 가장 적절한 것은?

① 기어 모터 ② 베인 모터
③ 트로코이드 모터 ④ 피스톤 모터

> 피스톤(플런저) 모터는 펌프의 최고 토출압력, 평균효율이 가장 높아 고압 대출력에 사용한다.

25 유압 모터에서 소음과 진동이 발생할 때의 원인이 아닌 것은?

① 내부 부품의 파손
② 작동유 속에 공기혼입
③ 체결 볼트의 이완
④ 펌프의 최고 회전속도 저하

> ■ 유압 모터에서 소음과 진동이 발생하는 원인
> ① 유압유 속에 공기가 유입되었다.
> ② 체결 볼트가 이완되었다.
> ③ 내부 부품이 파손되었다.

26 유압 모터의 속도 결정에 가장 크게 영향을 미치는 것은?

① 오일의 압력
② 오일의 점도
③ 오일의 유량
④ 오일의 온도

> 유량은 일의 속도가 좌우된다.

27 유압 모터의 회전속도가 규정 속도보다 느릴 경우의 원인에 해당하지 않는 것은?

① 유압 펌프의 오일 토출량 과다
② 유압유의 유입량 부족
③ 각 습동부의 마모 또는 파손
④ 오일의 내부 누설

정답
21.① 22.④ 23.② 24.④ 25.④ 26.③
27.①

4-4 컨트롤 밸브의 구조와 기능

01 컨트롤 밸브의 종류

① **압력 제어 밸브**: 유압을 조절하여 일의 크기를 제어한다.

② **유량 제어 밸브**: 유량을 변화시켜 일의 속도를 제어한다.

③ **방향 제어 밸브**: 유압유의 흐름 방향을 바꾸거나 정지시켜서 일의 방향을 제어한다.

▲ 컨트롤 밸브

02 압력 제어 밸브

(1) 릴리프 밸브(relief valve)

1) **릴리프 밸브의 기능**

① 유압장치의 과부하 방지와 유압 기기의 보호를 위하여 최고 압력을 규제하고 유압 회로 내의 필요한 압력을 유지하는 밸브이다.

▲ 릴리프 밸브

② 유압 펌프의 토출 측에 위치하여 회로 전체의 압력을 제어하는 밸브이다.

③ 유압장치 내의 압력을 일정하게 유지하고, 최고압력을 제한하며 회로를 보호하며, 과부하 방지와 유압 기기의 보호를 위하여 최고 압력을 규제한다.

2) **릴리프 밸브 설치 위치**

릴리프 밸브는 유압 펌프와 제어 밸브 사이 즉, 유압 펌프와 방향 전환 밸브 사이에 설치되어 있다. 따라서 유압회로의 압력을 점검하는 위치는 유압 펌프에서 제어 밸브 사이이다.

3) **채터링(chattering) 현상**

유압계통에서 릴리프 밸브 스프링의 장력이 약화될 때 발생되는 현상을 말한다. 즉 직동형 릴리프 밸브(Relief valve)에서 자주 일어나며 볼(ball)이 밸브의 시트(seat)를 때려 소음을 발생시키는 현상이다.

(2) 감압 밸브(리듀싱 밸브 ; reducing valve)

① 유압 실린더 내의 유압은 동일하여도 각각 다른 압력으로 나눌 수 있다.

② 유압회로에서 입구 압력을 감압하여 유압 실린더 출구 설정 유압으로 유지한다.

③ 분기회로에서 2차측 압력을 낮게 할 때 사용한다.

(3) 시퀀스 밸브(순차 밸브, sequence valve)

① 2개 이상의 분기회로가 있을 때 순차적인 작동을 하기 위한 압력 제어 밸브.

② 2개 이상의 분기회로에서 실린더나 모터의 작동순서를 결정하는 자동 제어 밸브.

(4) 언로더 밸브(무부하 밸브, unloader valve)

① 유압회로의 압력이 설정 압력에 도달하였을 때 유압 펌프로부터 전체 유량을 작동유 탱크로 리턴시키는 밸브

② 유압장치에서 통상 고압 소용량, 저압 대용량 펌프를 조합 운전할 때 작동 압력이 규정 압력 이상으로 상승할 때 동력을 절감하기 위하여 사용하는 밸브이다.

③ 유압장치에서 두 개의 펌프를 사용하는데 있어 펌프의 전체 송출량을 필요로 하지 않을 경우, 동력의 절감과 유온 상승을 방지하는 밸브이다.

(5) 카운터 밸런스 밸브(counter balance valve)

유압 실린더의 복귀 쪽에 배압을 발생시켜 피스톤이 중력에 의하여 자유 낙하하는 것을 방지하여 하강 속도를 제어하기 위해 사용된다.

03 유량 제어 밸브

① 액추에이터의 운동속도를 조정하기 위하여 사용되는 밸브이다.

② 유량 제어 밸브의 종류에는 분류 밸브(dividing valve), 니들 밸브(needle valve), 오리피스 밸브(orifice valve), 교축 밸브(throttle valve), 급속 배기 밸브 등이 있다.

▲ 유량 제어 밸브

③ 교축 밸브는 점도가 달라져도 유량이 그다지 변화하지 않도록 설치된 밸브이다.

④ 니들 밸브는 내경이 작은 파이프에서 미세한 유량을 조정하는 밸브이다.

04 방향 제어 밸브

(1) 방향 제어 밸브의 기능

① 유체의 흐름방향을 변환한다.

② 유체의 흐름방향을 한쪽으로만 허용한다.

③ 유압 실린더나 유압 모터의 작동 방향을 바꾸는데 사용한다.

④ 방향 제어밸브를 동작시키는 방식에는 수동식, 전자식, 전자·유압 파일럿식 등이 있다.

(2) 방향 제어 밸브의 종류

방향 제어 밸브의 종류에는 디셀러레이션 밸브, 체크 밸브, 스풀 밸브[매뉴얼 밸브(로터리형)] 등이 있다.

① 디셀러레이션 밸브(deceleration valve) : 유압 실린더를 행정 최종 단에서 실린더의 속도를 감속하여 서서히 정지시키고자할 때 사용되는 밸브이다.

② 체크 밸브(check valve) : 역류를 방지하는 밸브 즉, 한쪽 방향으로의 흐름은 자유로우나 역방향의 흐름을 허용하지 않는 밸브

③ 스풀 밸브(spool valve) : 원통형 슬리브 면에 내접되어 축 방향으로 이동하여 작동유의 흐름 방향을 바꾸기 위해 사용하는 밸브

05 서보 밸브(servo valve)

① 작동유 흐름이나 압력 및 유량을 조절하는 밸브이다.

② 전기 또는 그 밖의 입력 신호에 따라서 유량 또는 압력을 제어하는 밸브이다.

4. 유압장치 익히기

단원핵심문제

1 유압 회로에 사용되는 제어 밸브의 역할과 종류의 연결 사항으로 틀린 것은?
① 일의 속도 제어 : 유량 조절 밸브
② 일의 시간 제어 : 속도 제어 밸브
③ 일의 방향 제어 : 방향 전환 밸브
④ 일의 크기 제어 : 압력 제어 밸브

> 제어 밸브에는 일의 크기를 제어하는 압력 제어 밸브, 일의 속도를 제어하는 유량 조절 밸브, 일의 방향을 제어하는 방향 전환 밸브가 있다.

2 보기에서 유압회로에 사용되는 제어 밸브가 모두 나열된 것은?

> **보기**
> ㄱ. 압력 제어 밸브
> ㄴ. 속도 제어 밸브
> ㄷ. 유량 제어 밸브
> ㄹ. 방향 제어 밸브

① ㄱ, ㄴ, ㄷ
② ㄱ, ㄴ, ㄹ
③ ㄴ, ㄷ, ㄹ
④ ㄱ, ㄷ, ㄹ

> 제어 밸브의 기능
> ① 압력 제어 밸브 : 일의 크기 결정
> ② 유량 제어 밸브 : 일의 속도 결정
> ③ 방향 제어 밸브 : 일의 방향 결정

3 유압 장치의 과부하 방지와 유압기기의 보호를 위하여 최고 압력을 규제하고 유압 회로 내의 필요한 압력을 유지하는 밸브는?
① 압력 제어 밸브
② 유량 제어 밸브
③ 방향 제어 밸브
④ 온도 제어 밸브

> 압력 제어 밸브는 유압 장치의 과부하 방지와 유압 기기의 보호를 위하여 최고 압력을 규제하고 유압 회로 내의 필요한 압력을 유지한다.

4 유압회로 내의 압력이 설정 압력에 도달하면 펌프에 토출된 오일의 일부 또는 전량을 직접 탱크로 돌려보내 회로의 압력을 설정 값으로 유지하는 밸브는?
① 시퀀스 밸브
② 릴리프 밸브
③ 언로더 밸브
④ 체크 밸브

5 유압회로의 최고 압력을 제어하는 밸브로서, 회로의 압력을 일정하게 유지시키는 밸브는?
① 체크 밸브
② 감압 밸브
③ 릴리프 밸브
④ 카운터 밸런스 밸브

6 유압회로 내에서 유압을 일정하게 조절하여 일의 크기를 결정하는 밸브가 아닌 것은?
① 시퀀스 밸브
② 서보 밸브
③ 언로더 밸브
④ 카운터 밸런스 밸브

> 압력제어 밸브의 종류에는 릴리프 밸브, 리듀싱(감압)밸브, 시퀀스(순차) 밸브, 언로더(무부하) 밸브, 카운터밸런스 밸브 등이 있다.

7 유압 작동유의 압력을 제어하는 밸브가 아닌 것은?
① 릴리프 밸브
② 체크 밸브
③ 리듀싱 밸브
④ 시퀀스 밸브

정답
01.② 02.④ 03.① 04.② 05.③ 06.②
07.②

8 압력 제어 밸브의 종류가 아닌 것은?

① 교축 밸브(throttle valve)
② 릴리프 밸브(relief valve)
③ 시퀀스 밸브(sequence valve)
④ 카운터 밸런스 밸브(counter balancing valve)

9 유압 조정 밸브에서 조정 스프링의 장력이 클 때 발생할 수 있는 현상으로 가장 적합한 것은?

① 유압이 낮아진다.
② 유압이 높아진다.
③ 채터링 현상이 생긴다.
④ 플래터 현상이 생긴다.

> 유압 조정 밸브의 스프링 장력이 크면 유압이 높아진다.

10 릴리프 밸브에서 포펫 밸브를 밀어 올려 기름이 흐르기 시작할 때의 압력은?

① 설정 압력   ② 허용 압력
③ 크랭킹 압력   ④ 전량 압력

> 크랭킹 압력이란 릴리프 밸브에서 포펫 밸브를 밀어 올려 기름이 흐르기 시작할 때의 압력을 말한다.

11 압력 제어밸브는 어느 위치에서 작동하는가?

① 탱크와 펌프
② 펌프와 방향 전환 밸브
③ 방향 전환 밸브와 실린더
④ 실린더 내부

> 릴리프 밸브는 유압 펌프와 제어 밸브 사이 즉, 유압 펌프와 방향 전환 밸브 사이에 설치되어 있다.

12 릴리프 밸브 등에서 밸브 시트를 때려 비교적 높은 소리를 내는 진동현상을 무엇이라 하는가?

① 채터링   ② 캐비테이션
③ 점핑   ④ 서지압

> 채터링 : 유압계통에서 릴리프 밸브 스프링의 장력이 약화될 때 볼(ball)이 밸브 시트(seat)를 때려 소음을 발생시키는 현상

13 유압회로에서 입구 압력을 감압하여 유압 실린더 출구 설정 유압으로 유지하는 밸브는?

① 릴리프 밸브
② 리듀싱 밸브
③ 언로딩 밸브
④ 카운터 밸런스 밸브

> 리듀싱(감압) 밸브 : 유압회로에서 입구 압력을 감압하여 유압 실린더 출구 설정 유압으로 유지하는 역할을 한다.

14 다음 중 감압 밸브의 사용 용도로 적합한 것은?

① 분기회로에서 2차측 압력을 낮게 사용할 때
② 귀환회로에서 잔류압력을 유지하고자 할 때
③ 귀환회로에서 잔류압력을 낮게 하고자 할 때
④ 공급회로에서 압력을 높게 하고자 할 때

> 유압 실린더 내의 유압은 동일하여도 각각 다른 압력으로 나눌 수 있으며, 분기회로에서 2차측 압력을 낮게 할 때 사용한다.

15 2개 이상의 분기회로를 갖는 회로 내에서 작동순서를 회로의 압력 등에 의하여 제어하는 밸브는?

① 체크 밸브   ② 시퀀스 밸브
③ 한계 밸브   ④ 서보 밸브

정답
08.① 09.② 10.③ 11.② 12.① 13.②
14.① 15.②

16 유압원에서의 주회로부터 유압 실린더 등이 2개 이상의 분기회로를 가질 때, 각 유압 실린더를 일정한 순서로 순차 작동시키는 밸브는?

① 시퀀스 밸브　② 감압 밸브
③ 릴리프 밸브　④ 체크 밸브

■ **시퀀스 밸브**(순차 밸브, sequence valve)
① 2개 이상의 분기회로가 있을 때 순차적인 작동을 하기 위한 압력 제어 밸브.
② 2개 이상의 분기회로에서 실린더나 모터의 작동 순서를 결정하는 자동 제어 밸브.

17 유압회로 내의 압력이 설정 압력에 도달하면 펌프에서 토출된 오일을 전부 탱크로 회송시켜 펌프를 무부하로 운전시키는데 사용하는 밸브는?

① 체크 밸브(check valve)
② 시퀀스 밸브(sequence valve)
③ 언로더 밸브(unloader valve)
④ 카운터 밸런스 밸브(count balance valve)

언로더(무부하) 밸브는 유압회로 내의 압력이 설정 압력에 도달하면 펌프에서 토출된 오일을 전부 탱크로 회송시켜 펌프를 무부하로 운전시키는데 사용한다.

18 고압·소용량, 저압·대용량 펌프를 조합 운전할 경우 회로 내의 압력이 설정압력에 도달하면 저압 대용량 펌프의 토출량을 기름 탱크로 귀환시키는데 사용하는 밸브는?

① 무부하 밸브
② 카운터 밸런스 밸브
③ 체크 밸브
④ 시퀀스 밸브

무부하(언로더) 밸브는 유압장치에서 통상 고압 소용량, 저압 대용량 펌프를 조합 운전할 때 작동 압력이 규정 압력 이상으로 상승할 때 동력을 절감하기 위하여 사용하는 밸브이다.

19 유압장치에서 두 개의 펌프를 사용하는데 있어 펌프의 전체 송출량을 필요로 하지 않을 경우, 동력의 절감과 유온 상승을 방지하는 것은?

① 압력 스위치(pressure switch)
② 카운트 밸런스 밸브(count balance valve)
③ 감압 밸브(pressure reducing valve)
④ 무부하 밸브(unloading valve)

무부하(언로더) 밸브는 유압장치에서 두 개의 펌프를 사용하는데 있어 펌프의 전체 송출량을 필요로 하지 않을 경우, 동력의 절감과 유온 상승을 방지하는 밸브이다.

20 유압 실린더 등이 중력에 의한 자유낙하를 방지하기 위해 배압을 유지하는 압력제어 밸브는?

① 시퀀스 밸브
② 언로더 밸브
③ 카운터 밸런스 밸브
④ 감압 밸브

카운터 밸런스 밸브(counter balance valve)는 유압실린더 등이 중력에 의한 자유낙하를 방지하기 위해 배압을 유지하는 압력 제어밸브이다.

21 체크 밸브가 내장되는 밸브로서 유압회로의 한방향의 흐름에 대해서는 설정된 배압을 생기게 하고, 다른 방향의 흐름은 자유롭게 흐르도록 한 밸브는?

① 셔틀 밸브
② 언로더 밸브
③ 슬로리턴 밸브
④ 카운터 밸런스 밸브

카운터 밸런스 밸브는 체크 밸브가 내장되는 밸브로서 유압회로의 한방향의 흐름에 대해서는 설정된 배압을 생기게 하고, 다른 방향의 흐름은 자유롭게 흐르도록 한다.

정 답

16.①　17.③　18.①　19.④　20.③　21.④

22 유압장치에서 배압을 유지하는 밸브는?

① 릴리프 밸브
② 카운터 밸런스 밸브
③ 유량 제어 밸브
④ 방향 제어 밸브

23 유압장치에서 작동체의 속도를 바꿔주는 밸브는?

① 압력 제어 밸브
② 유량 제어 밸브
③ 방향 제어 밸브
④ 체크 밸브

■ 제어 밸브의 종류
① **압력 제어 밸브** : 일의 크기 결정
② **유량 제어 밸브** : 일의 속도 결정
③ **방향 제어 밸브** : 일의 방향 결정

24 액추에이터의 운동속도를 조정하기 위하여 사용되는 밸브는?

① 압력 제어 밸브
② 온도 제어 밸브
③ 유량 제어 밸브
④ 방향 제어 밸브

25 유압장치에서 방향 제어 밸브의 설명 중 가장 적절한 것은?

① 오일의 흐름방향을 바꿔주는 밸브이다.
② 오일의 압력을 바꿔주는 밸브이다.
③ 오일의 유량을 바꿔주는 밸브이다.
④ 오일의 온도를 바꿔주는 밸브이다.

방향 제어 밸브는 유체의 흐름방향을 변환하는 역할을 한다.

26 유압장치에서 방향 제어 밸브의 설명으로 적합하지 않은 것은?

① 유체의 흐름방향을 변환한다.
② 유체의 흐름방향을 한쪽으로만 허용한다.
③ 액추에이터의 속도를 제어한다.
④ 유압 실린더나 유압모터의 작동방향을 바꾸는데 사용된다.

■ 방향 제어 밸브의 기능
① 유체의 흐름방향을 변환한다.
② 유체의 흐름방향을 한쪽으로만 허용한다.
③ 유압 실린더나 유압 모터의 작동 방향을 바꾸는데 사용한다.
④ 방향 제어밸브를 동작시키는 방식에는 수동식, 전자식, 전자·유압 파일럿식 등이 있다.

27 다음에서 설명하는 유압밸브는?

보기

액추에이터의 속도를 서서히 감속시키는 경우나 서서히 증속시키는 경우에 사용되며, 일반적으로 캠(cam)으로 조작된다. 이 밸브는 행정에 대응하여 통과 유량을 조정하며 원활한 감속 또는 증속을 하도록 되어 있다.

① 디셀러레이션 밸브
② 카운터 밸런스밸브
③ 방향 제어 밸브
④ 프레필 밸브

디셀러레이션 밸브는 액추에이터의 속도를 서서히 감속시키는 경우나 서서히 증속시키는 경우에 사용되며, 일반적으로 캠(cam)으로 조작된다. 이 밸브는 행정에 대응하여 통과 유량을 조정하며 원활한 감속 또는 증속을 하도록 되어 있다.

28 일반적으로 캠(cam)으로 조작되는 유압 밸브로서 액추에이터의 속도를 서서히 감속시키는 밸브는?

① 카운터 밸런스 밸브
② 프레필 밸브
③ 방향 제어 밸브
④ 디셀러레이션 밸브

정답
22.② 23.② 24.③ 25.① 26.③ 27.①
28.④

29 유압회로에서 오일을 한쪽 방향으로만 흐르도록 하는 밸브는?

① 릴리프 밸브(relief valve)
② 파일럿 밸브(pilot valve)
③ 체크 밸브(check valve)
④ 오리피스 밸브(orifice valve)

> 체크밸브(check valve)는 역류를 방지하고, 회로 내의 잔류압력을 유지시키며, 오일의 흐름이 한쪽 방향으로만 가능하게 한다.

30 한쪽 방향의 오일 흐름은 가능하지만 반대 방향으로는 흐르지 못하게 하는 밸브는?

① 분류 밸브 ② 감압 밸브
③ 체크 밸브 ④ 제어 밸브

31 유압장치에서 오일의 역류를 방지하기 위한 밸브는?

① 변환 밸브
② 압력 조절 밸브
③ 체크 밸브
④ 흡기 밸브

32 유압 작동기의 방향을 전환시키는 밸브에 사용되는 형식 중 원통형 슬리브 면에 내접하여 축 방향으로 이동하면서 유로를 개폐하는 형식은?

① 스풀 형식
② 포핏 형식
③ 베인 형식
④ 카운터밸런스 밸브 형식

> 스풀 밸브는 원통형 슬리브 면에 내접하여 축 방향으로 이동하고 유로를 개폐하여 오일의 흐름을 바꾼다.

33 지게차의 리프트 실린더 작동 회로에 사용되는 플로우 레귤레이터(슬로우 리턴)밸브의 역할은?

① 포크의 하강 속도를 조절하여 포크가 천천히 내려오도록 한다.
② 포크 상승 시 작동유의 압력을 높여준다.
③ 짐을 하강할 때 신속하게 내려오도록 한다.
④ 포크가 상승하다가 리프트 실린더 중간에서 정지 시 실린더 내부 누유를 방지한다.

> 지게차의 리프트 실린더 작동회로에 플로 레귤레이터(슬로 리턴) 밸브를 사용하는 이유는 포크를 천천히 하강시키도록 하기 위함이다.

34 지게차의 리프트 실린더(lift cylinder) 작동 회로에서 플로 프로텍터(벨로시티 퓨즈)를 사용하는 주된 목적은?

① 컨트롤 밸브와 리프트 실린더 사이에서 배관 파손 시 적재물 급강하를 방지한다.
② 포크의 정상 하강 시 천천히 내려올 수 있게 한다.
③ 짐을 하강할 때 신속하게 내려올 수 있도록 작용한다.
④ 리프트 실린더 회로에서 포크 상승 중 중간 정지 시 내부 누유를 방지한다.

> 플로 프로텍터(벨로시티 퓨즈)는 컨트롤 밸브와 리프트 실린더 사이에서 배관이 파손되었을 때 적재물의 급강하를 방지한다.

정답

29.③ 30.③ 31.③ 32.① 33.① 34.①

4-5 유압 탱크 구조와 기능

01 유압유 탱크의 기능

① 계통 내의 필요한 유량을 확보한다.
② 내부의 격판(배플)에 의해 기포 발생 방지 및 제거한다.

▲ 유압유 탱크

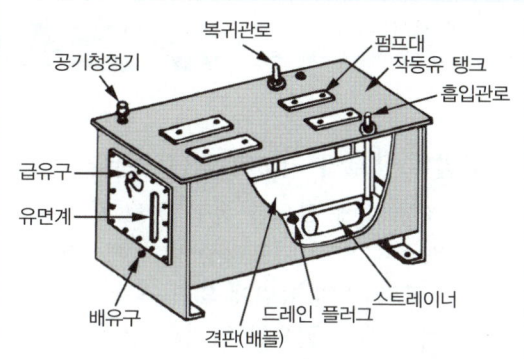

③ 유압유 탱크 외벽의 냉각에 의한 적정온도 유지한다.
④ 흡입 스트레이너가 설치되어 회로 내 불순물 혼입을 방지한다.
⑤ 응축수의 제거를 위하여 기름 탱크에는 드레인 탭이 설계되어 있다.
⑥ 펌프, 모터, 밸브의 설치 장소를 제공하고 소음 감소의 역할도 한다.

02 유압유 탱크의 구비 조건

① 배유구(드레인 플러그)와 유면계를 설치하여야 한다.
② 흡입 관과 복귀 관 사이에 격판(배플)을 설치하여야 한다.
③ 흡입 유압유를 위한 스트레이너(strainer)를 설치하여야 한다.
④ 적당한 크기의 주유구를 설치하여야 한다.
⑤ 발생한 열을 방산할 수 있어야 한다.
⑥ 공기 및 수분 등의 이물질을 분리할 수 있어야 한다.
⑦ 오일에 이물질이 유입되지 않도록 밀폐되어야 한다.

03 유압유 탱크의 크기

유압유 탱크의 크기는 중력에 의하여 복귀되는 장치 내의 모든 오일을 받아들일 수 있는 크기로 하여야 한다(유압 펌프 토출량의 2~3배가 표준이다).

04 유압유 탱크의 구조

① **구성 부품** : 스트레이너, 드레인 플러그, 배플 플레이트, 주입구 캡, 유면계
② 펌프 흡입구와 탱크로의 귀환구(복귀구) 사이에는 격판(배플)을 설치한다.
③ 배플(격판)은 탱크로 귀환하는 유압유와 유압 펌프로 공급되는 유압유를 분리시키는 기능을 한다.
④ 펌프 흡입구는 탱크로의 귀환구(복귀구)로부터 될 수 있는 한 멀리 떨어진 위치에 설치한다.
⑤ 펌프 흡입구에는 스트레이너(오일 여과기)를 설치한다.

4. 유압장치 익히기

단원핵심문제

1 유압유 탱크의 기능이 아닌 것은?
① 계통 내에 필요한 유량 확보
② 배플에 의한 기포발생 방지 및 소멸
③ 탱크 외벽의 방열에 의한 적정 온도 유지
④ 계통 내에 필요한 압력의 설정

- 유압유 탱크의 기능
  ① 계통 내의 필요한 유량 확보
  ② 격판(배플)에 의한 기포발생 방지 및 제거
  ③ 스트레이너 설치로 회로 내 불순물 혼입 방지
  ④ 탱크 외벽의 방열에 의한 적정 온도 유지

2 건설기계의 작동유 탱크 역할로 틀린 것은?
① 유온을 적정하게 설정한다.
② 작동유 수명을 연장하는 역할을 한다.
③ 오일 중의 이물질을 분리하는 작용을 한다.
④ 유압 게이지가 설치되어 있어 작업 중 유압 점검을 할 수 있다.

3 건설기계 유압장치의 작동유 탱크의 구비조건 중 거리가 가장 먼 것은?
① 배유구(드레인 플러그)와 유면계를 두어야 한다.
② 흡입관과 복귀관 사이에 격판(차폐장치, 격리판)을 두어야 한다.
③ 유면을 흡입라인 아래까지 항상 유지할 수 있어야 한다.
④ 흡입 작동유 여과를 위한 스트레이너를 두어야 한다.

유면은 적정위치 "Full"에 가깝게 유지하여야 한다.

4 유압 탱크에 대한 구비조건으로 가장 거리가 먼 것은?
① 적당한 크기의 주유구 및 스트레이너를 설치한다.
② 드레인(배출 밸브) 및 유면계를 설치한다.
③ 오일에 이물질이 유입되지 않도록 밀폐되어야 한다.
④ 오일냉각을 위한 쿨러를 설치한다.

①, ②, ③항 이외에 탱크의 크기는 중력에 의하여 복귀되는 장치 내의 모든 오일을 받아들일 수 있는 크기로 한다.

5 오일 탱크 관련 설명으로 틀린 것은?
① 유압유 오일을 저장한다.
② 흡입구와 리턴구는 최대한 가까이 설치한다.
③ 탱크 내부에는 격판(배플 플레이트)을 설치한다.
④ 흡입 스트레이너가 설치되어 있다.

- 유압유 탱크의 구조
  ① 스트레이너, 드레인 플러그, 배플 플레이트, 주입구 캡, 유면계로 구성되어 있다.
  ② 펌프 흡입구와 탱크로의 귀환구(복귀구) 사이에는 격판(배플)을 설치한다.
  ③ 배플(격판)은 탱크로 귀환하는 유압유와 유압 펌프로 공급되는 유압유를 분리시키는 기능을 한다.
  ④ 펌프 흡입구는 탱크로의 귀환구(복귀구)로부터 될 수 있는 한 멀리 떨어진 위치에 설치한다.
  ⑤ 펌프 흡입구에는 스트레이너(오일 여과기)를 설치한다.

6 일반적인 오일 탱크의 구성품이 아닌 것은?
① 스트레이너
② 유압 태핏
③ 드레인 플러그
④ 배플 플레이트

정답
01.④ 02.④ 03.③ 04.④ 05.② 06.②

4-6 유압유(작동유)

01 유압유의 기능
① 열을 흡수하고 부식을 방지한다.
② 필요한 요소 사이를 밀봉한다.
③ 동력(압력 에너지)을 전달한다.
④ 움직이는 기계요소의 마모를 방지한다.
⑤ 마찰(미끄럼 운동) 부분의 윤활 작용을 한다.

▲ 유압유

02 유압유가 갖추어야 할 성질
① 압축성, 밀도, 열팽창계수가 작을 것
② 체적 탄성계수 및 점도지수가 클 것
③ 인화점 및 발화점이 높고, 내열성이 클 것
④ 화학적 안정성이 클 것 즉 산화 안정성이 좋을 것
⑤ 방청 및 방식성이 좋을 것
⑥ 적절한 유동성과 점성을 갖고 있을 것
⑦ 온도에 의한 점도 변화가 적을 것
⑧ 윤활성 및 소포성(기포 분리성)이 클 것
⑨ 유압유 중의 물·먼지 등의 불순물과 분리가 잘 될 것
⑩ 유압장치에 사용되는 재료에 대해 불활성일 것

03 온도와 점도의 관계
① 작동유는 온도가 변화되면 점도가 변화한다.
② 점도지수(viscosity index) : 온도 변화에 대한 점도의 변화 비율을 나타내는 것
③ 점도지수가 큰 오일은 온도 변화에 대한 점도의 변화가 적다.
④ 점도지수가 낮은 오일은 저온에서 유압 펌프의 시동이 저항이 증가한다.
⑤ 점도지수가 낮은 오일은 저온에서 마찰 손실이 증가한다.
⑥ 점도지수가 낮은 오일은 유동 저항의 증가로 유압기기의 작동이 불량해 진다.
⑦ 점도지수가 낮은 오일은 흡입 측에 공동 현상(cavitation)이 발생하기 쉽다.

04 유압유의 점도가 너무 높을 경우의 영향
① 유압이 높아지므로 유압유 누출은 감소한다.
② 유동 저항이 커져 압력 손실이 증가한다.
③ 동력 손실이 증가하여 기계효율이 감소한다.
④ 내부 마찰이 증가하고, 압력이 상승한다.
⑤ 파이프 내의 마찰 손실과 동력 손실이 커진다.
⑥ 열 발생의 원인이 될 수 있다.
⑦ 소음이나 공동 현상(캐비테이션)이 발생한다.

05 유압유의 점도가 너무 낮을 경우의 영향
① 유압 펌프의 효율이 저하된다.
② 실린더 및 컨트롤 밸브에서 누출 현상이 발생한다.
③ 계통(회로)내의 압력이 저하된다.
④ 유압 실린더의 속도가 늦어진다.

06 유압유의 열화 판정 및 과열 원인

(1) 유압유의 열화 판정 방법
① 점도의 상태로 판정한다.
② 냄새로 확인(자극적인 악취)한다.
③ 색깔의 변화나 침전물의 유무로 판정한다.
④ 수분의 유무를 확인한다.
⑤ 흔들었을 때 생기는 거품이 없어지는 양상 확인한다.

(2) 유압유가 과열하는 원인
① 유압유의 점도가 너무 높을 때
② 유압장치 내에서 내부 마찰이 발생될 때
③ 유압회로 내의 작동 압력이 너무 높을 때
④ 유압회로 내에서 캐비테이션이 발생될 때
⑤ 릴리프 밸브가 닫힌 상태로 고장일 때
⑥ 오일 냉각기의 냉각핀이 오손되었을 때
⑦ 유압유가 부족할 때
※ 유압회로에서 유압유의 정상 작동 온도 범위는 40~80℃이다.

(3) 유압유 온도가 상승할 때 나타나는 현상
① 유압유의 산화작용(열화)을 촉진한다.
② 실린더의 작동 불량이 생긴다.
③ 기계적인 마모가 생긴다.
④ 유압기기가 열 변형되기 쉽다.
⑤ 중합이나 분해가 일어난다.
⑥ 고무 같은 물질이 생긴다.
⑦ 점도가 저하된다.
⑧ 유압 펌프의 효율이 저하한다.
⑨ 유압유 누출이 증대된다.
⑩ 밸브류의 기능이 저하된다.

07 유압유 첨가제
① 소포제(거품 방지제), 유동점 강하제, 유성 향상제, 산화 방지제, 점도지수 향상제 등이 있다.
② 산화 방지제 : 산의 생성을 억제함과 동시에 금속의 표면에 부식억제 피막을 형성하여 산화물질이 금속에 직접 접촉하는 것을 방지한다.
③ 유성 향상제 : 금속간의 마찰을 방지하기 위한 방안으로 마찰계수를 저하시킨다.

08 난연성 유압유
① 난연성 유압유는 비함수계(내화성을 갖는 합성물)와 함수계가 있다.
② 비함수계 유압유 : 인산 에스텔형, 폴리올 에스테르
③ 함수계 유압유 : 유중수형, 물-글리콜형, 유중수적형

09 유압유에 수분이 생성되는 원인과 미치는 영향
① 생성되는 원인 : 공기 혼입
② 유압유의 윤활성을 저하시킨다.
③ 유압유의 방청성을 저하시킨다.
④ 유압유의 산화와 열화를 촉진시킨다.
⑤ 유압유의 내마모성을 저하시킨다.
⑥ 판정 : 가열한 철판 위에 유압유를 떨어뜨려 확인한다.

4. 유압장치 익히기

단원핵심문제

1 유압유의 주요 기능이 아닌 것은?
① 열을 흡수한다.
② 동력을 전달한다.
③ 필요한 요소 사이를 밀봉한다.
④ 움직이는 기계요소를 마모시킨다.

> ▪ 유압유의 기능
> ① 열을 흡수하고 부식을 방지한다.
> ② 필요한 요소 사이를 밀봉한다.
> ③ 동력(압력 에너지)을 전달한다.
> ④ 움직이는 기계요소의 마모를 방지한다.
> ⑤ 마찰(미끄럼 운동) 부분의 윤활 작용을 한다.

2 유압유가 갖추어야 할 성질로 틀린 것은?
① 점도가 적당할 것
② 인화점이 낮을 것
③ 강인한 유막을 형성할 것
④ 점성과 온도와의 관계가 양호할 것

> ▪ 유압유가 갖추어야 할 성질
> ① 압축성, 밀도, 열팽창계수가 작을 것
> ② 체적 탄성계수 및 점도지수가 클 것
> ③ 인화점 및 발화점이 높고, 내열성이 클 것
> ④ 화학적 안정성이 클 것 즉 산화 안정성이 좋을 것
> ⑤ 방청 및 방식성이 좋을 것
> ⑥ 적절한 유동성과 점성을 갖고 있을 것
> ⑦ 온도에 의한 점도변화가 적을 것
> ⑧ 윤활성 및 소포성(기포 분리성)이 클 것
> ⑨ 유압유 중의 물·먼지 등의 불순물과 분리가 잘 될 것
> ⑩ 유압장치에 사용되는 재료에 대해 불활성일 것

3 유압 작동유가 갖추어야할 성질이 아닌 것은?
① 물, 먼지 등의 불순물과 혼합이 잘 될 것
② 온도에 의한 점도 변화가 적을 것
③ 거품이 적을 것
④ 방청 방식성이 있을 것

4 유압유에 요구되는 성질이 아닌 것은?
① 넓은 온도범위에서 점도변화가 적을 것
② 윤활성과 방청성이 있을 것
③ 산화 안정성이 있을 것
④ 사용되는 재료에 대하여 불활성이 아닐 것

5 유압유 성질 중 가장 중요한 것은?
① 점도   ② 온도
③ 습도   ④ 열효율

6 온도 변화에 따라 점도 변화가 큰 오일의 점도지수는?
① 점도지수가 높은 것이다.
② 점도지수가 낮은 것이다.
③ 점도지수는 변하지 않는 것이다.
④ 점도 변화와 점도지수는 무관하다.

> 점도지수란 오일이 온도 변화에 따라 점도가 변화하는 정도를 표시하는 것으로 점도지수가 높을수록 온도에 의한 점도 변화가 적다.

7 유압유에 점도가 서로 다른 2종류의 오일을 혼합하였을 경우에 대한 설명으로 맞는 것은?
① 오일 첨가제의 좋은 부분만 작동하므로 오히려 더욱 좋다.
② 점도가 달리지나 사용에는 전혀 지장이 없다.
③ 혼합은 권장사항이며, 사용에는 전혀 지장이 없다.
④ 열화 현상을 촉진시킨다.

> 유압유에 점도가 서로 다른 2종류의 오일을 혼합하면 열화 현상을 촉진시킨다.

정답
01.④ 02.② 03.① 04.④ 05.① 06.②
07.④

8 유압 작동유의 점도가 지나치게 높을 때 나타날 수 있는 현상으로 가장 적합한 것은?

① 내부 마찰이 증가하고, 압력이 상승한다.
② 누유가 많아진다.
③ 파이프 내의 마찰 손실이 작아진다.
④ 펌프의 체적효율이 감소한다.

■ 유압유의 점도가 너무 높을 경우의 영향
① 유압이 높아지므로 유압유 누출은 감소한다.
② 유동 저항이 커져 압력 손실이 증가한다.
③ 동력 손실이 증가하여 기계효율이 감소한다.
④ 내부 마찰이 증가하고, 압력이 상승한다.
⑤ 관내의 마찰 손실과 동력 손실이 커진다.
⑥ 열 발생의 원인이 될 수 있다.

9 유압유의 점도가 지나치게 높았을 때 나타나는 현상이 아닌 것은?

① 오일 누설이 증가한다.
② 유동 저항이 커져 압력 손실이 증가한다.
③ 동력 손실이 증가하여 기계효율이 감소한다.
④ 내부 마찰이 증가하고, 압력이 상승한다.

10 유압 작동유의 점도가 지나치게 낮을 때 나타날 수 있는 현상은?

① 출력이 증가한다.
② 압력이 상승한다.
③ 유동 저항이 증가한다.
④ 유압 실린더의 속도가 늦어진다.

■ 유압유의 점도가 너무 낮을 경우의 영향
① 유압 펌프의 효율이 저하된다.
② 실린더 및 컨트롤 밸브에서 누출 현상이 발생한다.
③ 계통(회로)내의 압력이 저하된다.
④ 유압 실린더의 속도가 늦어진다.

11 유압장치에서 사용되는 오일의 점도가 너무 낮을 경우 나타날 수 있는 현상이 아닌 것은?

① 펌프 효율 저하
② 오일 누설
③ 계통 내의 압력 저하
④ 시동 시 저항 증가

12 보기 항에서 유압 계통에 사용되는 오일의 점도가 너무 낮을 경우 나타날 수 있는 현상으로 모두 맞는 것은?

보기
ㄱ. 펌프 효율 저하
ㄴ. 오일 누설 증가
ㄷ. 유압회로 내의 압력 저하
ㄹ. 시동 저항 증가

① ㄱ, ㄷ, ㄹ
② ㄱ, ㄴ, ㄷ
③ ㄴ, ㄷ, ㄹ
④ ㄱ, ㄴ, ㄹ

오일의 점도가 너무 낮으면 유압 펌프의 효율저하, 오일누설 증가, 유압회로 내의 압력저하 등이 발생한다.

13 작동유의 열화 및 수명을 판정하는 방법으로 적합하지 않은 것은?

① 점도상태로 확인
② 오일을 가열 후 냉각되는 시간확인
③ 냄새로 확인
④ 색깔이나 침전물의 유무확인

■ 유압유의 열화 판정 방법
① 점도의 상태로 판정한다.
② 냄새로 확인(자극적인 악취)한다.
③ 색깔의 변화나 침전물의 유무로 판정한다.
④ 수분의 유무를 확인한다.
⑤ 흔들었을 때 생기는 거품이 없어지는 양상을 확인한다.

14 유압유가 과열되는 원인으로 가장 거리가 먼 것은?

① 유압 유량이 규정보다 많을 때
② 오일 냉각기의 냉각핀이 오손되었을 때
③ 릴리프 밸브(Relief Valve)가 닫힌 상태로 고장일 때
④ 유압유가 부족할 때

정답
08.① 09.① 10.④ 11.④ 12.② 13.②
14.①

■ 유압유가 과열하는 원인
① 유압유의 점도가 너무 높을 때
② 유압장치 내에서 내부 마찰이 발생될 때
③ 유압회로 내의 작동 압력이 너무 높을 때
④ 유압회로 내에서 캐비테이션이 발생될 때
⑤ 릴리프 밸브가 닫힌 상태로 고장일 때
⑥ 오일 냉각기의 냉각핀이 오손되었을 때
⑦ 유압유가 부족할 때

15 유압 오일의 온도가 상승할 때 나타날 수 있는 결과가 아닌 것은?
① 오일 누설 발생
② 펌프 효율 저하
③ 점도 상승
④ 유압 밸브의 기능 저하

■ 유압유의 온도가 상승할 때 나타나는 현상
① 유압유의 산화 작용을 촉진한다.
② 실린더의 작동 불량이 생긴다.
③ 기계적인 마모가 생긴다.
④ 유압 기기의 작동이 불량해진다.
⑤ 중합이나 분해가 일어난다.
⑥ 고무 같은 물질이 생긴다.
⑦ 점도가 저하된다.
⑧ 유압 펌프의 효율이 저하한다.
⑨ 오일의 누출이 증대된다.
⑩ 밸브류의 기능이 저하된다.

16 작동유 온도가 과열되었을 때 유압계통에 미치는 영향으로 틀린 것은?
① 열화를 촉진한다.
② 점도의 저하에 의해 누유 되기 쉽다.
③ 유압 펌프 등의 효율은 좋아진다.
④ 온도 변화에 의해 유압기기가 열 변형되기 쉽다.

17 유압회로에서 작동유의 정상작동 온도에 해당되는 것은?
① 5~10℃   ② 40~80℃
③ 112~115℃   ④ 125~140℃

작동유의 정상 작동 온도 범위는 40~80℃ 정도이다.

18 유압유에서 잔류 탄소의 함유량은 무엇을 예측하는 척도인가?
① 포화   ② 산화
③ 열화   ④ 발화

19 유압유의 첨가제가 아닌 것은?
① 소포제
② 유동점 강하제
③ 산화 방지제
④ 점도지수 방지제

유압유의 첨가제는 소포제(거품 방지제), 유동점 강하제, 유성 향상제, 산화 방지제, 점도지수 향상제 등이 있다.

20 유압유에 사용되는 첨가제 중 산의 생성을 억제함과 동시에 금속의 표면에 부식 억제 피막을 형성하여 산화 물질이 금속에 직접 접촉하는 것을 방지하는 것은?
① 산화 방지제
② 산화 촉진제
③ 소포제
④ 방청제

21 금속간의 마찰을 방지하기 위한 방안으로 마찰계수를 저하시키기 위하여 사용되는 첨가제는?
① 방청제
② 유성 향상제
③ 점도지수 향상제
④ 유동점 강하제

유성 향상제는 금속 표면에 유막을 형성하여 마찰계수를 저하시키기 위하여 사용되는 첨가제이다.

정답
15.③ 16.③ 17.② 18.② 19.④ 20.①
21.②

22 난연성 작동유의 종류에 해당하지 않는 것은?

① 석유계 작동유
② 유중수형 작동유
③ 물-글리콜형 작동유
④ 인산 에스텔형 작동유

> ■ **난연성 유압유**
> ① **비함수계 유압유** : 인산 에스텔형, 폴리올에스테르
> ② **함수계 유압유** : 유중수형, 물-글리콜형, 유중수적형

23 유압유에 수분이 생성되는 주원인으로 맞는 것은?

① 유압유 누출   ② 공기 혼입
③ 슬러지 생성   ④ 기름의 열화

24 유압 작동유에 수분이 미치는 영향이 아닌 것은?

① 작동유의 윤활성을 저하시킨다.
② 작동유의 방청성을 저하시킨다.
③ 작동유의 내마모성을 향상시킨다.
④ 작동유의 산화와 열화를 촉진시킨다.

> ■ **수분이 미치는 영향**
> ① 유압유의 윤활성을 저하시킨다.
> ② 유압유의 방청성을 저하시킨다.
> ③ 유압유의 산화와 열화를 촉진시킨다.
> ④ 유압유의 내마모성을 저하시킨다.

25 작동유에 수분이 혼입되었을 때 나타나는 현상이 아닌 것은?

① 윤활 능력 저하
② 작동유의 열화 촉진
③ 유압기기의 마모 촉진
④ 오일 탱크의 오버플로

> 오일 탱크의 오버플로(over flow, 흘러넘침)는 공기가 혼입된 경우이다.

26 현장에서 오일의 오염도 판정 방법 중 가열한 철판 위에 오일을 떨어뜨리는 방법은 오일의 무엇을 판정하기 위한 방법인가?

① 산성도
② 수분 함유
③ 오일의 열화
④ 먼지나 이물질 함유

> 현장에서 오일의 오염도를 판정하는 방법 중 가열한 철판 위에 오일을 떨어뜨리는 방법은 오일에 수분이 함유 되었는가를 판정하기 위한 방법이다.

27 사용 중인 작동유의 수분 함유 여부를 현장에서 판정하는 것으로 가장 적절한 방법은?

① 오일의 냄새를 맡아본다.
② 오일을 가열한 철판 위에 떨어뜨려 본다.
③ 여과지에 약간(3~4방울)의 오일을 떨어뜨려 본다.
④ 오일을 시험관에 담아, 침전물을 확인한다.

정답

22.① 23.② 24.③ 25.④ 26.② 27.②

4-7 기타 부속장치

01 어큐뮬레이터(축압기 ; Accumulator)

(1) 어큐뮬레이터의 기능

① 어큐뮬레이터는 유압 에너지를 일시 저장하는 역할을 한다.

▲ 어큐뮬레이터

② 고압유를 저장하는 방법에 따라 중량에 의한 것, 스프링에 의한 것, 공기나 질소 가스 등의 기체 압축성을 이용한 것 등이 있다.

(2) 어큐뮬레이터 구조

1) 피스톤 형

① 실린더 내에 피스톤을 끼워 기체실과 유압실을 구성하는 구조로 되어 있다.
② 구조가 간단하고 튼튼하나 실린더 내면은 정밀 다듬질 가공하여야 한다.
③ 적당한 패킹으로 밀봉을 완전하게 하여야 하므로 제작비가 비싸다.
④ 피스톤 부분의 마찰저항과 작동유의 누설 등에 문제가 있다.

2) 블래더형(고무 주머니형)

① 외부에서 기체를 탄성이 큰 특수 합성 고무 주머니에 봉입하였다.
② 고무주머니가 용기 속에서 돌출되지 않도록 보호하고 있다.
③ 고무주머니의 관성이 낮아서 응답성이 매우 커 유지 관리가 쉽고 광범위한 용도로 쓸 수 있는 장점이 있다.

(3) 어큐뮬레이터의 용도

① 유압 에너지를 저장(축척)한다.
② 유압 펌프의 맥동을 제거(감쇠)해 준다.
③ 충격 압력을 흡수한다.
④ 압력을 보상해 준다.
⑤ 유압 회로를 보호한다.
⑥ 보조 동력원으로 사용한다.
⑦ 기체 액체형 어큐뮬레이터에 사용되는 가스는 질소이다.
⑧ 종류 : 피스톤형, 다이어프램형, 블래더형

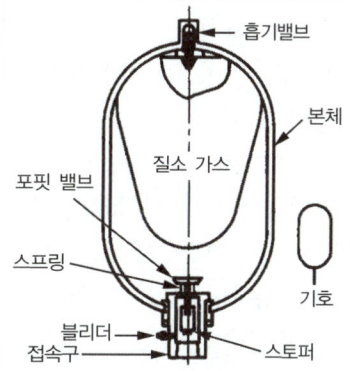

02 오일 여과기(Oil filter)

① 스트레이너 : 유압유를 유압 펌프의 흡입 관로에 보내는 통로에 사용된다.

▲ 오일 필터

② 필터 : 유압 펌프의 토출 관로나 유압유 탱크로 되돌아오는 통로(드레인 회로)에 사용되는 것으로 금속 등 마모된 찌꺼기나 카본 덩어리 등의 이물질을 제거한다.
③ 관로용 필터의 종류 : 압력 여과기, 리턴 여과기, 라인 여과기
④ 라인 필터의 종류 : 흡입관 필터, 압력관 필터, 복귀관 필터
⑤ 오일 필터의 여과 입도가 너무 조밀(여과 입도 수(mesh)가 높으면)하면 공동현상(캐비테이션)이 발생한다.

03 오일 냉각기(oil cooler)
① 유압유 온도를 알맞게 유지하기 위해 유압유를 냉각시키는 장치이다.
② 유압유의 양은 정상인데 유압장치가 과열하면 가장 먼저 오일 냉각기를 점검한다.
③ 구비 조건 : 촉매작용이 없을 것, 오일 흐름에 저항이 작을 것, 온도조정이 잘 될 것, 정비 및 청소하기가 편리할 것 등이다.
④ 수냉식 오일 냉각기 : 냉각수를 이용하여 유압유 온도를 항상 적정한 온도로 유지하며, 소형으로 냉각능력은 크지만 고장이 발생하면 유압유 중에 물이 혼입될 우려가 있다.

04 유압 호스
① 플렉시블 호스 : 내구성이 강하고 작동 및 움직임이 있는 곳에 사용하기 적합하다.
② 나선 와이어 블레이드 호스 : 유압 호스 중 가장 큰 압력에 견딜 수 있다.
③ 고압 호스가 자주 파열되는 원인 : 릴리프 밸브의 설정 유압 불량(유압을 너무 높게 조정한 경우)이다.

05 오일 실(oil seal)

(1) 기능
① 유압 기기의 접합 부분이나 이음 부분에서 작동유의 누설을 방지한다.
② 외부에서 유압 기기 내로 이물질이 침입하는 것을 방지한다.

(2) 오일 실의 구비 조건
① 압축 복원성이 좋고 압축 변형이 작아야 한다.
② 유압유의 체적 변화나 열화가 적어야 하며, 내약품성이 양호하여야 한다.
③ 고온에서의 열화나 저온에서의 탄성 저하가 작아야 한다.
④ 장시간의 사용에 견디는 내구성 및 내마멸성이 커야 한다.
⑤ 내마멸성이 적당하고 비중이 적어야 한다.
⑥ 정밀 가공 면을 손상시키지 않아야 한다.

06 플러싱(flushing)
① 플러싱은 유압 계통 내에 슬러지, 이물질 등을 회로 밖으로 배출시켜 깨끗이 하는 작업
① 플러싱을 완료한 후 오일을 반드시 제거하여야 한다.
② 플러싱 오일을 제거한 후에는 유압유 탱크 내부를 다시 세척하고 라인 필터 엘리먼트를 교환한다.
③ 플러싱 작업을 완료한 후에는 가능한 한 빨리 유압유를 넣고 수 시간 운전하여 전체 유압 라인에 유압유가 공급되도록 한다.

4. 유압장치 익히기

단원핵심문제

1 축압기(어큐뮬레이터)의 기능과 관계가 없는 것은?
① 충격 압력 흡수
② 유압 에너지 축적
③ 릴리프 밸브 제어
④ 유압 펌프 맥동 흡수

> 어큐뮬레이터(accumulator, 축압기)는 유압펌프에서 발생한 유압을 저장하고(유압 에너지 저장), 충격흡수, 맥동을 소멸시키는 장치이다.

2 축압기의 용도로 적합하지 않은 것은?
① 유압 에너지 저장
② 충격 흡수
③ 유량 분배 및 제어
④ 압력 보상

3 축압기(accumulator)의 사용 목적이 아닌 것은?
① 압력 보상
② 유체의 맥동 감쇠
③ 유압회로 내의 압력 제어
④ 보조 동력원으로 사용

4 유압 펌프에서 발생한 유압을 저장하고 맥동을 제거시키는 것은?
① 어큐뮬레이터   ② 언로딩 밸브
③ 릴리프 밸브   ④ 스트레이너

5 기체-오일식 어큐뮬레이터에 가장 많이 사용되는 가스는?
① 산소   ② 질소
③ 아세틸렌   ④ 이산화탄소

> 기체 액체형 어큐뮬레이터(축압기)에는 질소가스를 주입한다.

6 유압장치에 사용되는 블래더형 어큐뮬레이터(축압기)의 고무주머니 내에 주입되는 물질로 맞는 것은?
① 압축공기   ② 유압 작동유
③ 스프링   ④ 질소

7 유압장치에서 금속가루 또는 불순물을 제거하기 위해 사용되는 부품으로 짝지어진 것은?
① 여과기와 어큐뮬레이터
② 스크레이퍼와 필터
③ 필터와 스트레이너
④ 어큐뮬레이터와 스트레이너

> 유압유 내에 금속의 마모된 찌꺼기나 카본 덩어리 등의 이물질을 제거하는 장치로 필터와 스트레이너가 설치되어 있다.

8 유압유에 포함된 불순물을 제거하기 위해 유압펌프 흡입관에 설치하는 것은?
① 부스터   ② 스트레이너
③ 공기청정기   ④ 어큐뮬레이터

> 스트레이너(strainer)는 유압 펌프의 흡입관에 설치하여 여과작용을 하는 필터이다.

9 유압장치에서 금속 등 마모된 찌꺼기나 카본 덩어리 등의 이물질을 제거하는 장치는?
① 오일 팬   ② 오일 필터
③ 오일 쿨러   ④ 오일 클리어런스

> 필터는 유압 펌프의 토출 관로나 유압유 탱크로 되돌아오는 통로(드레인 회로)에 사용되는 것으로 금속 등 마모된 찌꺼기나 카본 덩어리 등의 이물질을 제거한다.

정답
01.③ 02.③ 03.③ 04.① 05.② 06.④
07.③ 08.② 09.②

10 다음 중 여과기를 설치 위치에 따라 분류할 때 관로용 여과기에 포함되지 않는 것은?

① 라인 여과기 ② 리턴 여과기
③ 압력 여과기 ④ 흡입 여과기

> 관로용 여과기의 종류는 압력 여과기, 리턴 여과기, 라인 여과기가 있으며, 라인 필터의 종류는 흡입관 필터, 압력관 필터, 복귀관 필터가 있다.

11 건설기계 장비 유압계통에 사용되는 라인(line) 필터의 종류가 아닌 것은?

① 복귀관 필터 ② 누유관 필터
③ 흡입관 필터 ④ 압력관 필터

> 라인 필터의 종류는 흡입관 필터, 압력관 필터, 복귀관 필터가 있으며, 관로용 여과기의 종류는 압력 여과기, 리턴 여과기, 라인 여과기가 있다.

12 필터의 여과 입도 수(mesh)가 너무 높을 때 발생할 수 있는 현상으로 가장 적절한 것은?

① 블로바이 현상 ② 맥동 현상
③ 베이퍼록 현상 ④ 캐비테이션 현상

> 필터의 여과 입도 수(mesh)가 높으면 여과된 오일의 공급이 부족해 공기가 침입하여 캐비테이션 현상이 발생한다.

13 유압장치에서 오일 쿨러(oil cooler)의 구비조건으로 틀린 것은?

① 촉매작용이 없을 것
② 오일 흐름에 저항이 클 것
③ 온도 조정이 잘 될 것
④ 정비 및 청소하기가 편리할 것

> 오일 쿨러는 오일 흐름의 저항이 작아야 한다.

14 수냉식 오일냉각기(oil cooler)에 대한 설명으로 틀린 것은?

① 소형으로 냉각능력이 크다.
② 고장 시 오일 중에 물이 혼입될 우려가 있다.
③ 대기 온도나 냉각수 온도 이하의 냉각이 용이하다.
④ 유온을 항상 적정한 온도로 유지하기 위하여 사용된다.

> 수냉식 오일 냉각기는 유온을 항상 적정한 온도로 유지하기 위하여 사용하며, 소형으로 냉각능력은 크지만 고장이 발생하면 오일 중에 물이 혼입될 우려가 있다.

15 유압장치의 수명 연장을 위해 가장 중요한 요소는?

① 오일 탱크의 세척
② 오일 냉각기의 점검 및 세척
③ 오일 펌프의 교환
④ 오일 필터의 점검 및 교환

> 유압장치의 수명 연장을 위한 가장 중요한 요소는 오일 및 오일 필터의 점검 및 교환이다.

16 유압 호스 중 가장 큰 압력에 견딜 수 있는 형식은?

① 고무형식
② 나선 와이어 형식
③ 와이어리스 고무 블레이드 형식
④ 직물 블레이드 형식

> 유압장치에 사용하는 유압호스로 가장 큰 압력에 견딜 수 있는 것은 나선 와이어 블레이드 형식이다.

17 유압 건설기계의 고압 호스가 자주 파열되는 원인으로 가장 적합한 것은?

① 유압 펌프의 고속회전
② 오일의 점도저하
③ 릴리프 밸브의 설정 압력 불량
④ 유압 모터의 고속회전

정답
10.④ 11.② 12.④ 13.② 14.③ 15.④
16.② 17.③

18 유압회로에서 호스의 노화 현상이 아닌 것은?

① 호스의 표면에 갈라짐이 발생한 경우
② 코킹부분에서 오일이 누유 되는 경우
③ 액추에이터의 작동이 원활하지 않을 경우
④ 정상적인 압력 상태에서 호스가 파손될 경우

> ■ 호스의 노화현상
> ① 호스의 표면에 갈라짐(crack)이 발생한 경우
> ② 호스의 탄성이 거의 없는 상태로 굳어 있는 경우
> ③ 정상적인 압력 상태에서 호스가 파손될 경우
> ④ 코킹부분에서 오일이 누유 되는 경우

19 유압장치 운전 중 갑작스럽게 유압배관에서 오일이 분출되기 시작하였을 때 가장 먼저 운전자가 취해야 할 조치는?

① 작업 장치를 지면에 내리고 시동을 정지한다.
② 작업을 멈추고 배터리 선을 분리한다.
③ 오일이 분출되는 호스를 분리하고 플러그를 막는다.
④ 유압회로 내의 잔압을 제거한다.

> 유압 배관에서 오일이 분출되기 시작하면 가장 먼저 작업 장치를 지면에 내리고 기관 시동을 정지한다.

20 유압 작동부에서 오일이 누유 되고 있을 때 가장 먼저 점검하여야 할 곳은?

① 실(seal)
② 피스톤
③ 기어
④ 펌프

> 유압 작동부분에서 오일이 누유 되면 가장 먼저 실(seal)을 점검하여야 한다.

21 일반적으로 유압 계통을 수리할 때마다 항상 교환해야 하는 것은?

① 샤프트 실(shaft seals)
② 커플링(couplings)
③ 밸브 스풀(valve spools)
④ 터미널 피팅(terminal fitting)

22 유압회로 내의 이물질, 열화 된 오일 및 슬러지 등을 회로 밖으로 배출시켜 회로를 깨끗하게 하는 것을 무엇이라 하는가?

① 푸싱(pushing)
② 리듀싱(reducing)
③ 언로딩(unloading)
④ 플러싱(flushing)

> 플러싱은 유압회로 내의 이물질, 열화 된 오일 및 슬러지 등을 회로 밖으로 배출시켜 회로를 깨끗하게 하는 작업이다.

정답
18.③　19.①　20.①　21.①　22.④

4-8 유압 회로 및 유압 기호

01 유압 회로

(1) 유압 회로도의 종류
① **기호 회로도** : 유압 기호로 표시한 유압 회로도
② **그림 회로도** : 구성 기기의 외관을 그림으로 표시한 유압 회로도
③ **조합 회로도** : 그림 회로도와 단면 회로도를 혼합하여 표시한 유압 회로도
④ **단면 회로도** : 기기의 내부와 동작을 단면으로 표시한 회로도

(2) 유압회로에 사용되는 기본 회로

1) **오픈 회로와 크로즈 회로**
① **오픈 회로** : 유압 펌프에서 토출한 유압유로 액추에이터를 작동시킨 후 유압유를 탱크로 복귀시키는 회로이다.
② **크로즈 회로** : 유압 펌프에서 토출한 유압유로 액추에이터를 작동시킨 후 복귀하는 유압유를 다시 유압 펌프의 흡입구에서 흡입하도록 하는 회로이다.

2) **압력 제어 회로**
① **릴리프 회로** : 과다한 압력이 작용하더라도 유압기기나 회로의 파손을 방지하는 안전회로이며, 무부하(언로더) 회로라고도 한다.
② **감압 회로** : 유압원이 1개인 경우 회로 내 일부의 압력을 감압하기 위하여 사용한다.
③ **카운터 밸런스 회로** : 수직으로 설치한 비교적 큰 자체 중량의 유압 실린더 피스톤의 복귀쪽에 그 중량에 상당하는 배압을 주는 카운터 밸런스 밸브를 설치하여 자유낙하를 방지하고 필요한 피스톤의 힘을 릴리프 밸브로 규제하는 회로이며, 압력제어 회로이다.
④ **시퀀스 회로** : 실린더를 순차적으로 작동시키기 위한 회로이다. 시퀀스 밸브를 사용하여 실린더가 순차적으로 작동하도록 하는 회로이며, 실린더의 작동이 완료되면 회로의 압력이 상승하고 압력에 의해서 시퀀스 회로가 작동한다.
⑤ **어큐뮬레이터 회로** : 유압 펌프 출구 가까이에 어큐뮬레이터를 설치하고 밸브 변환시에 발생하는 서지 압력을 흡수하고 펌프의 순간적인 과부하 방지 및 회로에서의 진동, 소음, 배관의 느슨함에 의해서 발생되는 누유 및 파손 등을 방지하는 회로이다.

3) **속도 제어 회로**
① **미터 인 회로** : 유압 실린더(액추에이터)에 유입되는 유압유를 조절하여 속도를 제어하는 회로를 말한다.
② **미터 아웃 회로** : 유압 실린더(액추에이터)에서 나오는 유압유를 조절하여 속도를 제어하는 회로를 말한다.
③ **블리드 오프 회로** : 유량조절 밸브를 바이패스 회로에 설치하여 유압 실린더에 송유되는 유압유 이외에 유압유를 탱크로 복귀시키는 회로이다.
④ **감속 회로** : 고속으로 작동하며, 비교적 관성력이 큰 피스톤의 작동에서 충격적인 변환 동작을 완화하고 원활히 정지시키는 회로이다.
⑤ **차동 회로** : 유압 실린더의 좌우 양쪽의 포트로 동시에 유압유를 공급하고 피스톤이 양쪽에서 받는 힘의 차이로 작동하는 것을 이용하는 회로이다.
⑥ **동기 회로** : 여러 개의 유압 실린더나 모터를 동시에 같은 속도로 작동시킬 때 사용

하는 회로의 교축 방식과 양쪽 유압 모터는 동일한 회전을 하기 때문에 토출량이 일정하게 되어 양쪽 유압 실린더를 동기시킬 때 사용하는 회로의 유압 모터 방식이 있다.

4) 방향 제어 회로
① **로킹 회로** : 액추에이터에 가해지는 부하의 변동, 회로 압력의 변화, 그 밖의 조작 등에 관계없이 유압 실린더를 필요한 위치에 고정시켜 자유 운동을 방지하기 위한 회로이며, 방향제어 회로이다.

(3) 유압 모터 제어 회로
① **정토크 회로** : 정용량형 유압펌프를 사용하여 양방향 토출 정용량형 모터를 3위치 변환 밸브에 의하여 정·역 양방향 회전을 조작하여 출력 토크를 일정하게 하는 회로이다.
② **정출력 회로** : 가변용량형 유압 모터를 사용한 회로이며, 모터에 공급되는 유압은 릴리프 밸브에 의하여 일정하게 조정한다.
③ **병렬 회로** : 유압 모터 2대를 병렬로 설치하고 1개의 유압 발생원에 의해서 작동하는 회로이다.
④ **직렬 회로** : 각 유압 모터를 직렬로 연결하여 단독으로 정방향 회전 및 역방향으로의 회전, 정지 등이 가능하다.

02 유압 기호

정용량형 유압펌프	가변용량형 유압펌프	가변용량형 유압모터	단동실린더
릴리브 밸브	무부하 밸브	첵 밸브	고압 우선형 셔틀밸브
유압유탱크 (개방형)	유압유탱크 (가압형)	정용량형 펌프	복동실린더
복동 실린더 양 로드형	공기유압 변환기	회전형전기모터 액추에이터	오일필터
드레인 배출기	유압동력원	솔레노이드 조작방식	간접 조작방식
압력스위치	압력계	어큐뮬레이터	압력원
레버 조작방식		기계 조작방식	

4. 유압장치 익히기
단원핵심문제

1 유압장치에서 가장 많이 사용되는 유압 회로도는?
① 조합 회로도　② 그림 회로도
③ 단면 회로도　④ 기호 회로도

> ① **기호 회로도**: 유압 기호로 표시한 유압 회로도이며, 일반적으로 많이 사용한다.
> ② **그림 회로도**: 구성 기기의 외관을 그림으로 표시한 유압 회로도
> ③ **조합 회로도**: 그림 회로도와 단면 회로도를 혼합하여 표시한 유압 회로도.
> ④ **단면 회로도**: 기기의 내부와 동작을 단면으로 표시한 회로도.

2 유압장치의 기호 회로도에 사용되는 유압 기호의 표시 방법으로 적합하지 않은 것은?
① 기호에는 흐름의 방향으로 표시한다.
② 각 기기의 기호는 정상상태 또는 중립상태를 표시한다.
③ 기호는 어떠한 경우에도 회전하여서는 안 된다.
④ 기호에는 각 기기의 구조나 작용 압력을 표시하지 않는다.

> 기호 회로도에 사용되는 유압 기호는 오해의 위험이 없는 경우에는 기호를 회전하거나 뒤집어도 된다.

3 액추에이터의 입구 쪽 관로에 유량제어 밸브를 직렬로 설치하여 작동유의 유량을 제어함으로써 액추에이터의 속도를 제어하는 회로는?
① 시스템 회로(system circuit)
② 블리드 오프 회로 (bleed-off circuit)
③ 미터 인 회로(meter-in circuit)
④ 미터 아웃 회로(meter-out circuit)

4 유압장치에서 속도제어회로에 속하지 않는 것은?
① 미터 인 회로
② 미터 아웃 회로
③ 블리드 오프 회로
④ 블리드 온 회로

> ■ **속도제어 회로**
> ① **미터 인(meter in)방식**: 유압 액추에이터의 입력 측에 유량제어 밸브를 직렬로 연결하여 액추에이터로 유입되는 유량을 제어하여 액추에이터의 속도를 제어한다.
> ② **미터 아웃(meter out)방식**: 유압 액추에이터의 출력 측에 유량제어 밸브를 직렬로 연결하여 액추에이터로 유입되는 유량을 제어하여 액추에이터의 속도를 제어한다.
> ③ **블리드 오프(bleed off)방식**: 유량제어 밸브를 실린더와 병렬로 연결하여 실린더의 속도를 제어한다.

5 유압회로에서 유량제어를 통하여 작업속도를 조절하는 방식에 속하지 않는 것은?
① 미터 인(meter in) 방식
② 미터 아웃(meter out) 방식
③ 블리드 오프(bleed off) 방식
④ 블리드 온(bleed on) 방식

6 유압실린더의 속도를 제어하는 블리드 오프(bleed off)회로에 대한 설명으로 틀린 것은?
① 유량제어밸브를 실린더와 직렬로 설치한다.
② 펌프 토출량 중 일정한 양을 탱크로 되돌린다.
③ 릴리프 밸브에서 과잉압력을 줄일 필요가 없다.
④ 부하변동이 급격한 경우에는 정확한 유량 제어가 곤란하다.

정답
01.④　02.③　03.③　04.④　05.④　06.①

> 블리드 오프 회로는 유압실린더로 유입하는 쪽에 병렬로 유량 제어 밸브를 설치한다.

7 차동회로를 설치한 유압기기에서 속도가 나지 않는 이유로 가장 적절한 것은?

① 회로 내에 감압밸브가 작동하지 않을 때
② 회로 내에 관로의 직경차가 있을 때
③ 회로 내에 바이패스 통로가 있을 때
④ 회로 내에 압력손실이 있을 때

> 차동회로는 속도제어 회로로서 유압 실린더의 좌우 양쪽의 포트로 동시에 유압유를 공급하고 피스톤이 양쪽에서 받는 힘의 차이로 작동하는 것을 이용하는 회로이다.

8 다음 중 유압 압력계의 기호는?

①  ② PE
③ MV ④

9 그림의 유압기호가 나타내는 것은?

① 유압 밸브   ② 차단 밸브
③ 오일 탱크   ④ 유압 실린더

10 아래 그림에서 "A" 부분은?

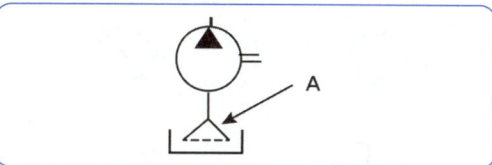

① 유압모터`
② 오일 스트레이너
③ 가변용량 유압 펌프
④ 가변용량 유압 모터

11 체크 밸브를 나타낸 것은?

① 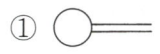 ②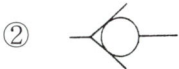
③ 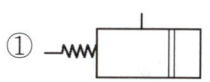 ④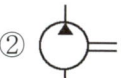

12 유압장치에서 가변용량형 유압펌프를 나타내는 기호는?

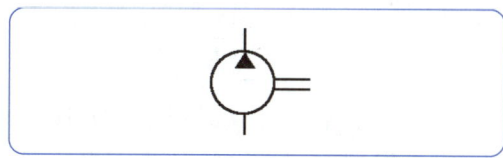

13 그림의 유압 기호는 무엇을 표시하는가?

① 오일 쿨러   ② 유압 탱크
③ 유압 펌프   ④ 유압 밸브

14 가변 용량형 유압 펌프의 기호 표시는?

① 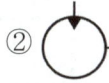 ②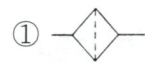
③ M ④

15 유압 도면기호에서 여과기의 기호 표시는?

①  ②
③ ▶ ④ ▢

정답
07.④ 08.④ 09.③ 10.② 11.② 12.③
13.③ 14.① 15.①

16 축압기의 기호 표시는?

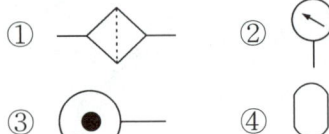

17 그림에서 드레인 배출기의 기호 표시는?

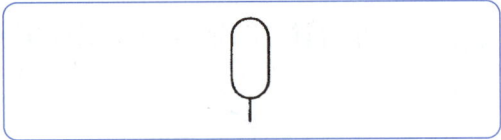

18 그림의 유압기호는 무엇을 표시하는가?

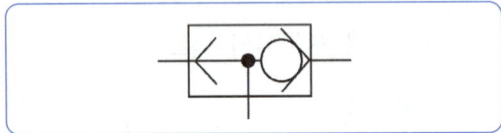

① 유압 실린더   ② 어큐뮬레이터
③ 오일 탱크   ④ 유압 실린더 로드

19 그림의 유압 기호는 무엇을 표시하는가?

① 고압 우선형 셔틀 밸브
② 저압 우선형 셔틀 밸브
③ 급속 배기 밸브
④ 급속 흡기 밸브

20 다음 그림과 같은 일반적으로 사용하는 유압기호에 해당하는 밸브는?

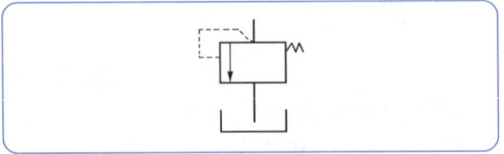

① 첵 밸브   ② 시퀀스 밸브
③ 릴리프 밸브   ④ 리듀싱 밸브

21 다음 유압기호가 나타내는 것은?

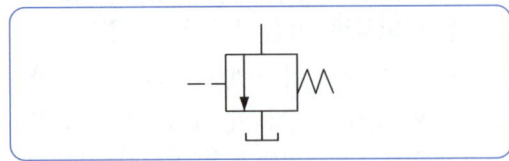

① 릴리프 밸브(relief valve)
② 감압 밸브(reducing valve)
③ 순차밸브(sequence valve)
④ 무부하 밸브(unloader valve)

22 복동 실린더 양 로드형을 나타내는 유압기호는?

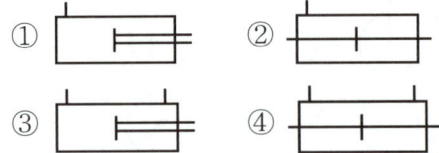

23 방향 전환 밸브의 동작 방식에서 단동 솔레노이드 기호는?

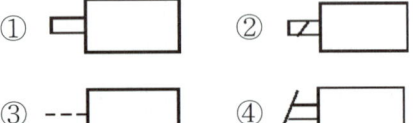

24 그림에서 요동형 액추에이터의 기호는?

정답

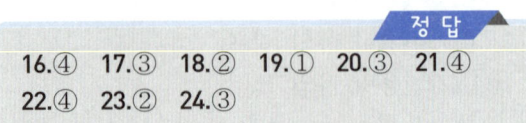

16.④ 17.③ 18.② 19.① 20.③ 21.④
22.④ 23.② 24.③

chapter 05 작업장치 익히기

5-1 지게차의 용도

① 지게차는 비교적 가벼운 화물을 적재·적차 및 운반하는 건설기계이다.
② 창고나 부두 또는 창고 내외에서 많이 사용된다.

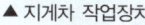
▲ 지게차 작업장치

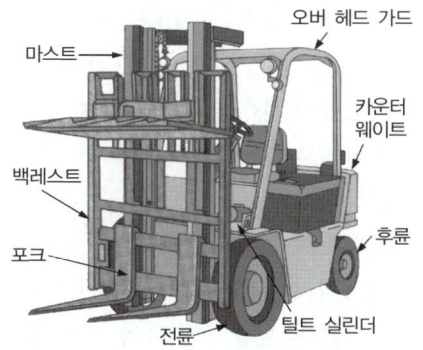

로 사용한다.
⑤ 단점 : 엔진의 소음이 크고 매연이 발생하며, 동절기에 예열이 일부 필요하다. 실내 작업이 부적합하다.

▲ 엔진식 지게차

5-2 지게차의 종류

01 동력원에 의한 분류

(1) 엔진식 지게차

① 내연 기관을 동력원으로 이용하는 지게차이다.
② 엔진의 종류 : 디젤 엔진, 가솔린 엔진, LPG 엔진
③ 지게차는 디젤 엔진을 주로 사용하지만 최근에는 LPG 엔진의 사용도 증가
④ 장점 : 연료 공급이 원활하고 부대 장치 장착이 용이하며, 기동성이 좋고 야외 작업에서 경량물의 적재 및 적하 작업에 주

(2) 전기식 지게차

① 축전지(Battery)를 동력원으로 이용하는 지게차이다.
② 무공해 및 무소음을 요하는 실내 장소에서 주로 사용한다.
③ 장점 : 연료비가 절감되고 정숙 운전이 가능하며, 실내 작업에 적합하다.
④ 단점 : 연속 가동 시간이 짧고 축전지의 충전 시간이 길다. 변압기 설치가 필요할 경우가 있고 축전지 액 증발에 따른 냄새가 발생하며, 충전소가 필요할 경우가 있다.
⑤ 종류
- 카운터 밸런스형(counter weight type) : 엔진 형식의 지게차와 비슷한 구조이며, 평형추(count weight)가 부착된다.
- 리치 래그형(reach lag type) : 운전자가

서서 조종 및 작업을 수행하며, 평형추가 없고 리치 래그가 배치되어 있어 마스트가 앞뒤로 전·후진 할 수 있다.

▲ 카운터 밸런스형 전동 지게차

▲ 리치 래그형 전동 지게차

02 타이어 설치에 의한 분류

(1) 복륜식 지게차

① 좌우 앞바퀴가 2개씩 겹쳐 설치된 형식이다.
② 무거운 하중을 들어 올릴 때 앞바퀴에 가해지는 하중에 견딘다.
③ 안쪽 바퀴에 브레이크 장치가 설치되어 있다.

▲ 복륜식 지게차

(2) 단륜식 지게차

① 좌우 앞바퀴가 1개씩 설치된 형식이다.
② 기동성을 요하는 곳에 사용된다.

▲ 단륜식 지게차

03 작업 용도에 따른 분류

① 트리플 스테이지 마스트(Triple Stage Mast) : 마스트가 3단으로 늘어나게 된 것으로 천장이 높은 장소, 출입구가 제한되어 있는 장소에 화물을 적재하는데 적합하다.

② 로드 스태빌라이저(Load Stabilizer) : 깨지기 쉬운 화물이나 불안전한 화물의 낙하를 방지하기 위하여 포크 상단에 상하로 작동할 수 있는 압력판을 부착한 지게차로 위쪽의 압력(착) 판으로 화물을 위에서 포크 쪽을 향하여 눌러 요철이 심한 노면이나 경사진 노면에서도 안전하게 화물을 운반하여 적재할 수 있다.

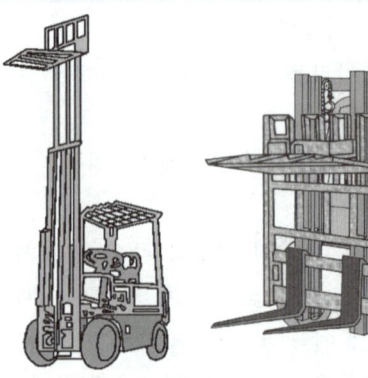 

▲ 트리플 마스터형   ▲ 로드 스태빌라이저

③ **하이 마스트**(High Mast) : 하이 마스트형은 마스트가 2단으로 되어 있어 비교적 높은 위치의 작업에 적당하며, 포크의 상승도 신속하고 작업 공간을 최대한 활용할 수 있는 표준형의 마스트이다.

▲ 하이 마스트

④ **사이드 시프트 클램프**(Side Shift Clamp) : 차체의 방향을 바꾸지 않고 백레스트와 포크를 좌·우로 움직여 중심에서 벗어난 팔레트의 화물을 용이하게 적재, 하역 작업을 한다. 용도는 섬유 업종, 제지 업종, 재생품 관련(종이, 고무, 헝겊) 업종, 식품 업종, 건초 취급 업종, 창고, 항만 등의 화물 취급에 알맞다.

⑤ **스키드 포크**(Skid forks) : 차량에 탑재한 화물이 운행이나 하역 중에 미끄러져 떨어지지 않도록 화물 상부를 지지할 수 있는 클램프가 되어 있고 휴지 꾸러미, 목재 등을 취급하는 장소에서 알맞다.

▲ 스키드 포크   ▲사이드 시프트 클램프

⑥ **로테이팅 포크, 클램프**(Rotating fork, clamp) : 포크에 360° 회전이 가능한 로테이터를 부착하여 일반적인 지게차로 하기 힘든 원추형의 화물을 좌·우로 조이거나 회전시켜 운반하거나 적재 및 용기에 담긴 화물을 쏟아 붓는 작업, 기계 가공 공장의 칩 처리, 폐기물 처리, 주물 업종, 사료업종, 식품업종 등에 널리 사용되고 있다.

▲ 로테이팅 포크   ▲ 로테이팅 포크(클램프)

⑦ **힌지드 버킷**(Hinged bucket) : 힌지드 포크에 버킷을 장착하여 로더 역할을 수행하며, 버킷은 핀으로 고정되어 탈부착이 용이하다. 일반적인 팔레트 작업도 수행한다. 모래, 곡물, 석탄, 비료, 소금, 시멘트 등 분말 형태의 화물과 흘러내리기 쉬운 화물 또는 흐트러진 화물의 운반용이다.

▲ 힌지드 버킷

⑧ **힌지드 포크**(Hinged fork) : 포크를 상하 방향으로 경사시켜 둥근 목재, 파이프 등의 원통형 화물의 운반과 적재, 큰 덤핑 각도를 이용한 하역 작업, 일반적인 팔레트 작업도 수행한다.

▲ 힌지드 포크

⑨ 롤 클램프 암(Roll clamp with long arm) : 긴 암의 끝이 롤 형태의 화물을 취급할 수 있도록 클램프 암이 설치된 것으로 컨테이너의 안쪽 또는 지게차가 닿지 않는 작업 범위에 있는 둥근 형태의 화물을 취급한다.

▲ 롤 클램프 암

⑩ 로테이팅 롤 클램프(Rotating Roll clamp) : 제지 공장, 펄프 공장 등의 롤 형태 화물을 클램핑 및 회전시켜 운반, 하역, 적재 등의 작업을 수행한다.

▲ 로테이팅 롤 클램프

⑪ 푸시 풀(Push Pull) : 일반적인 팔레트 대신 시트(sheet)에 상자형 또는 포대로 포장된 제품의 적재 및 상·하차, 시트형 팔레트 위에 적치된 화물을 폭이 넓은 플레이트형 포크 위로 끌어 들이거나 밀어 내는 작업을 수행한다.

▲ 푸시 풀

⑫ 인버터 푸시 클램프(Inverter Push Clamp) : 제당류, 제분류, 석유화학 제품, 시멘트 등 포대(bad)로 된 제품의 화물을 컨테이너 및 화물 트럭에 팔레트 없이 화물을 푸시 플레이트(Push Plate)로 푸싱(Pushing)하여 상차 작업을 수행한다.

▲ 인버터 푸시 클램프

⑬ 1-2 팔레트 핸들러(Single Double Pallet Handler) : 기능 : 2개로 분할되어 있는 2쌍의 포크로 구성되어 있으며, 포크를 모아 1개의 팔레트 작업 또는 포크를 넓게 벌려 2개의 팔레트 작업을 선택 수행한다. 고정식 4포크에 단점인 팔레트 취급 시 편하중과 차체 전폭으로 인한 물류의 장애가 우려되는 작업 현장, 주로 일정한 규격의 팔레트를 사용하는 석유화학 제품 물류 작업에 이용된다.

▲ 1-2 팔레트 핸들러

⑭ 로드 익스텐더(Load Extender) : 화물 트럭의 한쪽 방향에서 화물 상·하차, 랙(Rack)에 화물 전·후 적재 및 하역 등 좁은 공간에서 화물을 취급하기에 적합

하며, 캐리지와 포크가 전방으로 뻗어 나가는 구조로 좁은 공간에서 화물의 적재 및 하역 작업을 수행한다.

▲ 로드 익스텐더

⑮ **드럼 핸들러**(Drum Handler) : 드럼 및 유사 원통형의 화물을 취급하기에 적합하며, 세워진 드럼의 테두리를 기계식 캐처로 집어 드럼의 이송 및 상·하차 작업을 수행하는 기계식 작업 장치로 별도의 유압 라인이 필요 없다.

▲ 드럼 핸들러

⑯ **램**(Ram) : 긴 환봉이 부착된 구조물을 지게차의 캐리지에 포크 대신 장착하여 코일(Coil), 전선 Roll, 카페트 등 속이 비어 있는 화물을 적재, 운반, 하역 작업을 수행한다.

▲램

⑰ **포크 무버**(Fork Mover) : 양 포크간 거리를 신속하게 조정하여 팔레트 크기 또는 길이가 다양한 크기의 화물을 적재. 운반, 하역 작업을 수행한다.

▲ 포크 무버

⑱ **타이어 클램프**(Tire Clamp) : 넓은 면의 암을 이용하여 타이어와 같은 원통형의 하물을 옆에서 클램핑하여 적재, 운반, 하역 작업을 수행한다.

▲ 타이어 클램프

⑲ **잉곳 클램프**(Ingot Clamp) : 가열로에 단조용 소재(잉곳)를 좌우의 암으로 클램핑 및 회전하여 빼내거나 투입하는 작업 수행한다.

▲ 잉곳 클램프

5-3 지게차의 구조

01 동력 전달 순서

① **토크 컨버터식 지게차** : 엔진→토크 컨버터→변속기→종감속 기어 및 차동장치→앞구동축→최종 감속기→차륜

② **전동 지게차** : 축전지→제어기구→구동 모터→변속기→종감속 및 차동기어 장치→앞바퀴

③ **클러치식 지게차** : 엔진→클러치→변속기→종감속 기어 및 차동기어 장치→앞차축→앞바퀴

④ **유압 조작식 지게차** : 엔진→토크 컨버터→파워 시프트→변속기→차동기어 장치→앞차축→앞바퀴

02 차축 구성 부품

(1) 앞 차축

① **카운터 밸런스형** : 엔진의 동력을 앞바퀴에 전달하는 동력 차축이다.

② **리치 래그형** : 차축이 없고 앞바퀴가 하중을 받는 고정지지의 유동바퀴이다.

③ 차축은 프레임에 직접 볼트로 조여 설치된다.

④ 앞차축(구동 차축)은 화물을 적재하였을 때 하중을 지지한다.

⑤ 롤링을 하면 적하물이 떨어지기 때문에 현가 스프링을 사용하지 않는다.

(2) 카운터 밸런스형 지게차의 뒤차축

① 뒤 차축은 조향 차축으로 조향 각도가 75~80°로 매우 크다.

② 조향 각도가 큰 것은 선회반경을 작게 하기 위함이다.

③ 프레임에 차축의 중심을 센터 핀으로 지지한다.

④ 요철 노면에서 미끄러지지 않고 주행이 가능한 특징이 있다.

④ 앞차축과 마찬가지로 완충 스프링이 없다.

(3) 리치 래그형 지게차의 뒤 차축

① 차축이 없고 1개의 뒷바퀴로 구동과 조향을 겸한다.

② 조향 각도는 약 90°로 카운터 밸런스형의 보다 크다.

③ 특히 캐스터 휠이라 하여 선회가 자유로운 바퀴를 가진 지게차도 있다.

5-4 지게차 작업장치의 구성

01 마스트 구조와 기능

지게차의 작업 장치는 마스트를 비롯하여 핑거 보드(finger boad), 백레스트(back rest), 포크(fork), 리프트 체인(lift chain), 틸트 실린더(tilt cylinder), 리프트 실린더(lift cylinder) 등으로 구성되어 있다.

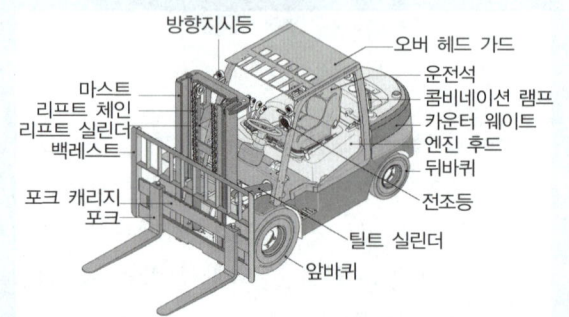

(1) 마스트

① 포크를 올리고 내리는 마스트는 롤(roll)을 이용하여 미끄럼 운동을 한다.

② 마스트는 유압 피스톤에 의하여 앞뒤로 기울일 수 있도록 되어 있다.

③ 바깥쪽 마스트는 안쪽 마스트의 레일 역할을 한다.

④ 안쪽 마스트는 리프트 브래킷이 오르내리기 때문에 레일의 역할을 한다.
⑤ 조작에 사용되는 유압은 70~130kg/cm² 이다.

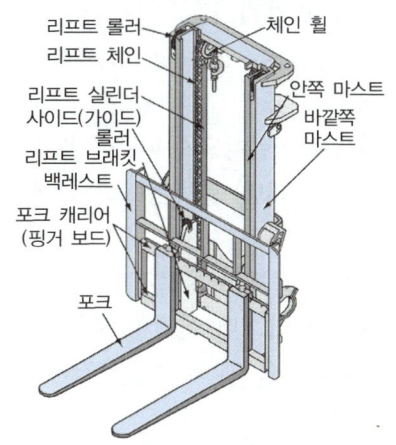

02 체인 구조와 기능
① 리프트 체인은 포크의 좌우 수평 높이를 조정한다.
② 리프트 실린더와 함께 포크의 상하 작용을 도와준다.
③ 리프트 체인의 한쪽은 바깥쪽 마스터 스트랩에 고정된다.
④ 다른 한쪽은 로드의 상단 가로축의 스프로킷을 지나서 포크 캐리지(핑거 보드)에 고정된다.
⑤ 리프트 체인의 길이는 핑거 보드 롤러의 위치로 조정한다.

03 포크 구조와 기능
① 포크는 L자형의 2개이다.
② 핑거 보드에 체결되어 화물을 받쳐 드는 역할을 한다.
③ 화물의 크기에 따라서 포크의 간극을 조정할 수 있다.
④ 포크의 폭은 팔레트 폭의 1/2~3/4 정도가 좋다.

04 가이드 구조와 기능
지게차 포크 가이드는 포크를 이용하여 다른 짐을 이동할 목적으로 사용하기 위해서 필요한 것이다.

05 조작 레버 장치의 구조와 기능

(1) 엔진식 카운터 밸런스형 지게차
① **리프트 레버** : 레버를 당기면 포크가 상승하고 밀면 하강한다.
② **틸트 레버** : 레버를 밀면 마스트가 앞으로 기울어지고 당기면 운전자 몸 쪽으로 기울어진다.
③ **전·후진 레버** : 레버를 앞으로 밀면 전진하고, 뒤로 당기면 후진한다.
④ **인칭 조절 페달** : 지게차를 전후진 방향으로 서서히 화물에 접근시키거나 빠른 유압의 작동으로 신속히 화물을 상승 또는 적재시킬 때 사용한다.

(2) 전동식 카운터 밸런스형 지게차
① **리프트 레버** : 레버를 당기면 포크가 상승하고 밀면 하강한다.
② **틸트 레버** : 레버를 밀면 마스트가 앞으로 기울어지고 당기면 운전자 몸 쪽으로 기울어진다.
③ **전·후진 레버** : 레버를 앞으로 밀면 전진하고, 뒤로 당기면 후진한다.

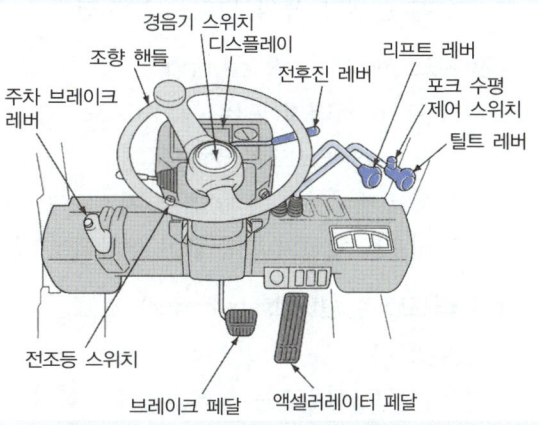

(3) 전동식 리치 래그형 지게차
① **리프트 레버** : 레버를 당기면 포크가 상승하고 밀면 하강한다.
② **틸트 레버** : 레버를 밀면 마스트가 앞으로 기울어지고 당기면 운전자 몸 쪽으로 기울어진다.
③ **전·후진 레버** : 레버를 앞으로 밀면 전진하고, 뒤로 당기면 후진한다.

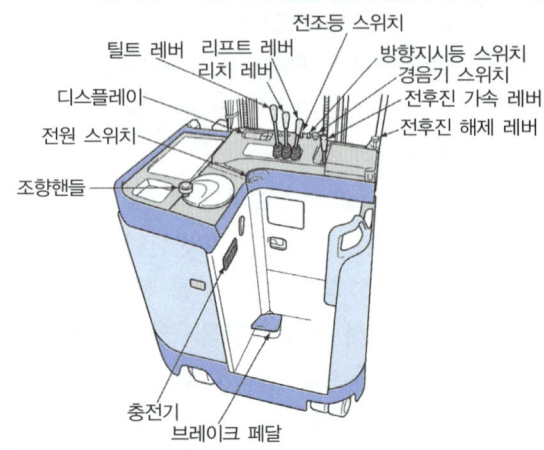

06 기타 지게차의 구조와 기능

(1) 백레스트(back rest)
① 백레스트는 포크의 화물 뒤쪽을 받쳐주는 부분이다.
② 화물이 마스트 및 리프트 체인에 접촉되는 것을 방지한다.
③ 포크에 적재한 화물이 부주위로 낙하될 때 운전자 등의 위험을 방지한다.

(2) 포크 캐리지(fork carriage)
① 포크 캐리지(또는 핑거 보드 ; finger board)는 포크가 설치된다.
② 포크 캐리지는 백레스트에 지지되어 있다.
③ 리프트 체인의 한쪽 끝이 부착되어 있다.

(3) 리프트 실린더(lift cylinder)
1) 리프트 실린더의 기능
① 리프트 실린더는 포크를 상승·하강시키는 역할을 한다.
② 리프트 레버를 앞으로 밀면 포크는 하강하고, 뒤로 당기면 포크는 상승한다.
③ 리프트 실린더는 포크를 상승시킬 때만 유압이 가해지는 단동 실린더이다.
④ 하강할 때는 포크 및 적재물의 자체 중량에 의한다.
⑤ 리프트 실린더 작동회로에 플로 레귤레이터(슬로 리턴) 밸브는 포크를 천천히 하강되도록 한다.
⑥ 플로 프로텍터(벨로시티 퓨즈)는 컨트롤 밸브와 리프터 실린더 사이에서 배관이 파손되었을 때 적재물 급강하 되는 것을 방지한다.

2) 리프트 실린더의 상승력이 부족한 원인
① 오일 필터의 막힘
② 유압 펌프의 불량
③ 리프트 실린더에서 작동유 누출

(4) 틸트 실린더(tilt cylinder)
① 틸트 실린더는 마스트를 앞 또는 뒤로 기울이는 작용을 한다.
② 틸트 실린더는 복동식 실린더를 사용한다.
③ 마스트의 전경각과 후경각은 조종사가 적절하게 선정하여 작업한다.
④ 틸트 레버를 앞으로 밀면 마스트는 앞으로 기울어지고, 운전자 쪽으로 당기면 마스트는 뒤로 기울어진다.
⑤ 틸트 록 장치(밸브)는 마스트를 기울일 때 갑자기 엔진의 시동이 정지되면 작동하여 그 상태를 유지시키는 작용을 한다.

(5) 밸런스 웨이트(평형추, 카운터 웨이트 ; counter weight)
밸런스 웨이트는 지게차의 맨 뒤쪽에 설치되어 차체 앞쪽에 화물을 실었을 때 쏠리는 것을 방지해 준다.

5. 작업장치 익히기

단원핵심문제

1 천장이 높은 장소, 출입구가 제한되어 있는 장소에 화물을 적재하는데 적합한 지게차는?
① 트리플 마스트
② 하이 마스트
③ 로테이팅 포크
④ 스키드 포크

■ 작업 용도에 따른 분류
① **트리플 마스트** : 마스트가 3단으로 늘어나게 된 것으로 천장이 높은 장소, 출입구가 제한되어 있는 장소에 화물을 적재하는데 적합하다.
② **하이 마스트** : 마스트가 2단으로 되어 있어 비교적 높은 위치의 작업에 적당하며, 포크의 상승도 신속하고 작업 공간을 최대한 활용할 수 있는 표준형의 마스트이다.
③ **로테이팅 포크** : 원추형의 화물을 좌·우로 조이거나 회전시켜 운반하거나 적재 및 용기에 담긴 화물을 쏟아 붓는 작업, 기계 가공 공장의 칩 처리, 폐기물 처리, 주물업종, 사료업종, 식품업종 등에 널리 사용되고 있다.
④ **스키드 포크** : 차량에 탑재한 화물이 운행이나 하역 중에 미끄러져 떨어지지 않도록 화물 상부를 지지할 수 있는 클램프가 되어 있고 휴지 꾸러미, 목재 등을 취급하는 장소에서 알맞다.

2 포크의 상승도 신속하고 작업 공간을 최대한 활용할 수 있으며, 마스트가 2단으로 되어 있어 비교적 높은 위치의 작업에 적합한 지게차는?
① 트리플 마스트
② 사이드 시프트 마스트
③ 로드 스태빌라이저
④ 하이 마스트

하이 마스트형은 마스트가 2단으로 되어 있어 비교적 높은 위치의 작업에 적당하며, 포크의 상승도 신속하고 작업 공간을 최대한 활용할 수 있는 표준형의 마스트이다.

3 깨지기 쉬운 화물이나 불안전한 화물의 낙하를 방지하기 위하여 포크 상단에 상하 작동할 수 있는 압력판을 부착한 지게차는?
① 하이 마스트
② 사이드 시프트 마스트
③ 로드 스태빌라이저
④ 3단 마스트

■ 작업 용도에 따른 분류
① **사이드 시프트 마스트** : 차체의 방향을 바꾸지 않고 백레스트와 포크를 좌·우로 움직여 중심에서 벗어난 팔레트의 화물을 용이하게 적재, 하역 작업을 한다.
② **로드 스태빌라이저** : 깨지기 쉬운 화물이나 불안전한 화물의 낙하를 방지하기 위하여 포크 상단에 상하로 작동할 수 있는 압력판을 부착한 지게차로 위쪽의 압력(착) 판으로 화물을 위에서 포크 쪽을 향하여 눌러 요철이 심한 노면이나 경사진 노면에서도 안전하게 화물을 운반하여 적재할 수 있다.

4 지게차의 방향을 바꾸지 않고 포크를 좌·우로 움직여 중심에서 벗어난 팔레트의 화물을 적재하는데 적합한 작업 장치는?
① 힌지드 포크
② 하이 마스트
③ 사이드 시프트
④ 트리플 마스트

사이드 시프트형은 차체의 방향을 바꾸지 않고 백레스트와 포크를 좌·우로 움직여 중심에서 벗어난 팔레트의 화물을 용이하게 적재, 하역 작업을 한다. 용도는 섬유 업종, 제지 업종, 재생품 관련(종이, 고무, 헝겊) 업종, 식품 업종, 건초 취급 업종, 창고, 항만 등의 화물 취급에 알맞다.

정답
01.① 02.④ 03.③ 04.③

5 화물 상부를 지지할 수 있는 클램프가 설치되어 있고 휴지 꾸러미, 목재 등을 취급하는 장소에 알맞은 작업 장치는?

① 스키드 포크
② 사이드 시프트 마스트
③ 로드 스태빌라이저
④ 3단 마스트

> 스키드 포크형은 차량에 탑재한 화물이 운행이나 하역 중에 미끄러져 떨어지지 않도록 화물 상부를 지지할 수 있는 클램프가 되어 있고 휴지 꾸러미, 목재 등을 취급하는 장소에서 알맞다.

6 원추형의 화물을 좌·우로 조이거나 회전시켜 운반하거나 적재하는데 널리 사용되는 작업 장치는?

① 사이드 시프트   ② 로테이팅 클램프
③ 힌지드 버킷   ④ 브레이커

> 로테이팅 클램프형 및 로테이팅 포크형은 포크에 360° 회전이 가능한 로테이터를 부착하여 일반적인 지게차로 하기 힘든 원추형의 화물을 좌·우로 조이거나 회전시켜 운반하거나 적재 및 용기에 담긴 화물을 쏟아 붓는 작업, 기계 가공 공장의 칩 처리, 폐기물 처리, 주물업종, 사료업종, 식품업종 등에 널리 사용되고 있다.

7 둥근 목재나 파이프 등을 작업하는데 적합한 지게차의 작업 장치는?

① 블록 클램프
② 사이드 시프트
③ 하이 마스트
④ 힌지드 포크

> 힌지드 포크형은 포크를 상하 방향으로 경사시켜 둥근 목재, 파이프 등의 원통형 화물의 운반과 적재, 큰 덤핑 각도를 이용한 하역 작업, 일반적인 팔레트 작업도 수행한다.

8 지게차의 작업 장치 중 석탄, 소금, 비료 등의 비교적 흘러내리기 쉬운 물건의 운반에 이용되는 작업 장치는?

① 사이드 시프트   ② 힌지드 버킷
③ 블록 클램프   ④ 로테이팅 포크

> 힌지드 버킷형은 힌지드 포크에 버킷을 장착하여 로더 역할을 수행하며, 버킷은 핀으로 고정되어 탈부착이 용이하다. 일반적인 팔레트 작업도 수행한다. 모래, 곡물, 석탄, 비료, 소금, 시멘트 등 분말 형태의 화물과 흘러내리기 쉬운 화물 또는 흐트러진 화물의 운반용이다.

9 드럼통, 두루마리 같은 원통형의 화물을 꽉 잡아주는 역할을 하며, 제지 공장, 펄프 공장, 인쇄소, 신문사 등에서 이용되는 작업 장치는?

① 사이드 시프트
② 로테이팅 클램프
③ 힌지드 버킷
④ 롤 클램프

> 롤 클램프형은 제지 공장, 펄프 공장 등의 롤 형태 화물을 클램핑 및 회전시켜 운반, 하역, 적재 등의 작업을 수행한다.

10 일반적인 팔레트 대신 시트(sheet)에 상자형 또는 포대로 포장된 제품의 적재 및 상·하차 작업에 적합한 작업 장치는?

① 인버터 푸시 클램프
② 푸시 풀
③ 로드 익스텐더
④ 잉곳 클램프

> 일반적인 팔레트 대신 시트(sheet)에 상자형 또는 포대로 포장된 제품의 적재 및 상·하차, 시트형 팔레트 위에 적치된 화물을 폭이 넓은 플레이트형 포크 위로 끌어 들이거나 밀어내는 작업을 수행한다.

정답
05.① 06.② 07.④ 08.② 09.④ 10.②

11 제당류, 제분류, 석유화학 제품, 시멘트 등 포대(bad)로 된 제품의 화물을 컨테이너에 상차 작업을 하기에 적합한 작업 장치는?

① 드럼 핸들러
② 램
③ 인버터 푸시 클램프
④ 팔레트 핸들러

> 인버터 푸시 클램프형은 제당류, 제분류, 석유화학 제품, 시멘트 등 포대(bad)로 된 제품의 화물을 컨테이너 및 화물 트럭에 팔레트 없이 화물을 푸시 플레이트(Push Plate)로 푸싱(Pushing)하여 상차 작업을 수행한다.

12 화물 트럭의 한쪽 방향에서 화물 상·하차, 랙(Rack)에 화물 전·후 적재 및 하역 등 좁은 공간에서 화물을 취급하기에 적합한 작업 장치는?

① 로드 익스텐더
② 타이어 클램프
③ 잉곳 클램프
④ 포크 무버

> 로드 익스텐더형은 화물 트럭의 한쪽 방향에서 화물 상·하차, 랙(Rack)에 화물 전·후 적재 및 하역 등 좁은 공간에서 화물을 취급하기에 적합하며, 캐리지와 포크가 전방으로 뻗어 나가는 구조로 좁은 공간에서 화물의 적재 및 하역 작업을 수행한다.

13 지게차의 작업장치가 아닌 것은?

① 사이드 시프트
② 로테이팅 클램프
③ 힌지드 버킷
④ 브레이커

> 브레이커는 굴착기의 작업 장치로 암반, 콘크리트 등 단단한 물질을 파괴하는 작업에 이용된다.

14 지게차 작업장치의 종류에 속하지 않는 것은?

① 하이 마스트
② 리퍼
③ 사이드 클램프
④ 힌지 버킷

> 리퍼는 불도저의 뒤쪽에 설치된 작업 장치로 굳은 지면, 나무뿌리, 암석 등을 파헤치는데 사용한다.

15 지게차의 동력전달 순서로 맞는 것은?

① 엔진 → 변속기 → 토크 컨버터 → 종감속 기어 및 차동장치 → 최종 감속기 → 앞구동축 → 차륜
② 엔진 → 변속기 → 토크 컨버터 → 종감속 기어 및 차동장치 → 앞구동축 → 최종 감속기 → 차륜
③ 엔진 → 토크 컨버터 → 변속기 → 앞구동축 → 종감속 기어 및 차동장치 → 최종 감속기 → 차륜
④ 엔진 → 토크 컨버터 → 변속기 → 종감속 기어 및 차동장치 → 앞구동축 → 최종 감속기 → 차륜

> 토크 컨버터식 지게차의 동력 전달 : 엔진 → 토크 컨버터 → 변속기 → 종감속 기어 및 차동장치 → 앞구동축 → 최종 감속기 → 차륜

16 전동 지게차의 동력전달 순서로 맞는 것은?

① 축전지 - 제어기구 - 구동 모터 - 변속기 - 종감속 및 차동기어장치 - 앞바퀴
② 축전지 - 구동 모터 - 제어기구 - 변속기 - 종감속 및 차동기어장치 - 앞바퀴
③ 축전지 - 제어기구 - 구동 모터 - 변속기 - 종감속 및 차동기어장치 - 뒷바퀴
④ 축전지 - 구동 모터 - 제어기구 - 변속기 - 종감속 및 차동기어장치 - 뒷바퀴

정답
11.③ 12.① 13.④ 14.② 15.④ 16.①

17 지게차에서 자동차와 같이 스프링을 사용하지 않은 이유를 설명한 것으로 옳은 것은?
① 롤링이 생기면 적하물이 떨어지기 때문에
② 현가장치가 있으면 조향이 어렵기 때문에
③ 화물에 충격을 줄여주기 위함이다.
④ 앞차축이 구동축이기 때문이다.

> 지게차는 운반 중 롤링이 발생하면 적재물이 떨어질 염려가 있어 현가 스프링을 사용하지 않으며, 주로 저압 타이어를 사용한다.

18 지게차 스프링 장치에 대한 설명으로 맞는 것은?
① 탠덤 드라이브 장치이다.
② 코일 스프링 장치이다.
③ 판 스프링 장치이다.
④ 스프링 장치가 없다.

19 지게차의 구성 부품이 아닌 것은?
① 리프트 실린더 ② 버킷
③ 마스트 장치   ④ 포크

> 버킷은 일반적으로 로더, 굴착기 등의 구성 부품이다.

20 지게차의 구조 중 틀린 것은?
① 마스트   ② 밸런스 웨이트
③ 틸트 레버   ④ 레킹 볼

> 지게차 구조 중 틸트 레버는 마스트를 앞으로 또는 뒤로 기울이는 레버이다.

21 지게차의 마스트에 부착되어 있는 주요 부품은?
① 가이드 롤러   ② 차동기
③ 리치 실린더   ④ 타이어

> 마스트는 백레스트가 가이드 롤러(또는 리프트 롤러)를 통하여 상·하 미끄럼 운동을 할 수 있는 레일이며, 바깥쪽 마스트(out mast)와 안쪽 마스트(inner mast)로 구성되어 있다.

22 지게차의 포크 양쪽 중 한쪽이 낮아졌을 경우에 해당되는 원인으로 볼 수 있는 것은?
① 체인의 늘어짐
② 사이드 롤러의 과다한 마모
③ 실린더의 마모
④ 윤활유 불충분

> 지게차 작업 장치의 포크가 한쪽으로 기울어지는 원인은 한쪽 리프트 체인(lift chain)이 늘어졌기 때문이다.

23 지게차 작업 장치의 포크가 한쪽으로 기울어지는 가장 큰 원인은?
① 한쪽 롤러(side roller)가 마모
② 한쪽 실린더(cylinder)의 작동유가 부족
③ 한쪽 체인(chain)이 늘어짐
④ 한쪽 리프트 실린더(lift cylinder)가 마모

24 지게차의 리프트 체인에 주유하는 가장 적합한 오일은?
① 자동변속기 오일
② 작동유
③ 엔진 오일
④ 솔벤트

25 지게차 체인 장력 조정법이 아닌 것은?
① 조정 후 록크 너트를 록크시키지 않는다.
② 좌우 체인이 동시에 평행한가를 확인한다.
③ 포크를 지상에서 10~15cm 올린 후 조정한다.
④ 손으로 체인을 눌러보아 양쪽이 다르면 조정 너트로 조정한다.

> 조정 후 록크 너트를 록크시켜야 한다.

정답
17.① 18.④ 19.② 20.④ 21.① 22.①
23.③ 24.③ 25.①

26 지게차의 조종레버 명칭이 아닌 것은?
① 리프트 레버 ② 밸브 레버
③ 변속 레버   ④ 틸트 레버

> 지게차는 포크를 상승 또는 하강시키는 리프트 레버, 마스트를 앞으로 기울이기 또는 뒤로 기울이는 틸트 레버 및 변속기의 변속을 위한 변속 레버, 지게차의 전진 또는 후진을 위한 전·후진 레버가 설치되어 있다.

27 지게차의 좌측 레버를 당기면 포크가 상승, 하강하는 장치는?
① 리프트 레버 ② 고저속 레버
③ 틸트 레버   ④ 전후진 레버

> 리프트 레버를 당기면 포크가 상승하고 밀면 하강한다.

28 지게차 포크를 하강시키는 방법으로 가장 적합한 것은?
① 가속 페달을 밟고 리프트 레버를 앞으로 민다.
② 가속 페달을 밟고 리프트 레버를 뒤로 당긴다.
③ 가속 페달을 밟지 않고 리프트 레버를 뒤로 당긴다.
④ 가속 페달을 밟지 않고 리프트 레버를 앞으로 민다.

> 지게차 포크를 하강시키는 방법은 가속 페달을 밟지 않고 리프트 레버를 앞으로 민다.

29 지게차의 마스트를 앞 또는 뒤로 기울이도록 작동시키는 것은?
① 틸트 레버   ② 포크
③ 리프트 레버 ④ 변속 레버

> 지게차의 마스트를 앞뒤로 기울이는 작동은 틸트 레버에 의해서 이루어지고 포크의 상하 작동은 리프트 레버에 의해 이루어진다.

30 지게차의 틸트 레버를 운전석에서 운전자 몸 쪽으로 당기면 마스트는 어떻게 기울어지는가?
① 운전자의 몸 쪽에서 멀어지는 방향으로 기운다.
② 지면방향 아래쪽으로 내려온다.
③ 운전자의 몸 쪽 방향으로 기운다.
④ 지면에서 위쪽으로 올라간다.

> 틸트 레버를 운전석에서 운전자 몸 쪽으로 당기면 마스트는 운전자의 몸 쪽 방향으로 기운다.

31 지게차의 운전 장치를 조작하는 동작의 설명으로 틀린 것은?
① 전·후진 레버를 앞으로 밀면 후진이 된다.
② 틸트 레버를 뒤로 당기면 마스트는 뒤로 기운다.
③ 리프트 레버를 앞으로 밀면 포크가 내려간다.
④ 전·후진 레버를 뒤로 당기면 후진이 된다.

> 전·후진 레버를 앞으로 밀면 전진, 당기면 후진이 된다.

32 지게차를 전·후진 방향으로 서서히 화물에 접근시키거나 빠른 유압작동으로 신속히 화물을 상승 또는 적재시킬 때 사용하는 것은?
① 인칭 조절 페달
② 액셀러레이터 페달
③ 디셀레이터 페달
④ 브레이크 페달

> 인칭 조절 페달은 지게차를 전후진 방향으로 서서히 화물에 접근시키거나 빠른 유압의 작동으로 신속히 화물을 상승 또는 적재시킬 때 사용한다.

정답
26.② 27.① 28.④ 29.① 30.③ 31.①
32.①

33 지게차의 리프트 실린더의 주된 역할은?
① 포크를 앞뒤로 기울게 한다.
② 마스트를 틸트시킨다.
③ 포크를 상승, 하강시킨다.
④ 마스터를 이동시킨다.

> 지게차의 작업 레버에는 마스트를 앞·뒤로 기울이는 틸트 레버와 포크를 상승, 하강시키는 리프트 레버가 있다.

34 지게차의 리프트 실린더는 어떤 형식의 실린더인가?
① 복동식 실린더 ② 단동식 실린더
③ 스크루 실린더 ④ 부동식 실린더

> 리프트 실린더는 포크를 상승 및 하강시키는 작용을 하며, 포크를 상승시킬 때에만 유압이 가해지고 하강할 때는 포크 및 적재물의 자체 중량에 의하는 단동식 실린더이다.

35 지게차의 리프트 실린더 작동회로에 사용되는 플로 레귤레이터(슬로 리턴)밸브의 역할은?
① 포크의 하강속도를 조절하여 포크가 천천히 내려오도록 한다.
② 포크 상승 시 작동유의 압력을 높여준다.
③ 짐을 하강할 때 신속하게 내려오도록 한다.
④ 포크가 상승하다가 리프트 실린더 중간에서 정지 시 실린더 내부누유를 방지한다.

> 지게차의 리프트 실린더 작동회로에 플로 레귤레이터(슬로 리턴) 밸브를 사용하는 이유는 포크를 천천히 하강시키도록 하기 위함이다.

36 지게차에서 틸트 실린더의 역할은?
① 차체 수평유지
② 포크의 상하 이동
③ 마스트 앞·뒤 경사 조정
④ 차체 좌우 회전

> 틸트 실린더는 마스트를 앞·뒤로 경사시키는 장치이다.

37 지게차의 마스트를 전경 또는 후경시키는 작용을 하는 것은?
① 조향 실린더 ② 리프트 실린더
③ 마스터 실린더 ④ 틸트 실린더

38 지게차에서 엔진이 정지되었을 때 레버를 밀어도 마스트가 경사되지 않도록 하는 것은?
① 벨 크랭크 기구
② 틸트 록 장치
③ 체크 밸브
④ 스태빌라이저

> 틸트 록 장치는 마스트를 기울일 때 갑자기 엔진의 시동이 정지되면 작동하여 그 상태를 유지시키는 작용을 한다. 즉 레버를 움직여도 마스트가 경사되지 않도록 한다.

39 지게차의 마스트를 기울일 때 갑자기 시동이 정지되면 무슨 밸브가 작동하여 그 상태를 유지하는가?
① 틸트 록 밸브
② 스로틀 밸브
③ 리프트 밸브
④ 틸트 밸브

> 틸트 록 밸브(tilt lock valve)는 마스트를 기울일 때 갑자기 엔진의 시동이 정지되면 작동하여 그 상태를 유지시키는 작용을 한다.

정답
33.③ 34.② 35.① 36.③ 37.④ 38.②
39.①

PART.10
기출복원 문제

지게차운전기능사

2019년 복원문제
제 1 회 지게차운전기능사

01 4행정 사이클 디젤 엔진이 작동 중 흡입밸브와 배기밸브가 동시에 닫혀있는 행정은?

① 배기행정   ② 소기행정
③ 흡입행정   ④ 동력행정

해설 4행정 사이클 엔진이 작동 중 흡입밸브와 배기밸브는 압축과 동력행정에서 동시에 닫혀 있다.

02 라이너식 실린더에 비교한 일체식 실린더의 특징으로 틀린 것은?

① 부품수가 적고 중량이 가볍다.
② 라이너 형식보다 내마모성이 높다.
③ 강성 및 강도가 크다.
④ 냉각수 누출 우려가 적다.

해설 일체식 실린더는 강성 및 강도가 크고 냉각수 누출 우려가 적으며, 부품수가 적고 중량이 가볍다.

03 커먼레일 디젤 엔진의 가속페달 포지션 센서에 대한 설명 중 맞지 않는 것은?

① 가속페달 포지션 센서는 운전자의 의지를 전달하는 센서이다.
② 가속페달 포지션 센서2는 센서1을 감시하는 센서이다.
③ 가속페달 포지션 센서3은 연료 온도에 따른 연료량 보정 신호를 한다.
④ 가속페달 포지션 센서1은 연료량과 분사 시기를 결정한다.

해설 가속페달 위치센서는 운전자의 의지를 컴퓨터로 전달하는 센서이며, 센서 1에 의해 연료 분사량과 분사 시기가 결정되며, 센서 2는 센서 1을 감시하는 기능으로 차량의 급출발을 방지하기 위한 것이다.

04 건설기계 운전 중 엔진 부조를 하다가 시동이 꺼졌다. 그 원인이 아닌 것은?

① 연료필터 막힘
② 분사노즐이 막힘
③ 연료장치의 오버플로 호스가 파손
④ 연료에 물 혼입

해설 엔진이 부조를 하다가 시동이 꺼지는 원인은 연료필터 막힘, 분사노즐 막힘, 연료에 물 혼입, 연료계통에 공기유입 등이다.

05 엔진 윤활유의 기능이 아닌 것은?

① 윤활 작용   ② 연소 작용
③ 냉각 작용   ④ 방청 작용

해설 윤활유의 주요 기능은 기밀 작용(밀봉 작용), 방청 작용(부식 방지 작용), 냉각 작용, 마찰 및 마멸 방지 작용, 응력 분산 작용, 세척 작용 등이 있다.

06 축전지의 방전은 어느 한도 내에서 단자 전압이 급격히 저하하며 그 이후는 방전능력이 없어지게 된다. 이때의 전압을 ( )이라고 한다. ( )에 들어갈 용어로 옳은 것은?

① 충전 전압
② 누전 전압
③ 방전 전압
④ 방전 종지 전압

해설 축전지의 방전은 어느 한도 내에서 단자 전압이 급격히 저하하며 그 이후는 방전 능력이 없어지게 되는데 이때의 전압을 방전 종지 전압이라 한다.

정답 01. ④ 02. ② 03. ③ 04. ③ 05. ② 06. ④

07 건설기계 장비의 충전장치에서 가장 많이 사용하고 있는 발전기는?

① 단상 교류 발전기
② 3상 교류 발전기
③ 와전류 발전기
④ 직류 발전기

해설 건설기계의 충전장치에서 가장 많이 사용하고 있는 발전기는 3상 교류 발전기이다.

08 폭발행정 끝 부분에서 실린더 내의 압력에 의해 배기가스가 배기밸브를 통해 배출되는 현상은?

① 블로업(blow up)
② 블로바이(blow by)
③ 블로다운(blow down)
④ 블로백(blow back)

해설 블로다운은 폭발행정 끝 부분에서 실린더 내의 압력에 의해 배기가스가 배기밸브를 통해 배출되는 현상이다.

09 동절기에 주로 사용하는 것으로, 디젤 엔진에 흡입된 공기온도를 상승시켜 시동을 원활하게 하는 장치는?

① 고압 분사장치   ② 연료장치
③ 충전장치   ④ 예열장치

10 건설기계에서 기동 전동기가 회전하지 않을 경우 점검할 사항으로 틀린 것은?

① 배선의 단선 여부
② 축전지의 방전 여부
③ 타이밍 벨트의 이완 여부
④ 배터리 단자의 접촉 여부

해설 타이밍 벨트가 이완되면 밸브 개폐 시기가 틀려진다.

11 유압회로 내의 압력이 설정압력에 도달하면 펌프에서 토출된 오일의 일부 또는 전량을 직접 탱크로 돌려보내 회로의 압력을 설정 값으로 유지하는 밸브는?

① 체크밸브   ② 릴리프 밸브
③ 시퀀스 밸브   ④ 언로드 밸브

해설 릴리프 밸브는 유압회로 내의 압력이 설정압력에 도달하면 펌프에서 토출된 오일의 일부 또는 전량을 직접 탱크로 돌려보내 회로의 압력을 설정 값으로 유지한다.

12 유압 모터의 특징을 설명한 것으로 틀린 것은?

① 관성력이 크다.
② 구조가 간단하다.
③ 무단변속이 가능하다.
④ 자동 원격조작이 가능하다.

해설 유압 모터의 장점
❶ 넓은 범위의 무단변속이 용이하다.
❷ 소형·경량으로서 큰 출력을 낼 수 있다.
❸ 구조가 간단하며, 과부하에 대해 안전하다.
❹ 정·역회전 변화가 가능하다.
❺ 자동 원격조작이 가능하고 작동이 신속정확하다.
❻ 관성력이 작아 전동모터에 비하여 급속정지가 쉽다.
❼ 속도나 방향의 제어가 용이하다.
❽ 회전체의 관성이 작아 응답성이 빠르다.

13 오일량은 정상인데 유압오일이 과열되고 있다면 우선적으로 어느 부분을 점검해야 하는가?

① 유압호스
② 필터
③ 오일 쿨러
④ 컨트롤 밸브

해설 오일량은 정상인데 유압오일이 과열되면 오일 쿨러를 가장 먼저 점검한다.

정답 07. ②　08. ③　09. ④　10. ③　11. ②　12. ①　13. ③

14 한쪽 방향의 오일 흐름은 가능하지만 반대 방향으로는 흐르지 못하게 하는 밸브는?

① 분류 밸브　② 감압 밸브
③ 체크 밸브　④ 제어 밸브

해설 체크 밸브는 한쪽 방향의 오일 흐름은 가능하지만 반대방향으로는 흐르지 못하게 한다.

15 유압 탱크에 대한 구비조건으로 가장 거리가 먼 것은?

① 적당한 크기의 주유구 및 스트레이너를 설치한다.
② 오일 냉각을 위한 쿨러를 설치한다.
③ 오일에 이물질이 혼입되지 않도록 밀폐되어야 한다.
④ 드레인(배출밸브) 및 유면계를 설치한다.

해설 오일탱크의 기능
❶ 계통 내의 필요한 유량을 확보(유압유의 저장)한다.
❷ 격판(배플)에 의한 기포발생 방지 및 제거한다.
❸ 격판을 설치하여 유압유의 출렁거림을 방지한다.
❹ 스트레이너 설치로 회로 내 불순물 혼입을 방지한다.
❺ 탱크 외벽의 방열에 의한 적정온도를 유지한다.
❻ 유압유 수명을 연장하는 역할을 한다.
❼ 유압유 중의 이물질을 분리한다.

16 날개로 펌핑 동작을 하며, 소음과 진동이 적은 유압 펌프는?

① 기어 펌프　② 플런저 펌프
③ 베인 펌프　④ 나사 펌프

해설 베인 펌프는 원통형 캠링(cam ring)안에 편심 된 로터(rotor)가 들어 있으며 로터에는 홈이 있고, 그 홈 속에 판 모양의 날개(vane)가 끼워져 자유롭게 작동유가 출입할 수 있도록 되어있다.

17 유압 실린더 내부에 설치된 피스톤의 운동 속도를 빠르게 하기 위한 가장 적절한 제어방법은?

① 회로의 유량을 증가 시킨다.
② 회로의 압력을 낮게 한다.
③ 고점도 유압유를 사용한다.
④ 실린더 출구 쪽에 카운터 밸런스 밸브를 설치한다.

해설 유압 실린더 내부에 설치된 피스톤의 운동 속도를 빠르게 하려면 회로의 유량을 증가 시킨다.

18 일반적으로 캠(cam)으로 조작되는 유압밸브로써 액추에이터의 속도를 서서히 감속시키는 밸브는?

① 카운터 밸런스 밸브
② 프레필 밸브
③ 방향제어 밸브
④ 디셀러레이션 밸브

해설 디셀러레이션 밸브는 캠(cam)으로 조작되는 유압밸브로써 액추에이터의 속도를 서서히 감속시키고자 할 때 사용한다.

19 보기 항에서 유압 계통에 사용되는 오일의 점도가 너무 낮을 경우 나타날 수 있는 현상으로 모두 맞는 것은?

　ㄱ. 펌프 효율 저하
　ㄴ. 오일 누설 증가
　ㄷ. 유압회로 내의 압력저하
　ㄹ. 시동 저항 증가

① ㄱ, ㄷ, ㄹ　② ㄱ, ㄴ, ㄷ
③ ㄴ, ㄷ, ㄹ　④ ㄱ, ㄴ, ㄹ

해설 오일의 점도가 너무 낮으면 유압 펌프의 효율 저하, 오일 누설 증가, 유압회로 내의 압력 저하 등이 발생한다.

20 유압회로에 사용되는 제어 밸브의 역할과 종류의 연결 사항으로 틀린 것은?

① 일의 속도 제어 : 유량 조절 밸브
② 일의 시간 제어 : 속도 제어 밸브
③ 일의 방향 제어 : 방향 전환 밸브
④ 일의 크기 제어 : 압력 제어 밸브

정답 14. ③　15. ②　16. ③　17. ①　18. ④　19. ②　20. ②

해설 제어 밸브에는 일의 크기를 제어하는 압력 제어 밸브, 일의 속도를 제어하는 유량 조절 밸브, 일의 방향을 제어하는 방향 전환 밸브가 있다.

21 자동차 운전 중 교통사고를 일으킨 때 사고결과에 따른 벌점 기준으로 틀린 것은?

① 부상신고 1명마다 2점
② 사망 1명마다 90점
③ 경상 1명마다 5점
④ 중상 1명마다 30점

해설 교통사고 발생 후 벌점
❶ 사망 1명마다 90점 (사고발생으로부터 72시간 내에 사망한 때)
❷ 중상 1명마다 15점 (3주이상의 치료를 요하는 의사의 진단이 있는 사고)
❸ 경상 1명마다 5점 (3주미만 5일이상의 치료를 요하는 의사의 진단이 있는 사고)
❹ 부상신고 1명마다 2점 (5일미만의 치료를 요하는 의사의 진단이 있는 사고)

22 다음의 도로 표지판이 의미하는 것으로 알맞은 것은?

① 도로명 등을 나타내는 도로명 표지이다.
② 도로명 등을 예고해 주는 도로명 예고 표지이다.
③ 교통의 흐름을 명확히 분류하기 위하여 진행방향의 차로를 안내하는 차로 지정하는 표지이다.
④ 목적지까지의 거리를 나타내는 이정 표지이다.

23 건설기계의 조종에 관한 교육과정을 이수한 경우 조종사 면허를 받은 것으로 보는 소형 건설기계가 아닌 것은?

① 5톤 미만의 불도저
② 3톤 미만의 굴착기
③ 5톤 이상의 기중기
④ 3톤 미만의 지게차

해설 소형 건설기계의 종류 : 5톤 미만의 불도저, 5톤 미만의 로더, 5톤 미만의 천공기(다만, 트럭적재식은 제외한다.), 3톤 미만의 지게차, 3톤 미만의 굴착기, 3톤 미만의 타워크레인, 공기압축기, 콘크리트펌프(다만, 이동식에 한정한다.), 쇄석기, 준설선

24 건설기계 범위에 해당 되지 않는 것은?

① 준설선
② 자체중량 1톤 미만 굴착기
③ 3톤 지게차
④ 항타 및 항발기

해설 굴착기의 건설기계 범위는 무한궤도 또는 타이어식으로 굴착장치를 가진 자체중량 1톤 이상인 것이다.

25 건설기계 정기검사 신청기간 내에 정기검사를 받은 경우, 정기검사의 유효기간 시작 일을 바르게 설명한 것은?

① 유효기간에 관계없이 검사를 받은 다음 날부터
② 유효기간 내에 검사를 받은 것은 종전 검사유효기간 만료일부터
③ 유효기간에 관계없이 검사를 받은 날부터
④ 유효기간 내에 검사를 받은 것은 종전 검사유효기간 만료일 다음 날부터

해설 건설기계 정기검사 신청기간 내에 정기검사를 받은 경우 다음 정기검사 유효기간의 산정은 종전 검사유효기간 만료일의 다음날부터 기산한다.

정답 21. ④ 22. ③ 23. ③ 24. ② 25. ④

26 건설기계 등록사항의 변경신고는 변경이 있는 날로부터 며칠 이내에 하여야 하는가? (단, 국가비상사태일 경우를 제외한다.)

① 20일 이내　② 30일 이내
③ 15일 이내　④ 10일 이내

해설 건설기계 등록사항의 변경신고는 변경이 있는 날로부터 30일 이내에 하여야 한다.

27 다음 중 도로교통법에 의거, 야간에 자동차를 도로에서 정차 또는 주차하는 경우에 반드시 켜야 하는 등화는?

① 방향지시등을 켜야 한다.
② 미등 및 차폭등을 켜야 한다.
③ 전조등을 켜야 한다.
④ 실내등을 켜야 한다.

해설 야간에 자동차를 도로에서 정차 또는 주차하는 경우에 반드시 미등 및 차폭등을 켜야 한다.

28 교차로 통과에서 가장 우선하는 것은?

① 경찰공무원의 수신호
② 안내판의 표시
③ 운전자의 임의 판단
④ 신호기의 신호

29 도로교통법에 의한 제1종 대형면허로 조종할 수 없는 건설기계는?

① 노상안정기
② 콘크리트 펌프
③ 덤프 트럭
④ 굴착기

해설 제1종 대형 운전면허로 조종할 수 있는 건설기계는 덤프 트럭, 아스팔트 살포기, 노상 안정기, 콘크리트 믹서 트럭, 콘크리트 펌프, 트럭 적재식 천공기 등이다.

30 건설기계 조종사에 관한 설명 중 틀린 것은?

① 면허의 효력이 정지된 때에는 건설기계조종사면허증을 반납하여야 한다.
② 해당 건설기계 운전 국가기술자격소지자가 건설기계조종사면허를 받지 않고 건설기계를 조종한 때에는 무면허이다.
③ 건설기계조종사의 면허가 취소된 경우에는 그 사유가 발생한 날부터 30일 이내에 주소지를 관할하는 시·도지사에게 그 면허증을 반납하여야 한다.
④ 건설기계조종사가 건설기계조종사면허의 효력정지기간 중 건설기계를 조종한 경우, 시장·군수 또는 구청장은 건설기계조종사면허를 취소하여야 한다.

해설 건설기계 조종사의 면허가 취소된 경우에는 그 사유가 발생한 날부터 10일 이내에 주소지를 관할하는 시·도지사에게 그 면허증을 반납하여야 한다.

31 일반적으로 장갑을 착용하고 작업을 하게 되는데, 안전을 위해서 오히려 장갑을 사용하지 않아야 하는 작업은?

① 전기용접 작업
② 오일교환 작업
③ 타이어 교환 작업
④ 해머 작업

32 점검주기에 따른 안전 점검의 종류에 해당되지 않는 것은?

① 특별 점검
② 정기 점검
③ 구조 점검
④ 수시 점검

해설 안전 점검의 종류 : 일상 점검, 정기 점검, 수시 점검, 특별 점검 등이 있다.

정답　26. ②　27. ②　28. ①　29. ④　30. ③　31. ④　32. ③

33 정비작업 시 안전에 가장 위배 되는 것은?

① 깨끗하고 먼지가 없는 작업환경을 조성한다.
② 가연성 물질을 취급 시 소화기를 준비한다.
③ 회전 부분에 옷이나 손이 닿지 않도록 한다.
④ 연료를 비운 상태에서 연료통을 용접한다.

해설 연료통은 내부의 연료 및 연료 증기 등을 완전히 제거하고 물을 채운 후 용접하여야 한다.

34 물체의 낙하, 비래, 추락, 감전에 의한 근로자의 머리를 보호하기 위해 선택하여야 하는 안전모는?

① A형
② AB형
③ AD형
④ ABE형

해설 안전모의 용도
① **A형(낙하 방지용)** : 물체의 낙하 및 비래에 의한 위험을 방지 또는 경감.
② **AB형(낙하 추락 방지용)** : 물체의 낙하 또는 비래 및 추락(높이 2미터 이상의 고소 작업, 굴착 작업 및 하역 작업)에 의한 위험을 방지 또는 경감.
③ **AE형(낙하 감전 방지용)** : 7000V 이하의 전압에 견디는 내전압성이며, 물체의 낙하 및 비래에 의한 위험을 방지 또는 경감하고, 머리부위 감전에 의한 위험을 방지.
④ **ABE형(다목적용)** : 내전압성이며, 물체의 낙하 또는 비래 및 추락에 의한 위험을 방지 또는 경감하고, 머리부위 감전에 의한 위험을 방지.

35 화재에 대한 설명으로 틀린 것은?

① 화재는 어떤 물질이 산소와 결합하여 연소하면서 열을 발출시키는 산화반응을 말한다.
② 화재가 발생하기 위해서는 가연성 물질, 산소, 발화원이 반드시 필요하다.
③ 전기 에너지가 발화원이 되는 화재를 C급 화재라 한다.
④ 가연성 가스에 의한 화재를 D급 화재라 한다.

해설 가연성 가스에 의한 화재를 B급 화재라 한다.

36 시력을 교정하고 비산물로부터 눈을 보호하기 위한 보안경은?

① 고글형 보안경
② 도수 렌즈 보안경
③ 유리 보안경
④ 플라스틱 보안경

해설 ① **도수렌즈 보안경** : 원시 또는 난시인 작업자가 보안경을 착용해야 하는 작업장에서 유해 물질로부터 눈을 보호하고 시력을 교정하기 위한 보안경이다.
② **유리 보안경** : 고운가루, 칩, 기타 비산물체로부터 눈을 보호하기 위한 보안경이다.
③ **플라스틱 보안경** : 고운 가루, 칩, 액체, 약품 등의 비산물체로부터 눈을 보호하기 위한 보안경이다.

37 벨트를 풀리(pulley)에 장착 시 엔진의 상태로 옳은 것은?

① 저속으로 회전 상태
② 회전을 중지한 상태
③ 고속으로 회전 상태
④ 중속으로 회전 상태

38 재해 발생원인 중 직접원인이 아닌 것은?

① 기계배치의 결함
② 불량공구 사용
③ 작업조명의 불량
④ 교육훈련 미숙

39 산업안전 보건표지에서 그림이 나타내는 것은?

① 비상구 없음 표지
② 방사선위험 표지
③ 탑승금지 표지
④ 보행금지 표지

정답 33. ④ 34. ④ 35. ④ 36. ② 37. ② 38. ④ 39. ④

40 엔진에서 완전연소 시 배출되는 가스 중에서 인체에 가장 해가 없는 가스는?

① CO_2 ② NOx
③ HC ④ CO

41 지게차에 대한 설명으로 틀린 것은?

① 암페어 메타의 지침은 방전되면 (-)쪽을 가리킨다.
② 연료탱크에 연료가 비어 있으면 연료게이지는 "E"를 가리킨다.
③ 히터시그널은 연소실 글로우 플러그의 가열 상태를 표시한다.
④ 오일압력 경고등은 시동 후 워밍업 되기 전에 점등되어야 한다.

해설 오일 압력 경고등은 엔진이 시동되면 즉시 소등되어야 한다.

42 토크 컨버터가 설치된 지게차의 출발 방법은?

① 저·고속 레버를 저속위치로 하고 클러치 페달을 밟는다.
② 클러치 페달을 조작할 필요 없이 가속페달을 서서히 밟는다.
③ 저·고속 레버를 저속위치로 하고 브레이크 페달을 밟는다.
④ 클러치 페달에서 서서히 발을 때면서 가속페달을 밟는다.

43 지게차의 틸트 레버를 운전석에서 운전자 몸 쪽으로 당기면 마스트는 어떻게 기울어지는가?

① 운전자의 몸 쪽에서 멀어지는 방향으로 기운다.
② 지면방향 아래쪽으로 내려온다.
③ 운전자의 몸 쪽 방향으로 기운다.
④ 지면에서 위쪽으로 올라간다.

해설 틸트 레버를 운전석에서 운전자 몸 쪽으로 당기면 마스트는 운전자 몸 쪽 방향으로 기운다.

44 휠형 건설기계 타이어의 정비점검 중 틀린 것은?

① 휠 너트를 풀기 전에 차체에 고임목을 고인다.
② 림 부속품의 균열이 있는 것은 재가공, 용접, 땜질, 열처리하여 사용한다.
③ 적절한 공구를 이용하여 절차에 맞춰 수행한다.
④ 타이어와 림의 정비 및 교환 작업은 위험하므로 반드시 숙련공이 한다.

해설 림 부속품의 균열이 있는 것은 교환한다.

45 자동변속기의 메인 압력이 떨어지는 이유가 아닌 것은?

① 클러치판 마모
② 오일 펌프 내 공기 생성
③ 오일 필터 막힘
④ 오일 부족

해설 자동변속기의 메인 압력이 떨어지는 이유는 오일 펌프 내 공기 생성, 오일 필터 막힘, 오일 부족 등이다.

46 다음 중 지게차의 특징이 아닌 것은?

① 전륜 조향 방식이다.
② 완충장치가 없다.
③ 엔진은 뒤쪽에 위치한다.
④ 틸트 장치가 있다.

해설 지게차는 앞바퀴(전륜) 구동, 뒷바퀴(후륜) 조향 방식이, 완충 장치가 없으며, 리프트와 틸트 장치가 있다.

47 깨지기 쉬운 화물이나 불안전한 화물의 낙하를 방지하기 위하여 포크 상단에 상하 작동할 수 있는 압력판을 부착한 지게차는?

① 하이 마스트
② 3단 마스트
③ 사이드 시프트 마스트
④ 로드 스태빌라이저

정답 40. ① 41. ④ 42. ② 43. ③ 44. ② 45. ① 46. ① 47. ④

해설 로드 스태빌라이저는 깨지기 쉬운 화물이나 불안전한 화물의 낙하를 방지하기 위하여 포크상단에 상하 작동할 수 있는 압력판을 부착한 지게차이다.

48 지게차의 작업 후 점검사항으로 맞지 않는 것은?

① 연료 탱크에 연료를 가득 채운다.
② 파이프나 유압 실린더의 누유를 점검한다.
③ 타이어의 공기압 및 손상 여부를 점검한다.
④ 다음 날 작업이 계속되므로 지게차의 내·외부를 그대로 둔다.

49 지게차를 난기운전 할 때 포크를 올려다 내렸다 하고, 틸트 레버를 작동시키는데 이것의 목적으로 가장 적합한 것은?

① 유압 실린더 내부의 녹을 제거하기 위해
② 유압 작동유의 온도를 높이기 위해
③ 오일 여과기의 오물이나 금속분말을 제거하기 위해
④ 오일 탱크 내의 공기빼기를 위해

해설 난기운전 할 때 포크를 올려다 내렸다 하고, 틸트 레버를 작동시키는 목적은 유압 작동유의 온도를 높이기 위함이다.

50 지게차의 주차 및 정차에 대한 안전사항으로 틀린 것은?

① 마스트를 전방으로 틸트하고 포크를 바닥에 내려놓는다.
② 키스위치를 OFF에 놓고 주차 브레이크를 고정시킨다.
③ 주정차 시에는 장비에 키를 꽂아 놓는다.
④ 통로나 비상구에는 주차하지 않는다.

51 지게차로 창고 또는 공장에 출입할 때 안전사항으로 틀린 것은?

① 차폭과 입구 폭을 확인한다.
② 부득이 포크를 올려서 출입하는 경우에는 출입구 높이에 주의한다.
③ 얼굴을 차체 밖으로 내밀어 주위환경을 관찰하며 출입한다.
④ 반드시 주위 안전 상태를 확인하고 나서 출입한다.

52 지게차에 대한 설명으로 틀린 것은?

① 짐을 싣기 위해 마스트를 약간 전경시키고 포크를 끼워 물건을 싣는다.
② 틸트 레버는 앞으로 밀면 마스트가 앞으로 기울고 따라서 포크가 앞으로 기운다.
③ 포크를 상승시킬 때는 리프트 레버를 뒤쪽으로, 하강시킬 때는 앞쪽으로 민다.
④ 목적지에 도착 후 물건을 내리기 위해 틸트 실린더를 후경시켜 전진한다.

해설 목적지에 도착 후 물건을 내리기 위해 포크를 수평으로 한다.

53 지게차를 운전하여 화물운반 시 주의사항으로 적합하지 않은 것은?

① 노면이 좋지 않을 때는 저속으로 운행한다.
② 경사지를 운전 시 화물을 위쪽으로 한다.
③ 화물운반 거리는 5m 이내로 한다.
④ 노면에서 약 20~30cm 상승 후 이동한다.

정답 48. ④ 49. ② 50. ③ 51. ③ 52. ④ 53. ③

54 지게차에서 지켜야 할 안전수칙으로 틀린 것은?

① 후진 시는 반드시 뒤를 살필 것
② 전에서 후진 변속 시는 장비가 정지된 상태에서 행할 것
③ 주정차시는 반드시 주차 브레이크를 작동시킬 것
④ 이동시는 포크를 반드시 지상에서 높이 들고 이동할 것

55 지게차를 운행할 때 주의할 점이 아닌 것은?

① 한눈을 팔면서 운행하지 말 것
② 큰 화물로 인해 전면 시야가 방해를 받을 때는 후진으로 운행한다.
③ 포크 끝단으로 화물을 들어 올리지 않는다.
④ 높은 장소에서 작업을 할 경우에는 포크에 사람을 승차시켜 작업한다.

56 평탄한 노면에서의 지게차 운전하여 하역 작업 시 올바른 방법이 아닌 것은?

① 팔레트에 실은 짐이 안정되고 확실하게 실려 있는가를 확인한다.
② 포크를 삽입하고자 하는 곳과 평행하게 한다.
③ 불안정한 적재의 경우에는 빠르게 작업을 진행시킨다.
④ 화물 앞에서 정지한 후 마스트가 수직이 되도록 기울여야 한다.

57 전동 지게차의 동력전달 순서로 맞는 것은?

① 축전지 → 제어 기구 → 구동 모터 → 변속기 → 종감속 및 차동기어장치 → 앞바퀴
② 축전지 → 구동 모터 → 제어 기구 → 변속기 → 종감속 및 차동기어장치 → 앞바퀴
③ 축전지 → 제어 기구 → 구동 모터 → 변속기 → 종감속 및 차동기어장치 → 뒷바퀴
④ 축전지 → 구동 모터 → 제어 기구 → 변속기 → 종감속 및 차동기어장치 → 뒷바퀴

58 지게차 인칭 조절 장치에 대한 설명으로 맞는 것은?

① 트랜스미션 내부에 있다.
② 브레이크 드럼 내부에 있다.
③ 디셀러레이터 페달이다.
④ 작업장치의 유압상승을 억제한다.

59 지게차의 동력조향 장치에 사용되는 유압 실린더로 가장 적합한 것은?

① 단동 실린더 플런저형
② 복동 실린더 싱글 로드형
③ 복동 실린더 더블 로드형
④ 다단 실린더 텔레스코픽형

60 지게차는 자동차와 다르게 현가스프링을 사용하지 않는 이유를 설명한 것으로 옳은 것은?

① 롤링이 생기면 적하물이 떨어질 수 있기 때문에
② 현가장치가 있으면 조향이 어렵기 때문에
③ 화물에 충격을 줄여주기 위해
④ 앞차축이 구동축이기 때문에

해설 지게차에서 현가 스프링을 사용하지 않는 이유는 롤링이 생기면 적하물이 떨어지기 때문이다.

정답 54. ④ 55. ④ 56. ③ 57. ① 58. ① 59. ③ 60. ①

2019년 복원문제
제 2 회 지게차운전기능사

01 엔진에서 피스톤의 행정이란?
① 피스톤의 길이
② 실린더 벽의 상하 길이
③ 상사점과 하사점과의 총면적
④ 상사점과 하사점과의 거리

해설 피스톤 행정이란 상사점과 하사점과의 거리이다.

02 라디에이터 캡의 스프링이 파손되는 경우 발생하는 현상은?
① 냉각수 비등점이 높아진다.
② 냉각수 순환이 불량해진다.
③ 냉각수 순환이 빨라진다.
④ 냉각수 비등점이 낮아진다.

해설 압력 밸브의 주작용은 냉각수의 비등점을 상승시키는 것이므로 압력 밸브 스프링이 파손되거나 장력이 약해지면 비등점이 낮아져 엔진이 과열되기 쉽다.

03 실린더의 내경이 행정보다 작은 엔진을 무엇이라고 하는가?
① 스퀘어 엔진
② 단행정 엔진
③ 장행정 엔진
④ 정방행정 엔진

해설 실린더 내경과 행정비율에 의한 분류
❶ 장 행정 엔진 : 실린더 내경(D)보다 피스톤 행정(L)이 큰 형식이다.
❷ 스퀘어 엔진 : 실린더 내경(D)과 피스톤 행정(L)의 크기가 똑같은 형식이다.
❸ 단 행정 엔진 : 실린더 내경(D)이 피스톤 행정(L)보다 큰 형식이다.

04 엔진 오일의 작용에 해당되지 않는 것은?
① 오일 제거 작용
② 냉각 작용
③ 응력 분산 작용
④ 방청 작용

해설 윤활유의 주요 기능은 기밀 작용(밀봉 작용), 방청 작용(부식 방지 작용), 냉각 작용, 마찰 및 마멸 방지 작용, 응력 분산 작용, 세척 작용 등이 있다.

05 유압식 밸브 리프터의 장점이 아닌 것은?
① 밸브 간극 조정은 자동으로 조절된다.
② 밸브 개폐시기가 정확하다.
③ 밸브 구조가 간단하다.
④ 밸브기구의 내구성이 좋다.

해설 유압식 밸브 리프터의 특징
❶ 밸브 간극을 점검·조정하지 않아도 된다.
❷ 밸브 개폐 시기가 정확하고 작동이 조용하다.
❸ 오일이 완충작용을 하므로 밸브 개폐 기구의 내구성이 향상된다.
❹ 밸브기구의 구조가 복잡하다.
❺ 윤활장치가 고장이 나면 엔진 작동이 정지된다.

06 디젤 엔진 연료장치의 구성품이 아닌 것은?
① 예열 플러그
② 분사 노즐
③ 연료 공급 펌프
④ 연료 여과기

해설 예열 플러그 : 디젤 엔진의 시동 보조 장치이다.

정답 01. ④ 02. ④ 03. ③ 04. ① 05. ③ 06. ①

07 축전지의 용량을 결정짓는 인자가 아닌 것은?

① 셀 당 극판 수　② 극판의 크기
③ 단자의 크기　　④ 전해액의 양

해설 축전지의 용량을 결정짓는 인자는 셀 당 극판 수, 극판의 크기, 전해액의 양이다.

08 교류(AC) 발전기의 장점이 아닌 것은?

① 소형 경량이다.
② 저속 시 충전특성이 양호하다.
③ 정류자를 두지 않아 풀리비를 작게 할 수 있다.
④ 반도체 정류기를 사용하므로 전기적 용량이 크다.

해설 교류 발전기의 장점
❶ 속도 변화에 따른 적용 범위가 넓고 소형·경량이다.
❷ 저속에서도 충전 가능한 출력 전압이 발생한다.
❸ 실리콘 다이오드로 정류하므로 전기적 용량이 크다.
❹ 브러시 수명이 길고, 전압 조정기만 있으면 된다.
❺ 정류자를 두지 않아 풀리비를 크게 할 수 있다.
❻ 출력이 크고, 고속회전에 잘 견딘다.
❼ 실리콘 다이오드를 사용하기 때문에 정류 특성이 좋다.

09 AC 발전기에서 전류가 발생되는 곳은?

① 여자코일　　② 레귤레이터
③ 스테이터 코일　④ 계자 코일

해설 교류 발전기는 전류를 발생하는 스테이터(stator), 전류가 흐르면 전자석이 되는(자계를 발생하는) 로터(rotor), 스테이터 코일에서 발생한 교류를 직류로 정류하는 다이오드, 여자전류를 로터 코일에 공급하는 슬립링과 브러시, 엔드 프레임 등으로 되어있다.

10 건설기계 엔진에 사용되는 축전지의 가장 중요한 역할은?

① 주행 중 점화장치에 전류를 공급한다.
② 주행 중 등화장치에 전류를 공급한다.
③ 주행 중 발생하는 전기부하를 담당한다.
④ 기동장치의 전기적 부하를 담당한다.

해설 축전지의 역할
❶ 엔진을 시동할 때 시동장치에 전원을 공급한다. (가장 중요한 기능)
❷ 발전기가 고장일 때 일시적인 전원을 공급한다.
❸ 발전기의 출력과 부하의 불균형을 조정한다.

11 도로교통법령상 교통안전 표지의 종류를 올바르게 나열한 것은?

① 교통안전 표지는 주의, 규제, 지시, 안내, 교통표지로 되어있다.
② 교통안전 표지는 주의, 규제, 지시, 보조, 노면표지로 되어있다.
③ 교통안전 표지는 주의, 규제, 지시, 안내, 보조표지로 되어있다.
④ 교통안전 표지는 주의, 규제, 안내, 보조, 통행표지로 되어있다.

해설 안전표지의 종류에는 주의 표지, 규제 표지, 지시 표지, 보조 표지, 노면 표지가 있다.

12 건설기계 안전기준에 관한 규칙상 건설기계 높이의 정의로 옳은 것은?

① 앞 차축의 중심에서 건설기계의 가장 윗부분까지의 최단거리
② 작업 장치를 부착한 자체중량 상태의 건설기계의 가장 위쪽 끝이 만드는 수평면으로부터 지면까지의 최단거리
③ 뒷바퀴의 윗부분에서 건설기계의 가장 윗부분까지의 수직 최단거리
④ 지면에서부터 적재할 수 있는 최고의 최단거리

13 건설기계관리법령상 국토교통부령으로 정하는 바에 따라 등록번호표를 부착 및 봉인하지 않은 건설기계를 운행하여서는 아니된다. 이를 1차 위반했을 경우의 과태료는?(단, 임시번호표를 부착한 경우는 제외한다.)

① 5만 원　② 10만 원
③ 50만 원　④ 100만 원

정답 07. ③　08. ③　09. ③　10. ④　11. ②　12. ②　13. ④

해설 100만 원 이하의 과태료
① 수출의 이행 여부를 신고하지 아니하거나 폐기 또는 등록을 하지 아니한 자
② 등록번호표를 부착·봉인하지 아니하거나 등록번호를 새기지 아니한 자
③ 등록번호표를 가리거나 훼손하여 알아보기 곤란하게 한 자 또는 그러한 건설기계를 운행한 자
④ 등록번호의 새김명령을 위반한 자
⑤ 건설기계안전기준에 적합하지 아니한 건설기계를 사용하거나 운행한 자 또는 사용하게 하거나 운행하게 한 자
⑥ 총괄기관의 조사 또는 자료제출 요구를 거부·방해·기피한 자
⑦ 검사유효기간이 끝난 날부터 31일이 지난 건설기계를 사용하게 하거나 운행하게 한 자 또는 사용하거나 운행한 자
⑧ 특별한 사정 없이 건설기계임대차 등에 관한 계약과 관련된 자료를 제출하지 아니한 자
⑨ 건설기계사업자의 의무를 위반한 자
⑩ 안전교육등을 받지 아니하고 건설기계를 조종한 자

14 다음 중 도로교통법을 위반한 경우는?

① 밤에 교통이 빈번한 도로에서 전조등을 계속 하향했다.
② 낮에 어두운 터널 속을 통과할 때 전조등을 켰다.
③ 소방용 방화물통으로부터 10m 지점에 주차하였다.
④ 노면이 얼어붙은 곳에서 최고속도의 20/100을 줄인 속도로 운행하였다.

해설 노면이 얼어붙은 곳에서는 최고속도의 50/100을 줄인 속도로 운행하여야 한다.

15 제1종 운전면허를 받을 수 없는 사람은?

① 두 눈의 시력이 각각 0.5이상인 사람
② 대형면허를 취득하려는 경우 보청기를 착용하지 않고 55데시벨의 소리를 들을 수 있는 사람
③ 두 눈을 동시에 뜨고 잰 시력이 0.1인 사람
④ 붉은색, 녹색, 노란색을 구별할 수 있는 사람

해설 두 눈을 동시에 뜨고 잰 시력이 0.8 이상 일 것

16 건설기계에서 등록의 갱정은 어느 때 하는가?

① 등록을 행한 후에 그 등록에 관하여 착오 또는 누락이 있음을 발견한 때
② 등록을 행한 후에 소유권이 이전되었을 때
③ 등록을 행한 후에 등록지가 이전되었을 때
④ 등록을 행한 후에 소재지가 변동되었을 때

해설 등록의 갱정은 등록을 행한 후에 그 등록에 관하여 착오 또는 누락이 있음을 발견한 때 한다.

17 건설기계소유자 또는 점유자가 건설기계를 도로에 계속하여 버려두거나 정당한 사유 없이 타인의 토지에 버려둔 경우의 처벌은?

① 1년 이하 징역 또는 500만원 이하의 벌금
② 1년 이하 징역 또는 400만원 이하의 벌금
③ 1년 이하 징역 또는 1000만원 이하의 벌금
④ 1년 이하 징역 또는 200만원 이하의 벌금

해설 1년 이하의 징역 또는 1,000만 원 이하의 벌금
① 매매용 건설기계를 운행하거나 사용한 자
② 폐기인수 사실을 증명하는 서류의 발급을 거부하거나 거짓으로 발급한 자
③ 폐기요청을 받은 건설기계를 폐기하지 아니하거나 등록번호표를 폐기하지 아니한 자
④ 건설기계조종사면허를 받지 아니하고 건설기계를 조종한 자
⑤ 건설기계조종사면허를 거짓이나 그 밖의 부정한 방법으로 받은 자
⑥ 소형건설기계의 조종에 관한 교육과정의 이수에 관한 증빙서류를 거짓으로 발급한 자
⑦ 건설기계조종사면허가 취소되거나 건설기계조종사면허의 효력정지처분을 받은 후에도 건설기계를 계속하여 조종한 자
⑧ 건설기계를 도로나 타인의 토지에 버려둔 자

정답 14. ④ 15. ③ 16. ① 17. ③

18 다음의 도로 표지판이 의미하는 것으로 알맞은 것은?

① 도로명 등을 나타내는 도로명 표지이다.
② 도로명 등을 예고해 주는 도로명 예고 표지이다.
③ 교통의 흐름을 명확히 분류하기 위하여 진행방향의 차로를 안내하는 차로 지정하는 표지이다.
④ 목적지까지의 거리를 나타내는 이정 표지이다.

19 건설기계관리법령에서 건설기계의 주요 구조변경 및 개조의 범위에 해당하지 않는 것은?

① 기종 변경
② 원동기의 형식변경
③ 유압장치의 형식변경
④ 동력전달장치의 형식변경

해설 건설기계의 구조변경 범위 : 원동기의 형식변경, 동력전달장치의 형식변경, 제동장치의 형식변경, 주행장치의 형식변경, 유압장치의 형식변경, 조종 장치의 형식변경, 조향장치의 형식변경, 작업장치의 형식변경, 건설기계의 길이·너비·높이 등의 변경, 수상작업용 건설기계의 선체의 형식변경

20 시·도지사로부터 등록번호표제작통지 등에 관한 통지서를 받은 건설기계소유자는 받은 날로부터 며칠 이내에 등록번호표 제작자에게 제작 신청을 하여야 하는가?

① 3일   ② 10일
③ 20일   ④ 30일

해설 시·도지사로부터 등록번호표 제작통지를 받은 건설기계 소유자는 3일 이내에 등록번호표 제작자에게 제작신청을 하여야 한다.

21 유압 모터의 특징을 설명한 것으로 틀린 것은?

① 관성력이 크다.
② 구조가 간단하다.
③ 무단변속이 가능하다.
④ 자동 원격조작이 가능하다.

해설 유압 모터의 장점
❶ 넓은 범위의 무단변속이 용이하다.
❷ 소형·경량으로서 큰 출력을 낼 수 있다.
❸ 구조가 간단하며, 과부하에 대해 안전하다.
❹ 정·역회전 변화가 가능하다.
❺ 자동 원격조작이 가능하고 작동이 신속정확하다.
❻ 전동모터에 비하여 급속정지가 쉽다.
❼ 속도나 방향의 제어가 용이하다.
❽ 회전체의 관성이 작아 응답성이 빠르다.

22 복동 실린더 양 로드형을 나타내는 유압 기호는?

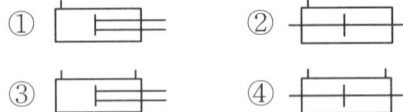

23 유압회로 내의 밸브를 갑자기 닫았을 때, 오일의 속도 에너지가 압력 에너지로 변하면서 일시적으로 큰 압력증가가 생기는 현상을 무엇이라 하는가?

① 캐비테이션(cavitation) 현상
② 서지(surge) 현상
③ 채터링(chattering) 현상
④ 에어레이션(aeration) 현상

해설 서지현상은 유압회로 내의 밸브를 갑자기 닫았을 때, 오일의 속도 에너지가 압력 에너지로 변하면서 일시적으로 큰 압력 증가가 생기는 현상이다.

정답   18. ② 19. ① 20. ① 21. ① 22. ④ 23. ②

24 유압으로 작동되는 작업 장치에서 작업 중 힘이 떨어질 때의 원인과 가장 밀접한 밸브는?

① 메인 릴리프 밸브
② 체크(check) 밸브
③ 방향 전환 밸브
④ 메이크업 밸브

해설 유압으로 작동되는 작업 장치에서 작업 중 힘이 떨어지면 메인 릴리프 밸브를 점검한다.

25 유압회로에서 유량제어를 통하여 작업속도를 조절하는 방식에 속하지 않는 것은?

① 미터 인(meter in)방식
② 미터 아웃(meter out)방식
③ 블리드 오프(bleed off)방식
④ 블리드 온(bleed on)방식

해설 속도제어 회로에는 미터 인(meter in) 회로, 미터 아웃(meter out)회로, 블리드 오프(bleed off)회로가 있다.

26 유압유의 점도가 지나치게 높았을 때 나타나는 현상이 아닌 것은?

① 오일 누설이 증가한다.
② 유동 저항이 커져 압력 손실이 증가한다.
③ 동력 손실이 증가하여 기계효율이 감소한다.
④ 내부 마찰이 증가하고, 압력이 상승한다.

해설 유압유의 점도가 너무 높으면
❶ 유압이 높아지므로 유압유 누출은 감소한다.
❷ 유동 저항이 커져 압력 손실이 증가한다.
❸ 동력 손실이 증가하여 기계효율이 감소한다.
❹ 내부 마찰이 증가하고, 압력이 상승한다.
❺ 관내의 마찰 손실과 동력 손실이 커진다.
❻ 열 발생의 원인이 될 수 있다.

27 유압장치에 사용되는 펌프가 아닌 것은?

① 기어 펌프   ② 원심 펌프
③ 베인 펌프   ④ 플런저 펌프

해설 유압 펌프의 종류 : 기어 펌프, 베인 펌프, 피스톤(플런저) 펌프, 나사 펌프, 트로코이드 펌프 등

28 유압 펌프 내의 내부 누설은 무엇에 반비례하여 증가하는가?

① 작동유의 오염
② 작동유의 점도
③ 작동유의 압력
④ 작동유의 온도

해설 유압 펌프 내의 내부 누설은 작동유의 점도에 반비례하여 증가한다.

29 유압장치에서 금속가루 또는 불순물을 제거하기 위해 사용되는 부품으로 짝지어진 것은?

① 여과기와 어큐뮬레이터
② 스크레이퍼와 필터
③ 필터와 스트레이너
④ 어큐뮬레이터와 스트레이너

30 유압 펌프에서 발생한 유압을 저장하고 맥동을 제거시키는 것은?

① 어큐뮬레이터   ② 언로딩 밸브
③ 릴리프 밸브   ④ 스트레이너

해설 어큐뮬레이터(축압기)는 유압 펌프에서 발생한 유압을 저장하고, 맥동을 소멸시키는 장치이다.

31 중량물 운반 시 안전사항으로 틀린 것은?

① 크레인은 규정용량을 초과하지 않는다.
② 화물을 운반할 경우에는 운전반경 내를 확인한다.
③ 무거운 물건을 상승시킨 채 오랫동안 방치하지 않는다.
④ 흔들리는 화물은 사람이 승차하여 붙잡도록 한다.

정답 24. ① 25. ④ 26. ① 27. ② 28. ② 29. ③ 30. ① 31. ④

32 수공구를 사용할 때 유의사항으로 틀린 것은?

① 무리한 공구 취급을 금한다.
② 토크 렌치는 볼트를 풀 때 사용한다.
③ 수공구는 사용법을 숙지하여 사용한다.
④ 공구를 사용하고 나면 일정한 장소에 관리 보관한다.

해설 토크 렌치는 볼트 및 너트를 조일 때 규정 토크로 조이기 위하여 사용한다.

33 작업장의 사다리식 통로를 설치하는 관련 법상 틀린 것은?

① 견고한 구조로 할 것
② 발판의 간격은 일정하게 할 것
③ 사다리가 넘어지거나 미끄러지는 것을 방지하기 위한 조치를 할 것
④ 사다리식 통로의 길이가 10m 이상인 때에는 접이식으로 설치할 것

34 작업을 위한 공구관리의 요건으로 가장 거리가 먼 것은?

① 공구별로 장소를 지정하여 보관할 것
② 공구는 항상 최소보유량 이하로 유지할 것
③ 공구사용 점검 후 파손된 공구는 교환할 것
④ 사용 공구는 항상 깨끗이 한 후 보관할 것

35 공장 내 안전수칙으로 옳은 것은?

① 기름걸레나 인화물질은 철재 상자에 보관한다.
② 공구나 부속품을 닦을 때에는 휘발유를 사용한다.
③ 차가 잭에 의해 올려져 있을 때는 직원 외는 차내 출입을 삼가 한다.
④ 높은 곳에서 작업 시 훅을 놓치지 않게 잘 잡고, 체인블록을 이용한다.

36 가스용접 시 사용되는 산소용 호스는 어떤 색인가?

① 적색 ② 황색
③ 녹색 ④ 청색

해설 가스용접에서 사용되는 산소용 호스는 녹색이며, 아세틸렌용 호스는 황색 또는 적색이다.

37 벨트에 대한 안전사항으로 틀린 것은?

① 벨트의 이음쇠는 돌기가 없는 구조로 한다.
② 벨트를 걸거나 벗길 때에는 기계를 정지한 상태에서 실시한다.
③ 벨트가 풀리에 감겨 돌아가는 부분은 커버나 덮개를 설치한다.
④ 바닥면으로부터 2m 이내에 있는 벨트는 덮개를 제거한다.

38 먼지가 많은 장소에서 착용하여야 하는 마스크는?

① 방독 마스크   ② 산소 마스크
③ 방진 마스크   ④ 일반 마스크

39 지게차로 화물을 싣고 경사지에서 주행할 때 안전상 올바른 운전 방법은?

① 포크를 높이 들고 주행한다.
② 내려갈 때에는 저속 후진한다.
③ 내려갈 때에는 변속레버를 중립에 놓고 주행한다.
④ 내려갈 때에는 시동을 끄고 타력으로 주행한다.

해설 화물을 포크에 적재하고 경사지를 내려올 때는 기어 변속을 저속상태로 놓고 후진으로 내려온다.

40 소화방식의 종류 중 주된 작용이 질식소화에 해당하는 것은?

① 강화액   ② 호스 방수
③ 에어-폼 ④ 스프링 쿨러

정답 32. ② 33. ④ 34. ② 35. ① 36. ③ 37. ④ 38. ③ 39. ② 40. ③

해설 소화방법
❶ 가연물 제거 : 가연물을 연소구역에서 멀리 제거하는 방법으로, 연소방지를 위해 파괴하거나 폭발물을 이용한다.
❷ 산소의 차단 : 산소의 공급을 차단하는 질식소화방법으로 이산화탄소 등의 불연성 가스를 이용하거나 발포제 또는 분말소화제에 의한 냉각효과 이외에 연소 면을 덮는 직접적 질식효과와 불연성 가스를 분해·발생시키는 간접적 질식효과가 있다.
❸ 열량의 공급 차단 : 냉각시켜 신속하게 연소열을 빼앗아 연소물의 온도를 발화점 이하로 낮추는 소화방법이며, 일반적으로 사용되고 있는 보통 화재 때의 주수소화(注水消火)는 물이 다른 것보다 열량을 많이 흡수하고, 증발할 때에도 주위로부터 많은 열을 흡수하는 성질을 이용한다.

41 소화설비 선택 시 고려하여야 할 사항이 아닌 것은?

① 작업의 성질 ② 작업자의 성격
③ 화재의 성질 ④ 작업장의 환경

42 타이어식 건설기계의 휠 얼라인먼트에서 토인의 필요성이 아닌 것은?

① 조향바퀴의 방향성을 준다.
② 타이어 이상마멸을 방지한다.
③ 조향바퀴를 평행하게 회전시킨다.
④ 바퀴가 옆 방향으로 미끄러지는 것을 방지한다.

해설 토인의 필요성
❶ 조향바퀴를 평행하게 회전시킨다.
❷ 조향바퀴가 옆 방향으로 미끄러지는 것을 방지한다.
❸ 타이어 이상마멸을 방지한다.
❹ 조향 링키지 마멸에 따라 토 아웃(toe-out)이 되는 것을 방지한다.

43 클러치의 필요성으로 틀린 것은?

① 전·후진을 위해
② 관성운동을 하기 위해
③ 기어변속 시 엔진의 동력을 차단하기 위해
④ 엔진시동 시 엔진을 무부하 상태로 하기 위해

해설 전·후진을 위해 둔 부품은 변속기이다.

44 지게차의 작업 후 점검사항으로 맞지 않는 것은?

① 연료탱크에 연료를 가득 채운다.
② 파이프나 유압 실린더의 누유를 점검한다.
③ 타이어의 공기압 및 손상여부를 점검한다.
④ 다음 날 작업이 계속되므로 지게차의 내·외부를 그대로 둔다.

45 지게차를 작업용도에 따라 분류할 때 원추형 화물을 조이거나 회전시켜 운반 또는 적재하는데 적합한 것은?

① 힌지드 버킷
② 힌지드 포크
③ 로테이팅 클램프
④ 로드 스태빌라이저

해설 로테이팅 클램프 : 원추형 화물을 조이거나 회전시켜 운반 또는 적재하는데 적합하다.

46 지게차 작업장치의 동력전달 기구가 아닌 것은?

① 리프트 체인 ② 틸트 실린더
③ 리프트 실린더 ④ 트렌치 호

해설 트렌치 호는 기중기의 작업 장치의 일종이다.

47 운전 중 좁은 장소에서 지게차를 방향 전환시킬 때 가장 주의할 점으로 맞는 것은?

① 뒷바퀴 회전에 주의하여 방향 전환한다.
② 포크 높이를 높게 하여 방향 전환한다.
③ 앞바퀴 회전에 주의하여 방향 전환한다.
④ 포크가 땅에 닿게 내리고 방향 전환한다.

정답 41. ② 42. ① 43. ① 44. ④ 45. ③ 46. ④ 47. ①

48 지게차에서 리프트 실린더의 주된 역할은?

① 마스터를 틸트시킨다.
② 마스터를 이동시킨다.
③ 포크를 상승하강시킨다.
④ 포크를 앞뒤로 기울게 한다.

해설 리프트 실린더의 역할은 포크를 상승하강시킨다.

49 지게차의 리프트 레버 작동에 대한 설명으로 틀린 것은?

① 리프트 레버를 운전자 바깥쪽으로 밀면 포크가 하강한다.
② 리프트 레버를 운전자 쪽으로 당기면 포크가 상승한다.
③ 포크가 상승할 때에는 가속페달을 밟아야 한다.
④ 포크가 하강할 때에는 가속페달을 밟아야 한다.

50 지게차 운행사항으로 틀린 것은?

① 틸트는 적재물이 백레스트에 완전히 닿도록 한 후 운행한다.
② 주행 중 노면상태에 주의하고 노면이 고르지 않은 곳에서는 천천히 운행한다.
③ 내리막길에서 급회전을 삼간다.
④ 지게차의 중량 제한은 필요에 따라 무시해도 된다.

51 지게차 화물취급 작업 시 준수하여야 할 사항으로 틀린 것은?

① 화물 앞에서 일단 정지해야 한다.
② 화물의 근처에 왔을 때에는 가속페달을 살짝 밟는다.
③ 팔레트에 실려 있는 물체의 안전한 적재 여부를 확인한다.
④ 지게차를 화물 쪽으로 반듯하게 향하고 포크가 팔레트를 마찰하지 않도록 주의한다.

해설 화물의 근처에 왔을 때에는 브레이크 페달을 가볍게 밟아 정지할 준비를 한다.

52 지게차의 포크 양쪽 중 한쪽이 낮아졌을 경우에 해당되는 원인으로 볼 수 있는 것은?

① 체인의 늘어짐
② 사이드 롤러의 과다한 마모
③ 실린더의 마모
④ 윤활유 불충분

해설 리프트 체인의 한쪽이 늘어나면 포크가 한쪽으로 기울어진다.

53 지게차 운전 시 유의사항으로 적합하지 않은 것은?

① 내리막길에서는 급회전을 하지 않는다.
② 화물적재 후 최고속 주행을 하여 작업능률을 높인다.
③ 운전석에는 운전자 이외는 승차하지 않는다.
④ 면허소지자 이외는 운전하지 못하도록 한다.

54 지게차에서 화물취급 방법으로 틀린 것은?

① 포크는 화물의 받침대 속에 정확히 들어 갈 수 있도록 조작한다.
② 운반물을 적재하여 경사지를 주행할 때에는 짐이 언덕 위쪽으로 향하도록 한다.
③ 포크를 지면에서 약 800mm 정도 올려서 주행해야 한다.
④ 운반 중 마스트를 뒤로 약 6° 정도 경사시킨다.

정답 48. ③ 49. ④ 50. ④ 51. ② 52. ① 53. ② 54. ③

55 지게차로 화물을 싣고 경사지에서 주행할 때 안전상 올바른 운전방법은?

① 포크를 높이 들고 주행한다.
② 내려갈 때에는 저속 후진한다.
③ 내려갈 때에는 변속레버를 중립에 놓고 주행한다.
④ 내려갈 때에는 시동을 끄고 타력으로 주행한다.

해설 화물을 포크에 적재하고 경사지를 내려올 때는 기어변속을 저속상태로 놓고 후진으로 내려온다.

56 지게차를 주차하고자 할 때 포크는 어떤 상태로 하면 안전한가?

① 앞으로 3° 정도 경사지에 주차하고 마스트 전경각을 최대로 포크는 지면에 접하도록 내려놓는다.
② 평지에 주차하고 포크는 녹이 발생하는 것을 방지하기 위하여 10cm 정도 들어 놓는다.
③ 평지에 주차하면 포크의 위치는 상관없다.
④ 평지에 주차하고 포크는 지면에 접하도록 내려놓는다.

해설 지게차를 주차시킬 때
❶ 변속레버를 중립위치로 한다.
❷ 포크의 선단이 지면에 닿도록 내린 후 마스트를 전방으로 약간 경사 시킨다.
❸ 엔진을 정지시키고 주차 브레이크를 잡아당겨 주차 상태를 유지시킨다.
❹ 시동스위치의 키를 빼내어 보관한다.

57 지게차의 작동유의 양을 점검할 때 옳은 것은?

① 저속으로 주행을 하면서 기어변속 시 작동유의 양을 점검한다.
② 포크를 중간쯤에 두고 작동유의 양을 점검한다.
③ 포크를 지면에 닿도록 내려놓고 작동유의 양을 점검한다.
④ 포크를 최대로 올린 후 작동유의 양을 점검한다.

58 지게차에 대한 설명으로 틀린 것은?

① 연료탱크에 연료가 비어 있으면 연료게이지는 "E"를 가리킨다.
② 오일압력 경고등은 시동 후 워밍업 되기 전에 점등되어야 한다.
③ 히터시그널은 연소실 글로우 플러그의 가열 상태를 표시한다.
④ 암페어미터의 지침은 방전되면 (-)쪽을 가리킨다.

해설 오일압력 경고등은 시동키를 ON으로 하면 점등되었다가 엔진 시동 후에는 즉시 소등되어야 한다.

59 다음 중 지게차 운전 작업 관련 사항으로 틀린 것은?

① 운전시 급정지, 급선회를 하지 않는다.
② 화물을 적재 후 포크를 될 수 있는 한 높이 들고 운행한다.
③ 화물 운반시 포크의 높이는 지면으로부터 20cm~30cm를 유지한다.
④ 포크를 상승시에는 액셀러레이터를 밟으면서 상승시킨다.

60 지게차로 화물을 운반할 때 포크의 높이는 얼마 정도가 안전하고 적합한가?

① 높이 관계없이 편리하게 한다.
② 지면으로부터 20~30cm 정도 유지한다.
③ 지면으로부터 60~80cm 정도 유지한다.
④ 지면으로부터 100cm 이상 유지한다.

정답 55. ② 56. ④ 57. ③ 58. ② 59. ② 60. ②

2020년 복원문제
제 1 회 지게차운전기능사

01 가동 중인 엔진에서 기계적 소음이 발생할 수 있는 사항 중 거리가 먼 것은?

① 크랭크축 베어링이 마모되어
② 냉각팬 베어링이 마모되어
③ 분사 노즐 끝이 마모되어
④ 밸브 간극이 규정치보다 커서

02 커먼레일 디젤 엔진의 전자제어 계통에서 입력요소가 아닌 것은?

① 연료 온도 센서
② 연료 압력 센서
③ 연료 압력 제한 밸브
④ 축전지 전압

해설 연료 압력 제한 밸브는 커먼레일에 설치되어 커먼레일 내의 연료 압력이 규정 값보다 높아지면 열려 연료의 일부를 연료탱크로 복귀시킨다.

03 엔진에서 워터 펌프의 역할로 맞는 것은?

① 냉각수 수온을 자동으로 조절한다.
② 엔진의 냉각수를 순환시킨다.
③ 엔진의 냉각수 온도를 상승시키는 역할을 한다.
④ 정온기 고장 시 자동으로 작동하는 펌프이다.

04 터보차저를 구동하는 것으로 가장 적합한 것은?

① 엔진의 열
② 엔진의 흡입가스
③ 엔진의 배기가스
④ 엔진의 여유 동력

해설 터보차저는 엔진의 배기가스에 의해 구동된다.

05 디젤 엔진의 출력을 저하시키는 원인으로 틀린 것은?

① 흡기계통이 막혔을 때
② 흡입공기 압력이 높을 때
③ 연료 분사량이 적을 때
④ 노킹이 일어 날 때

해설 엔진의 출력이 저하되는 원인
① 실린더 내 압력이 낮을 때(실린더의 마멸, 피스톤 링의 마멸, 피스톤 링 절개구의 일직선으로 일치)
② 연료 분사량이 적거나, 노킹이 일어날 때
③ 연료 분사펌프의 기능이 불량할 때
④ 분사시기가 늦거나, 흡·배기계통이 막혔을 때

06 엔진의 윤활유 압력이 높아지는 이유는?

① 윤활유의 점도가 너무 높다.
② 윤활유량이 부족하다.
③ 엔진 각부의 마모가 심하다.
④ 윤활유 펌프의 내부 마모가 심하다.

해설 유압이 높아지는 원인
① 엔진의 온도가 낮아 오일의 점도가 높다.
② 윤활회로의 일부가 막혔다.
③ 유압조절 밸브(릴리프 밸브) 스프링의 장력이 과다하다.
④ 유압조절 밸브가 닫힌 상태로 고장 났다.

정답 01. ③ 02. ③ 03. ② 04. ③ 05. ② 06. ①

07 글로우 플러그를 설치하지 않아도 되는 연소실은?(단, 전자제어 커먼레일은 제외)

① 직접분사실식 ② 와류실식
③ 공기실식   ④ 예연소실식

해설 직접분사실식에서는 시동보조 장치로 흡기다기관에 흡기가열 장치(흡기히터와 히트레인지)를 설치한다.

08 교류(AC) 발전기의 특성이 아닌 것은?

① 저속에서도 충전 성능이 우수하다.
② 소형 경량이고 출력도 크다.
③ 소모 부품이 적고 내구성이 우수하며 고속회전에 견딘다.
④ 전압 조정기, 전류 조정기, 컷 아웃 릴레이로 구성된다.

해설 교류 발전기의 장점
① 속도 변화에 따른 적용 범위가 넓고 소형·경량이다.
② 저속에서도 충전 가능한 출력 전압이 발생한다.
③ 실리콘 다이오드로 정류하므로 전기적 용량이 크다.
④ 브러시 수명이 길고, 전압 조정기만 필요하다.
⑤ 정류자를 두지 않아 풀리비를 크게 할 수 있다.
⑥ 출력이 크고, 고속회전에 잘 견딘다.
⑦ 실리콘 다이오드를 사용하기 때문에 정류 특성이 좋다.

09 축전지 전해액의 온도가 상승하면 비중은?

① 일정하다.   ② 올라간다.
③ 무관하다.   ④ 내려간다.

해설 축전지 전해액의 온도가 상승하면 비중은 내려가고, 온도가 내려가면 비중은 올라간다.

10 기동 전동기는 정상 회전하지만 피니언 기어가 링 기어와 물리지 않을 경우 고장원인이 아닌 것은?

① 전동기 축의 스플라인 접동부가 불량일 때
② 기동 전동기의 클러치 피니언의 앞 끝이 마모되었을 때
③ 마그네틱 스위치의 플런저가 튀어나오는 위치가 틀릴 때
④ 정류자 상태가 불량할 때

해설 정류자 상태가 불량하면 기동 전동기가 원활하게 작동하지 못한다.

11 유압회로에서 유압유 온도를 알맞게 유지하기 위해 오일을 냉각하는 부품은?

① 방향제어 밸브 ② 어큐뮬레이터
③ 유압밸브   ④ 오일 쿨러

12 유압장치의 기호 회로도에 사용되는 유압기호의 표시방법으로 적합하지 않은 것은?

① 기호에는 각 기기의 구조나 작용 압력을 표시하지 않는다.
② 기호에는 흐름의 방향을 표시한다.
③ 각 기기의 기호는 정상상태 또는 중립상태를 표시한다.
④ 기호는 어떠한 경우에도 회전하여 표시하지 않는다.

해설 기호 회로도에 사용되는 유압기호는 오해의 위험이 없는 경우에는 기호를 회전하거나 뒤집어도 된다.

13 유압장치의 일상점검 사항이 아닌 것은?

① 소음 및 호스 누유여부 점검
② 오일 탱크의 유량 점검
③ 릴리프 밸브 작동 점검
④ 오일누설 여부 점검

14 서로 다른 2종류의 유압유를 혼합하였을 경우에 대한 설명으로 옳은 것은?

① 서로 보완 가능한 유압유의 혼합은 권장사항이다.
② 열화 현상을 촉진시킨다.
③ 유압유의 성능이 혼합으로 인해 월등해진다.
④ 점도가 달라지나 사용에는 전혀 지장이 없다.

해설 서로 다른 2종류의 유압유를 혼합하면 열화현상을 촉진시킨다.

정답 07. ① 08. ④ 09. ④ 10. ④ 11. ④ 12. ④ 13. ③ 14. ②

15 리듀싱(감압) 밸브에 대한 설명으로 틀린 것은?

① 유압장치에서 회로 일부의 압력을 릴리프 밸브의 설정압력 이하로 하고 싶을 때 사용한다.
② 입구의 주회로에서 출구의 감압회로로 유압유가 흐른다.
③ 출구의 압력이 감압 밸브의 설정압력 보다 높아지면 밸브가 작동하여 유로를 닫는다.
④ 상시 폐쇄 상태로 되어 있다.

해설 감압(리듀싱) 밸브는 회로일부의 압력을 릴리프 밸브의 설정 압력(메인 유압) 이하로 하고 싶을 때 사용하며 입구(1차 쪽)의 주 회로에서 출구(2차 쪽)의 감압 회로로 유압유가 흐른다. 상시 개방 상태로 되어 있다가 출구(2차 쪽)의 압력이 감압 밸브의 설정 압력보다 높아지면 밸브가 작용하여 유로를 닫는다.

16 2개 이상의 분기회로를 갖는 회로 내에서 작동 순서를 회로의 압력 등에 의하여 제어하는 밸브는?

① 시퀀스 밸브   ② 서브 밸브
③ 체크 밸브   ④ 릴리프 밸브

해설 시퀀스 밸브는 2개 이상의 분기회로에서 유압 실린더나 모터의 작동 순서를 결정한다.

17 유압 모터의 장점으로 가장 알맞은 것은?

① 무단변속이 용이하다.
② 오일의 누출을 방지한다.
③ 압력 조정이 용이하다.
④ 공기와 먼지 등의 침투에 큰 영향을 받지 않는다.

해설 유압 모터의 장점
① 넓은 범위의 무단변속이 용이하다.
② 소형, 경량으로서 큰 출력을 낼 수 있다.
③ 구조가 간단하며, 과부하에 대해 안전하다.
④ 정·역회전 변화가 가능하다.
⑤ 자동 원격조작이 가능하고 작동이 신속, 정확하다.
⑥ 관성력이 작아 전동 모터에 비하여 급속정지가 쉽다.
⑦ 속도나 방향의 제어가 용이하다.
⑧ 회전체의 관성이 작아 응답성이 빠르다.

18 기어 펌프에 대한 설명으로 틀린 것은?

① 플런저 펌프에 비해 효율이 낮다.
② 초고압에는 사용이 곤란하다.
③ 플런저 펌프에 비해 흡입력이 나쁘다.
④ 소형이며 구조가 간단하다.

해설 기어 펌프의 장·단점

기어 펌프의 장점	기어 펌프의 단점
① 소형이며, 구조가 간단하다.	① 토출량의 맥동이 커 소음과 진동이 크다.
② 흡입 저항이 작아 공동 현상 발생이 적다.	② 수명이 비교적 짧다.
③ 고속회전이 가능하다.	③ 대용량의 펌프로 하기가 곤란하다.
④ 가혹한 조건에 잘 견딘다.	④ 초고압에는 사용이 곤란하다.

19 일반적인 오일 탱크의 구성품이 아닌 것은?

① 유압 실린더
② 스트레이너
③ 드레인 플러그
④ 배플 플레이트

해설 오일 탱크는 유압 펌프로 흡입되는 유압유를 여과하는 스트레이너, 탱크 내의 오일량을 표시하는 유면계, 유압유의 출렁거림을 방지하고 기포 발생 방지 및 제거하는 배플 플레이트(격판) 유압유를 배출시킬 때 사용하는 드레인 플러그 등으로 구성된다.

20 유압 액추에이터의 설명으로 맞는 것은?

① 유체 에너지를 기계적인 일로 변환
② 유체 에너지를 생성
③ 유체 에너지를 축적
④ 기계적인 에너지를 유체 에너지로 변환

해설 유압 액추에이터는 유압펌프에서 발생된 유압(유체) 에너지를 기계적 에너지(직선운동이나 회전운동)로 바꾸는 장치이다.

정답 15. ④ 16. ① 17. ① 18. ③ 19. ① 20. ①

21 지게차 클러치의 용량은 엔진 회전력의 몇 배이며 이보다 클 때 나타나는 현상은?

① 1.5~2.5배 정도이며 클러치가 엔진 플라이휠에서 분리될 때 충격이 오기 쉽다.
② 3.5~4.5배 정도이며 압력판이 엔진 플라이휠에 접속될 때 엔진이 정지되기 쉽다.
③ 3.5~4.5배 정도이며 압력판이 엔진 플라이휠에서 분리될 때 엔진이 정지되기 쉽다.
④ 1.5~2.5배 정도이며 클러치가 엔진 플라이휠에 접속될 때 엔진이 정지되기 쉽다.

해설 클러치 용량
① 클러치가 전달할 수 있는 회전력의 크기이다.
② 엔진 최대 출력의 1.5~2.5배로 설계한다.
③ 클러치 용량이 크면 클러치가 접속될 때 엔진의 가동이 정지되기 쉽다.
④ 클러치 용량이 적으면 클러치가 미끄러진다.

22 동력 전달장치에서 토크컨버터에 대한 설명으로 틀린 것은?

① 기계적인 충격을 흡수하여 엔진의 수명을 연장한다.
② 조작이 용이하고 엔진에 무리가 없다.
③ 부하에 따라 자동적으로 변속한다.
④ 일정 이상의 과부하가 걸리면 엔진이 정지한다.

해설 토크컨버터는 일정 이상의 과부하가 걸려도 엔진의 가동이 정지하지 않는다.

23 지게차의 앞바퀴 정렬 역할과 거리가 먼 것은?

① 방향 안정성을 준다.
② 타이어 마모를 최소로 한다.
③ 브레이크의 수명을 길게 한다.
④ 조향 핸들의 조작을 작은 힘으로 쉽게 할 수 있다.

해설 앞바퀴 정렬의 역할
① 조향 핸들의 조작을 확실하게 하고 안전성을 준다.
② 조향 핸들에 복원성을 부여한다.
③ 조향핸들의 조작력을 가볍게 한다.
④ 타이어 마멸을 최소로 한다.

24 지게차가 무부하 상태에서 최대 조향각으로 운행 시 가장 바깥쪽 바퀴의 접지자국 중심점이 그리는 원의 반경을 무엇이라고 하는가?

① 최대 선회 반지름
② 최소 회전 반지름
③ 최소 직각 통로 폭
④ 윤간 거리

해설 지게차가 무부하 상태에서 최대 조향 각으로 운행할 때 가장 바깥쪽 바퀴의 접지 자국 중심점이 그리는 원의 반경을 최소 회전 반지름이라 한다.

25 둥근 목재나 파이프 등을 작업하는데 적합한 지게차의 작업 장치는?

① 하이 마스트   ② 로우 마스트
③ 사이드 시프트 ④ 힌지드 포크

해설 지게차의 종류
① **하이 마스트** : 가장 일반적인 지게차이며. 작업 공간을 최대한 활용할 수 있다. 또 포크의 승강이 빠르고 높은 능률을 발휘할 수 있는 표준형의 마스트이다.
② **사이드 시프트** : 방향을 바꾸지 않고도 백레스트와 포크를 좌우로 움직여 지게차 중심에서 벗어난 파레트의 화물을 용이하게 적재, 적하 작업을 할 수 있다.
③ **힌지드 포크** : 둥근 목재, 파이프 등의 화물을 운반 및 적재하는데 적합하다.

26 지게차의 조향방법으로 맞는 것은?

① 전자 조향
② 배력식 조향
③ 전륜 조향
④ 후륜 조향

해설 지게차의 조향 방식은 후륜(뒷바퀴) 조향이다.

정답   21. ④   22. ④   23. ③   24. ②   25. ④   26. ④

27 지게차는 자동차와 다르게 현가 스프링을 사용하지 않는 이유를 설명한 것으로 옳은 것은?

① 현가장치가 있으면 조향이 어렵기 때문에
② 앞차축이 구동축이기 때문에
③ 화물에 충격을 줄여주기 위해
④ 롤링이 생기면 적하물이 떨어질 수 있기 때문에

해설 지게차에서 현가 스프링을 사용하지 않는 이유는 롤링이 생기면 적하물이 떨어지기 때문이다.

28 화물을 적재하고 주행할 때 포크와 지면과의 간격으로 가장 적당한 것은?

① 80~85 cm   ② 지면에 밀착
③ 20~30 cm   ④ 50~55 cm

해설 지게차 포크에 화물을 적재하고 주행할 때 포크와 지면과 간격은 20~30cm가 좋다.

29 지게차 하역작업 시 안전한 방법이 아닌 것은?

① 무너질 위험이 있는 경우 화물 위에 사람이 올라간다.
② 가벼운 것은 위로, 무거운 것은 밑으로 적재한다.
③ 굴러갈 위험이 있는 물체는 고임목으로 고인다.
④ 허용 적재 하중을 초과하는 화물의 적재는 금한다.

30 지게차의 틸트 레버를 운전자 쪽으로 당기면 마스트는 어떻게 되는가?

① 지면 방향 아래쪽으로 내려온다.
② 운전자 쪽으로 기운다.
③ 지면에서 위쪽으로 올라간다.
④ 운전자 쪽에서 반대방향으로 기운다.

해설 틸트 레버를 당기면 운전자 쪽으로 기운다.

31 일반적으로 지게차의 자체 중량에 포함되지 않는 것은?

① 그리스   ② 운전자
③ 냉각수   ④ 연료

32 지게차에서 작동유를 한 방향으로는 흐르게 하고 반대 방향으로는 흐르지 않게 하기 위해 사용하는 밸브는?

① 릴리프 밸브   ② 무부하 밸브
③ 체크 밸브   ④ 감압 밸브

해설 체크 밸브(check valve)는 역류를 방지하고, 회로내의 잔류 압력을 유지시키며, 오일의 흐름이 한쪽 방향으로만 가능하게 한다.

33 리프트(Lift)의 방호 장치가 아닌 것은?

① 출입문 인터록
② 권과 방지 장치
③ 부하 방지 장치
④ 해지 장치

34 지게차의 포크를 내리는 역할을 하는 부품은?

① 틸트 실린더   ② 리프트 실린더
③ 보올 실린더   ④ 조향 실린더

해설 리프트 실린더는 포크를 상승, 하강시키는 기능을 한다.

35 공기 브레이크 장치의 구성품 중 틀린 것은?

① 브레이크 밸브
② 마스터 실린더
③ 공기 탱크
④ 릴레이 밸브

해설 공기 브레이크는 공기 압축기, 압력 조정기와 언로드 밸브, 공기 탱크, 브레이크 밸브, 퀵 릴리스 밸브, 릴레이 밸브, 슬랙 조정기, 브레이크 체임버, 캠, 브레이크슈, 브레이크 드럼으로 구성된다.

정답 27. ④ 28. ③ 29. ① 30. ② 31. ② 32. ③ 33. ④ 34. ② 35. ②

36 지게차 조종석 계기판에 없는 것은?

① 연료계
② 냉각수 온도계
③ 운행거리 적산계
④ 엔진 회전속도(rpm) 게이지

37 지게차 조향바퀴 정렬의 요소가 아닌 것은?

① 캐스터(caster)   ② 부스터(booster)
③ 캠버(camber)   ④ 토인(toe-in)

해설 조향바퀴 얼라인먼트의 요소에는 캠버, 토인, 캐스터, 킹핀 경사각 등이 있다.

38 작업 전 지게차의 워밍업 운전 및 점검 사항으로 틀린 것은?

① 시동 후 작동유의 유온을 정상범위 내에 도달하도록 고속으로 전·후진 주행을 2~3회 실시
② 엔진 시동 후 5분간 저속운전 실시
③ 틸트 레버를 사용하여 전 행정으로 전후 경사 운동 2~3회 실시
④ 리프트 레버를 사용하여 상승, 하강 운동을 전 행정으로 2~3회 실시

해설 지게차의 난기운전(워밍업) 방법
① 엔진을 시동 후 5분 정도 공회전 시킨다.
② 리프트 레버를 사용하여 포크의 상승, 하강운동을 실린더 전체행정으로 2~3회 실시한다.
③ 포크를 지면으로 부터 20cm 정도로 올린 후 틸트 레버를 사용하여 전체행정으로 포크를 앞뒤로 2~3회 작동시킨다.

39 지게차의 유압 복동 실린더에 대하여 설명한 것 중 틀린 것은?

① 싱글 로드형이 있다.
② 더블 로드형이 있다.
③ 수축은 자중이나 스프링에 의해서 이루어진다.
④ 피스톤의 양방향으로 유압을 받아 늘어난다.

해설 자중이나 스프링에 의해서 수축이 이루어지는 방식은 단동 실린더이다.

40 지게차에 화물을 적재하고 주행할 때의 주의사항으로 틀린 것은?

① 급한 고갯길을 내려갈 때는 변속 레버를 중립에 두거나 엔진을 끄고 타력으로 내려간다.
② 포크나 카운터 웨이트 등에 사람을 태우고 주행해서는 안 된다.
③ 전방 시야가 확보되지 않을 때는 후진으로 진행하면서 경적을 울리며 천천히 주행한다.
④ 험한 땅, 좁은 통로, 고갯길 등에서는 급발진, 급제동, 급선회하지 않는다.

해설 화물을 적재하고 급한 고갯길을 내려갈 때는 변속 레버를 저속으로 하고 후진으로 천천히 내려가야 한다.

41 조정렌치 사용상 안전 및 주의사항으로 맞는 것은?

① 렌치를 사용 할 때는 밀면서 사용한다.
② 렌치를 잡아당기며 작업한다.
③ 렌치를 사용 할 때는 반드시 연결 대를 사용한다.
④ 렌치를 사용 할 때는 규정보다 큰 공구를 사용한다.

42 동력공구 사용 시 주의사항으로 틀린 것은?

① 보호구는 사용 안 해도 무방하다.
② 압축공기 중의 수분을 제거하여 준다.
③ 규정 공기 압력을 유지한다.
④ 에어 그라인더는 회전수에 유의한다.

정답 36. ③ 37. ② 38. ① 39. ③ 40. ① 41. ② 42. ①

43 구급처치 중에서 환자의 상태를 확인하는 사항과 가장 거리가 먼 것은?

① 의식 ② 출혈
③ 상처 ④ 격리

44 방진 마스크를 착용해야 하는 작업장은?

① 온도가 낮은 작업장
② 분진이 많은 작업장
③ 산소가 결핍되기 쉬운 작업장
④ 소음이 심한 작업장

해설 분진(먼지)이 발생하는 장소에서는 방진 마스크를 착용하여야 한다.

45 다음 중 장갑을 끼고 작업할 때 가장 위험한 작업은?

① 건설기계 운전 작업
② 타이어 교환 작업
③ 해머 작업
④ 오일 교환 작업

46 소화 작업 시 행동 요령으로 틀린 것은?

① 카바이드 및 유류에는 물을 뿌린다.
② 가스 밸브를 잠그고 전기 스위치를 끈다.
③ 전선에 물을 뿌릴 때는 송전 여부를 확인한다.
④ 화재가 일어나면 화재 경보를 한다.

해설 소화 작업의 기본 요소
① 가연 물질, 산소, 점화원을 제거한다.
② 가스 밸브를 잠그고 전기 스위치를 끈다.
③ 전선에 물을 뿌릴 때는 송전 여부를 확인한다.
④ 화재가 일어나면 화재 경보를 한다.
⑤ 카바이드 및 유류에는 물을 뿌려서는 안 된다.
⑥ 점화원을 발화점 이하의 온도로 낮춘다.

47 안전 보건표지에서 안내 표지의 바탕색은?

① 녹색 ② 청색
③ 흑색 ④ 적색

해설 안내표지는 녹색 바탕에 백색으로 안내 대상을 지시하는 표지판이다.

48 안전 교육의 목적으로 맞지 않는 것은?

① 능률적인 표준작업을 숙달시킨다.
② 소비절약 능력을 배양한다.
③ 작업에 대한 주의심을 파악할 수 있게 한다.
④ 위험에 대처하는 능력을 기른다.

49 사고의 직접원인으로 가장 옳은 것은?

① 유전적인 요소
② 사회적 환경요인
③ 성격결함
④ 불안전한 행동 및 상태

50 하인리히의 사고 예방 원리 5단계를 순서대로 나열한 것은?

① 조직, 사실의 발견, 평가분석, 시정책의 선정, 시정책의 적용
② 시정책의 적용, 조직, 사실의 발견, 평가분석, 시정책의 선정
③ 사실의 발견, 평가분석, 시정책의 선정, 시정책의 적용, 조직
④ 시정책의 선정, 시정책의 적용, 조직, 사실의 발견, 평가분석

해설 하인리히의 사고 예방 원리 5단계 순서는 조직 → 사실의 발견 → 평가분석 → 시정책의 선정 → 시정책의 적용이다.

51 건설기계관리법령상 건설기계 검사의 종류가 아닌 것은?

① 구조변경 검사
② 임시 검사
③ 수시 검사
④ 신규 등록 검사

정답 43. ④ 44. ② 45. ③ 46. ① 47. ① 48. ② 49. ④ 50. ① 51. ②

해설 건설기계 검사의 종류
① **신규 등록 검사** : 건설기계를 신규로 등록할 때 실시하는 검사
② **정기 검사** : 건설공사용 건설기계로서 3년의 범위에서 국토교통부령으로 정하는 검사 유효기간이 끝난 후에 계속하여 운행하려는 경우에 실시하는 검사와 대기환경보전법 및 소음·진동관리법에 따른 운행차의 정기 검사
③ **구조 변경 검사** : 건설기계의 주요 구조를 변경하거나 개조한 경우 실시하는 검사
④ **수시 검사** : 성능이 불량하거나 사고가 자주 발생하는 건설기계의 안전성 등을 점검하기 위하여 수시로 실시하는 검사와 건설기계 소유자의 신청을 받아 실시하는 검사

52 건설기계조종사면허가 취소되거나 정지처분을 받은 후 건설기계를 계속 조종한 자에 대한 벌칙으로 옳은 것은?

① 30만 원 이하의 과태료
② 100만 원 이하의 과태료
③ 1년 이하의 징역 또는 1,000만 원 이하의 벌금
④ 1년 이하의 징역 또는 100만 원 이하의 벌금

해설 건설기계 조종사 면허가 취소되거나 정지 처분을 받은 후 건설기계를 계속 조종한 자에 대한 벌칙은 1년 이하의 징역 또는 1,000만 원 이하의 벌금

53 건설기계관리법상 건설기계의 구조를 변경할 수 있는 범위에 해당되는 것은?

① 육상작업용 건설기계의 규격을 증가시키기 위한 구조 변경
② 육상작업용 건설기계의 적재함 용량을 증가시키기 위한 구조 변경
③ 원동기의 형식 변경
④ 건설기계의 기종 변경

해설 건설기계의 구조 변경을 할 수 없는 경우
① 건설기계의 기종 변경,
② 육상작업용 건설기계의 규격을 증가시키기 위한 구조 변경
③ 육상작업용 건설기계의 적재함 용량을 증가시키기 위한 구조 변경

54 건설기계 조종사의 적성 검사에 대한 설명으로 옳은 것은?

① 적성검사는 60세까지만 실시한다.
② 적성검사는 수시 실시한다.
③ 적성검사는 2년마다 실시한다.
④ 적성검사에 합격하여야 면허 취득이 가능하다.

해설 건설기계 조종사 면허를 받으려는 사람은 「국가기술자격법」에 따른 해당 분야의 기술자격을 취득하고 적성 검사에 합격하여야 한다.

55 건설기계 조종사의 면허취소 사유에 해당되는 것은?

① 고의로 인명피해를 입힌 때
② 1명에게 사망의 인명 피해를 입힌 경우
③ 3명에게 중상의 인명 피해를 입힌 때
④ 10명에게 경상의 인명 피해를 입힌 경우

해설 건설기계 조종사의 면허취소 사유
① 면허정지 처분을 받은 자가 그 정지 기간 중에 건설기계를 조종한 때
② 거짓 또는 부정한 방법으로 건설기계의 면허를 받은 때
③ 건설기계의 조종 중 고의로 인명 피해(사망·중상·경상)를 입힌 때
④ 술에 취한 상태에서 건설기계를 조종하다가 사람을 죽게 하거나 다치게 한 경우
⑤ 정기적성검사를 받지 않거나 정기적성검사에 불합격한 경우
⑥ 2회 이상 술에 취한 상태에서 건설기계를 조종하여 면허효력정지를 받은 사실이 있는 사람이 다시 술에 취한 상태에서 건설기계를 조종한 경우
⑦ 약물(마약, 대마 등의 환각물질)을 투여한 상태에서 건설기계를 조종한 때
⑧ 술에 만취한 상태(혈중 알코올농도 0.8% 이상)에서 건설기계를 조종한 때
⑨ 건설기계 조종사 면허증을 다른 사람에게 빌려 준 경우

정답 52. ③ 53. ③ 54. ④ 55. ①

56 차량이 남쪽에서부터 북쪽 방향으로 진행 중일 때, 그림의 '3방향 도로명 예고표지'에 대한 설명으로 틀린 것은?

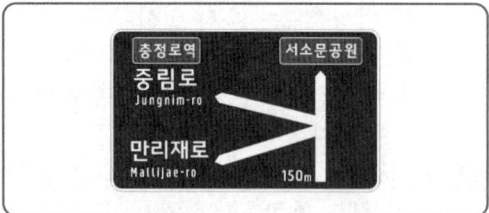

① 차량을 좌회전하는 경우 '중림로', 또는 '만리재로'로 진입할 수 있다.
② 차량을 좌회전하는 경우 '중림로', 또는 '만리재로' 도로구간의 끝 지점과 만날 수 있다.
③ 차량을 직진하는 경우 '서소문공원' 방향으로 갈 수 있다.
④ 차량을 '중림로'로 좌회전하면 '충정로역' 방향으로 갈 수 있다.

57 건설기계의 정비명령을 이행하지 아니한 자에 대한 벌칙은?

① 50만 원 이하의 벌금
② 1년 이하의 징역 또는 1000만 원 이하의 벌금
③ 150만 원 이하의 벌금
④ 30만 원 이하의 과태료

해설 건설기계 정비명령을 이행하지 아니한 자의 벌칙은 1년 이하의 징역 또는 1천만원 이하의 벌금에 처한다.

58 도로교통법상 운전이 금지되는 술에 취한 상태의 기준으로 옳은 것은?

① 혈중 알코올 농도 0.03% 이상일 때
② 혈중 알코올 농도 0.02% 이상일 때
③ 혈중 알코올 농도 0.1% 이상일 때
④ 혈중 알코올 농도 0.2% 이상일 때

해설 도로교통법령상 술에 취한 상태의 기준은 혈중 알코올 농도가 0.03% 이상인 경우이다.

59 도로에서는 차로별 통행 구분에 따라 통행하여야 한다. 위반이 아닌 경우는?

① 왕복 4차선 도로에서 중앙선을 넘어 추월하는 행위
② 두 개의 차로를 걸쳐서 운행하는 행위
③ 일방통행 도로에서 중앙이나 좌측부분을 통행하는 행위
④ 여러 차로를 연속적으로 가로 지르는 행위

60 도로교통법상에서 운전자가 주행 방향 변경 시 신호를 하는 방법으로 틀린 것은?

① 방향 전환, 횡단, 유턴, 정지 또는 후진 시 신호를 하여야 한다.
② 신호의 시기 및 방법은 운전자가 편리한 대로 한다.
③ 진로 변경 시에는 손이나 등화로서 신호할 수 있다.
④ 진로 변경의 행위가 끝날 때까지 신호를 하여야 한다.

정답 56. ② 57. ② 58. ① 59. ③ 60. ②

2020년 복원문제
제 2 회 지게차운전기능사

01 4행정 사이클 디젤 엔진이 작동 중 흡입 밸브와 배기 밸브가 동시에 닫혀있는 행정은?

① 배기 행정　② 소기 행정
③ 흡입 행정　④ 동력 행정

해설 4행정 사이클 엔진이 작동 중 흡입 밸브와 배기 밸브는 압축과 동력 행정에서 동시에 닫혀 있다.

02 라이너식 실린더에 비교한 일체식 실린더의 특징으로 틀린 것은?

① 부품수가 적고 중량이 가볍다.
② 라이너 형식보다 내마모성이 높다.
③ 강성 및 강도가 크다
④ 냉각수 누출 우려가 적다

해설 일체식 실린더는 강성 및 강도가 크고 냉각수 누출 우려가 적으며, 부품수가 적고 중량이 가볍다.

03 건설 기계용 디젤 엔진의 냉각장치 방식에 속하지 않는 것은?

① 자연 순환식　② 강제 순환식
③ 압력 순환식　④ 진공 순환식

해설 냉각장치 방식
① **자연 순환식** : 냉각수를 대류에 의해 순환시킨다.
② **강제 순환식** : 물 펌프로 실린더 헤드와 블록에 설치된 물 재킷 내에 냉각수를 순환시켜 냉각시킨다.
③ **압력 순환식** : 냉각계통을 밀폐시키고, 냉각수가 가열되어 팽창할 때의 압력이 냉각수에 압력을 가하여 냉각수의 비등점을 높여 비등에 의한 손실을 감소시킨다.
④ **밀봉 압력식** : 라디에이터 캡을 밀봉시킨 후 냉각수의 팽창과 맞먹는 크기의 보조 물 탱크를 설치하고 냉각수가 팽창하였을 때 외부로 배출되지 않도록 한다.

04 엔진 윤활유의 기능이 아닌 것은?

① 윤활 작용
② 연소 작용
③ 냉각 작용
④ 방청 작용

해설 윤활유의 주요 기능은 기밀 작용(밀봉 작용), 방청 작용(부식 방지 작용), 냉각 작용, 마찰 및 마멸 방지 작용, 응력 분산 작용, 세척 작용 등이 있다.

05 폭발 행정 끝 부분에서 실린더 내의 압력에 의해 배기가스가 배기 밸브를 통해 배출되는 현상은?

① 블로업(blow up)
② 블로바이(blow by)
③ 블로다운(blow down)
④ 블로백(blow back)

해설 블로다운은 폭발 행정 끝 부분에서 실린더 내의 압력에 의해 배기가스가 배기 밸브를 통해 배출되는 현상이다.

06 전기 단위환산으로 맞는 것은?

① 1KV = 1000V
② 1A = 10mA
③ 1KV = 100V
④ 1A = 100mA

정답 01. ④　02. ②　03. ④　04. ②　05. ③　06. ①

07 커먼레일 디젤 엔진의 가속페달 포지션 센서에 대한 설명 중 맞지 않는 것은?

① 가속페달 포지션 센서는 운전자의 의지를 전달하는 센서이다.
② 가속페달 포지션 센서2는 센서1을 검사하는 센서이다.
③ 가속페달 포지션 센서3은 연료 온도에 따른 연료량 보정 신호를 한다.
④ 가속페달 포지션 센서1은 연료량과 분사 시기를 결정한다.

해설 가속페달 포지션 센서는 운전자의 의지를 컴퓨터로 전달하는 센서이며, 센서 1에 의해 연료 분사량과 분사시기가 결정되며, 센서 2는 센서 1을 감시하는 기능으로 건설기계의 급출발을 방지하기 위한 것이다.

08 건설기계에서 기동 전동기가 회전하지 않을 경우 점검할 사항으로 틀린 것은?

① 배선의 단선 여부
② 축전지의 방전 여부
③ 타이밍 벨트의 이완 여부
④ 배터리 단자의 접촉 여부

해설 타이밍 벨트가 이완되면 밸브 개폐 시기가 틀려진다.

09 에어컨 시스템에서 기화된 냉매를 액화하는 장치는?

① 건조기 ② 응축기
③ 팽창 밸브 ④ 컴프레서

해설 에어컨의 구조
① **압축기** : 증발기에서 기화된 냉매를 고온·고압가스로 변환시켜 응축기로 보낸다.
② **응축기** : 고온·고압의 기체 냉매를 냉각에 의해 액체 냉매 상태로 변화시킨다.
③ **리시버 드라이어** : 응축기에서 보내온 냉매를 일시 저장하고 항상 액체 상태의 냉매를 팽창 밸브로 보낸다.
④ **팽창 밸브** : 고온·고압의 액체 냉매를 급격히 팽창시켜 저온·저압의 무상(기체) 냉매로 변화시킨다.
⑤ **증발기** : 주위의 공기로부터 열을 흡수하여 기체 상태의 냉매로 변환시킨다.
⑥ **송풍기** : 직류직권 전동기에 의해 구동되며 공기를 증발기에 순환시킨다.

10 6기통 디젤 엔진의 병렬로 연결된 예열플러그 중 3번 기통의 예열플러그가 단선 되었을 때 나타나는 현상에 대한 설명으로 옳은 것은?

① 2번과 4번의 예열플러그도 작동이 안 된다.
② 예열플러그 전체가 작동이 안 된다.
③ 3번 실린더 예열플러그만 작동이 안 된다.
④ 축전지 용량의 배가 방전된다.

해설 병렬로 연결된 예열플러그 중 3번 실린더의 예열플러그가 단선되면 3번 실린더 예열플러그만 작동이 안 된다.

11 유압회로 내의 압력이 설정 압력에 도달하면 펌프에서 토출된 오일의 일부 또는 전량을 직접 탱크로 돌려보내 회로의 압력을 설정 값으로 유지하는 밸브는?

① 체크 밸브 ② 릴리프 밸브
③ 시퀀스 밸브 ④ 언로드 밸브

해설 릴리프 밸브는 유압회로 내의 압력이 설정 압력에 도달하면 펌프에서 토출된 오일의 일부 또는 전량을 직접 탱크로 돌려보내 회로의 압력을 설정 값으로 유지한다.

12 유압 모터의 특징을 설명한 것으로 틀린 것은?

① 관성력이 크다.
② 구조가 간단하다.
③ 무단변속이 가능하다.
④ 자동 원격 조작이 가능하다.

해설 유압 모터의 장점
① 넓은 범위의 무단변속이 용이하다.
② 소형, 경량으로서 큰 출력을 낼 수 있다.
③ 구조가 간단하며, 과부하에 대해 안전하다.
④ 정·역회전 변화가 가능하다.
⑤ 자동 원격 조작이 가능하고 작동이 신속, 정확하다.
⑥ 관성력이 작아 전동 모터에 비하여 급속 정지가 쉽다.

정답 07. ③ 08. ③ 09. ② 10. ③ 11. ② 12. ①

⑦ 속도나 방향의 제어가 용이하다.
⑧ 회전체의 관성이 작아 응답성이 빠르다.

13 오일량은 정상인데 유압 오일이 과열되고 있다면 우선적으로 어느 부분을 점검해야 하는가?

① 유압 호스　② 필터
③ 오일 쿨러　④ 컨트롤 밸브

해설 오일량은 정상인데 유압 오일이 과열되면 오일 쿨러를 가장 먼저 점검한다.

14 유압 탱크에 대한 구비조건으로 가장 거리가 먼 것은?

① 적당한 크기의 주유구 및 스트레이너를 설치한다.
② 오일 냉각을 위한 쿨러를 설치한다.
③ 오일에 이물질이 혼입되지 않도록 밀폐되어야 한다.
④ 드레인(배출 밸브) 및 유면계를 설치한다.

해설 오일 탱크의 기능
① 계통 내의 필요한 유량을 확보(유압유의 저장)한다.
② 격판(배플)에 의한 기포발생 방지 및 제거한다.
③ 격판을 설치하여 유압유의 출렁거림을 방지한다.
④ 스트레이너 설치로 회로 내 불순물 혼입을 방지한다.
⑤ 탱크 외벽의 방열에 의한 적정 온도를 유지한다.
⑥ 유압유 수명을 연장하는 역할을 한다.
⑦ 유압유 중의 이물질을 분리한다.

15 한쪽 방향의 오일 흐름은 가능하지만 반대 방향으로는 흐르지 못하게 하는 밸브는?

① 분류 밸브
② 감압 밸브
③ 체크 밸브
④ 제어 밸브

해설 체크 밸브는 한쪽 방향의 오일 흐름은 가능하지만 반대 방향으로는 흐르지 못하게 한다.

16 날개로 펌핑 동작을 하며, 소음과 진동이 적은 유압 펌프는?

① 기어 펌프　② 플런저 펌프
③ 베인 펌프　④ 나사 펌프

해설 베인 펌프는 원통형 캠링(cam ring) 안에 편심 된 로터(rotor)가 들어 있으며 로터에는 홈이 있고, 그 홈 속에 판 모양의 날개(vane)가 끼워져 자유롭게 작동유가 출입할 수 있도록 되어있다.

17 유압 실린더 내부에 설치된 피스톤의 운동 속도를 빠르게 하기 위한 가장 적절한 제어방법은?

① 회로의 유량을 증가시킨다.
② 회로의 압력을 낮게 한다.
③ 고점도 유압유를 사용한다.
④ 실린더 출구 쪽에 카운터 밸런스 밸브를 설치한다.

해설 유압 실린더 내부에 설치된 피스톤의 운동속도를 빠르게 하려면 회로의 유량을 증가 시킨다.

18 일반적으로 캠(cam)으로 조작되는 유압 밸브로써 액추에이터의 속도를 서서히 감속시키는 밸브는?

① 카운터 밸런스 밸브
② 프레필 밸브
③ 방향제어 밸브
④ 디셀러레이션 밸브

해설 디셀러레이션 밸브는 캠(cam)으로 조작되는 유압 밸브로써 액추에이터의 속도를 서서히 감속시키고자 할 때 사용한다.

19 유압회로에 사용되는 제어 밸브의 역할과 종류의 연결 사항으로 틀린 것은?

① 일의 속도 제어 : 유량 조절 밸브
② 일의 시간 제어 : 속도 제어 밸브
③ 일의 방향 제어 : 방향 전환 밸브
④ 일의 크기 제어 : 압력 제어 밸브

정답 13. ③　14. ②　15. ③　16. ③　17. ①　18. ④　19. ②

해설 제어 밸브에는 일의 크기를 제어하는 압력 제어 밸브, 일의 속도를 제어하는 유량 조절 밸브, 일의 방향을 제어하는 방향 전환 밸브가 있다.

20 보기 항에서 유압 계통에 사용되는 오일의 점도가 너무 낮을 경우 나타날 수 있는 현상으로 모두 맞는 것은?

> [보기] ㄱ. 펌프 효율 저하
> ㄴ. 오일 누설 증가
> ㄷ. 유압회로 내의 압력 저하
> ㄹ. 시동 저항 증가

① ㄱ, ㄷ, ㄹ ② ㄱ, ㄴ, ㄷ
③ ㄴ, ㄷ, ㄹ ④ ㄱ, ㄴ, ㄹ

해설 오일의 점도가 너무 낮으면 유압 펌프의 효율 저하, 오일 누설 증가, 유압회로 내의 압력 저하 등이 발생한다.

21 지게차에 대한 설명으로 틀린 것은?

① 암페어 메타의 지침은 방전되면 (-)쪽을 가리킨다.
② 연료 탱크에 연료가 비어 있으면 연료 게이지는 "E"를 가리킨다.
③ 히터 시그널은 연소실 글로우 플러그의 가열 상태를 표시한다.
④ 오일 압력 경고등은 시동 후 워밍업 되기 전에 점등되어야 한다.

해설 오일 압력 경고등은 엔진이 시동되면 즉시 소등되어야 한다.

22 토크 컨버터가 설치된 지게차의 출발 방법은?

① 저·고속 레버를 저속 위치로 하고 클러치 페달을 밟는다.
② 클러치 페달을 조작할 필요 없이 가속 페달을 서서히 밟는다.
③ 저·고속 레버를 저속 위치로 하고 브레이크 페달을 밟는다.
④ 클러치 페달에서 서서히 발을 떼면서 가속 페달을 밟는다.

23 지게차의 틸트 레버를 운전석에서 운전자 몸 쪽으로 당기면 마스트는 어떻게 기울어지는가?

① 운전자의 몸 쪽에서 멀어지는 방향으로 기운다.
② 지면방향 아래쪽으로 내려온다.
③ 운전자의 몸 쪽 방향으로 기운다.
④ 지면에서 위쪽으로 올라간다.

해설 틸트 레버를 운전석에서 운전자 몸 쪽으로 당기면 마스트는 운전자의 몸 쪽 방향으로 기운다.

24 전동 지게차의 동력전달 순서로 맞는 것은?

① 축전지-제어기구-구동 모터-변속기-종감속 및 차동기어장치-앞바퀴
② 축전지-구동 모터-제어기구-변속기-종감속 및 차동기어장치-앞바퀴
③ 축전지-제어기구-구동 모터-변속기-종감속 및 차동기어장치-뒷바퀴
④ 축전지-구동 모터-제어기구-변속기-종감속 및 차동기어장치-뒷바퀴

해설 전동 지게차의 동력전달 순서는 축전지 – 제어기구 – 구동 모터 – 변속기 – 종감속 및 차동기어장치 – 앞바퀴이다.

25 지게차 조향 바퀴의 얼라인먼트의 요소가 아닌 것은?

① 캠버(CAMBER)
② 토인(TOE IN)
③ 캐스터(CASTER)
④ 부스터(BOOSTER)

해설 조향 바퀴의 얼라인먼트의 요소에는 캠버(CAMBER), 토인(TOE IN), 캐스터(CASTER), 킹핀 경사각 등이 있다.

정답 20. ② 21. ④ 22. ② 23. ③ 24. ① 25. ④

26 지게차 포크를 하강시키는 방법으로 가장 적합한 것은?

① 가속페달을 밟고 리프트레버를 앞으로 민다.
② 가속페달을 밟고 리프트레버를 뒤로 당긴다.
③ 가속페달을 밟지 않고 리프트레버를 뒤로 당긴다.
④ 가속페달을 밟지 않고 리프트레버를 앞으로 민다.

해설 지게차 포크를 하강시키는 방법은 가속 페달을 밟지 않고 리프트 레버를 앞으로 민다.

27 지게차에서 틸트 실린더의 역할은?

① 차체 수평유지
② 포크의 상하 이동
③ 마스트 앞·뒤 경사 조정
④ 차체 좌우 회전

해설 틸트 장치는 마스트 앞·뒤로 경사시키는 장치이다.

28 운전 중 좁은 장소에서 지게차를 방향 전환시킬 때 가장 주의할 점으로 맞는 것은?

① 뒷바퀴 회전에 주의하여 방향 전환한다.
② 포크 높이를 높게 하여 방향 전환한다.
③ 앞바퀴 회전에 주의하여 방향 전환한다.
④ 포크가 땅에 닿게 내리고 방향 전환한다.

29 깨지기 쉬운 화물이나 불안전한 화물의 낙하를 방지하기 위하여 포크 상단에 상하 작동할 수 있는 압력판을 부착한 지게차는?

① 하이 마스트
② 사이드 시프트 마스트
③ 로드 스태빌라이저
④ 3단 마스트

해설 로드 스태빌라이저는 깨지기 쉬운 화물이나 불안전한 화물의 낙하를 방지하기 위하여 포크 상단에 상하 작동할 수 있는 압력판을 부착한 지게차이다.

30 지게차를 전·후진 방향으로 서서히 화물에 접근시키거나 빠른 유압 작동으로 신속히 화물을 상승 또는 적재시킬 때 사용하는 것은?

① 인칭 조절 페달
② 액셀러레이터 페달
③ 디셀레이터 페달
④ 브레이크 페달

해설 인칭조절 페달은 지게차를 전·후진 방향으로 서서히 화물에 접근시키거나 빠른 유압작동으로 신속히 화물을 상승 또는 적재시킬 때 사용한다.

31 지게차에서 엔진이 정지되었을 때 레버를 밀어도 마스트가 경사되지 않도록 하는 것은?

① 벨 크랭크 기구 ② 틸트 록 장치
③ 체크 밸브   ④ 스태빌라이저

해설 틸트 록 장치는 마스트를 기울일 때 갑자기 엔진의 시동이 정지되면 작동하여 그 상태를 유지시키는 작용을 한다. 즉, 레버를 움직여도 마스트가 경사되지 않도록 한다.

32 지게차 체인장력 조정법으로 틀린 것은?

① 좌우 체인이 동시에 평행한가를 확인한다.
② 포크를 지상에서 조금 올린 후 조정한다.
③ 손으로 체인을 눌러보아 양쪽이 다르면 조정 너트로 조정한다.
④ 조정 후 로크너트를 풀어둔다.

해설 지게차 체인 장력 조정법
① 손으로 체인을 눌러보아 양쪽이 다르면 조정 너트로 조정한다.
② 포크를 지상에서 10~15cm 올린 후 조정한다.
③ 좌우 체인이 동시에 평행한가를 확인한다.
④ 조정 후 로크너트를 로크 시킨다.

정답 26. ④ 27. ③ 28. ① 29. ③ 30. ① 31. ② 32. ④

33 지게차의 리프트 실린더 작동회로에 사용되는 플로 레귤레이터(슬로 리턴)밸브의 역할은?

① 포크의 하강속도를 조절하여 포크가 천천히 내려오도록 한다.
② 포크 상승 시 작동유의 압력을 높여준다.
③ 짐을 하강할 때 신속하게 내려오도록 한다.
④ 포크가 상승하다가 리프트 실린더 중간에서 정지 시 실린더 내부누유를 방지한다.

해설 지게차의 리프트 실린더 작동회로에 플로 레귤레이터(슬로 리턴) 밸브를 사용하는 이유는 포크를 천천히 하강시키도록 하기 위함이다.

34 지게차의 적재방법으로 틀린 것은?

① 화물을 올릴 때에는 포크를 수평으로 한다.
② 화물을 올릴 때에는 가속페달을 밟는 동시에 레버를 조작한다.
③ 포크로 물건을 찌르거나 물건을 끌어서 올리지 않는다.
④ 화물이 무거우면 사람이나 중량물로 밸런스 웨이트를 삼는다.

35 지게차의 운반 방법 중 틀린 것은?

① 운반 중 마스트를 뒤로 4°가량 경사시킨다.
② 화물 운반시 내리막길은 후진, 오르막길은 전진한다.
③ 화물 적재 운반시 항상 후진으로 운반한다.
④ 운반 중 포크는 지면에서 20~30cm 가량 띄운다.

36 화물을 적재하고 주행할 때 포크와 지면과 간격으로 가장 적합한 것은?

① 지면에 밀착 ② 20~30cm
③ 50~55cm ④ 80~85cm

해설 화물을 적재하고 주행할 때 포크와 지면과 간격은 20~30cm가 좋다.

37 지게차로 가파른 경사지에서 적재물을 운반할 때에는 어떤 방법이 좋겠는가?

① 적재물을 앞으로 하여 천천히 내려온다.
② 기어의 변속을 중립에 놓고 내려온다.
③ 기어의 변속을 저속상태로 놓고 후진으로 내려온다.
④ 지그재그로 회전하여 내려온다.

해설 적재물을 포크에 적재하고 경사지를 내려올 때는 기어변속을 저속상태로 놓고 후진으로 내려온다.

38 지게차 화물취급 작업 시 준수하여야 할 사항으로 틀린 것은?

① 화물 앞에서 일단 정지해야 한다.
② 화물의 근처에 왔을 때에는 가속페달을 살짝 밟는다.
③ 파렛트에 실려 있는 물체의 안전한 적재 여부를 확인한다.
④ 지게차를 화물 쪽으로 반듯하게 향하고 포크가 파렛트를 마찰하지 않도록 주의한다.

해설 화물의 근처에 왔을 때에는 브레이크를 가볍게 밟는다.

39 지게차를 운행할 때 주의사항으로 틀린 것은?

① 급유 중은 물론 운전 중에도 화기를 가까이 하지 않는다.
② 적재 시 급제동을 하지 않는다.
③ 내리막길에서는 브레이크를 밟으면서 서서히 주행한다.
④ 적재 시에는 최고속도로 주행한다.

정답 33. ① 34. ④ 35. ③ 36. ② 37. ③ 38. ② 39. ④

40 지게차의 일상점검 사항이 아닌 것은?

① 토크 컨버터의 오일 점검
② 타이어 손상 및 공기압 점검
③ 틸트 실린더 오일누유 상태
④ 작동유의 양

41 일반적으로 장갑을 착용하고 작업을 하게 되는데, 안전을 위해서 오히려 장갑을 사용하지 않아야 하는 작업은?

① 전기 용접 작업
② 오일 교환 작업
③ 타이어 교환 작업
④ 해머 작업

42 기중 작업 시 무거운 하중을 들기 전에 반드시 점검해야 할 사항으로 가장 거리가 먼 것은?

① 와이어로프   ② 브레이크
③ 붐의 강도   ④ 클러치

해설 기중 작업 시 무거운 하중을 들기 전에 반드시 훅, 와이어로프, 브레이크, 클러치 등을 점검하여야 한다.

43 점검주기에 따른 안전 점검의 종류에 해당되지 않는 것은?

① 특별 점검   ② 정기 점검
③ 구조 점검   ④ 수시 점검

해설 안전 점검의 종류에는 일상 점검, 정기 점검, 수시 점검, 특별 점검 등이 있다.

44 정비작업 시 안전에 가장 위배 되는 것은?

① 깨끗하고 먼지가 없는 작업 환경을 조성한다.
② 가연성 물질을 취급 시 소화기를 준비한다.
③ 회전 부분에 옷이나 손이 닿지 않도록 한다.
④ 연료를 비운 상태에서 연료통을 용접한다.

해설 연료통은 내부의 연료 및 연료 증기 등을 완전히 제거하고 물을 채운 후 용접하여야 한다.

45 화재에 대한 설명으로 틀린 것은?

① 화재는 어떤 물질이 산소와 결합하여 연소하면서 열을 발출시키는 산화 반응을 말한다.
② 화재가 발생하기 위해서는 가연성 물질, 산소, 발화원이 반드시 필요하다.
③ 전기 에너지가 발화원이 되는 화재를 C급 화재라 한다.
④ 가연성 가스에 의한 화재를 D급 화재라 한다.

해설 가연성 가스에 의한 화재를 B급 화재라 한다.

46 전기기기에 의한 감전 사고를 막기 위하여 필요한 설비로 가장 중요한 것은?

① 접지 설비
② 방폭등 설비
③ 고압계 설비
④ 대지전위 상승 설비

해설 전기기기에 의한 감전 사고를 막기 위하여 접지 설비를 한다.

47 작업 안전 상 보호안경을 사용하지 않아도 되는 작업은?

① 장비 운전 작업   ② 용접 작업
③ 연마 작업   ④ 먼지 세척 작업

48 벨트를 풀리(pulley)에 장착 시 엔진의 상태로 옳은 것은?

① 저속으로 회전 상태
② 회전을 중지한 상태
③ 고속으로 회전 상태
④ 중속으로 회전 상태

정답 40. ① 41. ④ 42. ③ 43. ③ 44. ④ 45. ④ 46. ① 47. ① 48. ②

49 재해 발생원인 중 직접원인이 아닌 것은?
① 기계 배치의 결함
② 불량 공구 사용
③ 작업 조명의 불량
④ 교육 훈련 미숙

50 건설 산업현장에서 재해가 자주 발생하는 주요한 원인에 해당되지 않는 것은?
① 안전기술 부족
② 작업 자체의 위험성
③ 고용의 불안정
④ 공사계약의 용이성

51 건설기계의 조종에 관한 교육과정을 이수한 경우 조종사 면허를 받은 것으로 보는 소형 건설기계가 아닌 것은?
① 5톤 미만의 불도저
② 3톤 미만의 굴착기
③ 5톤 이상의 기중기
④ 3톤 미만의 지게차

해설 소형 건설기계의 종류
① 5톤 미만의 불도저
② 5톤 미만의 로더
③ 5톤 미만의 천공기. 다만, 트럭 적재식은 제외한다.
④ 3톤 미만의 지게차
⑤ 3톤 미만의 굴착기
⑥ 3톤 미만의 타워크레인
⑦ 공기압축기
⑧ 콘크리트 펌프. 다만, 이동식에 한정한다.
⑨ 쇄석기
⑩ 준설선

52 자동차 운전 중 교통사고를 일으킨 때 사고결과에 따른 벌점기준으로 틀린 것은?
① 부상 신고 1명마다 2점
② 사망 1명마다 90점
③ 경상 1명마다 5점
④ 중상 1명마다 30점

해설 교통사고 발생 후 벌점
① 사망 1명마다 90점 (사고발생으로부터 72시간 내에 사망한 때)
② 중상 1명마다 15점 (3주이상의 치료를 요하는 의사의 진단이 있는 사고)
③ 경상 1명마다 5점 (3주미만 5일이상의 치료를 요하는 의사의 진단이 있는 사고)
④ 부상신고 1명마다 2점 (5일미만의 치료를 요하는 의사의 진단이 있는 사고)

53 건설기계 범위에 해당 되지 않는 것은?
① 준설선
② 자체중량 1톤 미만 굴착기
③ 3톤 지게차
④ 항타 및 항발기

해설 굴착기의 건설기계 범위는 무한궤도 또는 타이어식으로 굴착장치를 가진 자체중량 1톤 이상인 것이다.

54 건설기계 등록사항의 변경신고는 변경이 있는 날로부터 며칠 이내에 하여야 하는가?(단, 국가비상사태일 경우를 제외한다.)
① 20일 이내   ② 30일 이내
③ 15일 이내   ④ 10일 이내

해설 건설기계 등록사항의 변경신고는 변경이 있는 날로부터 30일 이내에 하여야 한다.

55 건설기계 정기검사 신청기간 내에 정기검사를 받은 경우, 정기검사의 유효기간 시작 일을 바르게 설명한 것은?
① 유효기간에 관계없이 검사를 받은 다음 날부터
② 유효기간 내에 검사를 받은 것은 종전 검사유효기간 만료일부터
③ 유효기간에 관계없이 검사를 받은 날부터
④ 유효기간 내에 검사를 받은 것은 종전 검사 유효기간 만료일 다음 날부터

해설 건설기계 정기검사 신청기간 내에 정기검사를 받은 경우 다음 정기검사 유효기간의 산정은 종전 검사 유효기간 만료일의 다음날부터 기산한다.

정답 49. ④ 50. ④ 51. ③ 52. ④ 53. ② 54. ② 55. ④

56 건설기계 조종사에 관한 설명 중 틀린 것은?

① 면허의 효력이 정지된 때에는 건설기계 조종사 면허증을 반납하여야 한다.
② 해당 건설기계 운전 국가기술자격소지자가 건설기계 조종사 면허를 받지 않고 선설기계를 조종한 때에는 무면허이다.
③ 건설기계 조종사의 면허가 취소된 경우에는 그 사유가 발생한 날부터 30일 이내에 주소지를 관할하는 시·도지사에게 그 면허증을 반납하여야 한다.
④ 건설기계 조종사가 건설기계 조종사 면허의 효력정지 기간 중 건설기계를 조종한 경우, 시장·군수 또는 구청장은 건설기계 조종사 면허를 취소하여야 한다.

해설 건설기계 조종사의 면허가 취소된 경우에는 그 사유가 발생한 날부터 10일 이내에 주소지를 관할하는 시·도지사에게 그 면허증을 반납하여야 한다.

57 차량이 남쪽에서부터 북쪽 방향으로 진행 중일 때, 그림의 「2방향 도로명 예고표지」에 대한 설명으로 틀린 것은?

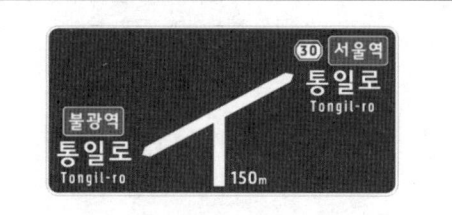

① 차량을 좌회전하는 경우 '통일로'의 건물 번호가 커진다.
② 차량을 좌회전하는 경우 '통일로'로 진입할 수 있다.
③ 차량을 좌회전하는 경우 '통일로'의 건물 번호가 작아진다.
④ 차량을 우회전하는 경우 '통일로'로 진입할 수 있다.

해설 도로 구간의 설정은 서쪽에서 동쪽, 남쪽에서 북쪽 방향으로 설정하며, 건물 번호는 왼쪽은 홀수, 오른쪽은 짝수의 일련번호를 부여하되 도로의 시작점에서 끝 지점까지 좌우 대칭을 유지한다.

58 고속도로 통행이 허용되지 않는 건설기계는?

① 콘크리트 믹서트럭
② 기중기(트럭적재식)
③ 덤프트럭
④ 지게차

59 다음 중 도로교통법에 의거, 야간에 자동차를 도로에서 정차 또는 주차하는 경우에 반드시 켜야 하는 등화는?

① 방향 지시등을 켜야 한다.
② 미등 및 차폭등을 켜야 한다.
③ 전조등을 켜야 한다.
④ 실내등을 켜야 한다.

해설 야간에 자동차를 도로에서 정차 또는 주차하는 경우에 반드시 미등 및 차폭등을 켜야 한다.

60 교차로 통과에서 가장 우선하는 것은?

① 경찰공무원의 수신호
② 안내판의 표시
③ 운전자 임의 판단
④ 신호기의 신호

정답 56. ③ 57. ① 58. ④ 59. ② 60. ①

2021년 복원문제 제1회 지게차운전기능사

01 건식 공기 청정기의 장점이 아닌 것은?

① 설치 또는 분해조립이 간단하다.
② 작은 입자의 먼지나 오물을 여과할 수 있다.
③ 구조가 간단하고 여과망을 세척하여 사용할 수 있다.
④ 엔진 회전속도의 변동에도 안정된 공기 청정 효율을 얻을 수 있다.

해설 건식 공기 청정기의 여과망은 압축공기로 청소하여 사용할 수 있다.

02 4행정 디젤엔진에서 흡입행정 시 실린더 내에 흡입되는 것은?

① 혼합기   ② 연료
③ 공기   ④ 스파크

해설 4행정 사이클 디젤엔진은 흡입행정을 할 때 공기만 흡입한다.

03 라디에이터 캡의 압력 스프링 장력이 약화 되었을 때 나타나는 현상은?

① 엔진 과냉   ② 엔진 과열
③ 출력 저하   ④ 배압 발생

해설 라디에이터 캡의 스프링이 약하거나 파손되면 비등점이 낮아져 엔진이 과열되기 쉽다.

04 엔진 오일의 소비량이 많아지는 직접적인 원인은?

① 피스톤 링과 실린더의 간극이 과대하다.
② 오일펌프 기어가 과대하게 마모되었다.
③ 배기밸브 간극이 너무 작다.
④ 윤활의 압력이 너무 낮다.

해설 피스톤 링 및 실린더 벽의 마모가 과다하면 엔진 오일의 소비가 많아진다.

05 스로틀 포지션 센서(TPS)에 대한 설명으로 틀린 것은?

① 가변저항식이다.
② 운전자가 가속페달을 얼마나 밟았는지 감지한다.
③ 급가속을 감지하면 컴퓨터가 연료 분사 시간을 늘려 실행시킨다.
④ 분사시기를 결정해주는 가장 중요한 센서이다.

해설 TPS는 운전자가 가속페달을 얼마나 밟았는지 감지하는 가변 저항식 센서이며, 급가속을 감지하면 컴퓨터가 연료 분사시간을 늘려 실행시키도록 한다.

06 다음 중 커먼레일 디젤 엔진의 공기 유량 센서(AFS)에 대한 설명 중 맞지 않는 것은?

① EGR 피드백 제어기능을 주로 한다.
② 열막 방식을 사용한다.
③ 연료량 제어기능을 주로 한다.
④ 스모그 제한 부스터 압력 제어용으로 사용한다.

해설 커먼레일 디젤 엔진에서 사용하는 공기 유량 센서는 열막 방식을 사용하며, 배기가스 재순환(EGR) 피드백 제어와 스모그 제한 부스터 압력 제어용으로 사용한다.

정답 01. ③ 02. ③ 03. ② 04. ① 05. ④ 06. ③

07 도체에 전류가 흐른다는 것은 전자의 움직임을 뜻한다. 다음 중 전자의 움직임을 방해하는 요소는 무엇인가?

① 전압　　　　② 저항
③ 전력　　　　④ 전류

해설) 저항은 전자의 이동을 방해하는 요소이다.

08 실드 빔 형식의 전조등을 사용하는 건설기계 장비에서 전조등 밝기가 흐려 야간 운전에 어려움이 있을 때 올바른 조치방법으로 맞는 것은?

① 렌즈를 교환 한다.
② 전조등을 교환한다.
③ 반사경을 교환한다.
④ 전구를 교환한다.

해설) 실드 빔은 렌즈, 반사경 및 필라멘트가 일체로 된 형식이다.

09 기동 전동기 피니언을 플라이휠 링 기어에 물려 엔진을 크랭킹 시킬 수 있는 점화 스위치 위치는?

① ON 위치　　　② ACC 위치
③ OFF 위치　　④ ST 위치

해설) ST(시동)위치는 기동 전동기 피니언을 플라이휠 링 기어에 물려 엔진을 크랭킹하는 점화 스위치의 위치이다.

10 축전지를 설명한 것으로 틀린 것은?

① 양극판이 음극판보다 1장 더 적다.
② 단자의 기둥은 양극이 음극보다 굵다.
③ 격리판은 다공성이며, 전도성인 물체로 만든다.
④ 일반적으로 12V 축전지의 셀은 6개로 구성되어 있다.

해설) 격리판은 양극판과 음극판의 단락을 방지하기 위한 것이며 다공성이고 비전도성인 물체로 만든다.

11 자체중량에 의한 자유낙하 등을 방지하기 위하여 회로에 배압을 유지하는 밸브는?

① 감압 밸브　　　② 체크 밸브
③ 릴리프 밸브　　④ 카운터밸런스 밸브

해설) 카운트 밸런스 밸브는 유압 실린더 등이 중력 및 자체중량에 의한 자유낙하를 방지하기 위해 배압을 유지한다.

12 유압장치에 사용되는 오일 실(seal)의 종류 중 O-링이 갖추어야 할 조건은?

① 체결력이 작을 것
② 압축변형이 적을 것
③ 작동 시 마모가 클 것
④ 오일의 입·출입이 가능할 것

해설) O-링의 구비조건
① 내압성과 내열성이 클 것
② 피로강도가 크고, 비중이 적을 것
③ 탄성이 양호하고, 압축변형이 적을 것
④ 정밀가공 면을 손상시키지 않을 것
⑤ 설치하기가 쉬울 것

13 건설기계의 유압장치를 가장 적절히 표현한 것은?

① 오일을 이용하여 전기를 생산하는 것
② 기체를 액체로 전환시키기 위하여 압축하는 것
③ 오일의 연소 에너지를 통해 동력을 생산하는 것
④ 오일의 유체 에너지를 이용하여 기계적인 일을 하도록 하는 것

해설) 유압장치란 유체의 압력 에너지를 이용하여 기계적인 일을 하도록 하는 것이다.

14 유압장치에서 방향 제어 밸브에 해당하는 것은?

① 셔틀 밸브　　　② 릴리프 밸브
③ 시퀀스 밸브　　④ 언로더 밸브

정답　07. ②　08. ②　09. ④　10. ③　11. ④　12. ②　13. ④　14. ①

해설 방향제어 밸브의 종류에는 스풀 밸브, 체크 밸브, 셔틀 밸브 등이 있다.

15 그림의 유압 기호는 무엇을 표시하는가?

① 유압 실린더
② 어큐뮬레이터
③ 오일 탱크
④ 유압 실린더 로드

16 작업 중에 유압 펌프로부터 토출유량이 필요하지 않게 되었을 때, 토출유를 탱크에 저압으로 귀환시키는 회로는?

① 시퀀스 회로
② 어큐뮬레이터 회로
③ 블리드 오프 회로
④ 언로드 회로

해설 언로드 회로는 작업 중에 유압펌프 유량이 필요하지 않게 되었을 때 오일을 저압으로 탱크에 귀환시킨다.

17 유압유에 포함된 불순물을 제거하기 위해 유압 펌프 흡입관에 설치하는 것은?

① 부스터   ② 스트레이너
③ 공기청정기   ④ 어큐뮬레이터

해설 스트레이너(strainer)는 유압 펌프의 흡입관에 설치하는 여과기이다.

18 플런저식 유압 펌프의 특징이 아닌 것은?

① 구동축이 회전운동을 한다.
② 플런저가 회전운동을 한다.
③ 가변용량형과 정용량형이 있다.
④ 기어 펌프에 비해 최고 압력이 높다.

19 기어식 유압 펌프에 폐쇄 작용이 생기면 어떤 현상이 생길 수 있는가?

① 기름의 토출
② 기포의 발생
③ 기어 진동의 소멸
④ 출력의 증가

해설 폐쇄 작용이란 토출된 유량 일부가 입구 쪽으로 복귀하여 토출량 감소, 펌프를 구동하는 동력증가 및 케이싱 마모, 기포발생 등의 원인을 유발하는 현상이다. 폐쇄된 부분의 유압유는 압축이나 팽창을 받으므로 소음과 진동의 원인이 된다.

20 유압유의 주요기능이 아닌 것은?

① 열을 흡수한다.
② 동력을 전달한다.
③ 필요한 요소사이를 밀봉한다.
④ 움직이는 기계요소를 마모시킨다.

21 지게차의 작업장치가 아닌 것은?

① 사이드 시프트   ② 로테이팅 클램프
③ 힌지드 버킷   ④ 브레이커

해설 지게차의 종류에는 하이 마스트, 프리 리프트 마스트, 3단 마스트, 로드 스태빌라이저, 사이드 시프트, 로테이팅 클램프, 힌지드 버킷 및 포크 등이 있다.

22 지게차의 토인 조정은 무엇으로 하는가?

① 드래그 링크   ② 스티어링 휠
③ 타이로드   ④ 조향기어

해설 토인 조정은 타이로드 길이로 한다.

23 지게차에서 적재 상태의 마스트 경사로 적합한 것은?

① 뒤로 기울어지도록 한다.
② 앞으로 기울어지도록 한다.
③ 진행 좌측으로 기울어지도록 한다.
④ 진행 우측으로 기울어지도록 한다.

해설 적재 상태에서 마스트는 뒤로 기울어지도록 한다.

정답 15. ② 16. ④ 17. ② 18. ② 19. ② 20. ④ 21. ④ 22. ③ 23. ①

24 지게차의 마스트를 앞 또는 뒤로 기울이도록 작동시키는 것은?
① 틸트 레버 ② 포크
③ 리프트 레버 ④ 변속 레버

해설 지게차의 마스트를 앞뒤로 기울이는 작동은 틸트 레버에 의해서 이루어지고 포크의 상하 작동은 리프트 레버에 의해 이루어진다.

25 지게차에서 틸트 실린더의 역할은?
① 차체 수평유지
② 포크의 상하 이동
③ 마스트 앞·뒤 경사 조정
④ 차체 좌우 회전

해설 틸트 장치는 마스트 앞·뒤로 경사시키는 장치이다.

26 지게차의 좌측 레버를 당기면 포크가 상승, 하강하는 장치는?
① 리프트 레버 ② 고저속 레버
③ 틸트 레버 ④ 전후진 레버

해설 지게차의 리프트 레버는 포크를 상승, 하강시키고, 틸트 레버는 마스트를 앞 또는 뒤로 기울인다.

27 지게차의 리프트 실린더의 주된 역할은?
① 포크를 앞뒤로 기울게 한다.
② 마스터를 틸트시킨다.
③ 포크를 상승, 하강시킨다.
④ 마스터를 이동시킨다.

해설 지게차의 작업 레버에는 마스트를 앞뒤로 기울이는 틸트 레버와, 포크를 상승, 하강시키는 리프트 레버가 있다.

28 지게차 스프링 장치에 대한 설명으로 맞는 것은?
① 탠덤 드라이브장치이다.
② 코일 스프링장치이다.
③ 판 스프링장치이다.
④ 스프링장치가 없다.

29 평탄한 노면에서의 지게차 운전하여 하역 작업시 올바른 방법이 아닌 것은?
① 파렛트에 실은 짐이 안정되고 확실하게 실려 있는가를 확인한다.
② 포크를 삽입하고자 하는 곳과 평행하게 한다.
③ 불안정한 적재의 경우에는 빠르게 작업을 진행시킨다.
④ 화물 앞에서 정지한 후 마스트가 수직이 되도록 기울여야 한다.

30 지게차를 주차시켰을 때 포크의 적당한 위치는?
① 지상으로부터 20cm 위치에 둔다.
② 지상으로부터 30cm 위치에 둔다.
③ 지면에 내려놓는다.
④ 높이 들어둔다.

해설 지게차 포크의 위치는 주행시 지상으로부터 20cm 정도이고 주차시에는 지면에 내려놓는다.

31 지게차의 유압 탱크 유량을 점검하기 전 포크의 적절한 위치는?
① 포크를 지면에 내려놓고 점검한다.
② 최대적재량의 하중으로 포크는 지상에서 떨어진 높이에서 점검한다.
③ 포크를 최대로 높여 점검한다.
④ 포크를 중간 높이에서 점검한다.

32 지게차를 운행할 때 주의사항으로 틀린 것은?
① 급유 중은 물론 운전 중에도 화기를 가까이 하지 않는다.
② 적재 시 급제동을 하지 않는다.
③ 내리막길에서는 브레이크를 밟으면서 서서히 주행한다.
④ 적재 시에는 최고속도로 주행한다.

정답 24. ① 25. ③ 26. ① 27. ③ 28. ④ 29. ③ 30. ③ 31. ① 32. ④

33 지게차 화물취급 작업 시 준수하여야 할 사항으로 틀린 것은?

① 화물 앞에서 일단 정지해야 한다.
② 화물의 근처에 왔을 때에는 가속페달을 살짝 밟는다.
③ 파렛트에 실려 있는 물체의 안전한 적재 여부를 확인한다.
④ 지게차를 화물 쪽으로 반듯하게 향하고 포크가 파렛트를 마찰하지 않도록 주의한다.

해설 화물의 근처에 왔을 때에는 가속페달을 가볍게 밟는다.

34 지게차로 화물을 싣고 경사지에서 주행할 때 안전상 올바른 운전방법은?

① 포크를 높이 들고 주행한다.
② 내려갈 때에는 저속 후진한다.
③ 내려갈 때에는 변속레버를 중립에 놓고 주행한다.
④ 내려갈 때에는 시동을 끄고 타력으로 주행한다.

해설 화물을 포크에 적재하고 경사지를 내려올 때는 기어 변속을 저속상태로 놓고 후진으로 내려온다.

35 지게차 주행 시 포크의 높이로 가장 적절한 것은?

① 지면으로부터 60~70cm 정도 높인다.
② 지면으로부터 90cm 정도 높인다.
③ 지면으로부터 20~30cm 정도 높인다.
④ 최대한 높이를 올리는 것이 좋다.

해설 지게차가 주행할 때 포크는 지면으로부터 20~30cm 정도 높인다.

36 지게차의 리프트 실린더(lift cylinder) 작동회로에서 플로 프로텍터(벨로시티 퓨즈)를 사용하는 주된 목적은?

① 컨트롤 밸브와 리프터 실린더사이에서 배관파손 시 적재물 급강하를 방지한다.
② 포크의 정상 하강 시 천천히 내려올 수 있게 한다.
③ 짐을 하강할 때 신속하게 내려올 수 있도록 작용한다.
④ 리프트 실린더 회로에서 포크상승 중 중간 정지 시 내부 누유를 방지한다.

해설 플로 프로텍터(벨로시티 퓨즈)는 컨트롤 밸브와 리프터 실린더사이에서 배관이 파손되었을 때 적재물 급강하를 방지한다.

37 다음 중 지게차 운전 작업 관련 사항으로 틀린 것은?

① 운전시 급정지, 급선회를 하지 않는다.
② 화물을 적재 후 포크를 될 수 있는 한 높이 들고 운행한다.
③ 화물 운반시 포크의 높이는 지면으로부터 20cm ~ 30cm를 유지한다.
④ 포크를 상승시에는 액셀러레이터를 밟으면서 상승시킨다.

38 지게차의 포크 양쪽 중 한쪽이 낮아졌을 경우에 해당되는 원인으로 볼 수 있는 것은?

① 체인의 늘어짐
② 사이드 롤러의 과다한 마모
③ 실린더의 마모
④ 윤활유 불충분

해설 리프트 체인의 한쪽이 늘어나면 포크가 한쪽으로 기울어진다.

39 지게차에서 엔진이 정지되었을 때 레버를 밀어도 마스트가 경사되지 않도록 하는 것은?

① 벨 크랭크 기구 ② 틸트 록 장치
③ 체크 밸브 ④ 스태빌라이저

해설 틸트 록 장치는 마스트를 기울일 때 갑자기 엔진의 시동이 정지되면 작동하여 그 상태를 유지시키는 작용을 한다. 즉 레버를 움직여도 마스트가 경사되지 않도록 한다.

정답 33. ② 34. ② 35. ③ 36. ① 37. ② 38. ① 39. ②

40 지게차를 전·후진 방향으로 서서히 화물에 접근시키거나 빠른 유압작동으로 신속히 화물을 상승 또는 적재시킬 때 사용하는 것은?

① 인칭 조절 페달
② 액셀러레이터 페달
③ 디셀레이터 페달
④ 브레이크 페달

해설 인칭조절 페달은 지게차를 전·후진 방향으로 서서히 화물에 접근시키거나 빠른 유압작동으로 신속히 화물을 상승 또는 적재시킬 때 사용한다.

41 전기기기에 의한 감전 사고를 막기 위하여 필요한 설비로 가장 중요한 것은?

① 접지 설비
② 방폭등 설비
③ 고압계 설비
④ 대지 전위 상승설비

해설 전기 기기에 의한 감전 사고를 막기 위하여 필요한 것은 접지 설비이다.

42 귀마개가 갖추어야 할 조건으로 틀린 것은?

① 내습, 내유성을 가질 것
② 적당한 세척 및 소독에 견딜 수 있을 것
③ 가벼운 귓병이 있어도 착용할 수 있을 것
④ 안경이나 안전모와 함께 착용을 하지 못하게 할 것

43 안전모에 대한 설명으로 적합하지 않은 것은?

① 혹한기에 착용하는 것이다.
② 안전모의 상태를 점검하고 착용한다.
③ 안전모의 착용으로 불안전한 상태를 제거한다.
④ 올바른 착용으로 안전도를 증가시킬 수 있다.

44 드릴작업 시 유의사항으로 잘못된 것은?

① 작업 중 칩 제거를 금지한다.
② 작업 중 면장갑 착용을 금한다.
③ 작업 중 보안경 착용을 금한다.
④ 균열이 있는 드릴은 사용을 금한다.

45 가스용접 작업 시 안전수칙으로 바르지 못한 것은?

① 산소 용기는 화기로부터 지정된 거리를 둔다.
② 40℃이하의 온도에서 산소 용기를 보관한다.
③ 산소 용기 운반 시 충격을 주지 않도록 주의한다.
④ 토치에 점화할 때 성냥불이나 담뱃불로 직접 점화한다.

46 폭발의 우려가 있는 가스 또는 분진이 발생하는 장소에서 지켜야 할 사항에 속하지 않는 것은?

① 화기 사용금지
② 인화성 물질 사용금지
③ 불연성 재료의 사용금지
④ 점화의 원인이 될 수 있는 기계 사용금지

해설 폭발의 우려가 있는 가스 또는 분진이 발생하는 장소에서 지켜야 할 사항은 ①, ②, ④항 이외에 가연성 재료의 사용금지이다.

47 안전·보건표지의 종류와 형태에서 그림의 표지로 맞는 것은?

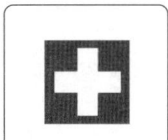

① 비상구
② 안전제일 표지
③ 응급 구호 표지
④ 들것 표지

정답 40. ① 41. ① 42. ④ 43. ① 44. ③ 45. ④ 46. ③ 47. ③

48 산업체에서 안전을 지킴으로서 얻을 수 있는 이점과 가장 거리가 먼 것은?

① 직장의 신뢰도를 높여준다.
② 직장 상·하 동료 간 인간관계 개선효과도 기대된다.
③ 기업의 투자 경비가 늘어난다.
④ 사내 안전수칙이 준수되어 질서유지가 실현된다.

49 산업재해 원인은 직접원인과 간접원인으로 구분되는데 다음 직접원인 중에서 불안전한 행동에 해당되지 않는 것은?

① 허가 없이 장치를 운전
② 불충분한 경보 시스템
③ 결함 있는 장치를 사용
④ 개인 보호구 미사용

50 작업장에서 작업복을 착용하는 주된 이유는?

① 작업 속도를 높이기 위해서
② 작업자의 복장통일을 위해서
③ 작업장의 질서를 확립시키기 위해서
④ 재해로부터 작업자의 몸을 보호하기 위해서

51 건설기계 소유자는 건설기계를 취득한 날부터 얼마 이내에 건설기계 등록신청을 해야 하는가?

① 2주 이내
② 10일 이내
③ 2월 이내
④ 1월 이내

해설 건설기계를 취득한 날부터 2월(60일)이내에 건설기계 등록신청을 해야 한다.

52 건설기계관리법상 건설기계 사업을 등록해 줄 수 있는 단체장은?

① 김해군수
② 경기도지사
③ 부천시장
④ 서울 강남 구청장

53 건설기계 조종사 면허증의 반납사유가 아닌 것은?

① 신규 면허를 신청할 때
② 면허증 재교부를 받은 후 분실된 면허증을 발견한 때
③ 면허의 효력이 정지된 때
④ 면허가 취소된 때

해설 면허증 반납은 면허증 재교부를 받은 후 분실된 면허증을 발견한 때, 면허의 효력이 정지된 때, 면허가 취소된 때이다.

54 건설기계 폐기 인수 증명서는 누가 교부하는가?

① 시장·군수
② 국토교통부장관
③ 건설기계 해체재활용업자
④ 시·도지사

해설 건설기계 폐기 인수증명서는 건설기계 해체재활용업자가 교부한다.

55 건설기계 등록 말소 신청시의 첨부 서류가 아닌 것은?

① 건설기계 등록증
② 건설기계 검사증
③ 건설기계 양도 증명서
④ 건설기계의 멸실, 도난 등 등록 말소 사유를 확인할 수 있는 서류

해설 등록 말소 신청시의 첨부서류는 건설기계 등록증, 건설기계 검사증, 건설기계의 멸실, 도난 등 등록 말소 사유를 확인할 수 있는 서류 등이다.

정답 48. ③ 49. ② 50. ④ 51. ③ 52. ② 53. ① 54. ③ 55. ③

56 건설기계 조종사의 적성검사 기준을 설명한 것으로 틀린 것은?

① 55데시벨의 소리를 들을 수 있을 것
② 시각이 120도 이상일 것
③ 두 눈을 동시에 뜨고 잰 시력(교정시력 포함)이 0.7 이상일 것
④ 언어 분별력이 80% 이상일 것

해설 적성검사 기준
① 두 눈의 시력이 각각 0.3 이상일 것
② 두 눈을 동시에 뜨고 잰 시력이 0.7 이상일 것
③ 시각은 150도 이상일 것
④ 55데시벨(보청기를 사용하는 사람은 40데시벨)의 소리를 들을 수 있고, 언어 분별력이 80% 이상일 것

57 도로교통법에 위반되는 행위는?

① 야간에 교행 할 때 전조등의 광도를 감하였다.
② 주간에 방향을 전환할 때 방향지시등을 켰다.
③ 철길건널목 바로 전에 일시 정지하였다.
④ 다리 위에서 앞지르기 하였다.

58 도로교통법규상 주차금지 장소가 아닌 곳은?

① 터널 안 및 다리 위
② 전신주로부터 12m 이내인 곳
③ 소방용 방화물통으로부터 5m 이내인 곳
④ 화재경보기로부터 3m 이내인 곳

59 차량이 남쪽에서부터 북쪽 방향으로 진행 중일 때, 그림의 「3방향 도로명 예고표지(Y형 교차로 같은 길)」에 대한 설명으로 틀린 것은?

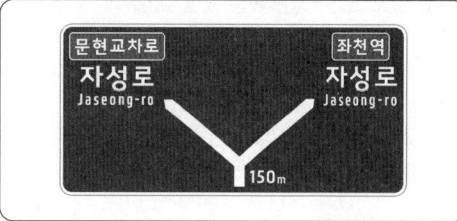

① 차량을 우회전하는 경우 '자성로'로 진입할 수 있다.
② 차량을 좌회전하는 경우 '자성로'의 '좌천역' 방향으로 갈 수 있다.
③ 차량을 좌회전하는 경우 '자성로'의 '문현교차로' 방향으로 갈 수 있다.
④ 차량을 우회전하는 경우 '자성로'의 '좌천역' 방향으로 갈 수 있다.

60 4차로 이상 고속도로에서 건설기계의 법정 최고속도는 시속 몇 km인가?(단, 경찰청장이 일부 구간에 대하여 제한속도를 상향 지정한 경우는 제외한다.)

① 50   ② 60
③ 100   ④ 80

해설 4차로 이상 고속도로에서 건설기계의 법정 최고속도는 80km/h이다.

정답 56. ② 57. ④ 58. ② 59. ② 60. ④

2021년 복원문제
제 2회 지게차운전기능사

01 4행정 엔진에서 1사이클을 완료할 때 크랭크축은 몇 회전하는가?

① 1회전 ② 2회전
③ 3회전 ④ 4회전

해설 4행정 사이클 엔진은 크랭크축이 2회전하고, 피스톤은 흡입 → 압축 → 폭발(동력) → 배기의 4행정을 하여 1사이클을 완성한다.

02 라디에이터(Radiator)에 대한 설명으로 틀린 것은?

① 라디에이터 재료 대부분은 알루미늄 합금이 사용된다.
② 단위 면적당 방열량이 커야 한다.
③ 냉각효율을 높이기 위해 방열 핀이 설치된다.
④ 공기흐름 저항이 커야 냉각효율이 높다.

해설 라디에이터의 구비조건
① 단위면적 당 방열량이 클 것
② 가볍고 작으며, 강도가 클 것
③ 냉각수 흐름저항이 적을 것
④ 공기 흐름저항이 적을 것

03 디젤 엔진의 연소실 중 연료소비율이 낮으며 연소압력이 가장 높은 연소실 형식은?

① 예연소실식
② 와류실식
③ 직접분사실식
④ 공기실식

해설 직접분사실식은 디젤 엔진의 연소실 중 연료 소비율이 낮으며 연소 압력이 가장 높다.

04 디젤 엔진과 관련 없는 것은?

① 착화 ② 점화
③ 예열 플러그 ④ 세탄가

05 다음 중 가솔린 엔진에 비해 디젤엔진의 장점으로 볼 수 없는 것은?

① 열효율이 높다.
② 압축압력, 폭압압력이 크기 때문에 마력당 중량이 크다.
③ 유해 배기가스 배출량이 적다.
④ 흡입행정 시 펌핑 손실을 줄일 수 있다.

해설 디젤 엔진의 장점
① 열효율이 높고 연료소비량이 적다.
② 전기 점화장치가 없어 고장률이 적다.
③ 인화점이 높은 경유를 사용하므로 취급이 용이하다 (화재의 위험이 적다).
④ 유해 배기가스 배출량이 적다.
⑤ 흡입행정 시 펌핑 손실을 줄일 수 있다.

06 커먼레일 디젤 엔진의 연료장치 시스템에서 출력요소는?

① 공기 유량 센서
② 인젝터
③ 엔진 ECU
④ 브레이크 스위치

해설 인젝터는 엔진 ECU의 신호에 의해 연료를 분사하는 출력요소이다.

정답 01. ② 02. ④ 03. ③ 04. ② 05. ② 06. ②

07 기동전동기 구성품 중 자력선을 형성하는 것은?

① 전기자   ② 계자 코일
③ 슬립링   ④ 브러시

해설 계자 코일에 전기가 흐르면 계자 철심은 전자석이 되며, 자력선을 형성한다.

08 교류 발전기의 다이오드가 하는 역할은?

① 전류를 조정하고, 교류를 정류한다.
② 전압을 조정하고, 교류를 정류한다.
③ 교류를 정류하고, 역류를 방지한다.
④ 여자 전류를 조정하고, 역류를 방지한다.

해설 AC 발전기 다이오드의 역할은 교류를 정류하고, 역류를 방지한다.

09 축전지의 전해액으로 알맞은 것은?

① 순수한 물   ② 과산화납
③ 해면상납   ④ 묽은 황산

해설 납산 축전지 전해액은 증류수에 황산을 혼합한 묽은 황산이다.

10 다음 중 교류 발전기를 설명한 내용으로 맞지 않는 것은?

① 정류기로 실리콘 다이오드를 사용한다.
② 스테이터 코일은 주로 3상 결선으로 되어있다.
③ 발전조정은 전류 조정기를 이용한다.
④ 로터 전류를 변화시켜 출력이 조정된다.

해설 교류 발전기는 전압 조정기만 필요하다.

11 유압장치에서 방향 제어 밸브 설명으로 틀린 것은?

① 유체의 흐름방향을 변환한다.
② 액추에이터의 속도를 제어한다.
③ 유체의 흐름방향을 한쪽으로만 허용한다.
④ 유압 실린더나 유압 모터의 작동방향을 바꾸는데 사용된다.

해설 액추에이터의 속도 제어는 유량 제어 밸브의 역할이다.

12 유압 모터의 종류에 포함되지 않는 것은?

① 기어형   ② 베인형
③ 플런저형   ④ 터빈형

해설 유압 모터의 종류에는 기어형, 베인형, 플런저형 등이 있다.

13 유압장치에서 작동 및 움직임이 있는 곳의 연결 관으로 적합한 것은?

① 플렉시블 호스   ② 구리 파이프
③ 강 파이프   ④ PVC호스

해설 플렉시블 호스는 내구성이 강하고 작동 및 움직임이 있는 곳에 사용하기 적합하다.

14 유압 계통에 사용되는 오일의 점도가 너무 낮을 경우 나타날 수 있는 현상이 아닌 것은?

① 시동 저항 증가
② 펌프 효율 저하
③ 오일 누설 증가
④ 유압회로 내 압력 저하

해설 유압유의 점도가 너무 낮으면
① 유압 펌프의 효율이 저하된다.
② 유압유의 누설이 증가한다.
③ 유압 계통(회로)내의 압력이 저하된다.
④ 액추에이터의 작동속도가 늦어진다.

15 유압 펌프에서 발생된 유체 에너지를 이용하여 직선운동이나 회전운동을 하는 유압 기기는?

① 오일 쿨러   ② 제어 밸브
③ 액추에이터   ④ 어큐뮬레이터

해설 유압 액추에이터는 압력(유압) 에너지를 직선운동이나 회전운동으로 바꾸는 장치이다.

정답 07. ② 08. ③ 09. ④ 10. ③ 11. ② 12. ④ 13. ① 14. ① 15. ③

16 압력 제어 밸브의 종류가 아닌 것은?
① 언로더 밸브   ② 스로틀 밸브
③ 시퀀스 밸브   ④ 릴리프 밸브

해설 압력 제어 밸브의 종류에는 릴리프 밸브, 리듀싱(감압) 밸브, 시퀀스(순차) 밸브, 언로드(무부하) 밸브, 카운터 밸런스 밸브 등이 있다.

17 유압장치에서 오일의 역류를 방지하기 위한 밸브는?
① 변환 밸브
② 압력 조절 밸브
③ 체크 밸브
④ 흡기 밸브

해설 체크 밸브(check valve)는 역류를 방지하고, 회로내의 잔류 압력을 유지시키며, 오일의 흐름이 한쪽 방향으로만 가능하게 한다.

18 기체-오일식 어큐뮬레이터에 가장 많이 사용되는 가스는?
① 산소   ② 질소
③ 아세틸렌   ④ 이산화탄소

해설 가스형 어큐뮬레이터(축압기)에는 질소가스를 주입한다.

19 유압회로에서 호스의 노화 현상이 아닌 것은?
① 호스의 표면에 갈라짐이 발생한 경우
② 코킹부분에서 오일이 누유 되는 경우
③ 액추에이터의 작동이 원활하지 않을 경우
④ 정상적인 압력상태에서 호스가 파손될 경우

해설 호스의 노화 현상
① 호스의 표면에 갈라짐(crack)이 발생한 경우
② 호스의 탄성이 거의 없는 상태로 굳어 있는 경우
③ 정상적인 압력상태에서 호스가 파손될 경우
④ 코킹부분에서 오일이 누유 되는 경우

20 유압 실린더 중 피스톤의 양쪽에 유압유를 교대로 공급하여 양방향의 운동을 유압으로 작동시키는 형식은?
① 단동식   ② 복동식
③ 다동식   ④ 편동식

해설 단공식과 복동식 유압 실린더
① **단동식** : 한쪽 방향에 대해서만 유효한 일을 하고, 복귀는 중력이나 복귀스프링에 의한다.
② **복동식** : 유압 실린더 피스톤의 양쪽에 유압유를 교대로 공급하여 양방향의 운동을 유압으로 작동시킨다.

21 지게차의 틸트 레버를 운전석에서 운전자 몸 쪽으로 당기면 마스트는 어떻게 기울어지는가?
① 운전자의 몸 쪽에서 멀어지는 방향으로 기운다.
② 지면방향 아래쪽으로 내려온다.
③ 운전자의 몸 쪽 방향으로 기운다.
④ 지면에서 위쪽으로 올라간다.

해설 틸트 레버를 운전석에서 운전자 몸 쪽으로 당기면 마스트는 운전자의 몸 쪽 방향으로 기운다.

22 둥근 목재나 파이프 등을 작업하는데 적합한 지게차의 작업 장치는?
① 블록 클램프   ② 사이드 시프트
③ 하이 마스트   ④ 힌지드 포크

해설 지게차의 작업 장치
① **블록 클램프** : 콘크리트 블록 등을 집게 작업을 할 수 있는 장치를 지닌 것이다.
② **사이드 시프트** : 방향을 바꾸지 않고도 백레스트와 포크를 좌우로 움직여 지게차 중심에서 벗어난 파레트의 화물을 용이하게 적재·적하작업을 할 수 있다.
③ **하이 마스트** : 가장 일반적인 지게차이며. 작업공간을 최대한 활용할 수 있다. 또 포크의 승강이 빠르고 높은 능률을 발휘할 수 있는 표준형의 마스트이다.
④ **힌지드 포크** : 둥근 목재, 파이프 등의 화물을 운반 및 적재하는데 적합하다.

정답 16. ② 17. ③ 18. ② 19. ③ 20. ② 21. ③ 22. ④

23 깨지기 쉬운 화물이나 불안전한 화물의 낙하를 방지하기 위하여 포크 상단에 상하 작동할 수 있는 압력판을 부착한 지게차는?

① 하이 마스트
② 사이드 시프트 마스트
③ 로드 스태빌라이저
④ 3단 마스트

24 지게차의 마스트에 부착되어 있는 주요 부품은?

① 가이드 롤러   ② 차동기
③ 리치 실린더   ④ 타이어

25 지게차에서 틸트 레버를 운전자 쪽으로 당기면 마스트는 어떻게 기울어지는가?

① 아래쪽으로   ② 앞쪽으로
③ 위쪽으로   ④ 뒤쪽으로

해설 지게차의 틸트 레버를 운전자 쪽으로 당기면 마스트가 뒤쪽으로 기울어진다.

26 지게차의 리프트 실린더는 어떤 형식의 실린더인가?

① 복동식 실린더   ② 단동식 실린더
③ 스크루 실린더   ④ 부동식 실린더

해설 리프트 실린더는 포크를 상승 및 하강시키는 작용을 하며, 포크를 상승시킬 때에만 유압이 가해지고, 하강할 때는 포크 및 적재물의 자체 중량에 의하는 단동식 실린더이다.

27 지게차 포크를 하강시키는 방법으로 가장 적합한 것은?

① 가속페달을 밟고 리프트 레버를 앞으로 민다.
② 가속페달을 밟고 리프트 레버를 뒤로 당긴다.
③ 가속페달을 밟지 않고 리프트 레버를 뒤로 당긴다.
④ 가속페달을 밟지 않고 리프트 레버를 앞으로 민다.

해설 지게차 포크를 하강시키는 방법은 가속페달을 밟지 않고 리프트 레버를 앞으로 민다.

28 지게차의 조종레버 명칭이 아닌 것은?

① 리프트 레버   ② 밸브 레버
③ 변속 레버   ④ 틸트 레버

해설 지게차는 포크를 상승 또는 하강시키는 리프트 레버, 마스트를 앞 또는 뒤로 경사시키는 틸트 레버 및 변속기의 변속을 위한 변속 레버, 지게차의 전진 또는 후진을 위한 전·후진 레버가 설치되어 있다.

29 지게차의 일반적인 조향방식은?

① 앞바퀴 조향방식이다.
② 뒷바퀴 조향방식이다.
③ 허리꺾기 조향방식이다.
④ 작업조건에 따라 바꿀 수 있다.

해설 지게차는 앞바퀴 구동 뒷바퀴 조향이다.

30 지게차의 적재 방법으로 틀린 것은?

① 화물을 올릴 때에는 포크를 수평으로 한다.
② 화물을 올릴 때에는 가속페달을 밟는 동시에 레버를 조작한다.
③ 포크로 물건을 찌르거나 물건을 끌어서 올리지 않는다.
④ 화물이 무거우면 사람이나 중량물로 밸런스 웨이트를 삼는다.

31 운전 중 좁은 장소에서 지게차를 방향 전환시킬 때 가장 주의할 점으로 맞는 것은?

① 뒷바퀴 회전에 주의하여 방향 전환한다.
② 포크 높이를 높게 하여 방향 전환한다.
③ 앞바퀴 회전에 주의하여 방향 전환한다.
④ 포크가 땅에 닿게 내리고 방향 전환한다.

정답 23. ③ 24. ① 25. ④ 26. ② 27. ④ 28. ② 29. ② 30. ④ 31. ①

32 지게차의 운전을 종료했을 때 취해야 할 안전사항이 아닌 것은?

① 각종 레버는 중립에 둔다.
② 연료를 빼낸다.
③ 주차 브레이크를 작동시킨다.
④ 전원 스위치를 차단시킨다.

33 지게차에서 지켜야 할 안전수칙으로 틀린 것은?

① 후진시는 반드시 뒤를 살필 것
② 후진 변속 시는 장비가 정지된 상태에서 행할 것
③ 주·정차시는 반드시 주차 브레이크를 작동시킬 것
④ 이동시는 포크를 반드시 지상에서 높이 들고 이동할 것

해설 주행할 때 포크와 지면과 간격은 20~30cm가 좋다.

34 지게차에 짐을 싣고 창고나 공장을 출입할 때의 주의사항 중 틀린 것은?

① 짐이 출입구 높이에 닿지 않도록 주의한다.
② 팔이나 몸을 차체 밖으로 내밀지 않는다.
③ 주위 장애물 상태를 확인 후 이상이 없을 때 출입한다.
④ 차폭과 출입구의 폭은 확인할 필요가 없다.

35 지게차로 적재작업을 할 때 유의사항으로 틀린 것은?

① 운반하려고 하는 화물 가까이가면 속도를 줄인다.
② 화물 앞에서 일단 정지한다.
③ 화물이 무너지거나 파손 등의 위험성 여부를 확인한다.
④ 화물을 높이 들어 올려 아랫부분을 확인하며 천천히 출발한다.

해설 지게차로 적재 작업을 할 때 유의사항
① 운반하려고 하는 화물 가까이가면 속도를 줄인다.
② 화물 앞에서 일단 정지한다.
③ 화물이 무너지거나 파손 등의 위험성 여부를 확인한다.

36 지게차를 경사면에서 운전할 때 안전운전 측면에서 짐의 방향으로 가장 적절한 것은?

① 짐이 언덕 위쪽으로 가도록 한다.
② 짐이 언덕 아래쪽으로 가도록 한다.
③ 운전이 편리하도록 짐의 방향을 정한다.
④ 짐의 크기에 따라 방향이 정해진다.

해설 화물을 포크에 적재하고 경사지를 내려올 때는 기어 변속을 저속상태로 놓고 후진으로 내려온다.

37 지게차로 화물을 운반할 때 포크의 높이는 얼마정도가 안전하고 적합한가?

① 높이에는 관계없이 편리하게 한다.
② 지상 20~30cm정도 높이를 유지한다.
③ 지상 50~80cm정도 높이를 유지한다.
④ 지상 100cm이상 높이를 유지한다.

해설 지게차로 화물을 운반할 때 포크는 지면으로부터 20~30cm 정도 높인다.

38 지게차의 적재방법으로 틀린 것은?

① 화물을 올릴 때에는 포크를 수평으로 한다.
② 화물을 올릴 때에는 가속페달을 밟는 동시에 레버를 조작한다.
③ 포크로 물건을 찌르거나 물건을 끌어서 올리지 않는다.
④ 화물이 무거우면 사람이나 중량물로 밸런스 웨이트를 삼는다.

39 지게차의 마스트를 기울일 때 갑자기 시동이 정지되면 무슨 밸브가 작동하여 그 상태를 유지하는가?

① 틸트 록 밸브   ② 스로틀 밸브
③ 리프트 밸브   ④ 틸트 밸브

정답 32. ② 33. ④ 34. ④ 35. ④ 36. ① 37. ② 38. ④ 39. ①

해설 틸트 록 밸브(tilt lock valve)는 마스트를 기울일 때 갑자기 엔진의 시동이 정지되면 작동하여 그 상태를 유지시키는 작용을 한다.

40 지게차의 리프트 체인에 주유하는 가장 적합한 오일은?

① 자동변속기 오일 ② 작동유
③ 엔진오일 ④ 솔벤트

해설 리프트 체인의 주유는 엔진오일로 한다.

41 스패너 사용 시 주의사항으로 잘못된 것은?

① 스패너의 입이 폭과 맞는 것을 사용한다.
② 필요 시 두 개를 이어서 사용할 수 있다.
③ 스패너를 너트에 정확하게 장착하여 사용한다.
④ 스패너의 입이 변형된 것은 폐기한다.

42 사고의 원인 중 불안전한 행동이 아닌 것은?

① 허가 없이 기계장치 운전
② 사용 중인 공구에 결함 발생
③ 작업 중 안전장치 기능 제거
④ 부적당한 속도로 기계장치 운전

43 다음 중 산업재해 조사의 목적에 대한 설명으로 가장 적절한 것은?

① 적절한 예방대책을 수립하기 위하여
② 작업능률 향상과 근로기강 확립을 위하여
③ 재해발생에 대한 통계를 작성하기 위하여
④ 재해를 유발한 자의 책임을 추궁하기 위하여

44 작업장에서 지킬 안전사항 중 틀린 것은?

① 안전모는 반드시 착용한다.
② 고압전기, 유해가스 등에 적색 표지판을 부착한다.
③ 해머작업을 할 때는 장갑을 착용한다.
④ 기계의 주유시는 동력을 차단한다.

45 다음 중 보호구를 선택할 때의 유의사항으로 틀린 것은?

① 작업행동에 방해되지 않을 것
② 사용목적에 구애받지 않을 것
③ 보호구 성능기준에 적합하고 보호성능이 보장될 것
④ 착용이 용이하고 크기 등 사용자에게 편리할 것

46 산업안전보건법령상 안전·보건 표지의 종류 중 다음 그림에 해당하는 것은?

① 산화성 물질 경고
② 인화성 물질 경고
③ 폭발성 물질 경고
④ 급성독성 물질 경고

47 다음 중 현장에서 작업자가 작업 안전상 꼭 알아두어야 할 사항은?

① 장비의 가격
② 종업원의 작업환경
③ 종업원의 기술정도
④ 안전규칙 및 수칙

48 동력공구 사용 시 주의사항으로 틀린 것은?

① 보호구는 안 해도 무방하다.
② 에어 그라인더는 회전수에 유의한다.
③ 규정 공기압력을 유지한다.
④ 압축공기 중의 수분을 제거하여 준다.

정답 40. ③ 41. ② 42. ② 43. ① 44. ③ 45. ② 46. ② 47. ④ 48. ①

49 B급 화재에 대한 설명으로 옳은 것은?

① 목재, 섬유류 등의 화재로서 일반적으로 냉각소화를 한다.
② 유류 등의 화재로서 일반적으로 질식효과(공기 차단)로 소화한다.
③ 전기기기의 화재로서 일반적으로 전기 절연성을 갖는 소화제로 소화한다.
④ 금속나트륨 등의 화재로서 일반적으로 건조사를 이용한 질식효과로 소화한다.

해설 A급 화재 : 목재, 섬유 등의 일반화재,
B급 화재 : 유류화재,
C급 화재 : 전기화재,
D급 화재 : 금속화재

50 망치(hammer)작업 시 옳은 것은?

① 망치 자루의 가운데 부분을 잡아 놓치지 않도록 할 것
② 손은 다치지 않게 장갑을 착용할 것
③ 타격할 때 처음과 마지막에 힘을 많이 가하지 말 것
④ 열처리 된 재료는 반드시 해머작업을 할 것

51 전시·사변 기타 이에 준하는 국가비상사태 하에서 건설기계를 취득한 때에는 며칠 이내에 등록을 신청하여야 하는가?

① 10일   ② 5일
③ 7일   ④ 15일

해설 전사·사변 기타 이에 준하는 국가비상사태 하에서 건설기계를 취득한 때에는 5일 이내에 등록을 신청하여야 한다.

52 건설기계 소유자 또는 점유자가 건설기계를 도로에 계속하여 버려두거나 정당한 사유 없이 타인의 토지에 버려둔 경우의 처벌은?

① 1년 이하의 징역 또는 300만 원 이하의 벌금
② 1년 이하의 징역 또는 400만 원 이하의 벌금
③ 1년 이하의 징역 또는 500만 원 이하의 벌금
④ 1년 이하의 징역 또는 1000만 원 이하의 벌금

해설 건설기계를 도로에 계속하여 버려두거나 정당한 사유 없이 타인의 토지에 버려둔 경우의 처벌은 1년 이하의 징역 또는 1000만 원 이하의 벌금

53 건설기계 등록말소 신청 시 구비서류에 해당되는 것은?

① 수입 면장
② 주민등록등본
③ 제작 증명서
④ 건설기계 등록증

해설 등록말소를 신청할 때 첨부 서류는 건설기계 등록증, 건설기계 검사증, 건설기계의 멸실, 도난 등 등록말소 사유를 확인할 수 있는 서류 등이다.

54 건설기계를 등록 전에 일시적으로 운행할 수 있는 경우가 아닌 것은?

① 신규등록검사 및 확인검사를 받기 위하여 건설기계를 검사장소로 운행하는 경우
② 수출하기 위하여 건설기계를 선적지로 운행하는 경우
③ 건설기계를 대여하고자 하는 경우
④ 등록신청을 위하여 건설기계를 등록지로 운행하는 경우

해설 임시운행 사유
① 확인검사를 받기 위하여 운행하고자 할 때
② 신규 등록을 하기 위하여 건설기계를 등록지로 운행하고자 할 때
③ 신개발 건설기계를 시험 운행하고자 할 때
④ 수출을 하기 위하여 건설기계를 선적지로 운행하는 경우

정답 49. ② 50. ③ 51. ② 52. ④ 53. ④ 54. ③

55 특별 표지판을 부착하지 않아도 되는 건설기계는?

① 길이가 17m인 건설기계
② 너비가 3m인 건설기계
③ 최소회전반경이 13m인 건설기계
④ 높이가 3m인 건설기계

해설 특별 표지판 부착대상 건설기계
① 길이가 16.7m 이상인 경우
② 너비가 2.5m 이상인 경우
③ 최소회전 반경이 12m 이상인 경우
④ 높이가 4m 이상인 경우
⑤ 총중량이 40톤 이상인 경우
⑥ 축하중이 10톤 이상인 경우

56 3톤 미만 지게차의 소형건설기계 조종 교육시간은?

① 이론 6시간, 실습 6시간
② 이론 4시간, 실습 8시간
③ 이론 12시간, 실습 12시간
④ 이론 10시간, 실습 14시간

해설 3톤 미만 굴착기, 지게차, 로더의 교육시간은 이론 6시간, 조종실습 6시간이다.

57 차량이 남쪽에서 북쪽 방향으로 진행 중일 때 그림의「다지형 교차로 도로명 예고표지」에 대한 설명으로 틀린 것은?

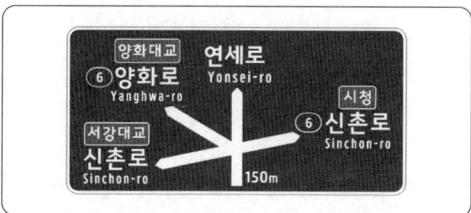

① 차량을 좌회전하는 경우 '신촌로', 또는 '양화로'로 진입할 수 있다.
② 차량을 좌회전하는 경우 '신촌로', 또는 '양화로' 도로구간의 끝 지점과 만날 수 있다.
③ 차량을 직진하는 경우 '연세로' 방향으로 갈 수 있다.
④ 차량을 '신촌로'로 우회전하면 '시청' 방향으로 갈 수 있다.

58 편도 3차로 도로의 부근에서 적색등화의 신호가 표시되고 있을 때 교통법규 위반에 해당 되는 것은?

① 화물자동차가 좌측 방향지시등으로 신호하면서 1차로에서 신호대기
② 승합자동차가 2차로에서 신호대기
③ 승용차가 2차로에서 신호대기
④ 택시가 우측 방향지시등으로 신호하면서 2차로에서 신호대기

59 철길 건널목 통과방법으로 틀린 것은?

① 건널목 앞에서 일시 정지하여 안전한지 여부를 확인한 후 통과한다.
② 차단기가 내려지려고 할 때에는 통과하여서는 안 된다.
③ 경보기가 울리고 있는 동안에는 통과하여서는 아니 된다.
④ 건널목에서 앞차가 서행하면서 통과할 때에는 그 차를 따라 서행한다.

60 교통사고 발생 후 벌점기준으로 틀린 것은?

① 중상 1명마다 30점
② 사망 1명마다 90점
③ 경상 1명마다 5점
④ 부상신고 1명마다 2점

해설 사망 1명마다 90점, 중상 1명마다 15점, 경상 1명마다 5점, 부상신고 1명마다 2점

정답 55. ④ 56. ① 57. ② 58. ④ 59. ④ 60. ①

2022년 복원문제
제 1 회   지게차운전기능사

01 그림과 같은 교통표지의 설명으로 옳은 것은?

① 회전 교차로 표지
② 우회전 표지
③ 유턴 표지
④ 좌측면 통행 표지

02 4행정 사이클 기관의 행정 순서로 맞는 것은?

① 흡입 → 동력 → 압축 → 배기
② 압축 → 흡입 → 동력 → 배기
③ 흡입 → 압축 → 동력 → 배기
④ 압축 → 동력 → 흡입 → 배기

해설 4행정 1사이클 기관의 행정순서는 흡입→압축→폭발→배기의 순서로 이루어진다.

03 지게차는 자동차와 다르게 현가 스프링을 사용하지 않는 이유를 설명한 것으로 옳은 것은?

① 현가장치가 있으면 조향이 어렵기 때문에
② 롤링이 생기면 적하물이 떨어질 수 있기 때문에
③ 앞차축이 구동축이기 때문에
④ 화물에 충격을 줄여주기 위해

해설 지게차는 운반 중 롤링이 발생하면 적재물이 떨어질 염려가 있어 현가 스프링을 사용하지 않으며, 주로 저압 타이어를 사용한다.

04 다음 유압 기호가 나타내는 것은?

① 축압기
② 감압 밸브
③ 유압 펌프
④ 여과기

05 지게차 리프트 체인의 장력 점검 및 조정 방법으로 틀린 것은?

① 포크를 지면에 완전히 내려놓고 체인을 양손으로 밀어 점검한다.
② 지게차를 평평한 장소에 세우고 마스트를 수직으로 세운다.
③ 포크에 지게차의 정격 하중에 해당하는 화물을 올린다.
④ 한 쪽 체인의 장력이 너무 크거나 작으면 체인을 앵커 볼트로 조정한다.

정답   01. ③   02. ③   03. ②   04. ③   05. ③

06 지게차가 취급할 화물의 중량의 한계를 초과하면 발생되는 현상으로 가장 적절하지 않은 것은?

① 차체 여러 부분의 수명 단축의 원인이 된다.
② 후륜이 들린다.
③ 마스트가 뒤로 기울어진다.
④ 조향이 곤란해진다.

해설 지게차 포크에 화물의 중량 한계를 초과하면 마스트는 앞으로 기울어진다.

07 지게차 운행 시 운전자가 주의할 사항으로 틀린 것은?

① 높은 장소에서 작업이 필요할 때 포크에 사람을 승차시켜 작업한다.
② 한눈을 팔면서 운행하지 않는다.
③ 포크 끝단으로 화물을 들어 올리지 않는다.
④ 큰 화물로 인해 전면 시야가 방해 받을 때는 후진 운행한다.

해설 어떠한 경우라도 포크에 사람을 승차시켜 작업을 해서는 안된다.

08 지게차의 일반적인 조향 방식은?

① 작업조건에 따른 가변방식
② 뒷바퀴 조향방식
③ 굴절(허리꺾기) 조향방식
④ 앞바퀴 조향방식

해설 지게차는 앞바퀴로 구동하고 뒷바퀴로 조향을 한다.

09 건설기계 유압기기 부속장치인 축압기의 주요 기능으로 틀린 것은?

① 장치 내의 충격 흡수
② 압력 보상
③ 유체의 유속 증가 및 제어
④ 장치 내의 맥동 감쇄

해설 축압기의 기능
① 유압 에너지 저장
② 유압 펌프의 맥동을 제거해 준다.
③ 충격 압력을 흡수한다.
④ 압력을 보상해 준다.

10 지게차 틸트 레버를 당길 때 좌, 우 마스트의 한쪽이 늦게까지 작동하는 주 이유는?

① 좌·우 틸트 실린더의 작동거리(행정)가 다르다.
② 유압탱크의 유량이 적다.
③ 유압탱크의 유량이 많다.
④ 좌·우 틸트 실린더의 작동거리(행정)가 같다.

해설 좌·우 틸트 실린더의 작동거리(행정)가 다르면 틸트 레버를 당길 때 좌, 우 마스트의 한쪽이 늦게까지 작동을 한다.

11 일반 화재 발생장소에서 화염이 있는 곳으로부터 대피하기 위한 요령이다. 보기 항에서 맞는 것을 모두 고른 것은?

a. 머리카락, 얼굴, 발, 손 등을 불과 닿지 않게 한다.
b. 수건에 물을 적셔 코와 입을 막고 탈출한다.
c. 몸을 낮게 엎드려서 통과한다.
d. 옷을 물로 적시고 통과한다.

① a, b, c, d
② a, b, c
③ a, c
④ a

정답 06. ③ 07. ① 08. ② 09. ③ 10. ① 11. ①

12 압력식 라디에이터 캡을 사용하여 얻는 이점은?

① 냉각 팬을 제거할 수 있다.
② 라디에이터의 구조를 간단하게 할 수 있다.
③ 물 펌프의 성능을 향상시킬 수 있다.
④ 냉각수의 비등점을 올릴 수 있다.

해설 압력식 라디에이터 캡은 냉각장치 내의 압력을 0.2~1.05kg/cm² 정도로 유지하여 냉각수의 비등점을 112℃로 상승시킨다.

13 건설기계 관련 작업장에서 그림과 같은 안내표지가 설치되어 있다. 이 안내표지는?

① 금연 ② 탑승금지
③ 차량통행금기 ④ 사용금지

14 다음 중 오일 팬에 있는 오일을 흡입하여 기관의 각 운동부분에 압송하는 오일펌프로 가장 많이 사용되는 것은?

① 기어 펌프, 원심 펌프, 베인 펌프
② 나사 펌프, 원심 펌프, 기어 펌프
③ 로터리 펌프, 기어 펌프, 베인 펌프
④ 피스톤 펌프, 나사 펌프, 원심 펌프

해설 윤활장치에 사용되는 오일 펌프의 종류
① 기어 펌프 ② 로터리 펌프
③ 베인 펌프 ④ 플런저 펌프

15 작동 중인 교류 발전기의 소음발생 원인과 가장 거리가 먼 것은?

① 벨트 장력이 약하다.
② 고정 볼트가 풀렸다.
③ 베어링이 손상되었다.
④ 축전지가 방전되었다.

해설 축전지가 방전된 경우는 교류 발전기의 로터 및 스테이터의 고장으로 인해 발전되지 않는 경우이다.

16 일반적으로 재해 발생 원인에는 직접원인, 간접원인이 있다. 직접원인이 아닌 것은?

① 교육 훈련 미숙
② 불충분한 지지 또는 방호
③ 불량 공구 사용
④ 작업 조명의 불량

해설 재해 발생의 직접적인 원인
(1) 불안전한 조건
 ① 불안전한 방법 및 공정
 ② 불안전한 환경
 ③ 불안전한 복장과 보호구
 ④ 위험한 배치
 ⑤ 불안전한 설계, 구조, 건축
 ⑥ 안전 방호장치의 결함
 ⑦ 방호장치 불량 상태의 방치.
 ⑧ 불안전한 조명
(2) 불안전한 행동
 ① 불안전한 자세 및 행동을 하는 경우
 ② 잡담이나 장난을 하는 경우
 ③ 안전장치를 제거하는 경우
 ④ 불안전한 속도를 조절하는 경우
 ⑤ 작동중인 기계에 주유, 수리, 점검, 청소 등을 하는 경우
 ⑥ 불안전한 기계, 공구를 사용하는 경우
 ⑦ 공구 대신 손을 사용하는 경우
 ⑧ 안전복장을 착용하지 않은 경우
 ⑨ 보호구를 착용하지 않은 경우

17 유압장치의 기본 구성 요소가 아닌 것은?

① 유압 펌프
② 종감속 기어
③ 유압 제어 밸브
④ 유압 실린더

해설 유압장치의 기본 구성 요소는 유압 구동장치(엔진), 유압 발생장치(유압 펌프), 유압 제어장치(유압 제어 밸브), 유압 액추에이터(유압 실린더)이다.

정답 12. ④ 13. ④ 14. ③ 15. ④ 16. ① 17. ②

18 건설기계관리법령상 건설기계조종사의 결격사유에 해당하지 않는 자는?

① 듣지 못하는 사람
② 18세 미만인 사람
③ 알코올 중독자
④ 파산자로서 복권되지 아니한 자

해설 건설기계 조종사 면허의 결격 사유
① 18세 미만인 사람
② 건설기계 조종상의 위험과 장해를 일으킬 수 있는 정신질환자 또는 뇌전증환자로서 국토교통부령으로 정하는 사람
③ 앞을 보지 못하는 사람, 듣지 못하는 사람, 그 밖에 국토교통부령으로 정하는 장애인
④ 건설기계 조종상의 위험과 장해를 일으킬 수 있는 마약·대마·향정신성의약품 또는 알코올중독자로서 국토교통부령으로 정하는 사람
⑤ 건설기계조종사면허가 취소된 날부터 1년(제28조제1호 및 제2호의 사유로 취소된 경우에는 2년)이 지나지 아니하였거나 건설기계조종사면허의 효력정지처분 기간 중에 있는 사람

19 건설기계 유압기기에서 유압유의 구비조건으로 가장 적절하지 않은 것은?

① 비중이 적당하고 비압축성이어야 한다.
② 적당한 점도와 유동성이 있어야 한다.
③ 인화점 및 발화점이 매우 낮아야 한다.
④ 열 방출이 잘 되어야 한다.

해설 유압유의 구비조건
① 강인한 오일의 막(유막)을 형성하여야 한다.
② 적당한 점도와 유동성이 있어야 한다.
③ 비중이 적당하여야 한다.
④ 비압축성이어야 한다.
⑤ 인화점 및 발화점이 높아야 한다.
⑥ 내부식성이 커야 한다.
⑦ 기포(氣胞)의 발생이 적고 실(seal) 재료와의 적합성이 좋아야 한다.
⑧ 물공기먼지 등을 신속하게 분리할 수 있어야 한다.
⑨ 점도지수가 커야 한다.
⑩ 체적 탄성계수가 커야 한다.
⑪ 밀도가 적어야 한다.
⑫ 유압 장치에 사용되는 재료에 대하여 불활성이어야 한다.
⑬ 독성과 휘발성이 없어야 한다.

20 건설기계 조종사가 장비 확인 및 점검을 위하여 갖추어야 할 작업복에 대한 설명으로 가장 적절하지 않은 것은?

① 상의의 옷자락이 밖으로 나오도록 입는다.
② 기름이 밴 작업복은 입지 않도록 한다.
③ 소매나 바지 자락은 조여지도록 한다.
④ 작업복은 몸에 맞는 것을 착용한다.

21 차량이 남쪽에서부터 북쪽 방향으로 진행 중일 때, 다음과 같은 「2방향 도로명예고 표지」에 대한 설명으로 틀린 것은?

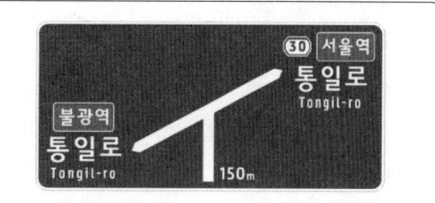

① 차량을 우회전하는 경우 '통일로'로 진입할 수 있다.
② 차량을 좌회전하여 진행하는 경우 '통일로'의 건물에 부착된 건물 번호판의 숫자가 커진다.
③ 차량을 좌회전하는 경우 '통일로'로 진입할 수 있다.
④ 차량을 좌회전하여 진행하는 경우 '통일로'의 건물에 부착된 건물번호판의 숫자가 작아진다.

해설 도로의 기점(번호의 기점)은 원칙적으로 횡축(동서 방향) 도로는 서쪽, 종축(남북 방향) 도로는 남쪽이 기점이 된다. 예외적으로 일방통행 도로[42], 산이나 강 등 자연적 장벽으로 막힌 도로, 통행 패턴의 특수성이 있는 등의 경우 동쪽이나 북쪽을 기점으로 할 수도 있다.

정답 18. ④ 19. ③ 20. ① 21. ②

22 건설기계 조종사로서 장비 안전 점검 및 확인을 위하여 해머작업 시 안전 수칙으로 거리가 가장 먼 것은?

① 공동으로 해머 작업 시 호흡을 맞출 것
② 해머를 사용할 때 자루 부분을 확인할 것
③ 면장갑을 끼고 해머작업을 하지 말 것
④ 강한 타격력이 요구될 때에는 연결대에 끼워서 작업할 것

23 성능이 불량하거나 사고가 자주 발생하는 건설기계의 안전성 등을 점검하기 위하여 실시하는 검사는?

① 정기 검사
② 예비 검사
③ 구조 변경 검사
④ 수시 검사

해설 건설기계의 검사
① **신규 등록 검사** : 건설기계를 신규로 등록할 때 실시하는 검사
② **정기 검사** : 건설공사용 건설기계로서 3년의 범위에서 국토교통부령으로 정하는 검사유효기간이 끝난 후에 계속하여 운행하려는 경우에 실시하는 검사와 대기환경보전법 제62조 및 소음·진동관리법 제37조에 따른 운행차의 정기검사
③ **구조 변경 검사** : 건설기계의 주요 구조를 변경하거나 개조한 경우 실시하는 검사
④ **수시검사** : 성능이 불량하거나 사고가 자주 발생하는 건설기계의 안전성 등을 점검하기 위하여 수시로 실시하는 검사와 건설기계 소유자의 신청을 받아 실시하는 검사

24 연삭기에서 연삭 칩의 비산을 막기 위한 안전 방호장치는?

① 양수 조작식 방호장치
② 안전 덮개
③ 광전식 안전 방호장치
④ 급정지 장치

25 기관의 실린더 수가 많을 때의 장점이 아닌 것은?

① 연료 소비가 적고 큰 동력을 얻을 수 있다.
② 가속이 원활하고 신속하다.
③ 기관의 진동이 적다.
④ 저속 회전이 용이하고 큰 동력을 얻을 수 있다.

해설 실린더 수가 많을 때의 장단점
(1) 장점
① 회전력의 변동이 적어 기관 진동과 소음이 적다.
② 회전의 응답성이 양호하다.
③ 저속회전이 용이하고 출력이 높다.
④ 가속이 원활하고 신속하다.
(2) 단점
① 흡입공기의 분배가 어렵다.
② 연료소모가 많다.
③ 구조가 복잡하다.
④ 제작비가 비싸다.

26 2개 이상의 분기회로를 갖는 회로 내에서 작동순서를 회로의 압력 등에 의하여 제한하는 밸브는?

① 시퀀스 밸브
② 체크 밸브
③ 서보 밸브
④ 릴리프 밸브

해설 밸브의 기능
① **시퀀스 밸브** : 2개 이상의 분기회로가 있을 때 회로 내에서 순차적인 작동을 하기 위한 압력 제어 밸브이다.
② **체크 밸브** : 역류를 방지하는 밸브 즉, 한쪽 방향으로의 흐름은 자유로우나 역방향의 흐름을 허용하지 않는 밸브이다.
③ **서보 밸브** : 작동유의 흐름이나 압력 및 유량을 조절하는 밸브이다.
④ **릴리프 밸브** : 유압장치의 과부하 방지와 유압 기기의 보호를 위하여 최고 압력을 규제하고 유압 회로 내의 필요한 압력을 유지하는 밸브이다.

정답 22. ④　23. ④　24. ②　25. ①　26. ①

27 먼지가 많은 장소에서 착용하여야 하는 마스크로 가장 적절한 것은?

① 방진 마스크
② 산소 마스크
③ 일반 마스크
④ 방독 마스크

28 다음 중 밸브의 설치방식에 따른 종류가 아닌 것은?

① 파일럿 작동형
② 서브-플레이트 조립형
③ 샌드위치 플레이트 조립형
④ 배관 연결형

29 작업장 안전 관리에 대한 설명으로 옳지 않은 것은?

① 작업대 사이 또는 기계 사이의 통로는 안전을 위한 일정한 너비가 필요하다.
② 바닥에 폐유를 뿌려, 먼지 등이 일어나지 않도록 한다.
③ 전원 콘센트 및 스위치 등에 물을 뿌리지 않는다.
④ 항상 청결을 유지한다.

해설 바닥에 폐유를 뿌리면 미끄러질 수 있어 사고의 위험을 초래할 수 있다.

30 건설기계 등록번호표의 도색이 흰색판에 검은색 문자인 경우는?

① 영업용
② 군용
③ 관용
④ 자가용

해설 건설기계 등록번호표 도색 및 등록번호
① **임시번호판**: 흰색 페인트 판에 검은색 문자
② **자가용**: 녹색판에 흰색문자 1001~4999
③ **영업용**: 주황색판에 흰색문자 5001~8999
④ **관용**: 흰색판에 검은색 문자 9001~9999

31 내연기관을 사용하는 지게차의 구동과 관련한 설명으로 옳은 것은?

① 뒷바퀴로 구동한다.
② 복륜식은 앞바퀴 좌·우 각각 1개인 구동륜을 말한다.
③ 앞바퀴로 구동한다.
④ 기동성 위주로 사용되는 지게차는 복동륜을 사용한다.

해설 지게차는 앞바퀴로 구동하고 뒷바퀴로 조향을 한다.

32 유압장치에서 압력 제어 밸브가 아닌 것은?

① 릴리프 밸브
② 시퀀스 밸브
③ 언로드 밸브
④ 체크 밸브

해설 압력 제어 밸브의 종류
① **릴리프 밸브**: 유압장치의 과부하 방지와 유압 기기의 보호를 위하여 최고 압력을 규제하고 유압 회로 내의 필요한 압력을 유지하는 밸브이다.
② **리듀싱 밸브**: 유압 실린더 내의 유압은 동일하여도 각각 다른 압력으로 나눌 수 있는 밸브이다.
③ **시퀀스 밸브**: 2개 이상의 분기회로가 있을 때 순차적인 작동을 하기 위한 압력 제어 밸브이다.
④ **언로드(무부하) 밸브**: 유압회로의 압력이 설정 압력에 도달하였을 때 유압 펌프로부터 전체 유량을 작동유 탱크로 리턴시키는 밸브이다.
⑤ **카운터 밸런스 밸브**: 유압 실린더의 복귀 쪽에 배압을 발생시켜 피스톤이 중력에 의하여 자유 낙하하는 것을 방지하여 하강 속도를 제어하기 위해 사용된다.

33 지게차의 타이어에서 고무로 피복된 코드를 여러 겹으로 겹친 층에 해당되며 타이어 골격을 이루는 부분은?

① 트레드
② 비드
③ 숄더
④ 카커스

해설 타이어의 구조
① **트레드(tread)**: 타이어가 직접 노면과 접촉되어 마모에 견디고 적은 슬립으로 견인력을 증대시키는 부분이다.
② **브레이커(breaker)**: 몇 겹의 코드 층을 내열성의

정답 27. ① 28. ④ 29. ② 30. ③ 31. ③ 32. ④ 33. ④

고무로 싼 구조로 되어있으며, 트레드와 카커스의 분리를 방지하고 노면에서의 완충작용도 한다.
③ 카커스(carcass) : 타이어의 골격을 이루는 부분이며, 공기압력을 견디어 일정한 체적을 유지하고, 하중이나 충격에 따라 변형하여 완충작용을 한다.
④ 비드(bead) : 타이어가 림과 접촉하는 부분이며, 비드부분이 늘어나는 것을 방지하고 타이어가 림에서 빠지는 것을 방지하기 위해 내부에 몇 줄의 피아노선이 원둘레 방향으로 들어 있다.
⑤ 사이드 월(side wall) : 타이어의 옆 부분으로 트레드와 비드간의 고무층이다.
⑥ 숄더 : 타이어 트레드와 사이드 월의 경계 부분을 말한다.

34 지게차의 구성품 중 메인 프레임의 맨 뒤 끝에 설치된 것으로 화물 적재 및 적하 시 균형을 유지하게 하는 장치는?

① 평형추　　② 핑거보드
③ 포크　　　④ 마스트

해설 지게차의 구조
① **평형추(밸러스 웨이트)** : 지게차의 맨 뒤쪽에 설치되어 차체 앞쪽에 화물을 실었을 때 쏠리는 것을 방지해 준다.
② **핑거보드(포크 캐리지)** : 핑거 보드는 포크가 설치된다.
③ **포크** : L자형으로 2개이며, 포크 캐리지에 체결되어 적재 화물을 지지한다.
④ **마스트** : 포크를 올리고 내리는 마스트는 롤(roll)을 이용하여 미끄럼 운동을 한다. 마스트는 유압 피스톤에 의하여 앞뒤로 기울일 수 있도록 되어 있다.

35 지게차의 틸트 실린더에 대한 설명 중 옳은 곳은?

① 틸트 레버를 뒤로 당기면 피스톤 로드가 팽창되어 마스트가 뒤로 기울어진다.
② 틸트 레버를 앞으로 밀면 피스톤 로드가 수축되어 마스트가 뒤로 기울어진다.
③ 틸트 레버를 앞으로 밀면 피스톤 로드가 팽창되어 마스트가 앞으로 기울어진다.
④ 틸트 레버를 뒤로 당기면 피스톤 로드가 수축되어 마스트가 앞으로 기울어진다.

해설 틸트 레버를 뒤로 당기면 피스톤 로드가 수축되어 마스트가 뒤로 기울어지고, 틸트 레버를 앞으로 밀면 피스톤 로드가 팽창하여 마스트가 앞으로 기울어진다.

36 건설기계 등록말소 사유 중 시·도지사의 직권으로 등록 말소되는 경우가 아닌 것은?

① 정기 검사를 받지 아니한 경우
② 거짓 그 밖의 부정한 방법으로 등록을 한 경우
③ 건설기계를 수출하는 경우
④ 건설기계 차대가 등록 시의 차대와 다른 경우

해설 등록말소 사유 중 시도지사의 직권 등록말소 사유
① 거짓이나 그 밖의 부정한 방법으로 등록을 한 경우
② 건설기계가 천재지변 또는 이에 준하는 사고 등으로 사용할 수 없게 되거나 멸실된 경우
③ 건설기계의 차대(車臺)가 등록 시의 차대와 다른 경우
④ 건설기계가 건설기계안전기준에 적합하지 아니하게 된 경우
⑤ 최고(催告)를 받고 지정된 기한까지 정기검사를 받지 아니한 경우
⑥ 건설기계를 수출하는 경우
⑦ 건설기계를 도난당한 경우
⑧ 건설기계를 폐기한 경우
⑨ 건설기계해체재활용업을 등록한 자(이하 "건설기계해체재활용업자"라 한다)에게 폐기를 요청한 경우
⑩ 구조적 제작 결함 등으로 건설기계를 제작자 또는 판매자에게 반품한 경우
⑪ 건설기계를 교육·연구 목적으로 사용하는 경우
⑫ 대통령령으로 정하는 내구연한을 초과한 건설기계. 다만, 정밀진단을 받아 연장된 경우는 그 연장기간을 초과한 건설기계

37 L자형으로서 2개이며, 핑거보드에 체결되어 화물을 떠받쳐 운반하는 데 사용하는 것은?

① 파레트　　② 체인
③ 마스트　　④ 포크

해설 포크는 L자형으로 2개이며, 핑거 보드(포크 캐리어)에 체결되어 적재 화물을 지지한다. 화물의 크기에 따라서 포크의 간격을 조정할 수 있으며, 포크의 폭은 파레트 폭의 1/2~3/4 정도가 좋다.

정답 34. ①　35. ③　36. ①　37. ④

38 기동 전동기의 구성품 중 전류를 받아서 자력선을 형성하는 것은?

① 슬립링
② 계자 코일
③ 오버런닝 클러치
④ 브러시

해설 기동 전동기 부품의 기능
① **계자 코일** : 전류가 흐르면 자력선을 형성하는 기능을 한다.
② **전기자** : 전기자 철심, 전기자 코일, 축 및 정류자로 구성되어 있으며, 축 양끝은 베어링으로 지지되어 계자 철심 내를 회전한다.
③ **오버런닝 클러치** : 기동 전동기의 피니언과 기관 플라이휠 링 기어가 물렸을 때 양 기어의 물림이 풀리는 것을 방지한다. 즉 기동 전동기의 전기자 축으로부터 피니언 기어로는 동력이 전달되나 피니언 기어로부터 전기자 축으로는 동력이 전달되지 않도록 해주는 장치이다.
④ **브러시** : 정류자와 접촉되어 전기자 코일에 전류를 유출입시키며, 본래 길이의 ⅓ 이상 마멸되면 교환한다.

39 지게차의 작업일과를 마치고 지면에 안착시켜 놓아야 할 것은?

① 프레임
② 카운터 웨이트
③ 차축
④ 포크

해설 지게차를 주차할 때 주의할 점
① 전·후진 레버를 중립에 놓는다.
② 포크를 지면에 완전히 내린다.
③ 포크의 선단이 지면에 닿도록 마스트를 전방으로 적절히 경사 시킨다.
④ 기관을 정지한 후 주차 브레이크를 작동시킨다.
⑤ 시동을 끈 후 시동 스위치의 키는 빼둔다.

40 일반적인 오일 탱크의 구성품이 아닌 것은?

① 드레인 플러그
② 스트레이너
③ 유압 실린더
④ 배플 플레이트

해설 오일 탱크(유압유 탱크) 구성품
유압유 탱크의 구성부품은 스트레이너, 드레인 플러그, 배플 플레이트, 주입구 캡, 유면계 등이며, 배플 플레이트(격판)는 유압유 탱크로 귀환하는 유압유와 유압 펌프로 공급되는 유압유를 분리시키는 기능을 한다.

41 건설기계 유압기기에서 유압유 온도를 알맞게 유지하기 위해 오일을 냉각하는 부품은?

① 오일 쿨러
② 방향 제어 밸브
③ 유압 밸브
④ 어큐뮬레이터

해설 부품의 기능
① **오일 쿨러** : 유압유 온도를 알맞게 유지하기 위해 오일을 냉각하는 기능을 한다.
② **방향 제어 밸브** : 유압유의 흐름 방향을 바꾸거나 정지시켜서 일의 방향을 제어하는 기능을 한다.
③ **유압 밸브** : 유압에 의해 작동되거나 제어되는 기능을 한다.
④ **어큐뮬레이터** : 어큐뮬레이터는 유압 에너지를 일시 저장하는 기능을 한다.

42 지게차 브레이크 드럼의 구비조건으로 틀린 것은?

① 견고하고 무거울 것
② 정적, 동적 평형이 잡혀 있을 것
③ 방열이 잘될 것
④ 마찰면의 내마멸성이 우수할 것

해설 브레이크 드럼의 구비조건
① 정적, 동적 평형이 잡혀 있을 것.
② 브레이크가 확장되었을 때 변형되지 않을 만한 충분한 강성이 있을 것.
③ 마찰면에 충분한 내마멸성이 있을 것.
④ 방열이 잘될 것.
⑤ 가벼울 것.

정답 38. ② 39. ④ 40. ③ 41. ① 42. ①

43 12V의 동일한 용량의 축전지 2개를 직렬로 접속하면?

① 저항이 감소한다.
② 용량이 감소한다.
③ 용량이 증가한다.
④ 전압이 높아진다.

해설 동일 전압의 축전지를 직렬로 접속하면 전압은 개수 배가되고 용량은 1개 때와 같다.

44 자동 변속기의 특징으로 옳지 않은 것은?

① 구동축을 연결한 상태로 밀거나 끌어서는 안 된다.
② 클러치 조작 없이 출발이 가능하다.
③ 연료 소비율이 수동 변속기에 비해 작다.
④ 각 부분에 진동을 오일이 흡수 한다.

해설 자동 변속기는 수동 변속기에 비해 연료 소비율이 많다.

45 지게차에서 틸트 레버를 운전자쪽으로 당기면 마스트는 어떻게 기울어지는가? (단, 방향은 지게차의 진행방향 기준임)

① 뒤쪽으로
② 위쪽으로
③ 아래쪽으로
④ 앞쪽으로

해설 지게차의 틸트 레버를 운전자 쪽으로 당기면 마스트는 뒤쪽(운전자 쪽)으로 기울어진다.

46 일시정지를 하지 않고도 철길건널목을 통과할 수 있는 경우는?

① 차단기가 내려가 있을 때
② 경보기가 울리지 않을 때
③ 신호등이 진행신호 표시일 때
④ 앞차가 진행하고 있을 때

해설 모든 차의 운전자는 철길 건널목을 통과하려는 경우에는 건널목 앞에서 일시 정지하여 안전한지 확인한 후에 통과하여야 한다. 다만, 신호기 등이 표시하는 신호에 따르는 경우에는 정지하지 아니하고 통과할 수 있다.

47 정기검사 유효기간을 1개월 경과한 후에 정기검사를 받은 경우 다음 정기 검사 유효기간 산정 기산일은?

① 종전검사 신청기간 만료일의 다음 날부터
② 종전검사 유효기간 만료일의 다음 날부터
③ 검사를 신청한 날부터
④ 검사를 받은 날의 다음 날부터

해설 시·도지사 또는 검사대행자는 검사결과 당해 건설기계가 검사기준에 적합하다고 인정되는 때에는 건설기계 검사증에 유효기간을 기재하여 교부하여야 한다. 이 경우 유효기간의 산정은 정기검사 신청기간 내에 정기검사를 받은 경우에는 종전 검사유효기간 만료일의 다음 날부터, 그 외의 경우에는 검사를 받은 날의 다음 날부터 기산한다.

48 유압식 지게차의 동력 전달 순서는?

① 엔진 → 변속기 → 토크변환기 → 차동장치 → 차축 → 앞바퀴
② 엔진 → 변속기 → 토크변환기 → 차축 → 차동장치 → 앞바퀴
③ 엔진 → 토크변환기 → 변속기 → 차축 → 차동장치 → 앞바퀴
④ 엔진 → 토크변환기 → 변속기 → 차동장치 → 차축 → 앞바퀴

해설 지게차의 동력전달 순서
① 토크 컨버터식 지게차 : 엔진→토크 컨버터→변속기→종감속 기어 및 차동장치→앞구동축→최종 감속기→차륜
② 전동 지게차 : 앞바퀴→축전지→제어기구→구동 모터→변속기→종감속 및 차동기어장치→앞바퀴
③ 클러치식 지게차 : 엔진→클러치→변속기→종감속 기어 및 차동기어 장치→앞차축→앞바퀴

정답 43. ④ 44. ③ 45. ① 46. ③ 47. ④ 48. ④

④ 유압식 지게차 : 엔진→토크 컨버터→파워 시프트→변속기→차동기어 장치→앞차축→앞바퀴

49 지게차 운행 전 안전작업을 위한 점검사항으로 가장 적절하지 않은 것은?

① 시동 전에 전·후진 레버를 중립 위치에 둔다.
② 방향지시등과 같은 신호장치의 작동상태를 점검한다.
③ 작업 장소의 노면 상태를 확인한다.
④ 화물 이동을 위해 마스트를 앞으로 기울여 둔다.

해설 화물 이동을 위한 주행 자세는 리프트 레버를 뒤로 당겨 포크를 지면에서 약 20~30cm 정도 되도록 올린다.

50 차량 운행 시 보도와 차도가 구분된 도로에서 도로 외의 곳으로 출입하기 위하여 보도를 횡단하려고 할 때 가장 적절한 방법은?

① 보행자가 있어도 차마가 우선 출입한다.
② 보행자가 없으면 주의하며 빨리 진입한다.
③ 보도에 진입하기 직전에 일시 정지하여 좌측과 우측을 살핀 후 보행자의 통행을 방해하지 않게 횡단하여야 한다.
④ 보행자 유무에 구애받지 않는다.

해설 도로 외의 곳으로 출입하기 위하여 보도를 횡단하려고 할 때 차마의 운전자는 보도를 횡단하기 직전에 일시 정지하여 좌측과 우측 부분 등을 살핀 후 보행자의 통행을 방해하지 아니하도록 횡단하여야 한다.

51 기어 펌프에 대한 설명으로 틀린 것은?

① 다른 펌프에 비해 흡입력이 매우 나쁘다.
② 플런저 펌프에 비해 효율이 낮다.
③ 소형이며 구조가 간단하다.
④ 초고압에는 사용이 곤란하다.

해설 기어 펌프
① 외접과 내접기어 방식이 있다.
② 유압유 속에 기포 발생이 적다.
③ 구조가 간단하고 흡입 성능이 우수하다.
④ 소음과 토출량의 맥동(진동)이 비교적 크고, 효율이 낮다.
⑤ 정용량형이므로 구동되는 기어 펌프의 회전속도가 변화하면 흐름 용량이 바뀐다.
⑥ 트로코이드 펌프는 안쪽에 내·외측 로터로 바깥쪽은 하우징으로 구성되어 있다.

52 건설기계관리법령상 건설기계의 등록번호를 가리거나 훼손하여 알아보기 곤란하게 한 자에게 부과하는 벌금으로 옳은 것은?

① 1000만원 이하
② 300만원 이하
③ 500만원 이하
④ 100만원 이하

해설 건설기계의 등록번호를 지워 없애거나 그 식별을 곤란하게 한 자는 100만원 이하의 과태료를 부과한다.

53 좌·우측 전조등 회로의 연결 방법으로 옳은 것은?

① 직·병렬 연결
② 직렬 연결
③ 단식 배선
④ 병렬 연결

해설 좌·우측 전조등의 하이 빔과 로우 빔이 각각 병렬로 연결되어 있다.

54 지게차의 포크에 버킷을 끼워 흘러내리기 쉬운 물건이나 흐트러진 물건을 운반 또는 트럭에 상차하는데 쓰는 작업장치는?

① 로드 스태빌라이저
② 힌지드 버킷
③ 로테이팅 포크
④ 사이드 시프트 클램프

해설 작업 용도에 따른 지게차의 기능
① **로드 스태빌라이저** : 로드 스태빌라이저는 깨지기 쉬운 화물이나 불안전한 화물의 낙하를 방지하기 위하여 포크상단에 상하 작동할 수 있는 압력 판을

정답 49. ④ 50. ③ 51. ① 52. ④ 53. ④ 54. ②

부착한 지게차이다.
② 힌지드 버킷 : 힌지드 포크에 버킷을 장착하여 로더 역할을 수행하며, 버킷은 핀으로 고정되어 탈부착이 용이하다. 일반적인 팔레트 작업도 수행한다. 모래, 곡물, 석탄, 비료, 소금, 시멘트 등 분말 형태의 화물과 흘러내리기 쉬운 화물 또는 흐트러진 화물의 운반용이다.
③ 로테이팅 포크 : 로테이팅 클램프형 및 로테이팅 포크형은 포크에 360° 회전이 가능한 로테이터를 부착하여 일반적인 지게차로 하기 힘든 원추형의 화물을 좌·우로 조이거나 회전시켜 운반하거나 적재 및 용기에 담긴 화물을 쏟아 붓는 작업, 기계 가공 공장의 칩 처리, 폐기물 처리, 주물업종, 사료업종, 식품업종 등에 널리 사용되고 있다.
④ 사이드 시프트 클램프 : 차체의 방향을 바꾸지 않고 백레스트와 포크를 좌·우로 움직여 중심에서 벗어난 팔레트의 화물을 용이하게 적재, 하역 작업을 한다. 용도는 섬유 업종, 제지 업종, 재생품 관련(종이, 고무, 헝겊) 업종, 식품 업종, 건초 취급 업종, 창고, 항만 등의 화물 취급에 알맞다.

55 유압 모터의 장점으로 가장 알맞은 것은?

① 소형 제작이 불가능하며 무게가 무겁다.
② 무단변속의 범위가 비교적 넓다.
③ 공기와 먼지 등의 침투에 큰 영향을 받지 않는다.
④ 소음이 크다.

해설 유압 모터의 장점
① 넓은 범위의 무단변속이 용이하다.
② 소형·경량으로서 큰 출력을 낼 수 있다.
③ 과부하에 대해 안전하다.
④ 정·역회전 변화가 가능하다.
⑤ 자동 원격 조작이 가능하고 작동이 신속·정확하다.
⑥ 속도나 방향의 제어가 용이하다.
⑦ 회전체의 관성이 작아 응답성이 빠르다.
⑧ 구조가 간단하며, 과부하에 대해 안전하다.
⑨ 전동 모터에 비하여 급정지가 쉽다.

56 디젤 기관 인젝션 펌프에서 딜리버리 밸브의 기능으로 틀린 것은?

① 잔압 유지   ② 역류 방지
③ 유량 조정   ④ 후적 방지

해설 딜리버리 밸브의 기능
① 연료를 고압 파이프로 압송한다.
② 연료의 역류(분사노즐에서 펌프로의 흐름)를 방지한다.
③ 분사노즐의 후적을 방지한다.
④ 고압 파이프에 잔압을 유지시킨다.

57 흘러내리기 쉬운 물건 및 화학제품을 대량으로 취급하거나 운반하는 화학제품 공장 및 하차장에서 주로 사용 할 수 있는 작업 장치로 가장 적절한 것은?

① 힌지드 버킷
② 3단 마스트형
③ 사이드 클램프
④ 블록 클램프

해설 작업 용도에 따른 지게차의 기능
① 힌지드 버킷 : 힌지드 포크에 버킷을 장착하여 로더 역할을 수행하며, 버킷은 핀으로 고정되어 탈부착이 용이하다. 일반적인 팔레트 작업도 수행한다. 모래, 곡물, 석탄, 비료, 소금, 시멘트 등 분말 형태의 화물과 흘러내리기 쉬운 화물 또는 흐트러진 화물의 운반용이다.
② 3단 마스트형 : 마스트가 3단으로 늘어나게 된 것으로 천장이 높은 장소, 출입구가 제한되어 있는 장소에 화물을 적재하는데 적합하다.
③ 사이드 클램프 : 차체의 방향을 바꾸지 않고 백레스트와 포크를 좌·우로 움직여 중심에서 벗어난 팔레트의 화물을 용이하게 적재, 하역 작업을 한다. 용도는 섬유 업종, 제지 업종, 재생품 관련(종이, 고무, 헝겊) 업종, 식품 업종, 건초 취급 업종, 창고, 항만 등의 화물 취급에 알맞다.
④ 블록 클램프 : 콘크리트 블록 등을 집게 작업을 할 수 있는 장치를 지닌 것이다.

58 건설기계 조종사가 장비 점검 및 확인을 위하여 사용하는 공구 중 볼트 머리나 너트 주위를 완전히 감싸기 때문에 사용 중에 미끄러질 위험성이 적은 렌치는?

① 오픈 엔드 렌치
② 복스 렌치
③ 파이프 렌치
④ 조정 렌치

해설 박스 렌치는 볼트·너트의 머리를 감싸는 입을 양쪽에 가지고 있으며, 볼트·너트를 죌 때나 풀 때 미끄러지거나 벗겨지지 않도록 하기 위한 작업에서 흔히 사용되는 공구이다.

59 디젤 기관의 출력이 저하되는 원인으로 틀린 것은?

① 연료 분사량이 적을 때
② 흡기계통이 막혔을 때
③ 흡입공기 압력이 높을 때
④ 노킹이 일어 날 때

해설 과급기는 흡입 공기를 가압하여 실린더에 공급함으로써 체적 효율이 향상되어 엔진의 출력이 증대된다.

60 건설기계 조종사가 장비 점검 및 확인을 위하여 렌치를 사용할 때 안전수칙으로 옳은 것은?

① 스패너에 파이프 등 연장대를 끼워서 사용한다.
② 스패너는 충격이 약하게 가해지는 부위에는 해머대신 사용할 수 있다.
③ 너트보다 약간 큰 것을 사용하여 여유를 가지고 사용한다.
④ 파이프 렌치는 정지장치를 확인하고 사용한다.

해설 파이프 렌치는 파이프나 둥근 막대를 고정하거나 돌려주기 위한 공구로 정지장치를 확인하고 사용하여야 한다.

정답 59. ③ 60. ④

2022년 복원문제
제 2 회 — 지게차운전기능사

01 압력식 라디에이터 캡에 대한 설명으로 옳은 것은?

① 냉각장치 내부 압력이 규정보다 낮을 때 공기밸브는 열린다.
② 냉각장치 내부 압력이 규정보다 높을 때 진공밸브는 열린다.
③ 냉각장치 내부 압력이 부압이 되면 진공밸브는 열린다.
④ 냉각장치 내부 압력이 부압이 되면 공기밸브는 열린다.

해설 라디에이터 압력식 캡의 작동은 냉각장치 내부의 압력이 규정보다 높을 때에는 공기밸브는 열리고 진공밸브는 닫히며 내부압력이 낮아져 진공(부압)이 되면 진공밸브는 열리고 공기밸브는 닫힌다.

02 크랭크축의 비틀림 진동에 대한 설명 중 틀린 것은?

① 각 실린더의 회전력 변동이 클수록 커진다.
② 크랭크축이 길수록 커진다.
③ 강성이 클수록 커진다.
④ 회전부분의 질량이 클수록 커진다.

해설 크랭크축의 비틀림 진동은 크랭크축의 회전수와 축의 길이, 회전부분의 질량에는 정비례하고 축의 강성에는 반비례하여 발생된다.

03 수온조절기의 종류가 아닌 것은?

① 벨로즈형   ② 펠릿형
③ 바이메탈형   ④ 마몬형식

해설 냉각장치에 사용되는 수온조절기의 종류에는 벨로즈와 알코올을 이용하는 벨로즈형과 바이메탈을 이용하는 바이메탈형, 그리고 합성고무와 왁스를 이용하는 펠릿형이 있다.

04 다음 중 윤활유의 기능으로 모두 옳은 것은?

① 마찰감소, 스러스트작용, 밀봉작용, 냉각작용
② 마멸방지, 수분흡수, 밀봉작용, 마찰 증대
③ 마찰감소, 마멸방지, 밀봉작용, 냉각작용
④ 마찰증대, 냉각작용, 스러스트작용, 응력분산

해설 윤활유의 작용은 마찰감소 및 마멸방지(감마작용)와 밀봉, 냉각, 세척, 방청, 응력분산작용이 있다.

05 4행정 사이클 기관에 주로 사용되고 있는 오일펌프는?

① 원심식과 플런저식
② 기어식과 플런저식
③ 로터리식과 기어식
④ 로터리식과 나사식

해설 4행정 사이클 기관에 사용되는 오일펌프에는 기어식, 로터리식, 베인식, 플런저식이 있으나 주로 기어식과 로터리식이 사용되며 플런저식은 고압용으로 적합하다.

정답 01. ③ 02. ③ 03. ④ 04. ③ 05. ③

06 건설기계 운전 작업 중 온도 게이지가 "H" 위치에 근접되어 있다. 운전자가 취해야 할 조치로 가장 알맞은 것은?

① 작업을 계속해도 무방하다.
② 잠시 작업을 중단하고 휴식을 취한 후 다시 작업한다.
③ 윤활유를 즉시 보충하고 계속 작업한다.
④ 작업을 중단하고 냉각수 계통을 점검한다.

해설 온도 게이지가 "H"위치에 근접되어 있다면 엔진이 과열되는 것으로 작업을 중단하고 냉각계통을 점검하여 이상이 있는 부분을 수리·보완한 후 작업을 계속한다.

07 전조등의 구성 품으로 틀린 것은?

① 전구   ② 렌즈
③ 반사경   ④ 플래셔 유닛

해설 플래셔 유닛은 방향지시등의 점멸을 위한 릴레이를 말하는 것으로 일명 깜박이 릴레이라고 부른다.

08 전기자 철심을 두께 0.35 ~ 1.0mm의 얇은 철판을 각각 절연하여 겹쳐 만든 주된 이유는?

① 열 발산을 방지하기 위해
② 코일의 발열을 방지하기 위해
③ 맴돌이 전류를 감소시키기 위해
④ 자력선의 통과를 차단시키기 위해

해설 전기자 철심은 전기자 코일을 유지하며 계자철심에서 발생한 자계의 자기 회로가 되어 자력선을 잘 통과시키고 동시에 맴돌이 전류를 감소시키기 위해 성층하여 만든다.

09 납산축전지의 전해액을 만들 때 올바른 방법은?

① 황산에 물을 조금씩 부으면서 유리 막대로 젓는다.
② 황산과 물을 1 : 1의 비율로 동시에 붓고 잘 젓는다.
③ 증류수에 황산을 조금씩 부으면서 잘 젓는다.
④ 축전지에 필요한 양의 황산을 직접 붓는다.

해설 전해액을 만드는 방법은 질그릇을 사용하여 먼저 증류수를 붓고 증류수에 황산을 조금씩 부으면서 유리 막대로 잘 저어준다.

10 2행정 디젤기관의 소기방식에 속하지 않는 것은?

① 루프 소기식
② 횡단 소기식
③ 복류 소기식
④ 단류 소기식

해설 2행정 사이클에서 배기가스 배출에 사용하는 소기방식에는 유니플로(단류) 소기식과 크로스(횡단) 소기식, 루프소기식이 있다.

11 지게차의 전·후 안정도에서 주행 시 기준 무부하 상태일 때 몇 % 구배에 전도되어서는 안 되는가?

① 4   ② 6
③ 12   ④ 18

해설 지게차의 안정도
1. 건설기계의 상태
① 전·후 안정도 : 기준 부하 상태에서 쇠스랑을 최고로 올린 상태
  ㉮ 자연 구배
    ㉠ 최대 하중 5톤 미만 : 4%
    ㉡ 최대 하중 5톤 이상 : 3.5%
② 전·후 안정도 : 주행 시의 기준 무부하 상태
  ㉮ 자연 구배 : 18%
③ 좌·우 안정도 : 기준 부하 상태에서 쇠스랑을 최고로 올려 마스트를 최대로 뒤로 기울인 상태
  ㉮ 자연 구배 : 6%
④ 좌·우 안정도 : 주행 시 기준 무부하 상태
  ㉮ 자연 구배 : 15 + 1.1 × 최고 속도

정답 06. ④ 07. ④ 08. ③ 09. ③ 10. ③ 11. ④

12 지게차의 유압장치에서 틸트 실린더는 일반적으로 몇 개가 설치되어 있는가?

① 2개   ② 3개
③ 4개   ④ 1개

해설 틸트 실린더는 틸트 레버의 조작에 의해 마스트를 전경 또는 후경 시키는 작용을 하며 좌우 각 1개씩 사용한다.

13 지게차를 운전할 때 포크의 높이는(운반 시) 일반적으로 몇 cm로 올려야 하는가?

① 지상 20～30cm 정도 높인다.
② 지상 50～80cm 정도 높인다.
③ 지상 100cm 정도 높인다.
④ 높이에는 관계없이 편리하도록 한다.

해설 지게차를 운전할 때 포크의 높이는 지상으로부터 10～30cm 정도 높여 운행을 한다.

14 지게차를 정지시킬 때의 조작 방법이다. 틀리는 것은?

① 기관을 공전 상태로 차를 세우는 경우에는 마스트를 뒤로 틸트 하여 둔다.
② 기관을 정지시킬 때에는 마스트는 앞으로 틸트하고 포크가 지면에 닿도록 한다.
③ 기관을 정지하고 장시간 주차할 때에는 전·후진 레버는 중립으로 하고, 저·고속 레버는 저속 위치로 한다.
④ 기관을 정지시킬 때에는 마스트를 뒤로 틸트하고 포크를 지면에 닿도록 한다.

해설 지게차의 주, 정차 요령
① 가속 페달에서 발을 뗀다.
② 브레이크 페달과 클러치 페달을 밟는다.
③ 포크를 지면에 내리고 마스트를 앞으로 틸트 한다.
④ 엔진 스톱 버튼을 완전히 당겨 엔진을 정지시킨다.
⑤ 시동 스위치를 "OFF" 위치로 돌린 후 키를 뺀다.
⑥ 엔진 스톱 버튼을 다시 원위치 시킨다.
⑦ 주차 브레이크를 작동한다.

15 지게차의 화물 적재 운반 작업시 다음 중 가장 적당한 것은?

① 댐퍼를 뒤로 3°경사시켜서 운반한다.
② 샤퍼를 뒤로 6°경사시켜서 운반한다.
③ 마스트를 뒤로 4°경사시켜서 운반한다.
④ 바이브레이터를 8°뒤로 경사시켜서 운반한다.

해설 지게차의 화물 적재 운반 작업 시에는 마스트를 뒤로 4°정도 경사시켜서 운반 작업을 한다.

16 다음 중 지게차의 특징으로 볼 수 없는 것은?

① 전륜으로 조향 한다.
② 완충장치가 없다.
③ 엔진의 위치가 후미에 위치한다.
④ 틸트(tilt) 회로가 필요하다

해설 지게차는 전륜으로 구동하고 후륜으로 조향을 한다.

17 지게차 마스트 전경 각은 얼마인가?

① 2～3°   ② 5～6°
③ 7～8°   ④ 9～12°

해설 전경 각: 마스트의 수직 위치에서 앞으로 기울인 경우 최대 경사각으로 건설기계 구조 및 성능 기준상 5～6°범위로 이루어져야 한다.

18 엔진의 회전(시동)을 멈추지 않은 상태에서 지게차를 정차시킬 경우 가속 페달의 위치 중 가장 적당한 것은?

① 저속
② 중속
③ 고속
④ 어느 위치나 무관

해설 가속 페달의 위치는 공전 및 저속 위치로 가속 페달에서 발을 떼어낸다.

정답 12. ① 13. ① 14. ④ 15. ③ 16. ① 17. ② 18. ①

19 수동식 변속기가 장착된 건설기계에서 기어의 이상 음이 발생하는 이유가 아닌 것은?

① 기어의 백래시 과다
② 변속기의 오일 부족
③ 변속기 베어링의 마모
④ 웜과 웜기어의 마모

해설 변속기에서 이상 소음의 발생은 기어오일의 부족, 각 베어링의 마모, 각기어의 마모, 기어의 백래시(맞물린 기어의 이와 이 사이 틈새)과다 등에 기인한다.

20 지게차의 리프트 실린더는 어떤 일을 하는가?

① 포크를 앞·뒤로 기울게 한다.
② 포크를 상승·하강시킨다.
③ 마스트를 이동시킨다.
④ 마스트를 경사 이동시킨다.

해설 지게차의 리프트 실린더는 포크를 상승 또는 하강시킨다.

21 변속기의 필요성과 관계가 없는 것은?

① 시동 시 장비를 무부하 상태로 한다.
② 기관의 회전력을 증대 시킨다.
③ 장비의 후진 시 필요로 한다.
④ 환향을 빠르게 한다.

해설 변속기의 필요성은 엔진 시동 시 엔진을 무부하 상태로 하고 기관의 회전력을 증대시키며 장비를 후진시키기 위하여 필요하다.

22 다음 글 중 지게차의 유압 오일 량을 점검할 때는?

① 저속으로 운행하면서 기어 변속 시 한다.
② 포크를 중간쯤에 둔다.
③ 포크를 최대로 낮춘다.
④ 포크를 최대로 높인다.

해설 지게차의 작동유량을 점검할 때는 포크를 최대로 낮춘 상태로 시동 전에 점검한다.

23 지게차의 작업 방법을 설명한 것이다. 적절한 것은?

① 적하물을 싣고 운행 중에는 브레이크를 급격히 밟는다.
② 비탈길을 오르내릴 때에는 마스트를 전면으로 기울인다.
③ 적하물의 부피가 큰 것은 마스트를 수직으로 세우고 운전한다.
④ 짐을 싣고 비탈길을 내려올 때에는 후진하여 천천히 내려온다.

해설 적하물을 싣고 운행 중에는 마스트를 후경으로 하고 급브레이크를 조작하여서는 안 되며 짐을 싣고 비탈길을 내려올 때에는 후진하여 천천히 내려온다.

24 지게차의 마스트에 부착되어 있는 주요 부품은?

① 롤러 ② 차동기
③ 리치 실린더 ④ 타이어

해설 마스트에 부착되어 있는 주요 부품은 백레스트, 휠, 피스톤 헤드, 체인, 이너 마스트, 롤러, 아우터 마스트, 스톱퍼, 포크, 틸트 실린더 등으로 구성되어 있다.

25 포크리프트(fork lift)에서 틸트 장치의 역할은?

① 피니언 기어 축
② 차체 수평 조정장치
③ 포크 상하 조정장치
④ 마스트 경사 조정 역할

해설 지게차의 틸트 장치는 마스트의 경사 각도를 전경 또는 후경으로 조절하는 것으로 좌우 1개씩 사용한다.

26 건설기계의 형식 승인은 누가 하는가?

① 국토교통부 장관
② 시·도지사
③ 시장, 군수 또는 구청장
④ 고용노동부 장관

해설 건설기계의 형식 승인은 국토교통부장관의 승인을 받아야 한다.

정답 19. ④ 20. ② 21. ④ 22. ③ 23. ④ 24. ① 25. ④ 26. ①

27 평탄한 노면에서 지게차 운전 하역 시 올바른 취급 방법이 아닌 것은 ?

① 팔레트에 실은 짐이 안전하고 확실하게 실려 있는가를 확인한다.
② 포크는 상황에 따라 안전한 위치로 이동한다.
③ 불안전한 적재의 경우에는 안전한 위치로 이동한다.
④ 팔레트를 사용하지 않고 밧줄로 짐을 걸어 올릴 때에는 포크에 잘 맞는 고리를 사용한다.

해설 불안전한 적재의 경우에는 포크를 다시 하강시켜 안전한 상태로 적재하여 이동한다.

28 지게차로 화물 적하작업을 할 때 작업을 용이하게 하는 것은?

① 화물 밑에 고이는 상자
② 화물 밑에 고이는 판재
③ 화물 밑에 고이는 드럼통
④ 화물 밑에 고이는 팔레트

해설 팔레트 : 화물 밑에 고이는 받침대로 포크가 들어갈 수 있는 통로가 설치되어 있어 화물의 적재 및 적하 작업을 원활하게 해준다.

29 지게차의 전경각과 후경각은 조종사가 적절하게 선정하여 작업을 하여야 하며, 보통 짐을 들 때에는 전경각으로 하고 짐을 운반할 때에는 후경각으로 하는 것이 안전하다. 이를 조종하는 레버는 ?

① 틸트 레버
② 리프트 레버(마스트 레버)
③ 변속 레버
④ 전·후진 레버

해설 각 레버의 기능
① 틸트 레버 : 뒤로 당기면 후경각으로, 앞으로 밀면 전경각으로 마스트가 기운다.
② 리프트 레버 : 뒤로 당기면 포크가 상승되고 앞으로 밀면 포크가 하강한다.
③ 변속 레버 : 중립 상태에서 밀면 저속(1단), 당기면 고속(2단)으로 된다.
④ 전·후진 레버 : 밀면 전진의 위치로, 당기면 후진의 위치가 된다.

30 변속기와 종 감속기어 사이의 구동 각도에 변화를 줄 수 있는 동력 전달 기구로 옳은 것은?

① 슬립이음
② 자재이음
③ 스테빌라이저
④ 크로스 멤버

해설 각 부품의 기능
① 슬립이음 : 축의 길이 변화에 대응
② 자재이음 : 축의 각도 변화에 대응
③ 스테빌라이저 : 롤링을 방지한다.
④ 크로스 멤버 : 프레임의 좌우를 연결하여 고정

31 건설기계 연료 주입구는 배기관의 끝으로부터 얼마 이상 떨어져 설치하여야 하는가?

① 5cm   ② 10cm
③ 30cm   ④ 50cm

해설 연료 주입구는 배기관으로부터 30cm, 전기 개폐기로부터는 20cm 떨어져 설치되어야 한다.

32 건설기계 조종사의 면허 취소 사유에 해당하는 것은?

① 과실로 인하여 1명을 사망하게 하였을 경우
② 면허의 효력정지 기간 중 건설기계를 조종한 경우
③ 과실로 인하여 10명에게 경상을 입힌 경우
④ 건설기계로 1천만 원 이상의 재산 피해를 냈을 경우

해설 면허 효력정지 기간에 건설기계를 조종한 자에 대한 벌칙은 면허 취소이다.

정답 27. ③ 28. ④ 29. ① 30. ② 31. ③ 32. ②

33 등록되지 아니한 건설기계를 사용하거나 운행한 자의 벌칙은?

① 1년 이하의 징역 또는 1000만 원 이하의 벌금
② 2년 이하의 징역 또는 2000만 원 이하의 벌금
③ 20만 원 이하의 벌금
④ 10만 원 이하의 벌금

해설 등록되지 아니한 건설기계를 조종 또는 운행 사용한 자의 벌칙은 2년 이하의 징역 또는 2000만 원이하의 벌금형을 받는다.

34 도로교통법에 따라 소방용 기계기구가 설치된 곳, 소방용 방화물통, 소화전 또는 소화용 방화물통의 흡수구나 흡수관으로부터 (　) 이내의 지점에 주차하여서는 아니 된다. (　) 안에 들어갈 거리는?

① 10미터　② 7미터
③ 5미터　④ 3미터

해설 도로교통법에 따라 소방용 기계기구가 설치된 곳, 소방용 방화물통, 소화전 또는 소화용 방화물통의 흡수구나 흡수관으로부터 (5미터) 이내의 지점에 주차하여서는 아니된다.

35 새 지게차를 운전할 때 준수하여야 할 사항이다. 틀리는 것은?

① 기관이 작동 온도가 되기까지는 가속시키지 말 것
② 짐이 없을 때에는 가속시키지 말 것
③ 기관을 시동한 후 반드시 브레이크 페달을 밟아 볼 것
④ 급가속, 급제동, 급회전 등을 피할 것

해설 새 지게차의 취급 방법
① 시동 후 5분간 엔진을 공전 운전할 것.
② 엔진을 무부하 상태로 공전 가속 운전하지 말 것.
③ 급가속, 급제동, 급회전 등을 피할 것,
④ 최초 50시간은 정격 용량 부하의 50%로 작업 할 것.
⑤ 최초 50시간 가동 후 각종 오일 및 여과기를 교환할 것.
⑥ 최초 50시간 가동 후 밸브 간극을 조정하고 각종 볼트와 너트를 재조임할 것.

36 건설기계조종사 면허를 받지 아니하고 건설기계를 조종한자에 대한 처벌기준은?

① 1년 이하의 징역 또는 1000만 원 이하의 벌금
② 6개월 이하의 징역 또는 100만 원 이하의 벌금
③ 100만 원 이하의 벌금
④ 50만 원 이하의 벌금

해설 무면허로 건설기계를 조정한 자는 1년 이하의 징역 또는 1000만 원이하의 벌금 처분을 받는다.

37 도로교통법에 따라 뒤차에게 앞지르기를 시키려는 때 적절한 신호 방법은?

① 오른팔 또는 왼팔을 차체의 왼쪽 또는 오른쪽 밖으로 수평으로 펴서 손을 앞·뒤로 흔들 것
② 팔을 차체 밖으로 내어 45도 밑으로 펴서 손바닥을 뒤로 향하게 하여 그 팔을 앞·뒤로 흔들거나 후진등을 켤 것
③ 팔을 차체 밖으로 내어 45도 밑으로 펴거나 제동등을 켤 것
④ 양팔을 모두 차체의 밖으로 내어 크게 흔들 것

해설 뒤차를 앞지르기 시킬 때에는 오른팔 또는 왼팔을 차체의 왼쪽 또는 오른쪽 밖으로 수평으로 펴서 손을 앞·뒤로 흔들어 준다.

38 국내에서 제작된 건설기계를 등록할 때 필요한 서류에 해당하지 않는 것은?

① 건설기계 제작증
② 수입면장
③ 건설기계 제원표
④ 매수증서(관청으로부터 매수한 건설기계만)

정답　33. ②　34. ③　35. ③　36. ①　37. ①　38. ②

해설 건설기계를 등록하고자 할 때에는 출처를 증명하는 서류를 첨부하여야 하며 국내에서 제작된 장비는 제작증과 제원표 또는 매수 증서 등을 첨부하여야 하고 수입 장비의 경우에는 제작증 대신 수입면장을 첨부하여야 한다.

39 도로교통법에서는 교차로, 터널 안, 다리 위 등을 앞지르기 금지 장소로 규정하고 있다. 그 외 앞지르기 금지 장소를 다음 [보기]에서 모두 고르면?

> A. 도로의 구부러진 곳
> B. 비탈길의 고갯마루 부근
> C. 가파른 비탈길의 내리막

① A ② A, B
③ B, C ④ A, B, C

해설 앞지르기 금지장소는 교차로, 터널 안, 다리 위, 도로의 구부러진 곳, 비탈길의 고갯마루 부근, 가파른 비탈길의 내리막 또는 지방경찰청장이 안전표지에 의해 지정한 곳이다.

40 건설기계의 등록을 말소할 수 있는 사유에 해당하지 않은 것은?

① 건설기계를 폐기한 경우
② 건설기계를 수출하는 경우
③ 건설기계를 장기간 운행하지 않게 된 경우
④ 건설기계 교육, 연구 목적으로 사용하는 경우

해설 건설기계를 장기간 운행하지 않게 된 경우에는 건설기계를 말소시키지 않아도 된다.

41 기어펌프에 대한 설명으로 틀린 것은?

① 소형이며 구조가 간단하다.
② 플런저 펌프에 비해 흡입력이 나쁘다.
③ 플런저 펌프에 비해 효율이 낮다.
④ 초고압에는 사용이 곤란하다.

해설 기어펌프의 특징을 보면 소형이며 구조가 간단하고 흡입력이 플런저 펌프에 비해 우수하며, 고장이 적고, 수리가 쉬우나 펌프의 토출압이 낮고 소음이 큰 결점이 있다.

42 유압장치에서 액추에이터의 종류에 속하지 않는 것은?

① 감압 밸브 ② 유압실린더
③ 유압모터 ④ 플런저 모터

해설 액추에이터는 유압에 의해 작동되는 작동기로 직선운동을 하는 유압 실린더와 회전운동을 하는 유압모터가 있다. 감압 밸브는 압력제어 밸브 중의 하나로 제어 기구에 속한다.

43 유압오일 내에 기포(거품)가 형성되는 이유로 가장 적합한 것은?

① 오일에 이물질 혼입
② 오일 점도가 높을 때
③ 오일에 공기 혼입
④ 오일의 누설

해설 유압 오일 내에 기포는 공기의 혼입에 의해 발생된다.

44 유압모터의 가장 큰 장점은?

① 공기와 먼지 등이 침투하면 성능에 영향을 준다.
② 오일의 누출을 방지한다.
③ 압력조정이 용이하다.
④ 무단 변속이 용이하다.

해설 유압모터의 가장 큰 장점은 무단 변속이 가능한 것이다.

45 유압 실린더를 교환하였을 경우 조치해야 할 작업으로 가장 거리가 먼 것은?

① 오일 필터 교환
② 공기빼기 작업
③ 누유 점검
④ 시운전하여 작동상태 점검

정답 39. ④ 40. ③ 41. ② 42. ① 43. ③ 44. ④ 45. ①

해설 유압 실린더를 교환하였을 경우에는 먼저 회로를 설치한 다음 시동을 걸어 누유부를 점검하고 에어빼기 작업을 한 다음 시운전하여 작동상태를 점검하여야 한다.

46 릴리프 밸브에서 포핏 밸브를 밀어 올려 기름이 흐르기 시작할 때의 압력은?

① 설정압력　　② 허용압력
③ 크랭킹 압력　④ 전량 압력

해설 밸브가 열리고 오일이 흐르기 시작할 때의 압력을 크랭킹 압력이라 한다.

47 파스칼의 원리와 관련된 설명이 아닌 것은?

① 정지 액체에 접하고 있는 면에 가해진 압력은 그 면에 수직으로 작용한다.
② 정지 액체의 한 점에 있어서의 압력의 크기는 전 방향에 대하여 동일하다.
③ 점성이 없는 비압축성 유체에서 압력에너지, 위치에너지, 운동에너지의 합은 같다.
④ 밀폐용기 내의 한 부분에 가해진 압력은 액체 내의 전부분에 같은 압력으로 전달된다.

해설 파스칼 원리
(1) 정의 : 밀폐된 용기에 내 있는 정지 유체 일부에 가한 압력은 유체의 모든 부분과 유체를 담은 용기의 벽까지 그 압력의 세기가 그대로 전달된다는 원리
(2) 특징
① 여러 방향에서 한 점으로 작용하는 압력의 세기는 일정하다.
② 액체는 작용력을 감소시킬 수 있다.
③ 단면적을 변화시키면 힘을 증대시킬 수 있다.
④ 액체는 운동을 전달할 수 있다.
⑤ 공기는 압축되나 오일은 압축되지 않는다.
⑥ 유체의 압력은 면에 대해서 직각으로 작용한다.

48 유압장치의 정상적인 작동을 위한 일상점검 방법으로 옳은 것은?

① 유압 컨트롤 밸브의 세척 및 교환

② 오일량 점검 및 필터 교환
③ 유압펌프의 점검 및 교환
④ 오일 냉각기의 점검 및 세척

해설 유압장치의 정상적인 작동을 위하여 정기적으로 오일 필터를 교환하고 오일량을 점검하여야 한다.

49 방향제어 밸브에서 내부 누유에 영향을 미치는 요소가 아닌 것은?

① 관로의 유량
② 밸브 간극의 크기
③ 밸브 양단의 압력차
④ 유압유 점도

해설 방향제어 밸브에서 내부 누유에 영향을 미치는 요소가 아닌 것은 관로의 유량이다.

50 유압장치에서 유량제어 밸브가 아닌 것은?

① 교축 밸브　　② 분류 밸브
③ 유량조정 밸브　④ 릴리프 밸브

해설 릴리프 밸브는 최고압력을 제어하고 회로 내 압력을 일정하게 조절하는 유압조절 밸브이다.

51 체인 블록을 이용하여 무거운 물체를 이동시키고자 할 때 가장 안전한 방법은?

① 체인이 느슨한 상태에서 급격히 잡아당기면 재해가 발생할 수 있으므로 시간적 여유를 가지고 작업한다.
② 작업의 효율을 위해 가는 체인을 사용한다.
③ 내릴 때는 하중 부담을 줄이기 위해 최대한 빠른 속도로 실시한다.
④ 이동시는 무조건 최단거리 코스로 빠른 시간 내에 이동시켜야 한다.

해설 체인이 느슨한 상태에서 급격히 잡아당기면 재해가 발생할 수 있으므로 시간적 여유를 가지고 천천히 작업한다.

정답　46. ③　47. ③　48. ②　49. ①　50. ④　51. ①

52 안전·보건 표지에서 그림이 표시하는 것으로 맞는 것은?

① 독극물 경고
② 폭발물 경고
③ 고압전기 경고
④ 낙하물 경고

해설 그림의 안전·보건 표지는 고압전기 경고 표지이다.

53 연소의 3요소가 아닌 것은?

① 가연성 물질   ② 산소(공기)
③ 점화원   ④ 이산화탄소

해설 연소의 3요소는 불꽃을 발생할 수 있는 점화원, 가연성 물질과 산소이다.

54 체인이나 벨트, 풀리 등에서 일어나는 사고로 기계의 운동 부분 사이에 신체가 끼는 사고는?

① 협착   ② 접촉
③ 충격   ④ 얽힘

해설 기계의 운동부분에 끼이는 사고를 협착이라 한다.

55 산업재해 중 중대재해가 아닌 것은?

① 사망자가 1명 이상 있는 사고
② 부상자 또는 직업성 질병자가 동시에 10명 이상 발생한 재해
③ 3개월 이상의 요양을 요하는 부상자가 동시에 2명 이상 발생한 재해
④ 4일 이상의 요양을 요하는 부상을 입은 자가 5명 발생한 재해

해설 중대재해는 산업재해 중 사망 등 재해의 정도가 심한 것으로 다음에 해당되는 재해를 말한다.
① 사망자가 1인 이상 발생한 재해.
② 3월 이상의 요양을 요하는 부상자가 동시에 2인 이상 발생한 재해.
③ 부상자 또는 직업성 질병자가 동시에 10인 이상 발생한 재해를 말한다(산업안전보건법 시행규칙 제2조).

56 안전작업의 복장상태로 틀린 것은?

① 땀을 닦기 위한 수건이나 손수건을 허리나 목에 걸고 작업해서는 안 된다.
② 옷소매 폭이 너무 넓지 않은 것이 좋고 단추가 달린 것은 되도록 피한다.
③ 물체 추락의 우려가 있는 작업장에서는 안전모를 착용해야 한다.
④ 복장을 단정하게 하기 위해 넥타이를 꼭 매야 한다.

해설 복장을 단정하게 하여야 하고 소매 자락, 바지 자락이 너풀대지 않도록 동여매야 한다. 넥타이는 매지 않는다.

57 기계의 회전부분(기어, 벨트, 체인)에 덮개를 설치하는 이유는?

① 좋은 품질의 제품을 얻기 위해서
② 회전부분의 속도를 높이기 위하여
③ 제품의 제작과정을 숨기기 위하여
④ 회전부분과 신체의 접촉을 방지하기 위하여

해설 회전부분에 덮게 등의 안전장치를 설치하는 이유는 작업자 등의 신체접촉을 방지하기 위함이다.

58 다음 중 안전·보건표지의 구분에 해당하지 않는 것은?

① 금지표지   ② 성능표지
③ 지시표지   ④ 안내표지

해설 안전·보건표지에는 지시, 금지, 안내, 경고 표지로 되어 있다.

정답 52. ③ 53. ④ 54. ① 55. ④ 56. ④ 57. ④ 58. ②

59 산업안전보건법상 산업재해의 정의로 옳은 것은?

① 고의로 물적 시설을 파손한 것을 말한다.
② 운전 중 본인의 부주의로 교통사고가 발생된 것을 말한다.
③ 일상 활동에서 발생하는 사고로서 인적 피해에 해당하는 부분을 말한다.
④ 근로자가 업무에 관계되는 건설물. 설비. 원재료. 가스. 증기. 분진 등에 의하거나 작업 또는 그 밖의 업무로 인하여 사망 또는 부상하거나 질병에 걸리는 것을 말한다.

해설 산업 재해란 근로자가 업무에 관계되는 건설물. 설비. 원재료. 가스. 증기. 분진 등에 의하거나 작업 또는 그 밖의 업무로 인하여 사망 또는 부상하거나 질병에 걸리는 것을 말한다.

60 불안전한 조명, 불안전한 환경, 방호장치의 결함으로 인하여 오는 산업재해 요인은?

① 지적 요인
② 물적 요인
③ 신체적 요인
④ 정신적 요인

해설 불안전한 조명, 불안전한 환경, 방호장치의 결함으로 인하여 오는 산업재해 요인은 물적 요인에 속한다.

정답 59. ④ 60. ②

2023년 복원문제
제 1 회 지게차운전기능사

01 팬벨트에 대한 점검과정이다. 가장 적합하지 않은 것은?

① 팬벨트는 눌러(약 10kgf) 처짐이 약 13~20mm 정도로 한다.
② 팬벨트는 풀리의 밑 부분에 접촉되어야 한다.
③ 팬벨트의 조정은 발전기를 움직이면서 조정한다.
④ 팬벨트가 너무 헐거우면 기관 과열의 원인이 된다.

해설 팬벨트가 풀리의 밑 부분에 접촉되면 벨트가 미끄러져 발전기와 물펌프는 회전이 불량해지게 된다.

02 엔진의 회전수를 나타낼 때 rpm이란?

① 시간당 엔진회전수
② 분당 엔진회전수
③ 초당 엔진회전수
④ 10분간 엔진회전수

해설 rpm 이란 분당 축의 회전수 또는 회전속도를 나타내는 것으로 엔진에서는 엔진의 회전수를 말한다.

03 실린더 헤드 개스킷에 대한 구비조건으로 틀린 것은?

① 기밀유지가 좋을 것
② 내열성과 내압성이 있을 것
③ 복원성이 적을 것
④ 강도가 적당할 것

해설 실린더 헤드 개스킷은 기밀유지, 오일 및 냉각수 누출을 방지하기 위한 일종의 패킹으로 적당한 복원성이 있어야 한다.

04 디젤기관에서 직접 분사실식의 장점이 아닌 것은?

① 연료 소비량이 적다.
② 냉각손실이 적다.
③ 연료 계통의 연료 누출 염려가 적다.
④ 구조가 간단하여 열효율이 높다.

해설 직접 분사실식 연소실은 열효율이 좋고 시동이 쉬우며 연료소비가 적다는 장점이 있으나 디젤 노크 발생이 쉽고 연료계통의 부품 수명이 짧으며 연료를 고급연료를 사용하여야 하고 고압의 연료로 인한 누출이 쉬운 결점을 가지고 있다.

05 공회전 상태의 기관에서 크랭크축의 회전과 관계없이 작동되는 기구는?

① 발전기
② 캠 샤프트
③ 플라이 휠
④ 스타트 모터

해설 스타트 모터는 기동 전동기를 말하는 것으로 작동 전원이 배터리로 전류를 공급하면 크랭크축의 회전과는 관계없이 작동 된다.

06 수냉식 냉각 방식에서 냉각수를 순환시키는 방식이 아닌 것은?

① 자연 순환식
② 강제 순환식
③ 진공 순환식
④ 밀봉 압력식

해설 수냉식 냉각방식에는 자연 순환식, 강제 순환식, 압력 순환식, 밀봉 압력식이 있다.

정답 01. ② 02. ② 03. ③ 04. ③ 05. ④ 06. ③

07 좌·우측 전조등 회로의 연결방법으로 옳은 것은?

① 직렬 연결 ② 단식 연결
③ 병렬 연결 ④ 직·병렬 연결

해설 전조등의 회로는 복선식을 사용하며 회로는 병렬로 연결되어 있다.

08 직류 발전기와 비교했을 때 교류 발전기의 특징으로 틀린 것은?

① 전압 조정기만 필요하다.
② 크기가 크고 무겁다.
③ 브러시 수명이 길다.
④ 저속 발전 성능이 좋다.

해설 교류 발전기의 특징
① 저속에서도 충전이 가능하다.
② 회전부에 정류자가 없어 허용 회전속도 한계가 높다.
③ 실리콘 다이오드로 정류하므로 전기적 용량이 크다.
④ 소형 경량이며 브러시 수명이 길다.
⑤ 전압 조정기만 필요하다.
⑥ AC(교류) 발전기는 극성을 주지 않는다.
⑦ AC발전기에서 컷 아웃 릴레이의 작용은 실리콘 다이오드가 한다.
⑧ 전류 조정기가 필요 없는 이유 : 스테이터 코일에는 회전속도가 증가됨에 따라 발생하는 교류의 주파수가 높아져 전기가 잘 통하지 않는 성질이 있어 전류가 증가하는 것을 제한할 수 있기 때문이다.

09 납산 축전지의 전해액을 만들 때 황산과 증류수의 혼합 방법에 대한 설명으로 틀린 것은?

① 조금씩 혼합하며 잘 저어서 냉각시킨다.
② 증류수에 황산을 부어 혼합한다.
③ 전기가 잘 통하는 금속제 용기를 사용하여 혼합한다.
④ 추운 지방인 경우 온도가 표준 온도일 때 비중이 1.280이 되게 측정하면서 작업을 끝낸다.

해설 전해액을 혼합할 때에는 용기는 화학작용과 전기가 통하지 않는 질그릇이 가장 좋으며 증류수에 황산을 조금씩 부어 잘 혼합하여야 한다. 특히 온도 상승에 주의하고 옷은 고무로 만든 옷을 착용하여야 한다.

10 전기가 이동하지 않고 물질에 정지하고 있는 전기는?

① 동전기 ② 정전기
③ 직류 전기 ④ 교류 전기

해설 전기가 이동하지 않고 물질에 정지하고 있는 전기가 정전기이며 물질에서 이동하는 전기를 동전기라 한다.

11 지게차 안쪽 바퀴의 조향 각도는 ?

① 45 ~ 55 도 ② 55 ~ 65 도
③ 65 ~ 75 도 ④ 75 ~ 85 도

해설 지게차의 조향 각도는 안쪽 바퀴가 65°, 바깥쪽 바퀴는 75°정도이며 회전 반경은 1.8 ~ 2.5m이다.

12 지게차 사이드 롤러 편 마모의 주원인은?

① 오일 펌프의 불량
② 윤활유 불충분
③ 리프트 실린더의 마모
④ 틸트 실린더의 마모

해설 사이드 롤러 편 마모의 주원인은 윤활의 불충분이다.

13 포크를 하강시키려 한다. 그 조작 방법으로 옳은 것은 ?

① 가속 페달을 밟고 리프트 레버를 앞으로 민다.
② 가속 페달을 밟고 리프트 레버를 뒤로 당긴다.
③ 가속 페달을 밟지 않고 리프트 레버를 뒤로 당긴다.
④ 가속 페달을 밟지 않고 리프트 레버를 앞으로 민다.

해설 ① **포크의 하강** : 가속 페달을 밟지 않고 리프트 레버를 앞으로 민다.
② **포크의 상승** : 가속 페달을 서서히 밟고 리프트 레버를 뒤로 당긴다.

정답 07. ③ 08. ② 09. ③ 10. ② 11. ③ 12. ② 13. ④

14 다음 중 지게차의 작업장치가 아닌 것은?

① 마스트　　② 블레이드
③ 캐리어　　④ 포크

해설 블레이드는 삽을 표시하는 것으로 도저, 모터 그레이더 등의 작업 장치이다.

15 일반적으로 포크리프트의 등판능력은 보통 어느 정도인가?

① 13도　　② 30도
③ 5도　　　④ 25도

16 다음은 작업 방법의 예이다. 이중 틀리는 것은?

① 경사길에서 내려 올 때는 후진으로 진행한다.
② 주행 방향을 바꿀 때에는 완전 정지 또는 저속에서 행한다.
③ 틸트로 적재물이 백 레스트에 완전히 닿도록 하고 운행한다.
④ 조향륜이 지면에서 5cm 이하로 떨어 졌을 때에는 밸런스 카운터 중량을 높인다.

해설 중량물 운반 작업 시 규정된 중량 이상으로 적재 운반을 하여서는 안 되며 밸런스 카운터의 중량을 높여서는 안된다.

17 토크 변환기가 설치된 지게차의 기동 요령이다. 알맞은 것은?

① 클러치 페달을 밟고 저·고속 레버를 저속 위치로 한다.
② 브레이크 페달을 밟고 저·고속 레버를 저속 위치로 한다.
③ 클러치 페달에서 서서히 발을 떼면서 가속 페달을 밟는다.
④ 페달을 조작할 필요 없이 가속 페달을 서서히 밟는다.

해설 토크 변환기가 설치된 장비에는 클러치 페달이 없다. 따라서 기동 요령은 전·후진 및 저·고속 레버를 중립 위치로 하고 예열을 시킨 다음 시동 스위치를 시동 위치로 하여 기관을 크랭킹 하면서 가속 페달을 중속 정도로 밟아주면 된다.

18 지게차의 능률적인 이동 거리는?

① 약 150 피트　　② 약 250 피트
③ 약 350 피트　　④ 약 400 피트

해설 지게차의 능률적인 작업 반경으로는 75m(250 피트) 정도가 이상적이다.

19 프리 리프트 마스트형(free lift mast type)의 인너 레일과 아웃 레일의 오버랩은?

① 300±5mm　　② 500±5mm
③ 700±5mm　　④ 800±5mm

해설 프리 리프트 마스트형의 인너 레일과 아웃레일의 오버랩은 500±5mm 이다.

20 브레이크 드럼의 구비조건으로 틀린 것은?

① 방열이 잘될 것
② 정적·동적 평형이 잡혀 있을 것
③ 강성과 내마모성이 있을 것
④ 중량이 클 것

해설 브레이크 드럼의 구비조건
① 충분한 강성이 있을 것
② 마찰면에 내마멸성이 우수할 것
③ 방열이 잘 되고 가벼울 것
④ 동적 및 정적 평형이 잡혀 있을 것

21 지게차에 일반적으로 가장 많이 사용되는 브레이크는?

① 진공식　　② 유압식
③ 기계식　　④ 공기 압축식

해설 지게차에 일반적으로 많이 사용하는 브레이크는 유압식 브레이크이다.

정답　14. ②　15. ①　16. ④　17. ④　18. ②　19. ②　20. ④　21. ②

22 지게차로 급한 고갯길을 내려갈 때 취해야 할 행동은 ?

① 변속 레버를 중립 위치에 놓는다.
② 후진을 하고 엔진 브레이크를 사용한다.
③ 엔진을 끄고 타력으로 내려간다.
④ 전진 자세로 엔진 브레이크를 사용한다.

해설 지게차로 급한 고갯길을 내려갈 때에는 후진을 하고 엔진 브레이크를 사용한다.

23 선택기어식 변속기에서 싱크로메시 기구를 이용한 변속기는 어느 것인가?

① 섭동 기어식　② 동기 물림식
③ 상시 물림식　④ 유성기어식

해설 싱크로메시 기구는 싱크로나이저 링, 클러치 슬리브와 클러치 허브싱크로 나이저 키, 싱크로나이저 코운으로 구성된 기구로 변속 시 기어가 움직이는 상태에서도 변속이 가능하게 하는 장치로 동기 물림식 변속기에 사용된다.

24 지게차의 변속 단수는 일반적으로 다음 중 어느 것인가 ?

① 3～4단　② 4～5단
③ 5～6단　④ 1～2단

해설 지게차의 변속 단수는 저속(1단), 고속(2단)으로 되어 있다.

25 다음은 지게차 작업 시 지켜야할 안전 수칙들이다. 틀리는 것은 ?

① 후진 시는 반드시 뒤를 살필 것
② 전·후진 변속 시는 장비가 정지된 때 행할 것
③ 주·정차시는 반드시 주차 브레이크를 고정시킬 것
④ 이동시 포크를 반드시 지상에서 80～90cm 정도 들고 이동할 것

해설 지게차 이동시 포크의 높이는 지상에서 20～30cm 정도 들고 이동하는 것이 좋다.

26 타이어식 건설기계의 차동장치에서 열이 발생하고 있을 때 원인으로 틀린 것은?

① 오일의 오염
② 윤활유의 부족
③ 구동 피니언과 링 기어의 접촉상태 불량
④ 종 감속기 하우징 볼트의 과도한 조임

해설 종 감속기 하우징은 차동 종 감속기를 감싸고 있는 케이스를 말하는 것으로 차동장치의 발열과는 관계가 없다.

27 지게차 포크의 상승 속도가 느린 원인으로 가장 관계가 적은 것은 ?

① 작동유의 부족
② 조작 밸브의 손상 및 마모
③ 피스톤 패킹의 손상
④ 포크 끝의 약간 휨

해설 포크의 상승 속도가 느린 원인
① 작동유의 부족　② 조작 밸브의 손상 및 마모
③ 피스톤 패킹의 손상　④ 피스톤 로드의 휨

28 엔진식 지게차의 조정 레버의 위치를 설명한 것 중 해당 없는 것은 ?

① 리프팅 위치　② 로어링 위치
③ 틸팅 위치　④ 야윙 위치

해설 조정 레버의 위치
① 리프팅 위치 : 들어올리기
② 로어링 위치 : 낮추기
③ 틸팅 위치 : 경사 지우기

29 일반적으로 지게차에 사용하는 유압 펌프의 압력은 ?

① 일반적으로 30～50kgf/㎠
② 일반적으로 70～130kgf/㎠
③ 일반적으로 10～30kgf/㎠
④ 일반적으로 200～250kgf/㎠

해설 지게차에 사용되는 유압 펌프는 일반적으로 기어 펌프를 사용하며 작동 유압은 70～130kg/㎠이다.

정답 22. ②　23. ②　24. ④　25. ④　26. ④　27. ④　28. ④　29. ②

30 리프트 레버를 뒤로 밀어 상승 상태를 점검하였더니 2/3 가량은 잘 상승되다가 그 후 상승이 잘 안 되는 현상이 생겼을 경우 점검해야 할 곳은?

① 엔진 오일의 양
② 유압유 탱크의 오일양
③ 냉각수의 양
④ 틸트 레버

해설 유압유 탱크 내의 오일량이 부족한 현상이다.

31 건설기계관리법상 건설기계의 등록말소 사유에 해당되지 않는 것은?

① 건설기계를 수출하는 경우
② 건설기계를 정비하는 경우
③ 건설기계의 차대(車臺)가 등록 시의 차대와 다른 경우
④ 건설기계가 천재지변 또는 이에 준하는 사고 등으로 사용할 수 없게 되거나 멸실된 경우

해설 등록말소란 폐차등록을 하는 경우 등을 말하는 것으로 건설기계를 정비하는 것은 사용을 계속하기 위해 수리하는 것이므로 말소 등록 대상이 아니다.

32 건설기계관리법상 등록을 하지 아니하고 건설기계 사업을 하거나 거짓으로 등록을 한자에 대한 벌칙은?

① 1년 이상 징역 또는 1000만 원 이상의 벌금
② 1년 이하 징역 또는 2000만 원 이하의 벌금
③ 1년 이상 징역 또는 100만 원 이상의 벌금
④ 2년 이하 징역 또는 1000만 원 이상의 벌금

해설 건설기계를 등록하지 아니하거나 거짓으로 등록한자는 1년 이하의 징역 또는 2000만 원 이하의 벌금형이 적용된다.

33 건설기계관리법상 건설기계 검사 기준에서 원동기 성능 검사 항목이 아닌 것은?

① 배출가스 허용 기준에 적합할 것
② 원동기의 설치 상태가 확실할 것
③ 작동 상태에서 심한 진동 및 이상 음이 없을 것
④ 토크 컨버터는 기름 량이 적정하고 누출이 없을 것

해설 토크 컨버터는 유체클러치를 말하는 것으로 동력전달장치의 클러치에 해당하는 검사기준에 속한다.

34 건설기계관리법상 건설기계 임대차 계약서에 포함되어야 하는 사항이 아닌 것은?

① 검사 신청에 관한 사항
② 건설기계 운반 경비에 관한 사항
③ 건설기계 1일 가동 시간에 관한 사항
④ 대여 건설기계 및 공사현장에 관한 사항

해설 대여 장비의 임대차 계약서에는 검사 신청에 관한 사항은 포함되지 않는다.

35 도로 교통법상 정차 및 주차금지 장소에 해당되는 것은?

① 건널목 가장자리로부터 15m 지점
② 정류장 표지판으로부터 12m 지점
③ 도로의 모퉁이로부터 3m 지점
④ 교차로 가장자리로부터 10m 지점

해설 정차 · 주차 금지장소
① 교차로, 횡단보도, 보도와 차도가 구분된 도로의 보도 또는 건널목. 단 보도와 차도에 걸쳐서 설치된 노상 주차장의 주차는 제외된다.
② 5미터 이내의 곳
  ㉮ 교차로 가장자리   ㉯ 도로 모퉁이
③ 10미터 이내의 곳
  ㉮ 안전지대 사방
  ㉯ 버스정류장 표시 기둥. 판. 선
  ㉰ 건널목 가장자리
④ 지방경찰청장이 도로에서의 위험을 방지하고 교통의 안전과 원활한 소통을 확보하기 위하여 필요하다고 인정하여 지정한 곳.

정답 30. ② 31. ② 32. ② 33. ④ 34. ① 35. ③

36 도로 교통법상 자동차 등의 도로 통행 속도에 관한 설명으로 틀린 것은?

① 자동차 등의 도로 통행 속도는 대통령령으로 정한다.
② 경찰청장은 교통의 안전과 원활한 소통을 확보하기 위하여 필요하다고 인정하는 경우 고속도로에 구역이나 구간을 지정하여 도로 통행속도를 제한할 수 있다.
③ 지방 경찰청장은 교통의 안전과 원활한 소통을 확보하기 위하여 필요하다고 인정하는 경우 고속도로를 제외한 도로에 구역이나 구간을 지정하여 도로 통행속도를 제한할 수 있다.
④ 자동차 등의 운전자는 지정된 도로 통행 속도의 최고 속도보다 빠르게 운전하여서는 아니 된다.

해설 자동차 등의 도로 통행 속도는 각 지방경찰청장이 교통의 안전과 원활한 소통을 확보하기 위하여 필요하다고 인정하는 경우 모든 도로에 구역이나 구간을 지정하여 도로 통행속도를 제한할 수 있다.

37 건설기계관리법상 건설기계 정기검사의 연기 사유에 해당하지 않는 것은?

① 건설기계를 도난당했을 때
② 건설기계의 사고가 발생하였을 때
③ 1월 이상에 걸친 정비를 하고 있을 때
④ 건설기계를 건설 현장에 투입하여 작업하고 있을 때

해설 건설기계가 사용되고 있을 때에는 검사연기 사유에 해당되지 않으며 검사기간을 지난 후에도 계속 사용하고자 할 경우에는 기간 내에 검사를 받아야 한다.

38 도로 교통법상 편도 4차로 자동차 전용도로에서 굴삭기와 지게차의 주행 차로는?

① 1차로
② 2차로
③ 3차로
④ 4차로

해설 건설기계의 주행 차로는 차선의 맨 마지막 차로가 주행차로이다. 만일 맨 마지막 차로가 버스전용차로인 경우에는 버스전용차로를 제외한 차로에서 맨 마지막 차로이다.

39 건설기계관리법상 건설기계 등록번호표의 반납기간 만료일을 초과하였을 경우에 해당하는 것은?

① 면허가 취소된다.
② 형사처벌을 받는다.
③ 과태료를 부과한다.
④ 보험료가 할증된다.

해설 건설기계 등록번호표의 반납은 10일 이내 시·도지사에게 반납하며 만일 기간이 초과되었을 때에는 과태료가 부과된다.

40 도로 교통법상 교통 안전시설이 표시하고 있는 신호와 경찰 공무원의 수신호가 다른 경우 통행 방법으로 옳은 것은?

① 경찰 공무원의 수신호에 따른다.
② 신호기의 신호를 우선적으로 따른다.
③ 자기가 판단하여 위험이 없다고 생각되면 아무 신호에 따라도 좋다.
④ 수신호는 보조 신호이므로 따르지 않아도 좋다.

해설 모든 신호 중 가장 우선하는 신호는 경찰 공무원의 수신호이다.

41 유압장치에 사용되고 있는 제어밸브가 아닌 것은?

① 방향 제어밸브
② 유량 제어밸브
③ 스프링 제어밸브
④ 압력 제어밸브

해설 유압장치에 사용되는 제어밸브에는 일의 크기를 결정하는 압력제어, 일의 속도를 제어하는 유량제어, 일의 방향을 결정하는 방향 제어밸브로 구분되어 있다.

정답 36. ① 37. ④ 38. ④ 39. ③ 40. ① 41. ③

42 유압 작동유의 점도가 너무 높을 때 발생되는 현상은?

① 동력손실 증가 ② 내부누설 증가
③ 펌프효율 증가 ④ 내부마찰 감소

해설 점도란 유체의 이동저항을 말하는 것으로 점도가 높으면 이동저항의 증가로 동력손실이 발생된다.

43 유압모터의 특징 중 거리가 가장 먼 것은?

① 소형으로 강력한 힘을 낼 수 있다.
② 과부하에 대해 안전하다.
③ 정·역회전 변화가 불가능하다.
④ 무단변속이 용이하다.

해설 유압 모터의 특징
① 무단 변속이 용이하다.
② 신호 시에 응답성이 빠르다.
③ 관성력이 작으며, 소음이 적다.
④ 출력 당 소형이고 가볍다.
⑤ 작동이 신속하고 정확하다.
⑥ 정·역회전 변화 제어가 가능하다.

44 기어식 유압펌프의 특징이 아닌 것은?

① 구조가 간단하다.
② 유압 작동유의 오염에 비교적 강한 편이다.
③ 플런저 펌프에 비해 효율이 떨어진다.
④ 가변 용량형 펌프로 적당하다.

해설 가변 용량형은 토출되는 유량을 변화시킬 수 있는 펌프로 플런저 펌프 중 액시얼(사판식) 펌프만이 가능하며 나머지 펌프는 정용량형 펌프이다.

45 릴리프 밸브에서 볼이 밸브의 시트를 때려 소음을 발생시키는 현상은?

① 채터링(chattering) 현상
② 베이퍼 록(vapor lock) 현상
③ 페이드(fade) 현상
④ 노킹(knocking) 현상

해설 유압 밸브에서 나는 소음과 진동을 채터링이라 하며, 회로 내 흐르는 액체가 가열기화 되어 액체의 이동을 방해하는 현상을 베이퍼 록이라 하고 마찰제의 마찰부분에 열이 발생되어 마찰력이 감소되는 것을 페이드라 한다. 또한 노킹이란 이상연소에 의해 피스톤이 실린더 벽을 때리는 금속음을 말한다.

46 오일의 압력이 낮아지는 원인과 가장 거리가 먼 것은?

① 유압펌프의 성능이 불량할 때
② 오일의 점도가 높아졌을 때
③ 오일의 점도가 낮아 졌을 때
④ 계통 내에서 누설이 있을 때

해설 오일의 점도가 높으면 유압은 높아진다. 즉 점도에 압력은 비례한다.

47 유압장치의 오일 탱크에서 펌프 흡입구의 설치에 대한 설명으로 틀린 것은?

① 펌프 흡입구는 반드시 탱크 가장 밑면에 설치한다.
② 펌프 흡입구에는 스트레이너(오일 여과기)를 설치한다.
③ 펌프 흡입구와 귀환구(복귀구) 사이에는 격리판(baffle plate)을 설치한다.
④ 펌프 흡입구는 탱크로의 귀환구(복귀구) 로부터 될 수 있는 한 멀리 떨어진 위치에 설치한다.

해설 펌프의 흡입구는 탱크의 밑면에 설치하면 이물질 등의 유입으로 회로의 막힘이 발생된다. 따라서 탱크 밑면에서 약간 올려 설치하는 것이 좋으며 흡입구와 복귀구 사이에는 격리판을 설치하여 복귀 시 발생되는 기포로부터 보호를 해주어야 한다.

48 회로 내의 유체 흐름 방향을 제어하는데 사용되는 밸브는?

① 교축 밸브 ② 셔틀 밸브
③ 감압 밸브 ④ 순차 밸브

해설 회로 내의 유체 흐름 방향을 제어하는 밸브는 방향제어밸브로 오일의 흐름을 한쪽 방향으로만 흐르게 하는 체크 밸브와 원통형 슬리브 면에 내접하여 축 방향으로 이동하며 유로를 개폐하는 스풀 밸브, 1개

정답 42. ① 43. ③ 44. ④ 45. ① 46. ② 47. ① 48. ②

의 출구와 2개 이상의 입구를 지니고 있으며 출구가 최고 압력 쪽 입구를 선택하는 기능을 가진 셔틀 밸브 등이 있다.

49 유압 실린더 종류에 해당하지 않는 것은?

① 단동 실린더　② 복동 실린더
③ 다단 실린더　④ 회전 실린더

해설 유압 실린더에는 한쪽 방향으로만 흡입 작동되는 단동 실린더와 양쪽 방향으로 흡입 작동되는 복동 실린더, 안테나처럼 단계적으로 늘어나는 다단 실린더가 있다.

50 그림의 유압 기호에서 "A" 부분이 나타내는 것은?

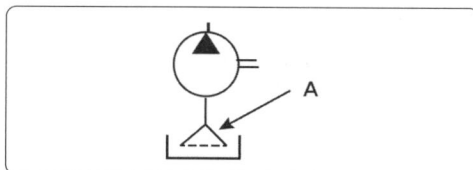

① 오일 냉각기
② 스트레이너
③ 가변용량 유압펌프
④ 가변용량 유압모터

해설 그림은 유압기호에서 스트레이너를 나타낸다.

51 산업안전보건법령상 안전·보건표지의 종류 중 다음 그림에 해당하는 것은?

① 산화성 물질 경고
② 인화성 물질 경고
③ 폭발성 물질 경고
④ 급속 독성물질 경고

해설 그림의 산업 안전 보건표지는 인화성 물질임을 경고하는 경고 표지이다.

52 연삭기의 안전한 사용방법으로 틀린 것은?

① 숫돌 측면 사용제한
② 숫돌 덮개 설치 후 작업
③ 보안경과 방진 마스크 착용
④ 숫돌과 받침대 간격을 가능한 넓게 유지

해설 연삭기 사용에서 숫돌과 받침대의 간격은 3mm 이내를 유지하여야 한다.

53 ILO(국제노동기구)의 구분에 의한 근로 불능 상해의 종류 중 응급조치 상해는 며칠 간 치료를 받은 다음부터 정상작업에 임할 수 있는 정도의 상해를 의미하는가?

① 1일 미만　② 3~5일
③ 10일 미만　④ 2주 미만

해설 응급조치 상해는 1일 미만의 치료를 요하는 상해를 말한다.

54 다음 중 산업재해 조사의 목적에 대한 설명으로 가장 적절한 것은?

① 적절한 예방대책을 수립하기 위하여
② 작업능률 향상과 근로기강 확립을 위하여
③ 재해 발생에 대한 통계를 작성하기 위하여
④ 재해를 유발한 자의 책임 추궁을 위하여

해설 산업재해발생에서 재해를 조사하는 목적은 적절한 예방대책을 수립하여 동종의 사고나 유사 사고를 미연에 방지할 목적으로 조사를 하는 것이다.

55 다음 중 보호구를 선택할 때의 유의사항으로 틀린 것은?

① 작업 행동에 방해되지 않을 것
② 사용 목적에 구애받지 않을 것
③ 보호구 성능 기준에 적합하고 보호 성능이 보장될 것
④ 착용이 용이하고 크기 등 사용자에게 편리할 것

정답　49. ④　50. ②　51. ②　52. ④　53. ①　54. ①　55. ②

해설 보호구는 용도에 맞는 사용목적 외의 사용을 금지한다.

56 가스 용접기가 발생기와 분리되어 있는 아세틸렌 용접장치의 안전기 설치 위치는?

① 발생기
② 가스 용기
③ 발생기와 가스 용기 사이
④ 용접 토치와 가스 용기 사이

해설 아세틸렌 용접장치의 안전기는 가스 발생기와 용기 사이에 설치하여 사용한다.

57 무거운 물건을 들어 올릴 때의 주의사항에 관한 설명으로 가장 적합하지 않은 것은?

① 장갑에 기름을 묻히고 든다.
② 가능한 이동식 크레인을 이용한다.
③ 힘센 사람과 약한 사람과의 균형을 잡는다.
④ 약간씩 이동하는 것은 지렛대를 이용할 수도 있다.

해설 무거운 물건을 들어 올릴 때 절대 장갑에 기름을 묻혀서는 안 된다.

58 다음 중 전기설비 화재 시 가장 적합하지 않은 소화기는?

① 포말소화기
② 이산화탄소 소화기
③ 무상강화 액 소화기
④ 할로겐화합물 소화기

해설 포말소화기는 수용성 액체가 들어 있는 소화기로 전기화재에 사용하면 감전의 위험이 있어 사용해서는 안 된다.

59 다음 중 산소결핍의 우려가 있는 장소에서 착용하여야 하는 마스크의 종류는?

① 방독 마스크
② 방진 마스크
③ 송기 마스크
④ 가스 마스크

해설 산소결핍의 우려가 있는 장소에서 착용하여야 하는 마스크는 송기 마스크이며 산소가 18%미만인 경우에는 산소 마스크를 착용하여야 한다.

60 다음 중 일반적으로 장갑을 끼고 작업할 경우 안전상 가장 적합하지 않은 작업은?

① 전기용접 작업
② 타이어교체 작업
③ 건설기계운전 작업
④ 선반 등의 절삭가공 작업

해설 장갑의 착용이 금지되는 작업은 정밀 작업, 회전체, 해머, 절삭가공 등의 작업에는 사용하여서는 안 된다.

정답 56. ③ 57. ① 58. ① 59. ③ 60. ④

2023년 복원문제
제 2 회 지게차운전기능사

01 크랭크축 베어링의 바깥둘레와 하우징 둘레와의 차이인 크러시를 두는 이유는?

① 안쪽으로 찌그러지는 것을 방지한다.
② 조립할 때 캡에 베어링이 끼워져 있도록 한다.
③ 조립할 때 베어링이 제자리에 밀착되도록 한다.
④ 볼트로 압착시켜 베어링 면의 열전도율을 높여준다.

해설 베어링 크러시를 두는 이유는 볼트를 규정대로 조였을 때 베어링이 하우징에 완전히 밀착되어 열전도가 잘 되도록 하기 위함이다.

02 다음 중 연소실과 연소의 구비조건이 아닌 것은?

① 분사된 연료를 가능한 한 긴 시간 동안 완전 연소 시킬 것
② 평균 유효 압력이 높을 것
③ 고속 회전에서의 연소 상태가 좋을 것
④ 노크 발생이 적을 것

해설 연료의 연소에서 분사된 연료를 가능한 한 짧은 시간에 완전 연소시켜야 평균 유효압력을 높일 수 있고 디젤 노크를 방지할 수 있다.

03 엔진 오일량 점검에서 오일 게이지에 상한선(Full)과 하한선(Low)표시가 되어 있을 때 가장 적합한 것은?

① Low 표시에 있어야 한다.
② Low와 Full 표지 사이에서 Low에 가까이 있으면 좋다.
③ Low와 Full 표지 사이에서 Full에 가까이 있으면 좋다.
④ Full 표시 이상이어야 한다.

해설 오일량 점검에서 오일의 레벨은 Low와 Full 표지 사이에서 Full에 가까이 있어야 정상 레벨이다.

04 디젤 기관의 감압장치 설명으로 맞는 것은?

① 크랭킹을 원활히 해준다.
② 냉각팬을 원활히 회전시킨다.
③ 흡·배기 효율을 높인다.
④ 엔진 압축압력을 높인다.

해설 감압장치란 한랭시 시동을 보조하는 장치로 엔진 시동 시(엔진 크랭킹 시) 밸브를 살짝 열어 압축이 되지 않도록 감압하여 엔진의 크랭킹을 원활하게 한 다음 밸브를 갑자기 닫아 급격한 압력 상승으로 압축온도를 상승시켜 시동을 쉽게 하여주는 장치이다.

05 4행정 사이클 기관에 주로 사용되고 있는 오일펌프는?

① 원심식과 플런저식
② 기어식과 플런저식
③ 로터리식과 기어식
④ 로터리식과 나사식

해설 4행정 사이클 기관에 사용되는 오일펌프에는 기어식, 로터리식, 베인식, 플런저식이 있으나 주로 기어식과 로터리식이 사용되며 플런저식은 고압용으로 적합하다.

정답 01. ④ 02. ① 03. ③ 04. ① 05. ③

06 기관에서 연료를 압축하여 분사순서에 맞게 노즐로 압송시키는 장치는?

① 연료 분사펌프
② 연료 공급펌프
③ 프라이밍 펌프
④ 유압 펌프

해설 연료 분사펌프는 인젝션 펌프로 저압의 연료를 고압으로 하여 분사순서에 맞추어 분사노즐로 공급하는 펌프이다.

07 커먼레일 디젤기관의 공기 유량센서(AFS)로 많이 사용되는 방식은?

① 칼만와류 방식 ② 열막 방식
③ 베인 방식   ④ 피토관 방식

해설 공기유량 센서는 흡입되어 실린더로 유입되는 공기량을 감지하는 센서로 종류로는 칼만 와류, 열 막(핫 필름 또는 핫 와이어), 베인(메저링 플레이트) 방식이 있으며, 커먼 레일 기관(전자제어 디젤기관)은 열 막 방식에 사용된다.

08 축전지를 교환 및 장착할 때 연결 순서로 맞는 것은?

① (+)나 (-)선 중 편리한 것부터 연결하면 된다.
② 축전지의 (-)선을 먼저 부착하고 (+)선을 나중에 부착한다.
③ 축전지의 (+), (-)선을 동시에 부착한다.
④ 축전지의 (+)선을 먼저 부착하고 (-)선을 나중에 부착한다.

해설 축전지를 분리 또는 장착할 때의 방법
① 분리할 때 : -선을 먼저 분리하고 +선은 나중에 분리한다.
② 연결할 때 : +선을 먼저 연결하고 -선을 나중에 연결한다.

09 전류의 3대 작용에 해당하지 않는 것은?

① 충전작용   ② 발열작용
③ 화학작용   ④ 자기작용

해설 전류의 3대 작용은 발열, 자기, 화학작용이다.

10 교류(AC) 발전기의 장점이 아닌 것은?

① 소형 경량이다.
② 저속 시 충전 특성이 양호하다.
③ 정류자를 두지 않아 풀리비를 작게 할 수 있다.
④ 반도체 정류기를 사용하므로 전기적 용량이 크다.

해설 교류 발전기에는 정류자가 없어 풀리비를 크게 할 수 있어 저속에서 충전 성능이 우수하다.

11 클러치식 지게차의 동력전달 순서는?

① 엔진→ 클러치→ 변속기→ 종 감속기어 및 차동장치→ 앞 구동 축→ 차륜
② 엔진→ 변속기→ 클러치→ 종 감속기어 및 차동장치→ 앞 구동 축→ 차륜
③ 엔진→ 클러치→ 종 감속기어 및 차동장치→ 변속기→ 앞 구동 축→ 차륜
④ 엔진→ 변속기→ 클러치→ 앞 구동 축→ 종 감속기어 및 차동장치→ 차륜

해설 클러치식 지게차의 동력전달 순서
엔진→클러치→변속기→차동장치→앞 차축→앞바퀴

12 지게차의 유압탱크 유량을 점검하기 전 포크의 적절한 위치는?

① 포크를 지면에 내려놓고 점검한다.
② 최대적재량의 하중으로 포크는 지상에서 떨어진 높이에서 점검한다.
③ 포크를 최대로 높여 점검한다.
④ 포크를 중간 높이에서 점검한다.

해설 지게차의 유압탱크 유량을 점검할 때에는 지게차의 포크를 지면에 내려 놓은 상태에서 점검하여야 한다.

정답 06. ① 07. ② 08. ④ 09. ① 10. ③ 11. ① 12. ①

13 지게차의 일반적인 조향방식은?

① 앞바퀴 조향방식이다.
② 뒷바퀴 조향방식이다.
③ 허리꺾기 조향방식이다.
④ 작업조건에 따라 바꿀 수 있다.

해설 ① 기관의 동력이 앞바퀴에 전달되는 전륜 구동 방식이다.
② 최소 회전 반경을 적게 하기 위하여 후륜 조향 방식이다.

14 지게차의 리프트 실린더의 주된 역할은?

① 마스터를 틸트 시킨다.
② 마스터를 이동시킨다.
③ 포크를 상승 . 하강시킨다.
④ 포크를 앞뒤로 기울게 한다.

해설 ① 리프트 실린더 : 포크를 상승 . 하강시키는 실린더
② 틸트 실린더 : 마스트를 전경 또는 후경시키는 실린더

15 지게차를 전·후진 방향으로 서서히 화물에 접근시키거나 빠른 유압 작동으로 신속히 화물을 상승 또는 적재 시킬 때 사용하는 것은?

① 인칭조절 페달
② 액셀러레이터 페달
③ 디셀레이터 페달
④ 브레이크 페달

해설 ① **인칭 페달** : 인칭 페달을 조작하면 변속기로 가는 오일의 양을 감소시키는 페달로 인칭 페달을 밟은 후에 가속페달을 밟으면 동력전달장치에 소요되는 구동력이 거의 유압작업 장치에 소요되므로 리프팅 및 틸트 속도를 빠르게 한다.
② **액셀러레이터 페달** : 부하 및 작동 상태에 따라 엔진 회전력을 조절하여 작업 장치의 속도나 지게차의 운전속도를 조절하는 페달
③ **브레이크 페달** : 지게차 주행 중 정지시키기 위한 페달

16 지게차의 운전 장치를 조작하는 동작의 설명으로 틀린 것은?

① 전·후진 레버를 앞으로 밀면 후진이 된다.
② 틸트 레버를 뒤로 당기면 마스트는 뒤로 기운다.
③ 리프트 레버를 앞으로 밀면 포크가 내려간다.
④ 전·후진 레버를 뒤로 당기면 후진이 된다.

해설 전 후진 레버를 앞으로 밀면 전진, 뒤로 당기면 후진을 하게 된다.

17 유성 기어 주요 부품은 ?

① 유성 기어, 베벨 기어, 선 기어
② 선 기어, 클러치 기어, 헬리컬 기어
③ 유성 기어, 베벨 기어, 클러치 기어
④ 선 기어, 유성 기어, 링 기어, 유성 캐리어

해설 유성 기어의 주요 구성 부품은 선 기어, 유성 기어, 링 기어, 유성 캐리어로 구성되어 있다.

18 다음 중 공기 스프링의 특징에 대한 설명으로 틀린 것은 ?

① 차체의 높이가 항상 일정하게 유지된다.
② 공기가 작은 진동을 흡수하는 효과가 있다.
③ 다른 기구보다 간단하고 값이 싸다.
④ 고유 진동을 낮게 할 수 있다.

해설 공기 스프링의 특징
① 하중의 증감에 관계없이 차의 높이가 항상 일정하게 유지되어 차량이 전후 좌우로 기우는 것을 방지한다.
② 하중의 변화에 따라 스프링 상수가 자동적으로 변한다.
③ 하중의 증감에 관계없이 고유 진동수는 거의 일정하게 유지된다.
④ 고주파 진동을 잘 흡수한다.
⑤ 승차감이 좋고 진동을 완화하기 때문에 자동차의 수명이 길어진다.

정답 13. ② 14. ③ 15. ① 16. ① 17. ④ 18. ③

19 휠 허브에 있는 유성 기어가 핀과 융착되었을 때 일어나는 현상은 ?

① 바퀴의 회전 속도가 빨라진다.
② 바퀴의 회전 속도가 늦어진다.
③ 바퀴가 돌지 않는다.
④ 평소와 관계없다.

해설 유성 기어가 핀과 융착되면 유성 기어가 공전 또는 자전을 할 수 없으므로 바퀴는 회전할 수 없다.

20 타이어식 건설장비에서 추진축의 스플라인부가 마모되면 어떤 현상이 발생하는가?

① 차동기어 물림이 불량하다.
② 클러치 페달의 유격이 크다.
③ 가속 시 미끄럼 현상이 발생한다.
④ 주행 중 소음이 나고 차체의 진동이 있다.

해설 추진축의 스플라인부(축에 직접 가공된 나사모양의 키로 슬립 작용을 한다.)가 마모되면 추진축이 회전할 때 소음을 내고 차체의 진동을 유발한다.

21 기관의 압축 압력을 이용하여 제동력으로 바꾸는 제동을 무엇이라 하는가 ?

① 유압 브레이크
② 공기 브레이크
③ 엔진 브레이크
④ 진공 배력식 브레이크

해설 엔진 브레이크 : 기관의 압축 압력을 이용하여 기관에 부하를 가하므로 제동 효과를 얻는 감속 브레이크이다.

22 지게차에서 아워 미터의 역할은?

① 엔진 가동시간을 나타낸다.
② 주행거리를 나타낸다.
③ 오일 량을 나타낸다.
④ 작동 유량을 나타낸다.

해설 아워 미터는 시간계로서 장비의 가동시간, 즉 엔진이 작동되는 시간을 나타내며 예방정비 등을 위해 설치되어 있다.

23 타이어식 건설기계의 동력전달장치에서 추진축의 밸런스 웨이트에 대한 설명으로 맞는 것은?

① 추진축의 비틀림을 방지한다.
② 추진축의 회전수를 높인다.
③ 변속 조작 시 변속을 용이하게 한다.
④ 추진축의 회전 시 진동을 방지한다.

해설 밸런스 웨이트는 우리말로 평형추를 말하는 것으로 추진축 회전 시 추진축의 불평형에 의한 진동을 방지하는 역할을 한다.

24 지게차에서 주행 중 핸들이 떨리는 원인으로 틀린 것은?

① 노면에 요철이 있을 때
② 포크가 휘었을 때
③ 휠이 휘었을 때
④ 타이어 밸런스가 맞지 않았을 때

해설 핸들과 포크는 아무런 관련이 없다.

25 동력조향장치의 장점으로 적합하지 않은 것은?

① 작은 조작력으로 조작할 수 있다.
② 조향 기어비는 조작력에 관계없이 선정할 수 있다.
③ 굴곡 노면에서의 충격을 흡수하여 조향 핸들에 전달되는 것을 방지한다.
④ 조작이 미숙하면 엔진이 자동으로 정지된다.

해설 동력조향장치는 파워 스티어링을 말하는 것으로 조작력을 가볍게 하기 위해 사용하는 것으로 유압을 이용하기 때문에 보기의 ①, ②, ③과 같은 장점이 있으며 조작이 미숙하면 주행 중 사고를 유발할 수 있으나 엔진은 정지되지 않는다.

정답 19. ③ 20. ④ 21. ③ 22. ① 23. ④ 24. ② 25. ④

26 타이어식 건설기계의 타이어에서 저압 타이어의 안지름이 20인치, 바깥지름이 32인치, 폭이 12인치, 플라이 수가 18인 경우 표시 방법은?

① 20.00 - 32 - 18PR
② 20.00 - 12 - 18PR
③ 12.00 - 20 - 18PR
④ 32.00 - 12 - 18PR

해설 타이어의 호칭
① 고압타이어 = 타이어 외경×타이어 폭 - 플라이 수
② 저압타이어 = 타이어 폭 - 타이어 내경 - 플라이 수

27 지게차 포크를 하강시키는 방법으로 가장 적합한 것은?

① 가속 페달을 밟고 리프트 레버를 앞으로 민다.
② 가속 페달을 밟고 리프트 레버를 뒤로 당긴다.
③ 가속 페달을 밟지 않고 리프트 레버를 뒤로 당긴다.
④ 가속 페달을 밟지 않고 리프트 레버를 앞으로 민다.

해설 지게차의 포크를 하강시킬 때에는 가속 페달을 밟지 않고 리프트레버를 밀면 하강한다.

28 지게차의 주행에 있어 주행속도 변경은 어떻게 하여야 하는가?

① 가속 페달을 원위치로 복귀한 후에 한다.
② 변속 레버 작동을 한 후에 한다.
③ 경보 부저가 울려도 계속 가동 후에 한다.
④ 브레이크 페달에서 발을 떼고 가속 후에 한다.

해설 지게차의 속도 변경 요령
① 저속→고속 : 가속 페달을 밟아 가속시킨 후 가속 페달을 놓으면서 변속 레버를 고속으로 이동시킨다.
② 고속→저속 : 장비의 속도가 떨어 졌을 때 가속 페달을 놓으면서 저속으로 레버를 이동시킨다.

29 전륜 구동식 지게차에서 차동기가 위치하고 있는 것은?

① 전 차축   ② 프레임
③ 마스트   ④ 후 차축

해설 지게차는 전륜구동 식이므로 차동장치가 전 차축에 설치되어 있다.

30 리프트 실린더로 가장 많이 사용되는 종류는?

① 복동형   ② 왕복형
③ 조합형   ④ 단동형

해설 지게차에 사용하는 틸트 실린더는 복동식, 리프트 실린더는 단동식을 사용하고 있다.

31 건설기계관리법상 건설기계 소유자에게 건설기계의 등록증을 교부할 수 없는 단체장은?

① 전주시장
② 강원도지사
③ 대전광역시장
④ 세종특별자치시장

해설 건설기계의 소유자가 장비를 등록할 때에는 특별시장·광역시장·도지사 또는 특별자치도지사에게 건설기계 등록신청을 하여야 한다.

32 건설기계 관리법상 건설기계의 정기검사 유효기간이 잘못된 것은?

① 덤프트럭 : 1년
② 타워 크레인 : 2년
③ 아스팔트 살포기 : 1년
④ 지게차 1톤 이상 : 3년

해설 지게차의 정기 검사 유효기간은 2년 1회이다.

정답 26. ③ 27. ④ 28. ① 29. ① 30. ④ 31. ① 32. ④

33 건설기계관리법상 롤러 운전 건설기계 조종사 면허로 조종할 수 없는 건설기계는?

① 골재 살포기
② 콘크리트 살포기
③ 콘크리트 피니셔
④ 아스팔트 믹싱 플랜트

해설 건설기계 조종사 면허 종류

면허의 종류	조종할 수 있는 건설기계
1. 불도저	불도저
2. 5톤 미만의 불도저	5톤 미만의 불도저
3. 굴삭기	굴삭기, 무한궤도식천공기(굴삭기의 몸체에 천공장치를 부착하여 제작한 천공기)
4. 3톤 미만의 굴삭기	3톤 미만의 굴삭기
5. 로더	로더
6. 3톤 미만의 로더	3톤 미만의 로더
7. 5톤 미만의 로더	5톤 미만의 로더
8. 기중기	기중기와 항타 및 항발기
9. 롤러	롤러, 모터그레이더, 스크레이퍼, 아스팔트 피니셔, 콘크리트 피니셔, 콘크리트 살포기 및 골재 살포기
10. 지게차	지게차
11. 3톤 미만의 지게차	3톤 미만의 지게차
12. 쇄석기	쇄석기, 아스팔트믹싱플랜트 및 콘크리트뱃칭플랜트
13. 공기 압축기	공기 압축기
14. 준설선	준설선 및 사리 채취기
15. 이동식 콘크리트 펌프	이동식 콘크리트 펌프
16. 천공기	천공기(타이어식, 무한궤도 및 굴진식을 포함, 트럭 적재식은 제외), 항타 및 항발기
17. 타워크레인	타워크레인

34 도로 교통법상 보도와 차도가 구분된 도로에 중앙선이 설치되어 있는 경우 차마의 통행 방법으로 옳은 것은?

① 중앙선 좌측
② 중앙선 우측
③ 보도
④ 보도의 좌측

해설 차마가 도로를 운행하고자 할 때에는 중앙선 우측으로 통행하여야 한다.

35 도로 교통법상 도로에서 교통사고로 인하여 사람을 사상할 때 운전자의 조치로 가장 적합한 것은?

① 경찰관을 찾아 신고한 다음 사상자를 구호한다.
② 경찰서에 출두하여 신고한 다음 사상자를 구호한다.
③ 중대한 업무를 수행하는 경우에는 후조치를 할 수 잇다.
④ 즉시 정차하여 사상자를 구호하는 등 필요한 조치를 한다.

36 건설기계 관리법상 건설기계 조종사 면허의 취소 사유가 아닌 것은?

① 건설기계 조종 중 고의로 3명에게 경상을 입힌 경우
② 건설기계 조종 중 고의로 중상의 인명 피해를 입힌 경우
③ 등록이 말소된 건설기계를 조종한 경우
④ 부정한 방법으로 건설기계조종사 면허를 받은 경우

해설 등록이 말소된 건설기계를 사용하거나 운행한 자의 벌칙은 2년 이하의 징역 또는 1천만 원 이하의 벌금에 처한다.

37 건설기계 관리법상 건설기계의 소유자가 건설기계를 도로나 타인의 토지에 계속 버려두어 방치한 자에 대해 적용하는 벌칙은?

① 100만 원 이하의 벌금
② 200만 원 이하의 벌금
③ 1년 이하의 징역 또는 1천만 원 이하의 벌금
④ 2년 이하의 징역 또는 2천만 원 이하의 벌금

해설 건설기계의 소유자가 건설기계를 도로나 타인의 토지에 계속 버려두어 방치한 자에 대해 적용하는 벌칙은 1년 이하의 징역 또는 1천만 원 이하의 벌금형을 받게 된다.

정답 33. ④ 34. ② 35. ④ 36. ③ 37. ③

38 건설기계 관리법상 건설기계의 등록 말소 사유에 해당하지 않는 것은?

① 건설기계를 도난당한 경우
② 건설기계를 변경할 목적으로 해체한 경우
③ 건설기계를 교육·연구 목적으로 사용한 경우
④ 건설기계의 차대가 등록 시의 차대와 다른 경우

해설 건설기계를 변경할 목적으로 해체한 경우는 구조 변경 검사를 받아 용도에 맞추어 사용하기 위한 것이다.

39 도로 교통법상 운전자의 준수사항이 아닌 것은?

① 출석 지시서를 받은 때에는 운전하지 아니할 것
② 자동차의 운전 중에 휴대용 전화를 사용하지 않을 것
③ 자동차의 화물 적재함에 사람을 태우고 운행하지 말 것
④ 물이 고인 곳을 운행할 때에는 고인 물을 튀게 하여 다른 사람에게 피해를 주는 일이 없도록 할 것

해설 출석 지시서를 받은 경우에는 출석 지시서를 가지고 자동차를 운행할 수 있다.

40 도로 교통법상 총중량 2000kg 미만인 자동차를 총중량이 그의 3배 이상인 자동차로 견인할 때의 속도는? (단, 견인하는 차량이 견인자동차가 아닌 경우이다.)

① 매시 30km 이내
② 매시 50km 이내
③ 매시 80km 이내
④ 매시 100km 이내

해설 도로 교통법상 총중량 2000kg 미만인 자동차를 총중량이 그의 3배 이상인 자동차로 견인할 때는 매시 30km 이내의 속도로 견인할 수 있다.

41 공동(Cavitation) 현상이 발생하였을 때의 영향 중 거리가 가장 먼 것은?

① 체적효율이 감소한다.
② 고압 부분의 기포가 과포화 상태가 된다.
③ 최고 압력이 발생하여 급격한 압력파가 일어난다.
④ 유압장치 내부에 국부적인 고압이 발생하여 소음과 진동이 발생된다.

해설 공동(캐비테이션) 현상이란 유체가 이동 중에 압력변화에 의한 소음과 진동이 발생되는 현상으로 체적효율의 증가와 작동기의 작동이 불안정 상태가 된다.

42 유압펌프에서 소음이 발생할 수 있는 원인으로 거리가 가장 먼 것은?

① 오일의 양이 적을 때
② 유압펌프의 회전속도가 느릴 때
③ 오일 속에 공기가 들어있을 때
④ 오일의 점도가 너무 높을 때

해설 오일펌프의 회전속도가 느릴 때에는 소음이 발생되지 않는다.

43 지게차의 리프트 실린더 작동 회로에 사용되는 플로우 레귤레이터(슬로우 리턴 밸브)의 역할은?

① 포크의 하강 속도를 조절하여 포크가 천천히 내려오도록 한다.
② 포크 상승시 작동유의 압력을 높여준다.
③ 짐을 하강 시킬 때 신속하게 내려오도록 한다.
④ 포크가 상승하다가 리프트 실린더 중간에서 정지 시 실린더 내부 누유를 방지한다.

해설 플로우 레귤레이터(슬로우 리턴밸브)는 지게차 리프트 실린더의 작동이 포크상승 시에는 유압에 의해 상승이 되고 하강 시에는 자체 중량 또는 중량물의 무게로 하강하기 때문에 하강 속도를 조절하여 포크가 천천히 하강하도록 하기 위해 설치된 밸브이다.

정답 38. ② 39. ① 40. ① 41. ① 42. ② 43. ①

44 유압 실린더 중 피스톤의 양쪽에 유압유를 교대로 공급하여 양방향의 운동을 유압으로 작동시키는 형식은?

① 단동식　　② 복동식
③ 다동식　　④ 편동식

해설 유압 실린더의 양쪽으로 유압유를 교대로 공급하여 양방향으로 운동을 유압으로 전달할 수 있는 실린더는 복동식 유압 실린더이다.

45 유압장치에서 가변 용량형 유압펌프의 기호는?

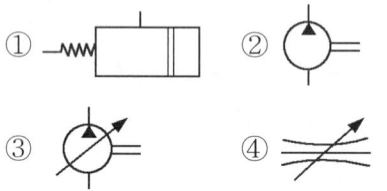

해설 ②번은 정용량형 유압펌프, ③은 가변용량형 유압펌프, ④는 가변 교축밸브를 나타낸 것이다.

46 유압장치의 특징 중 거리가 가장 먼 것은?

① 진동이 적고 작동이 원활하다.
② 고장 원인의 발견이 어렵고 구조가 복잡하다.
③ 에너지 저장이 불가능하다.
④ 동력의 분배와 집중이 쉽다.

해설 **유압장치의 특징**
① 제어가 매우 쉽고 정확하다.
② 힘의 무단 제어가 가능하다.
③ 에너지의 저장이 가능하다.
④ 적은 동력으로 큰 힘을 얻을 수 있다.
⑤ 동력의 분배와 집중이 용이하다.
⑥ 동력의 전달이 원활하다.
⑦ 왕복 운동 또는 회전 운동을 할 수 있다.
⑧ 과부하의 방지가 용이하다.
⑨ 운동 방향을 쉽게 변경할 수 있다.

47 건설기계 유압장치의 작동유 탱크의 구비 조건 중 거리가 가장 먼 것은?

① 배유구(드레인 플러그)와 유면계를 두어야 한다.
② 흡입관과 복귀관 사이에 격판(차폐장치, 격리판)을 두어야 한다.
③ 유면을 흡입라인 아래까지 항상 유지할 수 있어야 한다.
④ 흡입 작동유 여과를 위한 스트레이너를 두어야 한다.

해설 **탱크의 구비조건**
① 유면을 항상 흡입라인 위까지 유지하여야 한다.
② 정상적인 작동에서 발생한 열을 발산할 수 있어야 한다.
③ 공기 및 이물질을 오일로부터 분리할 수 있는 구조이어야 한다.
④ 배유구와 유면계가 설치되어 있어야 한다.
⑤ 흡입관과 복귀관(리턴 파이프) 사이에 격판이 설치되어 있어야 한다.
⑥ 흡입 오일을 여과시키기 위한 스트레이너가 설치되어야 한다.

48 지게차의 리프트 실린더 작동 회로에 사용되는 플로우 레귤레이터(슬로우 리턴 밸브)의 역할은?

① 포크의 하강 속도를 조절하여 포크가 천천히 내려오도록 한다.
② 포크 상승시 작동유의 압력을 높여준다.
③ 짐을 하강 시킬 때 신속하게 내려오도록 한다.
④ 포크가 상승하다가 리프트 실린더 중간에서 정지 시 실린더 내부 누유를 방지한다.

해설 플로우 레귤레이터(슬로우 리턴밸브)는 지게차 리프트 실린더의 작동이 포크상승 시에는 유압에 의해 상승이 되고 하강 시에는 자체 중량 또는 중량물의 무게로 하강하기 때문에 하강 속도를 조절하여 포크가 천천히 하강하도록 하기 위해 설치된 밸브이다.

정답 44. ② 45. ③ 46. ③ 47. ③ 48. ①

49 유압 모터의 특징 중 거리가 가장 먼 것은?

① 무단 변속이 가능하다.
② 속도나 방향의 제어가 용이하다.
③ 작동유의 점도 변화에 의하여 유압 모터의 사용에 제약이 있다.
④ 작동유가 인화되기 어렵다.

해설 작동유는 유압 오일을 말하는 것으로 인화점이 높으나 불꽃을 가까이하면 인화된다.

50 유압회로 내의 이물질, 열화 된 오일 및 슬러지 등을 회로 밖으로 배출시켜 회로를 깨끗하게 하는 것을 무엇이라 하는가?

① 푸싱(Pushing)
② 리듀싱(Reducing)
③ 언로딩(Unloading)
④ 플래싱(Flashing)

해설 유압회로 내의 이물질, 열화 된 오일 및 슬러지 등을 회로 밖으로 배출시켜 회로를 깨끗하게 하는 것을 플래싱이라 한다.

51 다음 중 수공구인 렌치를 사용할 때 지켜야 할 안전 사항으로 옳은 것은?

① 볼트를 풀 때는 지렛대 원리를 이용하여 렌치를 밀어서 힘을 받도록 한다.
② 볼트를 조일 때는 렌치를 해머로 쳐서 조이면 강하게 조일 수 있다.
③ 렌치 작업 시 큰 힘으로 조일 경우 연장대를 끼워서 작업한다.
④ 볼트를 풀 때는 렌치 손잡이를 당길 때 힘을 받도록 한다.

해설 수공구 사용 시의 안전한 작업 방법은 볼트를 풀거나 조일 때 모두 몸 중심에서 잡아 당겨 작업을 하여야 하며 연장대 사용 또는 해머 등으로 충격을 가해서는 안 된다.

52 내부가 보이지 않는 병 속에 들어있는 약품을 냄새로 알아보고자 할 때 안전상 가장 적합한 방법은?

① 종이로 적셔서 알아본다.
② 손바람을 이용하여 확인한다.
③ 내용물을 조금 쏟아서 확인한다.
④ 숟가락으로 약간 떠내어 냄새를 직접 맡아본다.

해설 내부가 보이지 않는 병 속에 들어있는 약품을 냄새로 알아보고자 할 때에는 손바람을 이용하여 확인한다.

53 다음 중 올바른 보호구 선택 방법으로 가장 적합하지 않은 것은?

① 잘 맞는지 확인하여야 한다.
② 사용 목적에 적합하여야 한다.
③ 사용 방법이 간편하고 손질이 쉬워야 한다.
④ 품질보다는 식별가능 여부를 우선해야 한다.

해설 보호구는 안전에 대한 품질이 가장 우선한다.

54 다음 중 일반적인 재해 조사 방법으로 적절하지 않은 것은?

① 현장의 물리적 흔적을 수집한다.
② 재해 조사는 사고 종결 후 실시한다.
③ 재해 현장은 사진 등으로 촬영하여 보관하고 기록한다.
④ 목격자, 현장 책임자 등 많은 사람들에게 사고 시의 상황을 듣는다.

해설 재해 조사는 사고 당시에 인명 구조 후 실시하여야 한다.

55 교류 아크 용접기의 감전 방지용 방호장치에 해당하는 것은?

① 2차 권선장치
② 자동 전격방지기
③ 전류 조절장치
④ 전자 계전기

정답 49. ④ 50. ④ 51. ④ 52. ② 53. ④ 54. ② 55. ②

해설 아크 용접기의 감전이나 누전이 있을 때에 자동으로 작동되는 전격방지기가 방호장치이다.

56 다음 중 자연발화성 및 금속성 물질이 아닌 것은?

① 탄소 ② 나트륨
③ 칼륨 ④ 알킬알루미늄

해설 탄소 : 비금속 원소의 하나이며 유기 화합물의 주요 구성 원소로 숯, 석탄, 금강석 등에 의해 산출되며 보통 온도에서는 공기나 물의 작용을 받지 않으나 높은 온도에서는 산소와 쉽게 화합된다.

57 다음 중 납산 배터리 액체를 취급하는데 가장 적합한 것은?

① 고무로 만든 옷
② 가죽으로 만든 옷
③ 무명으로 만든 옷
④ 화학섬유로 만든 옷

해설 배터리 액은 강한 산성과 물이 혼합된 것으로 화학반응에 의한 손상이나 피해가 없는 재질을 선택하여 착용하여야 한다.

58 산업 재해의 원인은 직접원인과 간접원인으로 구분되는데 다음 직접원인 중에서 불안전한 행동에 해당하지 않는 것은?

① 허가 없이 장치를 운전
② 불충분한 경보 시스템
③ 결함 있는 장치를 사용
④ 개인 보호구 미사용

해설 불충분한 경보 시스템은 간접 원인이다.

59 다음 중 사용구분에 따른 차광보안경의 종류에 해당하지 않는 것은?

① 자외선용 ② 적외선용
③ 용접용   ④ 비산방지용

해설 차광 보안경은 빛을 차단하는 것으로 비산방지용은 방진 안경이다.

60 해머 사용 시 안전에 주의해야 될 사항으로 틀린 것은?

① 해머 사용 전 주위를 살펴본다.
② 담금질한 것은 무리하게 두들기지 않는다.
③ 해머를 사용하여 작업할 때에는 처음부터 강한 힘을 사용한다.
④ 대형해머를 사용할 때는 자기의 힘에 적합한 것으로 한다.

해설 해머 작업을 할 때에는 처음과 끝부분은 약하게 작업을 하여야 한다.

정답 56. ① 57. ① 58. ② 59. ④ 60. ③

2024년 복원문제
제 1 회 지게차운전기능사

01 커먼레일 디젤 엔진의 가속페달 포지션 센서에 대한 설명 중 맞지 않는 것은?

① 가속페달 포지션 센서는 운전자의 의지를 전달하는 센서이다.
② 가속페달 포지션 센서2는 센서1을 감시하는 센서이다.
③ 가속페달 포지션 센서3은 연료 온도에 따른 연료량 보정 신호를 한다.
④ 가속페달 포지션 센서1은 연료량과 분사 시기를 결정한다.

해설 가속페달 위치 센서는 운전자의 의지를 컴퓨터로 전달하는 센서이며, 센서 1에 의해 연료 분사량과 분사 시기가 결정되며, 센서 2는 센서 1을 감시하는 기능으로 차량의 급출발을 방지하기 위한 것이다.

02 기관에서 워터 펌프의 역할로 맞는 것은?

① 냉각수 수온을 자동으로 조절한다.
② 기관의 냉각수를 순환시킨다.
③ 기관의 냉각수 온도를 상승시키는 역할을 한다.
④ 정온기 고장 시 자동으로 작동하는 펌프이다.

해설 워터 펌프는 냉각수를 실린더 블록 및 실린더 헤드의 냉각수 통로에 순환시키는 역할을 한다.

03 기관의 윤활유 압력이 높아지는 이유는?

① 윤활유의 점도가 너무 높다.
② 윤활유량이 부족하다.
③ 기관 각부의 마모가 심하다.
④ 윤활유 펌프의 내부 마모가 심하다.

해설 유압이 높아지는 원인
① 기관의 온도가 낮아 오일의 점도가 높다.
② 윤활회로의 일부가 막혔다.
③ 유압 조절 밸브(릴리프 밸브) 스프링의 장력이 과다하다.
④ 유압 조절 밸브가 닫힌 상태로 고장 났다.

04 터보차저를 구동하는 것으로 가장 적합한 것은?

① 엔진의 열
② 엔진의 흡입가스
③ 엔진의 배기가스
④ 엔진의 여유 동력

해설 터보차저는 엔진의 배기가스에 의해 구동된다.

05 디젤기관의 출력을 저하시키는 원인으로 틀린 것은?

① 흡기 계통이 막혔을 때
② 흡입 공기 압력이 높을 때
③ 연료 분사량이 적을 때
④ 노킹이 일어 날 때

해설 기관의 출력이 저하되는 원인
① 실린더 내 압력이 낮을 때(실린더의 마멸, 피스톤 링의 마멸, 피스톤 링 절개구의 일직선으로 일치)
② 연료 분사량이 적거나, 노킹이 일어날 때
③ 연료 분사 펌프의 기능이 불량할 때
④ 분사시기가 늦거나, 흡·배기 계통이 막혔을 때

정답 01. ③ 02. ② 03. ① 04. ③ 05. ②

06 가동 중인 기관에서 기계적 소음이 발생할 수 있는 사항 중 거리가 먼 것은?

① 크랭크축 베어링이 마모되어
② 냉각팬 베어링이 마모되어
③ 분사 노즐 끝이 마모되어
④ 밸브 간극이 규정치보다 커서

해설 분사 노즐 끝이 마모되면 연료 분사가 불량하여 엔진의 출력이 저하된다.

07 엔진 오일의 작용에 해당되지 않는 것은?

① 오일 제거 작용 ② 냉각 작용
③ 응력 분산 작용 ④ 방청 작용

해설 윤활유의 주요 기능은 기밀 작용(밀봉 작용), 방청 작용(부식 방지 작용), 냉각 작용, 마찰 및 마멸 방지 작용, 응력 분산 작용, 세척 작용 등이 있다.

08 축전지 전해액의 온도가 상승하면 비중은?

① 일정하다.   ② 올라간다.
③ 무관하다.   ④ 내려간다.

해설 축전지 전해액의 온도가 상승하면 비중은 내려가고, 온도가 내려가면 비중은 올라간다.

09 교류(AC) 발전기의 특성이 아닌 것은?

① 저속에서도 충전 성능이 우수하다.
② 소형 경량이고 출력도 크다.
③ 소모 부품이 적고 내구성이 우수하며 고속회전에 견딘다.
④ 전압 조정기, 전류 조정기, 컷 아웃 릴레이로 구성된다.

해설 교류 발전기의 장점
① 속도 변화에 따른 적용 범위가 넓고 소형·경량이다.
② 저속에서도 충전 가능한 출력 전압이 발생한다.
③ 실리콘 다이오드로 정류하므로 전기적 용량이 크다.
④ 브러시 수명이 길고, 전압 조정기만 필요하다.
⑤ 정류자를 두지 않아 풀리비를 크게 할 수 있다.
⑥ 출력이 크고, 고속회전에 잘 견딘다.
⑦ 실리콘 다이오드를 사용하기 때문에 정류 특성이 좋다.

10 시동 전동기는 정상 회전하지만 피니언 기어가 링 기어와 물리지 않을 경우 고장 원인이 아닌 것은?

① 전동기 축의 스플라인 접동부가 불량일 때
② 시동 전동기의 클러치 피니언의 앞 끝이 마모되었을 때
③ 마그네틱 스위치의 플런저가 튀어나오는 위치가 틀릴 때
④ 정류자 상태가 불량할 때

해설 정류자 상태가 불량하면 시동 전동기가 원활하게 작동하지 못한다.

11 유압 액추에이터의 설명으로 맞는 것은?

① 유체 에너지를 기계적인 일로 변환
② 유체 에너지를 생성
③ 유체 에너지를 축적
④ 기계적인 에너지를 유체 에너지로 변환

해설 유압 액추에이터는 유압 펌프에서 발생된 유압(유체) 에너지를 기계적 에너지(직선운동이나 회전운동)로 바꾸는 장치이다.

12 유압 회로에서 유압유 온도를 알맞게 유지하기 위해 오일을 냉각하는 부품은?

① 방향 제어 밸브   ② 어큐뮬레이터
③ 유압 밸브   ④ 오일 쿨러

해설 오일 쿨러(오일 냉각기)는 유압유의 온도를 알맞게 유지하기 위해 유압유를 냉각시키는 역할을 한다.

13 일반적인 오일 탱크의 구성품이 아닌 것은?

① 유압 실린더   ② 스트레이너
③ 드레인 플러그 ④ 배플 플레이트

해설 오일 탱크는 유압 펌프로 흡입되는 유압유를 여과하는 스트레이너, 탱크 내의 오일량을 표시하는 유면계, 유압유의 출렁거림을 방지하고 기포 발생 방지 및 제거하는 배플 플레이트(격판) 유압유를 배출시킬 때 사용하는 드레인 플러그 등으로 구성된다.

정답 06. ③ 07. ① 08. ④ 09. ④ 10. ④ 11. ① 12. ④ 13. ①

14 리듀싱(감압) 밸브에 대한 설명으로 틀린 것은?

① 유압장치에서 회로 일부의 압력을 릴리프 밸브의 설정 압력 이하로 하고 싶을 때 사용한다.
② 입구의 주회로에서 출구의 감압 회로로 유압유가 흐른다.
③ 출구의 압력이 감압 밸브의 설정 압력보다 높아지면 밸브가 작동하여 유로를 닫는다.
④ 상시 폐쇄 상태로 되어 있다.

해설 감압(리듀싱) 밸브는 회로 일부의 압력을 릴리프 밸브의 설정 압력(메인 유압) 이하로 하고 싶을 때 사용하며, 입구(1차 쪽)의 주 회로에서 출구(2차 쪽)의 감압회로로 유압유가 흐른다. 상시 개방 상태로 되어 있다가 출구(2차 쪽)의 압력이 감압 밸브의 설정 압력보다 높아지면 밸브가 작용하여 유로를 닫는다.

15 기어 펌프에 대한 설명으로 틀린 것은?

① 플런저 펌프에 비해 효율이 낮다.
② 초고압에는 사용이 곤란하다.
③ 플런저 펌프에 비해 흡입력이 나쁘다.
④ 소형이며 구조가 간단하다.

해설 기어 펌프의 장·단점
1. 장점
   ① 소형이며, 구조가 간단하다.
   ② 흡입 저항이 작아 공동현상 발생이 적다.
   ③ 고속회전이 가능하다.
   ④ 가혹한 조건에 잘 견딘다.
2. 단점
   ① 토출량의 맥동이 커 소음과 진동이 크다.
   ② 수명이 비교적 짧다.
   ③ 대용량의 펌프로 하기가 곤란하다.
   ④ 초고압에는 사용이 곤란하다.

16 유압 장치의 기호 회로도에 사용되는 유압 기호의 표시방법으로 적합하지 않은 것은?

① 기호에는 각 기기의 구조나 작용 압력을 표시하지 않는다.
② 기호에는 흐름의 방향을 표시한다.
③ 각 기기의 기호는 정상상태 또는 중립상태를 표시한다.
④ 기호는 어떠한 경우에도 회전하여 표시하지 않는다.

해설 기호 회로도에 사용되는 유압 기호는 오해의 위험이 없는 경우에는 기호를 회전하거나 뒤집어도 된다.

17 유압 모터의 장점으로 가장 알맞은 것은?

① 무단변속이 용이하다.
② 오일의 누출을 방지한다.
③ 압력 조정이 용이하다.
④ 공기와 먼지 등의 침투에 큰 영향을 받지 않는다.

해설 유압 모터의 장점
① 넓은 범위의 무단변속이 용이하다.
② 소형, 경량으로서 큰 출력을 낼 수 있다.
③ 구조가 간단하며, 과부하에 대해 안전하다.
④ 정·역회전 변화가 가능하다.
⑤ 자동 원격조작이 가능하고 작동이 신속, 정확하다.
⑥ 관성력이 작아 전동 모터에 비하여 급속정지가 쉽다.
⑦ 속도나 방향의 제어가 용이하다.
⑧ 회전체의 관성이 작아 응답성이 빠르다.

18 유압장치의 일상점검 사항이 아닌 것은?

① 소음 및 호스 누유여부 점검
② 오일 탱크의 유량 점검
③ 릴리프 밸브 작동 점검
④ 오일누설 여부 점검

해설 릴리프 밸브는 유압을 조절하는 밸브로 정기 점검 시 릴리프 밸브의 작동을 점검한다.

19 2개 이상의 분기 회로를 갖는 회로 내에서 작동 순서를 회로의 압력 등에 의하여 제어하는 밸브는?

① 시퀀스 밸브   ② 서브 밸브
③ 체크 밸브   ④ 릴리프 밸브

해설 시퀀스 밸브는 2개 이상의 분기 회로에서 유압 실린더나 모터의 작동 순서를 결정한다.

정답 14. ④ 15. ③ 16. ④ 17. ① 18. ③ 19. ①

20 서로 다른 2종류의 유압유를 혼합하였을 경우에 대한 설명으로 옳은 것은?

① 서로 보완 가능한 유압유의 혼합은 권장 사항이다.
② 열화 현상을 촉진시킨다.
③ 유압유의 성능이 혼합으로 인해 월등해진다.
④ 점도가 달라지나 사용에는 전혀 지장이 없다.

해설 서로 다른 2종류의 유압유를 혼합하면 열화 현상을 촉진시킨다.

21 건설기계관리법령상 건설기계 검사의 종류가 아닌 것은?

① 구조 변경 검사 ② 임시 검사
③ 수시 검사 ④ 신규 등록 검사

해설 건설기계 검사의 종류
① 신규 등록 검사 : 건설기계를 신규로 등록할 때 실시하는 검사
② 정기 검사 : 건설공사용 건설기계로서 3년의 범위에서 국토교통부령으로 정하는 검사 유효기간이 끝난 후에 계속하여 운행하려는 경우에 실시하는 검사와 대기환경보전법 및 소음·진동관리법에 따른 운행차의 정기 검사
③ 구조 변경 검사 : 건설기계의 주요 구조를 변경하거나 개조한 경우 실시하는 검사
④ 수시 검사 : 성능이 불량하거나 사고가 자주 발생하는 건설기계의 안전성 등을 점검하기 위하여 수시로 실시하는 검사와 건설기계 소유자의 신청을 받아 실시하는 검사

22 건설기계의 정비명령을 이행하지 아니한 자에 대한 벌칙은?

① 50만 원 이하의 벌금
② 1년 이하의 징역 또는 1000만 원 이하의 벌금
③ 150만 원 이하의 벌금
④ 30만 원 이하의 과태료

23 건설기계 조종사 면허가 취소되거나 정지 처분을 받은 후 건설기계를 계속 조종한 자에 대한 벌칙으로 옳은 것은?

① 30만 원 이하의 과태료
② 100만 원 이하의 과태료
③ 1년 이하의 징역 또는 1,000만 원 이하의 벌금
④ 1년 이하의 징역 또는 100만 원 이하의 벌금

해설 건설기계 조종사 면허가 취소되거나 정지 처분을 받은 후 건설기계를 계속 조종한 자에 대한 벌칙은 1년 이하의 징역 또는 1,000만 원 이하의 벌금

24 건설기계 조종사의 면허 취소 사유가 아닌 것은?

① 거짓 또는 부정한 방법으로 건설기계 면허를 받은 때
② 면허 정지 처분을 받은 자가 그 정지 기간 중 건설기계를 조종한 때
③ 건설기계의 조종 중 고의로 중대한 사고를 일으킨 때
④ 정기검사를 받지 않은 건설기계를 조종한 때

해설 건설기계 조종사의 면허취소 사유
① 거짓이나 그 밖의 부정한 방법으로 건설기계 조종사 면허를 받은 경우
② 건설기계 조종사 면허의 효력정지 기간 중 건설기계를 조종한 경우
③ 건설기계 조종 상의 위험과 장해를 일으킬 수 있는 정신질환자 또는 뇌전증환자로서 국토교통부령으로 정하는 사람
④ 앞을 보지 못하는 사람, 듣지 못하는 사람, 그 밖에 국토교통부령으로 정하는 장애인
⑤ 건설기계 조종 상의 위험과 장해를 일으킬 수 있는 마약·대마·향정신성의약품 또는 알코올 중독자로서 국토교통부령으로 정하는 사람
⑥ 고의로 인명피해(사망·중상·경상 등을 말한다)를 입힌 경우
⑦ 과실로 중대 재해(사망자가 1명 이상 발생한 재해, 3개월 이상의 요양이 필요한 부상자가 동시에 2명 이상 발생한 재해, 부상자 또는 직업성 질병자가 동시에 10명 이상 발생한 재해)가 발생한 경우

정답 20. ② 21. ② 22. ② 23. ③ 24. ④

⑧ 술에 취한 상태에서 건설기계를 조종하다가 사고로 사람을 죽게 하거나 다치게 한 경우
⑨ 술에 만취한 상태(혈중알코올농도 0.08% 이상)에서 건설기계를 조종한 경우
⑩ 2회 이상 술에 취한 상태에서 건설기계를 조종하여 면허 효력 정지를 받은 사실이 있는 사람이 다시 술에 취한 상태에서 건설기계를 조종한 경우
⑪ 약물(마약, 대마, 향정신성 의약품 및 환각물질을 말한다)을 투여한 상태에서 건설기계를 조종한 경우

25 건설기계관리법상 건설기계의 구조를 변경할 수 있는 범위에 해당되는 것은?

① 육상작업용 건설기계의 규격을 증가시키기 위한 구조 변경
② 육상작업용 건설기계의 적재함 용량을 증가시키기 위한 구조 변경
③ 원동기의 형식 변경
④ 건설기계의 기종 변경

해설 건설기계의 구조 변경을 할 수 없는 경우
① 건설기계의 기종 변경
② 육상작업용 건설기계의 규격을 증가시키기 위한 구조 변경
③ 육상작업용 건설기계의 적재함 용량을 증가시키기 위한 구조 변경

26 차량이 남쪽에서부터 북쪽 방향으로 진행 중일 때, 그림의 「3방향 도로명 표지」에 대한 설명으로 틀린 것은?

① 차량을 좌회전하는 경우 '중림로', 또는 '만리재로'로 진입할 수 있다.
② 차량을 좌회전하는 경우 '중림로', 또는 '만리재로' 도로구간의 끝 지점과 만날 수 있다.
③ 차량을 직진하는 경우 '서소문공원' 방향으로 갈 수 있다.
④ 차량을 '중림로'로 좌회전하면 '충정로역'방향으로 갈 수 있다.

27 건설기계 조종사의 적성 검사에 대한 설명으로 옳은 것은?

① 적성검사는 60세까지만 실시한다.
② 적성검사는 수시 실시한다.
③ 적성검사는 2년마다 실시한다.
④ 적성검사에 합격하여야 면허 취득이 가능하다.

해설 건설기계 조종사 면허를 받으려는 사람은 「국가기술자격법」에 따른 해당 분야의 기술자격을 취득하고 적성 검사에 합격하여야 한다.

28 도로교통법상에서 운전자가 주행 방향 변경 시 신호를 하는 방법으로 틀린 것은?

① 방향 전환, 횡단, 유턴, 정지 또는 후진 시 신호를 하여야 한다.
② 신호의 시기 및 방법은 운전자가 편리한 대로 한다.
③ 진로 변경 시에는 손이나 등화로서 신호할 수 있다.
④ 진로 변경의 행위가 끝날 때까지 신호를 하여야 한다.

29 도로교통법상 운전이 금지되는 술에 취한 상태의 기준으로 옳은 것은?

① 혈중 알코올 농도 0.08% 이상일 때
② 혈중 알코올 농도 0.02% 이상일 때
③ 혈중 알코올 농도 0.03% 이상일 때
④ 혈중 알코올 농도 0.2% 이상일 때

해설 술에 취한 상태에서의 운전 금지
① 술에 취한 상태의 기준은 혈중알코올농도가 0.03% 이상인 경우로 한다.
② 술에 만취한 상태의 기준은 혈중알코올농도가 0.08% 이상인 경우로 한다.

정답 25. ③ 26. ② 27. ④ 28. ② 29. ③

30 도로에서는 차로별 통행 구분에 따라 통행하여야 한다. 위반이 아닌 경우는?

① 왕복 4차선 도로에서 중앙선을 넘어 추월하는 행위
② 두 개의 차로를 걸쳐서 운행하는 행위
③ 일방통행 도로에서 중앙이나 좌측부분을 통행하는 행위
④ 여러 차로를 연속적으로 가로 지르는 행위

해설 도로의 파손, 도로공사나 그 밖의 장애 등으로 도로의 우측 부분을 통행할 수 없는 경우, 도로가 일방통행인 경우 도로의 중앙이나 좌측 부분을 통행할 수 있다.

31 하인리히의 사고 예방 원리 5단계를 순서대로 나열한 것은?

① 조직, 사실의 발견, 평가분석, 시정책의 선정, 시정책의 적용
② 시정책의 적용, 조직, 사실의 발견, 평가분석, 시정책의 선정
③ 사실의 발견, 평가분석, 시정책의 선정, 시정책의 적용, 조직
④ 시정책의 선정, 시정책의 적용, 조직, 사실의 발견, 평가분석

해설 하인리히의 사고 예방 원리 5단계
① 1단계 : 안전관리 조직
② 2단계 : 사실의 발견
③ 3단계 : 분석 평가
④ 4단계 : 시정책의 선정
⑤ 5단계 : 시정책의 적용

32 조정렌치 사용상 안전 및 주의사항으로 맞는 것은?

① 렌치를 사용 할 때는 밀면서 사용한다.
② 렌치를 잡아당기며 작업한다.
③ 렌치를 사용 할 때는 반드시 연결 대를 사용한다.
④ 렌치를 사용 할 때는 규정보다 큰 공구를 사용한다.

해설 렌치의 취급에 대한 안전수칙
① 복스 렌치가 오픈 엔드 렌치보다 더 많이 사용되는 이유는 볼트·너트 주위를 완전히 싸게 되어 있어 사용 중에 미끄러지지 않기 때문이다.
② 스패너 등을 해머 대신에 사용해서는 안된다.
③ 스패너에 파이프 등의 연장대를 끼워서 사용해서는 안된다.
④ 스패너 렌치는 올바르게 끼우고 앞으로 잡아 당겨 사용한다.
⑤ 너트에 맞는 것을 사용한다.
⑥ 파이프 렌치는 정지 장치를 확인하고 사용한다.
⑦ 렌치를 잡아당기며 작업한다.
⑧ 조정 조에 잡아당기는 힘이 가해져서는 안된다.
⑨ 렌치는 볼트·너트를 풀거나 조일 때에는 볼트 머리나 너트에 꼭 끼워져야 한다.

33 사고의 직접원인으로 가장 옳은 것은?

① 유전적인 요소
② 사회적 환경요인
③ 성격결함
④ 불안전한 행동 및 상태

해설 재해 발생의 직접적인 원인에는 불안전 행동에 의한 것과 불안전한 상태에 의한 것이 있다.

34 구급처치 중에서 환자의 상태를 확인하는 사항과 가장 거리가 먼 것은?

① 의식   ② 출혈
③ 상처   ④ 격리

35 안전 교육의 목적으로 맞지 않는 것은?

① 능률적인 표준작업을 숙달시킨다.
② 소비절약 능력을 배양한다.
③ 작업에 대한 주의심을 파악할 수 있게 한다.
④ 위험에 대처하는 능력을 기른다.

해설 안전 교육의 목적
① 위험에 대처하는 능력을 기른다.
② 능률적인 표준작업을 숙달시킨다.
③ 작업에 대한 주의심을 파악할 수 있게 한다.

정답 30. ③ 31. ① 32. ② 33. ④ 34. ④ 35. ②

36 동력 공구 사용 시 주의사항으로 틀린 것은?

① 보호구는 사용 안 해도 무방하다.
② 압축 공기 중의 수분을 제거하여 준다.
③ 규정 공기 압력을 유지한다.
④ 에어 그라인더는 회전수에 유의한다.

해설 동력 공구를 사용할 경우에는 고글이나 방호안경 및 보호구를 사용하여야 한다.

37 산업안전 보건표지에서 안내 표지의 바탕색은?

① 녹색 ② 청색
③ 흑색 ④ 적색

해설 안내 표지는 녹색 바탕에 백색으로 안내 대상을 지시하는 표지판이다.

38 방진 마스크를 착용해야 하는 작업장은?

① 온도가 낮은 작업장
② 분진이 많은 작업장
③ 산소가 결핍되기 쉬운 작업장
④ 소음이 심한 작업장

해설 분진(먼지)이 발생하는 장소에서는 방진 마스크를 착용하여야 한다.

39 소화 작업 시 행동 요령으로 틀린 것은?

① 카바이드 및 유류에는 물을 뿌린다.
② 가스 밸브를 잠그고 전기 스위치를 끈다.
③ 전선에 물을 뿌릴 때는 송전 여부를 확인한다.
④ 화재가 일어나면 화재 경보를 한다.

해설 소화 작업의 기본 요소
① 가연 물질, 산소, 점화원을 제거한다.
② 가스 밸브를 잠그고 전기 스위치를 끈다.
③ 전선에 물을 뿌릴 때는 송전 여부를 확인한다.
④ 화재가 일어나면 화재 경보를 한다.
⑤ 카바이드 및 유류에는 물을 뿌려서는 안 된다.
⑥ 점화원을 발화점 이하의 온도로 낮춘다.

40 다음 중 장갑을 끼고 작업할 때 가장 위험한 작업은?

① 건설기계 운전 작업
② 타이어 교환 작업
③ 해머 작업
④ 오일 교환 작업

해설 해머작업 시 안전수칙
① 장갑을 끼고 해머 작업을 하지 말 것
② 해머작업 중에는 수시로 해머 상태(자루의 헐거움)를 점검할 것
③ 해머의 공동 작업 시에는 호흡을 맞출 것
④ 열처리된 재료는 해머 작업을 하지 말 것
⑤ 해머로 타격 시 처음과 마지막에는 힘을 많이 가하지 말 것
⑥ 타격 가공하려는 곳에 시선을 고정시킬 것
⑦ 해머의 타격면에 기름을 바르지 말 것
⑧ 해머로 녹슨 것을 때릴 때에는 반드시 보안경을 쓸 것
⑨ 대형 해머 작업 시는 자기 역량에 알맞은 것을 사용할 것
⑩ 타격면이 찌그러진 것은 사용하지 말 것
⑪ 손잡이가 튼튼한 것을 사용할 것
⑫ 작업 전에 주위를 살필 것
⑬ 기름 묻은 손으로 작업하지 말 것
⑭ 해머를 사용하여 상향(上向) 작업시에는 반드시 보호안경을 착용한다.

41 지게차의 유압 복동 실린더에 대하여 설명한 것 중 틀린 것은?

① 싱글 로드형이 있다.
② 더블 로드형이 있다.
③ 수축은 자중이나 스프링에 의해서 이루어진다.
④ 피스톤의 양방향으로 유압을 받아 늘어난다.

해설 자중이나 스프링에 의해서 수축이 이루어지는 방식은 단동 실린더이다.

정답 36. ① 37. ① 38. ② 39. ① 40. ③ 41. ③

42 지게차 조향바퀴 정렬의 요소가 아닌 것은?

① 캐스터(caster) ② 부스터(booster)
③ 캠버(camber) ④ 토인(toe-in)

해설 조향바퀴 얼라인먼트의 요소에는 캠버, 토인, 캐스터, 킹핀 경사각 등이 있다.

43 공기 브레이크 장치의 구성품 중 틀린 것은?

① 브레이크 밸브 ② 마스터 실린더
③ 공기 탱크 ④ 릴레이 밸브

해설 공기 브레이크는 공기 압축기, 압력 조정기와 언로드 밸브, 공기 탱크, 브레이크 밸브, 퀵 릴리스 밸브, 릴레이 밸브, 슬랙 조정기, 브레이크 체임버, 캠, 브레이크슈, 브레이크 드럼으로 구성된다.

44 지게차 클러치의 용량은 엔진 회전력의 몇 배이며 이보다 클 때 나타나는 현상은?

① 1.5~2.5배 정도이며 클러치가 엔진 플라이휠에서 분리될 때 충격이 오기 쉽다.
② 3.5~4.5배 정도이며 압력판이 엔진 플라이휠에 접속될 때 엔진이 정지되기 쉽다.
③ 3.5~4.5배 정도이며 압력판이 엔진 플라이휠에서 분리될 때 엔진이 정지되기 쉽다.
④ 1.5~2.5배 정도이며 클러치가 엔진 플라이휠에 접속될 때 엔진이 정지되기 쉽다.

해설 클러치의 용량
① 클러치가 전달할 수 있는 회전력의 크기이다.
② 엔진 최대 출력의 1.5~2.5배로 설계한다.
③ 클러치 용량이 크면 클러치가 접속될 때 기관의 가동이 정지되기 쉽다.
④ 클러치 용량이 적으면 클러치가 미끄러진다.

45 동력 전달장치에서 토크 컨버터에 대한 설명으로 틀린 것은?

① 기계적인 충격을 흡수하여 엔진의 수명을 연장한다.
② 조작이 용이하고 엔진에 무리가 없다.
③ 부하에 따라 자동적으로 변속한다.
④ 일정 이상의 과부하가 걸리면 엔진이 정지한다.

해설 토크 컨버터는 일정 이상의 과부하가 걸려도 엔진의 가동이 정지하지 않는다.

46 지게차는 자동차와 다르게 현가 스프링을 사용하지 않는 이유를 설명한 것으로 옳은 것은?

① 현가장치가 있으면 조향이 어렵기 때문에
② 앞차축이 구동축이기 때문에
③ 화물에 충격을 줄여주기 위해
④ 롤링이 생기면 적하물이 떨어질 수 있기 때문에

해설 지게차에서 현가 스프링을 사용하지 않는 이유는 롤링이 생기면 적하물이 떨어지기 때문이다.

47 지게차의 조향 방법으로 맞는 것은?

① 전자 조향 ② 배력식 조향
③ 전륜 조향 ④ 후륜 조향

해설 지게차의 조향 방식은 후륜(뒷바퀴) 조향이다.

48 지게차의 앞바퀴 정렬 역할과 거리가 먼 것은?

① 방향 안정성을 준다.
② 타이어 마모를 최소로 한다.
③ 브레이크의 수명을 길게 한다.
④ 조향 핸들의 조작을 작은 힘으로 쉽게 할 수 있다.

정답 42. ② 43. ② 44. ④ 45. ④ 46. ④ 47. ④ 48. ③

49 유압식 지게차의 동력 전달 순서는?

① 엔진 → 변속기 → 토크변환기 → 차동장치 → 차축 → 앞바퀴
② 엔진 → 변속기 → 토크변환기 → 차축 → 차동장치 → 앞바퀴
③ 엔진 → 토크변환기 → 변속기 → 차축 → 차동장치 → 앞바퀴
④ 엔진 → 토크변환기 → 변속기 → 차동장치 → 차축 → 앞바퀴

해설 지게차의 동력전달 순서
① 토크 컨버터식 지게차 : 엔진→토크 컨버터→변속기→종감속 기어 및 차동장치→앞구동축→최종 감속기→차륜
② 전동 지게차 : 앞바퀴→축전지→제어기구→구동 모터→변속기→종감속 및 차동기어장치→앞바퀴
③ 클러치식 지게차 : 엔진→클러치→변속기→종감속 기어 및 차동기어 장치→앞차축→앞바퀴
④ 유압식 지게차 : 엔진→토크 컨버터→파워 시프트→변속기→차동기어 장치→앞차축→앞바퀴

50 둥근 목재나 파이프 등을 작업하는데 적합한 지게차의 작업 장치는?

① 하이 마스트   ② 로우 마스트
③ 사이드 시프트 ④ 힌지드 포크

해설 지게차의 종류
① 하이 마스트 : 가장 일반적인 지게차이며, 작업 공간을 최대한 활용할 수 있다. 또 포크의 승강이 빠르고 높은 능률을 발휘할 수 있는 표준형의 마스트이다.
② 사이드 시프트 : 방향을 바꾸지 않고도 백레스트와 포크를 좌우로 움직여 지게차 중심에서 벗어난 파레트의 화물을 용이하게 적재, 적하 작업을 할 수 있다.
③ 힌지드 포크 : 둥근 목재, 파이프 등의 화물을 운반 및 적재하는데 적합하다.

51 지게차가 무부하 상태에서 최대 조향각으로 운행 시 가장 바깥쪽 바퀴의 접지자국 중심점이 그리는 원의 반경을 무엇이라고 하는가?

① 최대 선회 반지름
② 최소 회전 반지름
③ 최소 직각 통로 폭
④ 윤간 거리

해설 지게차가 무부하 상태에서 최대 조향 각으로 운행할 때 가장 바깥쪽 바퀴의 접지 자국 중심점이 그리는 원의 반경을 최소 회전 반지름이라 한다.

52 작업 전 지게차의 워밍업 운전 및 점검 사항으로 틀린 것은?

① 시동 후 작동유의 유온을 정상범위 내에 도달하도록 고속으로 전·후진 주행을 2~3회 실시
② 엔진 시동 후 5분간 저속운전 실시
③ 틸트 레버를 사용하여 전 행정으로 전후 경사 운동 2~3회 실시
④ 리프트 레버를 사용하여 상승, 하강 운동을 전 행정으로 2~3회 실시

해설 지게차의 난기운전(워밍업) 방법
① 엔진을 시동 후 5분 정도 공회전 시킨다.
② 리프트 레버를 사용하여 포크의 상승, 하강운동을 실린더 전체행정으로 2~3회 실시한다.
③ 포크를 지면으로 부터 20cm 정도로 올린 후 틸트 레버를 사용하여 전체행정으로 포크를 앞뒤로 2~3회 작동시킨다.

53 지게차에 화물을 적재하고 주행할 때의 주의사항으로 틀린 것은?

① 급한 고갯길을 내려갈 때는 변속 레버를 중립에 두거나 엔진을 끄고 타력으로 내려간다.
② 포크나 카운터 웨이트 등에 사람을 태우고 주행해서는 안 된다.
③ 전방 시야가 확보되지 않을 때는 후진으로 진행하면서 경적을 울리며 천천히 주행한다.
④ 험한 땅, 좁은 통로, 고갯길 등에서는 급발진, 급제동, 급선회하지 않는다.

해설 화물을 적재하고 급한 고갯길을 내려갈 때는 변속 레버를 저속으로 하고 후진으로 천천히 내려가야 한다.

정답 49. ④ 50. ④ 51. ② 52. ① 53. ①

54 지게차에서 작동유를 한 방향으로는 흐르게 하고 반대 방향으로는 흐르지 않게 하기 위해 사용하는 밸브는?

① 릴리프 밸브　② 무부하 밸브
③ 체크 밸브　④ 감압 밸브

해설 체크 밸브(check valve)는 역류를 방지하고, 회로내의 잔류 압력을 유지시키며, 오일의 흐름이 한쪽 방향으로만 가능하게 한다.

55 지게차의 포크를 내리는 역할을 하는 부품은?

① 틸트 실린더　② 리프트 실린더
③ 보울 실린더　④ 조향 실린더

해설 틸트 실린더는 마스터를 앞뒤로 기울이는 기능을 하고, 리프트 실린더는 포크를 상승, 하강시키는 기능을 한다.

56 지게차의 틸트 레버를 운전자 쪽으로 당기면 마스트는 어떻게 되는가?

① 지면 방향 아래쪽으로 내려온다.
② 운전자 쪽으로 기운다.
③ 지면에서 위쪽으로 올라간다.
④ 운전자 쪽에서 반대방향으로 기운다.

해설 틸트 레버는 마스터를 앞뒤로 기울이는 기능을 하며, 레버를 밀면 운전자 쪽에서 반대방향으로 기울고 레버를 당기면 운전자 쪽으로 기운다.

57 화물을 적재하고 주행할 때 포크와 지면과의 간격으로 가장 적당한 것은?

① 80~85cm　② 지면에 밀착
③ 20~30cm　④ 50~55cm

해설 지게차 포크에 화물을 적재하고 주행할 때 포크와 지면과 간격은 20~30cm가 좋다.

58 지게차 포크를 하강시키는 방법으로 가장 적합한 것은?

① 가속페달을 밟고 리프트 레버를 앞으로 민다.
② 가속페달을 밟고 리프트 레버를 뒤로 당긴다.
③ 가속페달을 밟지 않고 리프트 레버를 뒤로 당긴다.
④ 가속페달을 밟지 않고 리프트 레버를 앞으로 민다.

해설 지게차 포크를 하강시키는 방법은 가속페달을 밟지 않고 리프트 레버를 앞으로 민다.

59 지게차 하역작업 시 안전한 방법이 아닌 것은?

① 무너질 위험이 있는 경우 화물 위에 사람이 올라간다.
② 가벼운 것은 위로, 무거운 것은 밑으로 적재한다.
③ 굴러갈 위험이 있는 물체는 고임목으로 고인다.
④ 허용 적재 하중을 초과하는 화물의 적재는 금한다.

해설 하역 작업 시 무너질 위험이 있는 경우 화물 위에 사람이 올라가서는 안 된다.

60 지게차의 작업일과를 마치고 지면에 안착시켜 놓아야 할 것은?

① 프레임　② 카운터 웨이트
③ 차축　④ 포크

해설 지게차를 주차할 때 주의할 점
① 전·후진 레버를 중립에 놓는다.
② 포크를 지면에 완전히 내린다.
③ 포크의 선단이 지면에 닿도록 마스트를 전방으로 적절히 경사 시킨다.
④ 기관을 정지한 후 주차 브레이크를 작동시킨다.
⑤ 시동을 끈 후 시동 스위치의 키는 빼둔다.

정답 54. ③　55. ②　56. ②　57. ③　58. ④　59. ①　60. ④

2024년 복원문제 제 2 회 지게차운전기능사

01 실린더 라이너(cylinder liner)에 대한 설명으로 틀린 것은?

① 종류는 습식과 건식이 있다.
② 일명 슬리브(sleeve)라고도 한다.
③ 냉각 효과는 습식보다 건식이 더 좋다.
④ 습식은 냉각수가 실린더 안으로 들어갈 염려가 있다.

해설 습식 라이너는 냉각수가 라이너 바깥둘레에 직접 접촉하는 형식이며, 정비작업을 할 때 라이너 교환이 쉽고 냉각 효과가 좋으나, 크랭크 케이스로 냉각수가 들어갈 우려가 있다.

02 디젤 기관에서 주행 중 시동이 꺼지는 경우로 틀린 것은?

① 연료 필터가 막혔을 때
② 분사 파이프 내에 기포가 있을 때
③ 연료 파이프에 누설이 있을 때
④ 플라이밍 펌프가 작동하지 않을 때

해설 주행 중 시동이 꺼지는 원인
① 연료가 결핍되었을 때
② 연료 탱크 내에 오물이 연료 장치에 유입되었을 때
③ 연료 파이프에서 누설이 있을 때
④ 연료 필터가 막혔을 때
⑤ 분사 파이프 내에 기포가 있을 때

03 디젤기관에서 시동되지 않는 원인과 가장 거리가 먼 것은?

① 연료가 부족하다.
② 기관의 압축 압력이 높다.
③ 연료 공급 펌프가 불량이다.
④ 연료 계통에 공기가 혼입되어 있다.

해설 디젤 기관에서 시동이 잘 안 되는 원인
① 연료 공급 라인에 공기가 혼입되었다.
② 기관의 압축 압력이 낮다.
③ 연료가 결핍되었다.
④ 연료 여과기가 막혔다.
⑤ 연료 공급펌프 및 분사펌프의 성능이 불량하다.
⑥ 분사 노즐이 막혔다.

04 윤활유가 갖추어야 할 성질로 틀린 것은?

① 점도가 적당할 것
② 응고점이 낮을 것
③ 인화점이 낮을 것
④ 발화점이 높을 것

해설 윤활유의 구비조건
① 점도지수가 커 온도와 점도와의 관계가 적당할 것
② 인화점 및 자연 발화점이 높을 것
③ 강인한 오일 막을 형성할 것
④ 응고점이 낮을 것
⑤ 비중과 점도가 적당할 것
⑥ 기포발생 및 카본생성에 대한 저항력이 클 것

05 과급기 케이스 내부에 설치되며 공기의 속도 에너지를 압력 에너지로 바꾸는 장치는?

① 임펠러   ② 디퓨저
③ 터빈   ④ 디플렉터

06 디젤 기관에서 연료 장치의 구성요소가 아닌 것은?

① 분사 노즐   ② 연료 필터
③ 분사 펌프   ④ 예열 플러그

해설 예열 플러그는 디젤 기관의 시동을 원활하게 이루어지도록 하는 시동 보조 장치이다.

정답 01. ③ 02. ④ 03. ② 04. ③ 05. ② 06. ④

07 건설기계 기관에서 축전지를 사용하는 주된 목적은?

① 시동 전동기의 작동
② 연료 펌프의 작동
③ 워터 펌프의 작동
④ 오일 펌프의 작동

해설 축전지를 사용하는 주된 목적은 기관을 시동할 때 시동 장치에 전원을 공급하는 것이다.

08 엔진정지 상태에서 계기판 전류계의 지침이 정상에서 (-)방향을 지시하고 있다. 그 원인이 아닌 것은?

① 전조등 스위치가 점등위치에서 방전되고 있다.
② 배선에서 누전되고 있다.
③ 엔진 예열 장치를 동작시키고 있다.
④ 발전기에서 축전지로 충전되고 있다.

해설 발전기에서 축전지로 충전되면 전류계의 지침은 (+)방향을 지시한다.

09 건설기계에 사용되는 전기장치 중 플레밍의 오른손 법칙이 적용되어 사용되는 부품은?

① 발전기   ② 시동전동기
③ 점화 코일   ④ 릴레이

해설 발전기는 플레밍의 오른손 법칙을 적용하고, 시동 전동기는 플레밍의 왼손 법칙을 적용한다.

10 시동 전동기의 동력 전달 기구를 동력 전달 방식으로 구분한 것이 아닌 것은?

① 벤딕스식   ② 피니언 섭동식
③ 계자 섭동식   ④ 전기자 섭동식

해설 시동 전동기의 동력 전달 기구는 벤딕스식, 피니언 섭동식, 전기자 섭동식으로 분류한다.

11 건설기계 관리법령상 건설기계의 범위로 옳은 것은?

① 덤프트럭 : 적재용량 10톤 이상인 것
② 기중기 : 무한궤도식으로 레일식 일 것
③ 불도저 : 무한궤도식 또는 타이어식인 것
④ 공기 압축기 : 공기 토출량이 매분 당 10 세제곱미터 이상의 이동식 인 것

해설 건설기계의 범위
① 덤프트럭은 적재용량 12톤 이상인 것. 다만, 적재용량 12톤 이상 20톤 미만의 것으로 화물운송에 사용하기 위하여 자동차관리법에 의한 자동차로 등록된 것을 제외한다.
② 기중기 : 무한궤도 또는 타이어식으로 강재의 지주 및 선회장치를 가진 것. 다만 궤도(레일)식은 제외한다.
③ 공기압축기 : 공기 배출량이 매분 당 2.83세제곱미터(매세제곱센티미터당 7킬로그램 기준)이상의 이동식인 것

12 대여사업용 건설기계 등록번호표의 색칠로 맞는 것은?

① 흰색 바탕에 검은색 문자
② 녹색 바탕에 흰색 문자
③ 청색 바탕에에 흰색 문자
④ 주황색 바탕에 흰색 문자

해설 등록번호표의 색칠기준
① 자가용 건설기계 : 흰색 바탕에 검은색 문자
② 대여사업용 건설기계 : 주황색 바탕에 흰색 문자
③ 관용 건설기계 : 흰색 바탕에 검은색 문자

13 건설기계를 도로에 계속하여 버려두거나 정당한 사유 없이 타인의 토지에 버려둔 자에 대한 벌칙은?

① 강제처리 외 벌칙은 없음
② 1년 이하의 징역 또는 1천만 원 이하의 벌금
③ 과태료 30만원
④ 주기장 폐쇄조치

정답 07. ① 08. ④ 09. ① 10. ③ 11. ③ 12. ④ 13. ②

14 건설기계소유자가 건설기계의 정비를 요청하여 그 정비가 완료된 후 장기간 해당 건설기계를 찾아가지 아니하는 경우, 정비사업자가 할 수 있는 조치사항은?

① 건설기계를 말소시킬 수 있다.
② 건설기계의 보관·관리에 드는 비용을 받을 수 있다.
③ 건설기계의 폐기인수증을 발부할 수 있다.
④ 과태료를 부과할 수 있다.

해설 건설기계사업자는 건설기계의 정비를 요청한 자가 정비가 완료된 후 장기간 건설기계를 찾아가지 아니하는 경우에는 국토교통부령으로 정하는 바에 따라 건설기계의 정비를 요청한 자로부터 건설기계의 보관·관리에 드는 비용을 받을 수 있다.

15 건설기계 관리법령상 건설기계정비업의 등록구분으로 옳은 것은?

① 종합건설기계정비업, 부분건설기계정비업, 전문건설기계정비업
② 종합건설기계정비업, 단종건설기계정비업, 전문건설기계정비업
③ 부분건설기계정비업, 전문건설기계정비업, 개별건설기계정비업
④ 종합건설기계정비업, 특수건설기계정비업, 전문건설기계정비업

해설 건설기계정비업의 구분에는 종합건설기계정비업, 부분건설기계정비업, 전문건설기계정비업 등이 있다.

16 범칙금 납부 통고서를 받은 사람은 며칠 이내에 경찰청장이 지정하는 곳에 납부하여야 하는가?(단, 천재지변이나 그 밖의 부득이한 사유가 있는 경우는 제외한다.)

① 5일   ② 10일
③ 15일 ④ 30일

해설 범칙금 납부통고서를 받은 사람은 10일 이내에 경찰청장이 지정하는 국고은행, 지점, 대리점, 우체국 또는 제주특별자치도지사가 지정하는 금융회사 등이나 그 지점에 범칙금을 내야 한다.

17 다음 3방향 도로명 예고표지에 대한 설명으로 맞는 것은?

① 좌회전하면 300m 전방에 시청이 나온다.
② 직진하면 300m 전방에 관평로가 나온다.
③ 우회전하면 300m 전방에 평촌역이 나온다.
④ 관평로는 북에서 남으로 도로 구간이 설정되어 있다.

해설 도로 구간은 서쪽 방향은 시청, 동쪽 방향은 평촌역, 북쪽 방향은 만안구청, 300은 직진하면 300m 전방에 관평로가 나온다는 의미이다. 도로의 시작 지점에서 끝 지점으로 갈수록 건물 번호가 커진다.

18 도로교통법상 차로에 대한 설명으로 틀린 것은?

① 차로는 횡단보도나 교차로에는 설치할 수 없다.
② 차로의 너비는 원칙적으로 3미터 이상으로 하여야 한다.
③ 일반적인 차로(일방통행도로 제외)의 순위는 도로의 중앙선 쪽에 있는 차로부터 1차로로 한다.
④ 차로의 너비보다 넓은 건설기계는 별도의 신청절차가 필요 없이 경찰청에 전화로 통보만 하면 운행할 수 있다.

해설 차로가 설치된 도로를 통행하려는 경우로서 차의 너비가 행정안전부령으로 정하는 차로의 너비보다 넓어 교통의 안전이나 원활한 소통에 지장을 줄 우려가 있는 경우 그 차의 운전자는 도로를 통행하여서는 아니 된다. 다만, 행정안전부령으로 정하는 바에 따라 그 차의 출발지를 관할하는 경찰서장의 허가를 받은 경우에는 그러하지 아니하다.

정답 14. ② 15. ① 16. ② 17. ② 18. ④

19 도로 교통법상 주차를 금지하는 곳으로서 틀린 것은?

① 상가 앞 도로의 5m 이내인 곳
② 터널 안 및 다리 위
③ 도로공사를 하고 있는 경우에는 그 공사 구역의 양쪽 가장자리로부터 5m 이내인 곳
④ 화재경보기로부터 3m 이내인 곳

해설 주차금지 장소
① 터널 안 및 다리 위
② 도로공사를 하고 있는 경우 공사 구역의 양쪽 가장자리로부터 5m 이내인 곳
③ 화재경보기로부터 3m 이내의 곳
④ 소방용기계기구가 설치된 곳으로부터 5m 이내의 곳
⑤ 소화전, 방화물통을 넣는 흡수관 구멍으로부터 5m 이내의 곳
⑥ 시·도경찰청장이 도로에서의 위험을 방지하고 교통의 안전과 원활한 소통을 확보하기 위하여 필요하다고 인정하여 지정한 곳

20 도로교통법상 교통사고에 해당되지 않는 것은?

① 도로운전 중 언덕길에서 추락하여 부상한 사고
② 차고에서 적재하던 화물이 전락하여 사람이 부상한 사고
③ 주행 중 브레이크 고장으로 도로변의 전주를 충돌한 사고
④ 도로주행 중 화물이 추락하여 사람이 부상한 사고

해설 도로교통법상 교통사고는 교통에서 발생하는 모든 사고를 의미한다. 일반적으로 도로교통에서 자동차 사고·자전거 사고·보행자 등의 사이에 발생한 사고를 가리키는 경우가 많다. 철도 사고, 해양 사고, 항공 사고 등을 모두 포함한다.

21 유압장치에 사용되는 것으로 회전운동을 하는 것은?

① 유압 실린더   ② 셔틀 밸브
③ 유압 모터   ④ 컨트롤 밸브

해설 유압 모터는 유압 에너지에 의해 연속적으로 회전운동 함으로서 기계적인 일을 하는 장치이다.

22 유압장치 내에 국부적인 높은 압력과 소음·진동이 발생하는 현상은?

① 필터링   ② 오버랩
③ 캐비테이션   ④ 하이드로 록킹

해설 캐비테이션 현상은 공동 현상이라고도 부르며, 유압이 진공에 가까워짐으로서 기포가 발생하며, 기포가 파괴되어 국부적인 고압이나 소음과 진동이 발생하고, 양정과 효율이 저하되는 현상이다.

23 유압유가 갖추어야 할 성질로 틀린 것은?

① 점도가 적당할 것
② 인화점이 낮을 것
③ 강인한 유막을 형성할 것
④ 점성과 온도와의 관계가 양호할 것

해설 유압유가 갖추어야 할 조건
① 압축성, 밀도, 열팽창 계수가 작을 것
② 체적 탄성계수 및 점도지수가 클 것
③ 인화점 및 발화점이 높고, 내열성이 클 것
④ 화학적 안정성이 클 것 즉 산화 안정성이 좋을 것
⑤ 방청 및 방식성이 좋을 것
⑥ 적절한 유동성과 점성을 갖고 있을 것
⑦ 온도에 의한 점도변화가 적을 것
⑧ 소포성(기포 분리성)이 클 것

24 유압유의 열화를 촉진시키는 가장 직접적인 요인은?

① 유압유의 온도 상승
② 배관에 사용되는 금속의 강도 약화
③ 공기 중의 습도저하
④ 유압 펌프의 고속회전

해설 유압유의 온도가 상승하면 열화가 촉진된다.

정답 19. ① 20. ② 21. ③ 22. ③ 23. ② 24. ①

25 유압 실린더의 주요 구성부품이 아닌 것은?

① 피스톤 로드   ② 피스톤
③ 실린더   ④ 커넥팅 로드

해설 유압 실린더는 피스톤, 피스톤 로드, 실린더로 구성되며, 커넥팅 로드는 직선 운동을 각 운동으로 변환시키는 요소로 이용된다.

26 압력 제어 밸브의 종류에 해당하지 않는 것은?

① 감압 밸브   ② 시퀀스 밸브
③ 교축 밸브   ④ 언로더 밸브

해설 압력 제어 밸브의 종류에는 릴리프 밸브, 리듀싱(감압) 밸브, 시퀀스(순차) 밸브, 언로더(무부하) 밸브, 카운터 밸런스 밸브 등이 있다.

27 유압 작동기의 방향을 전환시키는 밸브에 사용되는 형식 중 원통형 슬리브 면에 내접하여 축 방향으로 이동하면서 유로를 개폐하는 형식은?

① 스풀 형식
② 포핏 형식
③ 베인 형식
④ 카운터 밸런스 밸브 형식

해설 스풀 밸브는 원통형 슬리브 면에 내접하여 축 방향으로 이동하여 유로를 개폐하여 오일의 흐름방향을 바꾼다.

28 유압 계통에서 오일 누설 시의 점검사항이 아닌 것은?

① 오일의 윤활성
② 실(seal)의 마모
③ 실(seal)의 파손
④ 펌프 고정 볼트의 이완

해설 유압 계통에서 오일 누설 시 실의 마모, 실의 파손, 펌프 고정 볼트의 이완 등을 점검하여야 한다.

29 그림의 유압 기호는 무엇을 표시하는가?

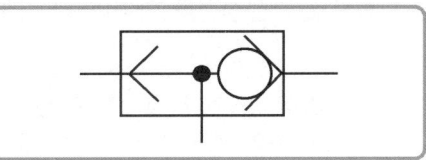

① 고압 우선형 셔틀 밸브
② 저압 우선형 셔틀 밸브
③ 급속 배기 밸브
④ 급속 흡기 밸브

30 일반적으로 유압 계통을 수리할 때마다 항상 교환해야 하는 것은?

① 샤프트 실(shaft seals)
② 커플링(couplings)
③ 밸브 스풀(valve spools)
④ 터미널 피팅(terminal fitting)

해설 유압 계통을 수리할 때마다 샤프트 실은 신품으로 교환하여야 한다.

31 안전작업 사항으로 잘못된 것은?

① 전기장치는 접지를 하고 이동식 전기기구는 방호장치를 설치한다.
② 엔진에서 배출되는 일산화탄소에 대비한 통풍장치를 한다.
③ 담뱃불은 발화력이 약하므로 제한장소 없이 흡연해도 무방하다.
④ 주요장비 등은 조작자를 지정하여 아무나 조작하지 않도록 한다.

해설 담배의 흡연은 안전을 위해서 지정된 장소에서만 흡연을 하여야 한다.

32 산업안전 보건법상 안전·보건 표지의 종류가 아닌 것은?

① 위험 표지   ② 경고 표지
③ 지시 표지   ④ 금지 표지

해설 산업안전 보건표지의 종류에는 금지 표지, 경고 표지, 지시 표지, 안내 표지가 있다.

정답 25. ④ 26. ③ 27. ① 28. ① 29. ① 30. ① 31. ③ 32. ①

33 작업장 안전을 위해 작업장의 시설을 정기적으로 안전점검을 하여야 하는데 그 대상이 아닌 것은?

① 설비의 노후화 속도가 빠른 것
② 노후화의 결과로 위험성이 큰 것
③ 작업자가 출퇴근 시 사용하는 것
④ 변조에 현저한 위험을 수반하는 것

34 산소가 결핍되어 있는 장소에서 사용하는 마스크는?

① 방진 마스크 ② 방독 마스크
③ 특급 방진 마스크 ④ 송풍 마스크

해설 마스크의 기능
① 방진 마스크 : 분진 또는 미스트 등의 입자가 호흡기를 통해 체내에 유입되는 것을 방지
② 방독 마스크 : 독가스, 세균, 방사성 물질 등 유독 물질의 흡수를 방지
③ 특급 방진 마스크 : 공기 중의 분진, 미스트 또는 흄이 호흡기를 통해 체내에 유입되는 것을 방지

35 작업장에서 휘발유 화재가 일어났을 경우 가장 적합한 소화 방법은?

① 물 호스의 사용
② 불의 확대를 막는 덮개의 사용
③ 소다 소화기의 사용
④ 탄산가스 소화기의 사용

해설 유류 화재는 물로 화재를 진압하는 것이 아닌, 젖은 모포 등으로 위를 덮어 공기를 차단하거나 이산화탄소 소화기 등을 이용하여, 화재를 진압하여야 한다.

36 일반 공구 사용에 있어 안전관리에 적합하지 않은 것은?

① 작업특성에 맞는 공구를 선택하여 사용할 것
② 공구는 사용 전에 점검하여 불안전한 공구는 사용하지 말 것
③ 작업 진행 중 옆 사람에서 공구를 줄 때는 가볍게 던져 줄 것
④ 손이나 공구에 기름이 묻었을 때에는 완전히 닦은 후 사용할 것

해설 작업 진행 중 옆 사람에게 공구를 줄 때는 안전을 위해 직접 전달하여야 한다.

37 일반 작업 환경에서 지켜야 할 안전사항으로 틀린 것은?

① 안전모를 착용한다.
② 해머는 반드시 장갑을 끼고 작업한다.
③ 주유 시는 시동을 끈다.
④ 정비나 청소작업은 기계를 정지 후 실시한다.

해설 장갑을 끼고 해머 작업을 하는 경우에는 손에서 빠져 나가 사고가 발생할 수 있으므로 회전하는 기계, 기구와 해머 작업은 장갑을 끼고 작업해서는 안 된다.

38 재해 유형에서 중량물을 들어 올리거나 내릴 때 손 또는 발이 취급 중량물과 물체에 끼어 발생하는 것은?

① 전도   ② 낙하
③ 감전   ④ 협착

39 세척작업 중 알칼리 또는 산성 세척유가 눈에 들어갔을 경우 가장 먼저 조치하여야 하는 응급처치는?

① 수돗물로 씻어낸다.
② 눈을 크게 뜨고 바람 부는 쪽을 향해 눈물을 흘린다.
③ 알칼리성 세척유가 눈에 들어가면 붕산수를 구입하여 중화시킨다.
④ 산성 세척유가 눈에 들어가면 병원으로 후송하여 알칼리성으로 중화시킨다.

해설 세척유가 눈에 들어갔을 경우에는 가장 먼저 수돗물로 씻어낸다.

정답 33. ③ 34. ④ 35. ④ 36. ③ 37. ② 38. ④ 39. ①

40 산소-아세틸렌 사용 시 안전수칙으로 잘못된 것은?

① 산소는 산소병에 35℃ 150기압으로 충전한다.
② 아세틸렌의 사용 압력은 15기압으로 제한한다.
③ 산소통의 메인밸브가 얼면 60℃ 이하의 물로 녹인다.
④ 산소의 누출은 비눗물로 확인한다.

해설 아세틸렌은 아세틸렌 병에 15℃ 15기압으로 충전하며, 아세틸렌의 사용 압력은 1기압으로 제한한다.

41 지게차의 리프트 실린더로 가장 많이 사용하는 형식은?

① 복동형   ② 단동형
③ 조합형   ④ 조향형

해설 리프트 실린더는 포크가 상승할 때만 유압이 가해지고, 하강할 때는 포크 및 화물의 중량에 의해 이루어지는 단동형 실린더를 사용한다.

42 작업 용도에 따른 지게차의 종류가 아닌 것은?

① 로테이팅 클램프(rotating clamp)
② 곡면 포크(curved fork)
③ 로드 스태빌라이저(load stabilizer)
④ 힌지드 버킷(hinged bucket)

해설 지게차의 종류
① 로테이팅 클램프(rotating clamp, rotating fork) : 일반적인 지게차로 하기 힘든 원추형의 화물을 좌·우로 조이거나 회전시켜 운반하거나 적재하는데 널리 사용되고 있으며 고무판이 설치되어 화물이 미끄러지는 것을 방지하여 주며 화물의 손상을 막는다.
② 로드 스태빌라이저(load stabilizer) : 위쪽에 설치된 압착 판으로 화물을 위에서 포크 쪽을 향하여 눌러 요철이 심한 노면이나 경사진 노면에서도 안전하게 화물을 운반하여 적재할 수 있다.
③ 힌지드 버킷(hinged bucket) : 포크 설치 위치에 버킷을 설치하여 석탄, 소금, 비료, 모래 등 흘러내리기 쉬운 화물 또는 흐트러진 화물의 운반용이다.

43 지게차의 작업 장치 중 석탄, 소금, 비료 등의 비교적 흘러내리기 쉬운 물건 운반에 사용하는 장치는?

① 사이드 시프트 포크
② 힌지드 버킷
③ 블록 클램프
④ 로테이팅 포크

해설 지게차의 종류
① 사이드 시프트 포크(side shift clamp) : 차체를 이동시키지 않고 포크가 좌·우로 움직여 적재, 하역한다.
② 힌지드 버킷(hinged bucket) : 포크 설치 위치에 버킷을 설치하여 석탄, 소금, 비료, 모래 등 흘러내리기 쉬운 화물 또는 흐트러진 화물의 운반용이다.
③ 블록 클램프(block clamp) : 콘크리트 블록 등을 모아 집게 작업을 할 수 있다.
④ 로테이팅 포크(rotating fork) : 일반적인 지게차로 하기 힘든 원추형의 화물을 좌·우로 조이거나 회전시켜 운반하거나 적재하는데 널리 사용되고 있으며 고무판이 설치되어 화물이 미끄러지는 것을 방지하여 주며 화물의 손상을 막는다.

44 클러치 페달의 자유간극 조정방법은?

① 클러치 링키지 로드로 조정
② 클러치 베어링을 움직여서 조정
③ 클러치 스프링 장력으로 조정
④ 클러치 페달 리턴스프링 장력으로 조정

해설 클러치 페달의 자유간극은 클러치 링키지 로드로 조정한다.

45 다음 중 지게차에 관한 설명이 틀린 것은?

① 주로 경량물을 운반하거나 적재 및 하역 작업을 한다.
② 주로 뒷바퀴 구동방식을 사용한다.
③ 조향은 뒷바퀴로 한다.
④ 주로 디젤 엔진을 사용한다.

해설 지게차는 앞바퀴 구동, 뒷바퀴 조향으로 되어 있다.

정답 40. ② 41. ② 42. ② 43. ② 44. ① 45. ②

46 운행 중 브레이크에 페이드 현상이 발생했을 때 조치방법은?

① 브레이크 페달을 자주 밟아 열을 발생시킨다.
② 운행속도를 조금 올려준다.
③ 운행을 멈추고 열이 식도록 한다.
④ 주차 브레이크를 대신 사용한다.

해설 페이드 현상은 브레이크 라이닝에 마찰열이 축적되어 제동이 잘 되지 않는 현상으로 브레이크에 페이드 현상이 발생하면 정차시켜 열이 식도록 하여야 한다.

47 지게차에서 틸트 실린더의 역할은?

① 차체 수평 유지
② 포크의 상하 이동
③ 마스트 앞·뒤 경사 조정
④ 차체 좌우 회전

48 지게차에서 엔진이 정지되었을 때 레버를 밀어도 마스트가 경사되지 않도록 하는 것은?

① 벨 크랭크 기구   ② 틸트 록 장치
③ 체크 밸브   ④ 스태빌라이저

해설 틸트 록 장치는 마스트를 기울일 때 갑자기 엔진의 시동이 정지되면 작동하여 그 상태를 유지시키는 작용을 한다. 즉 레버를 움직여도 마스트가 경사되지 않도록 한다.

49 지게차의 운전 장치를 조작하는 동작의 설명으로 틀린 것은?

① 전·후진 레버를 앞으로 밀면 후진한다.
② 틸트 레버를 뒤로 당기면 마스트는 뒤로 기운다.
③ 리프트 레버를 밀면 포크가 하강한다.
④ 전·후진 레버를 잡아당기면 후진이 된다.

해설 지게차는 전·후진 레버를 앞으로 밀면 전진하고, 전·후진 레버를 뒤로 당기면 후진한다.

50 지게차에서 적재 상태의 마스트 경사로 적합한 것은?

① 뒤로 기울어지도록 한다.
② 앞으로 기울어지도록 한다.
③ 진행 좌측으로 기울어지도록 한다.
④ 진행 우측으로 기울어지도록 한다.

해설 적재 상태에서 마스트는 뒤로 기울어지도록 한다.

51 지게차 포크의 간격은 파레트 폭의 어느 정도로 하는 것이 가장 적당한가?

① 팔레트 폭의 1/2~1/3
② 팔레트 폭의 1/3~2/3
③ 팔레트 폭의 1/2~2/3
④ 팔레트 폭의 1/2~3/4

52 지게차의 적재방법으로 틀린 것은?

① 화물을 올릴 때에는 포크를 수평으로 한다.
② 적재한 장소에 도달했을 때 천천히 정지한다.
③ 포크로 물건을 찌르거나 물건을 끌어서 올리지 않는다.
④ 화물이 무거우면 사람이나 중량물로 밸런스 웨이트를 삼는다.

해설 화물이 무거우면 지게차의 밸런스 웨이트와 평형 상태가 되도록 적재 작업을 다시 하여야 한다.

53 지게차의 운전방법으로 틀린 것은?

① 화물 운반 시 내리막길은 후진으로 오르막길은 전진으로 주행한다.
② 화물 운반 시 포크는 지면에서 20~30cm 가량 띄운다.
③ 화물 운반 시 마스트를 뒤로 4° 가량 경사시킨다.
④ 화물 운반은 항상 후진으로 주행한다.

해설 화물 운반 시 오르막길은 전진으로 주행하고, 내리막길은 후진으로 주행한다.

정답 46. ③ 47. ③ 48. ② 49. ① 50. ① 51. ④ 52. ④ 53. ④

54 지게차 작업 시 안전수칙으로 틀린 것은?
① 주차 시에는 포크를 완전히 지면에 내려야 한다.
② 화물을 적재하고 경사지를 내려갈 때는 운전시야 확보를 위해 전진으로 운행해야 한다.
③ 포크를 이용하여 사람을 싣거나 들어 올리지 않아야 한다.
④ 경사지를 오르거나 내려올 때는 급회전을 금해야 한다.

해설 화물을 적재하고 경사지를 내려갈 때는 기어의 변속을 저속상태로 놓고 후진으로 내려온다.

55 지게차 주행 시 주의해야 할 사항 중 틀린 것은?
① 짐을 싣고 주행 할 때는 절대로 속도를 내서는 안 된다.
② 노면 상태에 따라 충분한 주의를 하여야 한다.
③ 적하 장치에 사람을 태워서는 안 된다.
④ 포크의 끝은 밖으로 경사지게 한다.

해설 포크의 끝은 안으로 경사지게 한다.

56 지게차로 화물을 싣고 경사지에서 주행할 때 안전상 올바른 운전방법은?
① 포크를 높이 들고 주행한다.
② 내려갈 때에는 저속 후진한다.
③ 내려갈 때에는 변속레버를 중립에 놓고 주행한다.
④ 내려갈 때에는 시동을 끄고 타력으로 주행한다.

57 지게차로 팔레트의 화물을 이동시킬 때 주의할 점으로 틀린 것은?
① 작업 시 클러치 페달을 밟고 작업한다.
② 적재 장소에 물건 등이 있는지 살핀다.
③ 포크를 팔레트에 평행하게 넣는다.
④ 포크를 적당한 높이까지 올린다.

해설 작업 시 클러치 페달을 밟으면 구동 바퀴에 엔진의 동력이 전달되지 않는다.

58 자유 인상 높이(free lift)는 지게차를 조종할 때 어느 것과 관계가 있는가?
① 화물을 자체중량보다 더 많이 실을 때 필요한 사양이다.
② 화물을 높이 들수록 안전성이 떨어지므로 전도를 방지하는 척도이다.
③ 경사면에서 화물을 운반할 때 필요한 마스트의 높이이다.
④ 포크로 화물을 들고 낮은 공장 문을 들어갈 수 있는지를 검토할 때 필요한 사양이다.

59 지게차로 화물을 하역할 때의 방법으로 틀린 것은?
① 운반하려고 하는 화물 가까이 오면 주행 속도를 줄인다.
② 화물 앞에서 일단정지 한다.
③ 밀어 넣는 위치를 확인한 후 포크를 천천히 넣는다.
④ 포크가 파레트를 긁거나 비비면서 들어가게 한다.

해설 포크가 파레트가 긁히지 않도록, 어느 일정 공간을 두고 비비지 않도록 들어가야 한다.

60 지게차 운전 종료 후 점검사항과 가장 거리가 먼 것은?
① 각종 게이지
② 타이어의 손상 여부
③ 연료량
④ 기름 누설 부위

해설 각종 게이지는 운전 중에 작동하기 때문에, 각종 게이지의 작동 상태는 운전 중에 점검하여야 한다.

정답   54. ②   55. ④   56. ②   57. ①   58. ④   59. ④   60. ①

 내용관련 Q&A

네이버 카페[도서출판 골든벨]

※ 이 책 내용에 관한 질문은 **카페[묻고 답하기]**로 문의해 주십시오.
   질문요지는 이 책에 수록된 내용에 한합니다.
   전화로 질문에 답할 수 없음을 양지하시기 바랍니다.

2025년
패스 지게차운전기능사 필기

초판 인쇄 | 2025년 4월 1일
초판 발행 | 2025년 4월 7일

지 은 이 | 전국중장비교사협의회
발 행 인 | 김 길 현
발 행 처 | ㈜ 골든벨
등   록 | 제 1987-000018호
I S B N | 979-11-5806-776-2
가   격 | 15,000원

이 책을 만든 사람들

기 획 및 교 정	이상호	편 집 디 자 인	조경미, 박은경, 권정숙
공 급 관 리	정복순, 김봉식	제 작 진 행	최병석
웹 매 니 지 먼 트	안재명, 양대모, 김경희	오 프 마 케 팅	우병춘, 오민석, 이강연
회 계 관 리	김경아		

㈜ 04316 서울특별시 용산구 원효로 245(원효로1가 53-1) 골든벨빌딩 6F
• TEL : 도서 주문 및 발송 02-713-4135 / 회계 경리 02-713-4137
       내용 관련 문의 02-713-7452 / 해외 오퍼 및 광고 02-713-7453
• FAX : 02-718-5510   • http : // www.gbbook.co.kr   • E-mail : 7134135@ naver.com

이 책에서 내용의 일부 또는 도해를 다음과 같은 행위자들이 사전 승인없이 인용할 경우에는
저작권법 제93조 「손해배상청구권」에 적용 받습니다.
  ① 단순히 공부할 목적으로 부분 또는 전체를 복제하여 사용하는 학생 또는 복사업자
  ② 공공기관 및 사설교육기관(학원, 인정직업학교), 단체 등에서 영리를 목적으로 복제·배포하는 대표,
     또는 당해 교육자
  ③ 디스크 복사 및 기타 정보 재생 시스템을 이용하여 사용하는 자

※ 파본은 구입하신 서점에서 교환해 드립니다.

AI가 뽑은 출제가능문제 [지게차운전기능사]

01. 독립식 분사펌프가 장착된 디젤 기관에서 가동 중에 발전기가 고장이 났을 때 발생할 수 있는 현상으로 틀린 것은?

① 충전 경고등에 불이 들어온다.
❷ 배터리가 방전되어 시동이 꺼지게 된다.
③ 헤드램프를 켜면 불빛이 어두워진다.
④ 전류계의 지침이 (−)쪽을 가리킨다.

해설 배터리는 시동 시 전원, 발전기 고장 시 전기부하 부담, 발전 전류와 소모 전류의 언밸런스를 조정하기 위해 필요한 것으로 디젤 기관은 배터리가 없어도 엔진의 시동이 꺼지지 않는다.

02. 연료 탱크의 연료를 분사펌프 저압부까지 공급하는 것은?

❶ 연료 공급펌프
② 연료 분사펌프
③ 인젝션 펌프
④ 로터리 펌프

해설 연료 공급펌프 : 연료 탱크의 연료를 흡입·가압하여 고압펌프로 연료를 공급하는 펌프

03. 오일 압력이 높은 것과 관계없는 것은?

① 릴리프 스프링(조정 스프링)이 강할 때
② 추운 겨울철에 가동할 때
③ 오일의 점도가 높을 때
❹ 오일의 점도가 낮을 때

해설 오일의 점도가 낮으면 유압 또한 낮아진다.

04. 다음 중 기관의 시동이 꺼지는 원인에 해당되는 것은?

❶ 연료 공급펌프의 고장
② 발전기 고장
③ 물 펌프의 고장
④ 기동 모터 고장

해설 연료의 공급펌프가 고장이 발생되면 연료가 공급되지 않아 시동이 꺼지게 된다.

05. 4행정 사이클 디젤 엔진의 흡입 행정에 관한 설명 중 맞지 않는 것은?

❶ 흡입 밸브를 통하여 혼합기를 흡입한다.
② 실린더 내에 부압(負壓)이 발생한다.
③ 흡입 밸브는 상사점 전에 열린다.
④ 흡입계통에는 벤투리, 초크 밸브가 없다.

해설 벤투리, 초크 밸브는 가솔린 엔진의 기화기 구조에 해당되는 것으로 유속의 변화와 흡입 공기량을 제어하는 부품이다. 디젤기관은 흡입 시 공기만 흡입된다.

06. 오일펌프 여과기(oil pump filter)와 관련된 설명으로 관련이 없는 것은?

① 오일을 펌프로 유도한다.
② 부동식이 많이 사용된다.
❸ 오일의 압력을 조절한다.
④ 오일을 여과한다.

해설 오일펌프 여과기는 오일펌프 스트레이너를 말하는 것으로 오일팬의 오일을 펌프로 유도하고 1차 여과작용을 하며 고정식과 부동식이 있다.

1

07. 반도체에 대한 설명으로 틀린 것은?
① 양도체와 절연체의 중간 범위이다.
❷ 절연체의 성질을 띠고 있다.
③ 고유 저항이 $10^{-3} \sim 10^{6}(\Omega m)$ 정도의 값을 가진 것을 말한다.
④ 실리콘, 게르마늄, 셀렌 등이 있다.
해설 반도체는 절연체와 도체의 중간의 성질을 가진 것이다.

08. 기동 전동기를 기관에서 떼어낸 상태에서 행하는 시험을 (㉠)시험, 기관에 설치된 상태에서 행하는 시험을 (㉡)시험이라 한다. ㉠과 ㉡에 알맞은 말은?
❶ ㉠-무부하, ㉡-부하
② ㉠-부하, ㉡-무부하
③ ㉠-크랭킹, ㉡-부하
④ ㉠-무부하, ㉡-크랭킹
해설 ① 무부하 시험: 기동 전동기를 엔진에서 떼어낸 다음 회전속도를 점검하는 시험
② 부하 시험: 엔진에 장착하여 엔진을 구동시키는 힘을 점검하는 시험으로 정지 회전력에서 실시한다.

09. 축전지 충전에서 충전 말기에 전류가 거의 흐르지 않기 때문에 충전 능률이 우수하며 가스 발생이 거의 없으나 충전 초기에 많은 전류가 흘러 축전지 수명에 영향을 주는 단점이 있는 충전 방법은?
① 정전류 충전 ❷ 정전압 충전
③ 단별전류 충전 ④ 급속 충전
해설 정전압 충전법을 설명한 것으로 충전시작부터 충전이 끝날 때까지 일정 전압으로 충전하는 방법으로 충전 초기에 높은 전압으로 인해 축전지에 무리를 주므로 정전압 충전법은 잘 사용하지 않는 방법이다.

10. 전조등 회로의 구성으로 틀린 것은?
① 퓨즈
❷ 점화 스위치
③ 라이트 스위치
④ 디머 스위치
해설 점화스위치는 모든 전기기기에 전기를 공급하는 메인 스위치(엔진 키 스위치)를 말하는 것으로 엔진의 점화장치에 속하는 회로이다.

11. 지게차를 경사면에서 운전할 때 짐의 방향은?
❶ 짐이 언덕 위쪽으로 가도록 한다.
② 짐이 언덕 아래쪽으로 가도록 한다.
③ 운전에 편리하도록 짐의 방향을 정한다.
④ 짐의 크기에 따라 방향이 정해진다.
해설 지게차에 짐을 싣고 경사면을 운전할 때에는 짐의 방향을 경사면 위쪽으로 가도록 하여야 짐이 떨어지지 않게 된다.

12. 지게차의 하역 방법 설명으로 가장 적절하지 못한 것은?
① 짐을 내릴 때는 마스트를 앞으로 약 4°정도 경사시킨다.
❷ 짐을 내릴 때는 틸트 레버 조작은 필요 없다.
③ 짐을 내릴 때는 가속페달의 사용은 필요 없다.
④ 리프트 레버를 사용할 때 시선은 포크를 주시한다.
해설 지게차에서 마스트에 실린 짐을 내릴 때에는 틸트 레버를 조작하여 마스트를 약 4도 정도 앞으로 기울여 하역을 하며, 가속페달은 조작하지 않는다.

13. 지게차에서 리프트 실린더의 상승력이 부족한 원인과 거리가 먼 것은?

① 오일 필터의 막힘
② 유압펌프의 불량
③ 리프트 실린더에서 유압유 누출
❹ 틸트 록 밸브의 밀착 불량

해설 틸트 록 밸브 : 적재 중 틸트 실린더가 앞으로 기우는 것을 방지하기 위한 안전장치 중 하나이다.

14. 지게차의 일상점검 사항이 아닌 것은?

❶ 토크 컨버터의 오일 점검
② 타이어 손상 및 공기압 점검
③ 틸트 실린더 오일 누유 상태
④ 작동유의 양

해설 토크 컨버터는 유체 클러치의 개량형으로 자동 변속기가 설치된 장비에서 사용되며 오일의 점검은 변속기 오일점검으로 정기 점검 사항이다.

15. 지게차의 작업방법을 설명한 것 중 적당한 것은?

① 화물을 싣고 평지에서 주행할 때에는 브레이크를 급격히 밟아도 된다.
② 비탈길을 오르내릴 때에는 마스트를 전면으로 기울인 상태에서 전진 운행한다.
③ 유체식 클러치는 전진이 진행 중 브레이크를 밟지 않고, 후진을 시켜도 된다.
❹ 짐을 싣고, 비탈길을 내려올 때에는 후진하여 천천히 내려온다.

해설 화물을 싣고 주행할 때에는 포크의 높이는 30 cm 정도 들고 서행 하며 급제동, 급출발을 피하고 유체클러치를 사용하는 장비도 전진에서 후진으로 전환하고자 할 경우에는 브레이크를 밟아 장비를 완전히 정지시킨 후 변속을 하여야 한다. 또한 짐을 싣고 비탈길을 내려올 때에는 후진으로 서행한다.

16. 지게차의 전경각과 후경각은 조종사가 적절하게 선정하여 작업을 하여야 하는데 이를 조정하는 레버는?

❶ 틸트 레버   ② 리프트 레버
③ 변속 레버   ④ 전후진 레버

해설 각 레버의 기능
① 틸트 레버 : 마스트 경사
② 리프트 레버 : 포크의 상하 작용
③ 변속 레버 : 주행 속도 변경
④ 전후진 레버 : 장비의 전진과 후진

17. 자동 변속기의 과열 원인이 아닌 것은?

① 메인 압력이 높다.
② 과부하 운전을 계속 하였다.
❸ 오일이 규정량보다 많다.
④ 변속기 오일쿨러가 막혔다.

해설 오일이 규정량보다 많으면 과열은 되지 않으나 필요 이상의 오일 순환으로 압력이 높아지게 된다.

18. 지게차에서 화물을 취급하는 방법으로 틀린 것은?

① 포크는 화물의 받침대 속에 정확히 들어갈 수 있도록 조작한다.
② 운반물을 적재하여 경사지를 주행할 때에는 짐이 언덕 위쪽으로 향하도록 한다.
❸ 포크를 지면에서 약 800 mm 정도 올려서 주행한다.
④ 운반 중 마스트를 뒤로 약 6° 정도 경사 시킨다.

해설 지게차를 운전 할 때에는 포크는 지면으로부터 20 ~ 30cm 정도의 높이로 올려서 이동한다.

19. 사용압력에 따른 타이어의 분류에 속하지 않는 것은?

① 고압 타이어
❷ 초고압 타이어
③ 저압 타이어
④ 초저압 타이어

해설 사용 압력에 따라 타이어를 분류하면 고압, 저압, 초저압 타이어가 있으며 중장비는 대부분 저압 타이어가 사용되나 굴삭기만큼은 고압 타이어를 사용한다.

20. 지게차 조향 핸들에서 바퀴까지의 조작력 전달순서로 다음 중 가장 적합한 것은?

① 핸들 → 피트먼 암 → 드래그 링크 → 조향기어 → 타이로드 → 조향 암 → 바퀴
② 핸들 → 드래그 링크 → 조향기어 → 피트먼 암 → 타이로드 → 조향 암 → 바퀴
③ 핸들 → 조향 암 → 조향기어 → 드래그 링크 → 피트먼 암 → 타이로드 → 바퀴
❹ 핸들 → 조향기어 → 피트먼 암 → 드래그링크 → 타이로드 → 조향 암 → 바퀴

21. 지게차 조향 바퀴의 얼라인먼트의 요소가 아닌 것은?

① 캠버(CAMBER)
② 토인(TOE IN)
③ 캐스터(CASTER)
❹ 부스터(BOOSTER)

해설 앞바퀴정렬이란 앞바퀴가 설치된 상태가 어떠한 각도를 가지고 설치된 것으로 캠버, 캐스터, 킹 핀, 토인, 선회 시 토 아웃이 있으며 부스터는 배력 기구이다.

22. 화물을 적재하고 주행할 때 포크와 지면과의 간격으로 가장 적당한 것은?

① 지면에 밀착
❷ 20~30cm
③ 50~55cm
④ 80~85cm

해설 지게차에 화물을 적재하고 운행할 때의 지면과 포크와의 간격은 20~30cm 정도로 유지하는 것이 가장 이상적이다.

23. 지게차의 적재 방법으로 틀린 것은?

① 화물을 올릴 때는 포크를 수평으로 한다.
② 화물을 올릴 때는 가속 페달을 밟는 동시에 레버를 조작한다.
③ 포크로 물건을 찌르거나 물건을 끌어서 올리지 않는다.
❹ 화물이 무거우면 사람이나 중량물로 밸런스 웨이트를 삼는다.

해설 지게차로 적재물 작업을 할 때에는 규정된 중량이상을 들어 올려서는 안 되며 운전자 외에는 탑승을 시켜서는 안 된다.

24. 토크 컨버터가 유체 클러치와 구조상 다른 점은?

① 임펠러
② 터빈
❸ 스테이터
④ 펌프

해설 스테이터는 토크 컨버터에서 오일이 터빈을 떠난 후 오일의 흐름 방향을 전환하여 다시 터빈으로 돌려보내는 역할을 한다.

25. 타이어식 장비에서 핸들 유격이 클 경우가 아닌 것은?

① 타이로드의 볼 조인트 마모
② 스티어링 기어박스 장착부의 풀림
❸ 스테빌라이저의 마모
④ 아이들 암 부시의 마모

해설 스테빌라이저는 자동차에서 롤링을 방지하는 것으로 핸들 유격과는 관계없다.

26. 지게차 작업 시 지켜야 할 안전수칙으로 틀린 것은?

① 후진 시는 반드시 뒤를 살필 것
② 전·후진 변속 시는 장비가 정지된 상태에서 행할 것
③ 주·정차시는 반드시 주차 브레이크를 고정시킬 것
❹ 이동시는 포크를 반드시 지상에서 높이 들고 이동할 것

해설 지게차를 이동할 때에는 포크는 지상으로부터 20~30 cm 정도 들고 이동한다.

27. 지게차의 동력 전달 순서는?

❶ 기관 – 클러치 – 변속기 – 차동장치 – 액슬 축 – 앞바퀴
② 기관 – 변속기 – 클러치 – 차동장치 – 액슬 축 – 앞바퀴
③ 기관 – 클러치 – 차동장치 – 변속기 – 액슬 축 – 앞바퀴
④ 기관 – 클러치 – 변속기 – 차동장치 – 액슬 축 – 뒤 바퀴

해설 지게차의 동력 전달 순서
① 클러치식: 기관 – 클러치 – 변속기 – 차동장치 – 액슬 축 – 앞바퀴
② 토크 컨버터식: 기관 – 토크 컨버터 – 변속기 – 추진 축 – 차동장치 – 액슬 축 – 앞바퀴
③ 전동 지게차: 배터리 – 컨트롤러 – 구동 모터 – 변속기 – 차동장치 – 액슬 축 – 앞바퀴

28. 지게차의 구동 방식은?

① 뒷바퀴로 구동된다.
② 전·후 구동식이다.
❸ 앞바퀴로 구동된다.
④ 중간 액슬 축에 의해 구동된다.

해설 지게차의 구동 방식은 앞바퀴로 구동된다.

29. 지게차의 마스트 경사각 중 후경각은 몇 도 범위로 이루어져야 하는가?

① 5 ~ 6°   ② 7 ~ 8°
③ 8 ~ 10°   ❹ 10 ~ 12°

해설 ① 전경각: 마스트의 수직 위치에서 앞으로 기울인 경우 최대 경사각으로 건설기계 구조 및 성능 기준상 5 ~ 6°범위로 이루어 져야 한다.
② 후경각: 마스트의 수직 위치에서 뒤로 기울인 경우 최대 경사각으로 건설기계 구조 및 성능 기준상 10 ~ 12°범위로 이루어 져야 한다.

30. 지게차의 최대 올림 높이는 원칙적으로 몇 밀리미터로 하여야 가장 적당한가?

① 1,000mm   ② 2,000mm
❸ 3,000mm   ④ 4,000mm

해설 최대 올림 높이: 마스트를 수직으로 하고 기준 하중의 중심에 최대 하중을 적재한 상태에서 포크를 최고 위치로 올릴 때의 지면에서 포크 윗면까지의 높이로 건설기계 구조 및 성능 기준상 원칙적으로 3,000 mm로 하되, 필요한 경우에는 안정도의 범위 안에서 조정할 수 있다.

31. 대형 건설기계에 적용해야 될 내용으로 맞지 않는 것은?

① 당해 건설기계의 식별이 쉽도록 전후 범퍼에 특별 도색을 하여야 한다.
❷ 최고속도가 35km/h 이상인 경우에는 부착하지 않아도 된다.
③ 운전석 내부의 보기 쉬운 곳에 경고 표지판을 부착하여야 한다.
④ 총 중량 30톤, 축중 10톤 미만인 건설기계는 특별 표지판 부착 대상이 아니다.

해설 최고속도가 35km/h미만의 경우만 부착하지 않아도 된다.

32. 도로 운행 시의 건설기계의 축 하중 및 총 중량 제한은?
① 윤하중 5톤 초과, 총 중량 20톤 초과
② 축 하중 10톤 초과, 총 중량 20톤 초과
❸ 축 하중 10톤 초과, 총 중량 40톤 초과
④ 축 하중 10톤 초과, 총 중량 10톤 초과

해설 도로운행 시 건설기계의 중량 제한은 축 하중의 경우 10톤, 총중량의 경우 40톤을 초과할 수 없으며 부득이 이동을 하여야할 경우 관할관청의 허가를 받아 운행할 수 있다.

33. 등록사항 변경 또는 등록이전 신고 대상이 아닌 것은?
① 소유자 변경
② 소유자의 주소지 변경
❸ 건설기계의 소재지 변경
④ 건설기계의 사용 본거지 변경

해설 건설기계 소재지 변경은 등록사항 변경 또는 등록이전 신고 대상이 아니며 소재지 변경은 관할 관청에 신고만 하면 된다.

34. 건설기계 검사 기준 중 제동장치의 제동력으로 맞지 않는 것은?
① 모든 축의 제동력의 합이 당해 축 중(빈차)의 50% 이상일 것
② 동일 차축 좌·우 바퀴 제동력의 편차는 당해 축 중의 8% 이내일 것
❸ 뒤차축 좌·우 바퀴 제동력의 편차는 당해 축 중의 15% 이내일 것
④ 주차 제동력의 합은 건설기계 빈차 중량의 20% 이상일 것

해설 동일 차축 좌·우 바퀴 제동력의 편차는 당해 축 중의 8%이내이며 뒤 차축에 대한 좌·우 바퀴 제동력의 편차도 여기에 준한다.

35. 다음 중 통행의 우선순위가 맞는 것은?
❶ 긴급 자동차 → 일반 자동차 → 원동기 장치 자전거
② 긴급 자동차 → 원동기 장치 자전거 → 승용자동차
③ 건설기계 → 원동기장치 자전거 → 승합자동차
④ 승합자동차 → 원동기장치 자전거 → 긴급자동차

36. 도로 교통법상 반드시 서행하여야 할 장소로 지정된 곳으로 가장 적절한 것은?
① 안전지대 우측
❷ 비탈길의 고개 마루 부근
③ 교통정리가 행하여지고 있는 교차로
④ 교통정리가 행하여지고 있는 횡단보도

해설 서행하여야 할 곳
① 교통정리가 행하여지지 아니하고 좌·우를 확인할 수 없는 교차로
② 도로의 구부러진 곳
③ 비탈길의 고개 마루 부근
④ 가파른 비탈길의 내리막
⑤ 지방경찰청장이 도로에서의 위험을 방지하고 교통의 안전과 원활한 소통을 확보하기 위하여 필요하다고 인정하여 지정한 곳

37. 건설기계 조정 시 자동차 제1종 대형 면허가 있어야 하는 기종은?
① 로더   ② 지게차
❸ 콘크리트 펌프 ④ 기중기

해설 1종 대형면허로 조종할 수 있는 건설기계
① 덤프트럭 ② 아스팔트살포기
③ 노상안정기 ④ 콘크리트 믹서트럭
⑤ 콘크리트펌프 ⑥ 천공기(트럭적재 식)
⑦ 특수 건설기계 중 국토교통부장관이 지정하는 건설기계

38. 교차로 또는 그 부근에서 긴급 자동차가 접근하였을 때 피양 방법으로 가장 적절한 것은?

❶ 교차로를 피하여 도로의 우측 가장자리에 일시정지 한다.
② 그 자리에서 즉시 정지한다.
③ 그대로 진행 방향으로 진행을 계속한다.
④ 서행하면서 앞지르기 하라는 신호를 한다.

해설 교차로 또는 그 부근에서 긴급 자동차가 접근하였을 때에는 교차로를 피하여 도로의 우측 가장자리에 일시 정지한다.

39. 고속도로를 운행 중일 때 안전운전상 준수사항으로 가장 적합한 것은?

① 정기점검을 실시 후 운행하여야 한다.
② 연료량을 점검하여야 한다.
③ 월간 정비 점검을 하여야 한다.
❹ 모든 승차 자는 좌석 안전띠를 매도록 하여야 한다.

해설 고속도로를 운행할 때에는 모든 승차 자는 좌석 안전띠를 매야 한다.

40. 플런저가 구동축의 직각 방향으로 설치되어 있는 유압 모터는?

① 캠형 플런저 모터
② 액시얼형 플런저 모터
③ 블래더형 플런저 모터
❹ 레이디얼형 플런저 모터

해설 플런저 모터에는 플런저가 축의 직각방향으로 설치된 레이디얼 플런저 모터와 축 방향으로 설치된 액시얼형의 모터가 있으며 레이디얼형은 정용량형, 액시얼형은 사판을 변화시켜 용량을 변화시키는 가변용량형이다.

41. 유압회로의 속도 제어 회로와 관계 없는 것은?

❶ 오픈 센터(open center) 회로
② 블리드 오프(bleed off) 회로
③ 미터 인(meter in) 회로
④ 미터 아웃(meter out) 회로

해설 유압회로의 속도제어 회로에는 작동기의 입구에 유량제어 밸브가 설치된 미터 인과 작동기의 출구에 설치된 미터아웃 그리고 병렬로 연결된 블리드 오프 회로가 있다.

42. 복동 실린더 양로드형을 나타내는 유압 기호는?

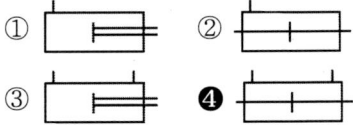

해설 그림의 유압기호는 ① 단동 편로드형, ③는 복동 편로드형, ④ 복동 양로드형이다.

43. 유압 실린더 등이 중력에 의한 자유 낙하를 방지하기 위해 배압을 유지하는 압력제어 밸브는?

① 시퀀스 밸브
② 언로드 밸브
❸ 카운터 밸런스 밸브
④ 감압 밸브

해설 각 밸브의 기능
① 시퀀스 밸브 : 분기회로에서 작동기의 작동 순서를 결정한다.
② 언로더 밸브 : 유압펌프를 무부하 운전한다.
③ 카운터 밸런스 밸브 ; 들어올린 중량물의 자유 낙하를 방지한다.
④ 감압 밸브 : 리듀싱 밸브라고도 부르며 분기회로에서 압력을 낮추어 사용한다.

44. 건설기계에 사용하고 있는 필터의 종류가 아닌 것은?

❶ 배출 필터 ② 흡입 필터
③ 고압 필터 ④ 저압 필터

해설 건설기계에 사용되는 여과기에는 흡입, 저압, 고압필터가 있다.

45. 다음 유압 펌프 중 가장 높은 압력 조건에 사용할 수 있는 펌프는?

① 기어 펌프
② 로터리 펌프
❸ 플런저 펌프
④ 베인 펌프

46. 기계시설의 안전 유의 사항으로 적합하지 않은 것은?

① 회전 부분(기어, 벨트, 체인) 등은 위험하므로 반드시 커버를 씌워둔다.
❷ 발전기, 용접기, 엔진 등 장비는 한 곳에 모아서 배치한다.
③ 작업장의 통로는 근로자가 안전하게 다닐 수 있도록 정리정돈을 한다.
④ 작업장의 바닥은 보행에 지장을 주지 않도록 청결하게 유지한다.

해설 기계 장비는 각 용도별, 장치별 등으로 분류하여 각각 보관한다.

47. 액추에이터의 운동 속도를 조정하기 위하여 사용되는 밸브는?

① 압력제어 밸브
② 온도제어 밸브
❸ 유량제어 밸브
④ 방향제어 밸브

해설 ① 압력제어 밸브 : 일의 크기를 결정한다.
② 유량제어 밸브 : 일의 속도를 결정한다.
③ 방향제어 밸브 : 일의 방향을 결정한다.

48. 다음은 유압기기를 점검 중 이상 발견시 조치사항이다. ( ) 안의 내용을 순서대로 나열한 것은?

> 작동유가 누출되는 상태라면 이음부를 더 조여 주거나 부품을 ( )하는 등 응급조치를 하는 것이 당연하지만 그 원인을 조사하여 재발을 방지하고 그 고장이 더 확대되지 않도록 유압기기 전체를 ( ) 하는 일도 필요하다.

① 플러싱, 교환
❷ 교환, 재점검
③ 열화, 재점검
④ 재점검, 교환

해설 작동유가 누출되는 상태라면 이음부를 더 조여 주거나 부품을 (교환)하는 등 응급조치를 하는 것이 당연하지만 그 원인을 조사하여 재발을 방지하고 그 고장이 더 확대되지 않도록 유압기기 전체를 (재점검) 하는 일도 필요하다.

49. 난연성 작동유의 종류에 해당하지 않는 것은?

❶ 석유계 작동유
② 유중수형 작동유
③ 물-글리콜형 작동유
④ 인산 에스텔형 작동유

해설 난연성: 가연성과 불연성의 중간의 성질을 가진 것으로 연소하기 어려운 재료의 성질

50. 금속간의 마찰을 방지하기 위한 방안으로 마찰계수를 저하시키기 위하여 사용되는 첨가제는?

① 방청제
❷ 유성 향상제
③ 점도지수 향상제
④ 유동점 강하제

해설 금속 간의 마찰을 방지하기 위한 첨가제는 유성 향상제이다.

51. 차체에 용접 시 주의사항이 아닌 것은?
① 용접 부위에 인화될 물질이 없나를 확인한 후 용접한다.
② 유리 등에 불똥이 튀어 흔적이 생기지 않도록 보호막을 씌운다.
❸ 전기 용접 시 접지선을 스프링에 연결한다.
④ 전기 용접 시 필히 차체의 배터리 접지선을 제거한다.
해설 접지선의 연결은 부품이 아닌 차체에 접지하여 사용한다.

52. 기계 취급에 관한 안전 수칙 중 잘못된 것은?
① 기계 운전 중에는 자리를 지킨다.
❷ 기계의 청소는 작동 중에 수시로 한다.
③ 기계 운전 중 정전 시는 즉시 주 스위치를 끈다.
④ 기계 공장에서는 반드시 작업복과 안전화를 착용한다.
해설 기계의 청소는 기계의 작동을 중지시키고 안전한 상태에서 실시한다.

53. 작업점 외에 직접 사람이 접촉하여 말려들거나 다칠 위험이 있는 장소를 덮어씌우는 방호장치 법은?
❶ 격리형 방호장치
② 위치 제한형 방호장치
③ 포집형 방호장치
④ 접근 거부형 방호장치
해설 위험이 있는 장소를 덮어씌우는 방호장치는 격리형 방호장치이다.

54. 안전 보건표지의 종류와 형태에서 그림의 표지로 맞는 것은?

① 비상구
② 안전제일표지
❸ 응급구호표지
④ 들것 표지
해설 그림의 표지는 응급구호표지이다.

55. 작업장에서 휘발유 화재가 일어났을 경우 가장 적합한 소화 방법은?
① 물 호스의 사용
② 불의 확대를 막는 덮개의 사용
③ 소다 소화기의 사용
❹ 탄산가스 소화기의 사용
해설 유류화재는 분말소화기 또는 탄산가스 소화기를 사용하여야 한다.

56. 생산 활동 중 신체장애와 유해물질에 의한 중독 등으로 직업성 질환에 걸려 나타난 장애를 무엇이라 하는가?
① 안전관리   ❷ 산업재해
③ 산업안전   ④ 안전사고
해설 직업성 질환은 산업재해라 한다.

57. 벨트를 교체할 때 기관의 상태는?
① 고속 상태
② 중속 상태
③ 저속 상태
❹ 정지 상태
해설 벨트를 걸거나 교체 및 탈거할 때에는 기관이 정지된 상태에서 작업을 하여야 한다.

58. 다음 중 드라이버 사용 방법으로 틀린 것은?

① 날 끝 홈의 폭과 깊이가 같은 것을 사용한다.
❷ 전기 작업 시 자루는 모두 금속으로 되어 있는 것을 사용한다.
③ 날 끝이 수평이어야 하며 둥글거나 빠진 것은 사용하지 않는다.
④ 작은 공작물이라도 한손으로 잡지 않고 바이스 등으로 고정하고 사용한다.

해설 전기 작업 시 드라이버의 자루는 금속과 절연이 되어 있는 것을 사용하여야 한다.

59. 라디에이터 캡(Radiator Cap)에 설치되어 있는 밸브는?

① 진공 밸브와 체크 밸브
❷ 압력 밸브와 진공 밸브
③ 체크 밸브와 압력 밸브
④ 부압 밸브와 체크 밸브

해설 라디에이터 캡에 설치된 밸브는 펌프의 효율을 증대시키기 위한 압력 밸브와 물의 비등점을 높이기 위한 진공 밸브가 설치되어 있다.

60. 디젤 기관에서 부실식과 비교할 경우 직접 분사식 연소실의 장점이 아닌 것은?

① 냉간 시동이 용이하다.
② 연소실 구조가 간단하다.
③ 연료 소비율이 낮다.
❹ 저질연료의 사용이 가능하다.

해설 ① 구조가 간단하고 열효율이 높다.
② 연료 소비량이 적다.
③ 시동이 쉬우며 예열 플러그가 필요 없다.
④ 분사 압력이 높아 노즐의 수명이 짧고 가격이 비싸다.
⑤ 사용 연료, rpm, 부하 등에 민감하며 노크를 일으키기 쉽다.

61. 화재 및 폭발의 우려가 있는 가스발생장치 작업장에서 지켜야 할 사항으로 맞지 않는 것은?

❶ 불연성 재료 사용금지
② 화기 사용금지
③ 인화성 물질 사용금지
④ 점화원이 될 수 있는 기계 사용금지

해설 화재 및 폭발의 우려가 있는 가스 발생장치 작업장에서 불연성 재료는 사용하여도 무방하다.

62. 다음 중 엔진의 과열 원인으로 적절하지 않은 것은?

① 배기 계통의 막힘이 많이 발생함
② 연료 혼합비가 너무 농후하게 분사됨
③ 점화시기가 지나치게 늦게 조정됨
❹ 수온조절기가 열려있는 채로 고장

해설 수온조절기가 열린 채로 고장이 나면 엔진의 워밍업시간이 길어진다.

63. 기관에서 흡입 효율을 높이는 장치는?

① 소음기   ❷ 과급기
③ 압축기   ④ 기화기

해설 과급기: 엔진의 충진효율을 높이기 위해 흡기에 압력을 가하는 공기 펌프
(1) 장점
① 엔진 출력 증가
② 연료 소비율 향상
③ 착화지연 시간이 짧다.
④ 회전력의 증대
(2) 종류
① 기계구동식(루트 블로어)
② 배기 터빈식(터보 차저)
(3) 특징
① 밸브 오버랩 시 연소실의 공기 순환
② 고출력일 때 배기 온도 저하
③ 질이 나쁜 연료 사용 가능

64. 디젤 기관의 윤활장치에서 오일 여과기의 역할은?

① 오일의 역순환 방지작용
② 오일에 필요한 방청작용
❸ 오일에 포함된 불순물 제거 작용
④ 오일 계통에 압력 증대 작용

[해설] 오일 여과기는 오일 속에 포함된 불순물을 분리·제거 한다.

65. 윤활유의 점도가 너무 높은 것을 사용했을 때의 설명으로 맞는 것은?

① 좁은 공간에 잘 침투하므로 충분한 주유가 된다.
❷ 엔진 시동을 할 때 필요 이상의 동력이 소모된다.
③ 점차 묽어지기 때문에 경제적이다.
④ 겨울철에 사용하기 좋다.

[해설] 오일의 점도가 높은 것을 사용하면 엔진 기동할 때 기동 저항이 커져 필요 이상의 동력이 손실된다.

66. 축전지의 전해액에 관한 내용으로 옳지 않은 것은?

① 전해액의 온도가 1℃ 변화함에 따라 비중은 0.0007씩 변한다.
❷ 온도가 올라가면 비중이 올라가고 온도가 내려가면 비중이 내려간다.
③ 전해액은 증류수에 황산을 혼합하여 희석시킨 묽은 황산이다.
④ 축전지 전해액의 점검은 비중계로 한다.

[해설] 축전지 전해액의 비중은 온도에 반비례한다. 따라서 온도가 올라가면 비중은 낮아지고 온도가 내려가면 비중은 상승한다.

67. 교류 발전기에서 회전체에 해당하는 것은?

① 스테이터   ② 브러시
③ 엔드 프레임 ❹ 로터

[해설] 로터
① 회전하며 자속을 만든다.(직류 발전기의 계자 코일, 계자 철심에 해당)
② 축전지의 전류를 로터 코일의 여자 전류로 공급한다.

68. 디젤 엔진의 예열장치에서 연소실 내의 압축공기를 직접 예열하는 형식은?

① 히트 릴레이식
❷ 예열 플러그식
③ 흡기 히트식
④ 히트 레인지식

[해설] 예열장치에는 실린더로 들어오는 공기를 가열하는 흡기 가열식과 실린더에 유입된 공기를 가열하는 예열 플러그식이 있다.

69. 급속 충전 시에 유의할 사항으로 틀린 것은?

① 통풍이 잘 되는 곳에서 충전한다.
❷ 건설기계에 설치된 상태로 충전한다.
③ 충전 시간을 짧게 한다.
④ 전해액 온도가 45℃를 넘지 않게 한다.

[해설] 급속충전 시 주의사항
① 충전 중 전해액의 온도를 45℃ 이상 올리지 말아야 한다.
② 차에 설치한 상태에서 급속 충전을 할 경우 배터리 ⊕ 단자를 떼어 놓아야 한다(발전기 다이오드 보호).
③ 급속 충전은 통풍이 잘 되는 곳에서 실시한다.
④ 충전 시간을 가능한 한 짧게 한다.

70. 기동전동기의 전자석(솔레노이드) 스위치에 구성된 코일로 맞는 것은?

① 계자 코일, 전기자 코일
② 로터 코일, 스테이터 코일
③ 1차 코일, 2차 코일
❹ 풀인 코일, 홀드인 코일

해설 기동 전동기의 전자석에는 흡인력 작용을 하는 풀인 코일과 풀런저를 잡아당긴 상태로 유지하는 홀드인 코일이 설치되어 있다.

71. 지게차의 유압장치에서 틸트 실린더는 일반적으로 몇 개가 설치되어 있는가?

❶ 2개
② 3개
③ 4개
④ 1개

해설 틸트 실린더는 틸트 레버의 조작에 의해 마스트를 전경 또는 후경 시키는 작용을 하며 좌우 각 1개 씩 사용한다.

72. 지게차의 전·후 안정도에서 주행 시 기준 무부하 상태일 때 몇 % 구배에 전도되어서는 안 되는가?

① 4
② 6
③ 12
❹ 18

해설 지게차의 안정도
1. 건설기계의 상태
 ① 전, 후 안정도 : 기준 부하 상태에서 쇠스랑을 최고로 올린 상태
  ㉮ 자연 구배
  ㉠ 최대 하중 5톤 미만 : 4%
  ㉡ 최대 하중 5톤 이상 : 3.5%
 ② 전, 후 안정도 : 주행 시의 기준 무부하 상태
  ㉮ 자연 구배 : 18%
 ③ 좌, 우 안정도 : 기준 부하 상태에서 쇠스랑을 최고로 올려 마스트를 최대로 뒤로 기울인 상태
  ㉮ 자연 구배 : 6%
 ④ 좌, 우 안정도 : 주행 시 기준 무부하 상태
  ㉮ 자연 구배 : 15 + 1.1 × 최고 속도

73. 리프트 레버를 뒤로 밀어 상승 상태를 점검하였더니 2/3 가량은 잘 상승되다가 그 후 상승이 잘 안되는 현상이 생겼을 경우 점검해야 할 곳은?

① 엔진 오일의 양
❷ 유압유 탱크의 오일양
③ 냉각수의 양
④ 틸트 레버

해설 유압유 탱크 내의 오일량이 부족한 현상이다.

74. 지게차로 화물 취급 시 준수해야 할 사항으로 틀린 것은?

① 화물 앞에서 일단 정지 해야 한다.
❷ 화물의 근처에 왔을 때에는 가속 페달을 살짝 밟는다.
③ 팔레트에 실려있는 물체의 안전한 적재 여부를 확인 한다.
④ 지게차를 화물 쪽으로 반듯하게 향하고 포크가 팔레트를 마찰하지 않도록 주의한다.

해설 화물 근처에 왔을 때에는 가속페달에서 발을 떼고 브레이크로 속도를 조절하면서 진입한다.

75. 다음은 지게차 작업시 지켜야할 안전 수칙들이다. 틀리는 것은?

① 후진 시는 반드시 뒤를 살필 것
② 전·후진 변속 시는 장비가 정지된 후 행할 것
③ 주·정차시는 반드시 주차 브레이크를 고정시킬 것
❹ 이동시 포크를 반드시 지상에서 80 ~ 90cm 정도 들고 이동할 것

해설 지게차 이동시 포크의 높이는 지상에서 20 ~ 30cm 정도 들고 이동하는 것이 좋다.

76. 엔진식 지게차의 조정 레버의 위치를 설명한 것 중 해당 되지 않는 것은?

① 리프팅 위치   ② 로어링 위치
③ 틸팅 위치   ❹ 야윙 위치

해설 조정 레버의 위치
① 리프팅 위치 : 들어올리기
② 로어링 위치 : 낮추기
③ 틸팅 위치 : 경사 지우기

77. 지게차 포크의 상승 속도가 느린 원인으로 가장 관계가 적은 것은?

① 작동유의 부족
② 조작 밸브의 손상 및 마모
③ 피스톤 패킹의 손상
❹ 포크 끝의 약간 휨

해설 포크의 상승 속도가 느린 원인
① 작동유의 부족
② 조작 밸브의 손상 및 마모
③ 피스톤 패킹의 손상
④ 피스톤 로드의 휨

78. 지게차에 관한 내용이다. 틀린 것은?

① 지게차는 주로 경화물을 운반하거나 하역 작업을 한다.
❷ 지게차는 후륜구동식으로 되어 있다.
③ 조향장치는 뒤 차륜으로 한다.
④ 주로 디젤 엔진이 많이 사용된다.

해설 지게차는 전륜 구동식이다.

79. 일반적으로 지게차에 사용하는 유압 펌프의 압력은?

① 일반적으로 30~50kgf/cm²
❷ 일반적으로 70~130kgf/cm²
③ 일반적으로 10~30kgf/cm²
④ 일반적으로 200~250 kgf/cm²

해설 지게차에 사용되는 유압 펌프는 일반적으로 기어 펌프를 사용하며 작동 유압은 70~130 kg/cm² 이다.

80. 다음 중 진로 변경을 해서는 안 되는 경우는?

① 3차로의 도로일 때
❷ 안전표지(진로변경 제한선)가 설치되어 있을 때
③ 시속 50킬로미터 이상으로 주행할 때
④ 교통이 복잡한 도로일 때

해설 도로를 주행 중 진로변경 제한선이나 안전표지로 진로변경 제한표지가 설치된 곳에서는 진로변경을 해서는 안 된다.

81. 건설기계 등록말소 신청 시 구비 서류에 해당되는 것은?

❶ 건설기계 등록증
② 주민등록 등본
③ 수입면장
④ 제작증명서

해설 건설기계 말소등록 시 필요한 서류는 건설기계 등록증이다.

82. 다음 (   )에 들어갈 알맞은 것은?

> 도로를 통행하는 차마의 운전자는 교통안전 시설이 표시하는 신호 또는 지시와 교통정리를 하는 경찰 공무원의 신호 또는 지시가 서로 다른 경우에는 (A)의 (B)에 따라야 한다.

① A-운전자, B-판단
② A-교통안전시설, B-신호 또는 지시
❸ A-경찰공무원, B-신호 또는 지시
④ A-교통신호, B-신호

해설 도로를 통행하는 차마의 운전자는 교통안전시설이 표시하는 신호 또는 지시와 교통정리를 하는 경찰 공무원의 신호 또는 지시가 서로 다른 경우에는 (경찰공무원)의 (신호 또는 지시)에 따라야 한다.

83. 그림과 같은 교통안전표지의 뜻은?

① 좌 합류 도로가 있음을 알리는 것
② 철길 건널목이 있음을 알리는 것
❸ 회전형 교차로가 있음을 알리는 것
④ 좌로 굽은 도로가 있음을 알리는 것

해설 그림의 안전표지는 회전형 교차로가 있음을 알리는 것으로 회전형 교차로 표지이다.

84. 검사소 이외의 장소에서 출장검사를 받을 수 있는 건설기계에 해당하는 것은?

① 덤프트럭
② 콘크리트 트럭
③ 아스팔트살포기
❹ 지게차

해설 지게차는 장비가 위치한 곳에서 검사를 받을 수 있는 장비이다.

85. 건설기계조종사의 면허취소 사유에 해당하는 것은?

① 과실로 인하여 1명을 사망하게 하였을 때
❷ 면허정지 처분을 받은 자가 그 기간 중에 건설기계를 조종한 때
③ 과실로 인하여 10명에게 경상을 입힌 때
④ 건설기계로 1천만 원 이상의 재산 피해를 냈을 때

해설 면허정지 처분을 받은 자가 그 기간 중에 건설기계를 조종한 때에는 건설기계 조종사의 면허가 취소된다.

86. 국토교통부 장관은 검사 대행자 지정을 취소하거나 기간을 정하여 사업의 전부 또는 일부의 정지를 명할 수 있다. 지정을 취소해야만 하는 경우는?

❶ 부정한 방법으로 지정을 받은 때
② 재검사를 시행한 때
③ 건설기계 검사증을 재교부하였을 때
④ 위반에 의한 벌금형의 선고를 받은 때

해설 검사 대행자 지정을 부정한 방법으로 받은 경우에는 그 지정을 국토부 장관은 취소할 수 있다.

87. 동일 방향으로 주행하고 있는 전·후 차 간의 안전운전 방법으로 틀린 것은?

① 뒤차는 앞차가 급정지할 때 충돌을 피할 수 있는 필요한 안전거리를 유지한다.
② 뒤에서 따라오는 차량의 속도보다 느린 속도로 진행하려고 할 때는 진로를 양보한다.
❸ 앞차가 다른 차를 앞지르고 있을 때에는 더욱 빠른 속도로 앞지른다.
④ 앞차는 부득이한 경우를 제외하고는 급정지, 급 감속을 하여서는 안 된다.

해설 앞차가 다른 차를 앞지르고 있을 때에는 앞지르기를 할 수 없다.

88. 건설기계의 등록번호표가 06-6543인 것은?

① 로더 - 영업용
❷ 덤프트럭 - 영업용
③ 지게차 - 자가용
④ 덤프트럭 - 관용

해설 등록번호표의 06은 덤프트럭으로 차종을 표시하고, 6543은 등록번호로 5001부터 8999에 해당하는 영업용을 나타낸다.

89. 건설기계조종사의 적성검사 기준으로 가장 거리가 먼 것은?

① 두 눈을 동시에 뜨고 잰 시력이 0.7이상이고 두 눈의 시력이 각각 0.3 이상일 것
② 시각은 150° 이상일 것
③ 언어 분별력이 80% 이상일 것
❹ 교정시력의 경우는 시력이 1.5 이상일 것

해설 시력은 교정시력이 포함된 시력이다.

90. 시력을 교정하고 비산물로부터 눈을 보호하기 위한 보안경은?

① 고글형 보안경
❷ 도수렌즈 보안경
③ 유리 보안경
④ 플라스틱 보안경

해설 시력을 교정하기 위해서 사용하는 것이 도수렌즈 안경이며 눈이 나쁜 사람이 도수를 교정하고 눈을 보호하기 위해서 사용하는 것은 도수렌즈 보안경이다.

91. 크레인으로 인양 시 물체의 중심을 측정하여 인양하여야 한다. 다음 중 잘못된 것은?

① 형상이 복잡한 물체의 무게 중심을 확인한다.
② 인양 물체를 서서히 올려 자상 약 30cm 지점에서 정지하여 확인한다.
③ 인양 물체의 중심이 높으면 물체가 기울 수 있다.
❹ 와이어로프나 매달기용 체인이 벗겨질 우려가 있으면 되도록 높이 인양한다.

해설 와이어로프나 매달기용 체인이 벗겨질 우려가 있으면 되도록 높이를 낮게 유지하여 인양한다.

92. 화재 분류에서 유류 화재에 해당되는 것은?

① A급 화재   ❷ B급 화재
③ C급 화재   ④ D급 화재

해설 화재의 분류 및 사용 소화기

화재의 종류	화재 분류	적합한 소화기
A급 화재	일반 화재	포말 소화기
B급 화재	유류 화재	분말소화기
C급 화재	전기 화재	CO_2소화기
D급 화재	금속 화재	포말 소화기

93. 전기 작업에서 안전 작업상 적합하지 않은 것은?

❶ 저압 전력선에는 감전의 우려가 없으므로 안심하고 작업한다.
② 퓨즈는 규정된 알맞은 것을 끼워야 한다.
③ 전선이나 코드의 접속 부는 절연물로서 완전히 피복하여 둘 것
④ 전기장치는 사용 후 스위치를 OFF 할 것

해설 저압의 전류가 흐르는 전선이라도 감전이 발생되므로 전력을 차단시킨 후에 작업을 하여야 한다.

94. 일반 수공구 취급 시 주의할 사항이 아닌 것은?

① 작업에 알맞은 공구를 사용할 것
② 공구는 청결한 상태에서 보관할 것
③ 공구는 지정된 장소에 보관할 것
❹ 공구는 맞는 것이 없으면 비슷한 용도의 공구를 사용할 것

해설 공구는 규격과 용도에 맞는 것을 사용하여야 한다.

95. 공기구 사용에 대한 사항으로 틀린 것은?

① 공구를 사용 후 공구 상자에 넣어 보관한다.
② 볼트와 너트는 가능한 한 소켓 렌치로 작업한다.
❸ 토크 렌치는 볼트와 너트를 푸는데 사용한다.
④ 마이크로미터를 보관할 때는 직사광선에 노출시키지 않는다.

해설 토크 렌치는 볼트나 너트를 조일 때 사용하는 공구로 볼트나 너트를 조일 때 조임력을 나타내는 공구이다.

96. 작업장의 사다리식 통로를 설치하는 관련법상 틀린 것은?

① 견고한 구조로 할 것
② 발판의 간격은 일정하게 할 것
③ 사다리가 넘어지거나 미끄러지는 것을 방지하기 위한 조치를 할 것
❹ 사다리식 통로의 길이가 10미터 이상인 때에는 접이식으로 할 것

해설 사다리식 통로의 길이가 10미터 이상인 때에는 고정식으로 하고 일정한 간격마다 휴식을 취할 수 있도록 공간을 설치하여야 한다.

97. 감전되거나 전기 화상을 입을 위험이 있는 곳에서 작업 시 작업자가 착용해야 할 것은?

① 구명구   ❷ 보호구
③ 구명조끼   ④ 비상벨

해설 감전되거나 전기 화상을 입을 위험이 있는 곳에서 작업 시 작업자는 보호구를 반드시 착용하여야 한다.

98. 렌치의 사용이 적합하지 않은 것은?

① 둥근 파이프를 죌 때 파이프 렌치를 사용하였다.
② 렌치는 적당한 힘으로 볼트, 너트를 죄고 풀어야 한다.
③ 오픈 렌치로 파이프 피팅 작업에 사용하였다.
❹ 토크 렌치의 용도는 큰 토크를 요할 때만 사용한다.

해설 토크 렌치는 볼트나 너트를 조일 때 사용하는 공구로 볼트나 너트에 가하는 힘을 나타내며 볼트나 너트를 규정대로 조이기 위하여 사용하는 공구이다.

99. 작업 중 기계에 손이 끼어들어가는 안전사고가 발생했을 경우 우선적으로 해야 할 것은?

① 신고부터 한다.
② 응급처치를 한다.
❸ 기계의 전원을 끈다.
④ 신경 쓰지 않고 계속 작업한다.

해설 작업 중 기계에 손이 끼어들어가는 안전사고가 발생했을 경우 가장 우선적으로 해야 하는 것은 기계의 전원을 차단하는 일이다.

100. 지게차로 화물 운반 시 주의할 점이 아닌 것은?

① 노면이 좋지 않을 때는 저속으로 운행한다.
② 경사지를 운전 시 화물을 언덕 위쪽으로 한다.
③ 운반 거리는 45m 이내가 좋다.
④ 노면에서 15~20cm 상승 후 이동한다.

해설 지게차의 경제적인 운반 거리는 75m (250ft) 이내이다.